Die

Flechten Deutschlands.

Anleitung

zur

Kenntnis und Bestimmung der deutschen Flechten.

Von

P. Sydow.

Mit zahlreichen in den Text gedruckten Abbildungen.

Springer-Verlag Berlin Heidelberg GmbH 1887

ISBN 978-3-642-90458-5 ISBN 978-3-642-92315-9 (eBook)
DOI 10:1007/978-3-642-92315-9

Buchdruckerei von Gustav Lange jetzt Otto Lange, Berlin NW.

Softcover reprint of the hardcover 1st edition 1887

Vorwort.

Seit dem Erscheinen der klassischen Werke Koerber's „Systema Lichenum 1855" und „Parerga lichenologica 1859—65", also seit drei Decennien, ist dem botanischen Publikum keine umfassende Flora über die deutschen Flechten geboten worden. Die in diesem Zeitraume veröffentlichten Flechtenwerke sind zum Teil Localfloren, zum Teil nur einfache Aufzählungen der in den verschiedenen Gebieten beobachteten Flechten. Eine neue, über ganz Deutschland sich erstreckende Flechtenflora dürfte daher wohl als eine Notwendigkeit zu bezeichnen sein. Das Studium der Flechten war in den letzten Jahren etwas aus der Mode gekommen. Dass dies geschehen konnte, lag im wesentlichen daran, dass dem Anfänger keine in deutscher Sprache geschriebene, umfassende Flechtenflora zu Gebote stand.

Wenn Verfasser sich nun entschlossen hat, vorliegendes Werk, das ursprünglich nur für den eigenen Gebrauch bestimmt war, der Oeffentlichkeit zu übergeben, so will derselbe dem oben erwähnten Bedürfnisse abzuhelfen suchen. Das Werk soll also in erster Linie — wie schon der Titel andeutet — für den Anfänger bestimmt sein, es soll ihm beim Aufsuchen und Bestimmen einer Flechte ein Führer sein. Der leitende Gedanke war daher der, ein Werk zu bieten, das in gedrängter Kürze, aber doch möglichst vollständig, die bisher bekannt gewordenen Flechtenarten des Gebietes aufführt. Der enormen Schwierigkeiten, welche diesem Unternehmen gegenüberstehen, war sich Verfasser wohl bewusst. Dieselben liegen teils darin, dass die Litteraturangaben in zahlreichen Werken, Abhandlungen, Zeitschriften etc. zerstreut sind, teils auch in der zur Zeit noch mangelhaften Kenntnis vieler neu aufgestellter Flechtenarten. Verfasser bemerkt gleich hier, dass er der Nylander'schen Richtung nicht folgen konnte. Arten, welche nur auf rein chemischem Wege zu erkennen sind, haben nicht Aufnahme gefunden. Es stellte sich ferner die Notwendigkeit heraus, eine grössere Zahl anderer neuer Arten einzuziehen, da dieselben nur ganz geringe Formabweichungen darstellen. Ob Verfasser hier das Richtige getroffen hat, möge die Zeit lehren. Ueber den wirklichen Wert solcher Arten können nur eingehende monographische Studien entscheiden. Die auf Flechten parasitisch lebenden Pilze, die sogenannten Pseudolichenes der Autoren, sind nur namentlich bei den Flechten, welche von ihnen befallen werden, aufgeführt.

Um dem oben ausgesprochenen Grundsatze gerecht zu werden, war es notwendig, die Diagnosen so kurz wie nur irgend thunlich zu fassen und die begleitenden Bemerkungen möglichst zu beschränken. Von den Synonymen fanden die wichtigeren Erwähnung. Specielle Fundorte wurden nur bei den seltenen Arten aufgeführt. Ganz fortgelassen sind die Citationen lichenologischer Schriften und der Exsiccaten-Werke. Nur nach strenger Berücksichtigung aller dieser Punkte konnte das vorgesteckte Ziel erreicht werden. Die Abbildungen verdankt Verfasser der Liebenswürdigkeit eines Freundes; sie sind zum grössten Teil nach Herbarexemplaren gezeichnet, nur wenige sind älteren Werken entlehnt. Die Vervielfältigung geschah auf zinkotypischem Wege. Das Gebiet, über welches sich vorliegende Arbeit ausbreitet, richtet sich im wesentlichen nach den natürlichen Grenzen Deutschlands.

Das vorliegendem Werke zu Grunde liegende System ist das Massalongo-Koerber'sche. Die Abweichungen von diesem System beziehen sich teils auf die veränderte Stellung mancher Gattungen, teils auf die Aenderung einer grösseren Zahl von Species-Namen. Wir finden dieselben zum grössten Teil schon in der vortrefflichen Stein'schen Flechtenflora von Schlesien niedergelegt. Sie wurden notwendig, nachdem Theodor Fries in seiner klassischen Lichenographica Scandinavica 1871 die Resultate seiner mühsamen microscopischen Durchmusterung des ganzen Herbars von Acharius veröffentlicht hatte. Die Nomenclatur ist soweit wie möglich nach Fries gegeben.

Allen denen, welche Verfasser bei seiner Arbeit durch Rat und Tat unterstützten, spricht derselbe hiermit seinen herzlichsten Dank aus. Sollte das Büchlein dazu beitragen, die Liebe zu diesen Kindern Floras weiter zu erwecken und dem Studium der Flechten neue Jünger zuzuführen, so würde Verfasser hierin den grössten Lohn für seine Mühe erblicken.

Schöneberg bei Berlin, im Mai 1887.

Der Verfasser.

Inhalt.

Seite

Einleitung VII
Uebersicht des Systems XVII
Schlüssel zum Bestimmen der Familien XXI
Abkürzungen der Autoren-Namen XXVII
Sachliche Abkürzungen XXVIII

I. Lichenes heteromerici Wallr.

1. Ordnung Lichenes thamnoblasti Kbr. 1
2. Ordnung: Lichenes phylloblasti Kbr. 31
3. Ordnung: Lichenes kryoblasti Kbr. 68

II. Lichenes homoeomerici Wallr.

1. Ordnung Lichenes gelatinosi Bernh. 304
2. Ordnung: Lichenes byssacei Kbr. 329

Nachtrag 331
Register.

Einleitung.

Die Abteilung der Flechten umfasst diejenigen thallophytischen Kryptogamen, deren Lager aus einer Verbindung von gegliederten Fäden (Hyphen) und chlorophyll- oder phycochromhaltigen Zellen (Gonidien) besteht, und deren Fruchtkörper Sporen in Schläuchen erzeugen Durch diese Fruchtbildung treten die Flechten den Schlauchpilzen (Ascomyceten) sehr nahe. Der einzige, wesentliche Unterschied, welcher die Flechten von den Schlauchpilzen trennt, besteht daher nur in den im Flechtenkörper enthaltenen Gonidien Es sind daher alle die Formen, welche in ihrem Gewebe keine Gonidien enthalten, aber dennoch von älteren Lichenologen den Flechten beigezählt wurden, als Schlauchpilze zu bezeichnen. Wie schwer eine wirkliche Trennung ist, geht am besten daraus hervor, dass manche Gattungen gonidienführende und gonidienlose Arten enthalten.

Es ist eine „Flora" nicht der Ort, ausführlich auf die Schwendener-Bornet'sche Flechtentheorie einzugehen. Nach den Untersuchungen dieser Forscher sind die Gonidien und die Thallusfäden mit den Früchten verschiedene Organismen und zwar Ascomyceten, welche parasitisch auf einer Alge (der Gonidie) leben. Die älteren Lichenologen halten dagegen an der Ansicht fest, dass die Flechten selbständige, systematisch individualisirte Organismen seien, die alle ihre Teile sich selbst verdanken. Der ganze Streit ist für uns bedeutungslos. Die Flechten zeichnen sich durch so manche Eigentümlichkeiten aus, dass sie stets Gegenstand eines Specialstudiums bleiben werden. Der Bau ihres vegetativen Lagers ist es, der ihnen ein ganz besonderes Gepräge verleiht.

Legt man die Hauptformen des Lagers zu Grunde, so erhält man folgende, den Bedürfnissen einer Flora genügende systematische Uebersicht

    A Urflechten.
        1. Strauchflechten.
        2. Blattflechten
        3. Krustenflechten.
    B. Gallertflechten.
    C. Fadenflechten.

VIII Einleitung.

Eine kurze Schilderung des Aufbaues des Flechtenkörpers dürfte wohl am Platze sein. Ausführliches über diesen Gegenstand möge man in den speciellen morphologischen Werken nachsehen. Das Lager der Flechten (der Thallus) lässt zwei wesentlich verschiedene Bestandteile erkennen, langgestreckte, unter sich vielfach verzweigte und mit einander verflochtene, farblose Zellreihen mit Spitzenwachstum (Hyphen) und farbstoffführende Zellen (Gonidien). Die Hyphen können nun so dicht mit einander verflochten sein, dass alle Lücken zwischen den Aesten ausgefüllt sind, und dass sie so das Bild eines parenchymatischen Gewebes zeigen, oder aber, sie lassen zwischen den locker verflochtenen Fäden deutliche Lücken erkennen. Das dicht verflochtene, als eine pseudoparenchymatische Bildung bezeichnete Gewebe stellt die sogenannte „Rinde" des Lagers dar. Die äussere Beschaffenheit dieser Rinde ist für die Bestimmung mancher Flechten nicht unwichtig. Das lockere Gewebe bildet gewöhnlich den mittleren Teil des Lagers, die sogenannte „Markschicht". Die auf der Unterseite vieler Flechten befindlichen Haftorgane (Rhizinen), welche das Lager mit dem Substrate verbinden, sind nichts weiter als aus dem Thallus austretende Hyphen.

Die Gonidien stellen kugelrunde, oder eckig-rundliche, oder polygonale, in Haufen lagernde, oder kettenförmig verbundene, von einer farblosen Membran umschlossene und von einem gefärbten Inhalt erfüllte Zellen dar. Sie gleichen morphologisch und auch chemisch vollständig gewissen Algenformen. Auf die verschiedene Farbe und Bildung derselben gründete Th. Fries sein Flechtensystem. Darnach zerfallen die Flechten in:
1. Archilichenes, Gonidien chlorophyllgrün, mit dicker, fester Membran, in rundlichen Häufchen gelagert.
2. Sclerolichenes, Gonidien gelbgrün, rotbraun, rötlich oder entfärbt, mit dicker Membran, zu ästigen Reihen verbunden.
3. Gloeolichenes, Gonidien blaugrün.

Auf einem feinen Durchschnitt des Lagers erscheinen die Gonidien entweder gleichmässig zwischen den Hyphen verteilt (homöomerer, ungeschichteter Typus, nach Wallroth), oder sie sind in einer bestimmten, gewöhnlich der Rinde näher liegenden Schicht angeordnet (heteromerer, geschichteter Typus. Wallroth). Ganz eigentümlich verhält sich das unterrindige, grösstenteils aus kettenartig verbundenen Gonidien bestehende Lager der Graphideen.

Die bei vielen heteromeren Flechten auftretenden Soredien entstehen dadurch, dass einzelne Gonidien sich durch fortgesetzte Teilung in kleine, gesonderte Gruppen abgrenzen, welche von einem besonderen Hyphengeflecht durch- und überzogen werden. Allmählich häufen sich diese Gruppen unter der Rinde an, durchbrechen dieselbe endlich und treten dann als gelblicher oder grauweisslicher Anflug aus dem Lager hervor. Sie sind entweder über das ganze Lager zerstreut, oder bilden kleine, staubähnliche Flecken. Solche Soredienformen wurden früher für eigene Arten gehalten und in der ehemaligen Gattung *Variolaria* aufgeführt. Als eine besondere Form der Soredien sind die leprösen Umbildungen zu bezeichnen, von denen es überaus schwierig ist, zu bestimmen, von welcher Flechtenart sie eigentlich stammen. Aus jedem Soredium kann sich unter Umständen ein neues Flechtenlager entwickeln Die auf dem Lager der Gallertflechten auftretenden körnchenartigen Auswüchse gleichen vollständig den Soredien.

Das sogenannte Vor- oder Unterlager (der Hypothallus) stellt gewissermassen die dem Substrate aufgewachsene Unterseite der Lagerkruste dar Zuweilen ist das Vorlager nur stellenweise entwickelt, oder es umsäumt oder durchkreuzt landkartenähnlich das Lager.

Die eigentlichen Fortpflanzungsorgane der Flechten sind die Schlauchfrüchte und die Spermogonien.

Die Schlauchfrüchte, im allgemeinen „Apothecien" genannt, fallen sofort durch ihre eigentumliche Bildung ins Auge. Die der Abteilung der Discomyceten unter den Pilzen entsprechenden Fruchtformen, bei denen die Fruchtschicht als offene Scheibe sichtbar ist, bezeichnet man als gymnocarpe Apothecien; ruht dagegen die Fruchtschicht in einem geschlossenen Behälter, so werden die Früchte als angiocarpe Apothecien bezeichnet

Die Teile des gymnocarpen Apothecium sind:
1. Das Hymenium (Schlauchschicht, Fruchtschicht, Scheibe), d. i. die Schicht, in der die Schläuche und Paraphysen lagern.
2. Die Subhymenialschicht, (Schlauchboden), die Schicht, in der die schlauchbildenden Fasern verlaufen.
3. Das Hypothecium, die Schicht, in der die Paraphysen entspringen.
4. Das Excipulum (Gehäuse), welches mit dem Lager eng verschmolzen ist und das ganze Apothecium einhüllt.

Das Gehäuse kann entweder ein eigenes sein, oder ein vom Thallus gebildetes. Je nach der verschiedenen Bildung wird der Rand des Gehäuses bezeichnet als ein thallodischer, lecidinischer, biatorinischer und doppelter (zeorinischer) Rand.

Der Entwickelungsgang der gymnocarpen Apothecien ist von Stahl am eingehendsten geschildert worden. Ueber die jüngsten Entwickelungsstadien der angiocarpen Apothecien liegen noch keine Beobachtungen vor. Jeder Durchschnitt des Hymeniums lässt unter dem Microscope zwei verschiedene Organe erkennen, nämlich zahllose, aufrechte, dichtgedrängte Fäserchen mit pinselartig verdickten, gefärbten Spitzen, die Paraphysen oder Saftfäden und die Fruchtschläuche, in denen sich die Sporen entwickeln. Die Schläuche sind der Form nach entweder keulenförmig, oder sackartig, oder cylindrisch. Die jungen Schläuche sind von einem dichten Protoplasma erfüllt, in welchem sich nahe der Spitze ein deutlicher Kern wahrnehmen lässt. Vor der Sporenbildung löst sich dieser primäre Kern auf. Zugleich bilden sich aber mehrere neue Kerne, aus denen die Sporen hervorgehen. Die Zahl der Sporen eines Schlauches ist verschieden. Während bei einigen Flechten jeder Schlauch nur eine grosse Spore enthält, finden sich bei anderen 2, 4, in den meisten Fällen aber 8, noch bei anderen Arten treten 16, 32 oder sehr zahlreiche und dann winzig kleine Sporen auf. Die reifen Sporen ruhen frei in einer den Schlauch anfüllenden wässrigen Flüssigkeit. Der reife Schlauch reisst an der Spitze ein und schleudert die Sporen heraus. Form und Bau der Sporen ergeben nun ein sehr wichtiges diagnostisches Merkmal. Die Sporen vieler Flechten sind einzellig, die anderer Arten teilen sich entweder durch einfache Querwände, oder auch noch durch senkrecht auf diese gestellte Wände, wodurch mannigfach septirte oder mauerartig geteilte Sporen gebildet werden. Hinsichtlich der Form unterscheidet man eiförmige, elliptische, walzenförmige, nadelförmige, spindelförmige, sichelförmige etc. Sporen. Ist die Spore an den Teilungsstellen eingeschnürt, so ergeben sich semmel-, wurm- oder raupenförmige Formen. Die Sporen sind entweder ungefärbt, wasserhell, oder grünlich, bräunlich oder gelblich gefärbt. Bei wasserhellen Sporen kann jedoch der Inhalt tröpfchenartig zerteilt oder wolkenartig getrübt erscheinen. Ueber einige Modificationen im Bau der Sporen wird bei den betreffenden Flechten berichtet werden.

Die keimende Flechtenspore entsendet einen oder mehrere farblose Keimschläuche. Die Zahl derselben richtet sich meist nach der Zahl der Sporenfächer. Einige sehr grosse einzellige Sporen entsenden aus der ganzen Oberfläche sehr viele Keimschläuche.

Die Spermogonien wurden zuerst von Tulasne erkannt. Sie finden sich mit wenigen Ausnahmen bei allen Flechten. Es sind kleine, hohle, dem Lager eingesenkte Behälter, welche sich ganz ähnlich wie die Kernfrüchte am Scheitel mit einer feinen Mündung öffnen. Die innere Wand der Spermogonien ist mit einfachen oder verzweigten Fäden, den Sterigmen, besetzt.

An den Spitzen der Sterigmen werden die sogenannten Spermatien abgeschnürt. Es sind dies eiförmige oder cylindrische, sehr kleine Körperchen, in welchen man, da sie nicht keimfähig sind, die männlichen Organe der Flechten zu finden glaubt. Kommen auf ein und demselben Lager Apothecien und Spermogonien zugleich vor, so nennt man die Flechte monöcisch. Nur sehr wenige Arten (z. B. Ephebe pubescens) sind diöcisch, d. h. beide Organe sind auf verschiedene Individuen verteilt.

Die Pycniden sind den Spermogonien ähnliche Behälter. Sie bestehen aus geschlossenen Gehäusen, in denen auf kurzen Fadenenden grössere, isolierte Sporen, Stylosporen oder Conidien abgeschnürt werden.

Das Einsammeln der Flechten, sowie die Herstellung eines Herbariums verursacht bei kaum einer andern Pflanzenfamilie so wenig Mühe, wie gerade bei den Flechten. Das ganze Jahr hindurch vermag der Lichenologe erfolgreiche Excursionen auszuführen. Die Flechten binden sich eben nicht an eine bestimmte Jahreszeit. In ihnen erblicken wir die Kinder der Luft. Mit Vorliebe siedeln sie sich an Orten an, die dem Wind und Wetter stark ausgesetzt sind. Sie ertragen ebensogut die glühende Hitze des Sommers, wie den eisigen Hauch des Nordwindes. Dort, wo alle zum Gedeihen der Pflanzen nötigen Lebensbedingungen zu fehlen scheinen, wo hartes Gestein der Wurzel keine Nahrung bietet, da siedeln sich noch Flechten an. Ueber die Grenzen des ewigen Schnees erheben sie sich in den Gebirgen. Wo sich in den frostigen Höhen des Hochgebirges nur eine nackte Felsspitze erhebt, da findet man auch Vertreter der Flechtenwelt. Wunderbar ist ihre ungemeine Lebenskraft, ihre Fähigkeit, sich in einer wahrhaft oft mehr als dürftigen Lage entwickeln zu können. Durch die Hitze des Sommers bis zur Brüchigkeit ausgedorrt oder vertrocknet, erweckt sie ein Regen, ein wenig Feuchtigkeit zu neuem Leben. Die Flechten sind gewissermassen die Pioniere der Pflanzenwelt; sie leiten die Verwitterung des Gesteins ein, so die Lebensbedingungen für nachfolgende Pflanzengeschlechter vorbereitend

Das Eldorado des Flechtensammlers ist das Gebirge, dort bietet sich seinem Auge eine kaum geahnte Fülle der prächtigsten Formen. Aber auch das Flachland beherbergt der Schätze gar viele. Unsere Excursionen können wir sowohl nach dem Nadelwalde, wie nach Laubgehölzen, nach sumpfigen Niederungen, wie nach den trockensten Orten unternehmen Auf dem ödesten, nackten Sandboden, auf grasigem und moosigem Boden, in Hohlwegen, an Böschungen, Grabenwänden, an Mauern, Gesteinen aller Art, an Baumstämmen, morschen Baumstümpfen, an altem, verwittertem Holzwerk, an Brückengeländern, Zäunen, Bretterwänden, Dachschindeln etc., überall begegnen wir den Flechten. An Felswänden und Baumstämmen ist namentlich die nach Norden gekehrte Seite zu beachten, die oft buchstäblich von Flechten bedeckt ist. Viele Arten sind sehr klein und weichen in ihrer Farbe oft wenig von dem Substrat ab. Es bedarf daher einer genauen Untersuchung, oft selbst mit Hilfe einer Lupe, um diese Flechten zu entdecken. Bei einiger Uebung wird man jedoch auch diese Arten wahrnehmen und schon aus der Beschaffenheit des Substrates schliessen lernen, ob man nach solchen zu suchen habe. Die Art des Einsammelns ist je nach dem Bau der betreffenden Flechte verschieden. Krustenflechten werden mit einem Teil des von ihnen bewohnten Substrates abgelöst. Man bedarf hierzu eines scharfen, starken Messers und eines Hammers und Meissels. Die auf Baumrinde, sowie auf bearbeitetem Holze wachsenden Arten schneidet man mit einem Teil der Unterlage — des Holzes oder der Rinde — ab. Mehr Schwierigkeit verursachen die Flechten, welche auf nacktem Gestein wachsen. Um diese zu gewinnen, ist man genötigt, Teile des Gesteins mittelst Hammer und Meissel abzuschlagen. Bietet das Gestein eine Kante dar, so genügt ein kräftig geführter Schlag auf dieselbe, um ein genügend grosses, flaches Stück abzusprengen. Bietet dagegen die Felswand eine glatte, keinen Anpriffspunkt gewährende Fläche dar, so ist man schon gezwungen, sich einen solchen zu verschaffen. Mittelst eines Spitzmeissels schlägt man eine Furche in das Gestein, setzt dann in dieselbe in spitzem Winkel den breiten Meissel ein und führt auf diesen einen recht kräftigen Schlag mit dem Hammer. In den allermeisten Fällen springt ein willkommenes Stück ab. Ist der Schlag zu schwach, so erhält man nur kleine Splitter oder Bröckelchen, die des Mitnehmens nicht wert sind. Je flacher das abgesprengte Stück ist, desto besser lässt es sich im Herbar aufbewahren.

Es bedarf nur geringer Uebung, um gute Herbarexemplare zu erhalten. Jedes so gewonnene Stück ist nun besonders in ein Blatt Papier einzuhüllen, da sich sonst beim Transport die Stücke an einander reiben und namentlich die Früchte beschädigen. Die auf dem Erdboden wachsenden kleineren Flechten hebt man zusammen mit einer flachen Erdschicht mit dem Messer ab. Da diese Räschen leicht auseinanderfallen, so ist es nötig, dieselben später mit einer schwachen Gelatinelösung zu tränken.

Band-, Blatt- und Strauchflechten werden einfach von der Unterlage abgelöst. Bei trockenem Wetter sind diese Flechten meist äusserst starr und spröde und infolgedessen sehr zerbrechlich. Solche Exemplare hebe man behutsam ab, transportiere sie vorsichtig bis zur nächsten Wasseransammlung und tauche sie ein. So angefeuchtet werden alle Arten weich und biegsam und können bequem in der Pflanzenmappe oder Botanisirtrommel fest verpackt werden, ohne Schaden zu leiden.

Cladoniaceen müssen meist mit der erdigen Unterlage ausgehoben werden; man wickelt sie am besten gleich in ein Blatt Papier und bringt sie an einem gesicherten Platz unter. Auch beim Sammeln von Flechten ist der Grundsatz zu beherzigen, nur fructifizierende Exemplare mitzunehmen, sterile Exemplare dagegen so viel als möglich zu meiden. Die Präparation der gesammelten Flechten für das

Herbarium ist sehr einfach. Die Strauch-, Blatt-, Gallert- und Fadenflechten werden zwischen Fliesspapier unter Anwendung gelinden Druckes getrocknet. Sollten die Exemplare auf dem Transport sich vielfach verbogen und gedrückt haben, so schadet dies weiter nichts. Man weicht sie in Wasser auf, wodurch sie bald wieder ihre volle, schöne Form entfalten Grössere Rasen strauchartiger Flechten werden von fremden Beimischungen gereinigt und in kleinere Partien zerteilt. Krustenflechten lässt man einfach an der Luft trocknen Die meisten Flechten nehmen beim Trocknen eine hellere, ins Graue spielende Färbung an. Es ist diese Farbenänderung also nicht auf schlechte Präparation zurückzuführen Die getrockneten Blatt- und Strauchflechten werden in Papierkapseln untergebracht, auf die man die Etiquette klebt. Die auf Holz-, Rinden- oder Steinstücken wachsenden Flechten klebt man auf recht starkes Kartonpapier. Die so hergestellten, fertigen Explare bringt man dann im Herbarium unter. Eine Flechtensammlung ist fast unverwüstlich. Sie ist einer Beschädigung durch Insectenfrass nicht ausgesetzt. Man schutze sie nur gegen Staub und Feuchtigkeit. Nach vielen Jahren lässt sich das getrocknete Exemplar ebensogut zur Untersuchung verwenden als wenn wir ein frisches Exemplar vor uns hätten, da eben jede Flechte durch Anfeuchtung wieder zu ihrer natürlichen Form aufquillt

In der folgenden Zusammenstellung sind 1065 Arten in 167 Gattungen beschrieben. Von diesen Arten zählen zu den

Strauchflechten (Lichenes thamnoblasti) 70 Arten
Blattflechten (Lichenes phylloblasti) 93 ,,
Krustenflechten*) (Lichenes kryoblasti) 823 ,,
Gallertflechten (Lichenes gelatinosi) 74 ,,
Fadenflechten (Lichenes byssacei) 5 ,,
1065 Arten.

Es dürfte diese für das gesamte deutsche Gebiet ermittelte Zahl vielleicht als eine sehr niedere erscheinen. Es bleibt aber zu berücksichtigen, dass die Pseudolichenes s. Microlichenes keine Aufnahme gefunden haben. Mit Hinzurechnung dieser dürfte ziemlich die von Stein in seiner Schlesischen Flechtenflora für Deutschland angenommene Zahl von c. 1300 Arten erreicht werden. Ferner ist zu erwägen,

---

*) In der Zusammenstellung folgen nur 821 Arten Hierzu tritt die im Nachtrag erwähnte Biatora Huxariensis, von der Verf. erst nach Fertigstellung des Manuscripts Kenntnis erhielt. Durch ein hochst unliebsames Versehen ist Pannaria hypnorum ausgelassen worden. Die Diagnose dieser Flechte folgt am Schlusse der Einleitung Verf. bittet, dieselbe gutigst p. 70 einzuschalten.

dass die Annahme vieler Arten ganz auf individueller Ansicht beruht und dass, wie schon in der Vorrede hervorgehoben ist, eine grössere Zahl neu aufgestellter Arten mit bereits bekannten vereinigt wurde. Die oben erwähnten 1065 Arten resultieren aus den für die verschiedenen Teile des Gebietes zusammengestellten Verzeichnissen. Koerber zählt in seiner Parerga lichenologica 1056 Arten auf, vor denen etwa 1040 der deutschen Flora angehören. Für die einzelnen Teile des Gebietes wurden nachgewiesen:

Provinz Preussen: 365 Arten mit 129 Varietäten und 111 Formen. (A. Ohlert, Zusammenstellung der Lichenen der Provinz Preussen in den Schriften der königl. physikalisch-ökonomischen Gesellschaft zu Königsberg. Jahrgang XI. 1870.)

Provinz Brandenburg: 256 Arten. (G. Egeling in Verhandlungen des botanischen Vereins der Provinz Brandenburg. 28. Jahrgang. 1878. S. 17 ff.)

Provinz Schlesien: 705 Arten. (B. Stein, Kryptogamenflora von Schlesien. II. Abth. 2. Band. 1879.)

Provinz Westfalen: 689 Arten. (G. Lahm, Zusammenstellung der in Westfalen beobachteten Flechten unter Berücksichtigung der Rheinprovinz. Münster 1885.)

Sachsen, Oberlausitz, Thüringen und Nordböhmen: 453 Arten. (L. Rabenhorst, Kryptogamenflora. II. Abth. Die Flechten. Leipzig 1870.)

Baden: 593 Arten. (W. Bausch, Uebersicht der Flechten des Grossherzogthums Baden. Karlsruhe. 1869. W. v. Zwackh, Die Lichenen Heidelbergs. Heidelberg 1883.)

Fränkischer Jura: 630 Arten. (F. Arnold, Die Lichenen des fränkischen Jura in „Flora" 1885.)

Die gesamte Flechten-Litteratur über das Gebiet findet sich vollständig chronologisch geordnet in: Krempelhuber, Geschichte und Litteratur der Lichenologie. Bd. I. p. 475—493. Dieselbe an dieser Stelle wiederzugeben, dürfte überflüssig sein. Die folgende Aufführung der lichenologischen Exsiccaten-Werke ist dagegen vielleicht manchem willkommen:

Anzi, M., Lichenes rariores Longobardi. Como 1861.
— Lichenes rariores Venetiae. Como 1863.
— Cladoniae Cisalpinae. Como 1863
— Lichenes rariores Etruriae. Como 1863.
— Lichenes Italiae superioris minus rari. Como 1865.
Arnold, F. Lichenes exsiccati. München 1859.
Beltramini, F.. Lichenotheca Veneta
Bohler, J.. Lichenes britannici Sheffield and London 1835/37.
Coëmans, E.. Cladoniae Belgicae exsiccatae. Gent 1863.
Crombie, J.. Lichenes britannici exsiccati. London 1874.
Delise, D. F.. Lichens de France. Vire 1828.
Fellmann, X. J.. Lichenes arctici. 1863.
Flagey, C. Lichens de Franche Compté 1882.
Floerke, H C. Deutsche Flechten. 1815
— Cladoniae exsiccatae. Rostock 1829
v. Flotow, J.. Lichenen vorzüglich in Schlesien, der Mark und Pommern. Hirschberg 1829.
— Deutsche Lichenen (inedit.)
Fries, E.. Lichenes exsiccati Sueciae. Lund 1818.
Fries, Th. Lichenes Scandinaviae. Upsala 1859.
Gardiner, W. Lichenes ex herbario. Dundee.
Garovaglio, S, Lichenes Comenses exsiccati.
— Lichenotheca italica. Mailand 1836.
— Lichenes exsiccati Longobardiae. 1864.
Hahn, G.. Flechten-Herbarium. Gera 1884.
Hampe, E.. Vegetabilia cellularia in Germania septentrionali praesertim in Hercynia lecta. C. Lichenes. Blankenburg.
Hepp, Ph. Würzburgs Lichenenflora. 1824
— Systematische Sammlung. Zürich 1850.
— Flechten Europas. Zürich 1853.
Jatta, A. Lichenes Italiae meridionalis exsiccati. Turini 1874/75.
Koerber, G. W.. Lichenes selecti Germaniae. Breslau 1858.
Larbalestiere, C. D. Lichenes Caesarienses et Sarg. exsiccati. Jersey 1867.
Leighton, W. A.. Lichenes britannici exsiccati. Shrewsbury 1851.
Le Jolis, A.. Lichens des environs de Cherbourg. 1842
Lojka, H.. Lichenes hungarici exsiccati. Budapest 1881.
— Lichenotheca universalis Budapest 1885.
Malbranche, A.. Lichens de la Normandie. Rouen 1863.
Massalongo, A.. Lichenes italici exsiccati. Verona 1855.
Mudd, W.. Britannicae Cladoniae. 1866
— Lichenes britannicae exsiccati. 18.1.
Norrlin, P.. Herbarium Lichenum Fenniae. Helsingfors 1875.

Nylander, W., Horbarium Lichenum Paris. Paris 1855.
— Lichenes montdorienses. Paris 1856.
— Lichenes Pyrenaici exsiccati. Paris 1861.
Olivier, H., Herbier des Lichens de l'Orne et du Calvados. Autheuil 1880.
Philippe, R. A., Lichenes exsiccati. 1855.
Rabenhorst, L., Lichenes europaei exsiccati. Dresden 1859.
— Cladoniae europaeae exsiccatae. Dresden 1860.
Rehm, H., Cladoniae exsiccatae. Diedenhofen 1869.
Reichenbach, L. et Schubert, C., Lichenes exsiccati et descripti. Dresden 1822.
Roumeguère, C., Lichenes selecti Gallici exsiccati. Toulouse 1880.
— Genera licheum europ. exsiccata. Toulouse.
Schaerer, L. E., Lichenes helvetici exsiccati. Bern 1823/54.
Schmidt, R., Lichenes selecti Germaniae meridionalis. Jena 1882.
Spruce, R., Lichenes Pyrenaei, determ. Babington.
Stenhammar, Chr., Lichenes sueciae exsiccati (editio altera). Holm 1860.
v. Trevisan, V., Lichenotheca Veneta. Bassano 1869.
Tuckermann, E., Lichenes Americae septentrion. exsiccati. 1847.
v. Zwackh, W., Lichenes exsiccati. Heidelberg 1850.

S. 70 ist einzuschalten.

Lager verbreitet, kleinschuppig-krustig, gelbbraun bis graubraun. Unterseite heller. Schüppchen locker dachziegelig gelagert, am Rande gekerbt. Früchte 2—6 mm diam., sitzend, anfangs krugförmig, später verflacht, rötlichbraun, mit erhabenem, körnig-gekerbtem Lagerrande. Paraphysen an der Spitze gebräunt. Schläuche cylindrisch, 8 sporig. Sporen elliptisch-eiförmig, breit gesäumt, mit kerbig-warziger Membran, 8— 10 µ br., 15—20 µ lg. Sterigmen vielgliederig in punktförmigen Spermogonien. Spermatien walzenförmig.

α. deaurata (Ach.) Lager schuppig, gelbbräunlich bis lederbraun. Früchte 4—6 mm gross, am Rande wellig gezähnt.
β. campestris Th Fr. Lager kleinschuppig-körnig, graubraun. Früchte 2—3 mm gross, am Rande körnig-gezähnt.
γ. Femsjonensis Fr. Lagerschuppen dachziegelig, grün, unten weisslich, an Cladonia-Schuppen erinnernd.

Auf nacktem Waldboden, abgestorbenen Moospolstern. Stellenweise. (Lecanora hypnorum Ach.; Parmelia Fr.; Psoroma Hoffm).

P. hypnorum Kbr.

Uebersicht des Systems.

I. Lichenes heteromerici Wallr.

1. Ordnung: Lichenes thamnoblasti Kbr.

A. Discocarpi.
I. Fam.: **Usneaceae Eschw.**
1. Usnea Dill. 2. Bryopogon Link. 3. Cornicularia Ach. 4. Alectoria Ach 5. Evernia Ach. 6. Ramalina Ach. 7. Dufourea Ach.
II. Fam.: **Thamnoliaceae Ach.**
8. Thamnolia Ach.
III. Fam. **Cladoniaceae Zenk.**
9. Stereocaulon Schreb. 10. Cladonia Hoffm.

B. Pyrenocarpi.
IV. Fam.: **Sphaerophoreae Fr.**
11. Sphaerophorus Pers.

2. Ordnung: Lichenes phylloblasti Kbr.

A. Discocarpi.
V. Fam.: **Parmeliaceae Hook.**
12. Cetraria Ach. 13. Parmelia Ach. 14. Menegazzia Mass. 15. Physcia Fr 16. Xanthoria Fr. 17. Tornabenia Mass. 18. Candelaria Mass. 19. Sticta Ach. p. p. 20. Stictina Nyl.

VI. Fam.: **Peltideaceae Fw.**
21. Peltigera Hoffm. 22. Nephromium Nyl. 23. Solorina Ach. 24. Heppia Naeg. 25. Solorinella Anzi.

VII. Fam.: **Umbilicarieae Fée.**
26. Umbilicaria Hoffm. 27. Gyrophora Ach.

B. Pyrenocarpi.
VIII. Fam.: **Endocarpeae Fr.**
28. Endocarpon Hedw. 29. Lenormandia Del.

Uebersicht des Systems.

3. Ordnung: Lichenes kryoblasti Kbr.

A. Scheibenfrüchtige.

IX. Fam.: **Pannarieae Kbr.**

30. Pannaria Del. 31. Massalongia Kbr.

X. Fam.: **Lecanoreae Fée.**

1. Subfam.: Placodineae Kbr.

32. Gasparrinia Tornab. 33. Gyalolechia Mass. 34. Fritzea Stein. 35. Dimelaena Norm. 36. Placodium Hill. 37. Harpidium Kbr. 38. Acarospora Mass.

2. Subfam.: Eulecanoreae.

39. Rinodina Ach. 40. Callopisma De Not. em. 41. Dimerospora Th. Fr. 42. Icmadophila Trev. 43. Lecania Mass. 44. Haematomma Mass. 45. Lecanora Ach. 46. Mosigia Ach. 47. Aspicilia (Mass.) Th. Fr. 48. Jonaspis Th. Fr. 49. Koerberiella Stein. 50. Ochrolechia Mass. 51. Maronea Mass.

3. Subfam.: Gyalecteae.

52. Phialopsis Kbr. 53. Secoliga Ach. 54. Petractis Fr. 55. Gyalectella Lahm. 56. Gyalecta Ach. 57. Thelotrema Ach. 58. Conotrema Tuck. 59. Pinacisca Mass.

4. Subfam.: Urceolarieae.

60. Urceolaria Ach. 61. Sagiolechia Mass.

XI. Fam.: **Pertusarieae Kbr.**

62. Pertusaria DC. 63. Varicellaria Nyl. 64. Belonia Kbr. 65. Thelenella Nyl. 66. Phlyctis Wallr. 67. Thelocarpon Nyl.

XII. Fam. **Lecideaceae Kbr.**

1. Subfam.: Psorineae.

68. Catolechia (Fw.) Th. Fr. 69. Psora Hall. 70. Schaereria Kbr. 71. Thalloedema Mass. 72. Toninia Mass.

2. Subfam.: Biatorineae.

73. Sarcosagium Mass. 74. Biatorella De Ntr. 75. Bacidia De Ntr. 76. Arthrorhaphis Th. Fr. 77. Bilimbia De Ntr. 78. Scoliciosporum Mass. 79. Biatorina Mass. 80. Biatora Fr. 81. Steinia Kbr. 82. Bombyliospora De Ntr. 83. Lopadium Kbr.

3. Subfam.: Baeomyceae.

84. Baeomyces (Pers.) Fr. 85. Sphyridium Fr.

4. Subfam.: Eulecidineae.

86. Diplotomma Fw. 87. Stenhammara Fw. 88. Buellia De Ntr. 89. Poetschia Kbr. em. 90. Catocarpus Kbr. em. 91. Rhizocarpon Ram. 92. Catillaria Mass. 93. Lecidella Kbr. 94. Lecidea (Ach.)

Kbr. 95. Mycoblastus Norm. 96. Sporastatia Mass. 97. Sarcogyne (Fw.) Mass. 98. Arthrosporum Mass. 99. Kemmleria Kbr.

B. Strich- oder Fleckfrüchtige.

XIII. Fam.: **Xylographeae Kbr.**

100. Xyolgrapha Fr 101. Placographa Th. Fr.

XIV. Fam.: **Graphideae Kbr.**

1. Subfam. Opegrapheae.

102. Lecanactis Eschw. 103. Opegrapha Humb. 104. Graphis Adans. 105. Enterographa Fée. 106. Platygrapha Nyl. 107. Hazslinskya Kbr. 108 Encephalographa Mass.

2. Subfam.. **Bactrosporeae Kbr.**

109. Bactrospora Mass. 110 Lahmia Kbr.

3. Subfam. **Arthonieae. Kbr.**

111 Arthothelium Mass. 112. Arthonia Ach 113. Coniangium Fr.

C. Staubfrüchtige.

XV Fam.: **Calicieae Kbr.**

114 Acolium (Ach.) De Ntr. 115. Sphinctrina Fr. 116. Stenocybe Nyl. 117 Calicium Pers. 118. Cyphelium (Ach.) De Ntr. 119. Coniocybe Ach.

D. Kernfrüchtige.

XVI. Fam.: **Dacampieae Kbr.**

120. Endopyrenium (Fw) Kbr. 121. Catopyrenium (Fw.). 122. Placidiopsis Beltr. 123 Dermatocarpon (Eschw.). 124. Dacampia Mass.

XVII. Fam : **Verrucarieae Kbr.**

125. Thelidium Mass. 126. Microthelia Kbr. 127. Gongylia Kbr. 128. Stigmatomma Kbr. 129. Staurothele Th. Fr. 130. Polyblastia (Mass) Th. Fr 131. Microglaena Lönnr. 132. Amphoridium Mass. 133. Lithoicea Mass. 134. Verrucaria (Wigg) Mass. 135. Sarcopyrenia Nyl. 136 Thrombium Wallr.

XVIII. Fam.: **Pyrenulaceae Kbr.**

137. Acrocordia Mass. 138. Arthopyrenia Mass. 139. Tomasellia Mass. 140. Segestrella Fr. 141 Sychnogonia Kbr. 142 Geisleria Nitschke. 143. Sagedia Ach 144. Leptorhaphis Kbr. 145. Pyrenula Ach.

II. Lichenes homoeomerici Wallr.
1. Ordnung: Lichenes gelatinosi Bernh.
A. Discocarpi.
XIX. Fam.: **Lecothecieae Kbr.**
146. Lecothecium Trev. 147. Wilmsia.

XX. Fam.: **Myriangieae Nyl.**
XXI. Fam.: **Collemaceae Fr.**
148. Physma Mass. 149. Synechoblastus Trev. 150. Collema Hoffm. 151. Leptogium Kbr. 152. Mallotium. Fw. 153. Polychidium Ach. 154. Omphalaria Dur. 155. Plectospora Mass. 156. Psorotichia Mass. 157. Enchilium Maas. 158. Synalissa Fr. 156. Aphanopsis Nyl.

XXII. Fam.: **Porocypheae Kbr.**
160. Porocyphus Kbr. 161. Naetrocymbe Kbr.

B. Pyrenocarpi.
XXIII. Fam.: **Phyllisceae Th. Fr.**
162. Phylliscum Nyl.

XXIV. Fam. **Obryzeae Kbr.**
163 Obryzum Wallr.

XVX. Fam.: **Lichineae Kbr.**
164. Lichina Ag.

2. Ordnung: Lichenes byssacei Kbr.
XXVI. Fam.: **Byssaceae Kbr.**
165. Ephebe Fr. 166. Thermutis Fr. 167. Cystocoleus Thweites.

Schlüssel zum Bestimmen der Familien.

I. Lager (Thallus) meist aus den von einander mehr oder weniger deutlich getrennten Schichten, Rinden-, Gonidien- und Markschicht, bestehend, angefeuchtet nicht gallertartig quellend.
Urflechten. Lichenes heteromerici Wallr.

Anm Die Wallroth'sche Bezeichnung „mehrschichtig" ist nicht stets zutreffend. In manchen Fallen fehlt die Rindenschicht, in anderen die Markschicht. Einige Krustenflechten zeichnen sich dadurch aus, dass sowohl Rinden- wie Markschicht vollig fehlen und nur die Gonidienschicht vorhanden ist Bei einigen Flechten tritt zu beiden Seiten der Markschicht eine doppelte Rinden- und Gonidienschicht auf. Es ist bei der Untersuchung auf diese Verschiedenheit des Baues Bedacht zu nehmen.

1. Lager allseitig gleichmässig berindet mit hauptsächlichem Längenwachstum, einfach-fädig, cylindrisch, oder ästig-strauchartig, ohne eigenes Vorlager und meist nur an einer Stelle durch aus der Markschicht hervorgehende Hyphen an der Unterlage angeheftet.
Strauchflechten Lichenes thamnoblasti Kbr.

A. Früchte mehr oder weniger breit scheibenförmig. Schlauchschicht dauernd aus einer festzusammenhängenden, aus Schläuchen und Saftfäden (Paraphysen) bestehenden Masse gebildet, nicht zu Staub zerfallend. Scheibenfrüchtige. Discocarpi.

a. Lager stielrund oder seitlich zusammengedrückt, fädig bis strauchartig oder baumartig verzweigt, allseitig berindet, nur an einer Stelle der Unterlage angeheftet. Früchte breit scheiben- oder schildförmig, von einem Gonidien enthaltenden Lagergehäuse umgeben.
1. Fam.: Usneaceae Eschw.

b. Lager einfach, selten ästig, cylindrisch oder aufgeblasen röhrig, allseitig berindet. Früchte gesellig auf einem gemeinschaftlichem, in seitlichen Anschwellungen des Lagers auftretenden Fruchtboden, stets im Lager eingesenkt bleibend, sehr klein, punktförmig, mit flacher, schwarzer Scheibe.
2. Fam : Thamnoliaceae Ach.

c. Lager zweigestaltig, aus Lagerschuppen- oder blättchen
   (Protothallus Kbr., Thallus Aut.) und Lagerstielen (Thallus
   Kbr., Podetia Aut.) bestehend, fruchtend strauchartig.
   Früchte gewölbt bis kopfförmig, von Anfang an geöffnet,
   ohne Gonidien, auf den Lagerstielen (ausnahmsweise auf
   den Lagerschuppen) auftretend.
          3. Fam.: Cladoniaceae Zenk.
 B. Früchte endständig, mit anfangs geschlossenem, später un-
   regelmässig aufreissendem Gehäuse. Schlauchschicht bald zu
   Staub zerfallend. Sporen durch Zerfallen des Schlauches
   freiwerdend.   Staubfrüchtige. Pyrenocarpi.
   Lager strauchig, allseitig berindet.
          4. Fam.: Sphaerophoreae Fr.
    Anm.: Die Schlauchschicht besteht aus zarten, cylindrischen, acht-
   sporigen, anfangs hyalinen, spater gefärbten Schlauchen. Nach Resorption
   der Schlauchmembran treten die perlschnurartig verbundenen, in einer
   Reihe über einanderliegenden Sporen aus und trennen sich alsbald. Die
   gefarbten, zarten Paraphysen zerfallen sehr bald und bilden mit den
   Resten der Schläuche einen mehr oder weniger in sich zusammenhal-
   tenden schwarzen Staub, mit dem nun die Frucht dicht erfüllt ist.
2. Lager blattartig verbreitet, mit vorherrschend peripherischem,
   centrifugalem Wachstum, selten und nur ausnahmsweise strauchartig auftretend, beiderseits berindet, mittelst zerstreuter, fester
   Haftfasern, seltener — Umbilicarieen und Endocarpeen — durch
   eine Haftscheibe, an der Unterlage befestigt. Vorlager fehlend.
       Blattflechten. Lichenes phylloblasti Kbr.
 A. Früchte mehr oder weniger breit scheibenartig.
          Scheibenfrüchtige. Discocarpi.
   a. Lager mit festen Haftfasern dem Substrate angeheftet.
    * Lager beiderseits berindet, anliegend oder aufsteigend.
    Früchte berandet, mit Gonidien.
          5. Fam.: Parmeliaceae Hook.
    ** Lager unterseits unvollständig oder nicht berindet.
    Früchte ohne Lagerrand, von einem vom Lager ge-
    bildeten, zarten, bald zerreissenden und dann am Rande
    in einzelnen Fetzen haftenden Lagerschleier bedeckt.
          6. Fam.: Peltideaceae Fw.
   b. Lager mittelst einer centralen Haftscheibe, dem Nabel, am
   Substrate befestigt, beiderseits berindet. Früchte ohne
   Gonidien.   7. Fam.: Umbilicarieae Fée.

Schlüssel zum Bestimmen der Familien. XXIII

B. Früchte punktförmig, dem Lager eingesenkt. Fruchtgehäuse meist kohlig, mit porenförmiger Mündung.

Kernfrüchtige. Pyrenocarpi.

Lager blattartig, mittelst eines Nabels befestigt.

8. Endocarpeae Fr.

3. Lager krustenförmig, mit der ganzen Unterseite am Substrate festsitzend   Krustenflechten. Lichenes kryoblasti Kbr.

A. Früchte mehr oder weniger scheibenartig, nie zu Staub zerfallend.

a. Fruchtscheibe anfangs geschlossen, später mehr oder weniger deutlich kreisförmig.   Scheibenfrüchtige. Discocarpi.

aa Fruchtgehäuse stets Gonidien enthaltend.
Paraphysen aufrecht, wenig oder nicht verästelt.
† Lager kleinblättrig oder schuppig-krustenförmig. Frucht mit weichem, vom Lager berandeten Gehause, scheibenförmig. Gonidien blaugrün. Paraphysen locker, nach oben verdickt.

9. Fam.: Pannarieae (Kbr.)

†† Lager kleinblättrig-schuppig bis einförmig krustig. Frucht mit Gehäuse, scheibenartig. Gonidien hellgrün. Paraphysen gedrängt, aufrecht.

10. Fam.: Lecanoreae Fée z. T.

α Früchte nicht krugförmig eingesenkt, schüssel- oder scheibenförmig.

Lager kleinblättrig oder schuppig, mit beidseitig entwickelter Rindenschicht, oder mit krustenförmigem Centrum und lappenförmig ausgebildetem Rande und nur auf der Oberseite berindet   Placodinae (Kbr.)

Lager stets einförmig krustig. Früchte sitzend oder (nicht krugförmig) eingesenkt.

Eulecanoreae (Kbr.)

β. Früchte krugförmig eingesenkt.

Lager krustenförmig. Früchte mit wachsartigem Gehäuse.   Gyalecteae (Kbr.)

Lager krustenförmig. Früchte mit kohligem Gehäuse.   Urceolarieae (Kbr.)

Paraphysen schlaff, verästelt oder bogig gekrümmt.

Schlüssel zum Bestimmen der Familien.

Lager krustenförmig. Früchte punktförmig, selten scheibenartig. Gehäuse und Schlauchboden weich.
11. Fam.: Pertusarieae Kbr.

bb. Fruchtgehäuse ohne Gonidien. 12. Fam.: Lecideae Fr.

* Lager mit blattartig gelapptem Rande, schuppig-krustig.
Psorinae (Kbr.)

** Lager ohne blattartig gelappten Rand.
† Frucht hell, weich, nie kohlig.
α. Lager einförmig krustig. Früchte sitzend.
Biatorinae (Kbr.)

β. Lager einförmig krustig oder schuppig-blättrig. Entwickelte Früchte stets deutlich gestielt.
Baeomyceae (Fée.)

†† Fruchtgehäuse hart, meist dunkel und kohlig. Fruchtscheibe stets dunkel. Eulecidinae (Kbr.)

b. Früchte nicht deutlich kreisförmig, entweder in Längsstreifen, oder unregelmässig rundlich, rillenförmig bis formlos, nicht scharf berandet. Strich- oder Fleckfrüchtige.

aa. Früchte mehr oder weniger länglich oder verschiedenartig gebogen, mit deutlichem, weichem oder kohligem Gehäuse. Gonidien freudiggrün.
13. Fam.: Xylographeae (Kbr.)

bb. Früchte rillen- oder strichförmig, oder unregelmässig rundlich bis formlos, einfach oder sternartig. Gonidien gelbgrün bis rötlichbraun, zu einreihigen, verzweigten Zellreihen verbunden. Schläuche fast parallel zu einander angeordnet. 14. Fam.: Graphideae Echw.

* Früchte mit deutlich erkennbarem berandetem Gehäuse.
† Lager krustig. Gehäuse deutlich, meist kohlig, sehr selten weich, mit meist vortretendem Rande.
Opegrapheae.

†† Lager dürftig entwickelt. Gehäuse weich, meist deutlich. Paraphysen deutlich erkennbar, schlaff, nicht selten verästelt. Bactrosporeae.

** Fruchtscheibe sehr dünn, fleckartig. Gehäuse fehlend oder sehr undeutlich, nie berandet. Arthonieae.

Schlüssel zum Bestimmen der Familien.

B. Schlauchschicht im Alter zu Staub zerfallend. Sporen durch Resorption der Schläuche freiwerdend. (Vergl. Sphaerophoreae). Früchte sitzend und dann kreisel- oder birnförmig, oder deutlich gestielt Staubfrüchtige: 15. Fam.: **Calicieae Fr.**

C. Fruchtkörper rundliche, entweder kugelige oder halbkugelige, dem Lager mehr oder weniger eingesenkte, seltener demselben frei aufsitzende, am Scheitel durch eine Pore oder unregelmässig strahlig-rissig sich öffnende Behälter darstellend, welche die einen weichen Fruchtkern bildende Schlauchschicht enthalten. **Pyrenocarpi Kbr.**

  a Lager laubartig-krustig, durch Markfasern am Substrat befestigt.   16. Fam.: **Dacampieae Kbr.**

  b. Lager einfach krustig Gonidien freudiggrün, durch Teilung sich vermehrend.   **Verrucariaceae Kbr.**

  c. Gonidien gelbgrün, bräunlich bis rötlich, Chroolepus ähnliche Ketten bildend.   18. Fam.: **Pyrenulaceae Fr.**

II. Lager meist nicht aus deutlich getrennten Schichten bestehend.
    Lichenes homoeomerici Wallr.

A. Lager angefeuchtet gallertartig quellend.
    (Gallertflechten. **Lichones gelatinosi Bernh.**

  a Früchte stets deutlich scheibenartig verbreitert.

  aa. Paraphysen straff, aufrecht.

    Lager schuppig bis krustig, mit dauerndem, schwammigem Vorlager.
    18. Fam.: **Lecothecieae Kbr.**

    Lager blattartig, ohne Vorlager.
    20. Fam.: **Collemaceae Fr.**

  bb. Paraphysen schlaff, lang, bogig. Lager krustig. Fruchtscheibe wenig geöffnet.   21. Fam.: **Porocypheae Kbr.**

  b. Früchte nicht scheibenartig verbreitert, ein Perithecium bildend.   **Pyrenocarpi Kbr.**

  Lager blattartig
    † Perithecien eingesenkt, durch einen kurzen Hals in eine feine Pore sich öffnend.
    22. Fam.: **Phyllisceae Th. Fr.**

Schlüssel zum Bestimmen der Familien.

†† Pherithecien anfangs eingesenkt, später vortretend, am Scheitel porenartig durchstochen.
23. Fam.: Obryzeae Kbr.
** Lager strauchartig, polsterbildend.
24. Fam.: Lichineae Kbr.
B. Lager fädig, verfilzt, polsterartig. Gonidien blaugrün, in der Längsaxe des Fadens liegend.
Fadenflechten. Lichenes byssacei Kbr.
25. Fam.: Byssaceae Kbr.

Abkürzungen der Autoren-Namen.

Ach.   Erik Acharius.
Ag. -- Carl Adolph Agardh.
Almqv = S. Almqvist.
Anzi   M. Anzi.
Arn. = Friedrich Arnold.
Aut.   der Autoren.
Awd. -= Bernhard Auerswald.
Bagl -= Fr. Baglietto.
Bayrh. = Bayrhoffer.
Beckh. = Beckhaus.
Bell -= Carlo Antonio Ludovico Bellardi.
Beltr. — F Beltramini.
Bernh. - - Johann Jacob Bernhardi.
Blomb. - O. G. Blomberg.
Borr. - W. P. Borrer.
Bory -= J. B M. Bory de Saint Vincent.
Carringt.   Carrington.
Chaub. - Chaubard.
Clem. = S. de Clemente.
Coem. — E. Coemans.
Crombie - J. M. Crombie.
Dav. -- Hugh Davies.
dC. = Augustin Pyramus de Candolle.
Del = D. F. Delise.
Desm.   Johann Baptiste Heinrich Joseph Desmazières
Despr. -- Johann Baptiste René Pouppé Desportes.
Dicks = James Dickson.
Dill. --- Johann Jacob Dillenius.
Dub.   Jean Etienne Duby.
Dut.   Jean-Marie Léon Dutour.
Dur. =- Durieu de Maisonneuve.
Dur. et Mont. = Durieu de Maisonneuve et Montagne.
Ehrh. = Friedrich Ehrhart.
Eschw. - F. G Eschweiler.
Flk. -= Heinrich Gustav Floerke.
Fr. - Elias Magnus Fries.
Th. Fr. = Theodor Magnus Fries (d. Sohn).

Fw. - Julius von Flotow.
Garov. = S. Garovaglio.
Graeve = Graeve.
Hag. - K. G. Hagen.
Hall. = Albert von Haller.
Haszl. = Friedrich Haszlinsky.
Hellb. = P. J. Hellbom.
Hepp. = Phillip Hepp.
Hochst. = Christian Friedrich Hochstetter.
Hoffm.   Georg Franz Hoffmann.
Hook. = Joseph Dalton Hooker.
Hpe. := Ernst Hampe.
Huds. == William Hudson.
Humb. -= Friedrich Alexander von Humboldt.
Kick. = J. Kickx.
Kbr. =- Gustav Wilhelm Koerber.
Kbr. Par.=-- Koerber Parerga lichenologika.
Kbr. Syst. -= Koerber Systema Lichenum.
Kmphb. == August von Krempelhuber.
Ktz. -= Friedrich Traugott Kutzing.
L.   Carl von Linné.
Lahm == G. Lahm.
Lam. -= Jean Baptiste Antoine Pierre Monnet, Ritter de Lamarck.
Lamy — E. Lamy de la Chapelle.
Laur. = F. Laurer.
Lght. == A. Leighton.
Lgtf. = John Lightfoot.
Lk. = Heinrich Friedrich Link.
Lonnr. = K. J. Lonnroth.
Mack. - J. T. Mackay.
Mass. == Abramo Massalongo.
Metzler = J. Metzler.
Minks = Arth. Minks.
Mont. = Jean François Camille Montagne.
Moug. -= J. B. Mougeot.
Mudd == W. Mudd.
Mull. -= J. Muller Arg. (Genf).
Naeg. — C. W. Naegeli.

Neck. = Noel Joseph von Necker.
Nke. = Nitschke.
Norm. = J. M. Normann.
de Ntr. = Guiseppe de Notaris.
Nyl. = Wilhelm Nylander.
Pers. = Christian Hendrik Persoon.
Poetsch = J. S. Poetsch.
Poll. = Johann Adam Pollich.
Ram. = Louis François Elisabeth, Baron von Ramond de Carbonnières.
Rbh. = Ludwig Rabenhorst.
Rchb. = Heinrich Gottlieb Ludwig Reichenbach.
Reb. = Johann Friedrich Rebentisch.
Rehm = H. Rehm.
Relh. = R. Relhan.
Retz. = Anders Johann Retzius.
Rutstr. = C. B. Rutström.
Schaer. = Ludwig Emanuel Schaerer.
Schleich. = J. C. Schleicher.
Schrad. = Heinrich Apolph Schrader.
Schreb. = Johann Christian Daniel (von) Schreber.
Schrk. = Franz Paula von Schrank.
Scop. = Johann Anton Scopoli.
Sm. = James Edward Smith.
Smrft. = Soren Christian Sommerfelt.
Spr. = Curt Sprengel.
Stein = Berthold Stein.
Stenh. = Chr. Stenhammar.
Stitzenb. = E. Stitzenberger.
Sw. = Olof Swartz.
Tayl. = Thomas Taylor.
Tornab. = Tornabene.
Trev. = V. von Trevisan.
Tuck. = Edward Tuckermann.
Tul. = Louis René Tulasne.
Turn. = Dawson Turner.
Turn. et Borr. = Turner et Borrer.
Thweites = Thweites.
Vill. = Dominique Villars.
Wallr. = Karl Friedrich Wilhelm Wallroth.
Whlbg. = Georg Wahlenberg.
Web. = G. H. Weber.
Weig. = Christian Ehrenfried von Weigel.
Weiss = Weiss.
Westr. = J. P. Westring.
With. = William Withering.
Wulf. = Franz Xaver, Freiherr von Wulfen.
Zenk. = Jonathan Carl Zenker.
Zw. = W. von Zwackh.

Sachliche Abkürzungen.

br. = breit.
cm = Centimeter.
diam. = im Durchmesser.
em. = emendatum.
erw. = erweitert.
f. = forma.
Fam. = Familie.
Gatt. = Gattung.
Jod. = verdünnte Jodtinctur.
K. = Aetzkali.
Kal. caust. = Kali causticum.
lg. = lang.
mm = Millimeter.
Ordn = Ordnung.
p. p. = pro parte.
Subfam. = Subfamilie.
var. = Varietät.
wie vor. = wie vorige.
μ = Micromillimeter (1 μ = 0,001 mm).

I. Lichenes heteromerici Wallr.

1. Ordnung: Lichenes thamnoblasti Kbr.

A. Discocarpi.

I. Fam.: Usneaceae Eschw.

Uebersicht der Gattungen.
1. Lager mit centralem Markstrang.
   a. Sporen zu 8 in den Schläuchen.
      aa. Früchte schildformig. Markschicht sich leicht von der Rindenschicht lösend.

Lager drehrund, sehr ästig, hellgraugrün bis gelblichgrün, aufrecht oder hängend, stets mit Faserästchen. Markschicht fest, faden-

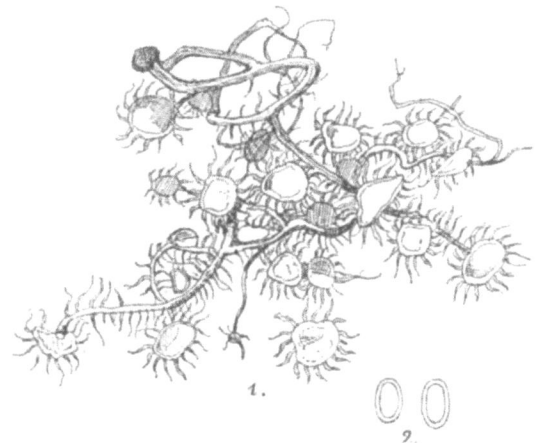

1. Usnea barbata α florida. Natürl. Grösse.
2. Zwei Sporen derselben Flechte.

artig, sich leicht von der Rindenschicht lösend. Früchte end- oder seitenständig, kreisrund, aussen von der Rindenschicht bekleidet und berandet. Sporen einzellig, klein 6—10 μ lg., 3—7 μ br., hyalin,

Usnea barbata β hirta. Natürl. Grosse.

kugelig-elliptisch. Schläuche länglich keulenförmig. Spermatien nadel- oder walzenförmig, an einem Ende verdickt.

Usnea Dill.

bb. Markschicht sich nicht von der Rindenschicht lösend. Früchte schild- oder schüsselförmig.

* Lager rundlich oder etwas zusammengedrückt-kantig, strauchig, tiefbraun bis schwarz, glänzend, zuletzt hohl.

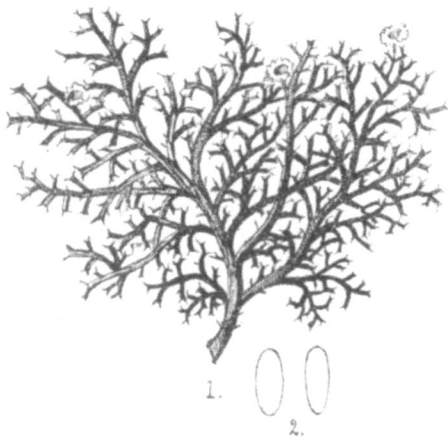

1. Cornicularia aculeata. Natürl. Grösse.
2. Zwei Sporen der Flechte.

Rindenschicht knorpelig-hornartig. Markschicht locker, sich nicht von der Rindenschicht lösend. Früchte fast endständig, dem Lager gleichfarbig. Sporen einzellig,

Usneaceae. 3

hyalin, 5—6 μ lg.. 3—3,5 μ br. Schläuche kurz keulenförmig.

Cornicularia Ach.

** Lager stielrund, fadenförmig oder strauchig, hängend, stets ohne Faserästchen. Markschicht locker, sich nicht von der Rindenschicht lösend. Früchte seitenständig. Sporen

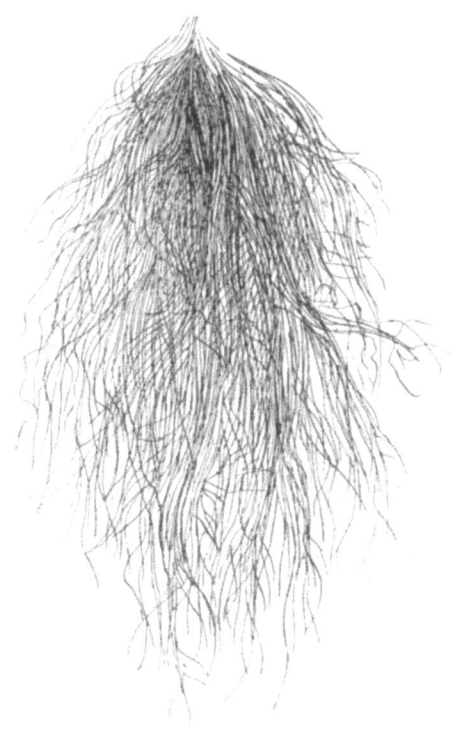

Bryopogon jubatum. Natürl. Grösse

eiförmig, hyalin. 6—8 μ lg., 3—5 μ br. Spermatien an beiden Enden leicht verdickt.

Bryopogon Lk.

b. Sporen zu 2—4 in den Schläuchen.

Lager wie bei Bryopogon. Früchte schüsselförmig. Sporen an-

1*

fangs grünlich bis braun, breit gesäumt, später hyalin, 30—40 μ lg., 15—25 μ br.

Alectoria Ach.

1. Alectoria ochroleuca. Natürl. Grösse.
2. Eine Spore derselben Flechte.

2. Lager ohne centralen Markstrang.
    a. Lager kantig-rundlich bis breit bandartig, vielfach geteilt, strauchig. Markschicht gleichmässig locker oder von festeren

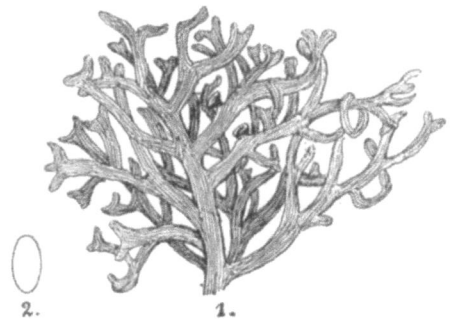

1. Evernia furfuracea. Natürl. Grösse.
2. Eine Spore derselben Flechte.

Fäden durchzogen. Rindenschicht dünn, aus sehr kleinen Zellen gebildet. Früchte schüsselförmig, seiten- oder fast endständig.

Usneaceae. 5

Fruchtscheibe dunkel gefärbt. Sporen zu 8, einzellig, elliptisch, hyalin, 7—10 μ lg., 5 μ br. Spermatien gerade, meist nadelförmig, seltener länglichrund.

Evernia Ach.

b. Lager bandförmig bis breit blattartig, meist strauchig, voll oder röhrig. Markschicht locker. Rindenschicht knorpelig, aus längsliegenden, anastomosierenden, mehr oder minder verwebten Zellen

1. Ramalina fraxinea. Natürl. Grösse.
2. Zwei Sporen derselben Flechte.

bestehend. Früchte seiten- oder endständig, Fruchtscheibe dem Lager fast gleichfarbig. Sporen zu 8, zweizellig, länglich oder gekrümmt, hyalin, 10—16 μ lg., 4—7 μ br. Spermatien gerade, cylindrisch.

Ramalina Ach.

c. Lager zusammengedrückt-rundlich, verästelt, röhrig. Rindenschicht knorpelig punktirt. Markschicht locker. Früchte endständig, scheibenförmig, sitzend, gleichfarbig. Sporen zu 8,

Dufourea madreporiformis. Natürl. Grösse.

zweizellig, elliptisch, hyalin. Spermatien schmal elliptisch.

Dufourea Ach.

1. *Usnea Dill.*

1. Lager hängend, sehr lang, fadenförmig, geschmeidig.
   a. Früchte fast endständig.

Lager bis mehrere Meter lang, 0,5—1 mm dick, einfach, selten sehr spärlich verzweigt, frisch hellgrau, grün oder gelblichgrün, getrocknet gelblichweiss, stets mit gleichmässig verteilten, rechtwinklig abstehenden, 1—4 cm langen, glatten oder etwas rauhen Faserästchen. Früchte 4—6 mm diam., mit flacher, später gerunzelter, blassrötlicher oder gelblicher, am Rande mit langen, schlaffen Fasern besetzter Scheibe. Sporen elliptisch, 8—10 μ lg., 6—7 μ br.

An Nadelhölzern, seltener Laubhölzern (Buchen) in Gebirgswäldern, ausserordentlich selten fruchtend. *1. U. longissima Ach.*

b. Früchte seitenständig.

Lager bis ½ m lang, fadenförmig, wenig verästelt, glatt, abwechselnd kahl oder mit kurzen, im rechten Winkel abstehenden, glatten Faserästchen besetzt, gelbgrau bis grünlichgelb. Hauptaxe zuletzt dunkler werdend. Früchte 0,5—1 mm diam., mit flacher, hellgelblicher, rings von langen, dünnen Fasern umgebener Scheibe. Sporen kugelig.

An Nadelholz im Hochgebirge, selten und meist steril. — (U. barbata c. plicata Fr.; Lichen plicatus L.)

2. U. plicata (L.) Ach.

Lager bis ½ m lang, hängend, verästelt, eingeschnürt-gegliedert, glatt, mit glatten Faserästchen abwechselnd besetzt, grau bis meergrün, getrocknet verblassend. Früchte mit blasser Scheibe und nacktem Rande. Sporen. . . .

Selten. An alten, hohen Kiefern bei Dresden, ferner Sächsische Schweiz, Schwarzenburg, Oberlausitz, an Buchen bei Coesfeld in Westfalen, an Eichen in der Rheinprovinz. — (Alectoria articulata Lk.; Usnea barbata β articulata Ach.; Lichen articulatus L.)

3. U. articulata (L.) Hoffm.

Anm.· Ich fuhre diese Art nur mit Reserve auf, da mir fruchtende Exemplare zur Untersuchung nicht zu Gebote stehen. Die Gliederung des Lagers ist zwar sehr eigentümlich, doch findet sich diese auch bei U. cornuta wieder. Wie schon Nyl. Syn. p. 268 bemerkt, wird von dieser Gliederung nur die Rindenschicht, nicht die Markschicht betroffen. Nicht selten erweitert sich an den Bruchstellen die Rindenschicht bis zu 5—6 mm, wodurch die Pflanze ganz seltsam gestaltet wird. Solche Exemplare stellen die var.· intestiniformis Ach. dar.

2. Lager dickfädig bis strauchartig, starr, aufrecht oder hängend.

a. Lager glatt, selten körnig-rauh.

Lager dickfädig, strauchig, 2—30 cm lang, fast starr, unregelmässig ästig, mit glatten, verschieden langen, die Hauptaxe oft dicht verhüllenden Faserästchen besetzt, graugrün oder hechtblau. Früchte 1—1,5 cm diam., seiten- oder endständig, flach-schüsselförmig. Scheibe heller gefärbt, am Rande unregelmässig bewimpert. Sporen kurz elliptisch, 6—8 μ lg., 3—4 μ br. Aendert ab:

α. florida (L.) Fr. — (Usnea florida b. comosa Smrft.; Lichen floridus L.) — Lager aufrecht, sehr ästig, strauchartig, glatt, selten wenig rauh. Meist zahlreich fruchtend.

β. hirta (L.) Fr. — (U. florida β hirta Ach.; Lichen hirtus L.) — Lager aufrecht, niedrig, gedrängt, rasen- oder strauchartig, dicht staubig. Faserästchen zahlreich, kurz. Früchte sehr selten. kleiner.

* sorediifera Arn. — Lager dicht von Soredien umhüllt.

γ. dasypoga (Ach.) Fr. — (U. plicata γ dasypoga Ach.; Lichen barbatus L.) — Lager verlängert, hängend, wenig ästig, körnig rauh. Meist steril.

An Bäumen, alten Bretterwänden, Zäunen etc. häufig; die var. mehr in der Bergregion.

4. U. barbata (L.) Fr.

Anm Auf dem Lager findet sich hier und da ein Pilz: Abrothallus Smithii Tul.

b. Lager stets warzig-rauh.

Lager bis 30 cm lang, dickfädig bis strauchig, starr, warzig-rauh, an den Enden glatt, stark verzweigt, dunkelgraugrün, im Herbar braunrot werdend, spärlich mit sehr ungleichen Faserästchen besetzt. Früchte 3—6 mm diam. Scheibe flach, grünlichgelb, am Rande sehr lang bewimpert. Schläuche doppelt kürzer wie vor. Sporen elliptisch, 6—8 μ lg., 4—5 μ br.

* soridiella Oliv. Lager dicht mit Soredien besetzt.

An Waldbäumen. Selten. Rybnick i. Schlesien, Münster i. Westfalen, an mehreren Stellen Oberbaierns.

5. U. ceratina Ach.

Lager 5—8 cm lang, gedrungen, strauchartig, warzig-rauh, meist von Soredien dicht besetzt, fettig glänzend, hellgelbgrün, im Herbar dunkler werdend. Rinde rissig gegliedert. Aeste kurz, starr, mit hornartig zurückgekrümmten Astspitzen. Faserästchen spärlich, kurz. Früchte 5—7 mm diam., mit gelblicher, vertiefter Scheibe und lang bewimpertem Rande. Schläuche und Sporen wie vor.

An Felsen der Bergregion: Biebersteine bei Warmbrunn, Sächs. Schweiz, Harz, Westfalen, Baireuth, Oberbaiern. — (U. barbata v. cornuta Fw.; U. ceratina β cornuta Ach.)

6. U. cornuta Kbr.

Anm. Durch die angeführten Merkmale sicher von U. ceratina zu unterscheiden; bei kleineren, dicht von Faserästchen und Soredien besetzten Formen hute man sich vor einer Verwechselung mit U. barbata β hirta. —

2. *Bryopogon Link.*

Lager sehr verschieden, selbst bis meterlang, fadenförmig, meist hängend, glatt, grünlichgrau bis braunschwarz, mehrfach dichotom geteilt. Astspitzen dem Lager gleichfarbig. Faserästchen stets fehlend. Früchte 0,5—1,5 mm diam., schüsselförmig, mit brauner, zuletzt gewölbter Scheibe. Schläuche keulenförmig. Sporen 6—8 µ lg., 4—5 µ br. Paraphysen dicht verklebt. — Aendert ab:

  α. prolixum (Ach.) — Lager hängend, verlängert, fast starr, braun oder braunschwarz. Soredien weisslichgrau.
    * capillare Ach. — Lager haarförmig, weniger ästig, schwarzbraun.
    ** canum Ach. — Lager dicht mit weissgrauen Soredien besetzt.
  β. implexum (Hoffm.) Th. Fr. — Lager hängend, verlängert, geschmeidig, hellbraun oder grau. Soredien weisslichgrau.
  γ. chalybeiforme (L.) Th. Fr. — Lager kurz, niederliegend, polsterartig, braun bis schwarzbraun, mit oft helleren Spitzen.
  δ. nitidula Th. Fr. — Lager kurz, aufrecht, starr, glänzend, braunschwarz, mit zerstreuten Soredien. Endspitzen nicht heller gefärbt.

An Bäumen, Bretterwänden, Zäunen, Felsen, auf Waldboden etc. — Häufig, doch selten fruchtend. Das Lager ist öfter mit fleischfarbigen Cephalodien besetzt, welche von Unkundigen leicht für Früchte gehalten werden. Von allen Usnea Formen sogleich durch die stets fehlenden Faserästchen zu unterscheiden. (Alectoria jubata (L.) Ach.; Cornicularia Br. et Rostr.).

7. B. jubatum (L.) Link.

Lager bis 10 cm hoch, aufrecht, sparrig verästelt. Aeste dünn, gespreizt, tief braunschwarz, mit helleren Spitzen. Früchte (aus dem Gebiete noch nicht bekannt) bis 2 mm diam., schwärzlich. Sporen breiter, 7—8 µ lg., 5—6 µ br.

  Vorkommen wie vor. — (Lichen bicolor Ehrh.; Alectoria Nyl.)

8. B. bicolor (Ehrh.).

3. Cornicularia Ach.

Lager aufrecht, strauchig, sehr verworren ästig, brüchig starr, rundlich bis unregelmässig kantig, glatt, braun bis schwarzbraun. Aeste gespreizt, mehr oder weniger borstig bewimpert. Früchte 3—6 mm diam., gleichfarbig, mit borstig gefranztem Rande. Schläuche kurz, schmal. Sporen 6 μ lg., 3—5 μ br. Paraphysen eiförmig, in kleinen Verdickungen der Astspitzen sitzend. — Aendert ab:

α. alpina Schaer. (C. stuppea Fw.) — Lager niedrig, innen fest, nur an den Astspitzen bewimpert.
β. acanthella Ach. (coelocaula Fw.) — Lager höher, zuletzt hohl, dicht borstig bewimpert.

Auf sterilem Heideboden überall verbreitet, doch selten fruchtend. (Cetraria aculeata Fr.).   **9. C. aculeata Schreb.**

Anm Die im Norden einheimische C. divergens Ach. wurde am hohen Ring b. Seckau in Oesterreich gesammelt und dürfte vielleicht noch im Gebiete gefunden werden. Sie unterscheidet sich von C aculeata durch fast pechschwarze Färbung des Lagers und die ganz ungewimperten, innen nie hohlen Lagerstämmchen.

Lager in kleinen, 1—2 cm hohen, dem Substrat fest angehefteten Rasen, sehr brüchig, rundlich zusammengedrückt, braun oder pechschwarz, sparsam dichotom ästig. Aeste zweizeilig, gleichhoch. Früchte fast endständig, 2—6 mm diam., braunschwarz. Scheibe flach oder wenig gewölbt, ganzrandig, selten am Rande gezähnt-gefranzt. Sporen 5—6 μ lg., 3—4 μ br. Spermatien linealisch, in kleinen Wärzchen am Ende der Astspitzen.

An Felsen des Hochgebirges, meist fruchtend. (Lichen Web ; Alectoria Fr ; Parmelia fahlunensis var. tristis Schaer; Parmelia Wallr.; Platysma Nyl.)   **10. C. tristis (Web.) Ach.**

4. Alectoria Ach.

a. Lager dicht fadenförmig, hängend, biegsam.

Lager bis 60 cm lang, sehr biegsam, etwas grubig, dichotom geteilt, hellgrünlichgelb. Aeste lang, haarfein, mit gleichfarbigen Spitzen. Früchte 2—4,5 mm diam., mit zuerst vertiefter, später flacher, hellgrüner oder braunschwarzer Scheibe und ungeteiltem Rande. Schläuche fast keulenförmig. Sporen 28—42 μ lg., 14—24 μ br.

α. crinalis (Ach.) — Lager haarfein, blassgelb.

An Nadelholz in der Bergregion, selten und meist steril. (Lichen sarmentosus Ach.; Bryopogon Koerb. Syst. (a. genuinum).

11. A. sarmentosa Ach.

b. Lager strauchig, aufrecht, brüchig, starr.

Lager in grossen, zusammenhängenden Polstern von 5—10 cm Höhe. Stämmchen reich verzweigt, glatt, weissgelb, im Herbar nicht

verbleichend. Aeste wiederholt dichotom geteilt, mit kurzen, meist zurückgebogenen, schwarzen Spitzen. Soredienhäufchen zahlreich, oval. Früchte 5—8 mm diam., mit zuletzt gewölbter, runzliger, kastanienbrauner Scheibe. Schläuche und Sporen wie vor.
Auf der Erde zwischen Steingeröll und an Felsen im Hochgebirge. Bei uns nur steril. — (Lichen Ehrh.; Bryopogon Kbr.; Evernia Fr.; Cornicularia DC.)

12. A. ochroleuca (Ehrh.) Nyl.

Lager 3—6 cm hoch. Stämmchen deutlich grubig, dunkelgrau. Aeste glänzend schwarzbraun, im Herbar hellrotbraun werdend, mit kurzen, meist geraden Spitzen. Soredien fehlend. Früchte zur Zeit unbekannt.

Zwischen Felsgeröll. Selten. Schneekoppe. — (Cornicularia ochroleuca β nigricans Ach.; Alectoria ochrol. var. nigricans Kbr.; A. Thulensis Th. Fr.)

13. A. nigricans (Ach.) Nyl.

5. Evernia Ach.

a. Astspitzen des Lagers (meist) pfriemenförmig zugespitzt.

Lager 2—12 cm hoch, aufrecht, strauchig, starr, mehr oder weniger rundlich-zusammengedrückt, hellgrünlichgelb bis citronengelb, stets mit Soredien. Aeste wiederholt dichotom geteilt, mit pfriemenförmigen, gabeligen Spitzen. Früchte an den Achsenenden sitzend. Scheibe kastanienbraun, mit eingebogenem Rande. Sporen 7—8 μ lg., 4—5 μ br.

In den Alpen verbreitet; im Gebiete sehr selten. Kesselkoppe, Grünberg in Schlesien. (Lichen L.; Parmelia Ach.; Chlorea Nyl.)

14. E. vulpina (L.) Ach.

Anm. Diese Flechte enthält einen eigentümlichen, „Vulpulin" genannten, gelben Farbstoff.

Lager bis 25 cm lang, hängend, schlaff, schmal bandförmig, beiderseits weissgrau oder grünlichweiss, stets ohne Soredien. Aeste abstehend, kurz, mit spitzen, gabeligen Enden. Rindenschicht im Alter gliederig-rissig. Früchte 2—6 mm diam., seitenständig, sitzend. Scheibe glänzend kastanienbraun. Sporen breit gesäumt, 6—7 μ lg., 5 μ br. — Aendert ab:

var. arenaria (Retz.) — Lager kürzer, breiter, bis bauchig aufgetrieben.

An Nadelholz, seltener Laubholz in Gebirgswäldern; die var. auf Steinen und Felsen. (Lichen L.; Parmelia Ach.)

15. E. divaricata (L.) Ach.

b. Astspitzen des Lagers linearisch verbreitert.

Lager (meist) aufrecht, bandförmig, weich, grau- oder grünlichweiss, dichotom geteilt, mit weissen Soredien. Aeste in gabelige,

Usneaceae. 11

linearische Spitzen endend. Rindenschicht nie rissig, gegliedert. Früchte seitenständig, fast gestielt. Scheibe rotbraun. Sporen nicht gesäumt, 6—9 μ lg., 3,5—5 μ br. — Aendert ab:

α. vulgaris Kbr. — Aeste kurz, breit, fast rinnenförmig, mit hellerer Unterseite.
* retusa Ach. — Astspitzen etwas zurückgekrümmt.
β. gracilis Kbr. Aeste lang, schmal, beiderseits (meist) gleichfarbig. An Bäumen und auf bearbeitetem Holze; häufig. Die var. β mehr in der Bergregion auf Steinen, seltener an Holz. — (Lichen L.; Parmelia Ach.) *16. E. prunastri (L.) Ach.*

Lager bis 10 cm lang, aufrecht oder fast hängend, schlaff, bandförmig, dichotom verzweigt. Oberseite grau oder braun, meist kleiigschuppig. Unterseite rinnenförmig, bläulichschwarz, selten fleischrot. Astenden linearisch zugespitzt. Früchte 10—12 mm diam., fast gestielt. Scheibe rotbraun. Sporen gesäumt, 7—10 μ lg., 4—5 μ br.

An Bäumen, alten Bretterwänden, Zäunen etc., seltener an Steinen. Häufig. (Lichen L.; Borrera Ach.; Parmelia Th. Fr.)
17. E. furfuracea (L.) Ach.

Anm. Th. Fr. stellt diese Art zu Parmelia, weil sie, abweichend von den übrigen Arten der Gattung, durch feste Haftfasern am Substrat befestigt ist. — Die Pflanze ist sehr veränderlich in Bezug auf Länge und Breite der Aeste und der grösseren oder geringeren kleiigen Bestäubung des Lagers.

6. Ramalina Ach.

a. Lager fadenförmig, meist drehrund.

Lager hängend, kurz bartartig, oder lange, dicht verworrene Polster bildend, glatt, gelblichweiss, mit feinfädigen, kurz und fein gespitzten Aesten. Früchte „erhaben sitzend, klein, mit blasser, flacher, dünn berandeter Scheibe."

An Bäumen und Felsen. Selten. Schlesien, Baiern. Sehr selten fruchtend! (Alectoria Ach.; Evernia arenaria Fr.; Cornicularia Fr. Sched. crit.; Ramalina calicaris v. thrausta Fr.; ? Alectoria arenaria Kbr.) *18. R. thrausta (Ach.) Nyl.*

b. Lager mehr oder weniger breit bandartig.
* Lager stets glänzend.
† Lager aufrecht oder hängend, starr.

Lager aufrecht, 2—5 cm hoch, deutlich baumartig verzweigt, meist schmal bandartig, rinnenförmig, schwach netzadrig, graugrün oder grünlichweiss, sehr selten mit Soredien. Astspitzen pfriemenförmig, zurückgekrümmt. Früchte bis 5 mm diam., endständig. Sporen 10—16 μ lg., 1—7 μ br.

An Bäumen durch das Gebiet. (Lichen calicaris L.; R. calicaris c. canaliculata Fr.; Parmelia fastigiata β calicaris Ach.)

19. R. calicaris (L.) Ach.

Lager aufrecht oder hängend, bis 14 cm lang, 1,5 cm breit, bandartig, unregelmässig zerschlitzt (nicht baumartig verzweigt), netzadriggrubig, ohne Soredien. Früchte bis 1 cm diam., zerstreut auf dem Lager stehend. Scheibe flach, mit erhabenem Rande. Sproren wie vor. — Aendert ab:

α. ampliata Ach. — Lappen des Lagers unregelmässig, sehr breit. Früchte zerstreut.
β. fastigiata (Pers.) — Lappen kurz, gleichlang. Früchte fast endständig.
γ. taeniata Ach. — Lager hängend. Lappen einfach bandförmig, sehr lang. Fast nur steril.

Hauptsächlich an Laubbäumen, β auch auf Holzdächern. (Lichen L.; R. calicaris a. fraxinea Fr.)

20. R. fraxinea (L.) Fr.

†† Lager schlaff oder weich, hautartig.

Lager bis 10 cm lang, 1 mm breit, meist hängend, netzadriglängsfurchig, mit dichotomischen, schmal-linealischen Aesten. Soredienhäufchen weiss, randständig. Früchte selten, end- und seitenständig.

An Laub- und Nadelholz, zerstreut. (Lichen L., Ramalina calicaris var. farinacea Fr.)

21. R. farinacea (L.) Fr.

Anm. Von vor. Art durch die nie fehlenden Soredienhäufchen sofort zu unterscheiden.

Lager aufrecht, 1—3 cm hoch, vielfach zerschlitzt, weisslich bis graugrün, mit heller Unterseite. Soredien weiss, meist dicht das Lager bedeckend. Früchte fast endständig, 2—6 mm diam. Scheibe concav mit einwärts gekrümmtem Rande. Sporen 10—14 μ lg., c. 5 μ br.

An Laubbäumen, alten Bretterwänden, Zäunen, an Mauern und Felsen durch das Gebiet; stellenweise fruchtend. — (Lichen Westr.; Ramalina polymorpha f. pollinaria Br. et Rostr.)

22. R. pollinaria (Westr.) Ach.

Anm. Von Formen der R. calicaris durch das häutige Lager, von R. farinacea durch die Anordnung der Soredien verschieden.

** Lager völlig glanzlos.

Lager polsterartig, etwa 1 cm hoch, aufrecht, starr. Stämmchen sehr unregelmässig verästelt, mit tiefen Längsfurchen versehen, graugrün. Soredien in kopfförmigen, endständigen Häufchen. Früchte fast endständig. Scheibe concav, mit erhabenem Rande. Sporen 12—16 μ lg., 4—6 μ br.

Thamnoliaceae.

An Felsen hin und wieder in der Bergregion. — (Lichen Ach.; Ramalina tinctoria Krb.; R. polymorpha γ tinctoria Br. et Rostr.)

23. R. polymorpha Ach.

7. Dufourea Ach.

Lager rasenförmig, 2—4 cm lang, dichotom verzweigt, rundlich-zusammengedrückt, knotig, strohgelb, mit stumpfen Astspitzen. Früchte unbekannt.

Auf der Erde zwischen Moosen und Gräsern, an Felsen, in Felsspalten. Selten und nur steril. Fundensee-Tauerngipfel in Oberbaiern. (Cladonia Schaer.; Evernia Fr.; Pycnothelia Rbh.; Cetraria nivalis β madreporiformis Schaer.)

24. D. madreporiformis Ach.

II. Fam.: Thamnoliaceae Ach.

8. Thamnolia Ach.

Charakter der der Familie.

Thamnolia vermicularis. Natürl. Grösse.

Pflanze rasenartig. Lager meist aufrecht, 3—6 cm hoch, selten verästelt, röhrig, weisslich oder gelblich, nicht glänzend, glatt oder grubig punktiert, in glatte Spitzen auslaufend. Fruchtboden in fast kugeligen, seitenständigen Anschwellungen des Lagers, mit zahlreichen Früchten besetzt. Früchte sehr klein, mit flacher, schwarzer Scheibe. Schläuche cylindrisch, achtsporig. Sporen einzellig, fast elliptisch, 5—8 μ lg., 3—5 μ br., hyalin.

An gras- und moosreichen Stellen des Hochgebirges, nicht selten, doch meist steril; oft mit Cladonien innig vergesellschaftet. — (Cladonia Flk.; Cl. amaurocreae β vermicularis Krb.; Patellaria turbinata α. leuritica Wallr.).

25. Th. vermicularis (Sw.)

Anm. Vergl uber diese Flechte A. Minks, Flora 1874.

III. Fam.: Cladoniaceae Zenk.

1. Lagerstiele fest, mit fester Markschicht. Lagerschuppen die Stiele bekleidend, oder am Grunde derselben krustenförmig vereinigt. Früchte nicht hohl, rotbraun. Schläuche schmal keulenförmig, 6- (selten) 8 sporig. Sporen nadel- oder spindelförmig, 4—mehrteilig, hyalin. Spermogonien in kleinen, schwarzen Punkten des Lagers. *Stereocaulon Schreb.*

1. Stereocaulon tomentosum. Natürl. Grösse.
2. u. 3. Sporen derselben Flechte.

2. Lagerstiele röhrig, mit dünner Markschicht. Lagerschuppen am Grunde und an den Stielen, öfter fehlend. Schläuche keulenförmig, 8 sporig. Sporen länglich-elliptisch, ungetheilt, hyalin. *Cladonia Hoffm.*

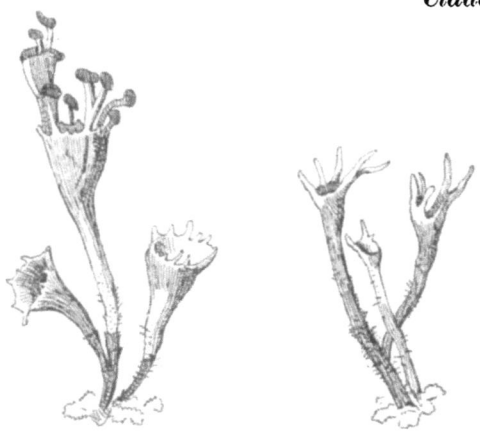

Cladonia fimbriata. Natürl. Grösse.

Cladoniaceae.

9. *Stereocaulon Schreb.*

a. Lagerstiele grösser, bis zu 5 cm, aufrecht oder aufsteigend, wiederholt verästelt.

* Lagerstiele dem Substrat fest anhaftend.

† Lagerschuppen fingerförmig zerteilt oder fast fadenförmig.

Lagerstiele bogig aus gemeinschaftlicher Basis aufsteigend, bis 5 cm hoch, buschig verästelt, anfangs feinfilzig, zuletzt kahl. Lagerschuppen stahlgrau, an der Basis fehlend. Früchte 1—2 mm breit. Sporen haar- oder langspindelförmig, meist 3- (selten 5—7)teilig, 22—40 μ lg., 2.5—4 μ br. — Aendert ab:

α. dactylophyllum (Flk.) Th. Fr. — Höher. Lagerstiele sehr gespreizt astig. Früchte kl.m. convex.
β. conglomeratum Th. Fr. — Kleiner. Lagerstiele gehäuft, zarter. Früchte breiter. verflacht.

An Steinen und Felsen in Gebirgsgegenden.

26. St. coralloides Fr.

†† Lagerschuppen nicht fingerförmig zerteilt.

° Lagerschuppen reinweiss, selten grauweiss.

Lagerstiele aufrecht, 2—4 cm hoch, ästig, fest, zäh, dicht weissfilzig. Lagerschuppen geknäuelt, klein, warzenförmig, eingeschnittengekerbt. Früchte 2—5 mm breit, mit flacher Scheibe. Sporen haarförmig, 3—5teilig, 20—30 μ lg., 2—3 μ br.

Auf Steinen und Kiesboden des Hochgebirges.

27. St. alpinum Laur.

Anm. Die reinweisse Farbung lasst diese Art von St. tomentosum stets sicher unterscheiden.

°° Lagerschuppen grün- bis bläulichgrau.

Pflanze in rundlichen, 1—2 cm hohen Rasen. Lagerstiele aus gemeinschaftlicher Basis bogig aufsteigend, sehr brüchig, sparrig verästelt, dicht verfilzt, am Grunde fast kahl, oben mit gehäuften, warzigen, bläulichgrauen Lagerschuppen dicht besetzt. Früchte 1—2 mm diam., mit leicht gewölbter Scheibe, endständig. Sporen haarförmig, 3—5teilig. 24—38 μ lg., 2,5—3 μ br.

In Sandgruben, Kieferwäldern, auf Heideplätzen etc., zerstreut.
— (St. tomentosum var. incrustatum Nyl.)

28. St. incrustatum Flk.

Anm Von St. tomentosum durch die stets endständigen Fruchte und die dem Substrate fest anhaftenden Lagerstiele verschieden.

Lagerstiele aufrecht, 2—5 cm hoch, fest, zäh, nackt, wenig verästelt. Lagerschuppen an der Basis gehäuft, fast schildförmig, zuerst rundlich, dann verflacht, in der Mitte vertieft, graugrün. mit öfter gezähntem, weisslichem Rande. Früchte seitenständig, 0,5—1 mm diam., verflacht. Sporen haarförmig, 3—5teilig, 21—40 μ lg., 2—4 μ br. — Aendert ab:

α. genuinum Th. Fr. — Lagerstiele grösser, einzeln oder in lockeren Rasen.
β. pulvinatum (Schaer.) Fw. — Lagerstiele niedrig, in dichten Rasen, mit langen, rutenförmigen Aesten.

An Steinen und Felsen des Gebirges, häufig.

29. St. denudatum Flk.

** Lagerstiele an der Unterlage wenig oder nicht haftend.

Lagerstiele aufrecht, bis 5 cm hoch, wiederholt fast baumartig verästelt, dicht mit grauweissem, spinnwebeartigem Filze bedeckt. Lagerschuppen rundlich, eingeschnitten-gekerbt, weissgrau bis grünlichgrau. Früchte 2—6 mm diam., hoch gewölbt. Sporen haarförmig, 3—5teilig, 22—35 μ lg., 2—3 μ br.

Auf Sandboden, Heideplätzen, in Nadelwäldern. Häufig.

30. St. tomentosum (Fr.) Th. Fr.

Pflanze lockerrasig. Lagerstiele aufrecht, bis 5 cm hoch, sehr ästig, zusammengedrückt, zuerst dünn filzig, später kahl. Lagerschuppen an der Basis bald verschwindend, an den Lagerstielen in kleinen grauen oder weissgrauen Häufchen, warzig-schuppig, gekerbt. Früchte meist endständig, 0,5—1 mm diam., flach. Sporen haarförmig, 3—9teilig, 24—35 μ lg., 3—4 μ breit.

Auf Heideplätzen, an Waldrändern, auch auf Steinen; in der Ebene hier und da, häufiger in der Bergregion. — (Lichen paschalis L.)

31. St. paschale (L.) Fr.

b. Lagerstiele zwergig, 1—2 cm hoch, fast einfach bis wenig ästig.

Lagerstiele 1—1,5 mm hoch, aufrecht, fast einfach oder sparsam fast rechtwinklig geteilt, glatt, fest an dem Substrat haftend. Lagerschuppen körnig-schuppig oder staubig-warzig, weisslichgrau, an der Basis gehäuft, bleibend, an den Stielen zerstreut sitzend. Früchte endständig, 0,5—1 mm diam., mützenartig, mit fast flacher Scheibe. Sporen 18—30 μ lg.; 4—4,5 μ br. 3teilig. —

An Steinen und in Felsritzen der Bergregion. — (St. pileatum Ach. (1810); St. cereolinum Ach. (1814).

32. St. Cereolus Ach. 1798.

Lagerstiele aufrecht, bis 1,5 cm hoch, oder ganz fehlend, wenig ästig, anfangs mit dünnem, weisslichem, bis weissrötlichem Filze bedeckt, später fast kahl werdend. Lagerschuppen an der Basis rasenartig-krustig, an den Lagerstielen zerstreut sitzend, körnig-schuppig, grau bis weissgrau. Früchte 1—2 mm diam., endständig, etwas gewölbt, schwarzbraun. Sporen fein nadelförmig, 3- (selten 7) teilig, 20—30 µ lg., 15—25 µ br.

Auf sterilem Sand- und Heideboden, an Wegrändern, in Schonungen, auf Steinen. Häufig; die stiellose Form oft in Gesellschaft von Baeomyces roseus. — (St. condyloideum Ach.)

33. St. condensatum Hoffm.

Lagerstiele winzige, dicht sammetartige, weissgrüne, 2—5 mm hohe Polster bildend, fadenförmig, einfach oder in rutenförmige Aeste geteilt. Lagerschuppen sehr klein, warzenförmig oder flockig-staubig, meist spangrün. Früchte seitlich an den Enden der Lagerstiele, gewölbt, schwarzbraun. Sporen nadelförmig, 2—5 teilig.

An feuchten, schattigen Felswänden, in Felsspalten, nicht selten, doch oft — wegen des lepraartigen Wuchses — übersehen. Fruchtend bisher nur von Rabenhorst im Biela'er Grunde in der Sächs. Schweiz gefunden. *34. St. nanum Ach.*

10. Cladonia Hoffm.

I. Lagerstiele strauchartig-vielästig, nicht becherbildend. Lagerschuppen fehlend. Eucladonia Eschw.

Lagerstiele bis 10 cm hoch, strauch- oder baumartig verzweigt, walzenförmig, weisslich, grau, bläulichgrau, gelblich bis gebräunt, matt (nicht glänzend), mit undeutlich durchbohrten Axenenden. Aeste kurz, strahlig-gespreizt, sterile übergebogen-hängend, fertile aufrecht. Früchte klein, bräunlich, gewölbt bis fast kuglig.

α. vulgaris Schaer. — (Cladina rangiferina Leight.) — Lagerstiele weiss oder bläulichgrau, mit einseitswendig übergebogenen, an der Spitze gebräunten Aesten.

β silvatica (L.) Hoffm. (Cladina Nyl.) — Lagerstiele stroh- oder grünlichgelb, mit allseitig übergebogenen, an den Spitzen gleichfarbigen Aesten.

* alpestris (L.) Schaer. (Cladina Nyl.) — Lagerstiele weiss oder weisslich gelb, gespreizt-ästig, obere Aestchen zu dichten Sträussen verbunden.

γ. arbuscula (Wallr.) Kbr. — Lagerstiele dick, weissgrau bis gelblich, mit kurzen und dicken Aesten. Oberste Aestchen fast sternförmig, mit gelben oder braunen Spitzen.

In Wäldern und Heiden. Häufig, die var. alpestris nur im Gebirge. — (Lichen rangiferinus L.) *35. C. rangiferina (L.) Hoffm.*

Lagerstiele bis 10 cm hoch, 1—2 mm dick, meist gedunsenwalzenförmig, dichotom ästig, strohgelb oder graugrünlich. Rindenschicht hornartig glatt, fast glänzend. Sterile Aeste aufrecht, mit 2—6 stachelspitzigen, sternförmig-strahlig ausgebreiteten, braunen Spitzen; fertile Aeste fingerförmig geteilt. Früchte klein, gelblichrot oder rötlichbraun. Sporen länglich-elliptisch.

α. adunca Ach. — Lagerstiele kräftig, dick, verlängert. Axenenden deutlich durchbohrt.
β. dicraea Ach. — Lagerstiele kürzer. Aeste gleichhoch. Axenenden nicht durchbohrt
 * depressa Rbh. — Lagerstiele verkürzt, gestreckt-niedergedrückt.

Auf trockenem Sand- und Heideboden, an Bergabhängen, in Schluchten, unter Gesträuch etc. Häufig. — (Lichen L.; Cladina Nyl.; Cladonia stellata Kbr.)

36. C. uncialis (L.) Fr.

Anm. Steht habituell der C. amaurocraea nahe, unterscheidet sich aber leicht durch die stets fehlende Becherbildung.

II. Lagerstiele einfach oder ästig, becher- oder trichterförmig, oft sprossend, oder walzenförmig, nach oben keulig verdickt, mit selten fehlenden, blattartigen Lagerschuppen; sterile Stiele meist spiessförmig. — Cenomyce Ach.

 a. Lagerschuppen nur grundständig, grossblättrig, lappig, oberseits berindet, unterseits rindenlos. Lagerstiele oft nicht gut entwickelt.

Lagerschuppen verflacht, starr, brüchig, vielspaltig-zerteilt, am Rande aufsteigend und spärlich mit schwarzen Fasern besetzt, gelbgrün, unten weiss, selten hellgelblich oder blassrötlich. Lagerstiele schmal becherförmig, öfter sprossend, gelb- oder graugrün. Früchte rotbraun, am feingesägten Rande der Becher, sehr selten direkt auf den Schuppen sitzend.

forma: microphyllina (Rbh.) — (C. neglecta Wallr.) — Lagerschuppen kleiner, blassgraugrün, gekerbt, unten etwas rötlich.

An sonnigen Hügeln, auf dürren Heiden, sterilen Plätzen etc. Häufig, doch meist steril. (Lichen Leight; Cenomyce Ach.)

37. C. alcicorni (L. ight) Flk.

Lagerschuppen blattartig, dick, fest, fast lederartig, gelappt, an den Spitzen und Rändern aufsteigend, nicht mit Fasern besetzt. Lagerstiele sehr selten, oft unvollständig entwickelt, verkürzt cylindrisch, becherartig erweitert. Früchte braunrot, oft zusammenfliessend.

Auf sterilem, kalkhaltigem Boden im westlichen und südlichen Gebiete, in Schlesien fehlend. (Lichen Dicks.; Cenomyce Ach.; Cladonia alcicornis β endiviaefolia Flk.)

38. C. endiviaefolia (Dicks.) Fr.

Anm: Von voriger Art durch grössere, dickere Schuppen und fehlende Randfasern verschieden.

Lagerschuppen aufrecht oder aufsteigend, blattartig, breitlappig zerschlitzt, brüchig, graugrün, unten weisslich, am Rande gekerbt. Lagerstiele gedunsen, cylindrisch, unregelmässig becher oder fast trichterförmig (steril spiessförmig), graugrün, glatt. Aeste gleichhoch,

Cladoniaceae.

mit sternförmig-gespreitzten Enden. Früchte hellrotbraun, vereinzelt am Rande der Becher oder an den Endzacken der Stiele.

An Wegrändern, sonnigen Plätzen, auf Heideboden, in Sand- und Lehmgruben zerstreut durch das Gebiet. — (Lichen Ehrh.; Cenomyce Stenh.; Cenomyce parechus Ach.)

39. C. turgida (Ehrh.) Hoffm.

b. Lagerschuppen sowohl am Grunde als an den Stielen, kleinblättrig-schuppig, bisweilen verschwindend. Lagerstiele entwickelt.
  * Becher oder verdickte Axenenden durch ein Häutchen geschlossen.
  † Früchte braun.
    ° Lagerstiele entweder stets glatt und hornrindig, oder nur anfangs hornrindig, später mit kleiig-schuppig aufgelöster Rinde.

Lagerstiele schlank, sehr verschieden, selbst bis 30 cm hoch, einfach oder pfriemenförmig-ästig, lange, schmale, oft sprossende Becher tragend, glatt, fast glänzend, hornartig berindet, grünlich bis gebräunt, an der Basis schwärzlich. Grundständige Lagerschuppen schuppig, öfter bald verschwindend. Früchte braun oder rotbraun, nicht selten gehäuft und zusammenfliessend.

α. chordalis Flk. — (Capitularia gracilis var. chordalis Flk.; Cladon. gracilis a. vulgaris Kbr.) — Lagerstiele verlängert, schlank, ästig, pfriemenförmig oder mit schmalen Bechern, ohne Lagerschuppen.
  * aspera Flk. — Lagerstiele mehr oder weniger mit Schuppen besetzt.
β. macroceras Flk. — (Cenomyce ecmocyna Ach.; Clad. ecmocyna Nyl.) — Lagerstiele sehr verlängert, robust, dick, fast einfach, spiessförmig oder selten schmale Becher tragend.
γ. hybrida (Hoffm.) Ach. — Lagerstiele kürzer, kräftig, fast gedunsen, sparsam ästig. Becher breiter, gezähnt, meist wiederholt sprossend.

In lichten Nadelwäldern, am Saume der Wälder, auf Heideplätzen etc. Sehr häufig. — (Lichen L.)

40. C. gracilis (L.) Coem.

Anm. C. gracilis ist eine der vielgestaltigsten Arten, die Veranlassung zur Aufstellung sehr vieler, in einander übergehender Formen gab. Von jeder der oben angeführten drei Varietäten lassen sich eine forma: ceratostelis Wallr. — Lagerstiele cylindrisch, pfriemenförmig nicht bechertragend — und forma: tubaeformis Wallr. — Lagerstiele bechertragend — unterscheiden. Je nach dem Bau der Becher werden weitere Formen benannt. Doch treten alle diese Formen nicht constant auf. Häufig tritt der Fall ein, dass die verschiedenen Lagerstiele eines Individuums verschiedene Formen aufweisen. — Die glatten, hornrindigen, fast glänzenden, lockerrasigen oder vereinzelt wachsenden Lagerstiele sind für die Art charakteristisch.

Lagerstiele meist kürzer, 2—5 cm hoch, hornrindig, grau- oder braungrün, lang-kreiselförmig, stets regelmässige, flache, am Rande gezähnte, wiederholt sprossende Becher tragend. Grundständige Lagerschuppen schuppig-lappig, seicht gekerbt, meist bald verschwindend. Früchte braun.

α. evoluta Th. Fr. — (Clad. pyxidata var. verticillata Hoffm.; Cenomyce verticillata Ach.; Cladonia Nyl.) — Grundständige Lagerschuppen wenig entwickelt, kleinschuppig.

β. cervicornis (Ach.) Flk. — (Lichen Ach.; Cladonia Nyl.) — Lagerstiele kurz, oft wenig entwickelt bis fehlend. Grundständige Lagerschuppen grösser, aufrecht oder aufstrebend, dichtrasig, fast glänzend braun.

Vorkommen wie vor. — (Clad. gracilis a. verticillata Fr.; Baeomyces verticillatus Wnbg.; Cenomyce Ach.; Clad. cervicornis Kbr. Syst.)

41. C. verticillata (Hoffm.) Flk.

Anm. Von C. gracilis hauptsächlich durch die wiederholten (4—10) gleichgestalteten, aus dem Centrum entspringenden Sprossungen verschieden. Der Name verticillata bezieht sich auf die an dem Rande der Becher sich befindenden Fruchte, die dann scheinbar quirlständig stehen.

Lagerstiele lang, 2—10 cm hoch, hornrindig, anfangs glatt, später warzig-schuppig, weisslich, grünlich oder gebräunt, am Grunde schwarz, weiss punktiert. Becher unregelmässig, kammartig oder strahlig zerschlitzt, sprossend. Grundständige Lagerschuppen kleinschuppig, meist fehlend, gekerbt. Früchte braun bis rotbraun. Sehr formenreich:

α. aplotea Ach. — Lagerstiele dünn, kahl. Becher am Rande oft kammartig geteilt.

β. euphorea Ach. — Lagerstiele kahl, am Grunde schwarz, sehr wenig weiss punktiert. Becher am Rande strahlig-sprossend.

γ. haplotea Ach. — Lagerstiele kahl, selten mit einzelnen Schüppchen, oberhalb erweitert. Becher handförmig-strahlig geteilt.

δ. anomaea Ach. — Lagerstiele meist mit Schuppen besetzt. Becher gewöhnlich strahlig-sprossend. Früchte an den Sprossen geknäuelt.

ε. trachyna Ach. — Lagerstiele schmutzig-weisslich, meist kahl. Becher gezähnt-sprossend oder strahlig-zerschlitzt.

ζ. lepidota Ach. — Lagerstiele dick, gedunsen, dicht mit Schüppchen besetzt. Becher undeutlich sprossend. Früchte öfter gebleicht.

η. phyllophora Ehrh. — Lagerstiele und Becher dicht schuppentragend. Becher zerschlitzt-sprossend.

ϑ. virgata Ach. — Lagerstiele kurz, weissgrünlich mit vielen bogigen rutenförmigen Aesten. Meist steril.

ι. scabrosa Ach. — Lagerstiele starr, unregelmässig ästig. Becher fast ganz verschwindend. Früchte gross, gehäuft.

κ. fuscescens Nyl. — Lagerschuppen gebräunt. —

In Nadelwäldern, an Waldrändern etc. häufig. — (Capitularia Flk.; Cenomyce genorega Ach.)

42. C. degenerans Flk.

Anm: So vielgestaltig auch diese Art ist, so lässt sie sich doch an den stets — nicht selten bis zur Unkenntlichkeit zerschlitzten — Bechern erkennen. Die Farbe des Lagers ist je nach dem Standort verschieden, im Sonnenlicht verbleichend, im Schatten sich bräunend. Clad. gracilis verhält sich hierin gerade umgekehrt, indem diese an sonnigen Plätzen bräunlich, im Schatten grünlich oder gebleicht auftritt.

Cladoniaceae.

Lagerstiele kurz, warzen- oder fast keulenförmig, gegen die Spitze in wenige, gleichhohe Aeste geteilt, undeutlich bechertragend, anfangs glatt, häutig berindet, später von kleiigen Schuppen bedeckt, oberhalb meist cariös, weisslich graugrün. Lagerschuppen ziemlich gross, gekerbt, grünbräunlich, unten weiss. Früchte rotbraun, gedrängt, oft zusammenfliessend.

α. macrophylla (Schaer) Th. Fr. — (Cenomyce cariosa Smrflt.; Clad. ventricosa β macrophylla Schaer; C. pyxidata β symphycarpa Kbr. Syst.; C. coralloidea Th. Fr.; C. macrophylla Stenh.). — Lagerstiele dicht mit Schuppen besetzt. Grundständige Lagerschuppen breit blattartig.

β. primaria Th. Fr. — (Cenomyce pityrea c. decorticata Flk.; C. pyxidata * pityrea Nyl.) — Lagerstiele spärlich mit Schuppen besetzt. Lagerschuppen klein, schuppig. —

In lichten Nadelwäldern stellenweise.

43. C. decorticata (Flk.) Th. Fr.

°° Lagerstiele nicht hornartig berindet.
Lagerstiele warzig-gitterartig-zerrissen.

Lagerschuppen grau- oder bläulichgrün, unten weisslich, gekerbt. Lagerstiele 1—3 cm hoch, kräftig, walzenförmig, nach oben verdickt, einfach oder in wenige fingerförmig abstehende, gleichhohe Aeste geteilt, nicht bechertragend, anfangs glatt, dann warzig, zuletzt gitterartig zerrissen, weisslich bis bräunlichgrün. Früchte ziemlich gross, gedunsen, oft zusammenfliessend, dunkelbraun.

Var. leptophylla (Ach.) Hepp. Lagerschuppen schmäler, gerundet, weniger gekerbt. Lagerstiele glatt oder fast warzig, wenig gitterartig zerrissen.

Auf etwas feuchtem Boden, an Wegrändern, in Sandgruben, Bahnausstichen etc.: stellenweise durch das Gebiet. — (Lichen cariosus Ach., Cenomyce Ach.; Clad. degenerans b. cariosa Fr.; Cl. gracilis var. cariosa Br. et Rostr.) *44. C. cariosa (Ach.) Spreng.*

Anm. Die gitterartig-zerrissene Rindenschicht der Lagerstiele lässt diese Art mit keiner andern verwechseln.

Lagerstiele schuppig- oder körnig-warzig.

Lagerschuppen kleinblättrig, sehr fein zerschlitzt, weisslichgrün. Lagerstiele 1—2 cm hoch, zart, pfriemenförmig, einfach oder mit wenigen, gleichhohen Aesten, schuppig-warzig, oben feinkörnig-mehlig, weisslichgrün mit braunen Spitzen, unregelmässig bechertragend. Becher flach, zahlreich fein sprossend, mit braunem, zackigem Rande. Früchte kopfförmig zusammenfliessend, hellrotbraun.

Auf faulenden Baumstümpfen in Wäldern. Selten, doch gewiss vielfach übersehen. — (Capitularia Flk.; Clad. degenerans β pityrea Schaer.) *45. C. pityrea Flk.*

Anm. Durch die in der Diagnose hervorgehobenen Merkmale kenntlich. Aetzkali färbt die Stiele gelb.

Cladoniaceae.

Lagerstiele 1—3 cm hoch, kreisel-becherförmig, ununterbrochen berindet, asch- oder grünlichgrau, körnig-warzig, selten körnig-mehlig. Becher weit, regelmässig, fein gezähnt, am Rande oft sprossend. Lagerschuppen derbhäutig, blattartig bis schuppig, asch- oder bläulich- oder grünlichgrau. Früchte hellbraun.

α. neglecta (Flk.) Schaer. — (Capitularia neglecta Flk.; Clad. pyxidata var. neglecta Schaer.). — Lagerstiele kurz, glatt oder schuppig. Lagerschuppen kleinblättrig, zart, aufsteigend.
   * epiphylla (Ach.) — Lagerstiele fehlend, Früchte auf den Schuppen sitzend.
β. pocillum (Ach.) Fr. — (Baeomyces et Cenomyce Ach.); — Lagerstiele kurz, körnig-schuppig bekleidet. Lagerschuppen sehr derb, grossblättrig, dem Substrate fast krustenförmig aufsitzend.
γ. chlorophaea Flk. — (Cenomyce Flk.) — Lagerstiele verlängert, kreiselförmig oder trompetenförmig, körnig-staubig. Lagerschuppen kleinblättrig, derb, dachziegelig, grünlichbraun.

Auf sterilem Wald- und Heideboden, an Wegrändern, bemoosten Steinen, auf Schindel- und Strohdächern. Häufig. — (Lichen L.)

46. C. pyxidata (L.) Fr.

Anm. Von Formen der C. fimbriata durch grössere Lagerschuppen, körnig-staubige (nie rein mehlige) Bekleidung der Stiele und hellere Fruchtfarbe abweichend.

Lagerstiele (meist) dicht mit mehligem (nicht körnigem) Staube bedeckt.

Lagerstiele 1—10 cm hoch, einfach, oder vielfach, oft baumartig verzweigt, spiess-, walzen- oder becherförmig, dicht mit weissem oder weisslichgrünem, mehligem Staube bedeckt. Becher einfach, ganzrandig oder zerschlitzt, öfter mehrfach sprossend, kurz bis lang trompetenförmig. Früchte dunkelrotbraun.

α. tubaeformis Hoffm. — Lagerstiele verlängert. Becher regelmässig, ganzrandig bis gekerbt-gezähnt.
   * macra Flk. — Becher lang, schmal, ganzrandig.
   ** denticulata Flk. — Becher mit gezähntem Rande.
   *** prolifera Flk. — Becher wiederholt sprossend.
   **** carpophora Flk. — Becher zahlreiche, gestielte Früchte tragend.
β. fibula Hoffm. — Lagerstiele fast walzenförmig. Becher weniger entwickelt. Früchte gehäuft.
γ. nemoxyne Ach. — Lagerstiele strahlig verästelt.
δ. radiata (Schreb.) — Becher mit strahlig zerschlitztem Rande.
ε. chordalis Ach. — Lagerstiele einfach spiessförmig.

Vorkommen wie vor. — (Lichen L.; Baeomyces et Cenomyce Ach.; Clad. pyxidata var. fimbriata Hoffm.)

47. C. fimbriata (L.) Fr.

Anm: Von C. pyxidata und verwandten Arten durch die rein mehlige (nicht körnig-staubige) Bekleidung des Lagers verschieden. Die zahlreichen Formen sind selten rein ausgeprägt, gehen vielmehr durch alle Zwischenstadien in einander über.

Cladoniaceae.

Lagerstiele schlank, 4—8 cm hoch, spiess- oder walzenförmig, unten glatt, hornartig berindet, bräunlich, oben weisslich bis grünlichgrau, dicht mit mehligem Staube bedeckt. Becher schmal, mit feingezähntem, in lange, hornartige Sprossen auswachsendem Rande. Früchte braun. Grundständige Lagerschuppen spärlich, kleinblättrig, tief gekerbt.

In lichten Wäldern, zwischen Moosen, an Baumstümpfen etc., stellenweise. — (Lichen L.; Cenomyce Fr.; Cenomyce fimbriata v. cornuta Ach.; Cenomyce coniocraea Smrft.; Clad. gracilis var. cornuta Schaer.)

48. C. cornuta (L.) Ach.

Anm. C. cornuta zeigt auffallende Anklänge an C. gracilis und C. fimbriata, von ersterer besitzt sie die im unteren Teile glatten, hornrindigen Lagerstiele, während sie durch die rein mehlige Bestäubung der oberen Hälfte an letztere erinnert.

Lagerstiele kräftig, derb, gedunsen spiessförmig, keulig verdickt bis trompetenförmig, unten glatt, hornrindig, grünlichbraun, oben dicht mit weissem, mehligem Staube bedeckt. Becher breit, mit grossgezähntem, zahlreiche kleine Becher (nicht hornartige Sprossen) tragendem Rande, innen nicht mehlig bestaubt. Lagerschuppen grossblättrig, entfernt gezähnt.

Auf Torf- und Sumpfboden, gern auf faulenden Baumstümpfen. Selten. — (Clad. fimbriata var. ochrochlora Schaer.)

49. C. ochrochlora (Schaer.) Flk.

Anm. Von C. gracilis und C. fimbriata wie vorige Art verschieden.

Früchte gelblich, gelbrötlich bis fleischrot.
° Lagerschuppen vorhanden.

Lagerstiele 2—4 cm hoch, kräftig, walzen- oder lang kreiselförmig, bechertragend, unten braun bis schwarz, oben hellschwefelgelb, dicht mit mehligem Staube bedeckt. Becher breit, flach, mit gezähntem Rande. Lagerschuppen kleinblättrig-schuppig, zerschlitzt, hellgrün. Früchte fleischrot.

Auf humusreichem Waldboden, faulendem Holze; namentlich in der Bergregion. (Cenomyce Fr.; Cenom. carneopallida α scyphosa Smrft.)

50. C. carneola Fr.

(Clad. straminea Smrft. ist von v. Flotow nur einmal an den Schneegrubenrändern gefunden worden. Sie zeichnet sich aus durch kleinschuppige, gelblich- oder weisslichgrüne Lagerschuppen, einfache, in grosse Becher auswachsende Lagerstiele und gelbliche Früchte. Ob dieselbe als gute, selbstständige Art zu betrachten ist, vermag ich nicht zu entscheiden, da mir Exemplare derselben nicht vorliegen.

Nach Th. Fries und Stein stellt diese Pflanze vielleicht eine gelbfrüchtige Form der C. bellidiflora dar.)

Lagerstiele schlank, dünn, 3—8 cm hoch, 0,5—2 mm dick, walzenförmig, einfach, selten sparsam-ästig, fein gelbstaubig, hellstrohgelb, an der Basis dunkler, blaugrau oder bläulichschwarz. Becher sehr schmal, kaum breiter als die Stiele. Früchte sehr selten, hellfleischfarbig.

Zwischen Moosen in der Bergregion. Sehr selten. Riesengebirge. — (Cenomyce Smrft.; Clad. carneola c. cyanipes Fr.)

51. C. cyanipes Smrft.

Lagerstiele sehr kurz, 0,2—1 cm hoch, zart, einfach, oder in wenige gleichhohe Aeste geteilt, weissgrün oder weissgelblich, feinkörnig-warzig. Becher selten und fast nur angedeutet. Grundständige Lagerschuppen kleinschuppig, eingeschnitten-gekerbt, hellgrün. Früchte hellfleischrot, stets vorhanden.

In Wäldern auf trockenfaulem Holz. Selten, doch wohl mehrfach übersehen. — (Lichen Hag.; Cenomyce Ach.; Clad. gracilis ε botrytes Br. et Rostr.)

52. C. Botrytes (Hag.) Hoffm.

°° Lagerschuppen fehlend.

Lagerstiele gewöhnlich aufrecht, schlank, hornartig berindet, meist glatt, selten etwas grubig, hellgelb oder grünlichgelb, spiessförmig oder mit gleichhohen, braunspitzigen, fast fingerförmig geteilten Aesten. Becher zierlich, eng, feingezähnt, öfter unregelmässig sprossend. Früchte oft rings zusammenfliessend, zuerst hellfleischrot, später gebräunt.

Zwischen Moosen des Hochgebirges. Selten und oft mit C. stellata verwechselt. (Capitularia Flk.; Cladina Nyl.; Cenomyce oxyceras Ach.; Clad. uncialis β amaurocraea Th. Fr.)

53. C. amaurocraea (Flk.) Schaer.

††† Früchte scharlachrot, selten leuchtend purpurrot.
° Becher breit, regelmässig.

Lagerstiele 1—3 cm hoch, kräftig, lang kreisel- oder trompetenförmig, anfänglich glatt, hornartig berindet, später körnig- oder warzig-schuppig, im oberen Teile mehlig, grünlichgelb oder graugrün. Grundständige Lagerschuppen kleinblättrig-schuppig, gezähnt-gekerbt, gelblichgrün, unterseits gelblichweiss mit gebräuntem Rande. Becher breit, am Rande grobgezähnt, nicht selten sprossend. Früchte normal scharlachrot, zusammenfliessend, oft den ganzen Becherrand bedeckend.

α. communis Th. Fr. — (Clad. cornucopioides Nyl.) Lagerstiele glatt, mehr oder minder rauhwarzig oder schuppig.
* ochrocarpa Fw. — Früchte durch Ausbleichen gelblichrot.

Cladoniaceae.

β. **pleurota** (Flk.) Schaer. — (Capitularia pleurota Flk.; Cladonia Nyl.) — Lagerstiele dicht mit weisslichgrauem, mehligem Staube bedeckt.

Auf sandigem Boden, an Waldrändern, in Schonungen etc. Gemein. (Lichen L.; Lichen cornucopioides L.)

54. C. coccifera (L.) Schaer.

°° Becher schmal, eng, bis ganz undeutlich.
× Lagerstiele warzig oder grobkörnig-staubig bis schuppig.
— Früchte scharlachrot.
§ Becher deutlich entwickelt, schmal, eng.

Lagerstiele 2—5 cm hoch, kräftig, walzen- oder spiessförmig, im Alter oft in schmale, bandförmige, gedrehte oder eingerollte Streifen zerschlitzt, unten glatt oder runzlig-rissig, bräunlich, obon dicht schwefelgelb bestaubt. Becher eng, mit aufrechtem Rande. Lagerschuppen meist grossblättrig und tief eingeschnitten, grünlichgelb.

In Wäldern und lichten Schonungen zwischen Moosen, vereinzelt. — (Lichen L.; Cenomyce Ach.; Clad. crenulata Kbr.)

55. C. deformis (L.) Hoffm.

Anm. Von verwandten Formen durch die constant schwefelgelbe Bestäubung der Lagerstiele verschieden.

Lagerstiele 1—3 cm hoch, aus der oberen Fläche, seltener dem Rande der Schuppen entspringend, derb, einfach spiessförmig oder lang becherförmig, unten runzelig-warzig, oben weissgelblich oder weissgrünlich bestaubt. Becher schmal, fast flach, teils mit ungeteiltem, eingebogenem, teils sprossendem Rande. Lagerschuppen rasenbildend, lederhäutig, derb, sehr grossblättrig, etwa 1 cm breit, gekerbt oder gelappt, hellgrün, unten weiss, körnig. Früchte klein, oft als feiner, roter Streifen den Becherrand überziehend.

α. simplex Wallr. — Lagerstiele kleiner, einfach, rüssel- oder spiessförmig, steril. So häufig am Grunde von Bäumen in der Ebene.
β. prolifera Wallr. — Lagerstiele mit strahlig-sprossendem Becher.
  * denticulata Ach. — Becherrand gezähnt strahlig. Früchte sehr klein.
 ** cephalotes Ach. — Becher breiter. Früchte grösser.
*** monstrosa Ach. — Becher unregelmässig-strahlig-sprossend.

In Wäldern der Ebene und des Gebirges, gern am Grunde alter Bäume, an schattigen Orten, Grabenrändern etc. Häufig. — (Lichen L.; Cenomyce Ach.)

56. C. digitata (L.) Hoffm.

Anm. C. digitata ist an den grossen Lagerschuppen und dem eingebogenen Rande der Becher leicht erkennbar. In der Ebene tritt sie selten fruchtend auf, häufig erhebt sich nur ein kurzes spiess- oder rüsselförmiges Säulchen aus den Lagerschuppen. Nicht eben selten findet man auf den Lagerschuppen die eingesenkten Spermogonien. Diese Form beschrieb Acharius unter eigenem Namen: Endocarpon viride Ach. —

§§ Becher sehr undeutlich oder ganz fehlend.

Cladoniaceae.

Lagerstiele 1—5 cm hoch, schlank, oft fadenförmig, einfache, zuweilen fast unter rechtem Winkel gabelig geteilte Säulchen bildend, nie hornrindig, stets von graugrünem, aufwärts grauem oder weisslichem, mehligen Staube bedeckt, meist ohne Becherbildung, selten mit ganz kleinen, engen, undeutlichen Bechern. Lagerschuppen kleinschuppig, graugrün. Früchte zusammenfliessend, knopfförmig.

α. filiformis Relh. — Lagerstiele schlank, aufrecht, fadenförmig, selten engbecherig.
* styracella Ach. — Lagerstiele pfriemenförmig, etwa 0,5 mm breit, steril.
β. clavata Ach. — Lagerstiele kurz, bauchig, meist gekrümmt.
γ. syncephala Wallr. — Früchte gross, zusammenfliessend.
δ. polydactyla Flk. — Lagerstiele fingerförmig sprossend.

In Nadelwäldern und Heiden, auf Holzdächern, an Zäunen, auf morschem Holze etc. Ueberall häufig. — (Lichen macilentus Ehrh.)

57. C. macilenta (Ehrh.) Hoffm.

Anm. Aetzkali färbt diese Flechte sofort gelb, dadurch stets sicher von der sich nicht färbenden C. Floerkeana zu unterscheiden.

Lagerstiele bis etwa 1 cm hoch, fast gedunsen, dick-keulig, stift- oder kreiselförmig, meist einfach, selten mit wenigen, gleichhohen Aesten, warzig oder gelblichgrün, mehlig bestaubt. Lagerschuppen dicht rasig, fast körnig-krustig, oft staubig aufgelöst, aufsteigend, grünlich oder gebräunt. Becher selten und undeutlich entwickelt. Früchte klein, knopfförmig.

Auf Torfboden. Bisher nur von wenigen Orten bekannt, sicherlich aber oft übersehen.

58. C. incrassata Flk.

Anm. C. incrassata wird von vielen Autoren als Varietät von C. coccifera angesehen. Die Pflanze zeigt aber ein so constantes Auftreten, dass sie sicher eine gute Art darstellt, die mit Leichtigkeit von verkümmerten Formen verwandter Arten, namentlich C. coccifera, unterschieden werden kann. Die eigentümlich gebauten, unten 0,5—1 mm breiten, aufwärts allmälig 2—3 mal so dicken Lagerstiele, vereint mit gelblichgrüner Färbung, geben ein gutes Erkennungsmerkmal.

— — Früchte leuchtend purpurrot.

Lagerstiele bis 4 cm hoch, schlank, einfach walzenförmig oder mit wenigen, gleichhohen Aesten, weiss, oder grünlichweiss, am Grunde oft schwärzlich, anfangs glatt, später abwärts warzig oder schuppig, bis körnig-staubig, nur an der Basis hornrindig-glatt. Becher nie vorhanden. Lagerschuppen kleinblättrig, freudiggrün, zerschlitzt. Früchte zusammenfliessend.

In Heiden und Nadelwäldern, auf Torfboden, faulendem Holze etc. Zerstreut. — (Clad. bacillaris Ach.)

59. C. Floerkeana Fr.

Lagerstiele bis in die Fruchtspitze mit krausen, zerschlitzten, blattartigen Schuppen bekleidet.

Cladoniaceae.

Lagerstiele 3—8 cm hoch, hornrindig, graugelb bis gelblichgrün, mit gebräuntem Grunde, einfach oder unregelmässig ästig. Lagerschuppen kleinblättrig, gelbgrün. Becher meist vorhanden, schmal, eng. Früchte scharlachrot, gehäuft.

α. proboscidea Wallr. — Lagerstiele walzenförmig, ohne deutliche Becherbildung. Früchte oft fehlend oder klein.
β. tubaeformis Wallr. — Lagerstiele mit deutlicher Becherbildung.
* denticulata Reb. — Becherrand gezähnt. Früchte klein.
** syncephala Wallr. — Lagerstiele mit einem Fruchthäufchen.
*** polycephala Wallr. — Fruchthäufchen mehrere.
γ. glabrescens Nyl. — Lagerstiele fast schuppenlos. — Sehr selten.
δ. ochrocarpa Fw. — Früchte gelblich. — Bisher nur kleine Schneegrube.

Zwischen Moosen des Hochgebirges. Häufig. — (Lichen Ach.; Cenomyce coccocephala Ach.) **60. C. bellidiflora (Ach.) Schaer.**

Anm. Diese Art bildet hauptsächlich das den Touristen des Riesengebirges wohlbekannte „Korallenmoos".

** Becher oder Axenenden offen oder durch eine durchbohrte Scheidewand geschlossen.
° Lagerstiele schuppig-warzig oder körnig-mehlig, nie hornrindig.
× Lagerstiele oberwärts mit grauweissem, mehligem Staube bekleidet.

Lagerstiele 1—5 cm hoch, meist einfach becherig, seltener wenig ästig, grünlichgrau, unten schuppig-warzig. Becherrand nach innen gebogen, wiederholt sprossend. Lagerschuppen fast nur grundständig, schuppig, mit gekerbtem Rande. Früchte hellrotbraun oder dunkelbraun, znsammenfliessend.

α. viminalis Flk. — Lagerstiele in kurze, sternförmig abstehende Aeste geteilt.

Auf Torf- und Moorbooden, in Nadelwäldern, durch das Gebiet. — (Baeomyces cenoteus Ach. 1803; Cenomyce Ach.; Cladonia Schaer.; Clad. brachiata Fr.; Clad. uncinata α brachiata Kbr.) **61. C. uncinata Hoffm. 1795.**

Anm. Von C. fimbriata durch die deutlich durchbohrten Axen verschieden.

×× Lagerstiele ohne mehlige Bekleidung.

Lagerstiele 2—6 cm hoch, einfach oder viel-gabelig-ästig, mit deutlich durchbohrten, oder auch trichterförmig erweiterten Spitzen, runzelig-grubig, später mit kleiigen oder blättrigen Schüppchen bedeckt, weisslich, grün oder braungrau. Becher unregelmässig sprossend. Grundständige Lagerschuppen kleinblättrig, bläulichgrau oder bräunlich. Früchte rotbraun, anfangs flach, berandet, später gewölbt und unberandet.

α. **ventricosa** Schaer. — Lagerstiele bauchig-aufgeblasen, trompetenförmig erweitert. Becher verbreitert, mit sehr kurzen, wiederholten Sprossungen.
β. **asperella** (Flk.) — (C. microphylla Schaer.) — Lagerstiele schlank, zierlich, dicht schuppig. Becher nicht verbreitert, mit vielen, an den Spitzen schwarzbraunen Sprossungen. Lagerschuppen klein.
γ. **polychonia** Flk. — Lagerstiele dünn, schlank, walzig. Becher wenig erweitert, aufrecht, strahlig-sprossend.
* **ferulacea**. — Sprossungen steril, hornförmig.
δ. **lactea** Flk. — Lagerstiele unregelmässig verzweigt, glatt, zerstreut körnig-schuppig, weisslich.
ε. **frondosa** (DC.) Nyl. — Lagerstiele verkürzt. Lagerschuppen gehäuft, gross, vielfach zerschlitzt. Früchte gehäuft, knopfförmig.

In Laub- und Nadelwäldern, zwischen Moosen, an Holz, Steinen etc. — Häufig. *62. C. squamosa Hoffm.*

Lagerstiele bis 1 cm hoch, dicht gedrängt, bisweilen ganz fehlend, einfach walzenförmig, nackt (nicht blättrig oder schuppig). Becher angedeutet, am Rande hahnenkammartig gezähnt. Grundständige Lagerschuppen dicht rasig, dachziegelförmig, fettig glänzend, kleinblättrig, mit aufsteigenden, tief gekerbten Rändern. Früchte kaum die Schuppen überragend, fleisch oder hellbraunrot. Aetzkali färbt die Stiele nicht.

In Nadelwäldern, ziemlich selten, wohl oft übersehen. — (Baeomyces caespiticius Pers. 1794; Lichen symphicarpus Ehrh. 1793; Clad. caespit. Flk.; Cenomyce Ach.; Lichen fuscus et fungiformis Dill.; Baeomyces et Cenomyce strepsilis Ach.; Clad. squamosa var. epiphylla Kbr.; C. furcata d. caespiticia Br. et Rostr.)

63. C. aquariiformis Wulf. 1790.

Anm. Von entsprechenden Formen der C. degenerans ist diese zierliche Flechte durch die offenen Lagerstiele, von C. squamosa durch die Schuppenbildung, von C. furcata durch die Beschaffenheit der Becher verschieden.

Lagerstiele 0,5 bis etwa 3 cm hoch, zart, dünn, einfach oder spärlich verästelt, weisslich, fast durchscheinend, dicht körnig-schuppig bekleidet. Lagerschuppen dicht rasig, am Rande körnig oder staubig aufgelöst. Früchte dunkelbraun, gehäuft.

Auf humosem Boden, an faulendem Holze. Selten. — (Lichen Ehrh.; Baeomyces et Cenomyce Ach.; Cladonia Flk.; C. squamosa v. delicata Fr.)

64. C. delicata (Ehrh.) Flk.

Anm. Aetzkali färbt die Stiele gelb.

°° Lagerstiele hornartig berindet.

Lagerstiele 2—10 cm hoch, dichte, oft ausgebreitete Rasen bildend, glatt, fast gabelig-verästelt, mit gabeligen, zugespitzten Aesten, weisslich, graugrün bis braun. Lagerschuppen kleinblättrig, zuweilen fehlend. Früchte gehäuft, braun. Sehr formenreich.

α. crispata (Ach.) Fik. — Lagerstiele bräunlich, dick, fast aufgeblasen, trichterförmig, mit zerschlitztem Rande. Schuppen spärlich.
β. racemosa (Hoffm.) Flk. — Lagerstiele weissgrün, schlank, spiessförmig, unregelmässig-ästig. Schuppen die Stiele meist dicht bekleidend.
  a. erecta Fw. — Lagerstiele mit aufrechten Aesten.
    * regalis (Fw.) — Weisslich. Schuppen spärlich.
    ** polyphylla (Flk.) — Graugrün. Schuppen zahlreich, dicht stehend.
  b. recurva (Hoffm.) — Lagerstiele mit zurückgebogenen Aesten.
γ. adspersa Fl. — Lagerstiele aufrecht, einfach. Schuppen spärlich.
δ. subulata (L.) Flk. — Lagerstiele sehr ästig. Aeste schlank, aufrecht, mit pfriemlichen, gabeligen Enden. Lagerschuppen fast fehlend. Braun.

In Laub- und Nadelwäldern, in Heiden, an Abhängen, zwischen Moosen etc. Sehr häufig.   *65. C. furcata (Huds.) Fr.*

Anm. Durch die hornartige Berindung von den vorigen Arten verschieden.

Lagerstiele 2—6 cm hoch, in dichten verfilzten Rasen, allseitig abstehend vielästig. Aeste mit locker stehenden, pfriemenförmigen, gabeligen Enden, glatt, grünlich oder bläulichweissgrau. Axen meist undeutlich durchbohrt. Lagerschuppen öfter fehlend. Früchte trugdoldig gehäuft, braun.

An dürren, sterilen Orten, in lichten Nadelwäldern. Häufig. — (Lichen pungens Ach. 1798; Clad. furcata v. pungens Fr.)
66. C. rangiformis Hoffm. 1795.

III. Lagerschuppen eine dichte Kruste bildend, körnig, bläschenartig. (Pycnothelia Ach.; Papillaria Kbr.)
Lagerschuppen blassgelb oder grünlichgrau, dicht körnig-krustig. Lagerstiele anfangs warzig, später gedunsen keulenförmig bis walzig, einfach oder mit gleich hohen, stumpfen Aesten, sehr brüchig, strohgelb. Früchte klein, an den Astspitzen, rotbraun.

Auf sterilem Boden, an Waldrändern, Dämmen, Wegen, gern mit Baeomyces roseus vergesellschaftet. — (Lichen Ehrh.; Baeomyces Ach.; Pycnothelia Duf.)   *67. C. Papillaria (Ehrh.) Hoffm.*

B. Pyrenocarpi.

IV. Fam.: Sphaerophoreae Fr.

11. Sphaerophorus Pers.

Lager rasen- oder polsterförmig, strauchig, allseitig berindet, grau, grünlichgrau oder weisslich. Markschicht wergförmig. Früchte kugelförmig, endständig, bis zur Reife der Sporen und dem Zerfallen der Schläuche geschlossen, später mehr oder weniger geöffnet und mit dem schwarzbraunen oder bläulichschwarzen Sporen-

1. Sphaerophorus coralloides. Natürl. Grösse.
2. Schlauch. 3. Reife Spore.

staub erfüllt. Sporen einfach, hyalin, mit dunkler Epidermis, kugelrund, 8—10 μ diam. Spermogonien punktförmig an den Astenden. Spermatien gerade, stäbchenförmig.

* Stämmchen zweiseitswendig oder allseits spreizend verästelt, nicht gabelig geteilt.

Pflanze in 3—6 cm hohen Rasen. Stämmchen bis 3 mm breit, rundlich-abgeflacht, zweiseitswendig, fast fiederig verzweigt, matt graugrün, unterseits weisslich, an der Basis carminrot angelaufen. Aeste brüchig, in flache, abgestutzte, gleichfarbige Aestchen geteilt. Früchte unterhalb der Terminalspitze seitlich ansitzend, anfangs kugelig geschlossen, später unregelmässig aufreissend, einseitig-scheibenförmig verflacht.

An Felsen und auch an der Erde, seltener an moosigen Baumstämmen in Gebirgsgegenden. (Sphaerophorus melanocarpus Wallr.)

68. Sph. compressus Ach.

Stämmchen 2—4 cm hoch, 0,5—1 mm dick, drehrund, allseitswendig-spreizend verästelt, graubraun oder bräunlich, glänzend. Aeste in sehr zahlreiche, drehrunde, an den Spitzen weissliche Aestchen geteilt. Früchte endständig, kugelig, später nicht verflacht, jedoch deutlich geöffnet, 1—1,5 mm breit.

An Bäumen, Felsen und an der Erde in der Bergregion, hier und da fruchtend.   *69. Sph. coralloides Pers.*

** Stämmchen wiederholt gabelig verzweigt.

Pflanze in dichten, ausgebreiteten 1—2 cm hohen, grauen Polstern. Stämmchen mit wenigen, gleichhohen Aesten, stielrund, glänzend. Astenden nicht zerteilt, abgerundet, kurz. Früchte kugelig, pfefferkornähnlich, sich wenig öffnend. Sporen etwas grösser als die der vorigen Arten. An Felsen und am Grunde alter Baumstämme in Gebirgsgegenden.

70. Sph. fragilis L.

Anm. Siphula Ceratites Fr. soll nach einer Angabe v. Flotow's von Starke ohne nähere Bezeichnung des Standortes in den Sudeten gesammelt worden sein. Da diese Flechte seitdem nie wieder in dem doch sonst oft und viel lichenologisch durchforschten Gebiete gefunden ist, so ist sie wohl besser für Deutschland zu streichen.

2. Ordnung: Lichenes phylloblasti Kbr.

A. Discocarpi.

V. Fam.: Parmeliaceae Hook.

Uebersicht der Gattungen.

a. Sporen einfach, ungeteilt.
  * Schläuche achtsporig.
1. Lager blattartig-strauchig, durch spärliche Haftfasern am Substrat befestigt oder zuletzt ganz frei. Lappen des Lagers meist krausblättrig verbogen. Früchte kreisrund-schildförmig, schief am Rande der Lappen sitzend. Schläuche keulenförmig. Sporen fast elliptisch, hyalin. Spermogonien randständig. Spermatien haar- oder stäbchenförmig.

Cetraria Ach.

1. Cetraria islandica. Natürl. Grösse.
2. Eine Spore.

Parmeliaceae.

2. Lager blattartig, wagerecht ausgebreitet, selten am Rande aufsteigend, fast völlig durch Haftfasern am Substrat befestigt, mit verschieden gefärbter Ober- und Unterseite. Früchte zerstreut auf der Oberfläche des Lagers, schüsselförmig. Schläuche kurz, keulenförmig. Sporen klein, hyalin. Spermogonien mit kurzen, geraden, haarförmigen Spermatien.

Parmelia Ach.

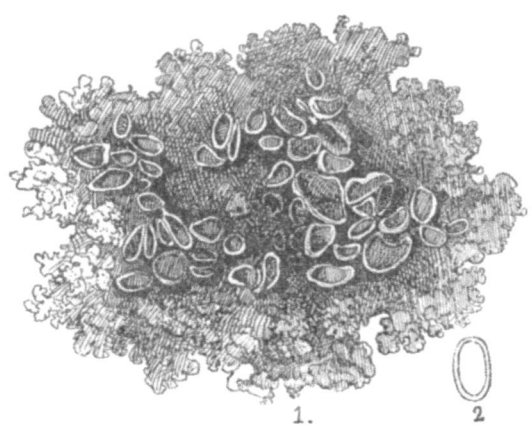

1. Parmelia conspersa. Natürl. Grösse.
2. Eine Spore derselben Flechte.

** Schläuche 2—4 sporig

Lager blattartig, mit der ganzen Unterseite am Substrat befestigt. Unterseite kahl, glatt, schwarz, mit mehr oder minder zahlreichen, weissen, unberindeten Stellen. Früchte wie vor. Sporen gross, hyalin. Spermogonien eingesenkt.

Menegazzia Mass.

Anm. Der Hauptunterschied von Parmelia liegt in den 2—4 sporigen Schläuchen.

b. Sporen zwei- oder mehrteilig.
* Sporen zweiteilig.
† Sporen braun oder schwärzlich.

Eine Spore von Physcia ciliaris.

Lager blattartig, auch am Rande dem Substrat eng anliegend, selten aufsteigend, mit verschieden gefärbter Ober- und Unterseite. Früchte meist erhaben auf der Oberfläche des Lagers sitzend. Paraphysen locker. Schläuche keulig, 8 sporig. Spermogonien punktförmig eingesenkt. Spermatien walzenförmig.

Physcia Fr.

†† Sporen hyalin.
° Schläuche achtsporig.

Lager parmelienartig, meist enganliegend, selten aufsteigend, durch helle Fasern befestigt, am Rande nicht gewimpert, durch Aetzkali violett gefärbt. Früchte gleichfarbig, zerstreut, schüsselförmig. Paraphysen kräftig, locker zusammenhängend. Schläuche keulig. Sporen polar zweiteilig. Spermogonien mit fast elliptischen, kleinen Spermatien.

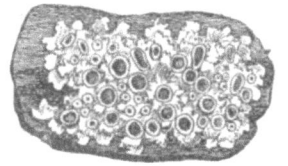

Fig. Xanth. parietina. Nat. Grösse.

Xanthoria Fr.

Lager blattartig-strauchig, aufsteigend, am Rande und an den Enden bewimpert. Früchte dunkler gefärbt, gross, schüsselförmig. Sporen tönnchenförmig, zweiteilig. Sonst wie vor. ***Tornabenia Mass.***
°° Schläuche 16—32 sporig.

Lager kleinblättrig, aufsteigend, durch Aetzkali nicht verändert. Sonst wie Xanthoria.
Candelaria Mass. etc.

3 Sporen von Candelaria concolor in verschiedenen Entwicklungsstadien.

** Sporen zwei- bis mehrteilig.
1. Lager grossblättrig, central durch Haftfasern (sehr selten mit der ganzen Unterfläche) befestigt. Unterseite stellenweis rindenlos. Früchte schüsselförmig, dick berandet, mit dunkler gefärbter Scheibe. Schläuche lang keulenförmig, 8 sporig. Sporen spindelförmig, hyalin, selten hellgelblich. Spermogonien warzenförmig. Sterigmen gegliedertästig. Spermatien kurz-cylindrisch. Gonidien freudiggrün.
Sticta Ach. etc.

1. Sticta pulmonacea. Natürl. Grösse.
2. Eine zweiteilige Spore.

Parmeliaceae.

2. Gonidien meer- oder blaugrün. Sonst wie Sticta.

12. Cetraria Ach.

a. Lager strauchartig, aufrecht oder aufsteigend, rasenförmig, an der Basis frei oder fast frei. Lappen knorpelig, kraus oder flach, oft rinnig gebogen, handförmig oder vielfach zerteilt.
* Lager gelb- oder grünlichbraun bis dunkel kastanienbraun.

Lager bis 10 cm hoch, 0,3—2 cm breit, rinnenförmig, geradrandig bis fast röhrig eingebogen, glänzend, grünbraun bis kastanienbraun, am Grunde oft purpurrot angelaufen, mit hellerer Unterseite. Lappen gabelästig, geweihförmig, die der sterilen Pflanze linearisch, der fertilen verbreitert, fast stets borstig bewimpert. Früchte am Ende der Lappen. Scheibe dem Lager gleichfarbig. Rand ungeteilt. Sporen 7—10 μ lg., 4—6 μ br.

α. platyna (Ach.) Hall. — Lager sehr gross, mit breiten, minder geteilten, flachen, fast nicht gewimperten Lappen.
β. crispa (Ach.) — Rasenartig, niedrig. Lager schmal, mit linearen, viel-gabelteiligen, krausen, rinnig-eingebogenen, dicht gewimperten Lappen.
γ. subtubulosa (Fr.) — Lager sehr schmal, mit röhrig-zusammengeneigten, bewimperten Rändern.

Auf trockenen Heideplätzen, gern zwischen Moosen und Heidekraut (Calluna). Namentlich häufig in Gebirgsgegenden und dort oft weite Strecken bedeckend. In der Ebene meist steril, im Hochgebirge reichlich fruchtend. — (Lichen L.) **71. C. islandica (L.) Ach.**

Anm. Diese wegen ihres hohen Gehaltes an Flechtenstärkemehl (Lichenin) als Heil- und Nahrungsmittel geschätzte Flechte ist unter dem Namen „isländisches Moos" allgemein bekannt. Von der oft gesellig mit ihr vorkommenden Cornicularia aculeata unterscheidet sie sich leicht durch bandförmiges Lager und den bitteren — durch einen eigentümlichen Bitterstoff (Cetrarin) hervorgerufenen — Geschmack. Jod färbt die Markschicht mehr oder weniger intensiv blau.

Lager dicht rasig, rinnenförmig oder fast flachrandig, matt, heller gefärbt, am Grunde gelbbraun. Lappen schmal, wiederholt gabelig verästelt, fast nicht gewimpert. Früchte mit gezähntem Rande.

An moosreichen, etwas feuchten Orten des Hochgebirges. — (Cetraria aculeata β hiascens Fr.; Cetr. islandica var. Delisei Bory, C. Delisei Th. Fr.) **72. C. hiascens (Fr.) Th. Fr.**

Anm. Ich führe diese Art hier auf, trotzdem mir aus dem Gebiet keine Exemplare bekannt geworden sind. Da sie aber im nördlichen Europa von vielen Stellen bekannt ist, so dürfte sie wohl an entsprechenden Lokalitäten — Riesengebirge — gefunden werden. Von C. islandica durch das am Grunde gelbbraune Lager auf den ersten Blick zu unterscheiden. Durch Jod wird die Markschicht nicht verändert.

Lager in kleinen, $1/2$—2 cm hohen Räschen, nicht glänzend, dunkel- bis kastanienbraun, an der Basis hellrötlich. Lappen sehr schmal, flach, handförmig verästelt, mit scharf gezähntem Rande. Früchte endständig, mit gezähnter, kastanienbrauner Scheibe.

Parmeliaceae.

An Felsen in Gebirgen. Sehr selten. Harz. — (Lichen odontellus Ach.)

** Lager hellgelblichweiss.

73. **C. odontella** *Ach.*

Lager 2—10 cm hoch, 2—4 mm breit, schmal-blattartig, gabelig verzweigt, glatt, hellgelblichweiss, am Grunde purpurbraun bis blutrot. Lappen eingerollt, rinnenförmig oder fast röhrig zusammengebogen, am Rande etwas wellig gekräuselt. Früchte bis 12 mm breit, auf der Rückseite kapuzenartig eingebogener Lappenenden. Scheibe anfangs hellfleischfarbig, später braun. Rand dünn, ungeteilt. Sporen 7—10 μ lg., 3—4 μ br.

An moosreichen Stellen des Hochgebirges, häufig, aber selten fruchtend. (Lichen Bell.; Platysma Nyl.)

74. **C. cucullata** (*L.*) *Bell.*

Anm. Von allen vorhergehenden Arten durch die weissliche Färbung des Lagers sofort zu unterscheiden.

Lager aufrecht, 2—6 cm hoch, c. 1 cm breit, blattartig ausgebreitet, nie röhrig eingebogen, netzadrig-grubig gerunzelt, hellgelblichweiss, im Alter sattschwefelgelb, am Grunde gelbbraun. Lappen abstehend, rinnenförmig, kraus, mit buchtigen und tief eingeschnittengezähnten Rändern. Früchte endständig an der Vorderseite der Lappen. Scheibe flach, gelbbraun. Rand gezähnt. Sporen 6—9 μ lg., 3—5 μ br.

An moosreichen Stellen des Hochgebirges, oft in Gesellschaft der vorigen, meist steril. Von C. cucullata durch das netzadrige (nicht glatte) Lager verschieden. (Lichen L.; Platysma Nyl.)

75. **C. nivalis** (*L.*) *Ach.*

b. Lager blattartig-häutig, niederliegend oder aufsteigend, fest am Substrate angeheftet.
 * Lager grau- oder olivengrün bis kastanienbraun.

Lager schlaff, oft bis 10 cm lang, breit-blattartig, aufsteigend oder fast herabhängend, buchtig-eingeschnitten, glatt, glänzend blau- oder graugrün, unten glänzend braunschwarz, öfter weisslich oder braun- und schwarzfleckig, gleichsam bespritzt. Lappen kraus, wellig gebogen, mit hellerem, mehr oder minder gekerbtem oder zerschlitztem, glattem oder mit Soredien besetztem Rande. Früchte am Rande der Lappen. Scheibe kastanienbraun. Rand schmal, nie gezähnt. Sporen 6—9 μ lg., 4—5 μ br.

α. **fallax** (Ach.) Lappen sehr kraus, mit tiefer zerschlitzten und stärker Soredien tragenden Rändern. Unterseite ganz weisslich. So mehr im Hochgebirge.

An Laub- und Nadelbäumen (gern an Birken), Zäunen, Holzdächern, Felsen, auf blosser Erde etc. In Gebirgswäldern sehr häufig und stets fruchtend, in der Ebene weniger häufig. — (Lichen L.; Platysma Nyl.) *76. C. glauca (L.) Ach.*

Anm. Diese Art gleicht habituell der Parmelia perlata, unterscheidet sich aber leicht durch die Beschaffenheit der Unterseite. Dieselbe ist bei Parmelia perlata warzig, bei C. glauca glatt.

Lager angedrückt oder aufsteigend, 1—3 cm hoch, rasenförmig, buchtig gelappt, glatt, olivengrün bis grünbraun oder kastanienbraun, unterseits heller, fast weisslich. Lappen wellig-krausgebogen, etwas gezähnt. Früchte fast randständig, auf der Vorderseite kurzer, verflachter Lappen. Scheibe dunkelbraun, glänzend. Rand gezähnt. Sporen 6—10 μ lg., 4—6 μ br.

α. nuda Schaer. (Platysma saepincolum Nyl.) — Kleiner, dunkelkastanienbraun. Lappen kurz, fast ganzrandig, ohne Soredien. Reich fruchtend.

β. chlorophylla (Humb.) Schaer. — (Lichen chlorophyllus Humb.; Cetr. saepincola β ulophylla Ach.; Platysma ulophyllum Nyl.) — Höher. Lappen breiter, hellbräunlich, unten fast weisslich. Rand aufstrebend, kraus, von weissgrauen Soredien dicht bedeckt. Früchte selten.

In der Ebene und im Gebirge, auf Dachschindeln, an Zäunen, seltener an Bäumen. Zerstreut. *77. C. sepincola Ehrh.*

** Lager hellgrünlichgelb bis citrongelb.
° Lager aufrecht, starr. Lagerlappen selten mit Soredien.

Lager aufrecht, starr, grünlichgelb bis citrongelb. Markschicht intensiv citrongelb. Lappen schmal, gekerbt oder gezähnelt, meist durch randständige Spermogonien schwärzlich berandet. Früchte randständig, mit braunroter oder schwarzbrauner Scheibe und gezähntem Rande, bis 8 mm diam. Sporen 6—8 μ lg., 4—6 μ br.

α. genuina Kbr. — (Lichen juniperinus Ach.; Cetraria Fr., Platysma Nyl., Cetr. junip. v. terrestris Schaer.) — Lager kleiner, gedrängt. Lappen fast flach, mit zerrissen-gekerbtem, krausem, gezähntem, mit zahlreichen schwarzen Spermogonien besetztem Rande.

β. alvarensis (Whbg.) Fr. — (Lichen juniperinus β alvarensis Whbg.; Cetraria Fr.; Platysma Nyl.; Cetr. junip. var. tubulosa Schaer). — Höher. Lappen schmal, fast röhrig zusammengebogen, gabelig geteilt.

An Stämmen von Juniperus communis, seltener auf der Erde, zwischen Moosen. Nur in Gebirgen, β in Oberbaiern. — (Lichen L.) *78. C. juniperina (L.) Ach.*

°° Lager blattartig-häutig, angedrückt bis aufsteigend.

Lager 0,4 mm bis 1,5 cm hoch, blattartig, anliegend, buchtig gekerbt-gelappt, hellgrünlichgelb bis citrongelb. Lappen am Rande dicht mit goldgelben Soredien besetzt. Früchte sehr selten, wie vor. —

An Bäumen, namentlich an Nadelhölzern, auch an Birken und an Felsen in der Bergregion ziemlich häufig, in der Ebene selten. Stets steril. — (Lichen pinastri Scop.; Parmelia Smrft.; Platysma Nyl).
79. C. pinastri (Scop.) Ach.

Anm. Durch die stets vorhandenen, leuchtend goldgelben Soredienhäufchen von voriger Art verschieden.

Lager blattartig-häutig, angedrückt, gelblichgrün bis strohgelb, unten weisslich, glänzend, glatt, netzadrig-grubig. Lappen schmal, mit wellig-krausem, gelblichweisse Soredien tragendem Rande. Früchte gross, randständig am Ende der Lappen. Scheibe hellbraun.
An Nadelhölzern. Sehr selten. Oberbaiern. — (Cetraria complicata Laur.)
80. C. Laureri (Kmph.) Kbr.

Lager kleinblättrig, glatt, gelbgrün, unten bräunlich, spärlich faserig, wellig gelappt. Lappen aufsteigend, oft zurückgebogen, am Rande mit schmutzigweissen Soredien besetzt. Früchte randständig. Scheibe schwarzbraun. Rand gekerbt.
An Nadelhölzern. Sehr selten. Oberbaiern.
81. C. Oakesiana (Tuck.) Kbr.

*** Lager weissgrau.

Lager rundlich, dünn blattartig-häutig, anliegend, weissgrau, nach der Mitte hin dunkler werdend, unten hellbraun, mit wenigen, langen Haftfasern, im Alter in eine warzig-staubige Kruste aufgelöst. Lappen am Rande aufsteigend, gekerbt. Früchte an den Enden eingerollter, aufgerichteter Lappen schief aufsitzend. Scheibe hellrotbraun, am Rande feingezähnt und weiss bestäubt. Sporen 6—9 μ lg., 5—6 μ br.
Häufig an Nadelhölzern, Zäunen, Bretterwänden etc. Selten fruchtend. — (Lichen aleurites Ach.; Parmelia Ach.; Imbricaria Kbr.; Squamaria placorodia Nyl.; Parmeliopsis aleurites Nyl.)
82. C. aleurites (Ach.) Th. Fr.

Anm. Diese Flechte ist morphologisch höchst interessant. Im Bau ihrer Fruchte ist sie eine echte Cetraria, während dem Lager dem der Parmelien gleicht. Von allen Cetrarien ist sie sofort durch die Farbe des Lagers zu unterscheiden. Von der ihr habituell gleichenden Parmelia hyperopta Ach. weicht sie durch die hellbraune Unterseite ab. P. hyperopta ist unten braun-schwarz und mit dichtstehenden, kurzen Haftfasern besetzt.

13. *Parmelia* Ach.

Lager weisslichgrau bis graugrün.
  * Lager unterseits warzig, oder mit längeren oder kürzeren Haftfasern besetzt.
    ° Lager unten durch verkümmerte Haftfasern warzig.

Lager rundlich, dachziegelförmig gelappt, mit anliegenden oder aufsteigenden Lappen, glatt, grünlichgrau oder weisslich- bis fast blaugrau, am Rande leicht gebräunt. Unterseite glänzend, braunschwarz oder schwarz, gegen den Rand heller werdend. Lappen abgerundet, wellig gebogen, mit zuweilen zurückgeschlagenem, nacktem oder gewimpertem Rande. Soredien weissgrau. Früchte schildförmig, 0,5—1 cm diam., sitzend, rotbraun, ganzrandig. Sporen elliptisch, hyalin, 11—17 µ lang, 7—12 µ breit.

    forma: ciliata (DC.) — Lappen am Rande mit langen, schwarzen Wimpern.
    forma: sorediata (Schaer). — Lappen am Rande zahlreiche, weissgraue Soredien tragend.

In etwa handgrossen Polstern an Laub- und Nadelbäumen durch das Gebiet zerstreut, in den Gebirgen zuweilen die Felsen auf weite Strecken bekleidend, selten fruchtend. — (Lichen perlatus L.; Imbricaria Kbr.)   *63. P. perlata (L.) Ach.*

    Anm. Von der habituell ähnlichen P. caperata sofort durch die Farbe zu unterscheiden, von Cetraria glauca verschieden durch die rauhe, warzige Unterseite. —

In neuerer Zeit sind — namentlich von Nylander — zahlreiche neue Parmelia-Arten aufgestellt worden, die sich jedoch nur auf chemischem Wege erkennen lassen. Ich bemerke hier ein für allemal, dass ich alle diese Arten nur namentlich erwähnen, nicht mit fortlaufender Nummer versehen werde. Es ist mir eben, trotz vieler Mühe, nicht gelungen, andere, durchgreifende Merkmale zu constatiren. P. perlata zerfällt nach Nylander in vier Arten:

    P. perforata (L.) Nyl. — Aetzkali färbt das Lager intensiv rostrot.
    P. olivaria Nyl. (P. olivetorum Nyl. von Ach.) — Chlorkalk rötet die Markschicht, Aetzkali verhält sich indifferent.
    P. cetrarioides Del. Nyl. — Das Lager oder die Markschicht wird nach Anwendung von Aetzkali oder Chlorkalk nicht verändert; die Spermatien zeigen in der Mitte eine deutliche Einschnürung.
    P. perlata (L.) Nyl. (S. olivetorum Ach.) Wie vor., nur sind die Spermatien nicht eingeschnürt.

P. perforata Wulff. kann als Art nicht bestehen; sie ist weiter nichts als eine P. perlata, deren Fruchtscheibe — infolge des Alters — durch bereits erfolgte Zersetzung und Auflösung der Schlauchschicht in der Mitte durchbohrt ist.

    °° Lager unten stets mit mehr oder minder langen Fasern besetzt.
    † Lager nie mit Soredien besetzt.

Lager derbhäutig, dicht anliegend, buchtig gelappt, matt, feucht grau oder graugrünlich, trocken bläulichgrau, öfter fast wie bereift, glatt oder rauhkörnig. Unterseite braunschwarz, mit schwarzen Fasern dicht besetzt. Lappen öfters dachziegelförmig, gerundet, gekerbt. Früchte sitzend, rötlichbraun, etwas glänzend, mit dünnem, aufrechtem, schwach gekerbtem Rande. Sporen fast eiförmig, hyalin, 7—11 µ lang, 5—7 µ breit.

    forma: scortea (Ach.) — Lager gebräunt, rauhkörnig.

Parmeliaceae.

An Laubbäumen, nicht selten und meist fruchtend, hin und wieder auch an Steinen. — (Lichen tiliaceus Hoffm.; Imbricaria Kbr.; Lichen quercinus Ehrh.; Parmelia quercifolia Schaer.)

84. *P. tiliacea (Hoffm.) Fr.*

Anm. An sonnigen Felsen haben die Lappen annähernd die Form eines Eichenblattes, hierauf beziehen sich die Namen Ehrharts und Schaereis. — Das Lager ist hier und da mit einem Parasiten Abrothalus Smithii Del. besetzt.

†† Lager nur ausnahmsweise ohne Soredien.
— Lagerlappen nach unten zurückgekrümmt.

Lager derbhäutig, fast lederartig, kreisrund, unregelmässig gelappt, matt, grünlichgrau. Unterseite schwarz, mit kurzen, schwarzen Fasern besetzt. Lappen rundlich, eingeschnitten-gekerbt, aufsteigend, am Rande zurückgeschlagen und stets mit grünlichgrauen Soredien besetzt. Früchte kastanienbraun, mit dünnem, gezähntem Rande. Sporen 11—14 μ lang, 6—8 μ breit. (Nyl.)

An Bäumen und Felsen zerstreut; im Gebiete bisher nur steril beobachtet. — (P. sinuosa b. revoluta Rbh.; Imbricaria revoluta Kbr.; P. quercifolia β revoluta Schaer.)

85. *P. revoluta Flk.*

Anm Diese Art ist von P. perlata verschieden durch die zurückgekrummten Enden der Lappen und die Beschaffenheit der Unterseite, von tiliacea durch die stets vorhandenen Soredien, von Borreri durch die schwarze Unterseite, von sinuosa durch die matte, fast bereifte Oberseite. —

— — Lappen an den Enden nicht zurückgekrümmt.
Lager unten glänzend hellbräunlich, spärlich mit fast gleichgefärbten Fasern besetzt.

Lager häutig, rundlich, rosettenartig, graugrün, zahlreiche, meist weissliche Soredienhäufchen tragend. Lappen fast dachziegelig, mit glattem, glänzend-bräunlichgrünem Rande. Früchte schüsselförmig, rotbraun. Rand verdickt, einwärts gebogen, ganzrandig. Sporen ei-elliptisch, 10—15 μ lang, 6—8 μ breit.

forma: marginata Stein. Rand des Lagers schwach eingerollt, dicht mit Soredien besetzt.

An Bäumen, selten an Felsen, vereinzelt im Gebiete. — (Imbricaria Borreri Kbr., Parm. dubia Schaer.)

86. *P. Borreri Turn.*

Anm. Stets durch die helle Unterseite kenntlich.

Lager unten schwarz, mit schwarzen Fasern besetzt.

Lager häutig, kreisrund, anliegend, glänzend weisslichgrün. Unterseite glänzend schwarz, mit langen, schwarzen Fasern besetzt. Lappen schmal, 1—2 mm breit, tief-, fast fiederartig gespalten, flach, glänzend, an den Enden grob gezähnt. Früchte 3—6 mm diam., hellrötlich oder gelblichbraun. Rand zuletzt etwas eingebogen und schwach gezähnt. Sporen 10—15 μ lang, 5—9 μ breit.

An Baumstämmen in den Alpen Oberbaierns und im Riesengebirge. Selten! — (Parm. laevigata (Ach.); Imbricaria sinuosa Kbr.)

87. P. sinuosa Smft.

Lager häutig, netzadrig-grubig, feucht grau- oder mattgrün, trocken weissgrau oder bläulichgrün. Unterseite schwarz, dicht mit kurzen, schwarzen Fasern besetzt. Lappen oft dachziegelig angeordnet, flach, rundlich, buchtig zerteilt, an den Enden stumpf-eckig. Früchte schüsselförmig, kastanienbraun, mit dünnem, gezähnt-gekerbtem Rande. Sporen rundlich-elliptisch, 14—19 μ lang, 9—12 μ breit.

α. retiruga (DC.) Th. Fr. — (Imbricaria retiruga DC.; Parm. saxatilis α leucochroa Wallr.) — Lager grau oder grüngrau, tief netzig-grubig, rauh oder fast kleiig bestaubt. Häufig fruchtend.

β. sulcata (Tayl.) Nyl. — Lager weisslich- oder aschgrau, netzförmig, durch schmale, längliche Soredienhäufchen gefurcht. Selten fruchtend.

γ. omphalodes (L.) Fr. — (Lichen omphalodes L.; Imbricaria Kbr.) — Lager glänzend braun- oder braunschwarz, fast glatt, tief geteilt.

δ. panniformis (Ach.) — Lager graugrün, glänzend, glatt, mit sehr schmalen, kurzen, fein zerschlitzten, dicht zusammengedrängten Lappen, fast krustenförmig-schuppig.

An Stämmen, altem Holzwerk, auf Steinen, Felsen, auch an der Erde, zwischen Moosen, häufig, die var. γ und δ mehr in den Gebirgen. — (Lichen L., Imbricaria Kbr.)

88. P. saxatilis (L.) Fr.

Anm. Die netzadrige Oberseite ist für diese Art characteristisch; von sinuosa ferner verschieden durch kürzere Haftfasern und dunkel-kastanienbraune Scheibe. Auf dem Lager leben parasitisch: Abrothallus Smithii Tul. und A. oxysporus Tul.=Nesolechia oxyspora Mass.

Lager häutig, fast kreisrund, dicht anliegend, fast sternförmig zerschlitzt, weisslich- oder bläulich- bis bräunlichgrau. Die mittleren Lappen runzelig-faltig, dicht mit weissen, rundlichen Soredien besetzt, die randständigen schmal, flach, glatt und fast glänzend. Unterseite braunschwarz, sehr dicht mit kurzen, schwarzen Haftfasern besetzt. Früchte glänzend rotbraun, mit crenuliertem Rande. Sporen 10—12 μ lang, 3—4 μ breit.

An Nadelbäumen und auf altem Holzwerk. Meist schön fruchtend. (Parm. ambigua b. albescens Schaer.; Lichen aleurites Whlbg.; Parmelia Smrft.; Squamaria Nyl.; Parmeliopsis Nyl.; Imbricaria hyperopta Kbr.)

89. P. hyperopta Ach.

Anm. Von P. diffusa, mit welcher diese Art oft gesellig wächst, sogleich durch die Lagerfarbe zu unterscheiden. Man vergleiche die Anm. zu Cetraria aleurites.

** Lager unten nackt, ohne Haftfasern.

Lager häutig, fast sternförmig, locker aufgewachsen, glatt, weisslichbleigrau, selten etwas gebräunt, mit weisslichen oder bläulichen Soredienhäufchen. Unterseite glänzend schwarzbraun, runzelig. Lappen vielteilig, oft gabelig gespalten, flach, mit aufsteigenden, gedunsenaufgeblasenen, weissliche Soredien tragenden Enden. Früchte fast gestielt, hellrotbraun, ganzrandig. Sporen 6—8 μ lg., 5—6 μ br.

    α. vulgaris Kbr. — Lappen kürzer, gedrängt, einfarbig, nicht schwarz berandet.
        * ampullacea (Ach.) — Lappen sehr kurz, aufrecht, dick gedunsen.
        ** labrosa (Ach) = tubulosa Schaer. — Mit röhrigen, an den aufsteigenden Enden verbreiterten, kappenförmig zurückgekrümmten, Soredien tragenden Lappen.
    β. vittata Ach. — Lappen verlängert, flach, linealisch, grau, schwarz berandet.
    γ. obscurata Ach. — Lappen glänzend, braun, am Rande schwarzfaserig.

An *obst* Bäumen, Holz, Steinen, auf der Erde, zwischen Moosen. Häufig. Die Formen meist steril. — (Lichen physodes L.; Imbricaria Kbr.)   *90. P. physodes (L.) Ach.*

    Anm. Von der ähnlichen Menegazzia pertusa durch 8sporige Schläuche und die nicht durchstochenen Lappen zu unterscheiden. Abrothallus Smithii Tul und A. osyspora schmarotzen auf dem Lager.

Lager derbhäutig, kreisrund, anliegend, runzelig, weisslichgrau, vielteilig, stets ohne Soredien. Unterseite schwarz. Lappen schmal linealisch, kaum 1 mm breit, gewölbt bis stielrund, fingerförmig geteilt. Früchte sitzend, glänzend, rötlichkastanienbraun, mit eingebogenem, leicht gezähntem Rande. Sporen eiförmig, 7—10 μ lg., 5—7 μ br.

    α. multipunctata (Ehrh.) Th. Fr. — Lappen rinnig-gefaltet, gewölbt, mit etwas gedunsenen, weiss- oder bläulichgrauen Enden.
    β. intestiniformis (Vill.) Th. Fr. — Lappen stielrund, mit zugespitzten, braunen oder fast schärzlichen Spitzen.

An Felsen auf dem Kamme des Riesengebirges nicht selten und stets fruchtend. — (Lichen encaustus Smrft.; Imbricaria Kbr.)
        91. P. encausta (Smrft.) Nyl.

  b. Lager braunschwarz, braun oder olivenfarbig.
    * Lager derbhäutig, fast lederartig, wellig-gefaltet, mit aufgerichteten Lappen.

Lager olivenbraun, am Rande olivengrün, trocken graugrünlich, schwach glänzend. Unterseite heller, mit zerstreuten, kurzen Fasern besetzt. Lappen kurz, aufgerichtet, die peripherischen anliegend, kerbig-geschweift. Früchte gross, tief schüsselförmig, mit welliger, rotbrauner, am eingebogenen Rande gekerbter Scheibe. Sporen eielliptisch, 12—16 μ lg., 8—10 μ br.

An Laubbäumen durch das Gebiet zerstreut, gern an Pappeln und Linden. — (Lichen Acetabelum Neck.; Imbricaria Kbr.; Lichen corrugatus Ach.; Parm. corrugata Ach.)

92. P. Acetabulum (Neck.) Dub.

** Lager dünnhäutig oder fast knorpelig, meist flach anliegend.
† Lagerlappen breit, abgerundet.

Lager meist regelmässig kreisrund, dicht anliegend, schwach glänzend, olivenbraun, feucht etwas heller, kahl oder mit staubartigen Auswüchsen bedeckt. Unterseite schwarz, faserig, gegen den Rand heller, kurz- und dicht faserig. Lappen abgerundet, flach, gekerbt. Früchte ziemlich flach, dem Lager gleichfarbig, mit glattem, meist ungeteiltem Rande. Sporen elliptisch, 12—18 μ lg., 6—9 μ breit. Spermogonien punktförmig eingesenkt. Durch Chlorkalk wird die Markschicht nicht gerötet. Aendert ab:

α. glabra (Schaer.) Nyl. — Lager hell gelblichbraun, mit anfangs weisslichen oder gelblichen, später schmutzig grünlich werdenden Soredien bedeckt, dadurch besonders in der Mitte staubig-krustig. Chlorkalk rötet sofort die Markschicht.
* subaurifera (Nyl.) Lager spärlich mit gelblichen Soredien besetzt.
** glomellifera (Nyl.) Lager dicht soreumatisch.
β. fuliginosa Fr. — (Parm. fuliginosa Nyl.) — Lager olivenbraun oder grün, schwach glänzend. Unterseite spärlicher faserig, heller. Chlorkalk rötet die Markschicht.
* glabratula (Lam.) — Lager meist heller grün, mehr glänzend.
** verruculifera (Nyl.) — Lager namentlich in der Mitte durch olivenbraune Sprossungen körnig-staubig, unten fast weisslich.

An Bäumen, Holz und Steinen durch das Gebiet. — (Lichen L.; Imbricaria Kbr.)

93. P. olivacea (L.) Ach.

Lager olivengrün bis grünbraun, stets mit zahlreichen, gleichfarbigen, nach der Mitte zu gehäuften Warzen besetzt. Früchte am Rande mit Warzen besetzt. Sporen 6—9 μ lg., 5—6 μ br.

α. exasperata (Del.) — Warzen zerstreut.
β. exasperatula (Nyl.) Warzen dicht gedrängt, fast krustenförmig.

An Bäumen, seltener an Steinen. Verbreitet. — (Parm. olivacea β aspidota Ach.; Parm. aspera Mass.)

94. P. aspidota Ach.

Anm. Das charakteristische Merkmal dieser Art sind die warzenartigen Gebilde des Lagers. Dieselben sind Auswüchse der Markschicht, die jedoch von der Rindenschicht stets bedeckt bleiben; sie sind nicht, wie Th. Fries angiebt, Spermogonien. Letztere treten sparsam zwischen den Warzen als äusserst kleine, schwarze Punkte auf.

Lager olivenbraun bis schwarzbraun, stark glänzend, glatt, zerschlitzt. Lappen gestreckt, zierlich vielteilig bis fast dichotom ge-

Parmeliaceae.

teilt. Soredien weisslich. Sporen 9—12 µ lg., 5—6 µ br. Sonst wie P. olivacea.
An Felsen. Zerstreut. — (Parm. olivacea γ prolixa Ach; P. pulla Ach.; P. Delisei Dub.)   *95. P. prolixa Ach.*

†† Lagerlappen schmal-linealisch, 0,1—1 mm breit, vielspaltig-zerschlitzt.
° Lager dem Substrat fest angedrückt.

Lager häutig, sehr brüchig, meist rosettenförmig, vielteilig-zerschlitzt, olivengrün, im Alter braunschwarz, mit weissen, runden Soredienhäufchen. Unterseite schwarz und kahl, ohne Fasern. Lappen schmal, kaum 1 mm breit, an den Enden nicht breiter, fast fächerartig geteilt, etwas gewölbt, gegen den Rand hin flacher, querrunzelig, glatt und glänzend oder kleiig bestaubt. Früchte gewölbt, kastanienbraun bis bräunlichschwarz, ganzrandig. Sporen elliptisch, 10—12 µ lg., 5—6 µ br.
An Steinen und Felsen namentlich in dem gebirgigen Teile des Gebiets, selten in der Ebene. — (Parm. stygia b. sorediata Ach.; P. demissa Fw.; P. dendritica Schaer.; P. Sprengelii Flk.; Imbricaria Sprengelii Kbr.)   *96. P. sorediata (Ach.) Th. Fr.*

Anm. Mit Vorsicht von P. olivacea zu unterscheiden.

Lager sehr klein, rundlich, fest angepresst, zerschlitzt, olivenbraun bis schwärzlichgrün, im Centrum fast krustenförmig. Randlappen sehr kurz, 0,1—0,2 mm breit, flach, an den Enden wenig verbreitert, buchtig gelappt. Früchte 0,25 mm breit, mit vertiefter, ganzrandiger Scheibe. Sporen 9—12 µ lg., 4—5 µ br.
Auf hartem, quarzhaltigem Gestein, bisher nur im Hirschberger Thale. — (Parm. elaeina Spr.; Imbricaria demissa Fw.; Placodium demissum Kbr. Parerg.)   *97. P. demissa (Fw.)*

Anm. Weicht durch die auffallende Kleinheit von allen Parmelien ab und gleicht, mit Ausnahme der kleinen Randlappchen, vollkommen einer Krustenflechte; sie ähnelt den in Gesteinsspalten häufig vorkommenden sogenannten Dendriten.

°° Lager etwas schwellend, dem Substrat locker aufgewachsen, daher leicht ablösbar.

Lager knorpelig-häutig, rundlich, buchtig-gelappt, glatt, braun bis braunschwärzlich. Unterseite schwärzlich, nach dem Rande hin heller, zerstreut mit Haftfasern besetzt. Lappen fast dachziegelig, linearisch, c. 1 mm breit, meist rinnig. Früchte mit brauner oder rotbrauner, am Rande gezähnelter Scheibe. Sporen elliptisch, 5—11 µ lg., 4—6 µ br. Spermogonien kurz-keulenförmig, den Lappenrändern aufsitzend.

An Steinen und Felsen der Gebirge. — (Lichen Fahlunensis L.; Imbricaria Kbr.; Cetraria Schaer.; Platysma Nyl.)

98. P. Fahlunensis (L.) Ach.

Anm. Von allen ähnlich gefärbten Arten leicht durch die rinnenförmigen Lappen zu unterscheiden, von P. stygia ausserdem durch die nicht eingesenkten Spermogonien. Der abweichende Bau der letzteren bestimmte Th. Fries diese Flechte sub Cetraria aufzufuhren.

Lager knorpelig-häutig, rundlich, glatt, glänzend, hell-olivenbraun bis braunschwarz. Unterseite schwarz, mit zerstreuten Haftfasern. Lappen linealisch, gewölbt bis stielrund, handförmig geteilt. Früchte gleichfarbig, mit flacher, am Rande gezähnter Scheibe. Spermogonien punktförmig eingesenkt. Sporen 8—10 μ lg., 5—7 μ br.

α. genuina Kbr. — Lager blattartig, anliegend.
β. lanata (L.) Fr. — (Lichen lanatus L.; Cornicularia Ach.; Parmelia Wallr.) Lager strauchig oder verworren fädig, aufsteigend., Aeste stielrund.

An Steinen und Felsen der höheren Gebirge, nicht selten, aber meist steril. — (Lichen stygius L.; Imbricaria Kbr.)

99. P. stygia (L.) Ach.

Anm. Th. Fries führt die β lanata als selbstständige Art auf. Es sind jedoch deutliche Uebergänge der Normalform zur Strauchform bekannt geworden, weshalb lanata nur als Var. zu stygia gestellt werden kann. Diese Form erinnert gut entwickelt lebhaft an Bryopogon jubatum var. chalybeiforme, ist aber sofort an der verschiedenen Anheftungsweise — durch zerstreute Haftfasern — zu erkennen. Von P. Fahlunensis weicht sie durch stets gewölbte, nie concave Lappen ab.

c. Lager gelblich.
* Soredien fehlend, oder wenn vorhanden, hell, weisslich, aber nie schwefelgelb.
† Lappen breiter (bis 1 cm breit), meist gerundet.
° Unterseite des Lagers schwärzlich.

Lager ausgebreitet, gross, selbst über 25 cm breit, anliegend, grünlichgelb, schwefelgelb oder hellstrohgelb, eingeschnitten-gelappt, wellig-faltig, seicht netzadrig, entweder glatt, oder dicht mit hellen Soredien besetzt. Unterseite schwarz, gegen den Rand heller, rauh, seltener dicht kurzfaserig. Lappen fast dachziegelig, bis 1 cm breit, flach, mit gerundeten, leicht gekerbten Spitzen. Früchte sehr zerstreut, kastanienbraun, mit gezähntem, meist staubigem Rande. Sporen 16—20 μ lg., 7—10 μ br. Spermogonien punktförmig eingesenkt.

An Bäumen, Holz und Steinen, wohl überall, aber selten fruchtend. — (Lichen L.; Imbricaria Kbr.) *100. P. caperata (L.) Ach.*

Anm. Auf dem Lager findet sich hin und wieder Nesolechia thallicola Mass. Perithecien punktförmig, schwarz; Schläuche 8sporig, kurz, breit. Sporen eiförmig, hyalin, sehr klein. Der Parasit verursacht dunkle Flecken des Lagers. Auch Abrothallus microspermus (Tul.) ist auf dieser Flechte beobachtet worden. Perith. schwarzbraun. Sporen 2zellig, hellbraun.

Lager meist regelmässig kreisrund, derbhäutig, anliegend, glatt und glänzend, später im Centrum kleiig bestäubt, hellgrünlichgelb.

Unterseite braunschwarz, mit kurzen, dichtstehenden Fasern besetzt. Lappen öfter dachziegelig, flach, mit gezähnten Spitzen. Früchte fast stets zahlreich, mit dunkelbrauner Scheibe. Rand anfangs ungeteilt, später rissig-gezähnt. Spermogonien häufig, schwarz, punktförmig. Sporen 8—12 µ lg., 5—7 µ br. Soredien stets fehlend. An Steinen und Felsen, überall häufig und reich fruchtend, selten an Holzwerk — (Lichen Ehrh.; Imbricaria Kbr.)

101. P. conspersa (Ehrh.) Ach.

°° Unterseite des Lagers weisslich.

Lager ausgebreitet, fest anliegend, kreis- oder ringförmig, mit ausgestorbener Mitte, weisslich- oder grünlichgelb, nicht glänzend. Lappen linear, gewölbt. Früchte rotbraun, mit zuletzt flacher, dünn berandeter, meist ungetheilter Scheibe. Sporen 8—12 µ lg., 5—6 µ br. An Felsen, Steinen, erratischen Blöcken. Sehr selten. Am Sattel in den Schneegruben einmal gefunden. Harz, Ostpreussen. — (Lichen centrifugus L ; Imbricaria Kbr.)

102. P. centrifuga (L.) Ach.

†† Lappen klein, schmal-linealisch, bis etwa 1 mm breit, meist zierlich gabelig oder fächerformig verzweigt.

Lager kreisrund, fest angepresst, papierartig brüchig, sternförmig-gelappt, in der Mitte fast krustig, matt strohgelb oder gelblichgrau, im Centrum oft geschwärzt, mit erhabenen, fast kugeligen, helleren Soredienhäufchen besetzt. Unterseite schwarz, dicht schwarzfaserig. Lappen schmallinealisch, bis 0,5 mm breit, gewölbt, fast stielrund, vielfach-fächerartig-geteilt, mit einwärts gekrümmten Enden. Früchte mit flacher, rotbrauner, am Rande ungeteilter Scheibe. Sporen 8—12 µ lg., 5—6 µ br.

An Felsen und Steinen im Gebirge. Selten fruchtend. — (Lichen incurvus Pers ; Imbricaria Kbr.; Lichen multifidus Rustr.; Parm. centrifuga var. multifida Rbh.; Parm. recurva Ach.; Imbricaria recurva DC).

103. P. incurva (Pers.) Fr.

Anm. Von ähnlichen Formen der P. conspersa durch die characteristischen, fast gestielten Soredien und die einwärts gekrümmten Lappenenden leicht zu unterscheiden.

Lager derbhäutig, kreisrund, bis 1 cm breit, fest angepresst, krustenförmig, runzlig, glänzend, gelbgrün, in der Mitte schwärzlich-grün, mit flachen, weissen Soredien besetzt. Unterseite braunschwarz, rauh. Lappen 0,10—0,25 mm breit, vielteilig, quergefurcht, gewölbt, mit flachen Enden. Früchte sehr selten, braunrot, der Rand schwefelgelb bestäubt. Sporen 8—10 µ lg., 5—6 µ br. Spermatien gerade, kurz, walzenförmig.

An Felsen der Bergregion. Selten. — (Imbricaria Mougeotii Kbr.; Parm. discreta Nyl.)

104. *P. Mougeotii Schaer.*

Anm. Durch weissliche Soredien von P. conspersa und incurva verschieden.

** Oberseite des Lagers mit zahlreichen, schwefelgelben Soredien bestäubt.

Lager häutig, blassschwefelgelb-grünlich oder weisslich, anliegend, sternförmig gelappt, matt. Unterseite dicht schwarzfaserig. Lappen schmal-linealisch, flach, eben, ohne Querfurchen, an den Enden buchtig-gezähnt. Früchte rotbraun, ganzrandig. Sporen 7—10 µ lg., 2—3 µ br. Spermatien lang, haarförmig, hin und her gebogen.

An Rinden, abgestorbenen Stämmen, an Bretterwerk, seltener an Steinen, häufiger in den höher gelegenen Waldungen, in der Ebene selten und meist nur steril. (Lichen diffusus Web.; Imbricaria Kbr.; Lichen ambiguus Ach.; Parmelia Ach.; Squamaria Nyl.; Parmeliopsis Nyl.)

105. *P. diffusa (Web.) Th. Fr.*

14. *Menegazzia Mass.*

Lager dicht anliegend, häutig, sternförmig gelappt, graugrünlich oder grauweisslich, mehr oder weniger glänzend. Unterseite schwarz, runzlig, nackt, weissfleckig. Die gegen die Mitte liegenden Lappen gewölbt, die randständigen flach, braun berandet, wiederholt fieder-spaltig-geteilt, in der Mittellinie durchstochen. Soredien erhaben, rund, weisslich. Früchte sitzend, rotbraun, ganzrandig. Sporen fast eiförmig, 40—60 µ lg., 22—28 µ br., schwach gelblich, breit hyalin gesäumt.

An Laub- und Nadelhölzern in Gebirgen. Zerstreut. — (Lichen pertusus Schrank.; Parmelia Schaer.; Parm. diatrypa Ach.; Imbricaria terebrata Kbr.; Lobaria terebrata Hoffm.)

106. *M. pertusa (Schrank) Mass.*

Anm. Von allen Parmelien abweichend durch 2—4 sporige Schläuche und die weissfleckige Unterseite des Lagers: von P. physodes verschieden durch die nadelstichartig in der Mitte durchbohrten Lappen. Das Lager verschwindet später zunächst im Centrum, dann auch an Stellen des Umkreises, so dass dadurch in Abschnitte aufgelöste Ringe entstehen.

15. *Physcia Fr.*

a. Lager aufsteigend oder anliegend, obere Rindenschicht nicht parenchymatisch, aus locker verwebten Längsfasern gebildet, untere Rindenschicht unvollständig, nur an den Rändern ausgebildet. Haftfasern randständig. Anaptychia (Kbr.) Schwend.

* Lager locker angeheftet, meist aufsteigend, unten rinnig.

Lager meist strauchartig, vielteilig aufsteigend, oben knorpelig, grau bis braungrau, feucht dunkelgrünlich, unterseits rinnenförmig, weisslich. Lappen 1—3 mm breit, dachziegelig sich deckelnd, am

Rande mit gleichfarbigen oder schwarzen Wimpern meist zahlreich besetzt. Früchte fast gestielt, braunschwarz, meist bläulich bereift, mit eingebogenem, ungeteiltem, oder gezähntem bis lang gewimpertem Rande. Sporen dunkelbraun, 30—50 µ lg., 15—20 µ br.

    α. vulgaris Kbr. — Lager aufsteigend, grau. Zahlreich fruchtend.
      * platyphylla Wallr. — Lappen breiter.
      ** leptophylla Wallr. — Lappen schmäler.
    β. melanosticta Ach. — Lager fast niederliegend, bräunlich. Steril.
    γ. crinalis Schleich. — Lappen sehr schmal, kaum 1 mm breit, heller; Wimpern sehr lang. Fruchtscheibe stark bereift.
    δ. humilis Kbr. Lager klein, niederliegend. Lappen kurz, schmal, glatt, mit kurzen, grauen Wimpern. Steril. Auf Kalkboden zwischen Moosen.

An Bäumen, Sträuchern, Holzwerk und Steinen überall gemein und meist fruchtend. — (Lichen ciliaris L.; Parmelia Ach.; Borrera Ach.; Hagenia Eschw.; Anaptychia Kbr.)

107. Ph. ciliaris (L.) DC.

Lager aufsteigend, knorpelig, grauweiss, unterseits rinnenförmig, weisslich bestaubt. Lappen schlank, schmal, am Rande mit sehr langen, verzweigten, schwarzen Wimpern besetzt. Im Gebiete nur steril bekannt.

An alten Weisstannen im südlichen Deutschland (Schwarzwald). Sehr selten. (Einheimisch in Spanien, Afrika, Amerika.) — (Lichen leucomelas L.; Parmelia Fr.; Borrera Ach.; Hagenia Eschw.; Anaptychia Kbr.)

108. Ph. leucomelas (L.) Schaer.

    ** Lager anliegend, mehr oder minder rosettenartig verbreitet.

Lager häutig, angedrückt, sternförmig, fast fiederig zerteilt, bläulich- oder grünlichweiss, trocken weiss. Unterseite reinweiss, am Rande mit langen, weissen Fasern. Lappen flach, linear, mit gewöhnlich etwas aufsteigenden, verbreiterten, abgerundeten, fächerartig geteilten Enden. Früchte sitzend, braun, ganzrandig, selten schwach crenuliert. Sporen 25—36 µ lg., 12—18 µ br.

An Bäumen, Felsen, über Moosen. Sehr selten. Harz, Süddeutschland. — (Lichen speciosus Wulf.; Anaptychia Mass.; Parmelia Ach. Kbr.)

109. Ph. speciosa (Wulf.) Nyl.

Anm. Eine zierliche, durch die trocken beiderseits weissliche Farbe leicht kenntliche Flechte.

Lager knorpelig-häutig, rosettenartig, angedrückt, kastanienbraun, glatt. Unterseite heller, mit zerstreuten, schwärzlichen, borstenförmigen Fasern. Lappen vielteilig, meist etwas gewölbt, im Centrum gedrängt-dachziegelig, am Rande sternförmig-strahlig, fast gefiedert. Früchte schwarzbraun, anfangs bereift, später nackt, mit verdicktem, eingebogenem, gekerbtem Rande. Sporen 30—45 μ lg., 20—25 μ br. An Felsen. Sehr selten. Achtermannshöhe im Harz. (Lichen aquilus Ach.; Parmelia Ach.; Anaptychia Mass.)

110. Ph. aquila (Ach.) Nyl.

b. Lager meist anliegend, beiderseits berindet, Obere Rindenschicht aus parenchymatischen Zellen gebildet. Haftfasern auf der ganzen Unterseite. Parmelia Kbr.
* Spermatien kurz, walzenförmig.
† Früchte mit braunschwarzer, fast stets bereifter Scheibe.

Lager rosettenförmig, knorpelig-dick, ziemlich breitlappig, feucht grünlich, trocken weisslich-grüngrau oder mattgraubräunlich, grau oder graubläulich bereift. Unterseite schwarzfaserig. Lappen vielspaltigzerteilt, buchtig-gekerbt, an den Enden flach. Früchte sitzend, mit dick gedunsenem Rande und meist grau bereifter Scheibe. Sporen 20—36 μ lg., 10—12 μ br.

α. allochroa (Hoffm.) Th. Fr. — Lager knorpelig dick, dicht anliegend, grau, ohne Soredien. Unterseite schwarzfaserig. Lappen gedrängt, strahlend, lang und schmal.
   a. angustata (Hoffm.) Ach. — Lappen getrennt, sehr schmal linealisch, tief geteilt.
   b. argyphaea Ach. — Lappen am Rande des Lagers wenig verbreitert, weisslichgrau bereift.
   c. detersa Nyl. — Lager nicht bereift, etwas gebräunt, Lappen fast fiederig geteilt, in der Mitte mit weisslichen Soredien gesäumt.
   d. venusta A. — Lager nicht bereift, mit soreumatischem Rande.
   e. hispidula Ach. — Lager heller, zart. Moosbewohnend. Steril.
β. pityrea (Ach.) Nyl. — (Lichen pityreus Ach.; Parmelia farrea Ach.; Lichen griseus Lam.) — Lager dünnhäutig, angepresst, weisslich-aschgrau. Unterseite spärlich mit helleren Fasern besetzt. Lappen kurz, abgerundet, im Centrum oft dicht mit Soredien besetzt.
   * alphiphora Ach. — Lager dicht bereift. Moosbewohnend.
γ. fornicata (Wallr.) Lager derbhäutig, aufsteigend, braun, mit bläulich-weissgrünen Soredien. Lappen klein, dicht dachziegelig gedrängt.
δ. muscigena (Ach.) Nyl. — (Parm. muscigena Ach.; Parm. muscorum Fr.) — Lager graubräunlich, grau bereift. Unterseite mit spärlichen schwarzen Fasern. Lappen im Centrum aufsteigend, am Rande angedrückt, dachziegelig sich deckend. Früchte mit crenuliertem Rande. Moosbewohnend.

An Bäumen, Holzwerk, Mauern, bemoosten Steinen und Felsen. Häufig. — (Lichen pulverulentus Schreb.; Parmelia Smrft.)

111. Ph. pulverulenta (Schreb.) Nyl.

Lager mehr oder weniger sternförmig-strahlend, angepresst, im Centrum grob runzelig, weiss- oder bläulichgrau. Unterseite weisslich, hell- oder dunkelfaserig. Lappen vielspaltig, linearisch. Früchte mit meist bereifter Scheibe. Rand derselben verdickt, ungeteilt oder gezähnt. Sporen 15—25 μ lg., 8—10 μ br. Aendert ab:

α. adpressa Th. Fr. — Lager rundlich-sternförmig, angepresst, derbhäutig.
  a. genuina Th. Fr. Randlappen leicht gewölbt. Unterseite mit helleren Fasern besetzt.
    * radiata Ach. — Früchte bereift, ganzrandig.
    ** rosulata Ach. — Früchte nicht bereift, mit gekerbtem Rande.
  b. aipolia Ach. — Randlappen flach. Unterseite mit dunkleren Fasern besetzt.
    * acrita Ach. — Lappen schlank, sich mit den Rändern berührend. Unterseite mit graubräunlichen Fasern. Früchte ganzrandig.
    ** cercidia Ach. — Lager im Centrum grob runzelig, unten schwarzfaserig. Früchte mit crenuliertem Rande.
    *** anthelina Ach. — Lappen vielteilig-getrennt. Früchte ganz randig.
    **** subincisa Ach. — Lager fast krustig. Lappen breit. Steinbewohnend.
β. adscendens (Fr.) Th. Fr. — Lager aufsteigend, zarthäutig, am Rande fransig gewimpert, oft soredientragend.
  a. tenella (Web.) — Lappen an der Spitze stark gewölbt, reich bewimpert.
  b. leptalea Ach. — (Ph. stellaris b. hispida Fr.) — Lappen schmal, nicht gewölbt, am Rande dicht mit weisslichen oder bräunlichen Cilien besetzt.
  c. tribracia Ach. — Lappen kurz, vielteilig, auseinandergebreitet, weniger aufsteigend.

An Bäumen, Sträuchern, Holzwerk, Zäunen und Steinen. Häufig. — (Lichen stellaris L.; Parmelia Fr.)   *112. Ph. stellaris (L.) Nyl.*

Lager knorpelig-häutig, graugrün, kreisrund, sternförmig geteilt, nicht bereift. Unterseite weisslich, mit schwärzlichen Fasern besetzt. Früchte angedrückt sitzend, mit flacher, schwärzlicher, ganzrandiger, meist bereifter Scheibe. Sporen dunkelbraun, 30—45 μ lg., 12—15 μ br.
  b. Clementiana Turn. Lappen im Umkreise breiter, im Centrum warzig-bestaubt.

An Laubbäumen. Sehr selten. Westfalen. — (Anaptychia stellaris v. Caricae Mass.; Parm. astroidea Clem.; Physcia semirasa Nyl.)
113. Ph. astroidea Clem.

†† Früchte mit stets nackter, unbereifter Scheibe.

Lager strahlig-vielteilig, derbhäutig, fast krustig, dicht anliegend, weissgrau oder bläulichgrau, mit fast gleichfarbigen, kugeligen Soredien besetzt. Unterseite blass, zerstreut faserig. Lappen gewölbt, linear, gegen die Spitze verbreitert. Früchte bis 2 mm diam., an-

gedrückt sitzend, mit dünnem, fast eingebogenem und ungeteiltem Rande. Sporen graubräunlich, 15—20 μ lg., 6—8 μ br.
b. albinea Ach. — Lager weisslich, fast hechtblau. Lappen breiter. Soredien zerstreut. Früchte grösser.

An Steinen, Felsen, Ziegeln, auf Dächern, Holzwerk etc. fast überall. Von Ph. stellaris durch die stets vorhandenen Soredien zu unterscheiden. — (Lichen caesius Hoffm.; Parmelia Ach.; Parm. pulchella a. caesia Rbh.) *114. Ph. caesia (Hoffm.) Nyl.*

Anm. Auf dem Lager lebt parasitisch: Leciographa convexa Kbr. = Buellia convexa Th. Fr.

Lager meist rosettenförmig, oft über handgross, fast häutig, feucht schön grün, trocken dunkelolivengrün oder schmutzigbraun, nackt oder mit grünen Soredien besetzt. Unterseite dicht mit schwarzen Fasern besetzt. Lappen flach, zerschlitzt-lappig, an den Enden buchtig-gezähnt. Früchte sitzend, nackt, ganzrandig. Sporen 15—25 μ lg., 10—12 μ br. Aendert ab:

α. orbicularis (Neck.) Th. Fr. — Lager kreisrund, fest anliegend, grau- oder bläulichgrün, etwas soreumatisch. Unterseite schwarzfaserig. Ueberall häufig.
  a. chloantha (Ach.) — Lager graugrün, ohne Soredien.
  b. cycloselis (Ach.) — Lager bläulichgrün, zierlich zerteilt. Lappen schmal, reichlich bewimpert. Rindenbewohnend.
  * ulothrix (Ach.) — Früchte am Rande schwarzfaserig.
  ** lithothea (Ach.) — Steinbewohnend.
β. saxicola Mass. — Lager fast knorpelig-häutig, schwarzbraun, ohne Soredien. Lappen sehr schmal linealisch, fiederig zerteilt. Früchte kleiner.
γ. muscicola (Schaer.) — Lager unregelmässig, locker aufliegend, bräunlich bis schwärzlich, ohne Soredien. Lappen dachziegelig, schmal. Früchte sehr klein, schwarz.
δ. nigricans Flk. — Lager ausgebreitet, fast aufrecht, schmutziggrau. Unterseite fast nackt.
ε. pulvinata Kbr. — Lager fast staubig-krustig. Lappen klein, aufrecht, vielfach zerschlitzt. Unterseite nackt.

An Bäumen, Holz, Steinen, über Moosen. Sehr verbreitet. (Parmelia obscura Fr.) *115. Ph. obscura (Ehrh.) Nyl.*

Lager graubräunlich, mit hochorangerot gefärbter Markschicht. Unterseite spärlich schwarzfilzig. Sonst wie vor.

Nur an Felsen. — Ich nehme diese Flechte auf, trotzdem mir kein Fundort aus dem Gebiete bekannt geworden ist. Da sie aber bei Botzen in Tirol gesammelt wurde, ferner auch aus Ungarn und Schweden bekannt geworden ist, so dürfte sie leicht an geeigneten Localitäten — an Porphyr, Basalt — für das Gebiet nachgewiesen werden. Ein Schnitt durch das Lager lässt diese Flechte sofort erkennen. — (Parm. endococcina Kbr.) *116. Ph. endococcina (Kbr.)*
  ** Spermatien haarförmig.

Lager zart. zierlich, häutig, kreisrund, dicht anliegend, grünlichgrau, im Centrum oft staubig-krustig, mit sehr kurzen und schmalen, flachen, 0,25 mm breiten Lappen. Früchte sehr klein, angedrückt sitzend. Spermatien 18 μ lg., 1 μ br. Sporen 15—20 μ lg., 8—10 μ br
An Bäumen. Selten. — (Parm. adglutinata Flk.: Parm. obscura var. adglutinata Kbr.) *117. Ph. adglutinata (Flk.) Nyl.*

16. Xanthoria Fr.

Lager mehr oder minder (je nach dem Substrat) kreisrund, blattartig-häutig, anliegend, dachziegelförmig-lappig, hellgelb bis orangegelb, an schattigen Orten grüngelb, kaum glänzend. Unterseite weisslich, spärlich weissfaserig. Lappen wellig-faltig, flach. Früchte dem Lager gleich- oder fast gleichfarbig, mit erhabenem, ungeteiltem Rande. Schläuche keulenförmig. Sporen hyalin, 12—16 μ lg., 7—9 μ br.

α. vulgaris Schaer. — Lager grossblättrig, anliegend, dotter- oder schwefelgelb. Lappen meist breit gerundet. Früchte gleichfarbig.
* aureola Ach. — Lager intensiv orangegelb, im Centrum oft warzig-zerfallend, starr. Lappen rundlich, etwas gedunsen.
** ectanea Ach. (fallax Hepp.) — Lager orangegelb, mit schmaleren, länglichen, etwas gewölbten Lappen.
β. rutilans Ach. (lobulata Flk.) — Lager kleinblattrig. Lappen aufsteigend, sehr kurz, gekerbt. Früchte winzig, oft das Lager verdrängend, meist dunkler gefärbt.

An allen Bäumen, Bretterwänden, auf Dächern, Mauern, Steinen etc. — (Lichen parietinus L.; Parmelia Ach., Physcia Nyl.)
118. X. parietina (L.) Th. Fr.

Anm. Eine über den ganzen Erdball verbreitete, in zahlreichen Formen auftretende Flechte. Auf den Früchten und auf dem Lager tritt nicht selten ein Parasit, Celidium varium Tul. auf. Derselbe färbt die befallenen Teile grün-schwärzlich. Die gelbe Farbe der Flechte rührt von Chrysophansäure her. Aetzkali färbt das Lager intensiv violettrot.

Lager unregelmässig ausgebreitet, sehr kleinblättrig, dottergelb bis orangegelb, fettglänzend. Unterseite weisslich, spärlich mit Fasern besetzt Lappen aufsteigend oder fast aufrecht, sehr zerteilt, bis fast fiederig zerschlitzt, nackt oder am Rande mit Soredien besetzt. Früchte fast gleichfarbig, mit gedunsenem, meist ungeteiltem Rande. Sporen 10—15 μ lg., 5—7 μ br.

α. pygmaea (Bory) Th. Fr. — (Lichen candelarius Ach.; Parmelia Ach., Physcia lychnea Nyl,; Ph. controversa Kbr) — Lappen schmal vielteilig-zerschlitzt, am Rande zerrissen-gezähnt, an der Spitze oft staubig-warzig. Früchte zerstreut, fast endständig.
β. fallax (Hepp.) Lager starr, fast polsterförmig. Lappen kurz breit, weniger zerteilt. Früchte klein.

γ. polycarpa (Ehrh.) Th. Fr. — (Lichen polycarpus Ehrh.; Lecanora Ach.; Parm. parietina var. polycarpa Fr.) — Lappen sehr kurz, fast schuppig. Früchte zahlreich, oft das Lager verdrängend. An Bäumen und Steinen. Verbreitet, doch seltener als parietina; α gern an Chausseesteinen. — *119. X. lychnea (Ach.) Th. Fr.*

Anm. Mit Vorsicht von kleinblättrigen Formen der vorigen Art zu unterscheiden; lebend am besten durch den eigentumlichen olartigen Glanz des Lagers zu eikennen.

17. *Tornabenia Mass.*

Lager blattartig-strauchig, buchtig-vielverzweigt, dottergelb. Unterseite weiss, nackt, etwas grubig. Lappen aufsteigend, seltener anliegend, bandförmig, am Rande bewimpert. Früchte napfförmig, orangegelb, sehr gross, mit nacktem oder bewimpertem Rande. Sporen zu 8, polar-zweiteilig.

An den Aesten von Bäumen und Sträuchern im mittleren und südlichen Deutschland. Selten. — (Borrera Ach.; Parmelia Fr.; Physcia Schaer.; Hagenia Rbh.; Blasteniospora Trevis.)

120. T. chryspophthalma (L.) Mass.

Anm. Steril leicht mit Xanthoria zu verwechseln. Man achte auf den bewimperten Rand des Lagers und die grossen Früchte.

18. *Candelaria Mass. p. p.*

Lager häutig, aufsteigend, kleinblättrig-schuppenförmig, mehr oder minder dottergelb, Lappen dachziegelförmig, vielfach zerschlitzt, am krausen Rande körnig bestaubt. Früchte sitzend, gleichfarbig, flach, mit erhabenem, glattem, oder welligem und körnigem Rande. Sporen 6—15 μ lg., 4—6 μ br.

An Laubholz. Häufig, doch selten fruchtend. — (Lichen concolor Dicks.; Parm. flavoglaucescens Lib.; Candelaria vulgaris Mass.)

121. C. concolor (Dicks) Th. Fr.

Anm. Aetzkali verändert das Lager nicht.

19. *Sticta Ach. p. p.*

a. Lager unterseits mit zerstreuten, oft fast regelmässig angeordneten, grossen, weissen, fast blasigen Flecken oder Grübchen (Cyphellen).
   * Lager weissgrünlich oder grüngrau, trocken blaugrau.

Lager grossblättrig, anliegend, wenig geteilt, grubig, oft chagrinartig rauh, matt, am Rande mit blaugrauen Soredien besetzt. Unterseite dichtfilzig, dunkelbraun, mit heller werdendem, fast kahlem Rande und grossen, weissen Cyphellen. Lappen 2—3 cm breit und 10 cm lang, breit-abgerundet, flach, buchtig gekerbt. Früchte auf der Oberseite des Lagers zerstreut, rotbraun, ganzrandig. Sporen 3—7teilig, 50—80 μ lg., 7—8 μ br.

Parmeliaceae.

An bemoosten, alten Bäumen und an moosigen Felsen in Gebirgen. Zerstreut, selten fruchtend. — (Parmelia Wallr.; Stictina Nyl.; Lobarina Nyl.)

122. St. scrobiculata (Scop.) Ach.

Anm. Auf den Fruchten ist ein Pilz, Celidium Stictarum Tul., beobachtet worden

*** Lager grünbraun bis dunkelbraun.

Lager grossblättrig, gestreckt, anliegend, tief buchtig ausgeschnittengelappt, netzadrig-grubig, gelblich- oder fahlgrün bis bräunlichgrün, im Alter lederbraun, am Rande mit weisslichen Soredien. Unterseite kurzfilzig, schwarz, mit heller werdendem, spärlicher filzigem Rande. Cyphellen gross, weiss, blasig. Lappen bis 5 cm breit, fast dichotom vielteilig, eckig-abgestutzt. Früchte am Rande der Lappen sitzend, mit rotbrauner, ganzrandiger Scheibe. Sporen 7—8 μ br., 30—40 μ lg.

An Laubhölzern und auch an Felsen, sowohl in der Ebene wie im Gebirge. Häufig und meist fruchtend. — (Parmelia Wallr.; Lobaria Fw.: Sticta pulmonacea Ach.)

123. St. Pulmonaria (L.) Schaer.

Anm. In grösseren Wäldern überkleidet diese Flechte die Buchen- und auch Eichenstämme in oft metergrossen Rasen. Der deutsche Name „Lungenflechte" weist auf die frühere Anwendung derselben gegen Lungenleiden hin. Sie enthält einen Bitterstoff und wurde deswegen auch schon als Surrogat für Hopfen verwendet. Die Früchte sind nicht selten von Celidium Stictarum Tul. befallen. Auf dem Lager schmarotzt Abrothallus viduus Kbr. (Perithecien klein, punktförmig, schwarz, Sporen schwarzbraun 2teilig, kohlenformig).

Lager grossblättrig, weniger derb-lederartig, anliegend, glänzend, bräunlich, ohne Soredienbildung, tief netzadrig-grubig. Unterseite sehr kurzfilzig, dunkelbraun, mit heller werdendem, fast naktem Rande. Cyphellen gross, weiss. Lappen 3—5 cm lang und fast ebenso breit, fast ungeteilt, gerundet-eckig, buchtig-gekerbt. Früchte auf der Oberseite des Lagers zerstreut, selten randständig, mit rotbrauner Scheibe. Sporen 7—8 μ br., 20—35 μ lg.

An Felsen und alten Bäumen in den Gebirgen, aber stets selten und fast nur steril. Riesengebirge, Harz, Westfalen, Baden, Oberbaiern.

124. St. linita Ach.

Anm. Von St. Pulmonaria durch kürzere, weniger geteilte, mehr abgerundete Lappen, von St. scrobiculata durch glanzende, hirschbraune Farbe der Oberseite des Lagers verschieden.

b. Cyphellen wenig ausgebildet, nur als kleine, hellere Flecke angedeutet. (Die Arten dieser Abteilung bilden die Gattung Ricasolia De. Ntr., Nyl.)

Lager etwa handgrosse Rasen bildend, papierartig, mit der ganzen Unterseite angeheftet, glatt, angefeuchtet lebhaft gelbgrün, trocken graubraun, meist zahlreich mit halbkugelförmigen, höckerartigen Spermogonien besetzt. Unterseite dicht braunfilzig, mit spärlichen, hellen Flecken. Lappen spärlich geteilt, kurz, abgerundet. Früchte zerstreut auf der Lageroberseite, rotbraun, mit ganzrandiger, am Rande umgebogener Scheibe. Sporen 2teilig.

forma: **microphyllina** Schaer. — Lager sehr kleinblättrig.

An Felsen und am Grunde alter Stämme. Sehr selten. Riesengebirge?, Harz, Westfalen, Burg Falkenstein in Hessen, Odenwald, Berchtesgaden. — (Parmelia Wallr., Lobaria Fw.; Parmelia laetevirens Schaer.; Sticta laetevirens Rbh.; Ricasolia herbacea De Ntr., Nyl.)

125. St. herbacea (Huds.)

Lager derbhäutig, buchtig-gelappt, angefeuchtet blassgrünlich, trocken graubraun, mit punktförmigen, schwärzlichgrünen, warzenförmigen Spermogonien zerstreut besetzt. Unterseite schwachfilzig, mit spärlichen, weissen Flecken. Früchte rötlichbraun. Scheibe mit eingebogenem Rande. Sporen 2teilig, 6—8mal länger als breit.

An moosigen Bäumen und Felsen, zerstreut (fehlt in Schlesien). — (Parmelia Schaer.; Sticta glomerulifera Fr.; Parmelia glomulifera Ach.; Ricasolia glomerulifera De Ntr.)

126. St. amplissima Scop.

20. Stictina Nyl.

a. Lager breitlappig-zerteilt, ausgebreitet, gross, mit bis 1 cm breiten Lappen.

Lager ausgebreitet, breitlappig, netzgrubig, angefeuchtet dunkel olivengrün, trocken grünbraun bis angenehm zimmtbraun, matt, kaum glänzend. Unterseite dichtfilzig, feucht lebhaft orangegelb, trocken braun, mit heller werdendem Rande und zahlreichen kleinen, runden, grubigen Cyphellen. (Früchte randständig. Scheibe rotbraun. Rand ungeteilt, nicht gewimpert. Sporen?)

An moosigen Felsen, Bäumen in den Gebirgen. Zerstreut, doch nur steril. — (Peltigera sylvatica Hoffm.; Sticta silvatica L.; Parmelia Wallr.)

127. St. silvatica (L.) Nyl.

b. Lager rundlich, fast einblättrig, Lappen fast kreisrund.

Lager kreisrund, aufsteigend, angefeuchtet olivengrün, trocken schwarzbraun, deutlich glänzend, durch Wärzchen und Sprossungen kleiig-rauh, selten fast glatt. Unterseite dünn schwarzbraun-filzig, reichlich mit weisslichen Cyphellen. Früchte randständig. Scheibe braunrot. Rand weisslich bewimpert. Sporen 2—4teilig, 4—5mal länger als breit.

An Felsen und Bäumen in gebirgigen Gegenden, nicht selten und öfter fruchtend. — (Sticta silvatica β fuliginosa Hepp., St. fuliginosa (Dicks.) Ach.)

128. St. fuliginosa (Dicks.) Nyl.

Anm. (Sticta Dufourei Del. dürfte vielleicht noch im Gebiete gefunden werden. Sie unterscheidet sich von St. fuliginosa durch ins blauliche spielende Färbung und den fein zerschlitzten Rand der Lappen.)

Lager rundlich-gelappt, dünnhäutig, graubraun, unten gelbbräunlich-filzig, glatt, am Rande mit weissgrauen Soredien besetzt. Cyphellen weisslich, zerstreut. Früchte mit brauner Scheibe. Sporen 2 teilig, 4—6 mal länger als breit.
Zwischen und über Moosen, an Bäumen und Felsen. Sehr selten. Baden, Grotenburg b. Detmold in Westfalen. — (Sticta umbilicariformis Hochst.: Sticta limbata Smrft.)

129. *St. limbata (Smrft.) Nyl.*

Anm. Die Flechte ähnelt einer kleinen St. fuliginosa und ist deshalb wohl vielleicht öfter übersehen.

VI. Fam.: Peltideaceae Fw.

Uebersicht der Gattungen.

a. Früchte randständig.

Lager lederartig-häutig, trocken brüchig, horizontal ausgebreitet, an der Oberseite berindet, unterseits ohne Rindenschicht, deutlich

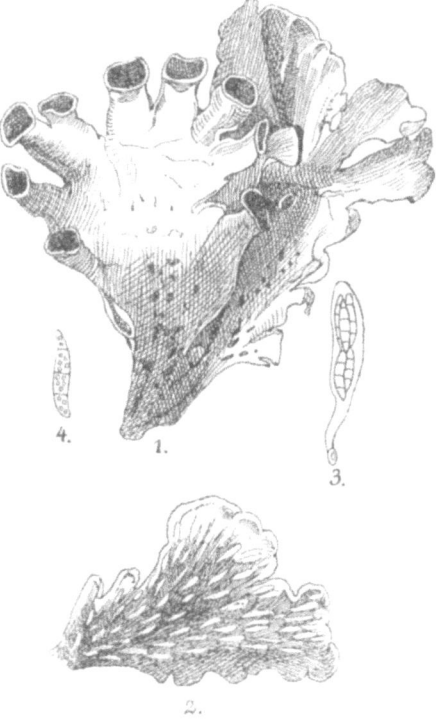

1 Peltigera horizontalis Natürl Grösse
2. Die netzadrige Unterseite eines Lappens
3 Schlauch 4. Spore

geadert. Lappen aufsteigend. Früchte schildförmig, der Oberseite der Lappen ganz angewachsen, anfänglich mit einem Lagerschleier bedeckt, nicht berandet. Sporen spindel- oder nadelförmig, 4 bis mehrteilig, hyalin. *Peltigera Hoffm.*
Lager beiderseits berindet, auf der Unterseite ohne Adern. Früchte schildförmig, der untern, aufwärts gerichteten Seite der Lappen ganz angewachsen, ohne Gehäuse und ohne Schleier. Sporen spindelförmig, 4teilig, fast hyalin. *Nephroma Ach.*
 b. Früchte auf dem Lager zerstreut.
  * Schläuche 2—8sporig.
Lager blattartig-häutig, sehr brüchig, unterseits stellenweise berindet. Früchte kreisrund, auf der Oberseite des Lagers zerstreut, ohne Gehäuse, von einem bald vergänglichen Schleier bedeckt. Schläuche 2—8sporig. Sporen gross, zweizellig, dunkel gefärbt. *Solorina Ach.*

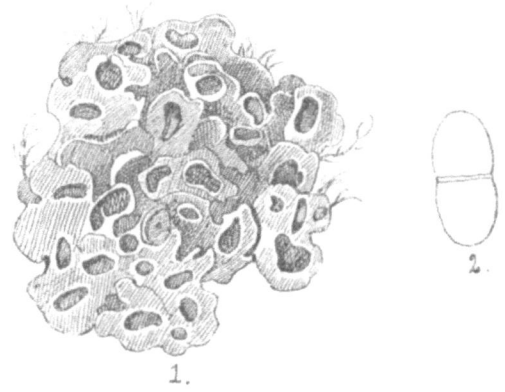

1. Solorina saccata. Natürl. Grösse.
2. Eine Spore.

Lager fast blattartig-schuppig, fest angedrückt, schwärzlichgrün, fast gallertartig. Früchte sparsam auf der Oberfläche des Lagers, krugförmig eingesenkt, mit vom Lager berandetem Gehäuse, ohne Schleier. Sporen zu 8, einzellig, hyalin. *Heppia Naeg.*
  ** Schläuche vielsporig.

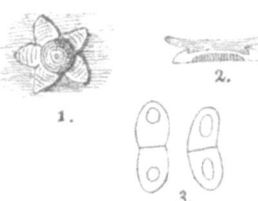

Lager einblättrig sternförmig ausgebreitet, 5 (selten 4) lappig, einfruchtig. Frucht im Centrum des Kernes, kreisrund, anfangs flach aufsitzend, später fleckartig-eingesenkt. Scheibe trocken concav. Schläuche länglich-keulenförmig, vielsporig. Sporen hyalin. 2zellig. *Solorinella Anzi.*

1. Solorinella asteriscus. Natürl. Grösse.
2. Querschnitt durch ein Apothecium.
3. Zwei Sporen.

Peltideaceae.

21. *Peltigera Hoffm.*

a. Früchte horizontal angeheftet.

Lager 0,5—2 cm hoch und etwa ebenso breit, meist heerdenweise, vielblattrig, aufsteigend, aus verengter Basis muschel- oder fächerförmig verbreitet, ungeteilt oder (meist zweimal) fingerig gekerbt, feucht schön grün, trocken graugrün Unterseite nicht faserig, weiss, mit braunschwarzen, verzweigten Adern. Früchte horizontal auf den Spitzen des Lagers, stets völlig flach, fast kreisrund, ganzrandig. Schläuche dick aufgeblasen. Sporen stumpf spindelförmig, 4teilig, 30—40 µ lg. 7—8 µ br.

An schattigen, feuchten Orten, an Böschungen, Hohlwegen, Bergabhängen, in Felsspalten, kleinen Höhlen etc., in der Hügel- und Gebirgsregion. Von vielen Orten bekannt, aber fast stets nur spärlich auftretend. — (Peltidea venosa Ach.; Phlebia Wallr.)

130. *P. venosa* (*L.*) *Hoffm.*

Lager oft sehr grosslappig, stark glänzend, glatt, feucht dunkelgrün, trocken blaugrau bis gebräunt. Unterseite oft ganz weisslich, mit schwarzbraunen, öfter in der Mitte zusammenfliessenden Netzadern, starkfaserig Fruchttragende Lappen sehr verkürzt. Früchte länglichrund, meist flach, seltener durch Zurückschlagen des oberen Randes fast kopfförmig, rotbraun, am Rande schwach gezähnt. Sporen lang spindelförmig, stets 4teilig, 30—40 µ lg., 6—7 µ br.

An bemoosten Felsen, Steinen, auf Waldboden, an Baumwurzeln, namentlich in Gebirgswäldern. Nicht selten. — (Peltidea horizontalis Ach.)

131. *P. horizontalis* (*L.*) *Hoffm*.

Anm. In sterilen Exemplaren von der ähnlichen P polydactyla hauptsächlich durch die stark entwickelten Haftfasern, zu unterscheiden

b. Früchte verschieden, meist vertical angeheftet.
  * Lager grau, graubräunlich, olivengrün bis lederbraun.
  † Lager glanzend, glatt.

Lager grossblättrig, feucht graugrün, trocken blaugrau bis graubräunlich. Unterseite schwärzlichbraun, nicht oder sehr spärlichfaserig. Sterile Lappen abgerundet, fertile vielteilig-fingerförmig gespalten. Früchte vertical angeheftet, rundlich, mit zurückgeschlagenen Seitenrändern, rotbraun. Sporen nadelförmig, 4—8teilig, 60—80 µ lg., 4—5 µ br.

β. microcarpa Schaer. — Früchte bedeutend kleiner.

An bemoosten Plätzen in Wäldern, auf Grasplätzen, an Felsen und Steinen. Stellenweise häufig. — (Peltidea polydactyla Ach.)

132. *P. polydactyla Hoffm.*

†† Lager nicht glänzend, glatt.
  ° Lager kleinlappig.

Lager papierartig, weich, kleinblättrig, schmallappig, braungrau bis lederbraun, matt, fein rauh punktiert, fast chagrinartig. Unterseite hellfleischrot oder weisslich, mit dicken, braunschwarzen Adern und sehr zerstreuten Fasern. Lappen tief gespalten, öfter fast fiederartig, am Rande von bleigrauen Soredien dick wulstartig bedeckt. Früchte klein, schwarzbraun, vertical angeheftet, fast kreisrund, an den Seiten später zurückgerollt. Rand gezähnt. Sporen nadelförmig, meist 4 teilig, 50—70 μ lg., 3—4 μ br.

An bemoosten Bäumen und Felsen. Selten. Schlesien, Thüringen. — (C. limbata Del.; P. scutata var. propagulifera Fw.)

133. P. propagulifera (Fw.)

Anm. Von den verwandten Arten durch die in der Diagnose hervorgehobenen Merkmale leicht zu unterscheiden. Man achte auf die fast chagrinartige Beschaffenheit der Oberseite — dadurch an die im hohen Norden vorkommende P. scutata (Dicks) erinnernd — und den soreumatisch staubigen, wulstartigen Rand der schmalen Lappen.

Lager starr, kleinlappig, angedrückt-feinfilzig, rissig, graugrün oder aschgrau. Unterseite mit weisslichen, netzförmig verzweigten, dicken Adern, sehr spärlich weissfaserig. Lappen aufsteigend, fingerförmig geteilt, aufwärts stark verschmälert. Früchte auf den Teilenden der Lappen, rotbraun, an den Seitenrändern zurückgerollt. Rand gezähnt. Sporen nadelförmig, 4—8 teilig, 50—70 μ lang, 3—4 μ breit.

Auf Sand- und Lehmboden, gern auf verlassenen Kohlenmeilern. Sehr zerstreut durch das Gebiet. — (P. canina γ. spuria Schaer.; P. canina b. pusilla Fr.; P. pusilla Dill.)

134. P. spuria (Ach.) DC.

Anm. Diese Flechte gleicht habituell der P. venosa, weicht aber ab durch andere Farbung und die Stellung der Früchte. Von P. canina verschieden durch die Kleinheit des Lagers, aufrechten, starren Wuchs etc. —

°° Lappen grossblättrig.
Unterseite des Lagers weisslich, mit weisslichen oder graubraunen Haftfasern.

Lager ansehnlich, oft über handgross, feucht graugrün, trocken blass- oder bräunlichgrau, schlaff, glatt oder feinfilzig. Unterseite in der Jugend ganz weiss, mit gleichfarbigen, netzförmig verbundenen Adern und weisslichen Fasern, im Alter meist gebräunt. Früchte kastanienbraun, kreisrund-länglich, an den Seiten zurückgerollt. Sporen nadelförmig, 4- bis mehrteilig, 60—70 μ lg., 4—5 μ br.

f. rufa Krphb. — Lager trocken mehr gebräunt. Unterseite braun geädert.

f. crispata Rbh. — (Peltidea undulata Del.) — Lappen am Rande wellig-kraus, mit Soredien besetzt.

In Wäldern, auf Heideplätzen, an Wegrändern, Rainen etc. Sehr verbreitet. — (P. canina var. membranacea Krphb.; P. leucorrhiza Flk.)

135. P. canina (L.) Schaer.

Anm. Von den ähnlichen P. polydactyla durch den stets fehlenden Glanz des Lagers verschieden. Alte, gebräunte Formen gleichen sehr der P. rufescens, sind aber an dem schlaffen Wuchs des Lagers zu erkennen, das bei letzterer Art stets starr und brüchig ist. Auf dem Lager schmarotzt: Scutala Wallrothii Tul. In Sandausstichen, an Eisenbahndämmen findet man sehr häufig jugendliche Anflüge dieser Flechte, welche von kleinen, rötlichen Pilzen — Nectria lecanodes, N. hohenbüheliana — oft ganz überdeckt sind.

Lager starr, brüchig, feucht graugrün, trocken graubraun, hirsch- bis kastanienbraun, anfangs feinfilzig, zuletzt kahl, rissig. Unterseite weisslich, mit schwarzbraunen, netzförmigen, öfter zusammenfliessenden Adern und braunen, filzigen Fasern. Lappen tief zerschlitzt, mit aufsteigenden Rändern. Früchte rotbraun, rundlich, an den Seiten zurückgerollt, am Rande gezähnt. Sporen 4—6teilig, nadelförmig, 40—60 μ lg., 4—5 μ br.

α. incusa Fw. — Lager weissgrau filzig. Lappen kleiner, mit stark gekräuselten Rändern. Spärlich fruchtend.
β. praetexta Flk. — Rand des Lagers mit kleinen Schüppchen und Soredien besetzt.

An Waldrändern, auf Holzschlägen, Heideboden etc., durch das Gebiet verbreitet. — (Peltigera canina β coriacea Krmphb.; Peltidea rufescens Ach.; Pelt. ulorrhiza Flk.; P. canina b. rufescens Müll.)

136. P. rufescens Hoffm.

Anm. Auch auf dieser Art schmarotzt Scutala Wallrothii Tul

>× Unterseite des Lagers durch ganz zusammenfliessende Adern schwärzlich filzig, nur gegen den Rand heller, kahl und weniger geadert.

Lager weich-schwammig, buchtig gelappt, graugrünlich oder grünbräunlich, feucht bläulichgrün, glatt, matt. Rindenschicht brüchig-rissig, die weisse Markschicht erkennen lassend. Lappen aufsteigend, mit eingerollten Rändern. Früchte vertical oder quer angewachsen, rund, rotbraun, mit schmalem, gezähntem Rande. Sporen nadelförmig, 4- bis mehrteilig, 50—70 μ lg., 4—5 μ br.

α. phymatodes Fw. — Oberseite des Lagers warzig.
β. ulophylla Fw. — Rand der Lappen wellig-kraus, mit Soredien besetzt.

An Waldrändern, auf Heideplätzen, zwischen Moosen. Stellenweise. — (Peltidea malacea Ach.) **137. P. malacea (Ach.) Fr.**

>< Lager angefeuchtet schön apfelgrün, trocken weisslichgrün oder grüngrau.

Lager lederartig, anliegend, glatt, mit schwarzen, stecknadelkopfgrossen Warzen besetzt. Lappen bis 5 cm breit, abgerundet. Unterseite weiss, mit schwarzen, oft zusammenfliessenden, netzförmigen Adern. Früchte vertical angeheftet, kreisrund, kastanienbraun, mit zerschlitztem Rande. Sporen nadelförmig, 4- bis mehrteilig, 60—70 μ lg., 4—5 μ br.

Peltideaceae.

An Waldrändern, Abhängen, Böschungen, in Hohlwegen etc.; seltener in der Ebene, häufig in den gebirgigen Teilen des Gebiets. — (Peltidea aphthosa Ach.)   *138. P. aphthosa (L.) Hoffm.*

22. Nephromium Nyl.

Lager derbhäutig, rundlich, anliegend, buchtig-gelappt, grünbraun oder dunkelbraun, feucht dunkelgrün, geglättet, schwach-runzlig, mit öfter randständigen, bleigrauen Soredien. Unterseite nackt und glatt, oder fein runzelig-warzig. Früchte rotbraun.

α. genuinum Kbr. — Lager dicker, breitlappig. Unterseite heller gefärbt. Fruchttragende Lappen aufsteigend.
   f. sorediatum Schaer. — Lappen kraus, soredientragend.
β. papyraceum (Hoffm.) — (Peltigera papyracea Hoffm.) — Lager dünner, papierartig, schmallappig. Unterseite dunkel gefärbt. Fruchttragende Lappen anliegend.
   f. sorediatum Schaer. — Lappen mit Soredien.
γ. Lusitanicum (Schaer). — Markschicht durch Kali intensiv gerötet.

An Bäumen und Felsen in den Bergwäldern, doch nicht häufig. — (Nephroma resupinatum b. laevigatum Schaer.; N. laevigatum Ach.)
139. N. laevigatum (Ach.) Nyl.

Anm. Von N. tomentosum durch die warzige, nie filzige Lagerunterseite zu unterscheiden. Die f. sorediatum stellt Nephromium parile (Ach.) Nyl dar.

Lager derbhäutig, anliegend, buchtig gelappt, bleigrau bis hirschbraun, feucht grau- oder braungrün, anfangs feinfilzig, später kahl. Unterseite hellbraun, mit dichtem, feinem Filze bedeckt. Lappen wellig-bogig, am Rande gekerbt. Früchte rotbraun.

An bemoosten Baumstämmen und Wurzeln, seltener an Felsen. — (Nephroma resupinatum Ach.; N. resupinatum α tomentosum Rbh.; N. tomentosum (Hoffm.) Kbr.)   *140. N. tomentosum (Hoffm.) Nyl.*

Anm. Die Gattung Nephroma (Ach.) Nyl ist meines Wissens noch nicht im Gebiete vertreten. Sie unterscheidet sich von Nephromium nur durch die Gonidien. Dieselben sind bei Nephromium meer- oder blaugrün, mit weicher, schleimiger Haut, bei Nephroma freudiggrün, mit derber Haut. Die in Wuchs und Grösse kleinen Formen des Nephromium laevigatum gleichende Nephroma expallidum Nyl. durfte noch an geeigneten Lokalitäten im Hochgebirge gefunden werden.

23. Solorina Ach.

Lager papierartig-häutig, feucht freudiggrün, trocken graugrün, öfter weiss bereift. Unterseite weisslich, ohne Adern, mit weissen Fasern besetzt. Früchte grubig-eingesenkt. Fruchtscheibe schwarzbraun, flach. Schläuche 4 sporig. Sporen braun, warzig, elliptisch bis länglich-elliptisch, 30—60 μ lg., 18—25 μ br.

α. genuina Kbr. — Lager blattartig. Lappen flach, rundlich, am Rande gewellt. Fruchtschleier ganz verschwindend.
β. spongiosa Smrft. (limbata Smrft.) — Lager schuppenförmig, mit oft dachziegeligen, gezähnten Schuppen. Fruchtschleier am Rande der Frucht bleibend.

Peltideaceae.

Auf etwas feuchtem (gern kalkhaltigem) Boden, an beschatteten Felsen, auch in Felsritzen. Ziemlich selten. — (Lichen saccatus L., Peltidea Fr., Peltigera DC.)

141. S. saccata (L.) Ach.

Anm Auf dem Lager dieser Flechte leben parasitisch Scutula Krempelhuberi Kbr. — Fruchte klein, schusselförmig Schlauche 8-porig Sporen 2teilig, elliptisch, hyalin — und Xenosphaeria Engelhana (Sauter) - Pern hecken punktformig Schlauche 8 sporig. Sporen dunkelbraun, 4teilig

Lager bis 5 cm breit, lederartig, anliegend, feucht dunkel- oder braungrün, trocken graubraun bis zimmtbraun. Unterseite ziegelfarbig, mit braunen, netzförmigen Adern durchzogen, spärlich faserig. Früchte zerstreut, fast sitzend, kastanienbraun. Schläuche 8 sporig. Sporen fast spindelförmig, 40—50 μ lg., 10—12 μ breit.

Auf blosser Erde im Hochgebirge. Riesengebirge, bairische Alpen.

(Peltigera Fr.) **142. S. crocea (L.) Ach.**

Anm. Soforit an der prachtig ziegeloten Unterseite zu erkennen. Auf dem Lager schmarotzt Buttia lehencola De Not. (Rhagadostoma corrugatum Khr) — Frucht schwarz, kohlig. Schlauche keulenformig 2-8-porig. Sporen 2- selten 4 zellig, hyalin, 30—50 μ lg., 7—9 μ br.

24. Heppia Naeg.

Lager fast blattartig-schuppig, weich, knorpelig, angepresst, feucht lauchgrün bis dunkel olivengrün, trocken olivenbraun. Schuppen dachziegelig, abgerundet. Früchte krugförmig eingesenkt, hell- oder braunroth, berandet. Schläuche länglich keulenförmig, 8 sporig. Sporen einzellig, hyalin, 3—5 mal länger als breit.

Auf kalkhaltigem Boden in Gebirgen, zerstreut. — (Lecanora adglutinata Krmphb.; Heppia Mess.; Heppia urceolata Naeg.)

143. H. virescens (Despr.) Nyl.

Anm. Das Lager dieser Flechte gleicht dem mancher krustigen Collemaceen, es durfte dieselbe daher eigentlich nicht den Blattflechten angereiht werden. Andererseits aber schliesst sie sich eng Solorina an, so besonders im Bau der Frucht. Sie bildet eben eine der Uebergangsformen, deren systematische Einordnung schwierig ist. (Vergl. Kbr, Syst. p. 26)

25. Solorinella Anzi.

Lager sternförmig in 5, selten 4 Lappen geteilt, nur im Centrum an der Unterlage befestigt. Lappen ganzrandig, weiss, dreieckig, am Rande zurückgeschlagen. Früchte je 1 auf jedem Sternchen, kreisrund. Fruchtscheibe feucht etwas gewölbt, trocken verflacht bis leicht concav, braunschwarz. Sporen verlängert-elliptisch bis fast nierenförmig, 11—17 μ lg., 3—4 μ br.

Auf Löss über Granitgeröll. Selten. Baden: am Kaiserstuhl, Schutterlindenberg b. Lahr, zwischen Weingarten und Jöhlingen, Ludwigsthal b. Schriesheim. — (Actinopelte Theobaldi Stizenb.)

144. S. asteriscus Anzi.

VII. Fam.: Umbilicarieae Fee.

Uebersicht der Gattungen.

1. Lager dickhäutig, einblättrig, unregelmässig blasige Auftreibungen bildend. Unterseite ohne Fasern, nackt, Früchte kreisrund, erhaben sitzend, meist nicht gefaltet. Schläuche 1 bis 2 sporig. Sporen braun, mauerartig vielteilig. ***Umbilicaria Hoffm.***

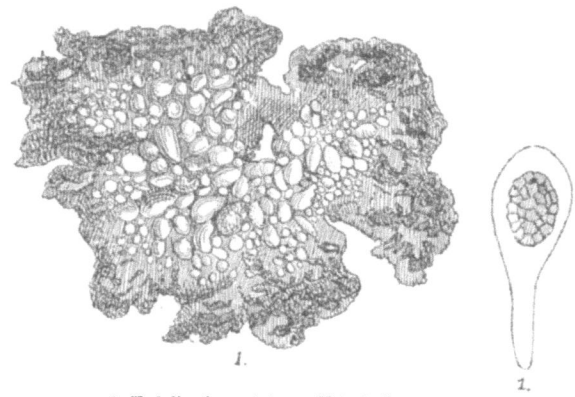

1. Umbilicaria pustulata. Naturl. Grösse.
2. Ein Schlauch mit einer reifen Spore.

2. Lager ein- oder mehrblättrig. Unterseite nackt oder mit Fasern besetzt. Früchte meist rillig gefaltet. Schläuche 8 sporig. Sporen einzellig, hyalin. ***Gyrophora Ach.***

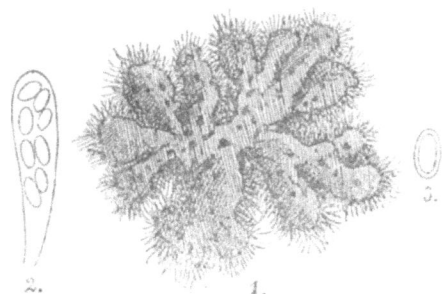

1. Gyrophora cylindrica. Naturl. Grösse.
2. Ein Schlauch mit den 8 Sporen.
3. Eine reife Spore

26. *Umbilicaria Hoffm.*

Lager flach, bis 10 cm breit, buchtig-gelappt, mit zahlreichen, zerstreuten, blasigen Auftreibungen, feucht olivengrün oder bräunlichgrün, trocken aschgrau oder graubraun, matt, grau bereift, mit schwarzen, corallenartigen Auswüchsen besetzt. Unterseite netzartiggrübig (die Vertiefungen entsprechen den blasigen Auftreibungen der Oberseite). nackt, braun, öfter bereift. Früchte mattschwarz, dick und stumpf berandet. Sporen länglich oder elliptisch, braun oder gelbbraun. 40—70 μ lg., 20—30 μ br.

An Felsen und Steinen in gebirgigen Gegenden. Nicht selten. — (Lichen pustulatus L.; Gyrophora Ach ; Gyromium Whlbg.)

145. U. pustulata (L) Hoffm.

27. Gyrophora Ach.

a. Lager auf der Unterseite oder am Rande mit mehr oder minder dichtstehenden Fasern oder Borsten besetzt.

* Sporen grosser, 20—25 μ lg., 10—15 μ br.

Lager einblättrig, lederartig, glatt, grau oder graubräunlich, Unterseite kurz- und dichtfaserig. Früchte zerstreut, flach und in der Mitte papillös, zuletzt gewölbt, höckerig und wenig rillig-gefaltet, dick berandet

α. normalis Th. Fr. — Unterseite des Lagers schwarz oder schwarzbraun, dicht schwarzfaserig. Früchte angedrückt.

β. depressa (Ach) Th. Fr. = (G. crustulata β depressa Ach.; Umbilicaria vellea. β depressa Fr.; U. saccata DC ; U. spodochroa var. depressa Nyl.) Lager zarter, grünbräunlich, oft bereift, unten bleich, unterbrochen graufaserig Früchte eingesenkt.

An Felsen und freiliegenden Steinen des Gebirges. Nicht selten. — (Lichen spodochrous Ehrh.: Umbilicaria Nyl.; Gyroph. vellea β spodochroa Ach : G. crustulosa Ach.; Lichen velleus Ach. non L.; Lichen glaucus Westr. L.: L. velleus β glaucus Retz.; Gyroph. vellea Kbr.)

146. G. spodochroa (Ehrh.) Ach.

** Sporen kleiner. 9—16 μ lg,, 5—8 μ br. —
† Unterseite des Lagers schwarz.

Lager einblättrig, sehr dick, lederartig, bis 15 cm gross, glatt, oder feinrissig-gefeldert, grau oder bläulichgrau. Unterseite schwarz oder braunschwarz, mit gleichgefärbten Borsten dicht besetzt. Früchte später hochgewölbt, stark rillig-gefaltet. Rand der Scheibe sehr dünn, zuletzt verschwindend. Sporen fast kugelig, 9—10 μ lg., 7—8 μ br

An Felsen und Steinen in Gebirgen. Seltener wie vorige. — (Lichen velleus L. non Ach.; Gyromium Whlbg.)

147. G. vellea (L.) Ach.

Anm. Diese Art ist steril kaum sicher von G spodochroa α normalis zu trennen, leicht aber bei fertilen Exemplaren

Lager ein- oder mehrblättrig, lederartig, glatt, braunschwarz oder olivenbraun, fast glänzend. Unterseite schwarz, sehr dichtfaserig

Früchte angedrückt, zuletzt dicht rillig-gefaltet, fast halbkugelig, gewöhnlich unberandet. Sporen elliptisch, 8—11 μ lg., 4—5 μ br. An Steinen und Felsen. Sehr selten. Harz, Stimmberg in Westfalen. — (Lichen polyrrhizos L.; Gyromium Whlbg.; Lichen hirsutus Sw.; Lichen pellitus Ach.; Gyroph. pellita Ach.)

148. *G. polyrrhiza* (*L.*) *Kbr.*

†† Unterseite des Lagers bräunlich oder rötlich oder dunkelgrau.

Lager vielblättrig, papierartig-häutig, schlaff, graugrünlich oder graubraun, stets weisslich bereift oder bestaubt und rissig-feingefeldert, ganzrandig oder zerschlitzt. Unterseite hellrötlich bis braun, dicht grau- oder schwarzbraun-faserig. Fasern öfter zu warzenartigen Bündeln verwachsen. Früchte angedrückt, später hoch gewölbt, stark rillig-gefaltet, dünn berandet. Sporen elliptisch, 9—12 μ lg., 5—6 μ breit.

α. vestita Th. Fr. — Lager unten dicht graufaserig.
β. melanotricha Fw. — Lager unten dicht schwarzfaserig.
γ. grisea (Sw.) Th. Fr. — (Lichen griseus Sw.; Gyroph. hirsuta β papyria Ach.; Umbilicaria vellea γ hirsuta * murina Fr.) — Lager unten spärlich oder nicht faserig, warzig rauh.

An Steinen und Felsen. Häufig, doch meist steril; nicht selten Felswände weit bedeckend. — (Lichen hirsutus Ach.; Umbilicaria vellea γ hirsuta Fr.; Gyromium Whlbg.)

149. *G. hirsuta* (*Ach.*) *Fw.*

Lager ein- oder mehrblättrig, fast lederartig, bis 5 cm breit, einfach oder buchtig-gelappt, bis rosettenförmig, ziemlich glatt, aschgrau oder schwärzlichgrau, bereift, am Rande mit schwarzen Borsten besetzt. Unterseite fleischrötlich, spärlich-, oder auch dichtfaserig. Früchte fast gestielt und zuletzt kugelig-gewölbt, rillig-gefaltet, dünn berandet. Sporen 12—16 μ lg., 7—8 μ br.

α. Delisei (Despr.) — Lager unten sehr dichtfaserig.
β. denticulata Ach. — Lager am Rande vielfach zerschlitzt. Abschnitte gezähnt.
γ. fimbriata Ach. — Lager am Rande dicht schwarz bewimpert.
δ. denudata Turn. et Bon. — Lager am Rande nackt oder nur spärlich bewimpert.

An Steinen und Felsen in Gebirgen. Reichlich fruchtend. — (Lichen cylindricus L.; Gyromium Whlbg.; Umbilicaria Nyl.; Lichen corneus Gunn.; Umbilicaria proboscidea β cylindrica Fr.)

150. *G. cylindrica* (*L.*) *Ach.*

b. Lager auf der Unterseite und am Rande nackt oder selten ganz spärlich mit Fasern besetzt.
  * Lager unten tiefschwarz.

Umbilicarieae.

Lager meist vielblättrig, dünn, zerbrechlich, knorpelig, welligbogig, glatt, feucht grünlichbraun, trocken dunkelbraun bis schwarz. Unterseite tiefschwarz, völlig glatt, eben. Früchte angedrückt, später gewölbt, rillig-gefaltet. Sporen 12—18 μ lg., 5—8 μ br. An Felsen und Steinen, häufig, aber sehr selten fruchtend. — (Lichen polyphyllus L.; Gyromium Whlbg.; Umbilicaria Fr.)

151. G. polyphylla (L.) Fw.

** Unterseite des Lagers nie tiefschwarz.
† Lager au der Oberseite flockig-feinschuppig oder körnigkleiig bestaubt.

Lager mehrblättrig, dünnhäutig, grünlichschwarz bis braunschwarz, am Rande zurückgerollt. Unterseite braunschwarz, warzig-grubig. Früchte angedrückt, anfangs flach, später gewölbt, rillig-gefaltet. Sporen 15—21 μ lg., 7—8 μ br. An Steinen und Felsen. Nicht selten, doch fast nur steril. — (Lichen deustus L.; Gyromium Whlbg.; Gyroph. flocculosa Kbr.; Umbilicaria flocculosa Nyl.)

152. G. deusta (L.) Fw.

†† Lager oberseits nicht flockig-schuppig oder kleiig.
° Früchte angedrückt-sitzend.
— Lager unterseits schmutziggrau.

Lager einblättrig, derbhäutig, kreisrund, am Rande gekerbt-gezähnt, seltener zerrissen-gelappt, schwärzlichbraun oder schwärzlich, weissgrau bereift, netzadrig-rauh (namentlich im Centrum). Unterseite dunkelschmutzig-grau, nackt, selten mit einzelnen Fasern. Früchte sitzend, rillig-gefaltet, dünn berandet. Sporen 10—16 μ lg., 5—7 μ br. An Steinen und Felsen in höheren Gebirgen. Nicht häufig. — (Lichen proboscideus L.; Gyromium Whlbg.; Umbilicaria Stenh.; Lichen mesenteriformis Rutstr.)

153. G. proboscidea (L.) Ach.

Anm. Von G. cylindrica δ. denudata durch die Farbe der Unterseite und die rauhe Oberseite verschieden.

— — Lager unterseits grünbraun, braun oder schwarzbraun.

Lager ein- selten mehrblättrig, derbhäutig, unregelmässig zerschlitzt, blasig-warzig, oliven- oder schwarzbraun. Unterseite dunkelschwarzbraun, gegen den Rand heller, nackt, netzig-grubig. Früchte angedrückt, anfangs elliptisch, einfach gefaltet, später gewölbt, vielfach rillig-gefaltet. Sporen 10—15 μ lg., 5—7 μ br.

α. primaria Th. Fr. — Lager auf der Unterseite stärker netziggrubig, ganz schwarz oder braunschwarz, mehr dünnhäutig.
β. corrugata (Ach.) Th. Fr. — (Gyroph. heteroidea δ corrugata Ach.; G. glabra β corrugata Ach.; Umbilicaria corrugata Nyl.; U. arctica var. sublaevigans Nyl.). — Lager fast lederartig, fest, unten glatt, rauchschwarz, nicht grubig.

An Steinen und Felsen der Gebirge. Nicht selten. — (Umbilicaria hyperborea Hoffm.; Lichen Ach.; Gyromium Whlbg.)
154. G. hyperborea (Hoffm.) Mudd.

Lager ein-, selten mehrblättrig, lederartig-knorpelig, starr, runzelig-warzig. Unterseite fast glatt, rissig-gekörnelt, bleicher, nach dem Centrum schwärzlich und meist fein grau bereift. Früchte sitzend. Sporen anfangs hyalin, später gebräunt, 10—15 μ lg., 5—7 μ br.
An Steinen und Felsen im Hochgebirge. Harz, bairische Alpen. — (Gyroph. proboscidea β arctica Ach.; G. hyperborea β arctica Th. Fr.; Umbilicaria arctica Nyl.) *155. G. arctica Ach.*

Lager einblättrig, zerbrechlich, netzadrig-rissig, fein siebartig durchlöchert, braun oder schwarzbraun, trocken grauschwarz, mit ausgefressenem oder zerrissen-gelapptem Rande. Unterseite hellbräunlich, fast nackt, um den Nabel strahlig-netzgrubig-durchlöchert, fast tuffsteinartig durchbrochen. Früchte fast eingesenkt, flach, später eingedrückt, gewölbt, unregelmässig rillig-gefaltet. Sporen 8—12 μ lg., 5—7 μ br.
An Felsen und Steinen des Gebirges. Zerstreut. — (Lichen erosus Web.; Gyromium Whlbg.; Umbilicaria Stenh.; Lichen reticularis Olafs.; Lichen Cribellum Retz.) *156. G. erosa (Web.) Ach.*

°° Früchte gestielt.

Lager meist mehrblättrig, derbhäutig-lederartig, starr, schwarzbraun, leicht bereift, netzadrig-felderig-rissig. Unterseite fast glatt, bleicher, fein netzadrig-rissig, stärker bereift, völlig nackt. Früchte flach oder concav, mit dünnem, erhabenem Rande. Sporen länglich-elliptisch, oft leicht gekrümmt, 12—17 μ lg., 4—6 μ br.
An Felsen und Steinen. Sehr selten. Nur in den bairischen Alpen. — (Lichen anthracinus Wulf.; Gyroph. tessellata Ach.; Umbilicaria atropruinosa Fr.) *157. G. anthracina (Wulf.) Kbr.*

B. Pyrenocarpi.

VIII. Fam.: Endocarpeae Fr.

Lager ein- oder vielblättrig, kreisrund oder rosettig-dachziegelig, sowohl auf der Ober- wie Unterseite berindet. Früchte eingesenkt, gleichsam schwarze, nadelstichartige Punkte darstellend. Sporen einzellig, ungeteilt, hyalin, zu 8 in keuligen Schläuchen. Spermogonien punktförmig, mit walzenförmigen Spermatien.

Endocarpon Hedw.

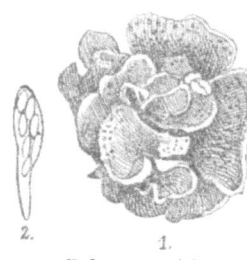

1. Endocarpon miniatum.
2. Schlauch mit Sporen.

Lager vielblättrig, klein, auf der Unterseite nicht berindet. Früchte sehr klein, eingesenkt. Schläuche 8 sporig. Sporen hyalin, 2- bis mehrteilig. Spermogonien zur Zeit nicht bekannt.

Lenormandia Del.

Durch die geteilten Sporen sofort von vor Gattung zu unterscheiden

28. *Endocarpon Hedw.*

a. Lager auf der Unterseite bräunlich.

Lager ein- oder mehrblättrig, knorpelig-lederartig, starr, rötlichbraun oder graubraun, bereift, 2—6 cm breit. Unterseite bräunlich, glatt, oder warzig-runzlig. Früchte meist sehr zahlreich. Mündung wenig hervortretend, flach oder leicht gewölbt, anfangs braun, dann schwarz. Sporen rundlich-elliptisch, 8—12 µ lg., 6—8 µ br.

α. vulgare Kbr. — Lager meist einblättrig, rundlich-bogig-gelappt. Lappen muschelförmig.

β. complicatum (Sw.) Fr. — Lager vielblättrig, dicht rasig. Lappen dachziegelig, aufsteigend, dunkler gefärbt und weniger bereift.

An Felsen und Steinen aller Arten, gern an periodisch vom Wasser bespülten Felswänden. Nicht selten. — (Lichen miniatus L.; Dermatocarpon Th. Fr.) *158. E. miniatum (L.) Ach.*

Lager vielblättrig, knorpelig, schlaff, feucht lebhaft grün, trocken grau oder bräunlich. Unterseite glatt, hell- bis schwärzlichbraun. Lappen aufsteigend, gerundet, wellig gebogen. Früchte in Warzen des Lagers eingesenkt. Sporen rundlich-elliptisch, 8—13 µ lg., 6—8 µ br.

An überfluteten Steinen und Felsen in Gebirgsbächen. — (E. miniatum γ aquaticum Schaer.; E. Weberi Ach.; Dermatocarpon fluviatile Th. Fr.; E. fluviatile DC.) *159 E. aquaticum Weiss (1770).*

Anm. Diese Art ist an der angefeuchtet freudig grünen Farbe sofort kenntlich. Geschmack und Geruch sind unangenehm, urinartig.

Lager vielblättrig, knorpelig, schlaff, feucht olivengrün-braun, trocken dunkelbraun, unten glatt. Früchte eingesenkt. Sporen 18—23 µ lg., 7—8 µ br.

An überfluteten Steinen und Felsen. Sehr selten. Bairische Alpen. — *160. E. rivulorum Arn.*

b. Lager auf der Unterseite fleischrötlich.

Lager einblättrig, kreisrund, fast lederartig, grünbraun, mit ungeteiltem, oder geschweift-gelapptem, aufwärts gebogenem Rande. Unterseite glatt Früchte sehr klein, punktförmig, mit erhabener,

glänzend schwarzer Mündung. Sporen eiförmig-elliptisch, oft nierenförmig gekrümmt, 5—6 μ lg., 2—3 μ br.
An Steinen und Felsen. Selten. Striegauer Kreuzberg, Elsterthal, Halle a. S. etc. — 161. *E. Guepini Moug.*

29. *Lenormandia Del.*

Lager 1—3 mm gross, gedrängt wachsend, dicht anliegend, kleinblättrig, knorpelig, ungeteilt oder buchtig-gelappt, an Cladonia-Schuppen erinnernd, glatt, fettschimmernd, hell- oder apfelgrün. Lappen mit aufwärts gebogenem, weissem Rande. Unterseite weisslich, sehr spärlich mit Fasern besetzt. Früchte ....
An feuchten, schattigen Stellen des Hochgebirges, auf verwesenden Pflanzen, über Moosen etc. — (Endocarpon viride Ach.; Normandina Nyl.) 162. *L. viridis (Ach.)*

Anm. Diese Flechte gleicht habituell den Schuppen mancher Cladonien und ist deshalb wohl oft übersehen worden. Sie unterscheidet sich von jenen durch fettigen Glanz, weisse Berandung und nur centrale Anheftungsweise. Ich sah nur sterile Exemplare.

Lager aus knorpelig-häutigen, etwa 1 mm breiten, ungeteilten, kreisrunden, später wenig eingeschnittenen, muschelförmigen, weissbläulichgrauen Schuppen bestehend. Rand derselben aufwärts gebogen, heller, oft soreumatisch. Unterseite weisslichgrau, spärlich mit Fasern besetzt. Früchte sehr klein, schwarz. Sporen — nach Leighton oblong-cylindrisch, gelblich, 8 teilig.
Auf an Bäumen wachsenden Laub- und Lebermoosen, namentlich auf Frullania-Arten. Wahrscheinlich auch oft übersehen und für sterile, weisse Flechtenanflüge gehalten. Riesengebirge, Harz, Westfalen, Rheinprovinz, Württemberg, Baden, Baiern. — (Normandina Jungermanniae Nyl.; Lenormandia pulchella Mass.; Verrucaria pulchella Borr.; Endocarpon pulchellum Hook; Amphiloma rubiginosa α affinis b. Jungermanniae Hepp.' lich. exs.; Normandina pulchella Nyl.) 163. *L. Jungermanniae Del.*

3. Ordnung: Lichenes kryoblasti Kbr.

A. Scheibenfrüchtige.

IX. Fam.: Pannarieae Kbr.

Uebersicht der Gattungen.

a. Sporen ungeteilt.
Lager anfangs blattartig-schuppig, später im Centrum dickkörnigkrustig, nach dem Rande zu strahlig ausgebreitet, einem bleibenden

Pannarieae.

blauschwarzen Vorlager — Hypothallus — aufsitzend. Früchte biatorinisch, d. h. nur mit eigenem Gehäuse, oder zeorinisch, d. h. ausser dem eigenen ist ein noch vom Lager gebildetes Gehäuse vorhanden. Schläuche fast cylindrisch, 8 sporig. Sporen einzellig, hyalin, meist gesäumt. Spermogonien punktförmig, mit geraden, walzigen Spermatien.

Pannaria Del.

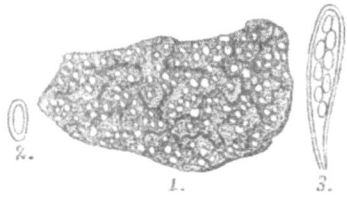

1. Pannaria microphylla.
2. Eine Spore
3. Schlauch von P. brunnea.

b. Sporen geteilt.
Lager kleinblättrig-schuppig, einem zuletzt verschwindenden, schwarzen Vorlager aufsitzend. Früchte biatorinisch. Schläuche lang-keulenförmig, 8 sporig. Sporen 2teilig, spindelförmig, hyalin, nicht gesäumt.

Massalongia Kbr.

Spore von Massalongia carnosa.

30. *Pannaria Del.*

a. Lager gelb- oder grüngrau, graubraun bis dunkelbraun.
* Früchte biatorinisch.

Lager fast einblättrig, knorpelig-häutig, kreisrund, im Centrum höckerig-grubig, im Umfange sternförmig-strahlig gelappt, blei-graugelblich. Randlappen dicht anliegend, gekerbt. Vorlager bläulich, dichtfilzig. Früchte braunrot, mit hellerem, ungeteiltem Rande. Sporen elliptisch, beiderseits verschmälert, nicht gesäumt, 9—14 µ lg., c. 3 µ breit.

An alten Laubbäumen und an Felsen. Selten. Harz, Rheinprovinz, früher auch bei Dresden. — (Parmelia plumbea Ach.; Coccocarpia Nyl.)

164. P. plumbea Lightf.

Lager kleinblättrig-schuppig, meist regelmässig rosettenförmig, graubraun oder graugrün. Schuppen dünnhäutig, aufstrebend, gelappt oder eingeschnitten-gekerbt, zu einem korallenartig-krustigen Lager dicht gedrängt. Früchte zwischen den Schuppen, angedrückt, flach oder leicht gewölbt, braunrot, mit dünnem, gleichfarbigem Rande. Schläuche lang-keulenförmig. Sporen ei-elliptisch, beiderseits verschmälert, gesäumt, 15—20 µ lg., 4—6 µ breit.

An Laubholz, auch an Felsen und über Moosen in Gebirgswäldern. Nicht selten. — (Lecidea triptophylla Ach.; Biatora Rbh.; Parmelia triptophylla var. Schraderi Fr.; Parm. triptoph. Müll. arg.; Amphiloma triptophyllum Hepp.; Pannularia Nyl.)

165. P. triptophylla (Ach.) Mass.

Lager kleinschuppig, eine knorpelig-dicke, tiefrissig-gefelderte, körnig-schuppige Kruste bildend, aschgrau bis graubraun-schwärzlich. Schuppen sehr klein, dachziegelig-gedrängt, gekerbt-gezähnt. Vorlager fädig, schwarz. Früchte sitzend, rotbraun bis schwärzlich, innen weisslich, anfangs flach, später sehr stark gewölbt, mit verschwindendem, gekerbtem Rande. Schläuche schmal-keulenförmig. Sporen länglich-elliptisch, nicht gesäumt, 10—15 μ lg., 3—4 μ breit, selten scheinbar zweiteilig.

An Felsen im Vorgebirge. Häufig. — (Lecidea microphylla Ach.; Biatora Rbh.; Parmelia Fr.; Amphiloma Hepp; Pannularia Nyl.)

166. *P. microphylla* (*Sw.*) *Mass.*

** Früchte zeorinisch.

Lager kleinblättrig-schuppig, eine schuppig-körnige Kruste bildend, grau- oder dunkelbraun. Schuppen tief zerschlitzt. Vorlager schwarz. Früchte meist zahlreich, zuweilen gedrängt-zusammenfliessend, rot- oder leberbraun, mit bleibendem, eingebogenem, gekerbtem Lagerrande. Schläuche breit cylindrisch. Sporen elliptisch, beiderseits verschmälert, breit gesäumt, 20—25 μ lg., 8—13 μ breit.

β. coronata (Hoffm.) — (Pannaria nebulosa Nyl.) — Lager bläulichaschgrau, körnig-krustig. Früchte heller, am Rande gekörnt.

Auf nackter Erde, über Moosen an Felsen und Baumwurzeln in Bergwäldern. — (Lecanora brunnea Ach.; Parmelia Fr.; Lecidea triptophylla γ pezizoides Schaer.; Pann. brunnea var. pezizoides Mass.; P. pezizoides Web.)

167. *P. brunnea* (*Sw.*) *Mass.*

Lager kleinblättrig-schuppig, im Centrum körnig-krustig, grünlichbraun oder leberbraun. Schuppen gedrängt-dachziegelig, aufsteigend, 2—3 mm hoch, mit zackig gekerbtem, dicht soreumatischem Rande. Vorlager bläulichschwarz. Früchte angedrückt, dunkelrotbraun, flach oder leicht gewölbt, mit weissem, körnig-staubigem Lagerrande. Schläuche schmal keulenförmig. Sporen eiförmig, 14—25 μ lg., 8—10 μ br., schmal gesäumt.

Sehr selten am Basalt der kleinen Schneegrube. — (Parmelia muscorum b. lepidota Fr.; Massalongia carnosa β lepidota Kbr.; Pannularia Nyl.)

168. *P. lepidota* (*Smrft.*) *Anzi.*

Anm. Von P. brunnea verschieden durch den mit oft weissgrauen Soredien besetzten Rand der Schuppen, von Massalongia carnosa abweichend durch viel kleinere Schuppen und den Bau der Sporen.

Lager anfangs blattartig-häutig, grünlich-grau, trocken schmutzig gelblich-grau, am Rande fächerartig gelappt, später körnig-krustig, mit zahlreichen, stahlblauen Soredien. Vorlager bläulichschwarz. Früchte sitzend, flach, rotbraun, mit dünnem, vorstehendem, gekerbtem

Lagerrande. Schläuche fast cylindrisch. Sporen länglich-elliptisch, gesäumt, 15—20 μ lg., 8—10 μ br.
An bemoosten Bäumen und Felsen. Selten und meist steril. — (Parmelia rubiginosa β coeruleobadia Schaer.; Parm. rubiginosa b. conoplea Fr : Parm. conoplea Ach.; Pannaria conoplea Zw.; Pann. rubiginosa β conoplea Kbr.; Amphiloma coeruleobadium Hepp.)

169. P. coeruleobadia (Schaer.) Schl.

b. Lager schwefelgelblich.

Lager blattartig-häutig, anliegend, am Rande gelappt, im Centrum wellig-runzelig, zuweilen die ganze Oberfläche in weisse Soredien sich körnig-staubig auflösend. Vorlager filzig, bläulichschwarz. Im Gebiete bisher nur steril gefunden.

An schattigen Felswänden, über Moos, faulendem Holze. Häufig. — (Parmelia lanuginosa Ach ; Amphiloma Nyl.)

170. P. lanuginosa (Ach.) Kbr.

Anm Die Arten über die Stellung dieser Flechte sind noch nicht abgeschlossen. Sie weicht von den übrigen Pannaria-Arten ab durch hellgraue Gonidien, — welche bei jenen bläulichgrün sind — besitzt aber das für Pannaria sehr charakteristische blauschwarze Vorlager. Nur Elias Fries sah bisher Früchte dieser Art. Dieselben sind nach ihm „schüsselförmig, rotbraun, mit staubigem Rande" Ueber den Bau der Sporen findet sich kein Vermerk Nur die mikroskopische Untersuchung der letzteren kann der Flechte ihren wahren Platz anweisen. — Von lepraritigen Bildungen ist sie sofort durch das Vorlager zu unterscheiden

31. *Massalongia Kbr.*

Lager kleinblättrig-häutig, einzeln, oder in lockeren Rasen, bräunlich bis dunkelbraun, unten weisslich. Läppchen anliegend oder aufsteigend, fächerartig zerschlitzt, am Rande gekerbt und mit Soredien besetzt, bis 1 cm lang und 1—2 mm breit. Vorlager schwarz, verschwindend. Früchte flach, rotbraun, biatorinisch, mit ungeteiltem, dünnem Rande. Schläuche gestielt-keulenförmig. Sporen spindelförmig, 2teilig, selten scheinbar mehrteilig, 25—35 μ lg., 8—10 μ breit.

An bemoosten Felsen, ziemlich selten und meist steril. — (Lichen carnosus Dicks.; Parmelia Schaer.; Lecanora Ach.; Pannaria Rbh ; Parmelia muscorum Fr.: Pannaria muscorum Nyl.; Pannularia Anzi)

171. M. carnosa (Dicks.) Kbr.

X. Fam.: Lecanoreae Fée.

1. Subfam.: **Placodineae Kbr.**

1. Schläuche 8sporig.
  α. Sporen geteilt.
    ' Sporen ungefärbt, wasserhell.
    * Sporen polar-zweiteilig.

72 Lecanoreae.

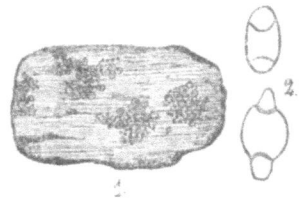

1. Gasparrinia murorum. Natürl. Grösse.
2. Zwei Sporen von G. murorum.

Lager mit der ganzen Unterseite angeheftet, in der Mitte meist krustig, am Rande gelappt, auf der unteren Seite teilweise unberindet. Früchte anfangs schüsselförmig, später scheibenförmig, zerstreut auf dem Lager, mit meist gut entwickeltem Lagergehäuse. Schläuche schmal - keulenförmig. Sporen zu 8, polar-zweiteilig, wasserhell. Paraphysen nach oben verdickt. Spermogonien in gleichgefärbten Lagerwarzen, mit kleinen, walzenförmigen Spermatien.

*** Sporen quer zweiteilig.

Gasparrinia Tornab.

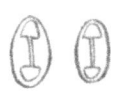

Zwei Sporen von Gyalolechia luteoalba.

Lager meist wenig entwickelt, schuppig oder warzig-krustig. Früchte zerstreut, mit Lagergehäuse. Schläuche keulenförmig. Sporen zu 8, länglich-elliptisch bis spindelförmig, ungefärbt. Paraphysen locker verwebt.

Gyalolechia Mass.

Lager dicht angedrückt, in der Mitte warzig-krustig, am Rande etwas schuppig. Früchte anfangs den Schuppen eingesenkt, später hervortretend, dem Lager aufsitzend, mit doppeltem Gehäuse. Schläuche kurz keulenförmig. Sporen elliptisch, ungefärbt. Paraphysen sehr zart, verleimt, hyalin, an der Spitze gebräunt.

Fritzea Stein.

°° Sporen braun.

Spore von Dimelaena oreina.

Lager dicht krustig, fest dem Substrate anliegend, auf der Unterseite unberindet. Gonidien freudiggrün. Früchte eingesenkt, mit bleibendem Lagergehäuse. Schläuche keulenförmig. Sporen 2 teilig, bisquitförmig. Paraphysen verleimt, an der Spitze kopfartig verdickt, gebräunt.

Dimelaena Norm.

b. Sporen ungeteilt.

Lager verschieden gestaltet, teils ganz schuppenförmig, teils in der Mitte krustenförmig, mit blattartigem Rande. Früchte zerstreut, mit dauerndem Lagerrande. Schläuche keulig. Sporen

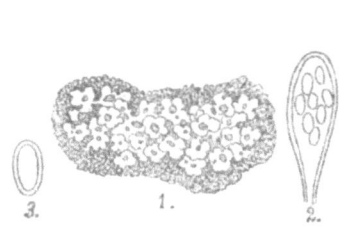

1. Placodium lentigerum. Natürl. Grösse.
2. Schlauch mit 8 Sporen.
3. Spore derselben Flechte.

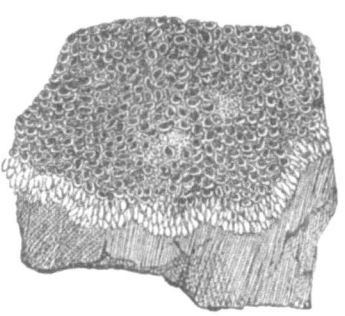

Placodium melanaspis. Natürl. Grösse.

eiförmig-elliptisch bis länglich-eiförmig, hyalin. Spermogonien eingesenkt. Spermatien verschieden gestaltet.

Placodium Hill.

Lager warzig-krustig. Früchte zerstreut, in Lagerwarzen eingesenkt, mit wenig hervortretendem Lagerrande. Schläuche kurz keil- oder pfriemenförmig. Sporen sichelartig gekrümmt, hyalin. Paraphysen gekrümmt, an der Spitze verdickt, gefärbt.

Harpidium Kbr.

Schlauch und Sporen von Harpidium rutilans.

o. Schlauche vielsporig.

Lager sehr verschieden gestaltet, teils schuppig und am Rande blattartig gelappt, teils ganz schuppenförmig, oder in der Mitte krustenförmig und nur im Umfange schuppig, selten einfach krustenförmig. Früchte anfangs, bei einigen Arten dauernd, eingesenkt, später aufsitzend. Scheibe oft sehr klein. Schläuche walzenförmig. Sporen sehr klein, ungeteilt, hyalin. Spermogonien eingesenkt. Spermatien länglich-elliptisch.

Acarospora Mass.

Schlauch mit zahlreichen Sporen von Acarospora glaucocarpa.

32. Gasparrinia Tornab. 1849.*)

1. Lager gelb, orange oder ziegelrot. Früchte gleichfarbig.
   a. Das Lager wird durch Kali caust. nicht gefärbt.

---

* Bei Begrenzung der Arten dieser Gattung schliesse ich mich der von Arnold in Flora 1875 gegebenen analytischen Uebersicht derselben an.

Lager angedrückt, matt gelblich bis dottergelb, am Rande strahlig-faltig, im Centrum grünlichgrau bis gelbgrau, fein warzig oder schuppig. Früchte schmutziggelb, c. 1 mm diam., mit gleichfarbigem, ungeteiltem, seltener schwach crenuliertem Rande. Sporen länglich-elliptisch, 12—17 μ lg., 4,5—6,5 μ br.
An Felsen und Steinen (hauptsächlich auf Dolomit, seltener auf Kalkblöcken). Selten und mir nur aus den südlichen Teilen des Gebietes bekannt geworden. — (Physcia Nyl.; Lecanora Nyl.)

172. G. medians (Nyl.)

b. Das Lager wird durch Kali caust. intensiv gerötet.
1. Spermatien kurz elliptisch, 1 μ br., 2,5—3 μ lg.

Lager angedrückt, dottergelb, am Rande schuppig-schmallappig, im Centrum feinkörnig, krustig. Früchte mit gelblicher Scheibe und ungeteiltem Rande. Sporen eiförmig-elliptisch, 5—7 μ br., 14—18 μ lang.
Auf Felsen, Steinen, an Mauern. Selten. Baiern. — (Physcia granulosa Müll.)

173. G. granulosa (Müll.)

Lager angedrückt, rötlichgelb, orange oder mennigrot, sternförmig-gelappt, leicht ablösbar. Lappen linealisch, gewölbt, wellig-gebogen, sich mit den Rändern gleichsam berührend. Früchte dem Lager gleichfarbig, mit zuletzt fast flacher, ganzrandiger Scheibe. Sporen eiförmig-elliptisch. 6—9 μ br., 11—15 μ lg.

α. typica Th. Fr. — Lager grösser, üppig entwickelt, mit dicken, hochgewölbten Lappen, dunkel- bis bräunlich-orange. Unterseite gebleicht.

β. tenuis (Whlbg.) Th. Fr. (= discreta Schaer.) — Lager kleiner, mit sehr schmalen, fast fadenförmigen Lappen, mennigrot.

An Felsen, Mauern, auf Schieferdächern, scheint in der Ebene zu fehlen, ist aber in der Hügel- und Bergregion ziemlich häufig. — (Lichen elegans Link.; Lecanora Ach.; Amphiloma Kbr.; Xanthoria Th. Fr.; Physcia Lk.; Placodium Nyl.; Caloplaca Th. Fr.)

174. G. elegans (Lk.) Tornab.

2. Spermatien stäbchenförmig, 1 μ br., 4—6 μ lang.
* Sporen fast kugelig-elliptisch, in der Mitte stark verbreitert.

Lager dicht angepresst, zart, hellgelb bis hell-orangefarbig, im Umfange mit flachen Lappen. Früchte orangerot, mit bleichem, schwach gekerbtem Rande. Sporen breit elliptisch, 6—8 μ breit, 10—13 μ lang.
An Felsen, Mauern. Selten. Westfalen, Rheinprovinz, Baiern. — (Lecanora callopisma Ach.; Amphiloma Kbr.; Placodium Nyl.; Caloplaca Th. Fr.)

175. G. callopisma (Ach.) Tornab.

Lager angedrückt, stärker, sehr ansehnlich, orangegelb, in der Mitte gebräunt. Lappen flach. Früchte dem Lager gleichfarbig. Sporen fast kugelig-elliptisch, 9—10 μ breit, 12—14 μ lang. An Sandsteinblöcken, Kalk- und Dolomitfelsen, seltener an alten Ziegelsteinen. Harz, Westfalen, Rheinprovinz, Baden, Baiern. — (Physcia aurantia Pers.; Placodium Heppianum Müll.; Lecanora sympagea Ach.) *176. G. aurantia (Pers.)*

** Sporen länglich-elliptisch, in der Mitte nicht oder kaum verbreitert.

† Lager meist nicht weisslich bereift.

Lager dicht angepresst, kreisrund, mehr oder weniger strahligfaltig gelappt, im Umfange blattartig, in der Mitte krustig-warzig bis kleinschuppig, öfter ganz verschwindend, citrongelb, dottergelb oder ziegelrot. Lappen gedrängt, gewölbt. Früchte meist reichlich, rotgelb, mit flacher, später gewölbter und gedunsener, ganzrandiger Scheibe. Sporen eiförmig-elliptisch, 5—7 μ breit, 12—16 μ lang.

α. major (Whlbg.) Th. Fr. — Lager grösser, hellgelb bis dottergelb, zuweilen zart bereift.
β. miniata (Hoffm.) Th. Fr. (= Lichen miniatus Hoffm.; Parmelia Ach.; Lecanora Ach.) — Lager kleiner, ziegelrot, nie bereift.
γ. lobulata (Flk.) — Lager im Umfange sehr feinlappig. Früchte orangerot.
δ. tegularis (Ehrh.) — Lager klein, kreisrund, sehr kurz gelappt, orangerot. Früchte zahlreich, sehr klein.
ε. incrustans (Ach.) — Lager warzig-krustig bleichgelblich.

An Felsen, Steinen, auf Mauern, Ziegelsteinen, Schieferdächern, selten an Holzwerk, Bretterwänden. Häufig; β mehr in Gebirgen an sonnigen Felsen — (Lichen murorum Hoffm., Parmelia Ach.; Lecanora Ach.; Amphiloma Kbr.; Xanthoria Th. Fr.; Placodium Nyl.; Caloplaca Th. Fr.) *177. G. murorum (Hoffm.) Tornab.*

Lager angedrückt, matt gelblich bis dottergelb, im Umfange strahlig-faltig, im Centrum fein warzig oder schuppig, gelblichgrau. Früchte gleichfarbig, meist ganzrandig. Sporen länglich-elliptisch, 7—8 μ breit, 15—18 μ lang.

An Felsen, Steinen, auf Mauern, Dachziegeln. Selten. Westfalen, Baiern, Jura. (Physcia decipiens Arnold.)

178. G. decipiens (Arn.)

Anm. Von G. elegans sofort dadurch verschieden, dass Kali caust. das Lager purpurrot färbt.

†† Lager meist weisslich bereift.

Lager dicht angepresst, im Umfange schlank lappig, im Centrum kräftig und mit goldgelben Soredien bedeckt, orangegelb, am Rande meist weiss bereift. Früchte sehr selten, winzig klein, gleichfarbig,

flach, mit dünnem Rande. Sporen länglich-elliptisch, 5—6 μ breit, 12—18 μ lang.
    b. fulva Kbr. — Lager und Soredien dunkelrotgelb.
    An Kalkfelsen, selten. Schlesien, Harz, Westfalen, Baden, Baiern etc. (Lecanora Ach.; Placodium Nyl.; Amphiloma Kbr.; Caloplaca Th. Fr.)
179. G. cirrochroa (Ach.)

    Lager angedrückt, kreisrund, vom Centrum strahlig-lappig, dottergelb bis orangegelb, weisslich bereift. Lappen handförmig zerteilt. Früchte klein, mit dunklerer Scheibe und bleicherem Rande, oft ebenfalls weiss bestäubt. Sporen 5—6 μ br., 10—12 μ lg.
    An Kalkfelsen und Kalkmauern. Baiern, Württemberg, Jura, Westfalen, Harz. — (Physcia Mass.)
180. G. pusilla (Mass.) Tornab.

    2. Lager weiss. Früchte bräunlichschwarz.
    Lager klein, kreisrund, weiss, im Umfange gelappt. Lappen flach, rundlich. Früchte dem Lager aufsitzend, flach, anfangs geschlossen, später mit verschwindendem Laubrande. bräunlichschwarz bis schwärzlich. Sporen elliptisch, 4—6 μ br., 17—24 μ lg.
    An Kalkfelsen. Selten. Harz, Westfalen, Rheinprovinz, Württemberg. — (Parmelia Fr.; Lecanora Schaer.; Ricasolia Mass.; Amphiloma Dicks.)
181. G. candicans (Dicks.)

33. *Gyalolechia Mass.*

    a. Vorlager nicht erkennbar.
    Lager wenig entwickelt, nur durch einzelne Schuppen oder einige Warzen angedeutet, öfter ganz fehlend, dottergelb. Früchte sitzend, flach, matt gelbrot, mit in der Jugend hellerem, später gleichfarbigem, bleibendem, ungeteiltem Rande, 0,5—1,5 mm breit. Sporen lang elliptisch, beidendig abgerundet, mit deutlicher Querwand, 4—6 μ br., 18—25 μ lg.
    Nur auf Grimmia-Polstern. Sehr selten. Peterstein im Gesenke, Altmühlthal in Baiern.
182. G. Schistidii Anzi.

    b. Vorlager stets vorhanden.
    † Lager weisslichgrau bis graugrün.
    Lager zart, krustig-warzenförmig, weisslich oder weissgrau. Vorlager dunkler gefärbt. Früchte sehr zerstreut, 0,3—6 mm breit, anfangs flach, rotgelb, mit erhabenem, graugrünem Rande, später gewölbt, fast olivenfarbig. Sporen lang spindelförmig, mit sehr zarter, nach Anwendung von Reagentien stets deutlich hervortretender Querscheidewand, 3—6 μ br., 24—40 μ lg.

In Felsspalten des Hochgebirges, Moose (namentlich Andreaea) überziehend. Selten. Riesengebirge. — (Zeora nivalis Kbr. Sert. Sud.; Callopisma Kbr. Syst.; Biatorina Th. Fr.; Caloplaca Th. Fr.; Lecanora Nyl.)

183. *G. nivalis Kbr.*

Lager dünn, körnig-staubig, unansehnlich, graugrün oder weisslichgrau. Vorlager weisslich. Früchte klein, anfangs eingesenkt, später sitzend. Scheibe orangegelb, zuerst flach, ganzrandig, zuletzt gewölbt, mit hellerem, fast verschwindendem Rande. Sporen elliptisch, mit meist deutlicher Querscheidewand, 4—5 µ br., 9—10 µ lg.

An Laubholzstämmen. Nicht selten. Die auf Steinen auftretenden Formen wurden von Nylander als f. rupestris et f. calcicula beschrieben. (Lichen luteoalbus Turn.; Lecidea Ach.; Caloplaca Th. Fr.; Gyalecta Persooniana Ach.; Parmelia cerina c. pyracea Fr.; Biatorina pyracea Kbr.)

184. *G. luteoalba (Turn.)*

Anm Mit Vorsicht von Callopisma pyracea zu unterscheiden!

†† Lager citrongelb bis schön ockergelb.

Lager schuppig-krustig, grünlichgelb bis goldgelb, im Umfange rundlich gelappt. Lappen dachziegelig sich deckend. Vorlager weisslich. Früchte orangerot, mit hellerem, bleibendem Rande. Sporen breit elliptisch, 4—5 µ br., 9—14 µ lg.

In Kalkfelsspalten der bairischen Alpen. Selten. — (Parmelia aurea Fr.; Lecanora Schaer.)

185. *G. aurea (Schaer.) Mass.*

Lager sehr zart, ausgebreitet, körnig-krustig, öfter fehlend, citrongelb bis grünlichgelb. Vorlager nur angedeutet. Früchte sitzend. Scheibe flach oder etwas gewölbt, dottergelb bis orangegelb, am Rande ungeteilt oder leicht gekerbt. Sporen länglich-elliptisch, 4,5—6 µ br., 10—17 µ lg., mit meist sehr undeutlicher Querscheidewand.

Auf Moospolstern, an Felsen, alten Mauern, auf Thonschiefer, selten an Baumrinden. Zerstreut. — (Lecanora epixantha Ach. Nyl.; Xanthoria subsimilis Th. Fr. 1860; Gyalolechia aurella Kbr.; Callopisma vitellinellum Mudd.; Lecanora vitellina Nyl.; Lecanora reflexa Nyl.)

186. *G. epixantha (Ach.)*

Lager krustig-körnig, schwach glänzend, schön ockergelb. Vorlager weisslich. Früchte sitzend, mit flacher oder leicht gewölbter, goldgelber, ganzrandiger Scheibe. Sporen elliptisch, polar-dyblastisch, 4—5 µ br., 9—11 µ lg.

An Kalkfelsen. Selten. Süddeutschland, Hönnethal in Westfalen. — (Lecidea aurantiaca β ochracea Schaer.; Parmelia ochracea Fr.; Callopisma Mass.; Xanthocarpia Kbr.)

187. *G. ochracea (Ach.)*

Anm. Xanthocarpia lactea Mass. ist hiervon nicht als Species zu trennen. Die weissliche Färbung ruhrt nur davon her, dass das Vorlager sehr stark hervortritt. Wirkliche specifische Unterschiede sind mir nicht bekannt geworden.

34. *Fritzea Stein.*

Kruste angedrückt, lockerschuppig, graugelblich bis gelblichbraun, fast durchscheinend. Schuppen rundlich, stark gewölbt. Früchte zuerst eingesenkt, mit punktförmiger, dunkelbrauner Scheibe, später hervortretend, mit hellerer, glänzender, gewölbter Scheibe und sehr undeutlichem Rande. Sporen ei-elliptisch, leicht gebogen, gesäumt, 4—6 μ br., 9—12 μ lang, mit meist deutlicher Querscheidewand.

Nur an Basaltfelsen der kleinen Schneegrube; hier die senkrechten, glatten Flächen bewohnend. — (Psora lamprophora Kbr.; Thalloedema Müll.)

188. *F. lamprophora (Kbr.) Stein.*

35. *Dimelaena Norm.*

Lager dicht angepresst, kleingefeldert, im Umfange strahlig gelappt, im Centrum warzig, blass gelblichgrün, gelblichweiss oder hell strohgelb. Lappen glatt, wie auch die Felderchen vom schwarzen Vorlager umsäumt. Früchte eingesenkt, anfangs fast krugförmig berandet, mit schwarzer Scheibe und ungeteiltem, weisslichgelbem Lagerrande. Sporen bisquitförmig, braungrün, 5—8 μ br., 9—12 μ lg.

An Felsen im Hochgebirge. — (Lecanora straminea β oreina Ach.; Parmelia Fr.; Rinodina Mass.)

189. *D. oreina (Ach.) Kbr.*

Anm. Diese Pflanze erhält durch das durchscheinende Vorlager ein scheckiges Aussehen, die anfangs krugformigen Fruchte erinnern lebhaft an Aspicilia cinerea.

36. *Placodium Hill.*

a. Lager weisslich, aschgrau bis grünlichgrau oder graubräunlich.
 * Früchte gelblich, gelbbraun oder bräunlich.
  † Lager parmelienartig, aus wellig-bogigen oder gewölbtschuppigen Lappen bestehend. Nur auf kalkhaltigem Gestein oder Erdboden.

Lager locker angedrückt, fast kreisrunde Rosetten bildend, dick, einblättrig-krustig, grünweisslich, weiss bereift, im Umfange mit rundlichen, buchtig-eingeschnittenen, flachen, auf der Unterseite weisslichen Lappen. Früchte angedrückt, gelbbräunlich, 1—3 mm breit, fast flach, mit dünnem, fast verschwindendem Lagerrande. Sporen länglich-elliptisch, 5 μ br., 10—12 μ lang. Spermatien nadelförmig, gebogen.

Lecanoreae.

Auf kalkhaltigem Boden, gern auf abgestorbenen Moospolstein. Selten. — (Lichen lentigerus Web.; Lecanora Ach.; Psoroma Kbr.; Squamaria Nyl.) *190. P. lentigerum (Web.) Th. Fr.*

Anm Mit P crassum zu vergleichen.

Lager dick, steif, blättrig-schuppig, blassgrünlichgelb oder grünbräunlich. Schuppen rundlich, wellig-bogig, weiss berandet. Früchte 1—4 mm breit, mit flacher, gelbbräunlicher, anfangs bereifter Scheibe und sehr dickem, bleibendem Rande. Sporen länglich-elliptisch, 6 µ br., 12—18 µ lg. Spermatien nadelförmig, gebogen.

An Kalksteinen und auf kalkhaltigem Boden. Schlesien, Harz, hauptsächlich im südlichen Teile des Gebiets. — (Lichen gypsaceus Sm.; Parmelia Fr.; Psoroma Kbr.; Parmelia Smithii Wallr.; Lecanora crassa ε gypsacea Schaer.; Squamaria Nyl.)

191. P. gypsaceum (Sm.) Kbr.

†† Lager weinsteinartig, krustig-rissig, im Umfange strahlend-lappig.

Lager dicht anliegend, rundlich, in der Mitte dünn krustig-rissig, im Umfange mit strahligen, gedrängt stehenden, flachen, schmalen, rissig-gefelderten, gekerbten Lappen, grauweiss oder fleischfarbig-grau, im Centrum mit fast gleichfarbigen Soredien und mit grossen, braunen, strahlig-rissigen Cephalodien besetzt. Früchte 1—1,5 mm breit, angedrückt, flach, gelbbräunlich, mit verdicktem, ungeteiltem Rande. Sporen elliptisch, 6—7 µ br., 14—18 µ lg.

An Felsen im Gebirge. Selten. Schlesien. — (Lichen gelidus L.; Parmelia Ach.; Lecanora Ach.; Squamaria Nyl.)

192. P. gelidum (L.) Kbr.

Lager angedrückt, rundlich, in der Mitte dickkrustig, etwas runzelig, im Umfange mit gedrängt stehenden, strahlig-faltigen, schmalen, wenig verbreiterten, tief zerschlitzten, auf der Unterseite weisslichen Lappen, weissgrau oder weissgelblich, mehlig bestaubt. Früchte 0,5—1 mm breit, oft gehäuft, flach, meist fein bereift, fleischrötlich, gelblichbraun oder blaugrau, mit weisslichem, bleibendem, gekerbtem Rande. Sporen 4—7 µ br., 10—15 µ lang. Spermatien haarförmig, gebogen.

α. galactina (Ach.) — Kruste dicker, am Rande mehr gelappt. Früchte angedrückt. Scheibe heller.
β. deminuta (Stenh.) — Kruste dünner. Früchte eingesenkt. Scheibe dunkler.

An Felsen, Mauern und Steinen, seltener an alten Bretterzäunen = f. lignicolum Zwackh. Nicht selten. — (Psora albescens Hoffm.;

Squamaria albescens Anzi; Lecanora galactina Ach.; Placod. galactinum Müll.)

193. P. albescens (Hoffm.) Mass.

** Früchte rotbraun.

Lager locker angedrückt, dick, fast knorpelig, unregelmässig dachziegelig-schuppig, gelblich oder gelbbräunlich bis grünlichgelb, auf der Unterseite braun. Lappen schwach gewölbt, rundlich gekerbt. Früchte sitzend, 1—3 mm breit, flach, später etwas gewölbt, mit verdicktem, bleibendem Rande. Sporen fast elliptisch, 5—6 μ br., 11—15 μ lang.

Auf kalkhaltigem Boden der Gebirge. Selten. Harz, Westfalen, Baden, Baiern. — (Lichen crassus Huds.; Parmelia Ach.; Lecanora Ach.; Psoroma Kbr.; Squamaria Nyl.)

194. P. crassum (Huds.) Th. Fr.

Lager kreisrund, angedrückt, dick, krustig-schuppig, weisslichgrau, im Umfange faltig-gelappt. Unterseite schwarz. Früchte angedrückt, hellrotbraun, mit verdicktem Rande. Sporen elliptisch, 4,5—6 'μ br., 10—15 μ lg.

Bisher nur an wenigen Stellen in den bayrischen Alpen beobachtet. (Lecanora Lamarckii Schaer.; Psoroma Mass.; Parmelia Lagascae Fr.; Psoroma Kbr.)

195. G. Lamarckii (Schaer.) DC.

*** Früchte braunschwarz oder schwarz.
  † Früchte eingesenkt.

Lager kreisrund, fest anliegend, bis 1 dm breit, im Centrum weinsteinartig-krustig, warzig-rissig-gefeldert, dunkel- oder aschgrau, im Umfange weisslichgrau, strahlig-faltig. Lappen fast flach, gedrängt, leicht buchtig gekerbt. Früchte im Centrum dicht gedrängt, anfangs mit vertiefter, später fast flacher, dünnberandeter, ganzrandiger Scheibe, braunschwarz oder fast schwarz. Sporen elliptisch, 6—8 μ br., 12—15 μ lg. Spermatien gerade, walzenförmig.

α. radiosum (Hoffm.) — Lager weissgrau. Randlappen stärker entwickelt. Fruchtscheibe braunschwarz, ganzrandig, flach.

β. myrrhina (Ach.) — Lager braungrau. Randlappen wenig ausgebildet. Fruchtscheibe gewölbt, rotbraun.

An Sand- und Kalkstein, Schiefer, Basalt, an Mauern in den gebirgigen Gegenden. Nicht häufig. — (Lichen circinatus Pers.; Parmelia Ach.; Lecanora Ach.; Squamaria Anzi.)

196. P. circinatum (Pers.) Kbr.

†† Früchte nicht eingesenkt.

Lager angepresst, im Centrum warzig-krustig, im Umfange strahlig-lappig, aschgrau oder weisslichgrau. Lappen gewölbt, linear, vielspaltig. Früchte gedrängt, angedrückt, mit braunschwarzer, ganz-

randiger Scheibe. Sporen in dicken, keuligen Schläuchen, elliptisch, 6—10 μ br., 10—14 μ lg.
α. stellata Th. Fr. — Lager dünn, aschgrau bis grünlichgrau. Fruchtscheibe dunkler, nicht bereift. zuletzt gewölbt.
β. alphoplaca (Whlbg.) Th. Fr. — Lager dicker, grauweisslich. Fruchtscheibe oft grau bereitt, flach.

An Urgestein. Selten. Harz, Baiern. — (Parmelia melanaspis Ach.; Placodium inflatum Kbr.)

197. P. melanaspis (Ach.) Th. Fr.

Lager angepresst, im Centrum weinsteinartig, rissig-gefeldert, im Umfange strahlig-gelappt, weisslichgelb, oft weiss bestaubt. Lappen runzelig-faltig. Früchte sitzend, mit schwarzer, grau bereifter, dick berandeter Scheibe. Sporen elliptisch, 5—7 μ br., 10—14 μ lg.

An Kalkfelsen. Selten. Alpen Oberbaierns. Die hierfür gehaltene Pflanze vom Ziegenberge bei Höxter in Westfalen gehört nach Lahm zu Gasparrinia (Ricasolia) candicans. — (Lecanora Reuteri Schaer.)

198. P. Reuteri (Schaer.) Kbr.

Anm. P Reuteri bildet durch das weissgelbliche Lager den Uebergang zur folgenden Gruppe.

b. Lager gelb, grünlichgelb bis ockergelb.
  * Früchte gelbbraun bis bräunlich.

Lager angedrückt, fast knorpelig, im Centrum felderig-schuppig, im Umfange mit strahlig-faltigen, gedrängten, flachen, buchtig-gekerbten, fast gabelteiligen Lappen, grünlichgelb oder weisslichgelb. Früchte meist gelbbraun, flach, zuletzt gewölbt, mit dünnem, fein crenuliertem Rande, 1—2 mm breit. Sporen ei-elliptisch, 5—7 μ br., 9—15 μ lg. Spermatien haarförmig, gebogen. — Sehr variable Art!

α. vulgare Kbr. — Lager gelbgrün, nicht bereift.
  * riparium Fw. — Lager hellweisslichgelb.
β. diffractum Ach. — Lager grünlichgrau, stark felderig-rissig, vom Vorlager schwarz gesäumt. Fruchtscheibe dunkler.
γ. compactum Kbr. — Lager gelbgrün, derb. Schuppen aufstrebend, runzelig gefaltet.
δ. versicolor Pers. — Lager blassgelb oder weisslichgelb, weiss bestaubt. Fruchtscheibe braun, mit weissem Rande.

An aller Art Gestein, Gemäuer, auf Ziegeln, Schiefer, an altem Holzwerk. Sehr gemein und reichlich fruchtend. — (Lichen saxicola Poll.; Parmelia Fr.; Lecanora Stenh.; Placod. murale Schreb.)

199. P. saxicolum (Poll.) Kbr.

Lager anliegend, knorpelig, im Centrum unregelmässig welligkrustig, im Umfange mit wulstigen, gewölbten, gekerbten Lappen, weissgelb bis fast olivenfarbig. Früchte sitzend mit zuletzt gewölbter, graubräunlicher und grau bereifter, fast unberandeter Scheibe. Sporen klein, elliptisch, 4—6 μ br., 8—10 μ lg.

In Gesellschaft mit Acarospora chlorophana an der linken, senkrechten Wand des Teufelsgärtchens im Riesengebirge. — (Lecanora Schaer.) *200. P. concolor (Ram.) Kbr.*

** Früchte lebhaft braunrot oder orangerot.
† Lager auf der Unterseite weisslich.

Lager kreisrund, fast einblättrig, rosettenartig, blättrig-schuppig, bleichgelb bis citrongelb, nicht glänzend, im Umfange blattartig-lappig. Lappen eingeschnitten-gekerbt. Früchte sitzend, etwas gewölbt, gelbrötlich bis orange, mit gleichfarbigem, fast verschwindendem Lagerrande. Sporen elliptisch, 4—5 μ br., 7—12 μ lg. Spermatien fast elliptisch, an vielgliedrigen Sterigmen.

Ueber alten Moospolstern auf kalkhaltigem Boden, auch an Lehmmauern etc. Hauptsächlich in Gebirgen. Harz, Westfalen, Rheinprovinz, Baden, Baiern, Württemberg. — (Lichen fulgens Sw.; Parmelia Ach.; Lecanora Ach.; Psoroma Mass.; Squamaria Anzi; Fulgensia vulgaris Mass.) *201. P. fulgens (Sw.) DC.*

Lager angedrückt, weniger entwickelt, dünn, körnig-warzig bis warzig-gelappt, bleichgelb bis citrongelb. Früchte dunkel orangerot, mit gleichfarbigem, bleibendem Lagerrande. Sporen wie vor.

Ueber Moosen auf Kalkboden. Selten. — (Lichen bracteatus Ach.; Psora Hoffm.; Parmelia fulgens β bracteata Ach.)
202. P. bracteatum (Hoffm.) Nyl.

Lager locker aufliegend, dick, knorpelig, weissgelb bis strohgelb, glänzend, blättrig-lappig. Lappen dachziegelig gelagert, schmal linearisch, gewölbt, an den etwas verbreiterten Enden schwach gekerbt. Früchte flach, reichlich, mit gelbrötlicher oder rotbrauner Scheibe und gekerbtem Rande, bis 4 mm breit. Sporen elliptisch, 5—6 μ br., 11—15 μ lg. Spermatien haarförmig, gebogen.

An Quarzfelsen. Sehr selten. Schaumberg bei Kauffungen. — (Lichen cartilagineus Ach.; Parmelia Ach.; Lecanora Ach.; Squamaria Nyl.) *203. P. cartilagineum (Ach.) Kbr.*

†† Lager auf der Unterseite schwärzlich.

Lager blattartig-lappig, starr, knorpelig, schildförmig angeheftet, blassgelblich oder grün. Lappen verbreitert, rundlich, gekerbt. Früchte sitzend, mit orange- oder ziegelroter, selten schmutziggelber bis olivenfarbiger Scheibe und dünnem, welligem Rande, 1—4 mm breit. Sporen 5—6 μ br., 9—11 μ lg.

α. rubina (Vill.) Th. Fr. — Fruchtscheibe gelbrötlich bis orange.
β. melanophthalma (DC.) Th. Fr. — Fruchtscheibe schmutziggelb bis dunkelolivenfarbig.

An Felsen im Hochgebirge. Selten. Bairische Alpen. — (Lichen chrysoleucus Sm.; Parmelia Ach.; Lecanora Schaer.; Squamaria Nyl.)
204. *P. chrysoleucum (Sm.) Kbr.*

37. Harpidium.

Lager ausgedehnt warzig krustig, dunkelrotbraun. Vorlager gleichfarbig, sehr dünn. Früchte je einzeln den Lagerschüppchen eingesenkt, mit flacher, braunschwarzer Scheibe. Lagerrand sehr wenig hervortretend. Schläuche keil- bis pfriemenförmig. Sporen breit sichelartig, mit beiderseits zugespitzten Enden,. 3 µ br., 7—9 µ lg. Bisher nur an bewässerten, schroffen Felswänden im Riesengebirge, hier jedoch oft grössere Strecken bedeckend. — (Zeora rutilans Fw.)
205. *H. rutilans (Fw.) Kbr.*

38. Acarospora Mass.

a. Lager derb, schollig oder schuppig-gefeldert.
* Sporen sehr zahlreich, klein.
† Lager leuchtend hellgelb oder citrongelb.

Lager dicht anliegend, ergossen, im Centrum warzig-gefeldert, im Umfange strahlig-faltig. Lappen kurz, gewölbt, buchtig-gezähnt. Unterseite weisslich. Früchte fast gleichfarbig. Sporen selten aus dem Schlauche heraustretend, länglich, 1 µ br., 2—3 µ lg., durch Jod intensiv gebläut.

α. chlorophana (Whlbg.) — Früchte zuletzt erhaben sitzend, mit gewölbter, unberandeter Scheibe. Lager meist regelmässig, rosettenartig.
β. oxytona (Fr.) — Früchte stets eingesenkt, mit flacher, berandeter Scheibe. Lager echt krustig, oft weite Strecken bedeckend.

An Urgestein im Hochgebirge. Selten. Riesengebirge, Süddeutsche Alpen. — (Parmelia chlorophana Whlbg.; Lecanora Ach.; Acarospora Whlbg.; Myriospora Hepp; Pleopsidium flavum Kbr.; Lichen flavus Bell.; Gussonea oxytona Mass.)
206. *A. flava (Bell.) Stein.*

Anm. Die breit birnförmigen Schläuche enthalten scheinbar nur eine grosse Spore, welche als aus vielen körnigen Zellen zusammengesetzt erscheint. Es sind dies aber lauter Einzelsporen. Aus diesem Grunde muss eben die Körbersche Gattung Pleopsidium eingezogen werden.

†† Lager grau oder bräunlich.
° Lager schmutziggrün, grünbraun bis dunkel- oder schwarzbraun, nie grauweiss.
— Früchte grösser, 1—3 mm breit.

Lager dick, fast knorpelig, schmutzig-grünlichbraun, schuppig. Schuppen rundlich, meist dicht gedrängt, aufstrebend, am Rande gekerbt. Unterseite weisslich. In jeder Lagerschuppe nur je eine Frucht, mit fast flacher, braunroter, meist blaugrau bereifter, dick und bleibend berandeter, ganzrandiger Scheibe. Sporen c. 2 µ br., 4—5 µ lg.

α. **vulgaris** Kbr. — Lager schmutziggrün. Fruchtscheibe deutlich bereift.
* **conspersa** (Fr.) — Lager fehlend. Früchte sehr spärlich.
β. **rubricosa** (Ach.) (= percaena Kbr.) — Lager grünlichbraun, mit weissem Rande. Fruchtscheibe meist nicht bereift.

An Kalkfelsen, ziemlich häufig. — (Lichen glaucocarpus Whlbg.; Lecanora Ach.; Lecanora cervina α glaucocarpa Nyl.)

207. A. glaucocarpa (Whlbg.) Kbr.

Lager dick, weinsteinartig, schuppig-gefeldert, glanzlos, hellbraun bis dunkelbräunlich. Schuppen anliegend, wellig-faltig, rundlich, unterseits weisslich. Früchte aufsitzend, mit flacher, rotbrauner, stets unbereifter Scheibe. Sporen länglich-elliptisch, 4—5 μ br., 8—11 μ lg.

Auf Kalkfelsen, in Schlesien fehlend, sonst nicht zu selten. — (Lichen squamulosus Schrad.; Parmelia Ach.; Acarospora castanea Kbr.; Myriospora macrospora Hepp.; Acarospora cervina α vulgaris Kbr. Syst.)

208. A. squamulosa (Schrad.) Th. Fr.

— — Früchte kleiner, 0,1—1 mm breit.
× Früchte zu 1—3, oder zu mehreren in jeder Lagerschuppe.

Lager dick, knorpelig, locker anliegend, schollig- oder rissig-gefeldert, im Umfange schuppig, gelblich- oder graugrün, graubraun bis dunkelbraun. Schuppen rundlich, wulstig, mit von der Unterlage losgelöstem, gezähntem Rande. Früchte eingesenkt, klein, punktförmig oder rundlich eckig, rotbraun, unbereift. Sporen länglich-elliptisch, 1—1,5 μ br., 3—5 μ lg.

var.: **rufescens** (Turn.) (Sagedia rufescens Turn.; Lecanora badia Ach.; Acarospora smaragdula α vulgaris Kbr. p. p.; A. cervina Br. et Rostr.) — Lager mattbraun, dicker. Früchte eingesenkt.
* **smaragdula** (Whlbg.) — Lager gelb- bis graugrün.
** **sinopica** (Whlbg.). (Acarospora sinopica Kbr.) — Lager rostrot.

An Felsen und Steinen, in der Hügel- und Bergregion hin und wieder. — (Lichen fuscatus Schrad.; Parmelia Ach.; Lecanora Nyl.; Lecanora cervina Ach. p. m. p.)

209. A. fuscata (Schrad.) Th. Fr.

Lager dünner, rotbraun bis dunkelbraun, glänzend. Früchte erhaben sitzend, warzenförmig, rundlich, zuletzt rillenförmig, mit flacher oder gewölbter, dunkler, stets berandeter Scheibe. Sporen wie vor.

f. **Steinii** Kbr. — Lager graugrün. Früchte braunrot.

An Felsen in gebirgigen Gegenden. Seltener. Schlesien, Westfalen. — (Parmelia peliocypha Whlbg.; Lecanora Nyl.; Parmelia cervina

b. squamulosa Fr.; Lecanora cervina v. sagedioides Nyl.; Acarospora rugulosa Kbr.)
210. A. peliocypha (Whlbg.) Th. Fr.

Lager angedrückt, fast knorpelig, krustenförmig, hirschbraun bis schwärzlichbraun, aus anfänglich flachen, später etwas gewölbten, rundlichen oder eckig-bogigen, rissig getrennten, unten schwärzlichen Schollen oder Schuppen bestehend. Früchte eingesenkt, schwarzbraun, mit dickem, ungeteiltem Lagerrande. Sporen 1 μ br., 3—5 μ lg.

α. foveolata Kbr. (Acarospora smaragdula β foveolata Kbr.) — Schuppen grösser, dicker, gewölbt, glänzend, hirschbraun. Früchte stets zu mehreren in einer Schuppe, tief eingesenkt.

β. vulgaris Kbr. (A. smaragdula α vulgaris Kbr. p. p.) — Schuppen kleiner, dünner, flach. matt, dunkelbraun. Früchte meist einzeln in einer Schuppe, flach eingesenkt.

* belonioides (Nyl.) — Früchte oft die ganze Schuppe erfüllend, das Lager ganz verdrängend.

An Felsen und Steinen, häufig, gern an Grenz- und Chausseesteinen. — (Parmelia squamulosa γ discreta Ach.; P. cervina v. discreta Fr.; Acarospora smaragdula Kbr. p. m. p.; Lecanora admissa Nyl.)
211. A. discreta (Ach.) Th. Fr.

×× Früchte einzeln in jeder Lagerschuppe.

Lager fast angedrückt, weinsteinartig, dunkelbraun, schuppigkrustig, sehr fein rissig-gefeldert, unten schwärzlich. Schuppen c. 0,5 mm breit, rundlich-eckig. Früchte sehr klein, punktförmig. Scheibe flach, dünn berandet. Schläuche sackförmig. Sporen länglich-elliptisch, 1,5—2 μ br., 4—5 μ lg.

Bisher nur an einer alten Lehmwand bei Grünberg in Schlesien.
212. A. Veronensis Mass.

Lager weinsteinartig, körnig-krustig, rissig-gefeldert, schmutzig-weisslich-braun. Früchte einzeln, die ganze Lagerschuppe erfüllend und das Lager ganz verdrängend, fast krugförmig, dunkel kastanienbraun, mit hellerem, bleibendem Rande. Sporen elliptisch, 1—2 μ br., 4—5 μ lg.

An Sandstein um Dietenhofen in Baiern. — (Biatorella truncata Mass.)
213. A. truncata Mass.

°° Lager grauweiss oder sehr hell schmutzig-bräunlich

Lager dick, knorpelig, locker anliegend, schollig bis rissig-gefeldert, angefeuchtet sich etwas rötend. Früchte eingesenkt, punktförmig, rotbraun, nackt. Sporen länglich-elliptisch, 1—1,5 μ br., 3—5 μ lg.

An Felsen und Steinen. Selten. Westfalen, Aachen.
214. A. cineracea Nyl.

** Sporen zu 24, auffallend grösser.

Lager schmutzig grünbraun, angepresst, aus einzelnen, sehr getrennten, kleinen, rundlichen Schollen zusammengesetzt. Früchte einzeln in jeder Scholle, 0,5—1 mm breit, dunkelbraun, nicht bereift, mit dickem Lagerrande. Schläuche sackförmig. Sporen 5—8 µ br., 12—14 µ lg.
An Granitfelsen im Gebirge. Sehr selten. — (Acarospora oligospora Nyl.)
215. A. glebosa Kbr.

b. Lager staubig-krustig.

Lager weinsteinartig, sehr dünn-schorfig, staubig-krustig, schmutziggrün, oder ledergelblich, öfter fast fehlend. Früchte einzeln in den Lagerwarzen, klein, krugförmig, rotbraun, dick berandet. Sporen 2 µ br., 4 µ lg.
An Kalksteinen, ziemlich selten. Schlesien, Harz, Westfalen, Rheinprovinz, Jura, Baden, Baiern. — (Myriospora Heppii Naeg.; Lecanora Nyl.; Acarospora glaucocarpa var. microcarpa Norm.)
216. A. Heppii (Naeg.) Kbr.

Anm. Acarospora velana Mass. wurde bisher nur steril an Kalkfelsen in Baiern gefunden. Es bleibt daher zweifelhaft, ob diese Flechte überhaupt zu Acarospora zu stellen ist.

2. Subfam.: **Eulecanoreae.**

Uebersicht der Gattungen.

1. Sporen braunschwarz.

Lager krustig, mit meist deutlich erkennbarem, bleibendem, schwarzem Vorlager. Früchte klein, mit schwarzer oder braunschwarzer Scheibe, meist dem Lager eingesenkt, lecanorisch berandet. Sporen 2- (selten 4-) teilig, mit Querscheidewand. Paraphysen locker. Spermogonien in eingesenkten Warzen. Sterigmen einfach, kurze, gerade Spermatien abschnürend. *Rinodina Ach.*

Anm. Von den verwandten Gattungen vor allem durch die gefärbten Sporen ausgezeichnet.

2. Sporen nicht gefärbt.
 a. Sporen 2- bis 4-, bis mehrteilig.
   * Sporen zweiteilig.

Lager krustenförmig, oft wenig entwickelt. Früchte mit eigenem und vom Lager gebildetem Gehäuse (lecanorisch), selten verschwindet letzteres (pseudobiatorinisch). Sporen ungefärbt, polar-zweiteilig. Spermogonien punktförmig. Paraphysen locker zusammenhängend, nach oben verdickt. Sterigmen vielgliedrig, mit elliptischen oder kurz walzigen Spermatien. *Callopisma De Not.*

1. Zwei Sporen von C. citrinum.
2. Eine Spore von C. cerinum.

Lecanoreae.

Lager krustenförmig. Früchte mit einfachem oder doppeltem Gehäuse. Eigenes Gehäuse zuletzt oft völlig verschwindend. Schlauchboden mit Gonidien. Sporen elliptisch, öfter schwach gekrümmt, quer zweiteilig. Paraphysen locker, fadenförmig.

Dimerospora Th. Fr.

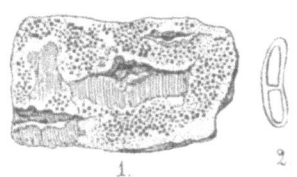
1. Dimerospora dimera. Nat. Grosse.
2. Spore derselben Flechte.

Lager krustig, nur auf der Oberseite berindet. Früchte mehr weniger scheibenförmig, mit eigenem, wachsartigem, bald verschwindendem Gehäuse. Schläuche schmal cylindrisch. Sporen wasserhell, spindelförmig, zweiteilig.

Icmadophila Trev.

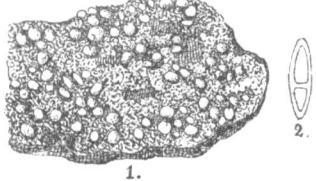
1. Icmadophila aeruginosa. Nat. Grösse.
2. Spore.

** Sporen 4- bis mehrteilig.

Lager dünn, krustenförmig. Früchte meist erhaben sitzend, nur vom Lager berandet. Schläuche 8—16sporig. Sporen länglich, vierteilig, ungefärbt. Paraphysen locker, fadenförmig, nach oben gebräunt.

Lecania Mass.

Schlauch und Sporen in verschiedenen Entwicklungszuständen von L. syringea

Lager dickkrustig, dicht angepresst, nur auf der Oberseite berindet. Früchte rötlich, angedrückt bis eingesenkt, mit eigenem, wachsartigem Gehäuse und nur in der Jugend vorhandenem Lagergehäuse. Schläuche keulenförmig, 8sporig. Sporen 4- bis mehrteilig, haarförmig, wasserhell. Paraphysen locker, fadenförmig, öfter gegliedert, nach oben rötlich.

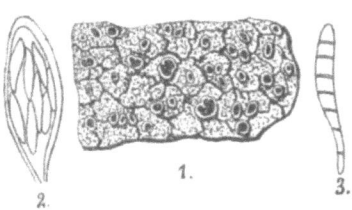
1 Haematomma ventosum. Nat. Grösse.
2. Schlauch und 3. Spore von H. coccineum.

Haematomma Mass.

b. Sporen ungeteilt.
　* Schläuche 8- bis 16- (selten 32-)sporig.
　　† Sporen kleiner.
　　　— Sporen ohne Schleimhof.
　　　　° Früchte angedrückt oder sitzend, selten anfangs eingesenkt.

88   Lecanoreae.

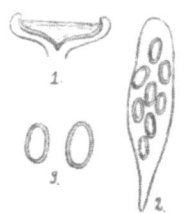

1. Querschnitt durch eine Frucht von Lecanora subfusca.
2. Schlauch und 3. zwei Sporen derselben Flechte.

Lager krustenförmig, sehr wechselnd, entweder sehr entwickelt, dick, oder zerstreut körnig bis fast staubig, oder auch ganz fehlend. Früchte meist nur einfach thallodisch berandet, selten mit zartem, weichem, eigenem und dieses ganz oder auch nur stückweise einschliessendem Lagergehäuse, anfangs geschlossen, später sich tellerförmig öffnend. Schläuche meist 8-, sehr selten 16 sporig. Sporen ungeteilt, ungefärbt. Paraphysen fadenförmig. Spermogonien eingesenkt, punktförmig. Spermatien verschieden.

Lecanora Ach.

Lager krustenförmig. Früchte in der Jugend nur mit Lagerrand, später auch mit eigenem, kohligem Gehäuse, durch partielle Verkohlung der Paraphysen kammerartig geteilt. Schläuche 8 sporig. Sporen ungeteilt, hyalin.

Mosigia Ach.

°° Früchte stets dem Lager eingesenkt.

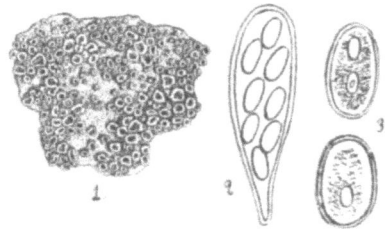

1. Aspicilia cinerea. Nat. Grösse.
2. Schlauch und 3. zwei Sporen derselben Flechte.

Lager krustig. Fruchtscheibe anfangs krugförmig, später sich verflachend. Gonidien hellgrün, einzeln. Sporen ungeteilt, hyalin. Paraphysen meist locker. Sterigmen einfach, gerade, haarförmige Spermatien abschnürend.

Aspicilia (Mass.) Th. Fr.

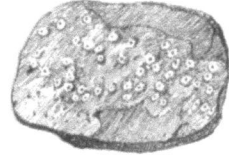

Jonaspis Prevostii. Nat. Grösse.

Lager krustig. Früchte mit anfangs krugförmiger, später flacher Scheibe. Gonidien hellbraunrot, zu Ketten vereinigt. Sonst wie vor.

Jonaspis Th. Fr.

— — Sporen mit breitem Schleimhofe.

Lager krustenförmig. Früchte mit doppeltem Gehäuse. Paraphysen straff, zart. Schläuche 8 sporig. Sporen mit dickem Epispor, ungeteilt, im Alter scheinbar (durch Zusammenhäufung des Zellinhalts) mauerartig-vielteilig, ungefärbt.

Koerberiella Stein.

†† Sporen grösser.

Lager derb, körnig-runzelig, krustig. Früchte meist reichlich, gross, erhaben sitzend, schüsselförmig, mit hellgefärbter Scheibe und sehr dickem Lagergehäuse. Schläuche 8 sporig, sackartig. Sporen sehr gross, 20—45 µ br., 30—80 µ lg., gesäumt. Paraphysen zart, schlaff, ungefärbt. Spermogonien punktförmig, eingesenkt. Sterigmen einfach, schmal cylindrische Spermatien abschnürend.

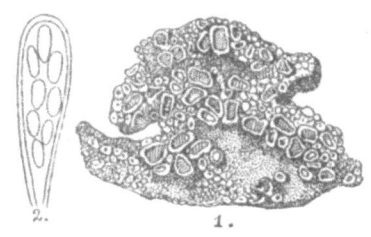

1 Ochrolechia pallescens γ parella. Nat. Grosse.
2. Schlauch mit den 8 einzelligen Sporen.

Ochrolechia Mass.

** Schläuche vielsporig.

Lager körnig-krustig. Früchte erhaben sitzend, mit eigenem, rötlich-braunem und dickem Lagergehäuse. Sporen ungeteilt, hyalin. Paraphysen fadenförmig, ungefärbt, nach oben verdickt, bräunlich.

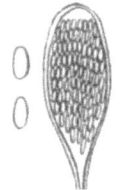

Maronea Mass.

Schlauch von Maronea constans.

39. *Rinodina Ach.*

1. Schläuche 12- bis 24 sporig.

Kruste sehr zart, weisslichgrau, angefeuchtet grünlichbraun und durchscheinend, glatt, firnissartig, oder körnig-warzig, mit schwarzem, deutlichem Vorlager. Früchte bis 0,5 mm breit, angedrückt, braunschwarz bis schwarz, anfangs flach, später gewölbt, mit dünnem, wenig hellerem, zuletzt verschwindendem Rande. Schläuche aufgeblasen-keulig. Sporen länglich-elliptisch, gerade oder wenig gekrümmt, 6—8 µ br., 13—16 µ lg.

Auf glatter Rinde an Wald- und Feldbäumen, gern an Weiden. — (Lecanora polyspora Nyl.; Rinodina sophodes Kbr. von Ach.; Parmelia sophodes Fr.; Psora sophodes Naeg.; Berengeria sophodes Trevis.)

217. R. polyspora Th. Fr.

2. Schläuche achtsporig.
   a. Sporen zweiteilig.
      * Paraphysen am oberen Ende bräunlich.
         ° Sporen in der Mitte nicht mit breitem, dunklem Querbande.
            — Früchte mit verschwindendem Lagerrande.
            >. Lager weissgrau bis schmutzigbraun, dünn, körnigwarzig.

Kruste dünn, warzig-körnig, weisslichgrau oder schmutziggrau. Vorlager oft fehlend. Früchte angedrückt, klein, gewölbt, mit braunschwarzer Scheibe und hellerem, meist crenuliertem, verschwindendem Lagerrande. Schläuche keulenförmig. Sporen grünlichbraun bis dunkelrotbraun, mit einfacher Querscheidewand und helleren Oeltropfen in jeder Hälfte, 7—11 μ br., 14—20 μ lg.

α. pyrina (Ach.) Th. Fr. (Lichen pyrinus Ach.; Parmelia sophodes var. pyrina Ach.) — Kruste weissgrau oder schmutziggrau, staubig-körnig. Vorlager fehlend. Früchte mit schwarzer, grau berandeter, gezähnelter Scheibe. An Baumrinden.
β. lecideina Nyl. — Kruste fast fehlend. Früchte später unberandet.
γ. demissa (Flk.) — (Psora confragosa β demissa Hepp.; Rinodina confragosa β demissa Krplhbr.; R. metabolica β demissa Kbr.) — Kruste schmutzig-grau, körnig-schorfig, mit schwarzem, strahligflockigem Vorlager. Fruchtscheibe schwarz, mit grauem, verschwindendem Rande. Auf Steinen.
δ. colletica Flk. — Kruste bräunlichgrün, mit hellerem Vorlager. Früchte eingesenkt. Namentlich auf Dachziegeln.
ε. glebulosa (Arn.) — Kruste warzig-schollig, hellaschgrau, bestaubt. Vorlager schwarz, deutlich. Fruchtscheibe flach, ganzrandig oder gekerbt.

An Baumrinden, altem Holze, Steinen, Mauern, Ziegelsteinen. Meist häufig. — (Lichen exiguus Ach. 1798; Parmelia Ach.; Parmel. confragosa var. metabolica Fr.; Rinodina metabolica Kbr.)

218. R. exigua (Ach.) Th. Fr.

Kruste sehr dünn, öfter fast fehlend, schmutzigbraun bis dunkel zimmtbraun. Früchte dicht zusammengedrängt, rundlich-eckig, mit brauner Scheibe und braunem Lagerrande. Sporen etwas grösser; sonst wie vor.

An Baumrinden und altem Holzwerk. Seltener. — (Psora exigua β maculiformis Hepp.) *219. R. maculiformis Hepp.*

Kruste dünn, schorfig-warzig, graubräunlich, öfter dürftig entwickelt. Vorlager weiss gefleckt. Früchte dicht angedrückt, mit flacher, braunschwarzer, dünn berandeter Scheibe. Sporen in der Mitte stark eingeschnürt, 8—12 μ br., 16—22 μ lg.

An Nadelholzstämmen. Sehr selten. Baiern. — (Psora Trevisanii Hepp.) *220. R. Trevisanii Hepp.*

Anm. R. Trevisanii unterscheidet sich nur wenig von R. exigua, vielleicht ist sie überhaupt in den Formenkreis der letzteren zu stellen. Man achte auf die flachen, angedrückten, grösseren Früchte und grösseren Sporen. Auch R. turfacea steht sie habituell nahe.

×× Lager lederbraun, schorfig-schuppig.

Kruste ausgebreitet, schorfig-feinschuppig, fast gefeldert, lederbraun bis schwärzlichbraun. Früchte winzig klein, eingesenkt, meist zahlreich, mit flacher, braunschwarzer, anfangs bläulich bereifter, später leicht gewölbter, nackter Scheibe, und dünnem, bald verschwindendem Lagerrande. Sporen eiförmig-elliptisch, nicht oder nur wenig eingeschnürt, 6—8 μ br., 12—16 μ lg.

Lecanoreae.

An Kalksteinen. Selten. Lausitz, Sächsische Schweiz, Westfalen, Baiern. — (Catolechia fusca Mass.)

221. R. controversa Mass.

— — Früchte mit bleibendem Lagerrande.
Früchte sitzend, oder nur in der Jugend eingesenkt.
α. Sporen kleiner.
§ Fruchtscheibe schwarz.

Kruste fast schuppig-warzig, rissig-gefeldert, bleichbraun, vom bleichen Vorlager umsäumt. Früchte klein, sitzend, mit nackter, schwarzer, geschwollen berandeter Scheibe. Sporen länglich-elliptisch, breit eingeschnürt, 8—11 µ br., 16—20 µ lg.

An Kalksteinen. Schloss Marquardstein in den bairischen Alpen. — (Lecanora Zwackhiana Krphlb.)

222. R. Zwackhiana (Krphb.) Kbr.

Anm. Gleicht habituell der R. controversa, ist aber durch die angegebenen Merkmale gut zu unterscheiden

Kruste ausgebreitet, gewölbt-warzig-körnig, zuweilen rissiggefeldert, weissgrau bis graugrünlich, angefeuchtet gelblichgrün, mit durchscheinendem, schwarzem Vorlager. Früchte gedrängt, erhaben sitzend, mit schwarzer, nackter Scheibe und bleibendem, dickem, eingebogenem, ungeteiltem oder zuletzt schwach gekerbtem Lagerrande. Sporen länglich-elliptisch, 7—10 µ br., 15—22 µ lg.

An Steinen und Felsen. Zerstreut. — (Parmelia confragosa Ach.; Lecanora sophodes var. confragosa Nyl.; L. subconfragosa Nyl.; L. firma Nyl.; Rinodina crassecens Nyl.; Lecanora ruboris Duf.?)

223. R. confragosa (Whlbg.) Th. Fr.

Kruste flach, rissig-gefeldert, körnig-schollig, zuweilen mit grossen, grünlich-weissen Soredien, dunkelgrau oder graubraun, angefeuchtet die Farbe nicht verändernd, vom schwarzem Vorlager stark gesäumt. Früchte sehr klein, bis 0,8 mm breit, zerstreut, mit meist flacher, braunschwarzer, am fast ungeteilten Rande graubrauner Scheibe. Sporen breit-elliptisch, c. 3 µ br., 16 µ lg.

α. arenariae (Hepp.) — Fruchtscheibe schwärzlich. Sporen grösser.

Auf Sandstein in gebirgigen Gegenden. — (Psora caesiella Hepp.; Parmelia atrocinerea Fr.; Lichen atrocinereus Dicks.?; Berengeria atrocinerea Trevis.)

224. R. atrocinerea Kbr.

Kruste weissgrau, körnig, rissig-gefeldert, vom schwarzen Vorlager gesäumt. Früchte dicht gedrängt, oft das Lager völlig verdrängend, angedrückt bis eingesenkt, mit flacher, schwärzlicher, etwas bereifter, fast ganzrandiger Scheibe, etwa 1 mm breit. Sporen länglich-elliptisch, 9—11 μ br., 20—22 μ lg.

α. gleoulosa (Nyl.) — Kruste schwach violett-bräunlich.

An Felsen (Granit und Urschiefer) im Vorgebirge hier und da. — (Lecanora caesiella Flk.; Berengeria caesiella Trevis.; Rinodina calcarea Hepp.) *225. R. caesiella (Flk.) Kbr.*

Anm. Sowohl diese wie die vorige Art werden von manchen Autoren mit R. confragosa vereinigt. Wenn auch zugegeben werden muss, dass die Sporenverhältnisse wenig Unterscheidendes bieten, so geben doch die habituellen Merkmale — vorausgesetzt an gut entwickelten Exemplaren — hinreichende Anhaltepunkte, um diese 3 Arten leicht von einander unterscheiden zu können.

Kruste dick, weinsteinartig, fast kreisförmig begrenzt, niedergedrückt-körnig oder warzig-gefeldert, grau- oder olivenbraun bis dunkelbraun, mit dünnem, schwarzem Vorlager. Früchte angedrückt, 0,5 mm breit, fast flach, schwarz, nackt, mit dickem, ungeteiltem, bleibendem Lagerrande. Sporen länglich-elliptisch, an den Polen stumpf abgerundet, 6—8 μ br., 12—20 μ lg., an der Scheidewand leicht eingeschnürt.

α. genuina Th. Fr. — Rindenbewohnend. Kruste kreisrund, fleckenartig, oliven- bis graubraun. Früchte etwas zerstreut stehend.
β. milvina (Whlbg.) Th. Fr. — (Parmelia milvina Whlbg.; Lecanora Ach.; L. badia var. milvina Schaer., Kbr.) — Kruste dicker, ausgebreitet, dunkelbraun bis fast braunschwarz. Früchte dicht gedrängt. Steinbewohnend.
* submilvina (Nyl.) — Fruchtscheibe mit etwas crenuliertem Rande.

An glatten Rinden der Laubbäume, β auf Steinen. Selten. — (Lichen sophodes Ach.; Parmelia Ach.; Psora horiza Hepp.; Rinodina horiza Kbr.; R. albana Mass.)

226. R. sophodes (Ach.) Th. Fr.

Anm. Rinod. teichophila (Nyl) unterscheidet sich von R. sophodes nur durch die grösseren, 12—14 μ breiten, 23—27 μ langen Sporen.

§§ Fruchtscheibe rötlichbraun bis braunschwarz.

Kruste ausgebreitet, dick, körnig-warzig, tief rissig-gefeldert, fast lappig zerbröckelt, schmutzig-gelbbraun, mit dickem, schwarzem Vorlager. Früchte angedrückt, mit fast flacher, matter, braunschwarzer, bleibend dick gelbgrau berandeter Scheibe. Sporen breit-elliptisch, mit dunkler Scheidewand, 8—10 μ br., 15—18 μ lg.

An Basaltfelsen der kleinen Schneegrube. Selten.

227. R. pannarioides Kbr.

Kruste dünn, kleinschollig, schmutzig-gelbgrau, angefeuchtet grün, mit undeutlichem Vorlager. Früchte angedrückt, mit braunschwarzer, angefeuchtet hellbraunroter, gleichsam durchscheinender Scheibe und bleibendem, schwarzem Rande. Sporen breit elliptisch, 9—16 μ br., 18—22 μ lg., in der Mitte deutlich eingeschnürt.

Am Basalt der kleinen Schneegrube. Selten.
228. R. Biatorina Kbr.

Kruste fast weinsteinartig, staubig-körnig, rissig-gefeldert, mattgrau, vom schwarzblauen Vorlager hervorragend gesäumt. Früchte angefeuchtet rotbraun, trocken schwärzlich, anfangs vertieft, später gewölbt, den schwachgezähnten Lagerrand fast verdrängend. Schläuche keulenförmig. Sporen ziemlich gross, ungleich semmelförmig, in der Mitte leicht eingeschnürt, zweiteilig, 2—2$^1/_2$mal länger als breit, braun.

An vom Wasser bespülten Granitblöcken am Sprengelsitz im Bober bei Hirschberg in Schlesien. *229. R. fimbriata Kbr.*

Anm. Im Vorstehenden die Koerber'sche Diagnose dieser nur an dem angegebenen Orte gefundenen Flechte.

β. Sporen grösser.

Kruste ungleichmässig körnig-warzig, wie geronnen erscheinend, bräunlichgrau, selten gelblichgrün, mit grauem Vorlager. Früchte angedrückt sitzend. Fruchtscheibe anfangs krugförmig, später fast flach, braunschwarz bis schwarz, mit bleibendem, geschwollenem, uugeteiltem Lagerrande. Sporen länglich-elliptisch, 10—14 μ br., 18—34 μ lg.

α. nuda Th. Fr. — Fruchtscheibe unbereift.
β. roscida (Smrft.) Th. Fr. — (Psora turfacea β microcarpa Hepp.) — Fruchtscheibe weissgrau bereift.

Auf Moospolstern, abgestorbenen Pflanzenresten etc. im Hochgebirge. Kl. Schneegrube, Allgäuer Alpen. — (Lichen turfaceus Whlbg.; Lecanora Ach.) *230. R. turfacea (Whlbg.) Th. Fr.*

Kruste unregelmässig körnig-warzig bis undeutlich schuppig, weisslichgrau bis graubraun, mit undeutlichem Vorlager. Früchte 1—1,5 mm breit, angedrückt-sitzend, zuletzt gewölbt, bleibend berandet, braunschwarz. Sporen länglich-elliptisch, an den Enden stumpf abgerundet, in der Mitte deutlich eingeschnürt, 11—16 μ br., 22—36 μ lg.

Ueber Moosen in den bairischen Alpen. Selten. — (Lecanora amnicola Ach.; Parmelia Fr.; Lecanora mniaraea Ach.; Rinodina Th. Fr.)
231. R. amnicola (Ach.) Kbr.

Früchte auffällig eingesenkt.

Kruste dick, weinsteinartig, flach, felderig-rissig, weisslichgrau bis graubraun, mit undeutlichem Vorlager. Früchte tief eingesenkt, mit flacher, schwarzer, nackter, erhaben berandeter Scheibe. Sporen an beiden Enden abgestumpft, 7—8 μ br., 12—16 μ lg.

An Kalkfelsen. Harz, Jura, Württemberg, Bairische Alpen. — (Lichen ocellatus Ach.; Urceolaria Ach.; Mischoblastia lecanorina Mass.; Lecidea sagedioides Nyl.) *232. R. lecanorina Mass.*

°° Sporen in der Mitte mit breiten, dunklen Querbändern.

Kruste verbreitert, dünn, weinsteinartig, schorfig-staubig, öfter fehlend, weisslichgrau bis schmutzig braungrau. Vorlager undeutlich. Früchte anfangs flach, graubraun berandet, später gewölbt, unberandet. Fruchtscheibe matt, zimmtbraun bis schwarz, rauh. Sporen an den Polen breit abgerundet, 8—12 µ br., 16—20 µ lg., mit dicker, brauner Membran.

α. protuberans Kbr. — Früchte erhaben sitzend.
β. immersa Kbr. — Früchte eingesenkt, concentrisch angeordnet. Kruste oft fehlend.

An Kalksteinen und Mauern. Stellenweise. — (Psora Bischofii Hepp.) *233. R. Bischofii (Hepp.) Kbr.*

** Paraphysen oben blaugrün gefärbt.

Kruste ausgebreitet, dünn, schorfig-staubig, graugrün bis schwärzlichgrün, mit deutlichem Vorlager. Früchte bis 0,3 mm breit, angedrückt, mit mattschwarzer, angefeuchtet bräunlich-schwarzer Scheibe und bleibendem, dickem, grünlichgrauem Rande. Sporen länglichelliptisch, 7—9 µ br., 16—20 µ lg.

An alten Laubbäumen, stellenweise durch das Gebiet. — (Lecanora colobina Ach.; Parmelia obscura var. leprosa Schaer.; Rinodina leprosa Kbr.; R. virella Kbr.) *234. R. colobina (Ach.) Th. Fr.*

b. Sporen vierteilig.

Kruste warzig-körnig-staubig, graugrün oder bräunlich, mit sehr undeutlichem Vorlager. Früchte sitzend, anfangs mit fast flacher, deutlich berandeter, später mit gewölbter, braunschwarzer Scheibe und verschwindendem Lagerrande. Sporen länglich-elliptisch, 4 teilig, c. 10 µ br., 20—30 µ lg.

f. sepincola Kbr. — Früchte gedrängt, winzig klein. An altem Holze.

Ueber Moosen und Pflanzenresten, auf nackter Erde und an Zäunen. Selten. — (Lecanora Conradi Nyl.; L. pyreniospora Nyl.) *235. R. Conradi Kbr.*

40. *Callopisma de Not. em.*

1. Schläuche vielsporig.

Kruste verbreitet, weinsteinartig-körnig, hellgelb oder dottergelb, mit weisslichem Vorlager. Früchte bis 1 mm breit, sitzend, anfangs flach, bald gewölbt, der Kruste fast gleichfarbig oder schmutzig-

Lecanoreae. 95

grüngelb bis gelbbräunlich, mit erhabenem, ungeteiltem oder etwas gekörntem Rande. Sporen länglich - elliptisch, zuweilen leicht gekrümmt, 4—6 μ br., 8—12 μ lg.

α. genuina Th. Fr. — Kruste zusammenhängend, körnig - schuppig, öfter etwas gefeldert.
β. xanthostigma (Pers.) — Kruste sehr zerstreut körnig, fast staubig.

An -Felsen, Steinen, Mauern, Baumrinden, Zäunen, Dachschindeln etc. Sehr verbreitet. — (Lichen vitellinus Ehrh.; Parmelia vitellina Ach.; Lecanora Ach.; Placodium Hepp.; Xanthoria Th. Fr.; Candelaria Mass.; Gyalolechia Anzi; Lecanora reflexa Nyl.)

236. C. vitellina Ehrh.

Anm. Auf der Kruste tritt zuweilen parasitisch die Lecidella vitellinaria (Nyl.) Kbr. auf. Perithecien klein, schwarz. Schläuche 8 sporig. Sporen ungeteilt, rundlich-elliptisch, hyalin.

2. Schläuche achtsporig.
  a. Fruchtscheibe lebhaft gefärbt.
    * Fruchtscheibe hellgelb bis orangegelb.
      † Kruste gelblich, citrongelb bis rotgelb oder gelblichgrün.
        ° Früchte mit bald verschwindendem Lagerrande.

Kruste körnig - warzig, weinsteinartig, gelblich bis citrongelb, selten weisslich. Vorlager grau, öfter fehlend. Früchte sitzend, mit flacher oder etwas gewölbter, orangefarbiger Scheibe, biatorinisch; Lagerrand früh verschwindend. Sporen elliptisch, 7—10 μ br., 12—18 μ lg. Aendert ab:

α. salicinum Schrad. (Lecanora salicina Ach.) — Normalform. Rindenbewohnend.
β. flavovirescens (Hoffm.) — (Callopisma flavovirescens Mass.; Lichen erythrellus Ach.) — Kruste dick, rissig-gefeldert, gelblichgrün. Früchte orangefarbig, gedrängt, gewölbt, dick berandet. An Felsen.
γ. coronatum (Kmphb.) — Kruste ausgebreitet, körnig, dünn, rissig-gefeldert, dottergelb. Früchte spärlich, eingesenkt, mit gewölbter, lebhaft orangefarbiger Scheibe und gekörntem Rande. Auf Dolomitfelsen.
δ. velanum (Mass.) — Lager sehr dünn, unregelmässig begrenzt, ockergelb bis orangegelb, gelblichweiss gefleckt. Früchte anfangs eingesenkt, später hervortretend, orangerot. An Gestein.
ε. convexum (Kmphb.) — Kruste weinsteinartig, schmutziggelb. Früchte sitzend, mit hoch gewölbter, unberandeter, gelbbräunlicher Scheibe. An Felsen.
ζ. ochroleucum (Mass.) — Kruste körnig-staubig, rissig-gefeldert, buntfarbig, gelb und weisslich. Früchte sehr klein, orangefarbig, eingesenkt. Auf Dolomitfelsen.
η. holocarpum Ehrh. — Kruste fast grau, sehr zart, meist fehlend. Früchte dicht gedrängt, rundlich-eckig, gelb- bis braunrötlich. Holzbewohnend.
ϑ. rubescens Ach. — Kruste bleich, oft fehlend. Früchte dicht gedrängt, lebhaft rotbraun, fast safranfarbig, gewölbt. An Felsen.

auratum (Kmphb.) — Kruste fehlend. Früchte spärlich, mit intensiv orangefarbiger Scheibe. Ueber Moosen.

An allerlei Gestein, Gemäuer, an alten Bretterwänden und Zäunen. Die Normalform äusserst selten. — (Lichen aurantiacus Lightf.; Lecidea Ach.; Biatora Fr.; Parmelia Fr.; Caloplaca Th. Fr.; Lecanora Nyl.)

237. C. aurantiacum (Lightf.) Kbr.

Kruste dünn, körnig-staubig, zuletzt rissig-gefeldert, citrongelb bis grünlichgelb, auf weissem, verschwindendem Vorlager. Früchte angedrückt, flach, später gewölbt, wachs-orangegelb, mit dünnem, leicht crenuliertem, bald verschwindendem Lagerrande, 0,5—1 mm breit. Sporen elliptisch, 5—8 µ br., 10—15 µ lg.

b. citrinellum (Fr.) — Kruste körnig, hellgelb. Sporen etwas breiter.

An Steinen, Mauern, Bretterwänden, alten Zäunen, Obstbäumen; ziemlich häufig, aber nur hier und da fruchtend. — (Verrucaria citrina Hoffm.; Parmelia Ach.; Lecanora Ach.; Caloplaca Th. Fr.; Placodium Nyl.; Lecanora phlogina Nyl.)

238. C. citrinum (Ach.) Kbr.

Kruste dünn, im Umfange fast schuppenförmig, kleinscholligefeldert, rotgelb, mit grauem, verschwindendem Vorlager. Früchte eingesenkt, später angedrückt-sitzend, einzeln auf den Schollen, dunkelorangegelb, mit hellerem, verschwindendem Lagerrande, höchstens 0,5 mm breit. Sporen breit-elliptisch, 5—7 µ br., 12—15 µ lg.

An Felsen. Selten. Schlesien, Wetzlar, Lorch a. Rhein, Baiern. — (Callopisma aurantiacum v. rubescens Mass. von Ach.; Lecanora cinnabarina Ach.)

239. C. rubellianum (Ach.) Kbr.

°° Früchte mit dickem, ungeteiltem, bleibendem Lagerrande.

Kruste sehr dünn, zusammenhängend oder rissig-geteilt, firnissartig ergossen, leuchtend gelb oder grünlichgelb, mit zartem, weissem Vorlager. Früchte sitzend, flach, orangegelb, mit hellerem Rande, 0,1—3 mm breit. Sporen elliptisch, 5—7 µ br., 12—15 µ lg. Sporoblasten stark entwickelt.

An Felsen hier und da. — (Callopisma aurantiacum ε contiguum Mass.; Amphiloma murorum δ steropeum Kbr.; Callopisma steropeum Kbr.)

240. C. contiguum Mass.

†† Kruste weisslich, weissgrau bis schmutziggrau oder graugrün.

Kruste dünn, oft fehlend, körnig-staubig, weisslich oder grau, auf sehr zartem, weisslichem Vorlager. Früchte 0,4—0,8 mm breit, öfter gedrängt und bogig-eckig, zuerst eingesenkt, bald erhaben sitzend. Scheibe flach, dottergelb oder fast orangegelb, mit blassgelbem oder weisslichem, ungeteiltem, verschwindendem Lagerrande. Sporen breit-elliptisch, 6—8 µ br., 10—15 µ lg.

α. lacteum Mass. — Kruste gleichmässig weinsteinartig, mehlig bestaubt, milchweiss.
β. muscicolum Schaer. — Kruste fast fehlend, weissgrau. Früchte hellorangegelb, mit dünnem, fast gleichfarbigem Rande.

An glatten Baumrinden, besonders an Populus und Salix, ferner an altem Holzwerk und an Steinen, auf Moosen. Häufig. — (Parmelia cerina ζ pyracea Ach.; Lecidea luteoalba γ pyracea Ach.; Callopisma luteoalbum Kbr.; Lecanora pyracea Nyl.; L. vitellinula Nyl.; Caloplaca Th. Fr.) *241. C. pyraceum (Ach.) Kbr.*

Anm. Mit Vorsicht von Gyalolechia luteoalba zu unterscheiden.

Kruste verbreitet, dünn, ziemlich glatt oder körnig-warzig-staubig, weissgrau oder grünlichgrau, mit blauschwarzem Vorlager. Früchte erhaben sitzend, mit flacher, gelblicher (heller oder dunkler gefärbten) Scheibe und erhabenem, bleibendem, ganzrandigem, grauweissem, im Alter fast schwärzlichem Lagerrande, 0,5—1,5 mm breit. Sporen ei-elliptisch, 6—10 µ br., 12—18 µ lg.

α. Ehrharti (Schaer.) Th. Fr. — Kruste dünn, fast glatt oder körnigwarzig, grau. Früchte fast wachsgelb. Rindenbewohnend.
* cyanolepra (DC.) Fr. — Kruste mit dem Vorlager verschmolzen, bläulichgrau. Auf Baumrinden.
** stillicidiorum (Ach.) — Kruste körnig-staubig, weissgrau. Früchte mit körnig-bestaubtem Rande. Auf Moosen.
β. chloroleuca (Sm.) Th. Fr. — Fruchtscheibe olivengrün bis grünschwärzlich, bereift. Steinbewohnend.
γ. chlorina (Fw.) Th. Fr. — Kruste dicker, fast gefeldert, schmutziggrün. Früchte selten vorhanden, dunkelgelb.

An Baumrinden, bearbeitetem Holze, Felsen, über Moosen etc. Häufig. — (Lichen cerinus Ehrh.; Parmelia Ach.; Lecanora Ach.; Lecanora obscurata Nyl.; L. albolutea Nyl.; Caloplaca Th. Fr.) *242. C. cerinum (Ehrh.) Kbr.*

** Fruchtscheibe rostbraun, blutrot oder braunschwarz.
† Früchte biatorinisch berandet.
° Schläuche achtsporig.

Kruste sehr dünn, anfangs zusammenhängend, fast glatt, später warzig- oder körnig-rissig-gefeldert, weisslich oder aschgrau, mit schwarzgrauem Vorlager. Fruchtscheibe flach, später gewölbt, rostrot bis braunschwarz, mit gleichfarbigem, eigenem und weisslichem, öfters fehlendem Lagerrande. Sporen 5—9 µ br., 10—18 µ lg. — Aeusserst formenreich.

A. Fruchtscheibe ohne Lagerrand.
α. genuinum (Kbr.) Th. Fr. — Kruste weissgrau, glatt oder körnigwarzig. Früchte sitzend, orangerot oder rostrot, mit bleibendem eigenem Rande.

β. **festivum** (Fr.) Th. Fr. — Kruste weissgrau, schollig-gefeldert. Früchte angedrückt, gewölbt, rostrot, mit verschwindendem eigenem Rande. Steinbewohnend.
γ. **caesiorufum** (Smrft.) — Kruste dick. Früchte bräunlich oder bläulich-schwärzlich.
δ. **obscurum** Th. Fr. — Kruste dunkelgrau bis schwärzlich, körnigrissig-gefeldert. Früchte klein, angedrückt, gelbrot bis dunkelrotbraun, mit meist bleibendem, dünnem, eigenem Rande.
* **fuscoatra** Nyl. — Fruchtscheibe schwarzbraun.

B. Fruchtscheibe mit Lagerrand.

ε. **cinnamomeum** Th. Fr. — Kruste dünn, fein warzig, weisslichgrau. Früchte klein, anfangs eingesenkt, dunkel-zimmtbraun, später flach oder etwas gewölbt, mit bleibendem, fast gleichfarbigem, eigenem und olivenbräunlichem Lagerrande. Sporen schmäler.
ζ. **saxicolum** (Mass.) — Kruste weissgrau, rissig-gefeldert. Früchte angedrückt, rostrot, mit bleibendem, eigenem und weissgrauem, verschwindendem Lagerrande.
η. **muscicolum** (Schaer.) — Kruste weissgrau, warzig-körnig, fast fehlend. Früchte sitzend, gelbrot bis dunkelbraun, sonst wie vor. Sporen lang-elliptisch.

Die Normalform an Baumrinden, β bis ζ an Steinen und Felsen, η über Moosen und Pflanzenresten aller Art. Nicht selten. — (Lichen ferrugineus Huds.; Lecidea Smrft.; Biatora Fr.; Parmelia Fr.; Blastenia Kbr.; Caloplaca Th. Fr.; Lecanora Nyl.; Lecanora scotoplaca Nyl.; Blastenia lamprocheila DC.)

243. C. ferrugineum (Huds.) Th. Fr.

Kruste körnig-warzig, weisslich-aschgrau, mit grauem Vorlager. Früchte klein, dicht angedrückt, anfangs flach, später fast halbkugelig gewölbt, rostbraun bis braunschwärzlich, mit gleichfarbigem, verschwindendem Lagerrande. Sporen eiförmig-länglich, 6—11 μ br., 12—22 μ lg.

Auf Moospolstern in Gebirgen. Selten. — (Blastenia sinapisperma DC.; Lecidea ferruginea δ sinapisperma Schaer.; Blastenia leucoraea Th. Fr.; Lecanora leucoraea Nyl.; Biatora fuscolutea Stenh.)

244. C. sinapisperma (DC.) Hepp.

Kruste sehr dünn, kleiig-schuppig, grünlichgrau, angefeuchtet lebhafter grün, mit weisslichem Vorlager. Früchte 0,3—5 mm breit, anfangs flach, hellbraun, später gewölbt, rotbraun bis schwärzlichbraun, mit sehr zartem, eigenem, weisslichem und verschwindendem Lagerrande. Sporen länglich-elliptisch, 4—8 μ br., 10—14 μ lg., mit undeutlicher, fast fehlender Scheidewand.

Am Grunde alter Pappeln und Obstbäume. Westfalen. — (Blastenia obscurella Lahm; Caloplaca Th. Fr.)

245. C. obscurellum Lahm.

°° Schläuche 4sporig.

Kruste dünn, ergossen, warzig, weisslich bis weissgrau. Früchte angedrückt, anfangs flach, mit gleichfarbigem Rande, bald gewölbt, dunkel- oder zimmtbraun, mit verschwindendem Lagerrande. Sporen länglich-elliptisch, 12—16 µ br., 24—34 µ lg.

Ueber Moosen. Obermädlialpe. — (Lecanora tetraspora Nyl.; Blastenia oligospora Rehm.; Caloplaca Th. Fr.)

246. C. tetraspora Nyl.

†† Früchte zeorinisch berandet.
° Kruste milchweiss.

Kruste weinsteinartig, gefeldert, im Umfange strahlig-lappig, milchweiss, vom grauschwärzlichen Vorlager umsäumt. Früchte eingesenkt, gedrängt im Centrum stehend, rundlich-eckig, mit anfangs flacher, später leicht gewölbter, hell blutroter Scheibe und weissem, verschwindendem Lagerrande. Sporen breit-elliptisch, 6—8 µ br., 10—14 µ lg.

An Kalkfelsen. Selten. Jena. — (Lecidea Lallavei Clem., Blastenia Kbr. Parmelia erythrocarpa β Lallavei Fr.)

247. C. Lallavei (Clem.) Bagl.

°° Kruste heller oder dunkler grau.

Kruste dick, körnig-mehlig oder rissig-gefeldert, im Umfange kerbig-gelappt, weissgrau oder bläulichgrau, mit dunklem, verschwindendem Vorlager. Früchte bis 1 mm breit, eingesenkt oder angedrückt, mit flacher, später gedunsener, gelbroter bis dunkelbraunroter Scheibe und bleibendem, dickem, grauem Lagerrande. Sporen elliptisch, öfter mit undeutlicher Querscheidewand, 8—9 µ br., 12—16 µ lg.

An Sand- und Kalkstein, auf Ziegeldächern. Zerstreut. — (Lecidea erythrocarpa Pers.; Patellaria Pers.; Parmelia Fr.; Biatora Fr.; Blastenia Kbr.; Caloplaca Th. Fr.; Placodium versicolor DC.; Placodium arenarium Hepp.; Blastenia arenaria Mass.)

248. C. erythrocarpa (Pers.) de Not.

Kruste anfangs dünn, rundlich, im Umfange zart gefranzt, weiss, später weinsteinartig, zusammenhängend, im Centrum warzig-gefeldert, im Umfange strahlig-lappig, weisslich. Früchte dicht angedrückt, orangerot, mit bleibendem Lagerrande. Sporen breit-elliptisch, 6—7 µ br., 12—16 µ lg.

An Sandstein. Sehr selten. Münster, an Grabdenkmälern; Brunsberg bei Höxter. — (Placodium teicholytum Ach.; Blastenia Visianica Mass.; Blastenia arenaria Pers.) *249. C. teicholytum (Ach.)*

Kruste zusammenhängend, warzig, aschgrau, auf blauschwarzem Vorlager. Früchte sitzend, mit flacher, braunroter Scheibe und dickem, bleibendem, bläulichgrauem Lagerrande. Sporen länglich-elliptisch, 6—8 μ br., 12—18 μ lg.

An Rinden der Laubhölzer, gern an Pappeln. Selten. Westfalen. — (Parmelia cerina var. haematites Fr.)

250. C. haematites Chaub.

Kruste dünn, feinkörnig bis warzig, öfter fehlend, gelblichweiss bis hell aschgrau, weisslich soreumatisch bestaubt. Früchte bis 0,5 mm breit, angedrückt, gedrängt stehend, flach, gelb oder bräunlich bis schwarzbraun, glänzend, mit weisslichem Lagerrande. Schläuche breit keulig. Sporen 5—6 μ br., 9—12 μ lg.

An Bretterzäunen, eichenen Planken und an dünnen Zweigen. Selten. Westfalen, Jugenheim. Wahrscheinlich weiter verbreitet, aber wegen ihrer Kleinheit oft übersehen. — (Lecanora asserigena Stitzenb.; Blastenia assigena Lahm.)

251. C. asserigenum (Stitzenb.) Lahm.

b. Fruchtscheibe schwarz.
* Vorlager reinweiss.

Kruste ausgebreitet, anfangs häutig, firnissartig glänzend, bald kleiig-schuppig, hellockergelb, mit sehr zartem, im Umfange leicht gefranztem, reinweissem Vorlager. Früchte eingesenkt, später etwas emporgehoben, mit flacher, mattschwarzer, bläulichgrau bereifter Scheibe, schwarzem, nacktem Lagerrande und früh verschwindendem eigenem Rande. Sporen 6—7 μ br., 10—14 μ lg.

An Kalksteinen des Ziegenberges bei Höxter. — (Catillaria neglecta Kbr.)

252. C. neglectum (Kbr.)

** Vorlager dunkel gefärbt.

Kruste weinsteinartig, ausgebreitet, rissig-gefeldert, grau bis bräunlichschwarz, mit dunklem Vorlager. Früchte meist dicht gedrängt, eingesenkt, mit ganz flacher, anfangs wachsgelber, bald matt schwarzgrauer bis schwarzer, zart berandeter Scheibe. Sporen ei-elliptisch, mit sehr kleinen Sporoblasten.

Auf Kalkschiefer bei Einödsbach und Oberstorf im Algäu. — (Placodium conversum Anzi.)

253. C. conversum Krmphb.

Anm. Durch die Verfärbung ihrer Früchte höchst ausgezeichnete Art.

Kruste glatt, im Centrum rissig-gefeldert, im Umfange mehr oder weniger lappig-kerbig, weisslichgrau oder bleigrau, mit schwarzem Vorlager. Früchte 0,4—1 mm breit, eingesenkt, mit flacher, schwarzer, selten braunschwarzer, nackter oder ganz dünn bereifter Scheibe und zartem, ungeteiltem, hellerem Lagerrande. Sporen elliptisch, 6—8 μ br., 11—15 μ lg.

Auf Kalkfelsen. Zerstreut in Sachsen, Thüringen, Württemberg; in Baiern nicht selten. — (Parmelia chalybaea Fr.; Lecanora Schaer.; Caloplaca Th. Fr.; Pyrenodesmia Kbr.; Placodium Nyl.)

254. C. chalybaeum (Fr.) Duf.

Kruste weinsteinartig, rundlich, rissig-gefeldert, im Umfange strahlig-lappig, schmutziggrau oder bräunlichgrau, mit schwarzem Vorlager. Früchte c. 1 mm breit, angedrückt, mit flacher, später gewölbter, schwarzer, dicht bläulichgrau bereifter Scheibe und dünnem, ungeteiltem, oft weiss bestaubtem Lagerrande. Sporen breit-elliptisch, 7—8 μ br., 11—13 μ lg.

α. Agardhianum (Ach.) — (Lecanora Agardhiana Ach.; Placodium variabile var. ecrustaceum Nyl.) — Kruste dünner, schorfigstaubig. Früchte sehr dünn bereift, mit ziemlich dickem, erhabenem Lagerrande.

β. lilacinum Mass. — Kruste lilafarbig.

An Kalkfelsen und Mauern, hier und da. — (Lichen variabilis Pers.; Parmelia Ach.; Lecanora Ach.; Caloplaca Th. Fr.; Pyrenodesmia Kbr.; Placodium Nyl.; Callopisma paepalostomum Anzi.)

255. C. variabile (Pers.) Kbr.

Kruste weinsteinartig, unregelmässig ausgebreitet, rissig-gefeldert, bleigrau oder bläulich-aschgrau, mit dünnem, schwarzem Vorlager. Früchte klein, eingesenkt, mit gewölbter, nackter, braunroter Scheibe und dickem Lagerrande. Sporen grösser, elliptisch, $2^{1}/_{2}$—4 mal länger als breit.

An Hornsteinfelsen auf der Obermädeli-Alpe im Algäu. — (Pyrenodesmia rubiginosa Krmphb.)

256. C. rubiginosum (Krmphb.)

Anm. Die Diagnose dieser mir unbekannten Art ist nach Korber Par. gegeben

41. Dimerospora Th. Fr.

α. Kruste dünn, Fruchtscheibe mehr gewölbt.
  * Schläuche stets achtsporig.
    † Rinden- oder Holzbewohnend.

Kruste dünn, meist gut ausgebildet, körnig-warzig, glatt, weiss bis weisslichgrau, auf weisslichem Vorlager. Früchte 0,4—8 mm breit, angedrückt, anfangs flach, weisslich berandet, später gewölbt, mit verschwindendem Rande, rötlichgelb oder graurötlich, angefeuchtet durchscheinend gelblich. Sporen elliptisch, an den Polen kaum verschmälert, 3—4 μ br., 9—11 μ lg., mit schmaler, zuweilen undeutlicher Querwand.

An Buchen im Elbgrunde oberhalb St. Peter. — (Biatora rugulosa Hepp.; Biatorina Kbr.)

257. D. rugulosa (Hepp.)

Kruste sehr dünn, ausgebreitet, öfter kaum erkennbar, feinrissig, grauweisslich, mit weisslichem Vorlager. Früchte bis 0,5 mm breit, meist zahlreich, angedrückt, stark gewölbt, rotbraun bis schwärzlichbraun, mit dünnem, hellerem oder fast gleichfarbigem, bald verschwindendem Rande. Sporen fast elliptisch bis länglich, gewöhnlich gekrümmt, mit deutlicher Querwand, 4—6 μ br., 12—17 μ lg. Spermogonien punktförmig. Spermatien sichelförmig, 1—1,5 μ br., c. 12 μ lg.

 f. anomala (Hepp.) — Kruste undeutlich. Fruchtscheibe lebhaft gefärbt, zuweilen vom Lager berandet.

 Auf der Rinde der Laubbäume, gern an Pappeln und Weiden. Häufig. — (Biatorina cyrtella Kbr. von Ach.; Lecanora athroocarpa var. dimera Nyl.; Lecidea dubitans Nyl.; Lecanora dimera Nyl.; Lecania Th. Fr.) *258. D. dimera Nyl.*

Kruste sehr dünn, ergossen, glatt, fast ölschimmernd, milchweiss, mit weissem Vorlager. Früchte dicht gedrängt, die Kruste oft völlig bedeckend, angedrückt, anfangs flach, fleischrot, mit dünnem, weisslichem Rande, bald gewölbt, schwarzbraun und unberandet. Sporen elliptisch, gerade, mit deutlicher Querwand, 3—5 μ br., 10—14 μ lang. Spermatien sehr zart, 1 μ br., 8—10 μ lg.

 An entrindeten Bäumen und Zäunen. Sehr zerstreut, doch wohl oft übersehen. — (Biatorina vernicea Kbr.)

           259. D. vernicea (Kbr.)

  †† Steinbewohnend.

Kruste sehr dünn, unregelmässig ausgebreitet, feilstaubähnlich, gelbbraun, auf schmutzigweissem Vorlager. Früchte angedrückt, bald gewölbt, mit rotbrauner Scheibe und dünnem, schwärzlichem Rande. Sporen elliptisch, an den Polen abgestumpft, 3—4 μ br., 8—11 μ lg.

 An Kalkfelsen. Selten. Westfalen, Altmühlthal in Baiern. — (Biatorina silvestris Arn.) *260. D. silvestris Arn.*

  ** Schläuche 8—12—16 sporig.

Kruste sehr dünn, körnig-warzig-staubig, schmutzig-graugrün bis weisslich, mit weisslichem Vorlager. Früchte bis 0,8 mm breit, angedrückt, anfangs flach, dünn und hellberandet, später gewölbt und unberandet, gelb- oder rotbraun bis schwärzlich. Sporen länglich, 3—5 μ br., 10—15 μ lg,, mit deutlicher Querwand. Spermatien stark gekrümmt, 1—2 μ br., c. 16 μ lg.

 α. insularis (Hepp.) = (Biatorina insularis Hepp.) — Steinbewohnend. Sporen etwas kleiner.

 An den Rinden junger Laubhölzer. Zerstreut. — (Lecidea cyrtella Ach.; Biatorina Th. Fr.; Lecania Th. Fr.; Biatorina sambucina

Kbr.; Lecanora anomala ζ cyrtella Ach.; Lecanora Hageni β sorbina Smrft.)

261. D. cyrtella (Ach.)

b. Kruste dick. Fruchtscheibe mehr verflacht.

Kruste weinsteinartig, körnig-warzig, staubig aufgelöst oder rissig, weisslich- oder graugrün bis braungrün, mit undeutlichem Vorlager. Früchte mit flacher oder fast flacher, gelb- oder rötlichbrauner bis schwärzlicher, meist unbereifter Scheibe. Sporen länglich, gerade, 3—4 μ br., 9--12 μ lg.

α. Rabenhorstii (Hepp.) — (Patellaria Rabenhorstii Hepp.; Biatorina proteiformis var. ceramomea, lecideina, dispersa Mass.) — Kruste körnig-staubig. rissig-geteilt, bräunlich. Früchte sitzend, mit berandeter. zuletzt gewölbter, gelblicher bis schwärzlicher Scheibe.
  incusa Kbr. — Fruchtscheibe bereift.
β. erysibe Ach.) — (Bilimbia erysibe Kbr.) — Lager korallinisch körnig. tiefrissig. schmutziggraugrunlich. Fruchte eingesenkt, stets flach, gelblich bis braunrot.
γ. Foersteri Lahm — Kruste schuppig-körnig, rissig, weisslich. Früchte eingesenkt, flach, gewöhnlich schwarzlich, anfangs vom Lager berandet

Auf Kalk- und Sandstein. Zerstreut. — (Biatorina proteiformis Mass.; Lecania dedractula Nyl.) *262. D. proteiformis (Mass.)*

Kruste weinsteinartig, schuppig-körnig, weissgrau, mit undeutlichem, weissem Vorlager. Früchte eingesenkt, fast flach, berandet, mit dicht hechtblau bereifter Scheibe. Sporen stumpf-elliptisch, 3—4 μ breit, 7—11 μ lang.

Auf Kalk- und Sandstein, an Mauern und selten an Dachziegeln. Selten. Westfalen, Rheinprovinz, Heidelberg. — (Biatora Turicensis Hepp.; Biatorina Mass.) *263. D. Turicensis (Hepp.)*

42. Icmadophila Trev.

Kruste ausgebreitet, körnig-staubig, graugrün bis weisslichgrün, mit hellerem Vorlager. Früchte erhaben sitzend, öfter fast gestielt, bis 4 mm breit, mit meist flacher, fleischroter Scheibe und bald verschwindendem Rande. Sporen kahn- bis spindelförmig, mit deutlicher Querwand, 4—5 μ br., 15—25 μ lg.

An modernden Baumstümpfen, an Holz, Steinen, auf nackter Erde, über Moosen etc. In der Ebene hier und da, im Gebirge sehr verbreitet. — (Lichen aeruginosus Scop.; Lichen icmadophila L.; Lecidea Ach.; Biatora Fr.; Baeomyces Nyl.)

43. Lecania Mass.

a. Fruchtscheibe bereift.

Kruste dünn, körnig-schorfig, weissgrau oder schmutziggrau, mit weisslichem Vorlager. Früchte bis 0,5 mm breit, gedrängt, sitzend, leberbraun bis schwärzlichbraun, dünn grau bereift, mit ungeteiltem, erst spät verschwindendem Lagerrande. Sporen zu 16, gekrümmt, $4-6$ µ br., $12-16$ µ lg.

An glatter Rinde verschiedener Laubbäume hin und wieder, doch ziemlich selten. — (Parmelia Hageni β syringea Ach.; Lecanora Ach.; Lecania fuscella Mass.; Lecanora athroocarpa Nyl. p. p.)

265. L. syringea (Ach.) Th. Fr.

Kruste staubig-körnig, schmutzigweiss. Früchte $0,4-1$ mm breit, gehäuft, braun bis braunschwarz, mit dicht graubereifter (sehr selten fast nackter) Scheibe, anfangs fast flach, später etwas gewölbt, mit verschwindendem, dünnem Lagerrande. Sporen zu 8, gerade, $12-18$ µ br., $35-55$ µ lg.

Auf Steinen und Erde. Selten. Höxter, in Baiern an mehreren Stellen. — (Lecanora athroocarpa Nyl. p. p.; L. cooperta Nyl.)

266. L. Nylanderiana Mass.

b. Fruchtscheibe nackt.

Kruste schuppig-staubig, graugrünlich bis grünbräunlich, öfter fast fehlend. Früchte $0,2-5$ mm breit, anfangs eingesenkt, flach, bald sitzend, gewölbt, braunrot bis braunschwarz, unbereift, mit hellerem, bald verschwindendem Lagerrande. Sporen zu 8, oft gekrümmt, in der Mitte leicht eingeschnürt, $4-6$ µ br., $12-16$ µ lg. Spermatien gebogen.

An der Rinde von Laubbäumen, namentlich an Pappeln. Selten. Schlesien, Westfalen, Rheinprovinz. —

267. L. Koerberiana Lahm.

44. Haematomma Mass.

a. Früchte blut- oder scharlachrot.

Kruste oft weit ausgebreitet, weinsteinartig-staubig, hellschwefelgelb oder weisslich, mit weissem, fädigem Vorlager. Früchte $1-2$ mm breit, eingesenkt, meist flach, hellscharlachrot oder blutrot, mit erhabenem, staubigem Lagerrande. Sporen lang spindelförmig, 3- bis 7teilig, $5-7$ µ br., $30-60$ µ lg.

An Felsen und Mauern, zerstreut, sehr selten an Bäumen (Buchen). — (Lichen haematomma Ehrh.; Lecanora Ach.; Parmelia Fr.; Patellaria DC.; Lichen coccineus Dicks.; Haematomma vulgare Mass.)

268. H. coccineum (Dicks.) Kbr.

Kruste weinsteinartig, dicker, warzig-gefeldert, heller oder dunkler gelbgrün, mit weissem Vorlager. Früchte bis 3 mm breit, angedrückt, blutrot, mit dünnem, fast verschwindendem Rande. Sporen nadelförmig, 5—7 teilig, 3—5 μ br., 40—55 μ lg. Spermatien gerade.

An Steinen und Felsen im Gebirge, ziemlich verbreitet. — (Lichen ventosus L.: Lecanora Ach.: Parmelia Fr.; Patellaria Hepp.)

269. *H. ventosum* (L_t) *Mass.*

Anm. Auf der Kruste findet sich öfter parasitisch Tichothecium pygmaeum Kbt.

b. Früchte rotbraun.

Kruste ausgebreitet, dünn, schorfig-mehlig, weisslich oder gelblichweiss, mit weissem Vorlager. Früchte zerstreut, 0.5—1,5 mm breit, angedrückt, flach, bräunlichrot, mit dünnem, bald verschwindendem, körnigem Lagerrande. Sporen verlängert spindelförmig, 3—5 teilig, 4—5 μ br., 45—50 μ lg.

An Nadelhölzern im Gebirge. Nicht zu selten, doch meist steril. — (Lecanora elatina Ach.; Parmelia Fr.; Loxospora Mass.; Lecanora lutescens Ach.)

270. *H. elatinum (Ach.) Kbr.*

Kruste sehr dünn, kleinkörnig, fast firnissartig, weiss. Früchte 0,5 mm breit, sitzend, flach, trocken etwas vertieft, bräunlich, stark bereift, mit bleibendem Lagerrande. Sporen spindelförmig, 3—4 μ br., 30—45 μ lg.

An Tannen. Sehr selten. Utewalder Grund, Münster, Oberbaiern. — (Loxospora Cismonicum Beltr.; Patellaria Hepp.)

271. *H. Cismonicum (Beltr.) Kmphb.*

1. Früchte zeorinisch berandet.
   a. Kruste weisslich, grauweiss, grünlichweiss oder hellgrünlichgelb, mit weissem Vorlager.

Kruste weinsteinartig, rissig-gefeldert, weisslich, grauweiss bis grünlichweiss. Früchte bis 1,5 mm breit, eingesenkt, flach, später angedrückt, öfter gewölbt, schmutziggelb, rötlich, lichtbraun bis braunschwärzlich, bläulich bereift, mit dünnem, ganzrandigem, verschwindendem Rande. Sporen elliptisch, 6—7 μ br., 11—14 μ lg.

α. glaucoma (Hoffm.) Th. Fr. — (Verrucaria glaucoma Hoffm.) —
   Kruste einformig. Früchte gewölbt, mit dunkler, stark bereifter Scheibe.
   a. sorediata Fw. — Kruste gefeldert, mit weissen Soredien.
     (Variolaria lactea Pers.)
   b. aspergilla (Ach.) — Kruste ergossen, mit kreisrunden, reinweissen Soredien. — (Variolaria aspergilla Ach.)
   c. coralloidea Fw. — Kruste mit rundlichen, warzenförmigen Auswuchsen. — (Isidium corallinum Ach.)

β. subcarnea (Sw.) Th. Fr. — Kruste weisslich. Früchte meist flach, fleischrötlich, zart bereift.
γ. Swartzii (Ach.) — Kruste körnig-runzelig, im Umfange etwas strahlig. Vorlager stark entwickelt. Früchte meist gedrängt, zuletzt oft difform, meist gewölbt, dicht bereift.
δ. rugosa Ach. — Kruste gefeldert. Früchte eingesenkt, flach. Scheibe dicht bereift, mit welligem Rande.

An Steinen und Felsen, ziemlich verbreitet, doch oft nur steril, δ an Holz, seltener. — (Lichen sordidus Pers.; Zeora Kbr.; Lecanora rimosa a. sordida Kmpbh.; Verrucaria glaucoma Hoffm.; Lecanora Trevisanii Mass.) 272. *L. sordida* (*Pers.*) *Th. Fr.*

Anm. Auf der Kruste finden sich parasitisch Celidium grumosum Kbr. und Sphinctrinella corallina Rbh. —

Kruste weinsteinartig, dick, gefeldert, weiss, auf weisslichem Vorlager. Früchte 1—2,5 mm breit, schmutziggelbbraun bis schwarz, dick blau bereift, mit eigenem schwarzem und verschwindendem Lagerrande. Sonst wie vor.

An Steinen und Felsen, im Hochgebirge nicht selten. — (Lecanora glaucoma var. bicincta (Ram.) Nyl.; Zeora Stenhammari Kbr.)
273. *L. bicincta* (*Ram.*)

Kruste dick, öfters sehr verbreitet, staubig aufgelöst, etwas felderig, hellgrünlichgelb oder schmutzig-braungelb, auf fädigem, weissem Vorlager. Früchte 0,2—5 mm breit, angedrückt, meist gehäuft, bisweilen zusammenfliessend, fleischrot bis gelbbräunlich, meist leicht grau bereift, mit eigenem, blassem und dünnem, gleichfarbigem, verschwindendem Lagerrande. Sporen elliptisch, 6—7 μ br., 10—16 μ lg. Spermatien haarförmig, geschlängelt.

An Urgestein, in der Hügel- und Bergregion verbreitet. — (Parmelia orosthea Fr.; Lecidea Schaer.; Zeora Kbr. non Smflt.)
274. *L. petrophila Th. Fr.*

Kruste weinsteinartig, körnig-warzig, rissig-gefeldert, weisslichgrau, auf zartem, weisslichem Vorlager. Früchte 1—2 mm breit, sitzend, meist zerstreut, schmutziggelb bis dunkelbräunlich oder schwärzlich, fein aschgrau bereift, mit dünnem, schwarzem, eigenem und dickem, bleibendem, endlich gekerbtem Lagerrande. Sporen elliptisch, breit gelblich gesäumt, 7—10 μ br., 12—16 μ lg. Spermatien nach oben gekrümmt.

forma: atrynea (Ach.) — Früchte schwärzlich, fast unbereift.
forma: isidiophora Fw. — Kruste mit stielrunden, isidienartigen Auswüchsen.

An Felsen und Steinen, im Gebirge häufig, selten in der Hügelregion. — (Lichen cenisius Ach.; Parmelia Fr.; Zeora Kbr.)
275. *L. cenisia* (*Ach.*)

b. Kruste schmutziggelb oder weisslichgelb, mit gleichfarbigem Vorlager.

Kruste dick, weinsteinartig, rissig-gefeldert. Früchte eingesenkt, zuletzt angedrückt und gewölbt, schwärzlichgrün oder dunkelolivengrün, nicht selten grünlich bereift, mit gelbem, verschwindendem Rande. Sporen länglich-elliptisch, 5—6 μ br., 10—15 μ lg. Spermatien haarförmig.

An Steinen und Felsen, in der Hügel- und Bergregion nicht selten. — (Verrucaria sulphurea Hoffm.; Lecidea Ach.; Zeora Kbr.)
276. *L. sulphurea* (*Hoffm.*) *Ach.*

2. Früchte nur mit einfachem (biatorinischem) Lagerrande.
  a. Fruchtscheibe reinschwarz

Kruste mehr oder weniger dick, weinsteinartig, körnig oder warzig, zuletzt klein gefeldert, weisslich bis blaugrau, mit undeutlichem Vorlager. Früchte 0.5—2 mm breit, meist zahlreich, flach, später gewölbt, tief schwarz, glänzend, mit bleibendem, dickem, weissgrauem, öfter leicht gekerbtem Lagerrande. Sporen eiförmig, deutlich hyalin, gesäumt, 5—6 μ br., 10—12 μ lg. Paraphysen violett.

α. vulgaris Kbr. — Kruste weisslichgrau. Früchte sitzend.
  * corticola Rbh. — Rindenbewohnend.
  ** saxicola Rbh. — Steinbewohnend.
β. grumulosa Nyl. Ach. — Kruste bläulichgrau, dick, an der Oberfläche schorfig-staubig zerfallend. Früchte dicht angedrückt bis fast eingesenkt. Steinbewohnend.

An Steinen und Felsen aller Art, seltener an Rinden und altem Holze. Häufig. — (Lichen ater Huds.; Parmelia Ach.; Lecanora Ach.; Lichen tephromelas Ach; Lecanora Ehrh.)
277. *L. atra* (*Huds.*) *Ach.*

Kruste weinsteinartig, tiefrissig-gefeldert, grosswarzig, graubräunlich bis bräunlich, mit weisslichem Vorlager. Früchte angedrückt. Scheibe mattschwarz, rauh, am Rande gekerbt. Sporen rundlicheiförmig, 5—7 μ br., 7—12 μ lg. Paraphysen nur an der Spitze bräunlich. Sonst wie vor.

Nur auf dem Gipfel des Zobten an Gabbroblöcken. — (Lecanora atra f. recedens Kbr.)
278. *L. recedens* (*Kbr.*) *Stein.*

Kruste fast weinsteinartig, angefeuchtet weich, körnig-papillös bis warzig, aschgrau, auf fast schwammigem, schwarzem Vorlager. Früchte sitzend, mit flacher, mattschwarzer, fast bereifter Scheibe und eingebogenem, später gezähneltem Rande. Paraphysen verleimt, grünlichrotbraun. Sporen in keuligen Schläuchen zu 8, eiförmig, ungeteilt, wasserhell, ca. 6 μ br., 15 μ lg.

An Gneisfelsen der Schneekoppe und in einer winzigen Probe am Basalt der kleinen Schneegrube. —

279. L. tephraea Kbr. in sched.

Anm. Ich habe die Flechte nicht gesehen und gebe die Diagnose wörtlich nach Stein! —

b. Fruchtscheibe verschieden gefärbt, weisslich, hellgrau, gelblich, rötlich, braun bis schwarzbraun.
  * Schläuche stets 8 sporig.
    † Kruste weisslich oder heller oder dunkler grau.
    ° Kruste kreideweiss.

Kruste weinsteinartig-mehlig, begrenzt, zusammenhängend, bisweilen schwarzkörnig bestaubt, mit undeutlichem Vorlager. Früchte meist reichlich, angedrückt. Scheibe flach, rötlichbraun, schwarz, nackt, mit anfangs gleichhohem, später zurücktretendem, rillig-gefurchtem Lagerrande. Schläuche dickkeulig. Sporen eiförmig, 6—8 µ br., 12—14 µ lg., hyalin.

Auf Granit am Echofelsen des Kynast. *280. L. gypsodes Kbr.*

Anm. Diese Flechte ist mir unbekannt, die Beschreibung gebe ich nach Körber Par.

°° Kruste nicht kreideweiss.
  Kruste mit deutlichem, schwarzem Vorlager.

Kruste dünn, körnig-staubig, meist verwischt bis fehlend, weissgrau oder schmutzig-braungrünlich. Früchte bis 1 mm breit, sitzend, flach, fahlbraun bis schwarzbraun, unbereift, mit weissem, dickem, bleibendem, etwas eingebogenem, meist zierlich gekerbtem Lagerrande. Sporen elliptisch, 5—6 µ br., 10—12 µ lg.

f. corticola Lahm. — Rindenbewohnend.

Die Normalform nur an Gestein, nicht selten. — (Lichen dispersus Pers. 1794; Parmelia Ach.; Parmelia Chaubardii Fr.; Lecanora Flotowiana Spr. 1821.) *281. L. dispersa (Pers.) Flk.*

Kruste sehr dünn, glatt, zuletzt fein rissig-gefeldert, weisslichgrau. Vorlager schwarz, die Kruste als schwarze Linien umgrenzend oder durchziehend. Früchte erhaben sitzend, zerstreut, anfangs flach, dann gewölbt, fleischrötlich bis dunkelbraun, zuweilen zart bereift, mit dickem, reinweissem, eingebogenem, characteristisch strahliggekerbtem Rande. Sporen eiförmig, schmal gelbbräunlich gesäumt, 6—8 µ br., 12—16 µ lg.

An glatten Rinden, gern an Buchen, stellenweise verbreitet. — (Parmelia intumescens Rebent.; Lecanora subfusca var. intumescens Fw.)

282. L. intumescens (Rebent.) Kbr.

Anm. L. intumescens steht der L. subfusca nahe, ist jedoch stets sicher an den angegebenen Merkmalen zu unterscheiden. Auf der Fruchtscheibe findet sich parasitisch Müllerella polyspora Hepp, dieselbe wird dadurch blauschwarz gefärbt, und stellt dieser Zustand die var. glaucorufa Mart. dar.

Lecanoreae.

×× Kruste mit oft undeutlichem, weisslichem oder grauem, selten schwärzlichem Vorlager.
— Sporen grösser.
Kruste meist dicklich, körnig-warzig, auch wohl rissig, weisslich oder graugrün. Früchte 0,5—3,0 mm breit, hellbraun, dunkelbraun bis schwarz, mit bleibendem Lagerrande. Sporen eiförmig, schmal gesäumt, 7—12 μ br., 12—20 μ lg. Paraphysen hyalin oder oft oberhalb bräunlich. Aeusserst formenreich!

α. allophana Ach. (= L. subfusca β. distans 1. allophana (Kbr.) — Kruste uneben, runzelig oder körnig-warzig, ziemlich dick, weisslich oder weissgrau. Früchte bis 3 mm breit, sitzend, rotbraun bis braunschwarz, mit verbogenem, dickem, gekerbtem Rande. — An Holz und Rinden.
   * Parisiensis (Nyl.) — Früchte dunkelbraun bis schwarz, zuweilen leicht bereift. An Rinden.
   ** campestris (Schaer.) — Kruste gefeldert, Früchte dunkelbraun. Rand dünn gekerbt. An Steinen.

β. margaritacea Kbr. — Kruste weisslichgrau bis hellbräunlich. Früchte bis 3 mm breit, erhaben sitzend. Scheibe hoch gewölbt, glänzend kastanienbraun, am Rande meist gezähnt. Steinbewohnend.

γ. rugosa (Pers.) Nyl. = (L. subfusca β. distans Kbr. p. p.) — Kruste dick, körnig, weisslich. Früchte bis 3 mm breit, erhaben sitzend. Scheibe anfangs vertieft, später flach, gelb- bis rotbraun, öfter dünn bereift, mit dickem, hohem, nicht gekerbtem Rande. An Rinden.

δ. hypnorum (Wulf.) = (Lichen epibryon Ach.; Lecanora subfusca var. bryontha Kbr.) — Kruste warzig-runzelig, weisslich. Früchte bis 2 mm breit, sitzend. Scheibe flach, bräunlich, glänzend, ganzrandig. Moosbewohnend.

ε. gangalea (Ach.) = Lec. subfusca var. lainea (Fr.) Kbr.; leucopis Hepp. — Kruste gleichmässig eben, gefeldert, schmutzig weissgrau. Früchte 1 mm breit, angedrückt. Scheibe etwas gewölbt, schwärzlich, ganzrandig. Steinbewohnend.

ζ. coilocarpa (Ach.) = (Lec. subfusca α. vulgaris Kbr. p. p.) — Kruste dünn, uneben, weissgrau. Früchte 1 mm breit, angedrückt. Scheibe vertieft bis fast flach, schwärzlichbraun, meist ganzrandig.
   * pulicaris (Ach.) — Kruste fast fehlend. An Holz und Rinden.
   ** xylita (Nyl.) — Kruste vorhanden, weisslich, mit zahlreichen Früchten. An alten Zäunen.

η. glabrata (Ach.) — Kruste dünn, weissgrau. Früchte 1 mm breit, angedrückt. Scheibe flach bis gewölbt, rotbraun, glänzend, ganzrandig. An Holz und Rinden.
   * pinastri (Schaer.) — Kruste gelb- oder graugrün, fast staubig aufgelöst. Früchte ca. 0,1 mm breit, leicht gewölbt.
   ** rufa (Ach.) — Früchte hochgewölbt, rotbraun.
   *** geographica Mass. — Vorlager schwarz, die Kruste landkartenähnlich durchziehend.

ϑ. argentata (Ach.) — Kruste dünn, glatt, schwach rissig, weisslich. Früchte 1—1,5 mm breit, sitzend. Scheibe flach oder wenig gewölbt, rotbraun, ganzrandig. Rindenbewohnend.

* flavescens (Smf.) (chlarona Kbr. von Ach.) — Früchte hellgelbrötlich.
ι. soredifera Th. Fr. — (Lec. subfusca v. variolosa Kbr.; Lec. variolascens Nyl.) — Kruste mit zahlreichen, grossen, runden, weissen Soredien. Früchte bis 1 mm breit, angedrückt. Scheibe flach, braun, ganzrandig. An Rinden.
ϰ. detrita Ach. — Kruste stark gefeldert, weissgrau. Früchte eingesenkt, fahlrötlich, mit staubig zerriebenem Rande. An Rinden.
λ. similis Mass. (Biatora similis Mass.) — Kruste runzlig-warzig, feinrissig, grünlichgrau. Früchte gehäuft bis zusammenfliessend. Scheibe flach, gelblichfleischrot, mit hellerem, wenig vortretendem Rande. — Rindenbewohnend.

Ueberall sehr verbreitet. — (Lichen subfuscus L.; Parmelia Ach.; Lecanora subrugosa Nyl.; L. pseudistera Nyl.; L. transcendens Nyl.; L. psarophana Nyl.; L. atrynea Ach.; L. sublutea Th. Fr.; L. exspersa Nyl.)

283. L. subfusca (L.) Ach.

Anm. Auf der Fruchtscheibe findet sich häufig parasitisch Pharcidia congesta Kbr.

Kruste dünn, glatt oder runzelig, zuletzt hin und wieder rissig, weiss oder weisslichgrau. Vorlager weiss. Früchte sitzend, flach oder gewölbt, stets mit sehr blasser (weisslicher, gelblicher, rötlicher oder bräunlicher) und bereifter Scheibe. Sporen eiförmig. Paraphysen ganz hyalin, mit körniger, grünbräunlicher Deckschicht.

α. angulosa (Schreb.) Nyl. — Kruste aschgrau. Früchte bis 1 mm breit, gehäuft, eckig rundlich, blassrötlichbraun, weiss bereift.
* distans (Ach.) = (Lec. intermedia Kmphb.; L. scrupulosa Rbh.) — Früchte kleiner, zerstreut, blassbräunlich bis schwarzbraun, anfangs bereift, bald nackt. Rand erhaben ungeteilt oder leicht gekerbt.
β. cinerella (Flk.) — Kruste aschgrau. Früchte 0,3—1,0 mm breit, bald gewölbt und dann unberandet, hell fleischfarbig oder bräunlich, weiss bereift.
* coeruleata (Ach.) — Früchte gedrängt, dick blaugrau bereift, mit dunklem Rande.
** subcinerella (Nyl.) — Früchte grösser, flach, dicht weiss bereift, mit kräftigem, eingebogenem, stark kerbigbogigem Rande.
γ. sordidescens (Pers.) = (Lec. pallida α. albella (Hoffm.) Kbr.) — Früchte bis 1,5 mm breit. Scheibe flach, hellfleischfarbig, weiss bereift, berandet.
* chondrotypa (Ach.) — Kruste weisslichgelb. Frucht zuletzt gewölbt. Rand verschwindend.

An Baumrinden. Sehr verbreitet. — (Lichen albellus Pers.; Lecanora Ach.; Lec. subalbella Nyl.; L. chlaronea Ach.)

284. L. pallida (Schreb.) Kbr.

Kruste dünn, warzig-staubig, weissgrau bis graugrünlich, oft verwischt, mit weisslichem, oft undeutlichem Vorlager. Früchte 0,3 bis 1,0 mm breit, angedrückt, zahlreich. Scheibe flach oder gewölbt, gelbbraun bis dunkelrotbraun, zuweilen bläulich bereift, mit meist zart gekerbtem, dünnem, bleibendem Rande. Sporen länglich-elliptisch, 4—6 μ br., 8—16 μ lg.

α. umbrina Ehrh. — Fruchtscheibe etwas gewölbt, braunrot, unbereift. mit fast verschwindendem Lagerrande.
* corticola Kmplb. — Rindenbewohnend.
** litophila (Wallr.) (= saxicola Kmphb.) — Steinbewohnend.
β. crenulata (Smf.) — Fruchtscheibe dicht bereift. An Rinden.
γ. roscida (Smf.) — Fruchtscheibe bereift. An Steinen.

An Rinden, Stämmen, altem Holzwerk und Steinen. Häufig. — (Lichen Hageni Ach : Parmelia Ach.; Lichen coerulescens Hag.; Verrucaria coerulescens Hoffm.)   *285. L. Hageni (Ach.) Kbr.*

Kruste staubig-mehlig, bis fehlend, weisslich. Vorlager undeutlich. Früchte 0.2—0,6 mm breit, sitzend, hellbraun, rötlichbraun bis schwärzlichbraun, dicht blaugrau bereift. Rand wulstig, bleibend, oft gezähnelt. Sporen elliptisch, 4—7 μ br., 10—14 μ lg.

f. Sommerfeltiana (Kbr.) — Fruchtscheibe weisslich bereift, mit ungeteiltem Rande.

Auf Kalkbergen, häufig. — (Lichen crenulatus Dicks. (1793); Lecanora caesioalba Kbr.)   *286. L. crenulata (Dicks.)*

Kruste weinsteinartig, verbreitert, weisslichgrau bis bleigrau, gefleckt, auf undeutlichem Vorlager. Früchte bis 0,8 mm breit, anfangs eingesenkt, später angedrückt, braunschwarz oder schwärzlich, blaugrau bereift, zuletzt nackt. Rand weisslich, bald verschwindend. Sporen elliptisch, 4—6 μ br., 8—12 μ lg.

An Felsen. Selten. Altmühlthal in Baiern. — (Lecanora Agardhianoides Mass.)   *287. L. Agardhiana Ach.*

Anm Habituell der Callopisma vaiiabilis var Agaidhiana sehr nahe stehend, doch durch den inneien Fruchtbau sofoit zu unterscheiden.

— — Sporen kleiner.

Kruste dick, weinsteinartig, rissig, aschgrau bis graugrünlich, auf gleichfarbigem Vorlager. Früchte erhaben sitzend, bis 1 mm breit. Scheibe flach, braunrot, dick, wulstig berandet. Sporen eiförmig, 3 μ br., 5—7 μ lg.

An Granitfelsen. Sehr selten. Brocken, Melzergrund im Riesengebirge. — (Parmelia torquata Fr.)   *288. L. torquata (Fr.) Kbr.*

†† Kruste gelblich.
° Vorlager deutlich, schwarz.

Kruste weinsteinartig, schollig-warzig, strohgelb, selten weisslichgelb. Lagerwarzen gewölbt, rundlich-eckig-gekerbt. Früchte eingesenkt. zuletzt sitzend, gewölbt, braun bis schwarzbraun, mit bleibendem oder

verschwindendem Rande, 1—3 mm breit. Sporen eiförmig, 5—8 μ br., 10—16 μ lg., hyalin gesäumt.
   α. argopholis (Whlbg.) Kbr. — Lagerwarzen gedrängt. Fruchtscheibe mehr verflacht, mit bleibendem Rande.
   β. Ludwigii (Ach.) Th. Fr. — Warzen locker, höher gewölbt, am Rande gekerbt. Fruchtscheibe gewölbt, mit verschwindendem Rande.
   An Felsen. Selten. Kleine Schneegrube, Giebichenstein b. Halle a. Saale. — (Lichen frustulosus Dicks.; Parmelia Ach.; Lec. hydrophila Smft.; Lec. ocellulata Mass.)

289. L. frustulosa (Dicks.) Kbr.

Kruste weinsteinartig, körnig, keingefeldert, hellstrohgelb oder schwefelgelb. Früchte 0,5—2 mm breit, dicht angedrückt bis fast eingesenkt, mit gelblicher, anfangs flacher, dünn berandeter, später hoch gewölbter, unberandeter Scheibe. Sporen länglich-elliptisch, 4—5 μ br., 10—13 μ lg. Spermatien haarförmig, hin und her gebogen.
   α. vulgaris Fw. — Kruste körnig-warzig. Früchte grösser, angedrückt, hoch gewölbt, hell ockergelb bis rötlichgelb, seltener grau- oder grünlichgelb.
      * illusoria Ach. — Kruste fast fehlend. Früchte gehäuft, unberandet.
   β. intricata (Schrad.) — Kruste rissig-gefeldert, fast schuppig. Früchte kleiner, fast eingesenkt, hellgelblich, zuletzt verfärbt bis schwärzlich, fast flach.
      * ustulata Fw. — Kruste hellstrohgelb, schwarz gefleckt,
   An Felsen und Steinen (nicht an Kalk). Verbreitet. — (Lichen polytropus Ehrh.; Lecidea Ach.; Biatora Fr., Kbr.)

290. L. polytropa (Ehrh.) Th. Fr.

°° Vorlager oft undeutlich, weisslich. Früchte bleibend berandet.
   — Lager firnissartig- oder ölartig-geglättet. Früchte winzig klein.

Kruste sehr dünn, weinsteinartig, felderig-rissig, zuletzt weissstaubig, graugelblich oder gelblichweiss. Vorlager weiss. Früchte 0,2—3 mm breit, sitzend, anfangs fast krugförmig, zuletzt flach, gelblichbraun, meist dünn bereift, mit geschwollenem, körnig-gekerbtem Rande. Sporen elliptisch, 4—6 μ br., 8—12 μ lg.
   f. detrita Mass. — Früchte dunkler gefärbt.
   An Dolomitfelsen um Eichstädt und Pottenstein, Ankathal bei Ruprechtsegen, Schwalbenstein in Baiern. —

291. L. minutissima Mass.

— — Lager mehr oder weniger körnig-warzig. Früchte grösser.

Kruste körnig-warzig, fast weinsteinartig, etwas gefeldert, grünlichgelb bis strohgelb, auf dünnem, weissem, fleckenartig verbreitetem Vorlager. Früchte 0,5—2 mm breit, meist gedrängt, sitzend, flach, gelblich bis gelbbräunlich oder gelbrötlich, unbereift, mit ungeteiltem, oft verbogenem, aufrechtem, bleibendem Rande. Sporen elliptisch, 5—6 μ br., 9—11 μ lg. Spermatien haarförmig, bogig oder geschlängelt.

α. pallescens Schrnk. — Kruste grunlichgelb. Fruchtscheibe blassgelblich.
β. melanocarpa Anzi. — Fruchtscheibe schmutzig dunkelbräunlich.
γ. conigaea Ach. — Fruchtscheibe gelblichfleischrot, mit staubigem Rande.

An Rinden der Laubbäume und an altem Holzwerk. Häufig. — (Lichen varius Ehrh.; Parmelia Ach.)

292. L. varia (Ehrh.) Ach.

Kruste dünn, körnig, gekerbt-schuppig bis fast glatt, strohgelb. Früchte 0,5—1 mm breit, flach, olivengrün bis schwärzlich, verwischt bereift, mit dickem, bleibendem Rande. Sporen 4,5—6 μ br., 10—12 μ lg. — Spermatien wie vor.

Diese nordische Art ist im Gebiete nur von Mosig im Riesengebirge auf Andreaea rupestris gefunden worden. — (Lecanora varia γ leptacina Th. Fr.)

293. L. leptacina Smft.

Kruste ergossen, körnig, graugelb, mit undeutlichem Vorlager. Früchte 0,5—1 mm breit, sitzend, gelbrötlich bis rotbräunlich, meist leicht gewölbt, mit gekerbtem, bleibendem Rande. Sporen elliptisch, 4—7 μ br., 8—15 μ lg. Spermatien gekrümmt, an der Spitze abgestumpft.

An Baumrinden, altem Holzwerk. Häufig. — (Parmelia sarcopis Whlbg.; L. varia var. sarcopis Kbr.; L. effusa α sarcopis Th. Fr.; Lecanora subravida Nyl.)

294. L. sarcopis (Whlbg.) Ach.

Kruste körnig-warzig, zuweilen fehlend, gelblichgrau. Früchte ca. 0,5 mm breit, fleischrot bis dunkelrotbraun, sitzend. Sporen eiförmig, 4—5 μ br., 8—11 μ lg. Spermatien kräftig, gerade.

α. hypopta (Ach.) — Kruste sehr dunn, schmutzig-gelblich. Früchte bräunlich oder schmutzig-bräunlichschwarz.

An entrindeten Bäumen und Holz. Selten, doch wohl oft übersehen. — (Verrucaria effusa Pers.; Lecanora hypoptoides Nyl.)

295. L. effusa (Pers.) Nyl.

Kruste kleinkörnig, oft verwischt, hellgelblichgrau. Früchte gedrängt, gelbrötlich, bräunlich bis rotbräunlich, flach, bereift. Rand bleibend, gezähnelt. Sporen elliptisch, 4—7 μ br., 11—18 μ lg. Spermatien gekrümmt.

    α. subcarnea Kbr. — Früchte fleischrötlich, bereift. Kruste weisslichgelb.
    β, glaucella Fw. — Früchte grünlich - schwärzlich, anfangs grau bereift, zuletzt unberandet. Kruste dunkler.
    γ. ochromma (Nyl.) — Sporen wenig grösser.

An der Rinde der Nadelhölzer. Ziemlich häufig. —

296. L. piniperda Kbr.

Kruste dick, ergossen, warzig oder gedrängt schollig-körnig, grünlichgelb bis hellgelb, mit citrongelben Soredien besetzt. Früchte 1—2 mm breit, sitzend, flach, gelbrot bis rotbraun, mit dauerndem, zuletzt kerbig - bogigem Rande. Sporen elliptisth, 5—7 μ br., 9—12 μ lg. Spermatien gekrümmt.

An Thonschieferfelsen bei Hüttenrode im Harz. — (Lichen epanorus Ach.; Parmelia Ach.) *297. L. epanora Ach.*

    ×× Früchte mit verschwindendem Rande. — Spermatien lang haarförmig, bogig-geschlängelt.

Kruste staubig-schorfig aufgelöst, meist sehr dünn, fleckenartig begrenzt, hellgelblich bis strohgelb. Vorlager weiss. Früchte gedrängt, sitzend, bald gewölbt, hellgelb bis grünlichschwärzlich, 0,5—1 mm breit. Sporen schmäler, 4—5 μ br., 10—15 μ lg. Spermatien mit körniger, gelblicher Deckschicht.

    α. maculiformis (Hoffm.) — Kruste sehr dünn, staubig aufgelöst. Fruchtscheibe sattgelb oder fleischgelb. Namentlich an Rinden der Laubhölzer.
    β. aitema (Ach.) — Kruste dicker, schorfig. Fruchtscheibe zuletzt hoch gewölbt, grünlichschwarz. Sporen wenig grösser, 4,5—5,5 μ br., 12—17 μ lg.
    * saepincola (Ach.) — Kruste körnig. Fruchtscheibe bald gewölbt, schmutziggelb. Holzbewohnend.
    γ. muscorum Kbr. — Kruste körnig-schorfig, grüngelb. Früchte eingesenkt, flach oder fast flach, grünlichschwarz. Ueber Moosen.
    δ. denigrata Fw. (L. varia v. pumilionis Rehm.) — Kruste fast fehlend. Früchte bald gewölbt, schwärzlich. An Knieholz.

Von der Ebene bis ins Hochgebirge. Häufig. — (Lecanora varia δ symmicta Ach.; Lecidea symmicta Ach.; Biatora Fr.; Lecanora symmictera Nyl.) *298. L. symmicta Ach.*

    Anm. Die Früchte erinnern habituell an Biatora lucida und B. vernalis. Von Lec. varia durch den bald verschwindenen Rand der Fruchtscheibe stets sicher zu unterscheiden.

Kruste ergossen, unbegrenzt, öfter weit ausgebreitet, weissgelb, stellenweise weissstaubig aufgelöst. Früchte zerstreut, sitzend, hellgelb bis blauschwarz, mit flacher Scheibe. Sporen 6—7 μ br., 10—16 μ lg. Sonst wie vor.

An glatter Eichenrinde. Selten. Westfalen. — (Biatora straminea Stenh.; Lec. varia var. straminea Br. et Rostr.)

299. L. straminea (Stenh.) Lahm.

Kruste körnig, gelb. Früchte angedrückt, leicht gewölbt, mit hellblauer Scheibe und sehr früh verschwindendem Rande. Sporen 4—6 µ br., 8—12 µ lg.

An alten Zäunen. Sehr selten. Münster, Eichstätt.

300. L. metaboliza Nyl.

— — Spermatien sichelartig gekrümmt oder fast gerade.

Kruste sehr dünn, kleinkörnig-runzelig, zuweilen fehlend, schmutziggelb. Früchte 0,4—8 mm breit, sitzend, anfangs flach, später stark gewölbt, rotbraun, schmutzigbraun bis grünschwärzlich. Sporen elliptisch, 4—6 µ br., 8—15 µ lg. Spermatien länglich, oft sichelartig gekrümmt, 3 µ br., 9—12 µ lg.

An Baumrinden, gern an Kiefern. Zerstreut. — (Lec. piniperda γ ochrostoma Kbr.; L. ochrostomoides Nyl.)

301. L. ochrostoma Hepp.

Kruste dünn, körnig, ockergelb oder schmutzig-grüngelb, öfter fehlend. Früchte 0,2—5 mm breit, sitzend, flach oder leicht gewölbt, gelblich, gelbbraun bis schwärzlichbraun, mit dünnem, ungeteiltem, verschwindendem Rande. Sporen elliptisch, 3—3,5 µ br., 6—9 µ lg. Spermatien klein, 3—6 µ lg., länglich-elliptisch, gerade oder sehr leicht gekrümmt.

An Nadelholzstämmen. Sehr selten.

302. L. subintricata (Nyl.) Th. Fr.

††† Kruste braun oder schwarz.

Kruste dick, warzig, fast schuppig, gefeldert, olivenbraun, gelbbraun bis schwarzbraun, glänzend. Vorlager schwarz. Früchte 0,5—3 mm breit, angedrückt, braunschwarz, flach, stark glänzend, mit hellerem, bleibendem, fast ganzrandigem Rande. Sporen schmal, fast spindelförmig, 3—5 µ br., 10—15 µ lg. Spermatien haarförmig, gerade.

α. cinerascens (Nyl.) — Kruste heller, fast weissgrau. Früchte grösser.

β. microcarpa Anzi. — Früchte sehr klein, kastanienbraun.

An Felsen, Steinen, erratischen Blöcken. Häufig. α an schattigen Orten. — (Lichen badius Pers.) *303. L. badia (Pers.) Ach.*

Kruste fleckenartig, kleinkörnig-warzig, öfter verwischt oder fast fehlend, schwärzlich. Vorlager schwarz. Früchte sehr klein, bis 0,5 mm breit, sitzend, zahlreich, anfangs flach, später gewölbt, dunkelbraun bis schwärzlich, mit sehr dünnem, graubraunem, bald zurücktretendem Rande. Sporen länglich-eiförmig, 3—4 μ br., 10—14 μ lg.

An Granitstücken. Sehr selten. Kleine Sturmhaube im Riesengebirge. — (Lec. Hageni var. nigrescens Th. Fr.)

304. L. nigrescens (Th. Fr.) Stein.

** Sporen zu 12 bis 32.

Kruste sehr dünn, häutig, weisslich bis weissgrau. Früchte 1—1,5 mm breit, angedrückt, flach, zuletzt etwas gewölbt, rotbraun oder fleischrötlichbraun, dünn bereift, mit bleibendem, geschwollenem, ungeteiltem Rande. Sporen zu 12 bis 16, elliptisch-länglich, 6—7 μ br., 14—19 μ lg.

An alten Bretterzäunen. Wohlau, Oppeln, Breslau. — (Lec. subfusca ζ cateilea Ach.; L. duodenaria Nyl.)

305. L. cateilea (Ach.) Nyl.

Kruste körnig, fast staubig aufgelöst, zuweilen fehlend, weissgrau. Vorlager zart, weisslich. Früchte 0,3—5 mm breit, angedrückt, dicht stehend, flach, rotbraun, unbereift, mit bleibendem, erhabenem, gezähntem, weissem Rande. Sporen zu 12, 16, 24, 32, sehr selten zu 8, elliptisch, 5—7 μ br., 9—12 μ lg.

An glatter Rinde der Laubhölzer, oft junge Stämme dicht bedeckend. Häufig. — (Lichen Sambuci Pers.; Lec. scrupulosa Fr. p. m. p., Kbr.)

306. L. Sambuci (Pers.) Nyl.

Anm. Lecanora leprothelia Nyl., mit papilloser oder kuglig-körniger Kruste, wurde bisher nur steril gefunden. (Schneekoppe). Zu welcher Gattung diese Flechte zu stellen ist, lässt sich mithin zur Zeit nicht entscheiden.

46. *Mosigia Ach.*

Kruste oft weit ausgedehnt, weinsteinartig, kleinwarzig, gefeldert, bräunlich, öfter in weisse Soredien aufbrechend. Vorlager dünn, schwarz. Früchte bis 1 mm breit, anfangs eingesenkt, mit kugelförmiger Scheibe, später sitzend, mit flacher, grubiger, höckeriger oder rillig-gefelderter, schwarzer Scheibe und dickem, ganzrandigem, bleibendem Lagerrande. Sporen elliptisch, 8—10 μ br., 16—20 μ lg.

An Felswänden nicht selten, doch wenig fruchtend. — (Pyrenula gibbosa Ach.; Sagedia Fr.; Parmelia Bockii Fr.; Lecanora Th. Fr.)

307. M. gibbosa (Ach.) Kbr.

47. *Aspicilia (Mass.) Th. Fr.*

1. Fruchtscheibe schwarz.
    a. Sporen stets zu 8.
        * Sporen sehr gross, 15—30 μ br., 30—50 μ lg.

Kruste warzig, glatt oder mehlig bestaubt, weisslich bis weissgrau. Vorlager weiss. Früchte den Warzen eingesenkt. Scheibe vertieft bis flach, mit eigenem, dünnem, grauschwarzem und dickem, zuletzt fast verschwindendem, weissem Lagerrande. Sporen fast elliptisch, gesäumt. Paraphysen dicht verleimt.

Ueber Moosen. Selten. Kleine Schneegrube, Harz, Höxter, Fränk. Jura, Baiern. — (Urceolaria verrucosa Ach.; Lecanora Laur.; Pachyospora Mass.) *308. A. verrucosa (Ach.) Kbr.*

Kruste dünn, zusammenhängend, warzig, glatt, glänzend, blassgelblich oder graugelb. Früchte den Warzen eingesenkt, mit flacher oder leicht concaver, grau bereifter Scheibe. Sporen wie vor.

An Gartenzäunen, Planken, Bäumen. Selten. Jena, Arnstadt. — (Urceolaria mutabilis Ach.; Lecanora Nyl.; Pachyospora Mass.)
309. A. mutabilis (Ach.) Kbr.

Anm. Von voriger Art sofort an der fettig glänzenden, schmutziggelben Kruste zu unterscheiden.

** Sporen kleiner.
† Kruste weisslichgrau bis weisslichgelb.
° Kruste sich durch Kal. caust. nicht verändernd.

Kruste dick, weinsteinartig, feucht weich, fast schwammig, glatt, warzig-gefeldert, weissgrau bis grünlichgrau. Vorlager fast gleichfarbig. Früchte eingesenkt, meist einzeln, doch auch zu 2 und 3 in den Warzen, bald flach, mit nackter Scheibe und bleibend dünn berandet. Sporen elliptisch, 6—8 μ br., 10—12 μ lg. Paraphysen fädig, mit grünlicher oder bräunlichgrüner Spitze.

An überfluteten Steinen und Felsen in der Bergregion. Selten. Riesengebirge, Zobten, Zwickauer Mulde b. Schönheide. — (Parmelia cinerea β aquatica Fr.; Pachyospora Mass.)
310. A. aquatica (Fr.) Kbr.

Kruste ausgebreitet, sehr dünn, fast schorfig, rissig-gefeldert, hellgraugrün-gelblich, „wie eine dünn angeflogene Lage erdigen Schmutzes". Früchte 0,1—3 mm breit, eingesenkt, sehr zahlreich, mit anfangs vertiefter, später verflachter, schwarzer Scheibe und dünnem, ungeteiltem Rande. Schläuche keulenförmig-bauchig. Sporen elliptisch, schmal gesäumt, 7—11 μ br., 12—18 μ lg. Paraphysen an der Spitze bläulich. Schlauchschicht durch Jod bleibend intensiv gebläut.

An Felsen. Sehr selten. Höxter und Büren in Westfalen. — (Lecanora flavida Hepp.; Aspicilia micrantha Kbr.; A. ochracea Mudd.)
311. A. flavida (Hepp.)

°° Kruste durch Kal. caust. verfärbt.

Kruste weinsteinartig, rissig-gefeldert, meist aschgrau, selten dunkler oder weisslich, durch Kal. caust. sofort gelb, bald ziegelrot bis intensiv blutrot gefärbt. Vorlager schwarz. Früchte eingesenkt, zuletzt bisweilen etwas hervortretend, 1—2 mm breit, mit anfangs leicht vertiefter, bald flacher, nackter, schwarzer Scheibe und dünnem, bleibendem, ungeteiltem Lagerrande. Schläuche keulenförmig. Sporen fast elliptisch, 8—14 μ br., 15—22 μ lg. Spermatien gerade, nadelförmig, 1—1,5 μ br., 15—21 μ lg.

α. lusca (Nyl.) — Kruste sehr dünn. Sporen etwas grösser, 10—16 μ br., 15—21 μ lg.

Auf Steinen aller Art (nicht auf Kalkstein). Verbreitet, sehr selten auf Holz übergehend. — (Lichen cinereus L.; Urceolaria Ach.; Lecanora Smrft.) *312. A. cinerea (L.) Kbr.*

Anm. Die Markschicht wird durch Jod nicht gebläut.

Kruste gelblich, tiefrissig-gefeldert, warzig verunebnet oder glatt, durch Kal. caust. ziegelrot gefärbt. Markschicht durch Jod blau oder violett gefärbt. Vorlager schwarz. Früchte bis 1,5 mm breit, eingesenkt, bald hervortretend. Scheibe flach, schwarz, öfter leicht bereift, mit bleibendem oder verschwindendem Rande. Sporen kugelig-elliptisch, 8—11 μ br., 11—17 μ lg. Spermatien kurzcylindrisch, 6—7 μ lg.

Auf Urgestein, im Hochgebirge nicht selten. — (Parmelia Myrini Fr.; Lecanora Nyl.; Aspicilia cinerea γ alpina Kbr.)
313. A. Myrini (Fr.) Stein.

†† Kruste blassbräunlich.

Kruste weinsteinartig, rissig-gefeldert. Felderchen flach, unregelmässig-eckig. Vorlager schwarz. Früchte zu 1 bis 2 den Feldern eingesenkt, anfangs punktförmig, bald flach, schwarz, mit unberandeter Scheibe. Sporen eiförmig, 8—14 μ br., 16—22 μ lg.

Auf Kalkfelsen in den Algäuer Alpen. Sehr selten. — (Lecanora badioatra Hepp.) *314. A. badioatra (Hepp.) Kmphb.*

b. Sporen zu 2, 4, 6, selten zu 8.

Kruste weinsteinartig-mehlig, rissig-gefeldert, begrenzt, weiss, weissgrau, bläulichweiss bis graugrünlich. Vorlager weiss. Früchte eingesenkt, anfangs krugförmig, später mehr verflacht, rundlich-eckig, weiss oder bläulich bereift, mit dunklem eigenem und breitem, bleibendem, öfter runzeligem Lagerrande. Sporen kugelig-elliptisch, 15—20 μ br., 18—30 μ lg. Paraphysen oben olivenbräunlich. Spermatien nadelförmig, gerade.

α. concreta (Schaer). — Kruste zusammenhängend, gefeldert, weiss oder bläulichweiss.
  * farinosa (Flk.) — Kruste staubig-mehlig, weiss. Früchte punktförmig, mit bestaubtem Rande.
** ochracea Kbr. — Kruste ockergelb.

β. **contorta** (Hoffm.) — Kruste getrennt-schuppig, weiss oder weissgrau. Früchte eingesenkt.
γ. **Hoffmanni** (Ach.) = (A. calc. var. Lundensis Kbr. von L.) — Kruste graugrünlich. Früchte grösser. etwas hervortretend.

An Kalkstein, Gemäuer, auf Ziegeln, selten auf Erde oder an Holz. Besonders im Gebirge sehr häufig. — (Lichen calcareus L.; Urceolaria Ach.; Lecanora Smrft.; Parmelia Fr.; Pachyospora Mass.)

315. A. calcarea (L.) Kbr.

Kruste weinsteinartig, warzig oder höckerig, gefeldert, weissgrau, stahlgrau bis oliven- oder schwärzlichgrün. Vorlager hellgrau. Früchte 0,5—1,5 μ breit, anfangs krugförmig, eingesenkt, später hervortretend, flach oder etwas vertieft, unbereift, mit bleibendem, einwärts gebogenem Rande. Sporen zu 4 bis 8, eiförmig, 10—15 μ br., 15—30 μ lg. Paraphysen verklebt, oben schmutzig-olivenbräunlich. Spermatien nadelförmig, gerade.

α. vulgaris Kbr. — Kruste dicker, gleichmässig rissig-gefeldert, grüngrau.
* porinoidea Fw. — Warzen hoch gewölbt. Früchte bleibend eingesenkt.
β. laevata (Ach.) = (A. cinerea β laevata Kbr.) — Kruste dünner, glatt. fein-rissig, grünlichgrau bis schwärzlichgrau. Früchte kleiner. mit bleibend concaver Scheibe. Rand sehr hervortretend.
γ. squamata Fw. — Kruste dünn, im Centrum feinschuppig, im Umfange fast strahlig, weissgrau. Früchte flacher, fast aufsitzend, mit weniger hervortretendem Rande.
δ. silvatica Zwackh. = A. lusca Nyl. — Kruste sehr dünn. Sporen etwas breiter, 10—16 μ br., 16—21 μ lg. Spermatien 1 μ br., 16—21 μ lg. Ob als eigene Art zu betrachten?

An Steinen und Felsen, nicht auf Kalk. In der Ebene wie im Gebirge häufig. — (Lichen gibbosus Ach.; Urceolaria Ach.; Lecanora Nyl.; Sagedia laevata Ach.; Lecanora depressa Nyl.; Pachyospora ocellata Mass.)

316. A. gibbosa (Ach.) Kbr.

Kruste dunkel-aschgrau, warzig-gefeldert. Vorlager schwärzlich. Früchte 1 mm breit, mattschwarz. Sporen 12—15 μ br., 22—24 μ lg. Spermatien gerade, 1 μ br., 12 μ lg.

An Quarzblöcken. Selten. Jura. — (Parmelia cinerea var. obscurata Th. Fr.)

317. A. obscurata (Fr.) Nyl.

2. Fruchtscheibe rotbraun.
a. Früchte grösser.
* Kruste reinweiss, milchweiss oder hellgelblichweiss.

Kruste weinsteinartig, begrenzt, feinrissig, geglättet, reinweiss oder schmutziggelbweis. Vorlager dick, schwarz. Früchte c. 0,5 mm breit, eingesenkt. Scheibe flach oder seicht concav, über die Kruste nicht vortretend, braunschwarz, angefeuchtet dunkelrot, unberandet.

Sporen länglich-elliptisch, 5—6 μ br., 12—17 μ lg. Paraphysen nach der Spitze gebräunt.
An feuchten Felsen. Selten. Lomnitzfall im Riesengebirge. (Lecidea phaeops Nyl. 1858; Aspicilia stictica Kbr. 1859; A. fumida Arn.)

318. A. phaeops (Nyl.)

Kruste weinsteinartig, ausgebreitet, staubig, milchweiss. Früchte anfangs eingesenkt, zuletzt fast sitzend, mit leicht vertiefter, bräunlicher Scheibe und hellem Rande. Sporen elliptisch oder länglich-elliptisch, 2,5—3,5 μ br., 9—12 μ lg.
In Dolomitfelsen bei Obereichstädt in Baiern.

319. A. lactea Mass.

** Kruste heller oder dunkler grau oder hellgelb bis ockergelb.
° Vorlager schwarz.

Kruste zusammenhängend oder zerstreut schuppig, weinsteinartig, rissig-gefeldert, rötlich-grau oder bleigrau, durch Kal. caust. intensiv ziegelrot gefärbt. Vorlager schwarz. Früchte 1—1,5 mm breit, eingesenkt, bogig-eckig, flach oder leicht gewölbt, rötlichbraun bis rötlichschwarz, angefeuchtet stets gerötet, öfter zart bereift, mit dünnen, meist bleibendem Lagerrande. Sporen eiförmig, schmal gesäumt, 6—8 μ br., 9—13 μ lg. Spermatien kurzcylindrisch, gerade, 1 μ br., 4—6 μ lg.

α. cinerascens Th. Fr. — Kruste bläulich-weissgrau.
β. sulphurea Th. Fr. — Kruste intensiv gelb.

An Urgestein in der Berg- und Hochgebirgsregion, nicht selten. — (Lecanora alpina Smrft.; Aspicilia cinereorufescens Kbr.; Lec. cinerea Nyl.)

320. A. alpina (Smrft.)

Kruste weinsteinartig, warzig, rissig-gefeldert, aschgrau. Vorlager schwarz. Früchte c. 1 mm breit, meist hervortretend, fast regelmässig kreisrund, dunkelrot bis braunrot, angefeuchtet hell blutrot, unbereift, mit deutlichem Lagerrande. Sporen elliptisch, gesäumt, 7—10 μ br., 12—24 μ lg. Spermatien 4—5 μ lang.

forma: ochracea Kbr. (= Lec. cinerea var. oxydata Nyl.) — Kruste ockergelb.

An Felsen in höheren Gebirgen. Selten. Westfalen (Exstersteine), Bairische Alpen. Die var. durch Eisenoxydhydrat gefärbt (Urceolaria cinereorufescens Ach.; Lecanora Nyl.; Aspicilia sanguinea Kmphb.; Lec. cinerea var. cinereorufescens Nyl.)

321. A. cinereorufescens (Ach.) Th. Fr.

°° Vorlager weissgrau oder gelblich.

Kruste weinsteinartig, warzig, gefeldert, weissgrau. Vorlager weissgrau. Früchte 0,5—1,0 mm breit, dicht gedrängt, eingesenkt, rotbraun bis schwärzlich, flach oder leicht gewölbt, mit bleibendem, weissgrauem Lagerrande. Sporen kugelig-elliptisch, gesäumt, 4—5 µ br., 5—7 µ lg. Paraphysen fast perlschnurartig gegliedert.

α. genuina Kbr. — Kruste dünn. weissgrau. Fruchtscheibe schwärzlich.
β. fluviatilis Kbr. — Kruste dick, rötlich angehaucht. Fruchtscheibe rotbraun, stets unbereift

Auf Granit, an erratischen Blöcken. Selten. Neumark, Gorkau in Schlesien; β im Bober bei Hirschberg. —

322. A. bohemica Kbr.

Kruste weinsteinartig, dünn, schmutzig-scherbengelb, rissig-gefeldert, fleckenartig. Vorlager gelblich. Früchte gehäuft, eingesenkt, anfangs punktförmig, später mit ausgebreiteter, verflachter Scheibe, hellwachsgelb bis bräunlichgelb, unberandet. Sporen elliptisch, 6—7 µ br., 12—14 µ lg.

An Hornstein. Sehr selten. Eichstädt. — (Aspicilia epulotica v. ceracea Kbr.) *323. A. ceracea Arn.*

Kruste ausgebreitet, glatt, feinrissig, rahmgelb bis hellockergelb. Vorlager gelblich. Früchte eingesenkt, ockergelb bis leberbraun, oft bereift, mit anfangs dickem, zuletzt verschwindendem Lagerrande. Sporen 6—8 µ br., 13—18 µ lg.

Am Ufer oder im Bette der Gebirgsbäche auf granitischem Gestein, nicht selten. (Aspicilia epulotica β lacustris Kbr.; Lichen lacustris With.; Lichen Acharii Westr.; Urceolaria Ach.; Lecanora Smrft.)

324. A. lacustris (With.) Th. Fr.

b. Früchte winzig klein, bis höchstens 0,3 mm breit.

Kruste kleinschuppig-gefeldert, bläulichgrau oder bräunlichgrau. Schuppen flach, unregelmässig-eckig, gekerbt. Vorlager schwarz. Früchte einzeln in den Schuppen sitzend, 0,1—3 mm breit, rotbraun bis schwärzlich, vom Lager dick berandet. Sporen elliptisch, 5—6 µ br., 9—12 µ lg. Paraphysen mit verdickten, bräunlichen Spitzen. Spermatien zart, nadelförmig, leicht gekrümmt.

Am Basalt der kleinen Schneegrube. — (Lecanora complanata Kbr.; L. coracodes Nyl.) *325. A. complanata (Kbr.) Stein.*

Anm. Jod färbt die Schlauchschicht blau.

Kruste sehr dünn. dicht angedrückt, kleinschollig, graugrün oder lederfarbig. Schollen gedrängt, rundlich, flach, 0,3—5 mm gross. Vorlager dunkel. Früchte etwa 0,1 mm breit, punktförmig, zu 1—2 in den Schollen sitzend, rötlichbraun, angefeuchtet dunkelrot, durchscheinend, dünn berandet. Schlauchschicht wird durch Jod gerötet. Sporen elliptisch. 3—4 µ br., 5—8 µ lg.

Am Basalt der kleinen Schneegrube. *326. A. microlepis Kbr.*

Lecanoreae.

48. *Jonaspis Th. Fr.*
Von voriger Gattung nur durch die Gonidien verschieden.

a. Fruchtscheibe schwarz.

* Sporen klein, 3—5 μ breit, 6—12 μ lang.

Kruste dünn, ausgebreitet, dem Substrat dicht angeschmiegt, fast weinsteinartig, rissig-gefeldert, rotbraun, im Herbar dunkel gelbgrau werdend. Vorlager gleichfarbig. Früchte 0,1—2 mm breit, den Felderchen eingesenkt, krugförmig, schwarz, angefeuchtet glänzend schwarz. Rand dünn, zuletzt fast verschwindend. Sporen 3—5 μ br., 6—10 μ lg. Paraphysen oben olivengrün.

An feuchten Felsen im Hochgebirge. Kl. Schneegrube, Melzergrund, bairische Alpen. (Aspicilia chrysophana Kbr.)

327. J. chrysophana (Kbr.) Th. Fr.

Kruste firnissartig, sehr feinrissig, rötlichgrau oder fast fleischrot, im Herbar graugrün werdend. Vorlager weisslich. Früchte 0,2—3 mm breit, eingesenkt, schwarz, angefeuchtet dunkelbraun, mit anfangs wulstigem Lagerrande und dünnem eigenem Rande. Sporen 3—4 μ br., 8—12 μ lg. Paraphysen oberwärts dunkelgrünlich.

An feuchten oder überfluteten Felsen des Hochgebirges. Lomnitzfall, kl. Teich, Kesselkoppe. — (Lichen suaveolens Ach.; Urceolaria Schaer.; Aspicilia Kbr.)

328. J. suaveolens (Ach.) Th. Fr.

** Sporen grösser, 6—10 μ breit, 12—24 μ lang.

Kruste weinsteinartig-mehlig, schmutzig-weisslich, öfter fehlend. Früchte den Lagerwarzen eingesenkt oder bei fehlender Kruste fast lecidinisch sitzend, schwarz, angefeuchtet braunschwarz, mit weisslichem, bestaubtem Rande. Sporen 9—10 μ breit, 18—24 μ lang. Schlauchschicht durch Jod stark gebläut, allmälig undeutlich weinrot werdend. Paraphysen oben bläulich-violett-bräunlich.

Auf Kalkblöcken und Kalkmergel. Selten. Aachen, bairische Alpen. — (Hymenelia Prevostii β melanocarpa Kmphb.; H. lithophraga Mass.?)

329. J. melanocarpa (Kmphb.)

Kruste blau, vom weisslichen Vorlager umsäumt. Früchte zahlreich, stets eingesenkt, mit bleibend schwarzer Scheibe und bald verschwindendem Lagerrande. Sporen 6—8 μ br., 12—15 μ lg. Paraphysen oben violett-blau.

Auf Kalkfelsen. Selten. Algäu. — (Hymenelia coerulea (Mass.)

330. J. coerulea (Mass.)

b. Fruchtscheibe rotbraun.

Kruste ergossen, weiss, weissgrau oder rötlichweiss. Früchte c. 0,3 mm breit, tief eingesenkt, ungleich kreisrund, mit vertiefter, dunkelfleischroter Scheibe und bleibendem Lagerrande. Gonidien 9—16 µ br. Sporen elliptisch, 9—11 µ br., 14—22 µ lg. Paraphysen ungefärbt.

α. **affinis** (Mass) — Kruste gelb und weiss gefleckt. Scheibe mehr lirellenförmig.

An Kalksteinen. Westfalen, Jura, bairische Alpen. Württemberg. — (Gyalecta Prevostii Fr.; Lecidea Schaer.; Biatora Rbh.; Biatora epulotica var.; Prevostii Hepp.; Lecidea epulotica var. Prevostii Nyl.: Aspicilia Prevostii Anzi.)

331. J. Prevostii (Fr.) Kmphb.

Kruste weinsteinartig, undeutlich gefeldert, weisslich bis hellockergelb (durch Eisenocker gefärbt). Früchte anfangs eingesenkt, später etwas hervortretend, mit rotbrauner Scheibe und verbogenem Lagerrande. Gonidien 20—32 µ breit. Sporen 6—8 µ br., 13—18 µ lg.

f. **minuta** Arn. — Früchte winzig klein. Scheibe hellrötlich.

An Kalk und Dolomitfelsen. Selten. — (Gyalecta epulotica Ach.; Biatora Hepp.: Aspicilia Kbr.) *332. J. epulotica (Ach.) Kmphb.*

Kruste firnissartig, hellbraunrot, im Herbar graugrün werdend. Früchte anfangs eingesenkt, später hervortretend, rötlich. Sporen 3—4 µ br., 8—10 µ lg. Paraphysen ungefärbt.

An feuchten oder überfluteten Felsen des Hochgebirges. — (Gyalecta odora Fr.: Aspicilia Kbr.) *333. J. odora (Ach.) Th. Fr.*

49. Koerberiella Stein.

Kruste warzig-rissig gefeldert, matt, rauh, braungrau oder schmutzigaschgrau. Vorlager dunkel. Früchte bis 1 mm breit, flach, rot- oder kastanienbraun, unbereift, mit bleibendem, fast staubigem, ungeteiltem Rande. Sporen elliptisch, 15—18 µ br., 30—40 µ lg., sehr breit gesäumt. Paraphysen oben gelbbräunlich.

Am Basalt der kleinen Schneegrube. — (Zeora Wimmeriana Kbr.)

334. K. Wimmeriana (Kbr.) Stein.

50. Ochrolechia Mass.

Kruste dick, weinsteinartig, vielfach höckerig-warzig, öfter corallinisch oder isidienartig bis stalaktitenförmig aufstrebend, im Alter soreumatisch, weiss- oder schmutziggrau. Vorlager weiss. Früchte bis 7 mm breit, angedrückt sitzend, gelb- oder rotbraun, unbereift, dick und bleibend hellgrau berandet. Sporen breit gesäumt, elliptisch, 20—30 µ br., 30—70 µ lg.

An Steinen und Felsen in gebirgigen Gegenden verbreitet, selten an Rinden (forma arborea DC.) — (Lichen tartareus L.; Parmelia Ach.; Lecanora Ach.) *335. O. tartarea (L.) Mass.*

Kruste dünner, schmutzig-weisslich, weissgrau bis grüngrau. Vorlager weiss. Früchte bis 4 mm breit, sitzend, fleischrötlich, weiss bereift, mit bleibendem, dickem, ungeteiltem Rande. Sporen 25—45 µ br., 41—80 µ lg.

α. tumidula (Pers.) — (Lichen tumidulus Pers. 1794.) — Kruste dünn, häutig. Fruchtscheibe flach, bereift. Meist an Laubholzrinden.
* Upsaliensis (L.) — Auf abgestorbenen Moospolstern. Früchte kleiner.
β. Turneri (E. B.) — Kruste dünn, häutig, soreumatisch-staubig. Fruchtscheibe flach, zuletzt unbereift. An Rinden der Laubhölzer.
γ. parella (L.) — Kruste dicker, weinsteinartig-mehlig. Fruchtscheibe concav, runzelig-warzig, bereift. — Steinbewohnend.

In der Ebene sehr zerstreut, häufig im Gebirge. — (Lichen pallescens L.; Lecanora Schaer.) *336. O. pallescens (L.) Kbr.*

51. Maronea Mass.

Kruste warzig-körnig, graugrün oder gebräunt, matt. Vorlager schwarz. Früchte erhaben sitzend, zuletzt sich leicht von der Kruste ablösend, gedrängt, flach, braun oder schwärzlichbraun, mit rötlichem, eigenem und geschwollenem, etwas eingebogenem und gekerbtem, weisslichem Lagerrande. Sporen 2 µ br., 3 µ lg. Paraphysen oben verdickt, gebräunt.

An Fagus silvatica. Selten. — (Lecanora constans Nyl.; Maronea Kemmleri Kbr.) *337. M. constans (Nyl.) Th. Fr.*

Anm. Von ähnlichen Formen der Lecanora subfusca durch das doppelte Gehäuse leicht zu unterscheiden.

Kruste blassgelblichgrün, etwas glänzend, vom bräunlichen Vorlager umsäumt. Früchte zerstreut, schwarzbraun, angefeuchtet kastanienbraun, mit wulstigem, ungeteiltem Lagerrande. Sporen wenig grösser.

An Erlen. Sehr selten. Cladow in der Mark Brandenburg.

338. M. berica Mass.

3. Subfam.: Gyalecteae.
Uebersicht der Gattungen.

1. Sporen mehrzellig.
 * Fruchtscheibe gefärbt, rot, gelblich bis bräunlich.
 a. Sporen parallel 4- bis mehrteilig.

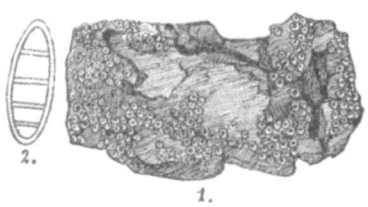

1. Phialopsis rubra. Nat. Grösse.
2. Sporen derselben Flechte.

Lager krustig. Früchte krugförmig, mit wachsartigem, eigenem und bleibendem, wulstigem, gekerbtem Lagergehäuse und vertiefter braun- bis blutroter Scheibe. Sporen länglich-elliptisch (kahnförmig Kbr.), ungefärbt, anfangs zweifächerig, bald mit 3 bis 4 parallelen Querwänden. Paraphysen zusammenhängend, straff, oben rot.

Phialopsis Kbr.

Lager krustig. Früchte krugförmig,
mit wachsartigem eigenem Gehäuse. Sporen
spindelförmig, parallel 4- bis mehrteilig.
Paraphysen fast borstenförmig.
Secoliga Mass.

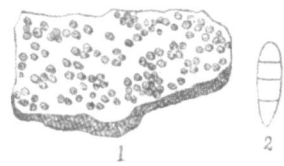

1 Secoliga leucaspis. Nat. Grösse.
2 Spore.

Lager krustig. Früchte krugförmig, mit wachsartigem eigenem
und bleibendem, strahlig zerschlitztem Lagergehäuse. Sporen länglich-
elliptisch. 4 teilig.
Petractis Fr.

<small>Von vor. Gattung durch den strahlig zerschlitzten Rand des Gehäuses leicht zu unterscheiden.</small>

b. Sporen einfach zweifächerig.

Lager krustig. Früchte krugförmig, mit wachsartigem, eigenem
und gekerbtem Lagergehäuse. Sporen eiförmig, zugespitzt. Paraphysen locker zusammenhängend, fädlich, schlank.
Gyalectella Lahm.

c. Sporen nach beiden Richtungen des Raumes geteilt.

Lager krustig. Früchte krugförmig,
mit wachsartigem eigenem Gehäuse.
Sporen anfangs schräg 2 teilig, bald
durch eine oder mehrere kreuzende
Wände vierteilig oder unregelmässig
mehrtheilig. Paraphysen fadenförmig,
straff, oben verdickt.

Gyalecta Ach.

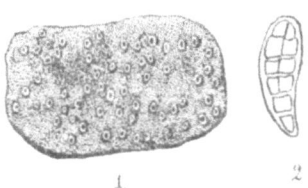

1. Gyalecta cupularis. Nat. Grösse.
2. Spore.

** Fruchtscheibe schwarz.

Lager krustig. Früchte krugförmig eingesenkt, mit wachsartigem
eigenem Gehäuse, anfangs völlig geschlossen, halbkugelig, von der Kruste
bedeckt, später zu einer rundlichen
Pore sich öffnend, mit strahlig zer-
schlitzter Mündung. Sporen lang
spindelförmig, nach beiden Richtungen
des Raumes vielteilig. Paraphysen
schlank, fädlich.

Thelotrema Ach.

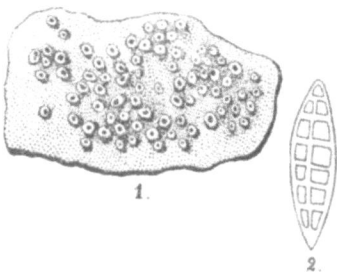

1. Thelotrema lepadium. Nat. Grösse.
2. Spore.

Lager krustig, Früchte klein, eingesenkt-sitzend, mit wachsartigem eigenem Gehäuse, napfförmig vertieft. Schläuche 4 sporig. Sporen sehr lang, perlschnurförmig. Paraphysen haarförmig.
Conotrema Tuck.

Man achte auf die characteristischen, perlschnurförmigen Sporen.

1. Sporen einzellig.

Lager krustig. Früchte anfangs eingesenkt, krugförmig, später fast sitzend, schildförmig verflacht, mit eigenem Gehäuse und verschwindendem Lagerrande. Schläuche 8 sporig. Sporen rundlich-eiförmig.
Pinacisca Mass.

Spore von Pinacisca similis.

52. Phialopsis Kbr.

Kruste dünn, schorfartig, staubig-warzig, milchweiss bis grauweisslich. Vorlager weiss. Früchte bis 1,5 mm breit, meist zahlreich, sitzend. Scheibe vertieft, braunrot bis blutrot, öfter fein bereift, mit dickem, eingebogenem, gekerbtem, oder körnig-gezähntem Rande. Sporen 6—9 µ br., 18—24 µ lg.

An Rinden alter Laubhölzer, selten auf Moos und Steine übersiedelnd. Zerstreut. — (Patellaria rubra Hoffm. 1790; Verrucaria Hoffm.; Parmelia Ach.; Lecanora Ach.; Gyalecta Mass.; Petractis Mass.; Lecania Müll.; Phialopsis Kbr.)   *339. Ph. ulmi (Sw.).*

53. Secoliga.

1. Sporen klein, 2—5 µ breit, 8—18 µ lang.
   a. Früchte sehr klein, 0,1—2 mm breit.

Kruste unscheinbar, ausgedehnt, zerstreut körnig-staubig, schmutziggraugelblich. Vorlager gleichfarbig. Früchte anfangs fast eingesenkt, später sitzend, concav, braun, angefeuchtet rötlich, mit eigenem, anfangs dickem, eingebogenem, ungeteiltem, braunem, später rissigem, weissem Rande. Sporen spindelförmig, 3—4 µ br., 12—18 µ lg., 4—8 teilig.

Bisher nur an feuchten Stellen des Basaltes der kl. Schneegrube. Selten.   *340. S. biformis Kbr.*

Anm. Kenntlich an der eigentümlichen Berandung der winzig kleinen Früchte.

   b. Früchte grösser.
      * Holz- oder Rindenbewohnend.

Kruste ausgedehnt, körnig-staubig, graugrün oder schmutziggrün. Vorlager weisslich. Früchte bis 1,5 mm breit, sitzend, anfangs krugförmig, später verflacht, fleischrot bis gelbrot, mit eigenem, gelblichem, ungeteiltem Rande und eingebogenem, später verschwindendem Lagerrande. Schläuche sehr schmal. Sporen spindelförmig, stets 4 teilig, c. 3 µ br., 8—10 µ lg.

An Fichten oberhalb des Arsenikschachtes im Riesengrunde. (An Buchen bei Salzburg.) — (Gyalecta discolor Fw.; Gyalecta Friesii Fw.)
341. S. Friesii (Fw.) Kbr.

** An Felsen oder auf der Erde wachsend.
° Früchte dicht weiss bereift.

Kruste weinsteinartig, feinrissig gefeldert bis staubig aufgelöst, schmutzig-weisslich bis weisslichgrün oder hellgrau. Vorlager gleichfarbig. Früchte zerstreut, anfangs krugförmig, später fast schildförmig, fleischrot, dicht weiss bereift, mit dickem, eingebogenem, streifigem, weiss bereiftem Rande. Sporen spindelförmig, 2—3 μ br., 12—18 μ lg. Paraphysen sehr dick.

An Dolomit. Selten. Eschershausen in Westfalen. In Baiern an mehreren Stellen. *342. S. leucaspis Kmphbr.*

°° Früchte nicht bereift.
✕ Kruste rosenrötlich.

Kruste ergossen, weinsteinartig, feinschollig-rissig bis gefeldert, meist ölschimmernd, zuweilen staubig verunreinigt. Vorlager weiss, undeutlich. Früchte klein, anfangs eingesenkt, später vortretend, stets krugförmig, mit vertiefter, hellroter, nackter Scheibe und bleibendem, leicht gekerbtem Rande. Sporen schmal, spindelförmig, 2—3 μ br., 12—20 μ lg.

An Dolomitwänden in Laubwäldern. Selten. Baiern. — (Urceolaria hypoleuca Ach.; Lecidea thelotremoides Nyl.; Thelotrema gyalectoides Mass.) *343. S. gyalectoides (Mass.) Kbr.*

✕✕ Kruste weisslich, grau, gelblich.

Kruste verbreitet, schorfig, anfangs weisslich, bald graugelblich werdend. Vorlager undeutlich. Früchte klein, dicht gedrängt, anfangs eingesenkt, bald sitzend, krugförmig, mit gelblicher, gern bleigrau ausbleichender Scheibe und sehr regelmässigem, dem Lager fleischfarbigem, ungeteiltem Rande. Schläuche lang-walzig. Sporen stumpf spindelförmig, 4teilig, 3—4 μ br., 12—16 μ lg.

Auf Kalkboden an der Erde, über absterbenden Moosen. Selten. Westfalen, Baiern. *344. S. geoica (Whlbg.) Kbr.*

Kruste dick, schwammig, verunebnet, höckerig-faltig, aschgraubläulich bis rötlichgrau. Vorlager undeutlich. Früchte eingesenkt, grösser, tief krugförmig, mit hellroter Scheibe und bleibendem, weisslichem, anfangs von der Kruste bestaubtem, später nacktem Rande. Schläuche meist 4—6- seltener 8sporig. Sporen wie vor.

Auf Kalkboden, über absterbenden Moosen, in den Ritzen der Kalkfelsen. Selten. Baiern. (Gyalecta cupularis β foveolaris Fr.; Petractis Mass; Gyalecta Ach.) *345. S. foveolaris (Ach.) Kbr.*

Kruste verbreitet, dünn, gelatinös, schmutziggrau. Früchte spärlich, klein, eingesenkt, anfangs krugförmig, später mit verengter Mündung, rötlichgelb, mit hellerem, öfter fast leprösem Rande. Schläuche verlängert, ca. 6 μ br., 6—8 sporig. Sporen nadelförmig, 4—8 teilig, 2—3 μ br., 15—20 μ lg. Paraphysen fast verleimt. Spermatien kurz cylindrisch, 1—1,5 μ br., 4 μ lg.

An sandigen und feuchten Erdwällen. Selten. Westfalen, Baiern. — (Bryophagus gloeocapsa Nkl.) *346. S. bryophaga Kbr.*

Anm. Von S. geoica besonders durch die Sporen verschieden.

Kruste verbreitet, dünn, glatt, weisslich. Früchte fast krugförmig, sitzend, fleischrot, mit bleibendem, dickem Rande. Schläuche 8 sporig. Sporen 4 teilig, breit spindelförmig, meist zugespitzt, 5—6 μ br., 15—17 μ lg.

An zeitweise überfluteten Granitblöcken des Oos unterhalb des Geroldsauer Wasserfalles. Sehr selten. *347. S. carnea Arn.*

2. Sporen grösser.

Kruste sehr dünn, weinsteinartig-mehlig-schorfig, schmutziggrünlich oder graubräunlich. Vorlager undeutlich. Früchte sehr klein, sitzend, concav, fleischrot, mit fast gleichfarbigem Rande. Sporen spindelförmig, scharf zugespitzt, 4—6 teilig, 4—6 μ br., 18—32 μ lg.

An Buchen und alten Obstbäumen. Selten. Thüringen, Eichstädt, Münster, Baden, Heidelberg. — (Biatora fagicola Hepp.; Bacidia Arn.; Gyalecta Kmphb.; Wilmsia latens Lahm.; Pachyphiale corticola Lönnr.; P. fagicola Zw.; Lecidea congruella Nyl.; Gyalecta polyspora Lahm.; Lecidea congruella Nyl.) *348. S. fagicola (Hepp.) Kbr.*

Anm. Koerber giebt die Schläuche 10—18 sporig an; ich sah jedoch nur wie auch Rabenhorst bemerkt, 8 sporige Schläuche.

Kruste sehr dünn, staubig-körnig, öfter verwischt, grünlichgrau. Vorlager zart, gleichfarbig. Früchte bis 0,8 mm breit, sitzend, anfangs krugförmig, später concav, fleischrötlich, zuletzt bräunlich, mit erhabenem, blassem, bleibendem Rande. Sporen sehr schmal, fast nadelförmig, 4—5 μ br., 60—78 μ lg., 4—16 teilig.

An Tannen, auch an Laubhölzern. Selten. Thüringen, Harz, Westfalen, Baden, Carlsruhe, Neckargemünd, Baiern. — (Lecidea carneola Ach.; Biatora Fr.; Bacidia De Ntr.; Pachyphiale Lönnr.; Bacidia cornea Mass.) *349. S. carneola (Ach.) Stitzbg.*

54. Petractis Fr.

Kruste sehr dünn, schorfartig, weisslich oder weissgrau-gelblich, öfter fast fehlend. Vorlager weisslich. Früchte fast eingesenkt, mit verflachter, rötlicher oder gelbrötlicher Scheibe und strahlig zerschlitztem, einwärts gebogenem Rande. Sporen spindelförmig, 4 teilig, 3—6 μ br., 12—18 μ lg.

Auf Kalk-, Dolomit- und Nagelfluhfelsen. Selten. Thüringen, Harz, Westfalen, Baiern, Baden. — (Urceolaria exanthematica Ach. 1791; Thelotrema Ach.; Gyalecta Fr.; Lecidea Nyl.; Verrucaria clausa Hoffm 1784: Thelotrema clausum Schaer.; Gyalecta Mass.; Patellaria Hepp.) *350. P. clausa (Hoffm.) Kmphbr.*

55. *Gyalectella Lahm.*

Kruste dünn, weisslichgelb. Vorlager weiss. Früchte bis 0,2 mm breit, anfangs eingesenkt, später sitzend, krugförmig, schmutzig-bräunlich, mit gekerbtem, bleibendem Lagerrande. Schläuche schmal keulenförmig, 50—60 μ lg. Sporen eiförmig, zugespitzt, 5—6 μ br., 15—17 μ lg.

An kleinen, zwischen Moosen und Pflanzen liegenden Kalksteinchen. Nur bei Lengerich in Westfalen. *351. G. humilis Lahm.*

56. *Gyalecta Ach.*

a. Steinbewohnend.

Kruste sehr dünn, fast mehlig, öfter fehlend, weisslich bis hellgrau, zuweilen mit rötlichem Anfluge. Vorlager gleichfarbig. Früchte erhaben sitzend, anfangs kugelig, später mit vertiefter Scheibe, fleischrötlich oder rötlichgelb, mit wulstigem, blassem Rande. Sporen länglich-elliptisch, anfangs 4teilig, später fast mauerartig vielteilig, zu 8, einreihig, 5—6 μ br, 10—15 μ lg.

An Kalk, Dolomit und quarzigem Gestein, selten an Sandstein und auf Moos und Erde übersiedelnd. — (Lichen cupularis Ehrh.; Patellaria DC; Lecidea Ach.) *352. G. cupularis (Ehrh.) Kbr.*

Kruste sehr dünn, mehlig, schmutzig-weissgelblich. Vorlager weisslich. Früchte zuletzt sitzend, fleischrötlich-bräunlich, angefeuchtet durchscheinend, später schwärzlich werdend, mit ungeteiltem Rande. Sporen zu 4, 6 und 8, mauerartig vielteilig, 9—12 μ br., 25—32 μ lg.

Auf Kalk und Dolomit, selten auf Sandstein. Selten. Büren und Höxter in Westfalen, Baiern. — (Gyalecta hyalina Hepp.; Lecidea hyalina Nyl) *353. G. lecideopsis. Mass.*

Kruste sehr dünn, fast firnissartig, weisslich oder rötlichweiss. Vorlager undeutlich. Früchte erhaben sitzend, tief krugförmig, anfangs fleischrötlich, später bräunlich, ganz durchscheinend, mit hohem, dunkelbraunem, zuletzt (durch äussere Einflüsse hervorgerufen) weisslichem Rande. Schläuche gross, 60 μ br, 120 μ lg. Sporen eiförmig, unregelmässig vielteilig, leicht eingeschnürt, 12—15 μ br, 24—28 μ lg.

Auf überflutetem Granit. Sehr selten. Bisher nur Kesselkoppe, Lomnitzfall. *354. G. Fritzei Stein.*

b. Rindenbewohnend

Kruste fast firnissartig, feinkörnig, weiss oder grünlichgrau. Vorlager gleichförmig. Früchte sehr klein, 0,1—2 mm breit, zahlreich, angedrückt, vertieft, fleischrot bis gelbbraun, mit erhabenem, bräunlichschwarzem, eigenem und öfter verschwindendem, gekerbtem Lagerrande. Sporen einreihig oder unregelmässig angeordnet, elliptisch bis fast kugelig, 3—4 μ br., 5—6 μ lg., 4- selten 6- bis 8 teilig. An der Rinde alter Laubhölzer. Selten. Schlesien, Westfalen, Baiern. — (Lecanora querceti Nyl.) *355. G. Flotowii Kbr.*

Kruste meist staubig-körnig, graubräunlich. Vorlager weisslich. Früchte 0,1 mm breit, angedrückt, anfangs punktförmig, später concav, fleischrötlich oder bräunlich, angefeuchtet durchscheinend, mit hellbräunlichem, zuletzt schwärzlichem, eigenem Rande und verschwindendem Lagerrande. Sporen anfangs mit 3—5 Querwänden, später durch Längsteilung unregelmässig mehrteilig, 4—6 μ br., 12—18 μ lg. An Laubholzrinden. Zerstreut. — Schlesien, Thüringen, Westfalen, Baden, Baiern. (Gyalecta Wahlbergiana β truncigena Ach. 1810; Lecidea truncigena Nyl.; Patellaria abstrusa Wallr. 1831; Biatora Bayrhoffer; Bacidea Kbr. Syst.; Secoliga Kbr. Par.; Gyalecta Mass.) *356. G. truncigena Ach.*

57. Thelotrema Ach.

Kruste ziemlich glatt, weisslichgrau, grünlichgrau oder bräunlich. Vorlager weiss. Früchte meist zahlreich, anfangs völlig geschlossen halbkugelig, später sich napfförmig öffnend, mit eingesenkter, schwarzer, bereifter Scheibe. Sporen lang spindelförmig, vielteilig, 6—10 μ br., 30—60 μ lg.

Hauptsächlich an Rinden der Fichten und Tannen in höher gelegenen Bergwäldern. (Endocarpon lepadinum Whlbg.; Volvaria lepadina Mass.) *357. T. lepadinum Ach.*

Anm. Auf der Kruste lebt parasitisch Nesolechia Nitschkei Kbr.

58. Conotrema Tuck.

Kruste knorpelig-häutig, glatt, zuletzt schülferig-staubig, weisslich. Vorlager gleichfarbig. Früchte anfangs eingesenkt, später angedrückt-sitzend, napfförmig vertieft, mit schwarzem, zuerst grau bereiftem, später nacktem und bleibendem, grau bereiftem Rande. Schläuche 4 sporig, sehr selten 6 sporig. Sporen sehr lang, perlschnurförmig, aus etwa 20 ölig schimmernden, rundlich-eckigen Zellen bestehend.

An Fagus silvatica. Sehr selten. Carlsruhe, Königstuhl bei Heidelberg. (Lecidea urceolata Ach.)
358. C. urceolatum (Ach.) Tuck.

Lecanoreae. 131

59. *Pinacisca Mass.*

Kruste weinsteinartig-staubig, zusammenhängend, verunebnet, schmutzigweisslich. Vorlager weiss. Früchte anfangs eingesenkt, fast krugförmig, später verflacht, fleischrötlich, mit ganzrandigem, bleibendem Rande. Sporen rundlich-eiförmig, einzellig, gross, in aufgeblasenkeuligen Schläuchen, anfangs ungefärbt, bald gelblich werdend.

An Kalkfelsen in den bairischen Alpen. Selten.
359. P. similis Mass.

4. Subfam.: Urceolarieae.

Uebersicht der Gattungen.

Kruste fast aufsitzend, Früchte dauernd eingesenkt, krugförmig, mit eigenem, verkohltem und äusserem Lagergehäuse. Sporen zuletzt schwärzlichbraun, mauerartig vielteilig, zu 8 in langkeuligen Schläuchen. Paraphysen kurzcylinderisch. Spermatien verästelt.
Urceolaria Ach.

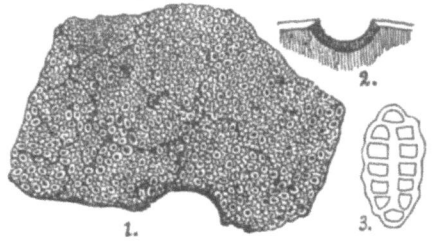

1. Urceolaria scruposa. Nat. Grösse.
2. Durchschnitt eines Fruchtgehäuses.
3. Spore.

Lager krustig. Früchte eingesenkt, später etwas hervortretend, krugförmig, mit kreisfaltiger und unregelmässig gelappt-strahliger, warziger Scheibe und verkohltem, eigenem äusseren Lagergehäuse. Sporen spindelförmig, 4teilig. Spermatien kurzwalzig, gerade. *Sagiolechia Mass.*

60. *Urceolaria Ach.*

Spore von Sagiolechia protuberans.

Kruste weinsteinartig, fast mehlig, wellig gefeldert, grauweiss, auf weisslichem Vorlager. Früchte angedrückt, rundlich bis verschieden geformt, mit flacher, schwarzer, graubläulich bereifter Scheibe, und eigenem, dickem, eingebogenem, wenig gekerbtem Lagerrande. Schläuche länglich, 8sporig. Sporen eiförmig-elliptisch, vielteilig, mit 8—12 horizontalen Teilstrichen, anfangs hyalin, später schwach gebräunt.

Auf Kalk- und Gypsboden im südlichen Deutschland. Selten. — (Lecanora Villarsii Ach. Parmelia Villarsii Wallr.; Urceolaria ocellata DC.; Lichen ocellatus Vill. *360. U. ocellata (Vill.) DC.*

Kruste weinsteinartig, warzig verunebnet, mehr oder weniger deutlich rissig-gefeldert oder staubig aufgelöst, milchweiss, schmutzigweisslich bis dunkelaschgrau oder bleigrau. Vorlager weisslich. Früchte eingesenkt, schwarz, meist bläulich bereift, mit eigenem grauschwarzem Rande und dickem, runzeligem, gezähntem oder gekerbtem, öfter verschwindendem Lagerrande. Sporen zu 4—8, länglich-elliptisch, meist an beiden Polen gleichmässig verschmälert, 12—15 μ br., 25—35 μ lg.

α. vulgaris Kbr. — Kruste dick, gefeldert, grau. Früchte mit bleibendem Lagerrande.
β. bryophila (Ehrh.) — Kruste dünn, glatt, körnig-warzig, grünlichgrau. Früchte mit verschwindendem Lgaerrande, kleiner, c. 1 mm breit.
γ. arenaria Schaer. — Kruste dicker, rundlich, rissig-gefeldert, runzelig, aschgrau. Früchte grösser, mit dickem, körnigem, verschwindendem Lagerrande.
δ. albissima (Ach.) = gypsacea Kbr.; U. cretacea (Ach.) Mass. — Kruste reinweiss, meist staubig. Früchte mit bleibendem Lagerrande.

An Steinen, Felsen, auf blossem Sande, über Moosen, Pflanzenresten etc. — Häufig. — (Lichen scruposus L.; Parmelia Fr.)

361. U. scruposa (L.) Ach.

Amn. Die Kruste wird von Karschia talcophila Kbr. parasitisch bewohnt.

Kruste warzig-gefeldert, aschgrau. Vorlager weiss. Früchte eingesenkt, mit schwarzer Scheibe, eigenem grauschwarzen Gehäuse, welches die Scheibe schleierartig überzieht und mit centraler, punktförmiger, strahlig-rissiger Oeffnung. Sporen breit elliptisch, 10—15 μ br., 16—20 μ lg.

An Felsen. Selten. Schlesien, Feldsee in Baden. — (Parmelia striata Fr.; Urceolaria scruposa var. clausa Fw.; U. clausa Kbr.; Limboria euganea Mass.)

362. U. striata Duby.

61. Sagiolechia Mass.

Kruste dünn, verbreitet, weinsteinartig-mehlig, zusammenhängend, grünlichweisslich, grünlich-olivenfarbig bis graugelblich. Vorlager undeutlich. Früchte c. 0,1 mm breit, anfangs eingesenkt, später hervortretend, mit concaver, schwarzer, angefeuchtet dunkelbraunroter Scheibe und dickem, oft eingeschnürtem, gekerbtem oder tiefrissigem Rande. Sporen stumpf-spindelförmig bis fast elliptisch, 5—7 μ br., 15—25 μ lg, hyalin.

f. mamillata Hepp. Kruste fast fehlend. Früchte mit tief rissig geteiltem Rande. Sporen wenig kleiner. —

An Kalk- und Dolomitfelsen. Fränk. Jura, Baiern, hier und da. — (Sagedia protuberans Ach.; Lecidea Schaer.; Bilimbia Mass.; Gyalecta Anzi).

363. S. protuberans (Ach.) Mass.

XI. Fam.: Pertusarieae Kbr.

Uebersicht der Gattungen.

1. Schläuche wenigsporig.
  a. Sporen ungeteilt.

Kruste einförmig, oft steril bleibend. Früchte eingesenkt, punktförmig oder vollständig scheibenartig geöffnet, vom Lager berandet. Schläuche 1-2-8-sporig Sporen ungeteilt, farblos, meist mit deutlich geschichteter Membran und dadurch einfach oder mehrmals gesäumt erscheinend. Paraphysen schlaff. Spermatien haarförmig, gerade. Sterigmen einfach.
Pertusaria DC.

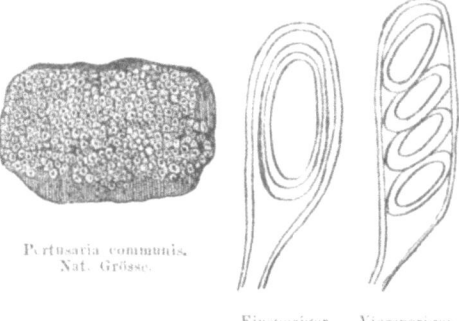

Pertusaria communis. Nat. Grösse.

Einsporiger Schlauch von Pert. rupestris. Viersporiger Schlauch von Pert. leioplaca.

  b. Sporen geteilt.
    * Sporen zweiteilig.

Kruste staubig aufgelöst. Früchte eingesenkt, kuglig, später verflacht. Sporen einzeln, farblos, zweiteilig, sehr gross, mit dicker, mehrschichtiger Membran. Sonst wie vorige Gattung
Varicellaria Nyl.

1. Varicellaria rhodocarpa.
2. Spore

    ** Sporen vielteilig.
    † Sporen parallel vielteilig.

Kruste körnig-warzig. Früchte eingesenkt, punktförmig, mit eigenem, weisslichem Gehäuse. Sporen zu 8, nadelförmig, farblos, parallel viel- bis 30-teilig. Paraphysen sehr zart, fädlich
Belonia Kbr.

Spore von Belonia russula.

    † Sporen mauerartig vielteilig.

Kruste sehr unscheinbar. Früchte eingesenkt, punktförmig, mit wachsartigem eigenem Gehäuse. Sporen zu 6-8, farblos, zuletzt gebräunt, mauerartig, vielteilig. Paraphysen schlaff, haarförmig. Spermatien gekrümmt.
Thelenella Nyl.

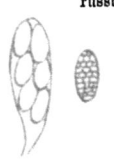

Schlauch und 2 reife Sporen von Thelenella Wallrothii.

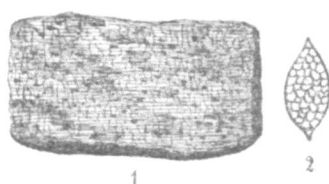

1 Phlyctis aigena. Nat. Grösse.
2. Spore am Phlyctis agelaea.
2. Schläuche vielsporig.

Kruste meist körnig-staubig. Früchte anfangs in den Warzen eingesenkt, später hervortretend, mit unregelmässig zerreissendem oder staubig aufgelöstem Lagergehäuse. Schläuche 1—6-sporig. Sporen farblos, im Alter grünlichbräunlich, mauerartig vielteilig. Paraphysen schlaff. Spermatien länglich-cylindrisch. ***Phlyctis Wallr.***

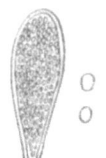

Schlauch und 2 Sporen v. ThelocarponLaureri.

Kruste sehr wenig entwickelt. Früchte den Warzen eingesenkt, punktförmig, mit weichem, eigenem Gehäuse. Schläuche vielsporig. Sporen klein, farblos, ungeteilt. Paraphysen schlaff, zart, weiss, bogig.
Thelocarpon Nyl.

62. *Pertusaria DC.*

1. Schläuche 1- bis 2-sporig.
  a. Fruchtscheibe lebhaft gefärbt.

Kruste fast weinsteinartig, ausgebreitet, warzig, reinweiss oder weisslich. Vorlager fast gleichfarbig. Früchte anfangs den hervorragenden Warzen eingesenkt. Scheibe bald fast flach oder leicht gewölbt, 1—3 mm breit, etwas rauh, schmutzig lederbraun bis dunkel fleischfarbig, mit verdicktem, später verschwindendem Rande. Schläuche weit sackförmig. Sporen einzeln, breit gesäumt, 40—70 μ br., 120—230 μ lg. Paraphysen ganz hyalin, öfter verästelt.

Ueber Moospolstern in den höheren Gebirgen. Oberbairische Alpen. — (Parmelia subfusca β bryontha Ach.; Lecanora Ach.; Pertusaria macrospora Hepp.; Pionospora bryontha Th. Fr.)

364. P. bryontha (Ach.) Nyl.

Anm. Durch die Grösse der Früchte und helle Farbe der Scheibe ausgezeichnete Flechte.

  b. Fruchtscheibe dunkelgraugrün oder schwärzlich.
   * Steinbewohnend.

Kruste dick, ausgebreitet, tiefrissig-gefeldert oder gedrängt, corallinisch, weisslich oder weissgrau. Vorlager gleichfarbig. Früchte erhabenen, soreumatischen Warzen eingesenkt, anfangs punktförmig, später sich erweiternd, bis 1 mm breit, mit flacher, weiss bestaubter Scheibe. Sporen zu 1—2, breit gesäumt, 50—80 μ br., 70—150 μ lg.

An Felsen in Gebirgen, steril sehr häufig und oft grössere Flächen bedeckend, selten fertil. — (Lichen corallinus L.; Stereocaulon Schrad.;

Isidium Ach.; Variolaria Ach.; Lichen dealbatus Ach.; Pertusaria dealbata Nyl.; P. subdubia Nyl.; P. ocellata β; corallina (Ach.) (Kbr.)

364. P. corallina (L.) Arn.

Anm. Auf dem sterilen Lager tritt Sclerococcun sphaerale Fr. = Acolium corallinum (Hepp.) Kbr. parasitisch auf. Der Pilz bildet kleine, punktförmige, schwarze Perithecien, in welchen man die braunen, 2teiligen Sporen findet.

Kruste verbreitet, dick, weinsteinartig, zusammenhängend, glatt oder warzig-körnig, kaum rissig-gefeldert, dunkel- bis bräunlichgrau. Vorlager grau. Früchte einzeln eingesenkt. Scheibe punktförmig, schwärzlich, durch soreumatisch weissen Scheitel gleichsam geäugelt. Sporen einzeln, schmal gesäumt, 35—40 µ br., 120—130 µ lg.

α. discoidea Kbr. — Kruste staubig-körnig. Früchte etwas hervortretend, mit abgerieben staubigem Rande.

* variolosa Fw. — Steril. Lagerwarzen sich in weiss-mehlige Soredien auflösend.

β. Flotowiana Flk. — Kruste warzig-körnig. Früchte ganz eingesenkt, von Soredienkörnchen bedeckt.

An Sandsteinfelsen durch das Gebiet hier und da. — (Thelotrema ocellata Wallr.)

365. P. ocellata (Wallr.) Kbr.

Kruste ausgebreitet, dick, weinsteinartig, grau oder weisslich, tief rissig-gefeldert. Früchte zu mehreren in gedrängten, kugeligen Lagerwarzen eingesenkt, punktförmig, schwärzlichgrau. Sporen zu 1—2, 40—50 µ br., 100—160 µ lg.

An Felsen und Steinen, gern an Sandstein. Häufig — (Pertusaria communis β areolata Fr.; P. areolata Hepp.)

366. P. rupestris (DC.) Kbr.

** Rindenbewohnend.

† Kruste heller oder dunkler grau.

Kruste häutig-knorpelig, glatt oder warzig verunebnet, feinrissig, graugrün oder schmutzig aschgrau. Vorlager weisslich. Früchte einzeln oder zu mehreren in erhabenen, kugeligen oder verbogen-difformen, gedrängten Lagerwarzen eingesenkt, mit punktförmiger, meist schwärzlicher Scheibe. Sporen zu 1—2, 40—60 µ br., 130—200 µ lg., sehr breit und mehrmals gesäumt.

α. pertusa (L.) — Kruste reich fruchtend. Soredien fehlend.

β. variolosa Wallr. — Kruste meist steril, mit zahlreichen, weissen Soredien.

An Bäumen aller Art. Gemein, besonders gern an alten Buchen und Eichen. — (Lichen pertusus L.; Porina pertusa Ach.; Pertusaria faginea (L.) Ach.)

367. P. communis DC.

Anm.: Zu β variolosa Wallr. sind die zahlreichen, von den älteren Autoren aufgestellten sich aber durch kein stichhaltiges Merkmal unterscheidenden Variolaria-Arten zu ziehen, so Variolaria globulifera, orbiculata, faginea, aspergilla, lacta u. A. —

Variolaria amara Ach. wird als Pertusaria amara (Ach.) von einigen Autoren als eigene Art betrachtet, die sich von P. communis durch ihr eigentümliches Verhalten gegen Reagentien auszeichnet. Kal. caust. färbt die Soredien zuletzt rötlich und durch Zusatz von Jod violett. Ferner hat die Kruste einen intensiven, chininartigen, bitteren Geschmack. Zur Anerkennung solcher auf nur chemischem Wege erkennbarer Arten kann ich mich jedoch nicht entschliessen.

Kruste dünn, knorpelig-häutig, runzelfaltig, weissgrau. Vorlager gleichfarbig. Früchte in zerstreuten, erhaben halbkugeligen Warzen eingesenkt. Scheibe schwärzlich, weissgrau bereift, mit unregelmässig zerrissenem, mehlig bestaubtem Rande. Sporen zu 1—2, schmal gesäumt, 25—60 μ br., 60—200 μ lg.
Hauptsächlich an Birken und Buchen. Selten. — (Variolaria multipuncta Turn. 1808; Pertusaria communis β sorediata Fr.; Pertusaria Kbr.; Pert. laevigata Nyl.)
368. P. multipuncta (Turn.) Nyl.

Kruste dicker, knorpelig, graugrün, in weisse, kreisrunde Soredien aufbrechend. Früchte den Soredien eingesenkt, schwärzlich, mit bestaubtem Rande. Schläuche constant 1-sporig. Sporen 20—40 μ br., 90—230 μ lg.
An Buchen. Selten. Westfalen.
369. P. leptospora Nitschke.

Kruste knorpelig-häutig, rundlich, geglättet, graugrün, im Umfange weisslich. Vorlager weiss. Früchte in fast strahlig angeordneten, zuletzt mit einander verfliessenden, höckerigen Warzen eingesenkt, sehr klein, punktförmig, bräunlich-schwärzlich, meist rings weiss gesäumt. Sporen einzeln, selten zu 2, schmal gesäumt, schmal elliptisch, zugespitzt, zierlich streifig-gekerbt, gross, 30—60 μ br., 90—200 μ lg.
An Linden bei Bonn. Selten. *370. P. colliculosa Kbr.*

†† Kruste gelblich.

Kruste fast knorpelig, bald körnig-staubig oder kleiig-aufgelöst, gelblichweiss, im Herbar sich rötend, vom schwarzen Vorlager umsäumt. Früchte erhabenen, knotigen oder körnigen Warzen eingesenkt, mit vortretender, zuletzt erweiterter, schwärzlicher Scheibe. Sporen zu 2, breit gesäumt, 30—50 μ br., 100—200 μ lg.
An der Rinde alter Buchen und Tannen. Selten. Schlesien, Westfalen, Bayern. (Lichen coccodes Ach.; Isidium Ach.; Pertusaria communis v. coccodes Kbr.; Pert. ceuthocarpa Fr.; P. glomerulata Nyl.) *371. P. coccodes (Ach.) Th. Fr.*

Kruste knorpelig-häutig, geglättet, feinrissig, graugelb. Vorlager weiss. Früchte einzeln fast kugelförmigen, spitzlichen Warzen eingesenkt, mit bräunlichschwarzer, angefeuchtet rotbrauner Scheibe. Sporen zu 2, selten einzeln, elliptisch, stumpflich, 30—40 μ br., 50—70 μ lg.
An glatten Rinden der Rot- und Hainbuchen. Selten. Westfalen an mehreren Orten, Bonn. (Porina pustulata Ach.; Pertusaria cyclops Kbr.) *372. P. pustulata (Ach.) Nyl.*

Kruste knorpelig-häutig, zusammenhängend, glatt, sehr feinrissig, gelblichweiss bis hellschwefelgelb. Vorlager weisslich. Früchte einzeln oder zu mehreren in flachen Lagerwarzen eingesenkt, schwärzlich, anfangs punktförmig, später unregelmässig erweitert, sich jedoch nicht über das Lager erhebend. Sporen elliptisch, schmal gesäumt, zu 2, selten einzeln, 30—40 μ br., 50—70 μ lg.

An verschiedenen Laubhölzern. Selten. Mainau, Baden, Heidelberg. Eichstädt. (Pertusaria Wulfenii var. decipiens Fr.; P. pustulata Anzi: P Wulfenii (DC.) Kbr. Par. p 314).

373. P. melaleuca (Sm.) Duby.

2. Sporen zu 4, 6 bis 8.
 * Kruste graugrün, weisslich, bis hellgelblichweiss.
 † Rindenbewohnend.

Kruste sehr dünn, häutig, glatt oder runzelig verunebnet, weisslich, milchweiss oder grauweiss, fast glänzend. Vorlager gleichfarbig, undeutlich. Früchte in erhabenen, halbkugeligen, zerstreuten Warzen eingesenkt. einzeln oder zu mehreren. Scheibe punktförmig, schwarz, fast flach. Sporen zu 4—8, sehr selten 2 und 3, 20—40 μ br., 40—90 μ lg.

α. tetraspora Th. Fr. — Schlauche normal 4-sporig. · P. leioplaca Kbr.
β. laevigata (Smrft.) Th. Fr. — Schläuche normal 8-sporig = P. alpina Hepp.

An glatten Rinden, hauptsächlich an Laubhölzern, selten an Nadelhölzern — (Porina leioplaca Ach.; Pertusaria leucostoma Mass.; P. Massalongiana Beltr.) *374. P. leioplaca (Ach.) Schaer.*

Kruste anfangs knorpelig-häutig, bald soreumatisch-staubig aufgelöst, grünlichgrau, durch Kal. caust. gelb gefärbt. Vorlager undeutlich. Früchte in sehr flachen, runzelig-faltigen, zusammenfliessenden Lagerwarzen meist zu mehreren eingesenkt. Scheibe punktförmig, dunkelrötlich. Sporen zu 4, elliptisch-zugespitzt, sehr breit — mehrfach geschichtet — gesäumt, 50—55 μ br., 100—120 μ lg.

An Buchen. Sehr selten. Um Heidelberg. — (Variolaria coronata Ach.: Pertusaria chlorantha Zw.)

375. P. coronata (Ach.) Nyl.

†† Moosbewohnend.

Kruste dünn, unterbrochen faltig-warzig, kreideweiss oder gelblichweiss. Vorlager weiss. Fruchtwarzen dicht gedrängt, oft die Kruste ganz bedeckend. Früchte meist einzeln eingesenkt. Scheibe hervortretend. punktförmig, später etwas erweitert, schwärzlich. Sporen zu 4—8, mehrfach gesäumt.

α quaternaria Th Fr -- Schlauche normal 4-sporig, 28—44 μ br., 70 - 120 μ lg.
β octomela Norm. - Schlauche normal 8-sporig, 15—28 μ br., 50—72 μ lg.

Ueber Moosen in höheren Gebirgen. Kl. Schneegrube, bairische Alpen. (Porina glomerata Ach.)
376. P. glomerata (Ach.) Schaer.
** Kruste schwefelgelb.

Kruste weinsteinartig, rissig-gefeldert, schwefelgelb. Vorlager undeutlich. Früchte zu mehreren in niedergedrückt-kugeligen Lagerwarzen, mit erweiterter, schwarzer, etwas hervortretender Scheibe. Sporen zu 4, breitgesäumt, 25—40 µ br., 50—100 µ lg.

f. variolosa Kbr. — Kruste mit weissen Soredien.

An Granit- und Schieferfelsen. Selten. Rheinprovinz. Die Soredienform an Granit im Hirschberger Tale. — (Pertusaria sulphurea β. rupicola Schaer.) *377. P. sulphurella Kbr.*

3. Sporen zu 8.

Kruste ausgebreitet, anfangs warzig, später corallinisch auswachsend, weisslich oder weissgrau. Früchte angedrückt, 1—2 mm breit. Scheibe kreisrund, weit geöffnet, schwarz, unbereift, mit dickem, ungeteiltem Rande. Sporen breit gesäumt, 11—14 µ br., 18—30 µ lg.

Auf humoser Erde und über Pflanzenresten im Hochgebirge. Sehr selten. — (Im Norden verbreitet.) (Lichen oculatus Dicks.; Lecanora Ach.; Lichen obtusatus Vahl.; Stereocaulon Ach.; Dufourea Ach.) *378. P. oculata (Dicks.) Th. Fr.*

Kruste verbreitet, tiefrissig-gefeldert, aschgrau. Früchte einzeln oder zu mehreren in Lagerwarzen eingesenkt. Scheibe verflacht, unregelmässig rundlich, schwarz, bleibend dünn berandet. Sporen breit gesäumt, 14—18 µ br., 25—30 µ lg., in fast walzigen Schläuchen.

An Schieferfelsen. Selten. Freudenberg in Westfalen. — (Lecanora coarctata var. inquinata Ach.; Pertusaria nolens Nyl.)
379. P. inquinata (Ach.) Th. Fr.

Kruste dünn, schwefelgelb oder grau- bis grünlichgelb. Vorlager weisslichgelb. Früchte zu mehreren zusammenfliessend, in niedergedrückt halbkugeligen Lagerwarzen. Scheibe unregelmässig rundlich, schwärzlich, mit bleibendem, gezähntem Rande. Sporen normal zu 8, sehr selten zu 6 oder 7, breit gesäumt, in breit aufgetriebenen Schläuchen.

α. fallax (Ach.) Th. Fr. (Porina fallax Ach.; Pertusaria Kbr.; Pert. Wulfenii DC.) — Kruste knorpelig-häutig, warzig-faltig. Früchte zahlreich. Sporen 30—40 µ br., 51—135 µ lg.

β. lutescens (Hoffm.) Th. Fr. — (= Lepra lutescens Hoffm.; Verrucaria Hoffm.; Pertusaria fallax β variolosa Kbr.) — Kruste staubig aufgelöst, mit Soredien besetzt. Früchte selten, mit sehr erweiterter Scheibe. Sporen 28—40 µ br., 54—80 µ lg.

An glatten Rinden der Laubhölzer. Nicht selten. — Hin und

Pertusarieae.

wieder auch in der monströsen forma: carnea Fr., mit stark hervortretender, fleischroter Scheibe. — (Pertusaria flavicans Lamy.)
380. P. Wulfenii (DC.) Fr.

63. Varicellaria Nyl.

Kruste ausgebreitet, geknäuelt-warzig, rissig, meist soreumatischstaubig aufgelöst. Früchte in abgeplattet-kugeligen, in Soredien aufbrechenden Lagerwarzen ganz eingesenkt, mit punktförmiger, wenig verbreiterter, rötlicher, weisslich bereifter Scheibe. Sporen einzeln, sohlenförmig, mit mittlerer Querwand, 95—120 μ br., 220—350 μ lg.

Ueber Moosen, auf der Erde, selten an Felsen im Hochgebirge. — (Pertusaria rhodocarpa Kbr.; Varicellaria microsticta Nyl.)
381. V. rhodocarpa (Kbr.) Th. Fr.

64. Belonia Kbr.

Kruste ziemlich dünn, unregelmässig, rissig-gefeldert, zerstreut warzig oder körnig, weissbräunlich, weisslichgrün oder graugrünlich. Vorlager weisslich. Früchte einzeln oder zu mehreren in fast kugeligen oder unregelmässig höckerigen Lagerwarzen eingesenkt. Eigenes Gehäuse hervortretend, mattweiss, mit punktförmiger, rötlicher oder schwärzlicher Scheibe. Sporen nadelförmig, mit verschmälerten Enden, sehr zierlich und regelmässig in zahlreiche (über 30) fast würfelige Sporoblasten geteilt, 3—4 μ br., 10—28 μ lg.

An feuchten Stellen des Basaltes der kl. Schneegrube.
382. B. Russula Kbr.

65. Thelenella Nyl. 1853.

Kruste dünn, ergossen, fast häutig, anfangs geglättet, bald körnig oder warzig, rissig, graugrün, trocken rotbraun, angefeuchtet gallertartig. Früchte einzeln, in kaum hervortretenden, sehr kleinen Lagerwarzen eingesenkt. Scheibe punktförmig, schwärzlich, öfter deutlich berandet. Sporen elliptisch, an beiden Polen abgestumpft, hyalin, zuletzt bräunlich, 3—5 μ br., 10—12 μ lg.

In den Rindenspalten alter Laubhölzer. Selten. — (Endocarpon verrucosum α pyrenophorum δ umbonatum Wallr.; Microglena Wallrothiana Kbr. 1855; Dictyoblastus Trev. 1853).
383. T. Wallrothiana (Kbr.) Nyl.

66. Phlyctis Wallr.

a. Sporen mit wasserheller Spitze an beiden Polen.

Kruste weisslich- oder bläulichgrau, anfangs zusammenhängend, später feinrissig und etwas warzig. Früchte in unregelmässigen, etwas erhabenen, in grosse weissliche Soredien aufbrechenden Lagerwarzen, einzeln oder zu mehreren eingesenkt und dickkörnig bestäubt. Scheibe c. 0,2 mm gross, schwarz, nackt oder bereift. Sporen normal zu 2, selten zu 3—4, breit elliptisch, 15—30 μ br., 40—70 μ lg. An glatten Rinden der Laubhölzer, gern an Hainbuchen, seltener an Nadelhölzern. *384. Ph. agelaea (Ach.) Kbr.*

Kruste weisslich oder aschgrau, firnissartig, zuletzt körnig-warzig, nicht oder nur sehr wenig in Soredien aufbrechend. Früchte einzeln den Lagerwarzen oder kleinen Soredien eingesenkt. Scheibe fast flach, braun, weiss bereift, mit glattem oder bestaubtem Rande. Sporen zu 4—6, schmal elliptisch, 10—20 μ br., 30—50 μ lg. An Fraxinus und Salix Caprea. Selten. Sprottau, Uhrentheim in Württemberg. *385. Ph italica Gar.*

b. Sporen einzeln, ohne wasserhelle Spitze.

Kruste weiss oder bläulichweiss, mit grossen, gelblichweissen, trocken rötlich werdenden Soredien bedeckt. Früchte meist einzeln den Lagerwarzen eingesenkt, mit nicht gewölbter, stets bereifter Scheibe. Sporen einzeln, breit elliptisch, 25—50 μ br., 100—140 μ lg. An glatten Rinden der Laub- und Nadelhölzer. Häufig.

386. Ph. argena (Ach.) Kbr.

Anm. Parasitisch von Leciographa Zwackhii (Mass.) bewohnt.

67. Thelocarpon Nyl. 1854.

Fruchtwarzen gedrängt, c. 0,1 mm breit, fast kugelig, zu einer körnig-warzigen Kruste vereinigt, intensiv schwefelgelb oder citronengelb, gelb bestäubt. Früchte einzeln eingesenkt, mit nadelstichartiger, graugelblicher oder bräunlicher Scheibe. Schlauchschicht durch Jod nicht oder nur sehr hellgelblich gefärbt. Schläuche durch Jod gebläut. Sporen breit elliptisch-kugelig, 2—3 μ lg., 2 μ br.

An altem Holzwerk, auf blosser Torferde, sehr selten an Steinchen. Selten. Schlesien, Greifswald, Westfalen. — (Thelomphale Laureri Kbr. 1855.) *387. Th. Laureri (Fw.) Nyl.*

Kruste nur angedeutet, grünbräunlich. Fruchtwarzen zerstreut, bis 0,2 mm breit, niedergedrückt-halbkugelig, glatt, grünlichgelb. Früchte ganz eingesenkt. Scheibe punktförmig, eingedrückt, graugelb. Sporen stumpf elliptisch, 1,5 μ br., 3—5 μ lg. Schläuche und Schlauchschicht durch Jod gelbrötlich gefärbt.

f. interceptum (Nyl.) Sporen breit elliptisch, fast kugelig, 2 μ br., 2,5—3,5 μ lg.

An umherliegenden Steinen. Selten. Falkenberg in Ober-Schlesien, Heidelberg, Westfalen. *388. Th. epilithellum Nyl.*

Fruchtwarzen fast kugelig, grünlichgelb, zerstreut. Sporen

kugelig oder fast kugelig, 2—3 μ lg., 2—3 μ br. Paraphysen an der Spitze verbreitert. Jod färbt die Schlauchschicht braunröthlich. An alten Bretterwänden. Sehr selten. Heidelberg.

389. *Th. prasinellum Nyl.*

XII. Fam.: Lecideaceae.

1. Subfam.. Psorineae.

Uebersicht der Gattungen.

a. Sporen dunkelbraun.
Lager krustig, dem Substrat angeheftet, beiderseits berandet, im Umfange gelappt. Fruchtgehäuse kohlig, dunkelbraun oder schwarz. Sporen zu 8, zweitheilig, bisquitförmig. Paraphysen verklebt, kräftig. Spermatien kurz cylindrisch *Catolechia (Fw.) Th. Fr.*

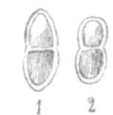

1 Spore von C. pulchella.
2 von C. badia

b. Sporen ungefärbt.
* Sporen ungeteilt.
Lager durchweg schuppig-blättrig. Schuppen meist locker aufgerichtet, rasenartig. Früchte zerstreut oder randständig. Gehäuse wachsartig bis kohlig. Sporen zu 8, elliptisch oder länglich-elliptisch. Paraphysen stark verklebt.   ***Psora Hall.***

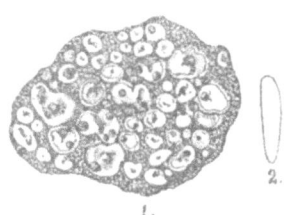

1 Psora decipiens 2 Spore.

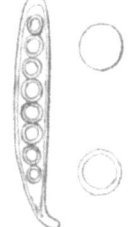

Schlauch und 2 Sporen von Sch. cinereorufa.

Lager schuppig-krustig, im Umfange fast lappig. Sporen zu 8, kugelig, einreihig angeordnet. Paraphysen kurz, borstenförmig, wenig verklebt. oben smaragdgrün.   ***Schaereria Kbr.***

** Sporen geteilt.
Lager wulstig-krustig, kleinschuppig, runzelig-faltig, im Umfange gelappt. Schuppen teils zerstreut, ganz angeheftet, oder gedrängt, aufrecht, schollig-blasig bis rundlich kopfartig. Früchte schüsselförmig. Sporen schlank spindelförmig, normal 2-teilig, farblos. Spermatien haarförmig gebogen

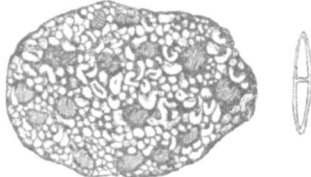

Thalloedema vesiculare. Natürliche Grösse.
Zwei Sporen derselben Flechte.

Thalloedema Mass.

Vierteilige Spore von Toninia cinereovirens.

Lager blättrig-schuppig-krustig, im Umfange gelappt. Früchte lecidinisch. Sporen parallel 4- bis mehrteilig.
Toninia Mass.

Von voriger, habituell ähnlicher Gattung hauptsächlich durch die mehrteiligen Sporen verschieden.

68. *Catolechia (Fw.) Th. Fr.*

a. Kruste weissgrau oder aschgrau.

Kruste angedrückt, dick, rundlich, strahlig-faltig, im Umfange gelappt, weissgrau oder aschgrau, öfter weiss soreumatisch bestaubt. Früchte angedrückt, bis 1 mm breit, flach, später leicht gewölbt, schwarz, nackt, mit dünnem, zuletzt verschwindendem Rande.

An Mauern, Felsen, behauenen Steinen, Bäumen, altem Holzwerk hin und wieder. (Lichen canescens Dicks.; Lecidea Ash.; Buellia De Ntr.; Diploicea Kbr.) *390. C. canescens (Dicks.) Th. Fr.*

Kruste sehr dick, runzelig-faltig, im Umfange gelappt, weiss oder weisslichgrau. Vorlager undeutlich. Früchte angedrückt, 0,5—8 mm breit, schwarz, weiss oder grau bereift, flach oder gewölbt, mit dünnem, erhabenem, anfangs weissem, später verschwindendem Rande. Sporen elliptisch, in der Mitte stark eingeschnürt, 7—9 µ br., 16—21 µ lg.

Auf sandigem Erdboden. Selten. Stadtberge in Westfalen, Harz. (Lichen epigaeus Pers.; Parmelia Ach.; Lecanora Ach.; Lecidea Fr.; Diploicea Kbr.; Buellia Tuck.)
391. C. epigaea (Pers.) Th. Fr.

b. Kruste gelb oder bräunlich.

Kruste dick, kreisrund, wulstig-faltig, glatt oder fein bestaubt, im Umfange rundlich lappig, schwefel- oder citronengelb oder leuchtend grünlichgelb. Vorlager schwarz. Früchte angedrückt-sitzend, 1—2 mm breit, schwarz, unbereift, mit gleichfarbigem, zuletzt verschwindendem Rande. Sporen elliptisch, beiderseits zugespitzt, leicht eingeschnürt, 7—10 µ br., 11—17 µ lg.

Auf der Erde oder über kleinen Moosen (Andreaea) im Hochgebirge. Riesengebirge. (Lichen pulchellus Schrad.; Buellia Tuck.; Lecidea Wahlenbergii Ach.; Lecidea galbula Nyl.; Catolechia Wahlenbergii Kbr.) *392. C. pulchella (Schrad.) Th. Fr.*

Kruste sehr dick, schuppig-blättrig oder klumpig zusammengeballt, rissig, am Rande schuppig, olivenbraun, hirschbraun bis schwärzlichbraun. Vorlager dick, schwarz. Früchte angedrückt, 0,5—8 mm

breit, schwarz, unbereift, mit gleichfarbigem, verschwindendem Rande.
Sporen elliptisch, seicht eingeschnürt, 6—9 μ br., 16—20 μ lg.
Auf granitischem Gestein, Porphyr, Sandstein im Gebirge, zuweilen auf Moose und Parmelien übersiedelnd. — (Lecidea badia Fr.; Buellia Kbr.; Lecidea Dübenii Fr.; Buellia Hellb.; Lecidea melanospora Nyl.) *393. C. badia (Fr.) Th. Fr.*

69. Psora Hall.

1. Holz oder Rindenbewohnend.

Lager kleinschuppig, fahl-grünlichgrau, weisslichgrau bis olivenbräunlich schimmernd. Vorlager weiss, undeutlich. Schuppen zerstreut oder dicht gedrängt dachziegelig, aufrecht oder aufsteigend, 1—2 mm breit, nierenförmig, oft muschelig oder fast käppchenartig eingebogen, mit gekerbtem, soreumatisch bestaubtem Rande. Früchte angedrückt-sitzend, mit flacher, c. 2 mm breiter, schwarzer, oft bereifter Scheibe, und bleibendem, grauschwarzem, verbogenem Rande. Gehäuse kohlig. Sporen elliptisch, 2—3 μ br., 10—12 μ lg.

α. vulgaris Th. Fr. — Schuppen grau.
β. myrmecina (Ach.) Schaer. — Schuppen hirschbraun.

Am Grunde alter Kiefern und Lerchen, an alten Bretterzäunen, Pfählen etc. häufig, doch selten fruchtend. — (Parmelia ostreata Fr.; Biatora Fr.; Lecidea Schaer; Lecidea scalaris Ach.)
394. Ps. ostreata Hoffm.

2. An und zwischen Gestein und Felsen, sowie auf nackter Erde.
 a. Fruchtscheibe hellzimmtbraun.

Lagerschuppen angedrückt, 2—5 mm breit, fast starr, dachziegelig gedrängt, wellig-lappig, grünlich- oder gelblichgrau, auf der Unterseite und am Rande weiss. Früchte sitzend, bis 3 mm breit, flach, später hoch gewölbt, anfangs orangefarbig, später hellzimmtbraun, zuletzt unberandet. Gehäuse weich, hell gefärbt. Sporen länglich-elliptisch, 5—7 μ br., 10—13 μ lg.

Auf Kalkboden und an Kalksteinen im südlichen Deutschland. In Baiern an vielen Orten. (Lecidea testacea Ach.; Biatora Fr.)
395. Ps. testacea Hoffm.

 b. Fruchtscheibe dunkelbraun bis schwarz.
  * Scheibe unbereift.
   † Vorlager undeutlich.
    ° Lagerschuppen hellfleischrot oder ziegelrot.

Lagerschuppen angedrückt, kreisrund-schildförmig, bisweilen verbogen und fast aufsteigend, fleischrot, ziegelrot, selten schmutzig rotbraun, unterseits und am buchtig gelapptem Rande weiss. Gehäuse hellbraun. Sporen 5—7 μ br., 12—16 μ lg.

f. dealbata Mass. — Schuppen blass verfarbt, bestaubt.

Auf Kalk und Humusboden. Stellenweise. — (Lichen decipiens Ehrh.; Lecidea Ach.; Lecanora Ach.; Biatora Fr.; Lecidea incarnata Ach.)

396. Ps. decipiens (Ehrh.) Kbr.

°° Lagerschuppen gebräunt.

Lager schollig-schuppig, polsterförmig, hirschbraun bis braunrötlich, glänzend. Schuppen rundlich, gewölbt, faltig. Früchte eingedrückt, schwarz, bald fast halbkugelig gewölbt, mit dünnem, verschwindendem Rande. Gehäuse und Schlauchschicht dunkelbraun. Schläuche schmalkeulig. Sporen 4—6 μ br., 7—10 η lg. Spermatien fädlich, bogig gekrümmt.

An Felsen. Selten. Schlesien, Westfalen, südl. Deutschland. (Lecidea fuliginosa Tayl.; Lecidea badia Nyl.; Lecidea confusa Nyl.; Psora conglomerata Kbr.; Psora Koerberi Mass.)

397. Ps. fuliginosa (Tayl.)

Lager rosettenartig, dachziegelig-schuppig, hirschbraun oder grünlichbraun. Schuppen rundlich, angedrückt, am aufsteigenden Rande buchtig-wellig-gekerbt. Früchte angedrückt, c. 1 mm breit, fast flach, schwarz oder braunschwarz, mit bleibendem, verbogenem Rande. Gehäuse dunkelbraun. Schlauchboden meist ungefärbt. Sporen 4—6 μ br., 12—16 μ lg.

Auf Kalkboden und an Kalkfelsen. Stellenweise häufig. — (Lichen luridus Sw.; Lecidea Ach.; Biatora Fr.)

398. Ps. lurida (Ach.) Kbr.

Lager krustenförmig, angedrückt, im Centrum warzig-gefeldert, im Umfange deutlich effiguriert, strahlig-lappig, olivenbräunlich-schwärzlich. Früchte angedrückt, flach, schwarz, dünn, bleibend berandet. Gehäuse weich. Schlauchschicht dunkel. Sporen elliptisch, 5—6 μ br., 9—13 μ lg.

An Kalkfelsen. Sehr selten. Westfalen, Oberbaiern. — (Lecidea opaca Duf.; Astroplaca opaca Kbr.) *399. Ps. opaca (Duf.) Mass.*

†† Vorlager deutlich, schwarz.

Lager angedrückt-schuppig, grünlichbraun bis braunrot. Schuppen dachziegelig, dick, starr, nierenförmig, glänzend, rundlich-gekerbt. Früchte erhaben sitzend, mit bald hochgewölbter, schwarzer oder braunschwarzer, unberandeter Scheibe, zuweilen etwas grünlich bereift. Gehäuse und Schlauchboden dunkel. Sporen fast elliptisch, 5—6 μ br., 12—15 μ lg.

Auf der Erde, über Moosen, an Kalk- und Schieferfelsen im südlichen Teile des Gebietes. (Lecidea globifera Ach.; Biatora Fr.).

400. Ps. globifera (Ach.) Kbr

Lager schuppig-krustig, ausgebreitet, sehr dick, nicht fettig glänzend, knotig-wulstig, rissig-gefeldert, graurötlich oder braunrötlich, hellchocoladenfarbig, im Centrum warzig, am Rande etwas gelappt. Schuppen ganz angeheftet, klein. Früchte angedrückt, dunkelzimmetbraun oder schwarzbraun, nicht gedrängt stehend. Gehäuse hellbraun. Schlauchboden ungefärbt. Sporen elliptisch, 5—8 µ br., 12—16 µ lg.

Auf humoser Erde im Gebirge. Selten. Riesengebirge, Harz, Solling, Oberbaiern (Lichen demissus Rutstr. 1794; Lecidea demissa Ach.: Biatora Fr ; Lichen atrorufus Dicks. 1801.; Lecidea Ach.; Biatora Kbr) *401. Ps. demissa (Rutstr.)*

** Fruchtscheibe blaugrau bereift.

Lager schuppig-krustig, rissig gefeldert, weissgrau oder schmutziggraugrün. Schuppen angepresst, eckig-rundlich, höckerig. Früchte bis 2 mm breit, sitzend, schwarz, dünn und bleibend berandet. Gehäuse kohlig Sporen 2—3 µ br., 6—8 µ lg.

An Basalt des Buchberges im Isergebirge.

402. Ps. Limprichtii Stein.

Anm Psora albilabra Duf ist mir aus dem Gebiete nicht bekannt geworden. Die Angabe, dass diese Flechte um Göttingen gefunden worden sei, durfte auf einem Irrtum beruhen.

70. *Schaereria Kbr.*

Lager ausgebreitet, schuppig-krustig, dick, knotig, wulstig, tiefrissig, rotbraun oder dunkelbraun, glänzend. Schuppen aufrecht, Randschuppen angedrückt, buchtig-lappig. Früchte mit stets flacher, schwarzer Scheibe, mit bleibendem, erhabenem, glänzend schwarzem Rande. Schläuche schmal-cylindrisch, fast gestielt. Sporen gesäumt, kugelig, 8 — 9 µ gross.

An Urgestein. Sehr selten. Riesengebirge, bairische Alpen. — (Lecidea cinereorufa Schaer.; Lecidea lagubris Fr.; Schaereria lagubris Kbr.) *403. Sch. cinereorufa (Schaer.) Th. Fr.*

71. *Thalloedema Mass.*

a. Lager weiss, graugrün, olgrün bis selten bräunlichgrün.

* Scheibe meist bereift.

† Lager weiss.

Lager runzelig-faltig, weiss, mit weissem Mehlstaube überzogen. Lagerschuppen im Centrum gedrängt, geschwollen-höckerig, im Umfange gelappt-schuppig. Vorlager schwarz. Früchte angedrückt, flach, schwarz, dicht blauweiss bereift, mit bleibendem, stumpfem, verbogenem Rande. Sporen schlank spindelförmig, an beiden Enden zugespitzt, 2teilig, 3 — 4 µ br., 15 — 20 µ lg.

An Kalkfelsen sowie auf kalkhaltiger Erde, nicht selten — (Lichen candidus Web.; Lecidea Ach.; Toninia Th. Fr.)

404. Th. candidum (Web.) Kbr.

Lagerschuppen flacher, sehr dick mehlig bestaubt. Früchte intensiv blauweiss bereift. Sporen fast nadelförmig, 4teilig, 3 μ br., 18 — 24 μ lg. Sonst wie vor.

An Kalkfelsen. Bairische Alpen. Sehr selten.
405. Th. intermedium Mass.

†† Lager nicht weiss.

Lagerschuppen blasig-gefaltet, glatt, grau-grün, sehr selten schmutzig bräunlichgrün, meist mit hechtblauem Mehlstaube dicht bedeckt. Früchte bis 5 mm breit, sitzend, schildförmig, matt, schwarz, anfangs flach und bereift, später gewölbt und nackt, grauschwarz berandet. Sporen spindelförmig, zweiteilig, 2 — 4 μ br., 15 — 25 μ lg.

An Kalkfelsen und auf Kalkboden. Verbreitet. — (Lichen coeruleonigricans Lightf. 1777; Patellaria vesicularis Hoffm.; Lecidea Ach.; Thalloidima Kbr.) *406. Th. coeruleonigricans (Lightf.)*

Lager weinsteinartig-mehlig, gefeldert, rötlich bestaubt, im Centrum mit gedrängten, geschwollen-faltigen, gelblichbräunlichen Schuppen, im Umfange fast effiguriert. Früchte anfangs eingesenkt, später angedrückt, flach oder gewölbt, stets blau bereift, berandet. Sporen länglich-elliptisch, stumpf, 2teilig, öfter mit undeutlicher Querwand, ca. 3 μ br., 6 — 11 μ lg.

An Dolomitfelsen. Sehr selten. Eichstädt. — (Lecidea caesiocandida Nyl.) *407. Th. Toninianum Mass.*

** Fruchtscheibe stets unbereift.

Lager weinsteinartig-mehlig, im Centrum schuppig-krustig, gefeldert, im Umfange gelappt-schuppig. Vorlager undeutlich. Früchte sitzend, anfangs flach, später gewölbt, schwarz, nackt, unberandet. Sporen länglich-elliptisch, 2teilig, 3 — 5 μ lg,, 10 — 18 μ lg.

An Kalkwänden. Sehr selten. Streitberg und Eichstädt in Baiern. — (Lecidea mamillare Fr.; Thalloidima Gouan.)
408. Th. mesenteriforme Vill.

b. Lager graugelblich oder graubräunlich bis rostbraun.

Lager höckerig- oder körnig-warzig, gelbgrau bis lederbraun. Vorlager undeutlich. Früchte angedrückt, schwarz, unbereift, zuletzt gewölbt und unberandet. Sporen elliptisch, mit schmaler Querwand, 4 — 6 μ br., 7 — 14 μ lg.

Ueber kleinen Moosen im Hochgebirge. Schneekoppe, Kesselkoppe. — (Lecidea squalescens Nyl.; Thalloidima rimulosum Th. Fr.; Catillaria sphaeralis Kbr.; Lecidea Dufourii (Ach.) Nyl.)
409. Th. squalescens (Nyl.) Th. Fr.

Lagerschuppen rundlich, wulstig-faltig, braun oder rostbraun. Vorlager schwarz. Früchte angedrückt, schwarz, anfangs flach, später gewölbt, mit verschwindendem Rande. Sporen fast spindelförmig, 2 — 4 µ br., 14 — 22 µ lg.

Auf Kalk. Selten. Thüringen. — (Lecidea tabacina Schaer.; Biatora Fr.) *410. Th. tabacinum Ram.*

72. Toninia Mass.

a. Fruchtscheibe bleibend flach und dauernd berandet.

Lagerschuppen locker oder dicht gedrängt, eine unregelmässige, gefelderte Kruste bildend, graubraun bis dunkelbraun oder schwärzlichgrünbraun. Früchte meist zahlreich, 1 — 2 mm breit, leicht blaugrau bereift oder nackt. Schlauchboden hell. Sporen fast nadelförmig, 4 — 8 teilig, 3 µ br., 26 — 32 µ lg.

α. imbricata (Mont.) Th. Fr. — Lagerschuppen gedrängt-dachziegelig, dunkelbraun, öfter mit weisslichem Rande. Früchte öfter leicht bereift.

β. verrucolosa Th. Fr. — Lager schuppig-warzig oder warzigkörnig, heller. Früchte stets nackt.

An Kalkfelsen, bisweilen auf Moose übersiedelnd. Fränk. Jura, Höxter in Westfalen, Jena. — (Lecidea cinereovirens Schaer; Lecidea squalida Nyl. p. p.) *411. T. cinereovirens (Schaer.) Kbr.*

b. Fruchtscheibe bald gewölbt mit verschwindendem Rande.

Lagerschuppen gross, zu einer runzelig-faltigen, zusammenhängenden Kruste vereinigt, gewöhnlich hirschbraun, selten dunkelgraubraun. Früchte angedrückt, anfangs flach, bald gewölbt und unberandet, schwarz, unbereift. Schlauchboden ungefärbt oder leicht gelblich. Sporen nadelförmig, 4-, selten 8-teilig, 2 — 4 µ br., 26 — 46 µ lg.

Ueber Moosen. Selten. Fränk. Jura, Eichstädt. — (Lecidea atrorufa b. squarrosa Ach.; Lecidea squalida Ach.; Toninia squalida Kbr.; Lecidea norvegica Smrft.) *412. T. squarrosa (Ach.) Th. Fr.*

Lager dicht kleinschollig-schuppig, gefeldert, aschgrau bis schmutzigbräunlich. Schüppchen anfangs flach, bald höckerig oder körnig-gefaltet. Früchte dicht angedrückt, anfangs flach und dünn berandet, bald convex mit verschwindendem Rande. Schlauchboden rotbraun oder schwarzbraun. Sporen spindelförmig, abgestumpft, 4 teilig.

α. acervulata (Nyl.) Th. Fr. — Kruste kräftig entwickelt, aschgrau, selten bräunlich. Sporen 4 — 5 µ br., 16 — 24 µ lg.

β. cervina (Lönnr.) Th. Fr. — (Toninia congesta Hepp.) — Kruste wenig ausgebildet, hirschbraun oder schmutzigbraun. Sporen 3—4 µ br., 13 — 18 µ lg.

Auf Dolomit, Kalk, bemooster Erde über Dolomit- und Kalkfelsen. Selten. Westfalen, Aachen, Jura. — (Lichen aromaticus L.; Lecidea Ach.) *413. T. aromatica (L.) Mass.*

Lagerschuppen klein, rundlich, olivenfarbig, zuletzt bräunlich oder schmutzig gelbbraun. Früchte angedrückt, klein. Sporen 4 teilig, spitz kahnförmig, 3—3,5 μ br., 10—12 μ lg. An einem eichenen Lattenzaune. Sehr selten. Münster. — (Lecidea Caradocensis Lght.) 414. *T. Caradocensis Lght.*

<small>Anm.: Habituell der Psora Friesii Ach. gleichend, doch durch den Sporenbau sofort zu unterscheiden.</small>

2. Subfam.: **Biatorineae**.
Uebersicht der Gattungen.

1. Schläuche vielsporig.
Kruste sehr zart, Früchte sitzend, mit heller Scheibe. Gehäuse weich, ebenso wie der Schlauchboden ungefärbt. Sporen länglich, sehr zart parallel 2—4 teilig, farblos. Paraphysen fädlich.
Sarcosagium Mass.

<small>Von folgender Gattung hauptsächlich durch die — bei starker Vergrösserung wahrnehmbare — Teilung der Sporen verschieden.</small>

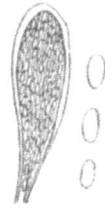

Früchte mit dunkler Scheibe. Sporen länglich oder kugelig, ungeteilt, farblos.
Biatorella De Ntr.

Schlauch und Sporen von B. fossarum.

2 Schläuche wenigsporig.
  a. Sporen nicht mauerförmig geteilt.
    * Schläuche 8-sporig.
      † Sporen parallel mehrteilig.
        ° Sporen gerade oder sehr leicht gekrümmt.

Lager warzig- oder körnigkrustig. Gonidien freudiggrün. Gehäuse wachsartig. Sporen gerade, selten wenig gekrümmt, nadelförmig, an den Polen scharf zugespitzt, farblos, durch parallele Querwände 6-, 8-, 12- bis mehrteilig,
Bacidia De Ntr.

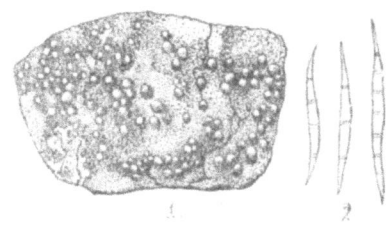

1 B. rosella. Nat. Grösse. 2. Sporen von B. rubella.

Gonidien gelb. Sonst wie vor.

Arthrorhaphis Th. Fr.

Lecideaceae.

Lager warzig- oder körnig-krustig. Gehäuse weich. Sporen länglich oder spindelförmig, durch parallele Querwände 4- bis 12- (sehr selten 2-) teilig, farblos.

Bilimbia De Ntr.

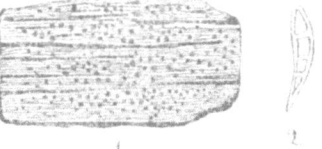

1. B melaena Nat Grosse. 2. Spore von B. milliaria

°° Sporen stark gekrümmt bis spiralig gewunden. Fruchtscheibe dunkel. Gehäuse weich. Sporen nadelförmig, 2- bis mehrteilig, fast korkzieherartig gewunden (älchenförmig Kbr.), farblos. **Scoliciosporum Mass.**

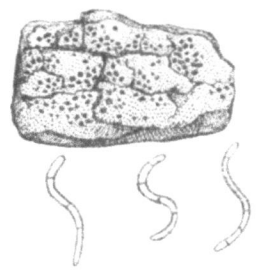

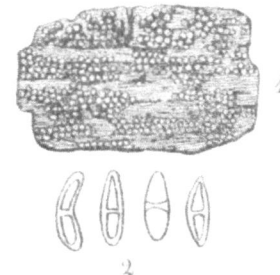

Sc lecideoides Nat Grosse und 3 Sporen derselben Flechte

1 Biatorina pyracea Nat. Grosse.
2. Vier Sporen von B pineti

†† Sporen 2-teilig oder ungeteilt.
Sporen farblos, zweiteilig.
Biatorina Mass.
Sporen farblos, ungeteilt.
Biatora Fr. 2 Sporen der B granulosa

** Schläuche 16-sporig.
Fruchtgehäuse stets fehlend. Sporen kuglig, ungeteilt, farblos.
Steinia Kbr.

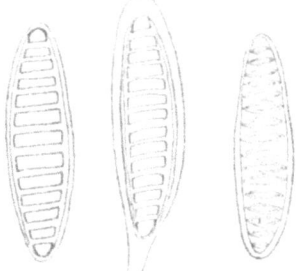

Schlauch und 2 Sporen von B. pachycarpa.

16 sporiger Schlauch von St geophana.

*** Schläuche 1-sporig.
Gehäuse wachsartig. Sporen sehr gross, gefärbt, parallel mehrteilig.
Bombyliospora De Ntr.

b. Sporen mauerförmig vielteilig.

Gehäuse weich, dunkel. Scheibe braunschwarz bis schwarz. Sporen zu 1 oder 8, hellbraun, mauerartig geteilt. *Lopadium Kbr.*

Durch die mauerförmig vielteiligen Sporen von den verwandten Gattungen leicht zu unterscheiden.

73. Sarcosagium Mass.

Kruste sehr dünn, unscheinbar, zerstreut-körnig oder staubig, grünlichweiss, oft von Algen bedekt. Früchte 0,2—5 mm breit, erhaben sitzend, kuglig, anfangs eingedrückt punktförmig, später flach bis leicht convex, hellrötlich, mit oft strahligem Rande. Gehäuse weissrötlich. Sporen länglich, 2—3 μ breit, 5—8 μ lang Die Querwände nur bei stärkerer Vergrösserung sichtbar.

Ueber Moosen und auf humusreicher Erde. Sehr selten. Rybnik in Oberschlesien. — (Biatora campestris Fr.; Biatorella Th. Fr.; Lecidea fossarum Nyl.; Sarcosagium biatorellum Kbr.; Collema evilenscens Nyl.)

415. S. campestre (Fr.) Poetsch.

74. Biatorella De Ntr.

a. Sporen länglich.

Kruste sehr dünn, körnig-staubig, aschgrau oder grünlichgrau. Früchte c. 1 mm breit, dicht angepresst, gewölbt, dunkelrotgelb bis mennigrot. Sporen länglich, 3—4 μ br., 6—14 μ lg. Paraphysen oben gelb gefärbt.

An der Erde auf steinigem Boden kahler Berghöhen. Selten. Baiern, Westfalen. (Lecidea fossarum Duf.; Biatora Rousselii Dur. et Mont.; Biatorella Rousselii Kbr.)

416. B. fossarum (Duf.) Th. Fr.

b. Sporen kugelig.

* Paraphysen gleichmässig schleimig zerfliessend.

Kruste sehr dünn, öfter fehlend, kleiig-staubig oder körnig, weisslich oder bräunlichgrau, angefeuchtet schmutzig grau. Früchte gedrängt, angedrückt, stark gewölbt, schwarz oder braunschwarz, angefeuchtet dunkelrotschwärzlich, unberandet. Schlauchboden ungefärbt. Paraphysen oben grünlich-gebräunt. Sporen 3 μ diam.

An altem Holze, hin und wieder. — (Arthonia moriformis Ach.; Lecidea improvisca Nyl.; Biatorella improvisca Almqv.; Strangospora trabicola Kbr.; Str. moriformis Stein.)

417. B. moriformis (Ach.) Th. Fr.

Kruste sehr dünn, körnig, oft fehlend, weisslich. Früchte 0,2—3 mm breit, angedrückt, gewölbt, rotbraun bis zuletzt schwärzlich, unberandet. Paraphysen oben constant braungelb. Schläuche aufgetrieben keulig. Sporen 3—4 μ diam.

f. nemorosa Arn. — Kruste fast fehlend. Früchte dunkelbraun. Sporen 2 μ.

An alten Kiefern, wohl oft übersehen. Von Lahm an den Wurzeln einer alten Eiche gesammelt. — (Sarcogyne pinicola Mass.; Strangospora Kbr,)

418. B. *pinicola* (*Mass.*) *Th. Fr.*

** Paraphysen haarförmig, deutlich unterschieden.
Kruste körnig, unregelmässig, graugrün. Früchte bis 0,5 mm breit, sitzend, bald gewölbt, fleichrotgelblich bis braunrötlich, angefeuchtet durchscheinend, weisslich berandet. Schläuche cylindrisch, Sporen 2 µ diam.
An Akazien und Ulmen. Selten. Münster, Höxter, Aachen. — (Biatoridium Monasteriense Kbr.; Biatora Monasteriensis Müll.; Myriosperma elegans Zw.; Chiliospora elegans Mass.; Lecidea Monasteriensis Nyl.)

419. B. *Monasteriensis Lahm.*

Kruste verbreitet, deutlich entwickelt, fast weinsteinartig-staubig, meist rötlich oder hellaschgrau. Früchte c. 0,4 mm breit, fast eingesenkt, gewölbt, braunrot. Sporen 3 µ diam. Schlauchboden dunkelorangefarbig.
An Kalk- und Dolomitfelsen. Sehr selten. Leitsdorfer Brunnen im Wiesentale und bei Pottenstein im fränkischen Jura.

420. B. *germanica Mass.*

75. Bacidia De Ntr.

1. Fruchtscheibe breiter, bis 3 mm; Sporen grösser, 50—100 µ lang, vielteilig.
   a. Scheibe lebhaft gefärbt.
   * Früchte fleischrot bis ziegelrot.

Kruste dünn, körnig-staubig, grau oder graugrünlich. Vorlager gleichfarbig. Früchte bis 1,5 mm breit, sitzend, fleischrot oder hellrosenrot, weiss bereift, anfangs vertieft, später flach, mit stumpfem hellem Rande. Sporen nadelförmig, 12- bis mehrteilig, 4—5 µ br., 60—100 µ lg. Schlauchboden ungefärbt
An glatten Laubholzrinden, gern an Rotbuchen, hier und da. — (Lichen rosellus Pers.; Lecidea Ach.; Biatora Fr.; Secoliga Stitzenb.)

421. B. *rosella* (*Pers.*) *De Ntr.*

Kruste dünn, körnig-staubig oder schuppig-warzig, weisslich oder graugrünlich. Vorlager weisslich. Früchte bis 3 mm breit, sitzend, hellziegelrot, zuletzt rotbraun, unbereift, flach, später gewölbt, mit dickem, nacktem, oder bereiftem, hellerem, verschwindendem Rande. Sporen nadelförmig, an einem Ende zugespitzt, 8—16teilig, 3—4 µ br., 58—100 µ lg.

α. luteola (Schrad.) Th. Fr. — Früchte mit unbereifter Rinde.
* vulgaris Kbr. — Kruste graugrün, körnig. Früchte gewölbt.
** fallax Kbr. — Kruste weisslich, schorfig warzig. Früchte flach.

β. porriginosa (Turn.) Arn. = coronata Kbr.; Bacidia fraxinea Lönnr.) Früchte mit weisslich bereiftem Rande.
γ. assulata Kbr. — Früchte sehr klein, unberandet.

An Buchen, Linden, Ulmen, Weiden, Eichen, β. an Eschen und Hainbuchen, γ an altem Holzwerke. — Nicht selten. — (Lichen rubellus Ehrh.; Secoliga Stitzenb.; Lecidea Schaer.)

422. B. rubella (Ehrh.) Mass.

** Früchte heller oder dunkler braun.

Kruste dünn, aschgrau bis weisslich. Vorlager gleichfarbig. Früchte 1 mm breit, sitzend oder angedrückt, anfangs hellbraun, flach und dünn berandet, später dunkler, gewölbt und unberandet. Gehäuse schmutziggelb. Schlauchboden bräunlichgelb. Sporen 4—16-teilig, 3—5 µ br., 60—75 µ lg.

α. polychroa Th. Fr. — Kruste grau. Früchte anfangs rotbraun, später zimmtbraun bis dunkel pupurbraun, unbereift.
β. phaea (Stitzenb.) Th. Fr. — Kruste weisslich. Früchte anfangs hellzimmtbraun, mit weisslich bereiftem Rande.

An Laubholzrinden. Selten, doch wohl nur oft übersehen. — (Verrucaria fuscorubella Hoffm.; Biatora polychroa Th. Fr.; Bacidia polychroa Kbr.)

423. B. fuscorubella (Hoffm.) Arn.

b. Scheibe schwärzlich.

Kruste dünn, körnig-warzig, gelblich oder grüngelblich-weisslich. Früchte erhaben sitzend, mit anfangs gewölbter, später verflachter, zuerst kastanienbrauner, zuletzt schwärzlicher Scheibe, mit bleibendem Rande. Schlauchboden ungefärbt. Sporen gewöhnlich leicht spiralig gedreht, 7—15 teilig, scharf zugespitzt, 2,5—3,5 µ br., 50—80 µ lg.

An der Rinde alter Fichten und Tannen, selten an Eichen und Buchen. Selten. Jura. (Lichen acerinus Pers.; Secoliga Stitzenb.; Lecidea Nyl.; Rhaphiospora atrosanguinea a. biatorina Kbr.)

424. B. acerina (Pers.) Arn.

Kruste dünn, warzig-gefeldert, grauweisslich bis grünlichgrau. Früchte sitzend, anfangs leicht gewölbt, dick berandet, bald verflacht, mit verschwindendem Rande, schwarz, angefeuchtet dunkelbraunschwarz. Gehäuse dunkel violett. Paraphysen an der Spitze keulig verdickt, dunkel olivenfarbig bis bläulich-violett. Sporen 4—16teilig, gerade oder leicht gekrümmt, 2—5 µ br., 40—75 µ lg. Spermatien bogig gekrümmt, 1 µ br., 12—15 µ lg.

An der Rinde der Laubbäume, selten an Tannen, im südlichen Teile des Gebietes ziemlich verbreitet. — (Biatora luteola f. endoleuca Nyl.; Biatora atrogrisea Del.; Patellaria atrogrisea Müll.; Bacidia Arn.; Secoliga Stitzenb.; Lecidea luteola f. fuscella Nyl.

425. B. endoleuca (Nyl.) Kickx.

2. Fruchscheibe schmal, etwa 0,4 mm breit. Sporen kleiner, etwa 30=60 μ lg., mehrteilig, 4—16.
 a. Sporen sehr schmal, 1—2 μ breit.
  † Schlauchboden ungefarbt.
Kruste dünn, staubig-körnig, grünlichgrau bis weisslichgrün. Vorlager weiss. Früchte 0,2—5 mm breit, angedrückt, weisslich bis rötlichbraun, anfangs flach, mit sehr dünnem, bleichem Rande, bald stark gewölbt und unberandet. Sporen haarförmig, 1 μ br., 20—40 μ lg., 4—16teilig, mit sehr zarten Querwänden.

An Laubholzern, gern an Buchen und Eichen, ferner an altem Holze, auch über absterbenden Pflanzenteilen Zerstreut. — (Scoliciosporum atrosanguineum f. albescens Arn.; Secoliga arcentina β albescens Stitzenb.: Lecidea luteola var. chlorotica Nyl.; Bacidia phacodes Kbr.; Lecanora chlorotica (Ach.) Nyl.) *426. B. albescens (Arn.) Zw.*

 ** Schlauchboden gefärbt.
Kruste sehr dünn, körnig, fast firnissartig, weisslich bis weissgrau. Vorlager gleichfarbig. Früchte sitzend, rotbraun oder kastanienbraun, zuletzt braunschwarz, mit anfangs vertiefter, dünn berandeter, später gewölbter, unberandeter Scheibe. Schlauchboden gelbbräunlich. Sporen fein nadelförmig, an der Spitze verschmälert, 1—2 μ br., 40—60 μ lg.

Auf trockenen Pflanzenresten, auch auf Moose übergehend. Sehr selten. Höxter, Eichstädt. — (Secoliga herbarum Hepp.; Lecidea bacillifera var. herbarum Nyl) *427. B. herbarum (Hepp.) Arn.*

Kruste körnig, ausgebreitet, fast rissig-gefeldert, schmutziggrün bis bräunlichgrün. Vorlager gleichfarbig. Früchte 0,3—8 mm breit. dicht angepresst, sehr verschieden farbig, fleischrötlich bis schwärzlich, anfangs fast flach, dünn berandet, später gewölbt und unberandet. Schlauchboden sehr hell gefärbt. Sporen 4—8teilig, nadelförmig, zugespitzt, 1,5—2,5 μ br., 27—40 μ lg. Spermatien nadelförmig, fast von Länge der Sporen.

 α. lignorum Fr. — Früchte fleischrötlich. Kruste sehr glatt, rissig. An Holzwerk
 β. lacustris (Ach.) — Früchte dunkler, braunrot bis schwärzlich. Kruste kornig An Steinen.

An feuchten und überfluteten Steinen und Felsen, selten an Holzwerk. Im Gebirge (Biatora inundata Fr.; Bacidia Arnoldiana β inundata Kbr.: Lecidea intermedia Nyl.) *428. B. inundata (Fr.) Kbr.*

Kruste dünn, körnig-staubig, schmutzig grünlich oder gelbgrau. Vorlager weisslich. Früchte ca. 6 mm breit, angedrückt sitzend, dunkelschwarzbraun bis schwärzlich, anfangs mit vertiefter, hoch berandeter, später mit flacher, unberandeter Scheibe. Schlauchboden braun. Paraphysen ungefärbt oder an der Spitze leicht gelblich. Sporen 4—8 teilig, 1,5—2 μ br., 40—40 μ lg. Spermatien 1 μ br., 30—36 μ lg.

An Kalksteinen und Mauern. Selten. Jura, Westfalen. — (Bacidia Arnoldiana α vulgaris Kbr.; Lecidea Larbalestieri Crombie.)

429. B. Arnoldiana Kbr.

Kruste sehr dünn, körnig-warzig oder fast glatt, weisslich oder graugrün. Vorlager weisslich. Früchte bis 1 mm breit, sitzend, bräunlich bis schwärzlich, anfangs flach, mit schwarzem Rande, später gewölbt und unberandet. Schlauchboden gelblich. Paraphysen oben gelbbraun. Sporen nadelförmig, 4—16 teilig, 1—2 μ br., 50—60 μ lg.

An glatten Laubholzrinden. Nicht selten. — (Lecidea luteola γ arceutina Ach.; Lecidea arceutina Nyl.; Secoliga Stitzenb.; Bacidia anomala Kbr.)

430. B. arceutina (Ach.) Arn.

Anm.: Bacidia vexans Stitzenb. wurde von dem Autor zwischen Bacidia anomala auf den von Rbh. exs. sub 523 herausgegebenen Exemplaren entdeckt. Das von mir untersuchte Exemplar dieser Sammlung enthält diese Flechte nicht; ich enthalte mich daher jedes Urteils über diese Art.

b. Sporen breiter.
  * Schlauchboden gefärbt.

Kruste dünn, ausgebreitet, körnig bis fast staubig, weisslich. Früchte 0,5—1,0 mm breit, schwarz, anfangs flach, stumpf berandet, bald kugelig gewölbt. Schlauchboden dunkel. Paraphysen oben schmutzig olivenfarbig. Sporen 3—15 teilig, 3—5 μ br., 35—65 μ lg., an einem Ende verschmälert.

An Laubholzrinden. Sehr selten. Eichstädt. — (Biatora atrogrisea β anomala Hepp.)

431. B. propinqua (Hepp.) Arn.

Kruste körnig oder schollig-warzig, weisslich bis weissgrau, öfter fast fehlend. Vorlager blaugrau. Früchte 0,5—1,0 mm breit, sitzend, braunschwarz, angefeuchtet rotbraun, flach oder leicht gewölbt, mit erhabenem, schwarzem Rande. Schlauchboden braun oder rotbraun. Paraphysen oben bräunlich-olivengrün bis grünblau. Sporen nadelförmig, nicht verschmälert, 8—16 teilig, 3—4 μ br., 25—40 μ lg.

α. corticola Th. Fr. — Früchte unbereift. Schlauchboden dunkelbraun.
β. alpina (Hepp.) Th. Fr. — Früchte unbereift. Schlauchboden heller.
γ. irrorata Th. Fr. — Früchte mit grauweisslich bereiftem Rande.

An Baumrinden, über Moosen, sehr selten an Steinen oder auf der Erde. — Selten. — (Lecidea anomala δ atrosanguinea Schaer.; Lecid. vermifera Nyl.; Secoliga atrosanguinea Stitzenb.; Lecid. separabilis Nyl.; Lecid. illudens Nyl.; Lecidea bacillifera Nyl.)

432. B. atrosanguinea (Schaer.) Th. Fr.

Kruste fast häutig, warzig-faltig, selten fast staubig, weisslich, graugrün. Vorlager undeutlich. Früchte 0,5—1,0 mm breit, öfter gedrängt, braunschwarz oder schwarz, anfangs flach, später gewölbt, mit verschwindendem, schwarzem Rande. Schlauchboden braun. Paraphysen wie vor. Sporen nadelförmig, beiderseits verschmälert, 8—16 teilig, 1,5—2,5 μ br., 20—60 μ lg.

α. Bagliettoanum (Mass.) — Kruste dünn, fast häutig-geglättet.
β. viridescens (Mass.) — Kruste körnig-staubig.

Auf abgestorbenen Pflanzen, über Moosen, an Sandwällen, auf blosser Erde an Lehmmauern etc. häufig. — (Lichen muscorum Sw. 1781; Lecidea Ach,; Rhaphiospora viredescens Kbr.; Secoliga pezizoidea Stitzenb.; Bacidia pezizoidea Schleich.)

433. B. muscorum (Sw.) Arn.

** Schlauchboden ungefärbt.

Kruste dünn, körnig-staubig, weissgrau bis schmutzig-grünlich. Vorlager weisslich. Früchte 0,4—5 mm breit, angedrückt, meist bläulich-schwärzlich, angefeuchtet heller, anfangs vertieft, erhaben berandet, zuletzt gewölbt und unberandet. Paraphysen oben schmutzigbläulich bis olivenfarbig, keulig verdickt. Sporen an einem Ende zugespitzt. 4—8 teilig, 2—3 μ br., 50—66 μ lg.

f. violacea Arn. — Scheibe violett.

An Laubbäumen, gern an Sambucus nigra. Zerstreut, doch wohl oft übersehen. — (Biatora Friesiana Hepp.; Bacidia coerulea Kbr.; Lecid. Norrlini Lamy.)

434. B. Friesiana (Hepp.) Kbr.

3. Sporen kürzer, bis 30 μ lang, 4- (bis 8) teilig.
a. Schlauchboden ungefärbt.

Kruste dünn, körnig-staubig, weisslich oder grauweisslich. Vorlager gleichfarbig. Früchte 0,2—7 mm breit, angedrückt, schmutzigolivenfarbig bis schwärzlich, bald hochgewölbt und unberandet. Paraphysen oben bräunlichgrün. Sporen gerade, abgestumpft, 2—3 μ br., 16—30 μ lg.

α. obscurior Th. Fr. — Früchte schwarz oder schwärzlich.
β. poliaena (Nyl.) Th. Fr. — Früchte heller, schmutzig olivenfarbig, öfter zart weisslich bestaubt.
γ. stenospora Hepp. — Früchte sehr klein, hell gefärbt.

An Laubholzrinden. Westfalen, Eichstädt. Selten. — (Lecidea bacillifera Nyl.; Lecidea stenospora Nyl.)

435. B. Beckhausii Kbr.

b. Schlauchboden gefärbt.

Kruste staubig-körnig, weissgrau oder graugrün. Vorlager undeutlich. Früchte 0,5—8 mm breit, angedrückt, schwarz oder schwärzlichrot, anfangs vertieft, dünn schwarz berandet, zuletzt gewölbt und unberandet. Schlauchboden braun oder bräunlich violett.

Sporen nadelförmig, normal 4teilig, selten 2- bis 8teilig, 2 μ br., 15—30 μ lg.
α. prasina Lahm. — Kruste dick, körnig, schmutziggrün. An Laubholzrinden. Nicht selten. — (Lecidea incompta Borr.; Scoliciosporum molle Kbr.)

436. B. incompta (Borr.) Anzi.

Kruste sehr dünn, firnissartig, zuletzt fast staubig, weisslichgrau. Vorlager gleichfarbig. Früchte 0,2—5 mm breit, angedrückt, schwarz, anfangs vertieft, bald flach, mit dünnem, dunklem Rande, zuletzt leicht gewölbt, unberandet. Schlauchboden gelblich. Paraphysen oben dunkel- oder smaragdgrün. Sporen normal 4-, selten 8teilig, 2—3 μ br., 12—20 μ lg.

An jüngeren Laub- und Nadelbäumen. Sehr selten. Eichstädt. (Lecidea igniaria Nyl.; Lecid. bacillifera f. abbrevians Nyl.)

437. B. abbrevians (Nyl.) Th. Fr.

Kruste sehr dünn, dunkler oder heller grau. Früchte zerstreut, bis 0,3 mm breit, schwarz oder rotschwarz, anfangs flach, berandet, später leicht gewölbt, unberandet. Gehäuse violett. Schlauchboden gelb oder schmutzig gelbbraun. Paraphysen ungefärbt. Sporen undeutlich geteilt, 1 μ br., 20—30 μ lg.

Auf Steinen (Sandstein und Porphyr), selten an Tannen. Sehr selten. Heidelberg. — (Lecidea egenula Nyl.)

438. B. egenula (Nyl.) Th. Fr.

76. Artrorhaphis Th. Fr.

Kruste fast knorpelig-kleinschollig oder körnig, bis staubig, hell citronengelb bis reingelb. Vorlager undeutlich. Früchte ca. 0,5 mm breit, angedrückt, schwarz, matt, fast flach, dick, schwarz, bleibend berandet. Sporen 8- bis mehrteilig, 2—2,5 μ br., 60—100 μ lg.

Auf der Erde, lehmigem Sandboden, an Mauern, im Gebirge verbreitet, in der Ebene selten. — (Rhaphiospora flavovirescens Borr.)

439. A. flavovirescens (Borr.) Th. Fr.

77. Bilimbia De Ntr.

1. Früchte anfangs stets deutlich berandet.
    a. Kruste weissgrau. grau bis grünlichgrau.
      * Steinbewohnend.

Kruste dünn, meist körnig, öfter fast vollständig fehlend, grünlichweiss, graugrünlich, selten weisslich mit rötlichem Schimmer. Vorlager unkenntlich. Früchte 0,4—8 mm breit, angedrückt sitzend, braunschwarz oder schwarz, anfangs flach, hervortretend, dünnberandet, später gewölbt, unberandet. Schlauchboden rotbraun, braun, braunschwarz oder violettschwärzlich. Paraphysen locker, breit, oben

keulig verdickt. Sporen meist 2- bis 4teilig, elliptisch bis länglich-elliptisch, 3—4 μ br., 8—12 μ lg.
α. normalis Th. Fr. — Sporen 4teilig.
β. reposita Th. Fr. — Sporen gewöhnlich 2teilig.
An im Schatten liegenden Kalksteinen. Selten. — (Lecidea trachona var. coprodes Stitzenb.) *440. B. coprodes Kbr.*

Kruste verbreitet, körnig oder körnig-schorfig, schmutzig-grünlich, angefeuchtet hellgrün. Vorlager weisslich. Früchte 0,2—4 mm breit, sitzend, hellfleischrot bis gelbbräunlich-rötlich, anfangs flach, mit stumpfem, dünnem, hellem Rande, zuletzt gewölbt, unberandet. Schlauchboden ungefärbt. Paraphysen fast farblos. Sporen 4teilig, länglich, 3—4 μ br., 10—16 μ lg.
An Granitfelsen, Dolomit, dunkeln, feuchten Mauern. Selten. Heidelberg, Höxter, fränkischer Jura, Baiern. — (Lecidea cupreorosella Nyl.; Bilimbia cuprea Mass.; Biatora cuprea Hepp.; Bilimbia chlorotica Mass.; Bilimbia bacidivides var. cuprea et chlorotica Kbr.; Lecidea alborubella Nyl.) *441. B. cupreorosella (Nyl.) Stitzenb.*

Kruste feinkörnig bis fast staubig, weissgrau bis graugrünlich. Früchte 0,5—9 mm breit, angedrückt, fleischrötlichgelb bis gelblichbraun, anfangs flach, stumpf berandet, zuletzt gewölbt, unberandet. Schlauchboden ungefärbt. Paraphysen locker. Schlauchschicht durch Jod weinrot bis bräunlichrot gefärbt. Sporen meist 3teilig, länglich, fast spindelförmig, 4—6 μ br., 12—19 μ lg. Spermatien nadelförmig, 6 μ br., 16—22 μ lg.
An Sandstein. Sehr selten. Heidelberg. — (Lecidea fuscoviridis Nyl.) *442. B. fuscoviridis Anzi.*

** An Rinden. Holz, über Moosen, selten auf Erde.
† Schlauchboden stets ungefärbt.

Kruste körnig-staubig, weisslich bis grünlichgrau. Vorlager weisslich. Früchte 0,3—5 mm breit, angedrückt, schmutzig fleischfarbig bis graubraun, anfangs flach, weiss berandet, später gewölbt, unberandet. Paraphysen verleimt. Sporen 4—8teilig, fingerförmig, öfter leicht gekrümmt, mit abgerundeten Enden, 4—6 μ br., 20—30 μ lg.
An Fichten in der oberen Bergregion, besonders am Grunde der Stämme und auf freiliegenden Wurzeln. Selten. Riesengebirge, bairische Alpen. — (Lecidea cinerea Schaer.; Bilimbia delicatula Kbr.) *443. B. cinerea (Schaer.) Kbr*

Kruste verunebnet, körnig, rissig, weisslich bis graugrün. Vorlager fast gleichfarbig. Früchte bis 0,8 mm breit, angedrückt-sitzend,

schmutzig gelbrötlich, fleischrot, rotbraun bis schwarz, anfangs flach, mit dünnem, hellem Rande, später gewölbt, unberandet. Paraphysen mässig verleimt, oben violettbräunlich oder schwärzlich. Sporen fast spindelförmig, 4 teilig, selten 6—8 teilig, mit abgestumpften Enden, 4—6 µ br., 15—20 µ lg.
Ziemlich häufig an Laubholzrinden, selten an altem Holze. — (Biatora Naegelii Hepp.; Lecidea Stitzenb.; Bilimbia faginea Kbr.; Lecidea sphaeroides v. leucococca Nyl.)

444. B. Naegelii (Hepp.) Anzi.

Kruste staubig bis körnig, schmutzig graugrün. Vorlager weisslich. Früchte 0,5—8 mm breit, sitzend, rotschwarz oder schwarz, anfangs vertieft, mit dickem, erhabenem Rande, später flach, dünn berandet, zuletzt leicht gewölbt, unberandet. Paraphysen oben verdickt, grünlichbraun. Sporen fingerförmig, mit abgerundeten Enden, 4—6 µ br., 20—35 µ lg.
An alten Eichen, auch an altem Eichenholze. Selten. — (Lecidea effusa Stitzenb.)

445. B. effusa Awd.

Kruste körnig bis warzig, zuweilen fehlend, weisslich bis schmutzig grüngrau, auf hellerem Vorlager. Früchte 0,5—8 mm breit, angedrückt, dunkelbraun, zimmetbraun bis schwärzlich, glänzend, anfangs flach, dünn berandet, bald gewölbt. unberandet. Paraphysen zusammenhängend, oben rotbraun. Sporen spindelförmig, 6 teilig, 5—6 µ br., 16—28 µ lg.
Ueber Pflanzenresten und Sphagnum-Polstern im Gebirge. Selten. — (Lecidea sabuletorum f. microcarpa Stitzenb.; Lecidea triplicans Nyl.)

446. B. microcarpa Th. Fr.

†† Schlauchboden bräunlich bis selten fast ungefärbt.
° Auf Erde, über Moosen, an trockenfaulem Holze.
Kruste körnig bis fast staubig, graugrün bis grauweisslich, mit undeutlichem Vorlager. Früchte 0,5—1,2 mm breit, sitzend, fleischfarbig-gelblich, anfangs vertieft, mit hellem, erhabenem Rande, später hoch gewölbt, unberandet. Paraphysen meist ganz ungefärbt. Sporen normal 4 teilig, anfangs 2 teilig, sehr selten 6 teilig, ellipsoidisch bis verlängert elliptisch, 4—6 µ br.; 12—24 µ lg.

f. corticola Th. Fr. (= Bilimbia badensis Kbr.) — Rindenbewohnend.
Auf Moosen und an trockenfaulem Holze. Sehr selten. Wolbeck in Westfalen. — (Lichen sphaeroides Dicks.; Lecidea Smrft.; Bilimbia sphaeroides 1. muscorum Kbr. p. p.)

447. B. sphaeroides (Dicks.) Th. Fr.

Kruste körnig oder runzelig, weisslich grau oder grüngrau. Vorlager undeutlich. Früchte 0,8—1,5 mm breit, sitzend, rotbraun bis braunschwarz, anfangs vertieft, mit dickem, erhabenem Rande, zuletzt hoch gewölbt, mit verschwindendem Rande. Paraphysen oben gelblichbraun. Sporen 4 teilig, selten 2 oder 6 teilig, abgerundet, breit elliptisch oder fast spindelförmig, 5—8 µ br., 15—30 µ lg.
Ueber Moosen am Fusse alter Laubbäume. Selten. Schneegrube, Westfalen, Baiern. — (Lecidea sphaeroides b. obscurata Smrft.; Bilimbia fusca Lönnr; Bilimbia sphaeroidis 1. muscorum Kbr. p. p.)

448. B. obscurata (Smrft.) Th. Fr.

Kruste verbreitet, körnig, warzig bis fast staubig, schmutziggrau, grünlich oder weisslich. Vorlager weisslich. Früchte 0,3—1,0 mm breit, sitzend, verschiedenfarbig, fleischrötlich, schmutzig braunrötlich bis schwarz, öfter stets dunkel, anfangs vertieft, mit dünnem Rande, zuletzt fast halbkugelig, randlos. Paraphysen meist mit zartkörniger, gelbbräunlicher Deckschicht. Sporen spindelförmig, 4—12 teilig, 5—8 µ br., 20—40 µ lg.

α. atrior Stizenb. — Früchte stets schwärzlich.

An alten Mauern, auf Lehmerde, über Moosen. Verbreitet. — (Lecidea sabuletorum Flk.; Lecidea hypnophila Ach.; Bilimbia spaeroides 1. muscorum Kbr. p. p. et 2. terrigena Kbr.)

449. B. hypnophila (Ach.) Th. Fr.

Kruste dünn, körnig, zuweilen fast fehlend, weisslichgrau. Früchte sitzend, schwarz oder dunkelbraunschwarz, anfangs flach, bald gewölbt bis fast halbkugelig. Schläuche aufgetrieben bauchig. Sporen vielteilig, fingerförmig, 5—9 µ br., 30—60 µ lg.
Ueber Moosen. Selten. Fränk. Jura. — (Bilimbia muscorum v. accedens Arn.; Lecidea submilliaria Nyl.)

450. B. accedens Arn.

°° An Baumrinden.

Kruste sehr dünn, staubig, grünlichgrau. Früchte sitzend, bis 1 mm breit, schwärzlich, angefeuchtet braunschwarz, anfangs flach, grau berandet, später gewölbt, randlos. Schlauchboden schwärzlich. Paraphysen verleimt. Sporen 4 teilig, c. 4 µ br., 12—16 µ lg.
An jungen Zweigen der Weisstannen. Sehr selten. Freiburg i. Baden. Jura. — (Lecidea micromma Nyl.)

451. B. marginata Arn.

Kruste klein, rundliche Flecken bildend, hellgrau. Früchte schwarz, breit weiss berandet. Schlauchboden braunschwarz. Sporen 2—5 teilig,

Lecideaceae.

4 μ br., 12—15 μ lg. Spermatien flaschen- oder traubenkernförmig, 2 μ br., 5 μ lang.
An Tannen. Sehr selten. Jura. — (Bilimbia micromma var. annulata Arn.)

452. *B. leucoblephans Arn.*

b. Kruste gelbbraun.
Kruste verbreitet, körnig-staubig, schmutzig gelbbraun. Vorlager weisslich. Früchte 0,3—5 mm breit, sitzend, gelbbraun, rotbraun bis braunschwarz, anfangs flach, berandet, später leicht gewölbt, randlos. Schlauchboden gelbbraun. Sporen 4—8 teilig, spindelförmig, zugespitzt, 5—6 μ br., 15—25 μ lg.
An Baumrinden. Selten.

453. *B. Borborodes Kbr.*

2. Früchte gewölbt, stets unberandet.
 a. Sporen 2—4 teilig.
Kruste gelbgrau. Vorlager undeutlich. Früchte bis 1 mm breit, sitzend, braunschwarz, hochgewölbt, fast halbkugelig. Schlauchboden gelblichbraun. Paraphysen oben braun, zuweilen ganz violettbräunlich. Schläuche keulig. Sporen spindelförmig, zugespitzt, 4—5 μ br., 15—20 μ lg.
 f. terrigena. — Kruste dick, schollig warzig, rissig zerteilt.
 f. muscicola. — Kruste zerstreut körnig.
Auf nackter Erde oder über Moosen, im Gebirge. Selten.

454. *B. sabulosa Kbr. non Mass.*

 b. Sporen 4—8 teilig.
 * Paraphysen straff, oben blaugrün, nur zuweilen olivengrün.
Kruste verbreitet, körnig, weisslich oder graugrün. Vorlager undeutlich bräunlich. Früchte 0,3—5 mm breit, angedrückt, fast halbkugelig, schwarz. Schlauchboden fast farblos. Schläuche breitkugelig. Sporen 2—3 teilig, fingerförmig, 5—6 μ br., 20—30 μ lg.
 f. ligniaria Ach. — An altem Holze, auf Moosen, selten auf blosser Erde.
 f. satigena Lght. — Steinbewohnend.
In gebirgigen Gegenden nicht selten. — (Lecidea milliaria Fr., Bilimbia syncomista Kbr.; Bilimbia ligniaria (Ach.) Stein.)

455. *B. milliaria (Fr.)*

Kruste verbreitet, körnig-staubig, grünlichgrau. Vorlager weisslich. Früchte 0,3—8 mm breit, angedrückt, schmutzigbräunlich bis schwarz, fast halbkugelig. Schlauchboden öfter braun. Paraphysen oben zuweilen olivengrün. Sporen fast spindelförmig, meist abgerundet, 4—5 μ br., 15—25 μ lg.
 f. ligniaria Kbr. — Kruste weissgrünlichgrau. Schlauchboden farblos. Rindenbewohnend.

f. saprophila Kbr. — Kruste braungrün, staubig. Schlauchboden braun. An alten Baumstümpfen und an altem Holzwerk.
f. calamophila Kbr. — Kruste bräunlich graugrun, staubig aufgelöst. Auf einem Schilfdache bei Munster.
Verbreitet. doch seltener wie vorige Art. — (Bilimbia milliaria v. ligniaria Kbr.: Biatora trisepta Naeg ; Bilimbia ternaria Nyl.) *456. B. trisepta (Naey.) Arn.*

** Paraphysen schmutzig olivengrün bis violettbräunlich.

Kruste sehr dünn, staubig oder feinkörnig, graugrün bis dunkelgrau. Früchte 0,3—5 mm breit, sitzend, schwarz, nackt, hochgewölbt. Schlauchboden braunrot bis rotschwarz. Sporen 4 teilig, länglich, oft an den Enden zugespitzt, 4—6 μ br., 12—22 μ lg. An Baumstümpfen und an altem Holze. Selten. Westfalen, Jura, Baiern. — (Lecidea melaena Nyl.) *457. B. melaena (Nyl.) Arn.*

Kruste dunn, schorfig-körnig, schmutziggrün oder gelbgrün. Früchte 0,2—3 mm breit. angedrückt, rotbraun bis braunschwarz, gewölbt. Schlauchboden ungefarbt Paraphysen dicht verleimt. Schläuche aufgeblasen-keulig. Sporen 4—8 teilig, fingerförmig, 3—5 μ br., 22—38 μ lg., mit zugespitzten Enden.
An der Rinde der Kiefern, sehr selten an Birken. Selten. Jura. — (Lecidea chlorococca Spitzenb.) *458. B. chlorococca Graewe.*

Kruste sehr dunn, schorfig-körnig, graugrünlich, öfter fast fehlend. Früchte 0,2—3 mm breit, angedrückt-sitzend, schmutzigbraun, braunschwarz oder schwarz (ausnahmsweise fast weiss), gewölbt Schlauchboden ungefärbt. Schläuche birnformig-keulig. Sporen 4 teilig, gerade oder leicht gekrummt, länglich bis spindelförmig, 3—4 μ br., 12—20 μ lg., Paraphysen locker, oben grünbraun.
An der Rinde verschiedener Laubbäume. Selten. Sagan, in Westfalen häufiger. *459. B. Nitschkeana Lahm.*

78. Scoliciosporum Mass.

a Kruste stärker entwickelt, dick, grauschwärzlich bis schwarz, mit schwärzlichem Vorlager. Paraphysen oben smaragdgrün oder grünschwarzlich

Kruste ausgebreitet, schorfig-körnig. Früchte bis 0,5 mm breit, angedrückt, schwarz, anfangs flach, mit glänzendem Rande, später gewölbt, unberandet. Sporen stark gedreht, 2—3 μ br, 20—40 μ lg., 4-, 8- bis mehrteilig

f. lignicolum (Fw) — Auf altem Holzwerk (Zaunen, Pfahlen).
f. saxicolum (Kbr.) — Steinbewohnend.
f. sabuletorum (Awd.) — Erdbewohnend. Fruchtscheibe fast stets flach und berandet.

Zerstreut durch das Gebiet, in manchen Gegenden ziemlich häufig. — (Secoliga umbrina β asserculorum Stitzenb.; Scoliciosporum umbrinum Arn.)

460. S. compactum Kbr.

b. Kruste dünn, körnig, aschgrau, schmutzig grünlich bis grünbräunlich. Paraphysen mehr oder weniger gebräunt.
* Früchte schwarz.

Kruste dünn, kleinkörnig, aschgrau, graugrün oder schmutziggrünbraun. Vorlager hell, undeutlich. Früchte 0,3—6 mm breit, schwarz, mit sehr bald stark gewölbter, unberandeter Scheibe. Gehäuse braun. Paraphysen oben bräunlich oder schmutzig-olivenbraun. Sporen 4-, 8- bis mehrteilig, 2—3 μ br., 20—40 μ lg., stark gedreht.

An Felsen und Steinen. Stellenweise häufig. Selten auf Holzwerk und an Rinden. (Lecidea umbrina Ach. 1810; Secoliga Stitzenb.; Bacidia Br. et Rostr.; Bacidia umbrina α psotina (Fr.) Th. Er.; Scoliciosporum holomelaenum Mass.; Lecidea holomelaena Flk.)

461. S. umbrinum (Ach.)

Kruste sehr dünn, körnig, weisslich, auf gleichfarbigem Vorlager. Früchte bis 0,8 mm breit, angedrückt, anfangs vertieft, bald flach und dick berandet, zuletzt gewölbt, unberandet. Gehäuse rotbraun. Paraphysen rotbraun oder rotschwärzlich. Sporen 4- bis 8 teilig, 2,5 — 4 μ br., 20—30 μ lg., an einem Ende verschmälert, spiralig gedreht.

Auf Laubholzrinden. Sehr selten, doch wohl oft übersehen. — (Lecidea vermifera Nyl.; Scoliciosporum lecideoides Hazsl.; Secoliga Stitzenb.; Bacidia mollis Th. Fr.; Lecidea mixta Smrft.)

462. S. vermiferum (Nyl.) Arn.

Kruste sehr dünn, ergossen, aschgrau, graugrünlich soreumatisch bestaubt. Früchte 0,1—2 mm breit, angedrückt, schwarz, anfangs flach, berandet, zuletzt fast halbkugelig, unberandet. Gehäuse braun. Schlauchboden ungefärbt. Paraphysen oben trüb olivenbräunlich. Sporen weniger gedreht, 4 teilig oder auch ungeteilt, 1,5—2 μ br., 15—20 μ lg.

An Kiefernrinden. Sehr selten. Ueberems und Münster in Westfalen, bei Hanau. — (Bacidia perpusilla Th. Fr.)

463. S. perpusillum Lahm.

** Früchte rötlich bis braunschwarz.

Kruste dünn, ergossen, körnig-schorfig, aschgraugrünlich, angefeuchtet hellgrünlich, auf undeutlichem Vorlager. Früchte bis 0,5 mm breit, angedrückt, fleischrot bis braunschwarz, anfangs flach, bald

Lecideaceae.

hochgewölbt, unberandet, öfter zusammenfliessend. Gehäuse gelbrötlich. Paraphysen gelbbräunlich. Sporen undeutlich vielteilig, 2—3 µ br., 20—30 µ lg.

An Tonschieferfelsen bei Mettlach a. Saar. (Secoliga umbrina β turgida Stitzenb.; Bacidia turgidum Hellb.) *464. S. turgidum Kbr.*

Kruste sehr dünn, schmutzig graugrün. Vorlager undeutlich. Früchte sehr klein, punktförmig, schwarzbraun, angefeuchtet sofort gelblich, anfangs flach, zuletzt gewölbt und unberandet. Sporen mehrteilig, stark gedreht, 2—3 µ br., 20—35 µ lg.

Auf dünnen Zweigen, auch an Steinen. Selten. Höxter, Lippspringe, Handorf. (Bacidia holomelaena v. corticola Anzi.)

465. S. corticolum Anzi.

79. Biatorina Mass.
1. Rinden und Holz bewohnend.
   a. Fruchtscheibe bleibend gelbrötlich.
      * Kruste stets deutlich entwickelt. Früchte heller.
      † Früchte grösser. bis 1 mm breit.
      ° Kruste weissgrau, graugrün oder schmutziggrüngelblich.

Kruste ausgebreitet, firnissartig, dünn, staubig, zuweilen verwischt, weissgrau oder graugrün. Vorlager weiss. Früchte zerstreut, erhaben sitzend, fleischrötlichgelb, anfangs vertieft, bald flach, zuletzt leicht gewölbt, mit hellem, dickem, ungeteiltem Rande. Gehäuse durchscheinend. Schläuche walzenförmig. Sporen länglich, mit sehr breiter Scheidewand, 2—3 µ br., 8—10 µ lg.

An der Rinde alter Eichen und Buchen. Selten. Rybnik, Eichstädt, Heidelberg. (Lichen luteus Dicks.; Lecidea Schaer.; Lecid. melizea Ach.)

466. B. lutea (Dicks.) Kbr.

Kruste dünn, staubig-körnig, graugrün oder schmutzig gelbgrün. Vorlager weisslich. Früchte ca. 0,4 mm breit, sitzend, vertieft bis ziemlich flach, fleischrötlichgelb, mit vorragendem, ziemlich dickem, bleibendem, blasserem Rande. Gehäuse farblos. Schläuche schmalcylindrisch Sporen länglich-elliptisch, mit schmaler Scheidewand, 3—4 µ br, 10--12 µ lg.

f. terrestris Rbh. — Kruste dicker, körnig-schorfig, ausgebreitet.

Am Grunde alter Baumstämme mit abblätternder Rinde, namentlich an alten Kiefern und Erlen, zuweilen über Moosen und auf blosse Erde übersiedelnd. (Peziza diluta Pers. 1801; Lecidea pineti Ach.; Biatora Rbh.; Patellaria Wallr.; Biatorina Kbr.)

467. B. diluta (Pers.) Th. Fr.

Anm · Karschia Stucken Kbr tritt zuweilen parasitisch auf der Kruste auf

Kruste verbreitet, unregelmässig körnig-schorfig, grünlichgrau, getrocknet weissgelblich. Vorlager weiss. Früchte sitzend, stets gewölbt, fleischrotgelblich, öfter zuletzt rötlich, mit dünnem, weissem, bald verschwindendem Rande. Gehäuse weissgelblich. Schläuche schmalcylindrisch. Sporen schief elliptisch, 3—4 µ br., 8—12 µ lg. Am Fusse alter Eichen und Buchen, zwischen Moosen und auch auf denselben. Hier und da. — (Biatorina pilularis Kbr. 1860, Lec. subduplex Nyl.)   *468. B. sphaeroides Mass. 1852.*

°° Kruste strohgelb oder hellgelblich.

Kruste dünn, verbreitet, körnig oder runzelig-warzig. Vorlager weisslich. Früchte angedrückt, gelblich oder hell fleischgelblich, anfangs flach, dünn berandet, später gewölbt, unberandet. Scheibe oft wellig verbogen. Gehäuse hellgelb. Sporen länglich, mit sehr zarter Scheidewand, fast ungeteilt erscheinend, 2—3 µ br., 7—10 µ lg. An alten Laubbäumen, ferner an Bretterwänden, alten Zäunen. Nicht selten. — (Lichen Ehrhartianus Ach.; LecideaAch.; Biatora Kbr.; Catillaria Th. Fr.)   *469. B. Ehrhartiana (Ach.)*

Anm.: Diese Flechte tritt häufig nur in der Spermogonienform auf. Die Spermogonien bilden bis 0,8 mm grosse, runde, schwarze, anfangs geschlossene, später aufreissende, gedrängte Warzen, erfullt von den kurzen, länglich-elliptischen, 1 µ breiten und 2—3 µ langen Spermatien. = Lecidea corrugata Ach.; Limboria Ach.; Cliostomum corrugatum F. —

†† Früchte sehr klein, 0,1—0,3 mm breit.

Kruste dünn, verbreitet, staubig, hellgrün oder schmutziggrün, Früchte dicht angedrückt, von Anfang an hoch gewölbt, unberandet, hellfleischrötlich oder fleischrotgelblich. Gehäuse ungefärbt. Paraphysen ganz farblos. Sporen länglich, 3 µ br., 8—12 µ lg. An Nadelholzrinden, selten an Buchen oder auf Holzwerk. Selten. — (Biatora micrococca Kbr.; Catillaria Th. Fr.)

470. B. micrococca (Kbr.)

** Kruste fast oder ganz fehlend.

Früchte 0,2—4 mm breit, bräunlichgelb oder fast wachsgelb, anfangs flach, mit hellerem Rande, bald gewölbt und unberandet. Gehäuse ungefärbt. Sporen fast eiförmig, 3—5 µ br., 7—10 µ lg. An entrindeten Baumstümpfen. Sehr selten. Westfalen, Heidelberg, Kelheim. (Lecidea erysiboides Nyl.)

471. B. erysiboides (Nyl.) Th. Fr.

b. Früchte schon anfangs oder doch bald dunkelbraun, braunschwarz oder schwarz.

* Paraphysen locker, frei.

Kruste sehr dünn, staubig, öfter verwischt, graugrün. Vorlager weisslich. Früchte 0,4—8 mm breit, angedrückt, rotbraun bis fast schwarz, angefeuchtet stets rötlich, fast glänzend, anfangs vertieft, später flach, mit dünnem, erhabenem, schwarzem, zuletzt verschwindendem Rande. Gehäuse braun. Schlauchboden gelblich. Schläuche keulenförmig. Sporen elliptisch, stumpf, mit deutlicher Querwand, 5—7 µ br., 10—14 µ lg., stets zu 8.

f. adpressa (Hepp) — Kruste fehlend. Früchte flach. An den Rinden junger Tannen, ferner auch an Birken, Ulmen, Buchen. Selten. — (Lecidea sphaeroides β atropurpurea Schaer.; Biatorina arceutina Kbr. Syst.; Biatorina adpressa Hepp.; Lecidea gyaliza Nyl.; Catillaria atropurpurea Th. Fr.)
472. *B. atropurpurea (Schaer.) Mass.*

Kruste sehr dünn, staubig, aschgrau-weisslich. Früchte 0,2—3 mm breit, dunkelbraun, angefeuchtet rotbraun, durchscheinend. Sporen zu 10—16, mit deutlicher Querwand, 5—7 µ br., 9—13 µ lg. Sonst wie vor. — (Lecidea gyaliza v. pleiotera Nyl.; Catillaria Neuschildii Th. Fr.)
473. *B. Neuschildii Kbr.*

Kruste firnissartig ergossen, milchweiss. Vorlager gleichfarbig. Früchte 0,2—4 mm breit, sehr zahlreich, öfter zusammenfliessend und die Kruste verdeckend, heller oder dunkler gelbbraun bis braunschwarz, anfangs flach, weiss berandet, zuletzt stark gewölbt, unberandet. Paraphysen oben bräunlich. Schläuche keulig. Sporen zu 8, elliptisch, 3—5 µ br., 10--12 µ lg.
An entrindeten Baumstümpfen und an altem Holzwerk. Bisher nur selten gefunden, doch wohl oft übersehen.
474. *B. vernicea Kbr.*

** Paraphysen mässig verleimt.

Kruste dicker, körnig-warzig, meist vorhanden, weisslich oder graugrün bis weissgrau. Vorlager weisslich. Früchte bis 1 mm breit, angedrückt, verschiedenfarbig, fleischrötlich, bläulich, rotbraun bis braunschwarz, oft bereift, mit flacher oder gewölbter, hell berandeter oder unberandeter Scheibe. Gehäuse farblos oder hellgelblich. Sporen länglich-elliptisch oder fast spindelförmig, 3—4 µ br., 8—16 µ lg. Spermatien walzig, gebogen.
An Rinden der Laub- und Nadelbäume, selten auf Holz. Zerstreut, doch oft steril. — (Lichen tricolor With. 1719.; Lecidea Nyl.; Lecidea hamadryas Ach.; Lecidea anomala Ach.; Biatora mixta Fr.; Biatorina Griffithii Kbr.; Lecidea discoidella Nyl.; Catillaria tricolor Th. Fr.)
475. *B. tricolor (With.)*

Kruste dick, meist stark entwickelt, staubig-körnig, grün oder schmutzig-grünlich. Vorlager undeutlich. Früchte 0,5 mm breit, zahlreich, verschiedenfarbig, hellfleischrötlich, rotbraun oder bläulichbraun, gewölbt und unberandet. Gehäuse farblos. Sporen fast eiförmig, mit öfters sehr undeutlicher Scheidewand, 3—5 μ br., 7—10 μ lg. Spermatien gerade, nadelförmig.

An trockenfaulem Holze, gern auf Stirnschnitten. Nicht selten.

α. laeta Th. Fr. — Kruste anfangs heller. Paraphysen oben ungefärbt.

β. byssacea (Zw.) Th. Fr. — Früchte von Anfang an dunkel. Paraphysen oben bräunlieh.

(Micarea prasina Fr.; Lecidea Nyl.; Biatora byssacea Zw.; Lecidea sordidescens Nyl.; Lecid. prasiniza Nyl.; Catillaria prasina Th. Fr.)

476. B. prasina (Fr.)

*** Paraphysen stark verleimt.

Kruste dicker, körnig-staubig, runzelig, graugrün oder weissgrau. Vorlager weisslich. Früchte zerstreut, 0,5—1,0 mm breit, dunkelschwarzbraun bis schwärzlich, meist ganz flach, mit dauerndem Rande. Gehäuse weichlich. Paraphysen oben grünschwärzlich. Sporen länglichelliptisch, öfter gekrümmt, 5—6 μ br., 12—18 μ lg.

An Rot- und Weisstannen, seltener an Buchen. Nicht selten, aber meist steril und häufig parasitisch von Leciographa Neesii Kbr. bewohnt. — (Lecanora commutata Ach.; Biatora Rbh.)

477. B. commutata (Ach.) Mass.

Kruste sehr dünn, körnig-schorfig oder staubig, weisslichgrau, öfter fast fehlend. Vorlager weisslich. Früchte 0,5 mm breit, angedrückt sitzend, braunschwarz bis schwarz, anfangs flach, berandet, bald fast kugelig, mit verschwindendem Rande. Gehäuse hellbraun. Paraphysen oben meist grauschwärzlich. Schläuche schmal keulig. Sporen sehr lang-elliptisch, mit undeutlicher Querwand, 2—3 μ br., 9—15 μ lg.

An den Rinden alter Laub- und Nadelbäume, gern in den Ritzen der Eichen, selten an bearbeitetem Holze. — (Lecidea globulosa Flk.; Biatora anomala Fr.; Lecidea anomala Nyl.; Lecidea subglobulus Nyl.; Lecidea Ohlerti Kbr.; Catillaria globulosa Th. Fr.)

478. B. globulosa (Flk.) Kbr.

Kruste meist dick, oft weit verbreitet, körnig, zuweilen weniger zusammenhängend bis fast fehlend, graugrün oder schmutzig-weisslichgrün. Vorlager undeutlich. Früchte 0,2—4 mm breit, gedrängt, angedrückt, braunschwarz oder schwarz, matt, gewölbt, unberandet. Paraphysen oben grünlich oder schmutzig-bräunlich. Sporen länglichelliptisch, 2—4 μ br., 7—13 μ lg. Spermogonien zahlreich, warzig, schwarz, mit weissen, kugelig hervorquellenden Spermatien.

Lecideaceae.

An altem Holze sehr verbreitet, seltener an Kiefern und anderen Bäumen. — (Lecidea synothea Ach.; Biatora denigrata Fr.; Lecidea denigrata Nyl.: Lecidea parissima Nyl.; Catillaria synothea Th. Fr.)
479. B. synothea (Ach.) Kbr.

Kruste dünn, feinkörnig. Früchte schwarz, zerstreut, anfangs flach, später gewölbt, stets schwarz berandet. Paraphysen lockerer, straff, oben mit braunschwarzer, körniger Deckschicht. Sonst wie vor. An Laubbäumen, auch an Juniperus. Selten. — (Bilimbia? minutula Kbr.; Biatorina synothea β chalybaea Hepp.)
480. B. nigroclavata Nyl.

2. Auf den Nadeln lebender Tannen.

Kruste staubig-körnig, weisslichgrün oder graugrün. Vorlager heller, undeutlich. Früchte zerstreut, 0,1—2 mm breit, angedrückt, hellfleischrötlich, öfter vom Lagerstaub bereift erscheinend, mit anfangs hervortretendem, ganzrandigem, weisslichem, zuletzt verschwindendem Rande. Gehäuse farblos. Schläuche breit keulenförmig. Sporen ei-elliptisch, 4—5 μ br., 10—15 μ lg.

Meist an den unteren Aesten junger, feuchtstehender Tannen, selten fertil. — (Parmelia Bouteillii Desm.; Lecanora Desm.; Lecidea Nyl.)
481. B. Bouteillii (Desm.) Arn.

3. Steinbewohnend.
  a. Früchte dauernd hellgelb.

Kruste dünn, warzig-körnig, gelbgrün. Früchte angedrückt, hellgelb, mit deutlichem, dünnem, gleichfarbigem Rande. Gehäuse ungefärbt. Sporen 4—4,5 μ br., 15—18 μ lg. Spermatien 1,5 μ br., 4 μ lg., flaschenförmig.

An Sandstein. Sehr selten. Nur um Altenburg im fränk. Jura. (Biatorina Hohenhübelii Poetsch.)
482. B. rubicola Crouan.

b. Früchte dunkel gefärbt.

Kruste dünn, firnissartig, rotbraun. Vorlager undeutlich. Früchte 0,2—4 mm breit, angedrückt, braunschwarz, angefeuchtet durchscheinend, fleischrot bis hellbraunrötlich, anfangs concav, später fast flach, dünn, bleibend berandet. Gehäuse farblos, weich. Paraphysen farblos, frei. Sporen breit-elliptisch, mit breiter Scheidewand, 5—6 μ br., 8—12 μ lg.

An überfluteten Felsen. Abfluss des kl. Teiches, Lomnitzfall.
483. B. diaphana Kbr.

Kruste weinsteinartig, weiss. Früchte 0,4 mm breit, angedrückt sitzend, zerstreut, dunkelgelbrot bis rotbraun, anfangs krugförmig, mit dickem, erhabenem Rande, später verflacht und fast unberandet. Gehäuse gelblich. Sporen eiförmig, 5—7 μ br., 13—18 μ lg. Auf Kalkstein. Selten. Jura, Westfalen, Württemberg, Baiern. — (Lecidea luteola Nyl.; Biatorina Arnoldi Krphb. 1855; Catillaria Arnoldi Th. Fr.) *484. B. minuta Garov. 1852.*

Kruste dünn, oft verbreitet; zuweilen fast fehlend. Vorlager undeutlich. Früchte 0,2—4 mm breit, angedrückt, dunkelbraun, braunschwarz bis schwarz, anfangs flach, mit erhabenem Rande, später gewölbt, unberandet. Gehäuse braun. Paraphysen oben gebräunt, kopfig verdickt. Sporen länglich-elliptisch, 2—4 μ br., 6—10 μ lg.

α. vulgaris Kbr. — Kruste körnig-staubig, weiss oder grüngrau. Früchte dunkler, bis schwarz.

β. erubescens (Fw.) Th. Fr. — Kruste fleckenartig, weissgelb oder graurötlich. Früchte zuerst eingesenkt, hell oder dunkelbraun, schwärzlich berandet.

γ. punctulata (Kbr.) Kruste graubräunlich. Früchte sitzend. Sporen wenig länger.

An Kalkfelsen und Mauern, seltener auf Sandstein. Zerstreut. (Zeora lenticularis Fw.; Lecidea Nyl.: Catillaria Th. Fr.)
485. B. lenticularis (Fw.) Kbr.

80. Biatora Fr.*)

A. Früchte anfänglich mit deutlichem Lagerrande. Zeora (Fr.)

Kruste sehr veränderlich, dick, weinsteinartig, körnig-schuppig, oder fast staubig, weisslich, weissgrau oder grüngrau. Früchte 0,2—1,0 mm breit, eingesenkt bis sitzend, hellrötlich, braunschwarz bis schwarz, angefeuchtet heller, fast durchscheinend, flach oder gewölbt, mit meist bleibendem, einwärts gebogenem, oft gezähntem Lagerrande und dünnem, bleibendem, fast gleichfarbigem eigenem Rande. Paraphysen locker, fast farblos. Schläuche gross, lang-keulenförmig. Sporen rundlich bis eiförmig, hyalin oder selten hellbräunlich, 6—12 μ br., 12—25 μ lg.

α. ornata (Smft.) Th. Fr. — (= genuina Kbr., microphyllina Kbr. Par.) Kruste dicker, aus am Rande kerbig eingeschnittenen kleinen Schuppen gebildet. Früchte zuerst eingesenkt, später angedrückt.

β. elachista (Ach.) Th. Fr. (= contigua Kbr.) — Kruste dünner, körnig-staubig, gefeldert, weisslich bis weissgrau oder graugrün.

* terrestris Fw. — Kruste weissgrau, körnig. Früchte 1 mm breit, gewölbt, braunschwarz.

---

*) Anm.: Die Gattung Biatora bietet die grossten Schwierigkeiten behufs Begrenzung einzelner Gruppen. Die hier gegebene Einteilung kann auch nur als ein Versuch bezeichnet werden.

** cotaria (Ach) — Kruste staubig bis fehlend. Früchte kleiner. flach. rotbraun.
*** deliciosula Th Fr. — Kruste feinkörnig. graugrün. Früchte concav, rötlich, weisslich berandet.
γ. obtegens Th Fr. — Kruste dick, ausgebreitet, körnig-staubig, graugrün. Fruchte gewölbt, rotbraun.

An Felsen, Steinen, Lehmmauern, Wegrändern, auf nackter Erde. Häufig. — (Lichen coarctatus Sm.; Lecanora Ach.; Zeora Kbr.; Lecidea Nyl.) *486. B. coarctata (Sm.)*

Kruste dünn, zuletzt staubig, schmutzig-graugrün oder weisslichgrün, angefeuchtet fast gallertartig, apfelgrün. Früchte zahlreich, 0,1—3 mm breit, eingesenkt oder angedrückt, rotbraun bis schwarz, matt, flach oder gewölbt, mit ungeteiltem, bald verschwindendem Lagerrande, und dünnem, schwarzem, eigenem Rande. Schläuche schmalkeulig. Paraphysen stark verbreitet. Sporen farblos, eiförmig, 4—6 μ br., 9—12 μ lg.

Auf nackter Erde nur im Salzgrunde bei Fürtenstein in Schlesien. — (Zeora Massalongii Kbr) *487. B. Massalongii. (Kbr.) Stein.*

B. Fruchte nur mit eigenem Gehäuse. Eubiatora.
1. Früchte goldgelblich, durch Kal. caust. hell rosenrot gefärbt.
a. Vorlager gleichfarbig, weisslich oder undeutlich.

Kruste dünn, geglättet oder körnig-staubig, weisslich. Früchte bis 1 mm breit, angedrückt-sitzend, gelblichrot bis zinnoberrot, bald gewölbt, unberandet. Gehäuse gelblich. Paraphysen stark verleimt. Sporen fast spindelförmig, 2—3 μ br, 8—13 μ lg.

An Rinden und abgestorbenem Holze. Selten. — (Lecidea cinnabarina Smrft.: Lecanora Th. Fr) *488. B. cinnabarina (Smrft.) Fr.*

Kruste körnig-staubig, gefeldert, weisslich bis schmutzig-graugrün oder grünbräunlich. Vorlager undeutlich. Früchte 0,2—1,5 mm breit, eingesenkt bis sitzend, wachsgelb, gelblichrot bis orangerot oder hellrotbraun, flach oder gewölbt. Schlauchboden ziemlich farblos. Sporen breit elliptisch, 6—8 μ br., 8—14 μ lg.

α. rufescens (Lghtf.) — Kruste rissig-gefeldert, gebräunt. Früchte 0,3—1,0 mm br., angedrückt, leicht gewölbt.
β. calva (Dcks.) — Kruste verwischt, weisslich. Fruchte bis 1,5 mm breit, sitzend, stark gewölbt.
γ. inconstans (DC.) Früchte tief eingesenkt, flach, dünn berandet.

An Kalkfelsen. Nicht selten. — (Lichen rupestris Scop.; Lecidea Ach.: Lecanora Nyl.) *489. B. rupestris (Scop.) Fr.*

Kruste weisslich oder weissgrau, schollig-gefeldert. Früchte c. 1 mm breit, angedrückt, halbkugelig, hellrotgelb bis hellbräunlich oder schmutzigbraun, unberandet. Schlauchboden hellbraun. Sporen elliptisch, 3—5 μ br., 8—10 μ lg.

An Felsen (Basalt). Selten. Kl. Schneegrube, Stadtberge in Westfalen. — (Lecidea Siebenhaariana Th. Fr.)

490. B. Siebenhaariana Kbr.

Anm.: Von voriger Art hauptsächlich durch den braunen Schlauchboden verschieden.

Kruste dick, warzig, weiss oder weisslich. Früchte 1—1,5 mm breit, angedrückt, goldgelb, nach Befeuchten mit Wasser braun werdend, halbkugelig, unberandet. Schlauchboden rotbraun. Sporen 4—5 μ br., 7—10 μ lg.

Auf Lehmboden, an blosser Erde. Selten. Westfalen, Baiern. (Biatora rupestris var. terricola Anzi; Lecidea terricola Th. Fr.)

491. B. terricola (Anzi) Th. Fr.

b. Vorlager schwarz.

Kruste körnig-staubig, hell grüngelb oder hellbräunlichgelb. Vorlager schwarz. Früchte 0,5—1,0 mm breit, angedrückt, eingesenkt, rotbraun oder dunkelbraun, gewölbt, unberandet. Schlauchboden farblos. Sporen normal hyalin, oft durch Absterben im Schlauche rotbraun, fast kugelig, 5—7 μ br., 7—10 μ lg.

An alten Eichen und Buchen, doch meist nur steril, seltener an Tannen, sehr selten auf Steinen. In der Ebene verbreitet. Die Steinform an den Dürnther Klippen in Westfalen. — (Lichen querneus Dicks.; Lecidea Ach.; Pyrrhospora Kbr.)

492. B. quernea (Dicks.) Fr.

2. Früchte verschiedenfarbig, durch Kal. caust. nicht rosenrot gefärbt.
a. Schlauchboden hell.
* Früchte klein, wachsgelblich bis gelblichgrün.

Kruste körnig-staubig oder schorfartig, staubig, strohgelb, citrongelb, schwefelgelb oder grünlichgelb. Vorlager weisslich. Früchte 0,2—5 mm breit, fast eingewachsen, goldgelb oder citrongelb, gewölbt, unberandet. Gehäuse ungefärbt. Paraphysen locker. Sporen länglich-eiförmig, 1—2 μ br., 4—7 μ lg.

An Felsen im Gebirge verbreitet, selten an Rinden oder Holz. (Lichen lucidus Ach.; Lecidea Ach.)

493. B. lucida (Ach.) Fr.

Kruste unterrindig. Früchte 0,1—3 mm breit, fast sitzend, anfangs wachsgelb, später schmutzig gelblichbräunlich, glänzend, gewölbt. Gehäuse ungefärbt. Paraphysen mässig verleimt. Sporen länglich-ellyptisch, 4—6 μ br., 15—25 μ lg.

Auf dem Hirnschnitt alter Kiefernstümpfe. Sehr selten. Eichstädt. (Lecidea symmictella Nyl.) *494. B. symmictella (Nyl.) Arn.*

Kruste verbreitet, warzig-runzlig, feinrissig, grüngrau. Vorlager weisslich. Früchte klein, sehr zahlreich, gewöhnlich gehäuft, zusammenfliessend, fleischgelblich, stets flach, mit hellerem, bogigem Rande. Schläuche keilförmig-keulig. Sporen zu 6—8, eiförmig, klein, 1—2 mal länger als breit.

An der Rinde junger Ebereschen. Bisher nur im Schlosspark zu Kühschmalz bei Grottkar in Schlesien. *495. B. carnea Kbr.*

Anm.: Ich sah die Flechte nicht und gebe hier die Koerber'sche Diagnose.

Kruste dünn, häutig, glatt, weissgelblich oder isabellfarbig. Vorlager undeutlich, weisslich. Früchte klein, angedrückt, öfter zusammenfliessend, ockergelb, mit erhabenem, ungeteiltem, zuletzt bogigem Rande. Schläuche pfriemenförmig. Sporen ziemlich klein, fast rundlich-eiförmig, $1^1/_2$—2 mal länger als breit.

Bisher nur an Tannen um den Molkenbach bei Flaschenseiffen bei Lähn in Schlesien. *496. B. ochrocarpa Kbr.*

Anm.. Auch hier gebe ich nur die Koerber'sche Diagnose.

** Früchte dunkel, bräunlich-olivenfarbig bis schwarz.

† Paraphysen verleimt, oben nicht dunkel gefärbt.

Kruste dünn, ergossen, fast körnig oder fast spinnwebeartig, weisslich oder weissgrau. Früchte c. 1 mm breit, angedrückt, rotbraun oder gelbrötlichbraun, glänzend, stets gewölbt und unberandet. Paraphysen dicht verleimt. Sporen länglich, 4—6 μ br., 10—20 μ lg.

Ueber Moosen, auch auf blosse Rinde übergehend, selten auf nackter Erde. (Lichen vernalis L.; Lecidea Ach; Biatora vernalis v. conglomerata Fr.; Biatora conglomerata Kbr.) *497. B. vernalis (L.) Fr.*

Kruste sehr dünn, weisslich bis weissgrau. Früchte 0,3—4 mm breit, dunkelrotbraun, angedrückt, gewölbt, unberandet. Schlauchboden hellockergelblich. Sporen ellyptisch bis fast spindelförmig, 3—4 μ br., 7—8 μ lg., zuletzt diblastisch.

An Sandstein. Selten. Westfalen, Heidelberg, Altenburg. (Lecidea lithinella Nyl.; Biatora Wilmsii Lahm olim.) *498. B. lithinella (Nyl.)*

Anm.: Ist vielleicht besser, wie schon Lahm hervorhebt, zur Gattung Biatorina zu stellen.

Kruste dünn, körnig-staubig, öfter fast fehlend, grüngrau oder grauweisslich. Vorlager weisslich. Früchte 0,2—5 mm breit, angedrückt, wachsgelblich bis hellgelblichbraun, zuerst flach, später fast halbkugelich und fast leberbraun, unberandet. Paraphysen dicht verleimt. Sporen länglich, 3—4 μ br., 8—12 μ lg.
An Rinden der Nadelhölzer. Selten, im Gebirge und Hochgebirge. (Biatora vernalis v. effusa Fr.)
499. B. helvola Kbr.

Kruste dünn, körnig, schmutzig grauweisslich, öfter fehlend. Früchte bis 1 mm breit, angedrückt-sitzend, hellwachsgelb bis rötlichbraun, anfangs flach, hell berandet, später fast halbkugelig, mit gleichfarbigem, zuletzt verschwindendem Rande. Schlauchboden ungefärbt. Paraphysen mässig verleimt, mit körniger Deckschicht. Sporen fast eiförmig, 3—4 μ br., 9—12 μ lg.
Auf entrindeten Baumstämmen, auf Hirnschnitten etc. Selten. (Lecidea gibberosa Ach.; Biatora conglomerata v. ligniaria Kbr.)
500. B. gibberosa (Ach.) Arn.

Kruste dünn, verunebnet, körnig, weisslich bis grünlichgrau. Vorlager weisslich. Früchte bis 0,5 mm breit, angedrückt, rotbraun oder braunschwarz, bald halbkugelig, mit gleichfarbigem, verschwindendem Rande. Paraphysen verleimt, gewöhnlich bräunlich gefleckt. Sporen länglich, stumpf abgerundet, 3—4 μ br., 9—15 μ lg.
An Laubbäumen, nicht an Fichten, wie Koerber angiebt. Selten. (Lecidea silvana Th. Fr.)
501. B. silvana Kbr.

Kruste sehr dünn, firnissartig-staubig, schmutzig weisslich, öfter fast fehlend. Früchte 0,1—3 mm breit, anfangs leicht gewölbt, bald halbkugelig bis fast kugelig, unberandet, hellfleischrötlich, gelblich oder hellgelbbräunlich. Paraphysen ganz ungefärbt. Sporen schmal, länglich, 2,5—3 μ br., 10—12 μ lg.
An Laubholzrinden, gern an Salix. Selten, doch wohl nur übersehen. (Lecidea luteola v. albohyalina Nyl.)
502. B. albohyalina (Nyl.) Arn.

†† Paraphysen oben dunkel gefärbt.
° Paraphysen oben kopfig verdickt. Früchte gross, hart.

Kruste weinsteinartig, rissig-gefeldert, rötlichgrau; braungrau oder mäusegrau. Vorlager schwarz. Früchte bis 1,8 mm breit, angedrückt, anfangs fleischrötlich, später braunschwarz bis schwarz, rundlich-eckig, fast flach, etwas rauh mit bleibendem Rande. Para-

physen locker, oben schmutzigbraun. Sporen bohnenförmig, 4—6 μ br., 9—12 μ lg.
f saxicola F. — Steinbewohnend.
f. corticola Fr. — Rindenbewohnend.

An Felsen und an Laubholzrinden. Zerstreut. Leicht kenntlich an der characteristischen Farbe der Kruste. — (Lecidea rivulosa Ach.; Hippocrepula Norm.; Biatora rivulosa α superficialis Schaer.)

503. B. rivulosa (Ach.) Fr.

Kruste weissgrau, bräunlichgrau oder aschgrau, vom schwarzen Vorlager umsäumt. Früchte 0,8—1,2 mm breit, braunschwarz bis schwarz, rauh, meist flach und erhaben berandet. Sporen kugelig-elliptisch, nicht gekrümmt. 5—6 μ br., 7—9 μ lg.

α. aggregata Fw. — Kruste sehr undeutlich. Früchte zahlreich, bereitt. sprossend.
β. albescens Kbr. — Kruste weiss, breit schwarz gesäumt. Früchte zerstreut.

An Urgebirgsfelsen. Nicht zu selten. — (Lecidea rivulosa β mollis Whlbg.: Lecidea mollis Nyl.)

504. B. mollis (Whlbg.) Th. Fr.

Kruste dick, glatt, tiefrissig-gefeldert, mäusegrau oder braungrau. Vorlager schwarz. Früchte 1 mm breit, eingesenkt. Scheibe flach, der Kruste gleichhoch, matt, unberandet. Schläuche verlängert keulig. Sporen kugelig-elliptisch, 6—8 μ br., 8—11 μ lg.

An Felsen (Granit, Gneiss). Selten; im Hochgebirge. Schneekoppe, Bruchhauser-Steine in Westfalen. — (Lecidea lygaea Ach. non Schaer.: Lecidea Kochiana Hepp ; Biatora rivulosa β Kochiana Kbr.)

505. B. lygaea (Ach.)

Kruste sehr dünn, ergossen, zuletzt staubig aufgelöst, weisslich, weisslichgrau bis bräunlichgrau. Vorlager undeutlich. Früchte 1,5 mm breit, eingesenkt, hellgelbbraun bis schwarzbraun, mit flacher, der Kruste gleichhoher, berandeter Scheibe. Paraphysen oben schmutzigbraun. Schläuche schmalkeulig. Sporen elliptisch, in der Mitte leicht eingeschnürt, bei völliger Reife zuweilen zweiteilig, 4—6 μ br., 8—12 μ lg.

Gewöhnlich an Laubholz, selten an Kiefern. Zerstreut. — (Lichen Lightfootii Sm : Lecidea Schaer.; Biatorina Kbr.; Biatora rivulosa v. corticola Fr.)   *506 B. Lightfootii (Sm.) Hepp.*

°° Paraphysen oben nicht kopfig verdickt.
꜀ Paraphysen oben schmutzig-olivengrün oder grünlich bis gelbbräunlich
— Früchte bald mehr oder minder gewölbt.

Kruste gefeldert, warzig-schollig bis kleinschuppig, grubig vertieft, weisslichgrau Vorlager undeutlich. Früchte bis 1 mm breit, sitzend, öfter gehäuft, rotbraun bis schwärzlich, flach oder leicht gewölbt, meist unregelmässig rundlich, mit lange bleibendem, hellem Rande. Gehäuse gelblich. Paraphysen locker, fädlich, oben gelbbräunlich. Sporen fast kugelig, 5 µ br., 5—7 µ lg.

Auf nackter Erde und an Felsen. Selten. Kröllwitz b. Halle, Jena, Schriessheim, Lorch a. Rhein, Freiwaldau i. Schlesien. (Patellaria Wallrothii Sprengel; Lecidea Salweii Borr.; Biatora Salweii Th. Fr.; Biatora glebulosa Fr.) *507. B. Wallrothii (Spr.) Fr.*

Kruste verbreitet, feinkörnig oder schorfig-warzig bis staubig aufgelöst, weisslich- oder grünlichgrau. Vorlager weiss. Früchte 1—2,5 mm breit, angedrückt, erst lebhaft rot, später rotbraun, schmutziggelb bis schwarz, zuletzt gewölbt, hell berandet. Paraphysen mit grünlichgelbbräunlicher, körniger Deckschicht. Sporen länglichelliptisch, 4—7 µ br., 8—16 µ lg.

f. dealbata Rbh. — Früchte gebleicht.

Auf nacktem, gern torfigem Heideboden, über abgestorbenen Moosen und Pflanzenresten. In der Ebene selten, verbreitet im Gebirge. — (Lichen granulosus Ehrh.; Lecidea Ach.; Lecidea decolorans Ach.; Biatora decolorans Fr.)
508. B. granulosa (Ehrh.) Rbh.

Kruste weit verbreitet, dünn, körnig-staubig, später staubig aufgelöst, graugrünlich, gelbgrünlich, angefeuchtet dunkel schmutziggrünlich. Vorlager undeutlich, gleichfarbig. Früchte 0,5—1,0 mm breit, sitzend, stets gewölbt, öfter zusammenfliessend, unregelmässig gestaltet, schmutzigbräunlich bis schwarz, unberandet. Paraphysen grünlich oder oben grünbraun. Sporen länglich, 4—6 µ br., 9—12 µ lg.

An faulendem Holze, absterbenden Baumstümpfen, Moosen und auch auf nackter Erde. Nicht selten. — (Lichen viridescens Schrad.; Lecidea Ach.; Biatora viridescens β putrida Kbr.)
509. B. viridescens (Schrad.) Fr.

Kruste kleinschollig-körnig, citrongelb oder hellgelb. Vorlager firnissartig, weiss. Früchte 0,5 mm breit, angedrückt, braunschwarz, bald gewölbt, unberandet. Paraphysen oben gelbbraun, schlaff. Sporen länglich, an beiden Enden verschmälert, 3—4 µ br., 11—14 µ lg.

Auf nackter Erde in höheren Gebirgen. Sehr selten. Feldalpe im Algäu. *510. B. Poetschiana Kbr.*

— — Früchte stets flach.

Kruste dünn, warzig-körnig, grüngrau oder grünlich. Vorlager undeutlich. Früchte 0,5 mm breit, angedrückt, schwärzlich oder schwarz, stets flach, mit erhabenem, meist wellig gebogenem, grauschwarzem Rande. Paraphysen schmutzig olivenfarbig. Sporen elliptisch bis länglich-elliptisch, 3—4 μ br., 7—9 μ lg.

An der Rinde alter Kiefern, Baumstümpfen, alten Brettern und Pfosten. Häufig. (Lecidea flexuosa Nyl.) *511. B. flexuosa Fr.*

Kruste dünn, verbreitet, staubig-körnig oder staubig, angefeuchtet gelatinös, graugrün oder schmutziggrün. Vorlager undeutlich. Früchte 0,5—8 mm breit, dicht angedrückt, schwärzlich oder grünschwärzlich, flach, mit dünnem, hellerem Rande. Paraphysen grünlich oder oben grünbräunlich. Sporen elliptisch bis länglich-elliptisch, 4—5 μ br., 7—9 μ lg.

Auf nackter Erde und über Moosen. Zerstreut. — (Lecidea gelatinosa Flk.: Biatora viridescens α gelatinosa Kbr.)
512. B. gelatinosa (Flk.) Stein.

* Paraphysen oben dunkel, schwarzbraun.

Kruste dick, begrenzt, warzig-gefeldert. Felderchen gewölbt, dunkelrotbraun oder hirschbraun, glänzend. Vorlager schwarz. Früchte bis 1,5 mm breit, angedrückt, dunkelbraun bis schwarz, anfangs flach, dünn berandet, bald gewölbt und unberandet. Schlauchboden ungefärbt oder hellgelblich. Sporen 5—6 μ br., 10—15 μ lg. Spermatien lang, nadelförmig, gekrümmt.

An Felsen. Selten. Schneekoppe. — (Lecidea aenea Duf.; Lecidella atrobrunnea α cechumena Kbr. non Ach.)
513. B. aenea (Duf.) Arn.

Kruste warzig, gefeldert oder geknäuelt, weiss- oder aschgrau. Vorlager schwarz. Früchte bis 0,5 mm breit, dicht angepresst, rotbraun, braunschwarz bis schwarz, flach, dünn berandet. Gehäuse hell, oder gelbbräunlich. Sporen 4—6 μ br., 9—12 μ lg.

α. genuina (Kbr.) Th. Fr. — Kruste dünn, warzig, grau oder hell aschgrau. Früchte kleiner, rotbraun, stets berandet.
* pelidna Fw. — Kruste kleinwarzig. Früchte gedrängt
β. griseoatra (Fw.) Th. Fr. — Kruste dicker, grau bis schwärzlichgrau. Früchte grosser, schwärzlich, au.. f.. h.. t braunrotschwärzlich, mit bogig-eckiger, zuletzt leicht gewölbter, unberandeter Scheibe.

An Urgebirgsfelsen im Gebirge. Nicht selten. — (Biatora panaeola Fr.; Lecidea panaeoloides Nyl.; Biatora consanguinea Anzi.)
514. B. leucophaea Flk.

Kruste compact, körnig, rissig zerteilt, schmutzig lederbraun bis erdfarbig, auf weisslichem Vorlager. Früchte angedrückt, öfter ge-

nähert und eckig unförmlich, schwärzlich, flach, mit hellerem, eingebogenem, vortretendem Rande. Schläuche fast walzig. Sporen mittelgross, eiförmig, $1^1/_2$—2 mal länger als breit. Auf nackter Erde in den Spalten der alten Treppenstufen im Aufstieg zur Schneekoppe. (Ich sah kein Exemplar.)
515. B. geochroa Kbr.

Kruste weinsteinartig, rissig-gefeldert, graurotbraun. Vorlager undeutlich, schwarz. Früchte klein, untermischt, rötlich-kastanienbraun, glänzend, leicht gewölbt, fast unberandet. Sporen ziemlich klein, elliptisch, $2^1/_2$—4 mal länger als breit.
An Granitfelsen im Riesengebirge. (Hier sowohl als bei der vorigen Art gebe ich die Koerber'sche Diagnose.)
516. B. Laureri Fw.

Kruste ausgebreitet, körnig-staubig, aschgrau bis weissgrünlichgrau. Früchte 0,5—1,0 mm breit, angedrückt sitzend, braunrot oder dunkel rotbraun, anfangs flach mit hellerem Rande, zuletzt gewölbt. Schläuche kurz, aufgeblasen-keulig. Sporen fast kugelig, 5—7 µ br.
An Baumrinden. Selten. — (Lecidea fuscescens Nyl.; Lecidea leproda Nyl.; Lecidea Nylanderi Th. Fr.) *517. B. Nylanderi Anzi.*

Kruste sehr dünn, zerstreut kleinwarzig, grünbräunlich oder gelbbraun. Vorlager undeutlich. Früchte bis 0,2 mm breit, dicht angedrückt, mattschwarz, flach oder leicht gewölbt, mit sehr dünnem, verschwindendem Rande. Paraphysen dicht verleimt. Schlauchboden ungefärbt. Sporen 2—3 µ br., 4—7 µ lg.
An umherliegenden Basaltsteinen, an alten Lehmmauern. Selten. — (Lecidea atomaria Th. Fr.) *518. B. atomaria (Th. Fr.)*

Kruste dünn, verbreitet, schorfig-körnig, zuweilen fast fehlend, graugrün oder weisslichgrau. Vorlager weisslich. Früchte 0,1—3 mm breit, angedrückt, braunschwarz, angefeuchtet rotbraun, fast durchscheinend, hochgewölbt und unberandet, öfter leicht grau bereift. Schlauchboden gebräunt. Sporen elliptisch oder länglich-elliptisch, zugespitzt, 2—3 µ br., 6—10 µ lg.
An entrindeten Tannenstrünken vor Goleow bei Rybnick. (Biatora elachista Kbr.) *519. B. sarcopisoides Mass. 1852.*

b. Schlauchboden dunkel.
* Kruste hell, grau, weisslich, weissgrau, graugelblich bis grünlichgrau.

Kruste dünn, öfter fast fehlend, geglättet, seltener runzelig, feinkörnig-warzig-staubig, grünlich- bis weisslichgrau. Vorlager fast gleichfarbig. Früchte 0,5—1,0 mm breit, sitzend oder angedrückt, braunschwarz oder schwarz, flach, dünn berandet oder gewölbt und unberandet. Paraphysen dicht verleimt. Schlauchboden gelbbraun bis rotbraun. Sporen 4—6 µ br., 10—15 µ lg.

α. sanguineoatra (Wulf.) Th. Fr. — Früchte rötlichbraun oder dunkelbraun. gewolbt, unberandet. Schlauchboden gelbbräunlich.
β. atrofusca (Fw.) Th. Fr. — Früchte dunkel braunschwarz bis schwarzlich, flach, berandet. Schlauchboden rotbraun.
γ. tristior Nyl. — (Lecidea riphaea Kbr.) Früchte schwarz, flach, berandet. Schlauchboden dunkelrotbraun, oben violett-schwärzlich.

Auf der Erde und über Moosen. Zerstreut, im Gebirge. — (Biatora vernalis β sanguineoatra Fr.; Biatora atrosanguinea Fr.; Biatora vernalis Kbr. non L.; Lecidea sanguineoatra Nyl.; Biatora deusta Mass.; Biatora cartilaginea Lönnr.) *520. B. fusca (Schaer) Th. Fr.*

Kruste dünn, feinrissig, zuweilen fast fehlend, weisslich bis weissgrau. Früchte 0,5—8 mm breit, angedrückt oder sitzend, braunrot, dunkelrotbraun bis schwärzlich, anfangs flach, dünn berandet, später gewölbt, unberandet. Schlauchboden rotbraun oder braunschwärzlich. Paraphysen oben gebräunt. Sporen elliptisch, 5—6 µ br., 8—13 µ lg.

Auf Kalkstein. Zerstreut. — (Lecidea fuscorubens Nyl.; Biatora ochracea Hepp.: Lecidella Kbr. Par.; Lecidea sympathetica Tayl.)

521. B. fuscorubens (Nyl.)

Kruste firnissartig, schorfig, rissig, graugelblich bis graugrünlich. Vorlager schwarz. Früchte 0,5—1,0 mm breit, angedrückt, fleischrötlich, zuletzt rotbraun bis braunschwarz, flach oder leicht gewölbt, mit dünnem, dunklem, zuletzt verschwindendem Rande. Schlauchboden rotbraun, dick. Paraphysen wenig verleimt. Sporen eiförmig, 6—8 µ br., 12—16 µ lg.

An glatten Rinden, gern an Tannen und Buchen. Nicht zu selten. — (Biatora tabescens Kbr) *522. B. ambigua Mass.*

Anm: Mit Vorsicht von Lecidella enteroleuca zu unterscheiden.

Kruste uneben, sehr dünn, firnissartig, zuletzt fast schorfig, weiss, mit undeutlichem Vorlager. Früchte klein, sitzend, braunschwarz, kreisrund, flach, dauernd dünn und gleichfarbig berandet. Schläuche pfriemförmig. Sporen klein, elliptisch, 3—4 mal länger als breit.

An Buchen im Grunewaldthale bei Reinerz.

523. B. planorbis Kbr.

Anm. Vorstehend die Koerber'sche Diagnose, ich sah die Flechte nicht.

Kruste zusammenhängend, weinsteinartig - staubig, geglättet, schmutzig-graugrün, angefeuchtet dunkelgrün. Vorlager undeutlich, weisslich. Früchte angedrückt, fahlgrau - bräunlich, angefeuchtet

schwärzlich, dauernd flach, mit dünnem, dunklem Rande. Schlauchboden grünlichbraun. Paraphysen verleimt. Sporen 6—8 μ br., 13—18 μ lg. Auf Sandstein. Selten. Heidelberg, Solling bei Höxter.
524. B. Ahlesii Kbr.

Kruste dünn, weinsteinartig-mehlig, schmutzig-weisslich bis graugrünlich. Vorlager undeutlich. Früchte angedrückt, 0,5—8 mm breit, fleischrötlich, missfarbig, bis schmutzig-bräunlich, bald hoch gewölbt, mit dünnem, schwarzem Rande. Schlauchboden dunkelbraun. Sporen länglich, 4—6 μ br., 13—18 μ lg. An Kalkfelsen. Selten. Streitberg, Wiesenthal in Baiern.
525. B. picila Mass.

** Kruste dunkel, graubraun, rotbraun, braunschwarz.
† Früchte sitzend bis angedrückt.

Kruste dick, verbreitet, anfangs feinkörnig oder warzig, zuletzt rissig-gefeldert, mit kleiiger oder staubig-aufgelöster Oberfläche, grünlich oder graubraunrot. Früchte 0,3—5 mm breit, meist erhaben sitzend, flach, schwarz oder braunschwarz, mit lange bleibendem, dünnem, hellerem Rande. Gehäuse braunschwarz. Schläuche kurzkeulig. Sporen fast länglich-elliptisch, 3—5 μ br., 7—13 μ lg. Auf Rinden und Holz. Selten. — (Lecidea botryosa Th. Fr.; Lecidea miscelliformis Nyl.; Lecidea hypopodia Nyl.)
526. B. botryosa Fr.

Kruste dünn, körnig-schorfig oder staubig, zuweilen fast fehlend, dunkel grünbraun, rotbraun bis braunschwarz. Vorlager braunschwarz. Früchte 0,3—8 mm breit, angedrückt, braunschwarz oder schwarz, anfangs flach, später gewölbt, mit dünnem, fast gleichfarbigem, zuletzt verschwindendem Rande. Gehäuse weich, schwärzlich. Paraphysen stark verleimt. Sporen elliptisch oder länglich-elliptisch, 5—8 μ br., 10—17 μ lg.

α. humosa (Ehrh.) — Kruste körnig. Früchte braunschwarz oder schwarz. Sporen eiförmig, 5—8 μ br., 12—17 μ lg. — Auf humoser Erde, auch über Moosen und Pflanzenresten.

β. argillacea Kmphb. — Kruste fast fehlend. Früchte dem schwarzen Vorlager aufsitzend, kleiner, angedrückt, schwarz. Sporen elliptisch, 5—7 μ br., 10—13 μ lg. Auf Sand- und Lehmboden.

An sonnigen, feuchten Orten, von der Ebene bis in's Hochgebirge. Häufig. (Lichen uliginosus Schrad.; Lecidea Ach.)
527. B. uliginosa (Schrad.) Fr.

†† Früchte fast eingesenkt.

Kruste verbreitet, körnig-staubig oder kleiig, rotbraun. Vorlager schwärzlich. Früchte fast eingesenkt, schwarz, anfangs flach, dünn, schwarz berandet, später hoch gewölbt, unberandet. Sporen eiförmig-elliptisch, 3—5 μ br., 8—12 μ lg.

An faulenden Baumstämmen, alten Zäunen, Planken, Schindeldächern etc. Häufig. — (Lecidea fuliginea Ach.)

528. B. fuliginea (Ach.) Fr.

*** Früchte kleiner, meist dunkel. Schlauchboden normal hell gefärbt. Spermatien klein, kurz.

Kruste sehr dünn, firnissartig, zuweilen fast fehlend, weisslich. Vorlager weisslich. Früchte 0,5—1,0 mm breit, angedrückt, rötlichbraun bis braunschwarz, angefeuchtet fast durchscheinend, anfangs flach, zuletzt gewölbt, mit dünnem, dunklem, anfangs vortretendem Rande. Gehäuse hellbräunlich. Paraphysen locker, oben leicht bräunlich. Sporen fast spindelförmig, 3—5 μ br., 10—15 μ lg.

An der Rinde alter Laubbäume. Selten, doch wohl oft übersehen. — (Lecidea erythrophaea Flk.; Biatora hyalinella Kbr.; Biatora tenebricosa Norm.) *529. B. erythrophaea (Flk.) Th. Fr.*

Kruste sehr dünn, körnig, öfter wenig entwickelt, fast fehlend, weiss- oder grünlichgrau. Vorlager weisslich. Früchte 0,2—3 mm breit, angedrückt, braunschwarz oder schwarz, angefeuchtet braunrot, anfangs flach, dünn berandet, bald gewölbt und unberandet. Gehäuse bräunlich. Schlauchboden farblos. Paraphysen wenig verleimt. Sporen länglich-elliptisch, 3—4 μ br., 8—12 μ lg.

An der Rinde alter Kiefern, seltener an Eichen. Zerstreut. — (Lecidea pellucida v. obscurella Smrft. 1826; Biatora phaeostigma Kbr. Syst ; Lecidea obscurella Nyl.)

530. B. obscurella (Smrft.) Arn.

Kruste dünn, körnig-schollig, weisslich oder grauweiss. Vorlager weiss. Früchte 0,4—8 mm breit, angedrückt, zimmtbraun, dunkelbraun, zuletzt schwärzlichbraun, zuweilen bereift, anfangs vertieft oder flach, gelbbräunlich berandet, zuletzt gewölbt, unberandet. Gehäuse meist ungefarbt. Schlauchboden farblos. Paraphysen dicht verleimt, oben gelbbräunlich. Sporen 3—4 μ br., 8—11 μ lg.

An alten Fichten, auch an altem Eichenholze. Zerstreut. — (Lecidea Cadubriae Nyl.) *531. B. Cadubriae Mass.*

Kruste dünn, ausgebreitet, feinwarzig, schmutziggrau bis braungrau, oft in weissliche oder grünlichgraue Soredien aufgelöst. Vorlager schwarz oder bläulichschwarz. Früchte bis 1 mm breit, angedrückt, schmutzig bräunlich-schwarz, von Anfang an gewölbt und unberandet. Gehäuse braun bis braunschwarz. Paraphysen dicht verleimt, bräunlich oder smaragdgrün, oben dunkler. Sporen elliptisch, 4—7 μ br., 9—15 μ lg.

An Birkenrinden. Sehr selten. Astenberg in Westfalen. — (Lecidea pullata Th. Fr.) *532. B. pullata Norm.*

Kruste dünn, verunebnet, körnig, aschgrau bis grünweisslich. Vorlager gleichfarbig. Früchte 0,5—8 mm breit, angedrückt, kastanienbraun bis dunkelbraunschwarz, anfangs flach, dünn, hell berandet, bald gewölbt, mit verschwindendem Rande. Schlauchboden gelbbräunlich. Paraphysen dicht verleimt. Sporen 3,5—4,5 μ br., 9—15 μ lg.

An Baumrinden. Selten. Baiern. — (Lecidella turgidula v. atroviridis Arn.; Lecidea atroviridis Th. Fr.)

533. B. atroviridis Hellb.

Kruste dünn, feinkörnig, grünlichgrau, zuweilen fehlend. Früchte 0,2—3 mm breit, schwarz oder braunschwarz, nackt, stets gewölbt, fast halbkugelig. Schlauchboden hell. Paraphysen locker verwebt. Sporen fast eiförmig, c. 3 μ br., 7—9 μ lg.

An Baumstümpfen und altem Holze. Selten. Heidelberg. Baiern. — (Lecidea asserculorum Ach.; Biatora misella Falk.)

534. B. asserculorum (Ach.) Arn.

Kruste sehr dünn, körnig-schorfig oder staubig aufgelöst, grau oder grünlichgrau. Vorlager schwarz. Früchte 0,2—4 mm breit, angedrückt, gehäuft bis zusammenfliessend, öfter eckig verbogen, fleischrötlich bis braunrot, dünn, schwärzlich berandet. Paraphysen mässig verleimt. Schläuche kurzkeulig. Sporen ei-elliptisch, 3—5 μ br., 8—11 μ lg.

An Laubholzstämmen, im westlichen Teile des Gebietes nicht selten. — (Biatora Decandollei Hepp.)

535. B. exigua Chaub.

Kruste sehr dünn, fast weinsteinartig, schorfig, schmutzig-graugrün. Vorlager weisslich. Früchte sehr klein, angedrückt, rotbraun, flach, dünn und hell berandet. Schläuche keulig. Sporen ellipsoidisch, ziemlich klein, $2^1|_2$—3 mal länger als breit. Paraphysen oben bräunlichgelb, verleimt. Spermogonien schwarz, punktförmig, 0,1—2 mm breit. Spermatien 1—2 μ br., 4—6 μ lg.

An Felsen im Gebirge, häufig, doch sehr selten fertil. (Beschreibung der Frucht nach Koerber.) — (Lecidea trachona Ach.)

536. B. trachona (Ach.)

Kruste sehr dünn, ergossen, schorfig, rötlich-weiss. Früchte 0,3—5 mm breit, sitzend, matt, grünlichschwarz, stets gewölbt, unberandet. Paraphysen oben grünlich. Sporen ei-elliptisch, 3—4 μ br., 7—9 μ lg.

An Porphyrfelsen. In Baden an mehreren Stellen. Durch die rötliche Farbe der Kruste ausgezeichnet. *537. B. Bauschiana Kbr.*

3. Kruste mit dem Substrat verschmolzen, grubig. Früchte fast oder ganz eingesenkt.

Kruste dick, weinsteinartig, runzelig, weisslich, schwärzlich bestaubt (angefeuchtet grünlich), mit dem weissen Vorlager verschmolzen. Früchte eingesenkt, flach, mit braunschwarzer oder schwarzer, angefeuchtet rötlicher Scheibe und dünnem, schwärzlichem Rande. Sporen fast elliptisch, 4—6 µ br, 8—14 µ lg.

An Kalk- und Dolomitfelsen im westlichen Deutschland.

538. *B. chondrodes Mass.*

Kruste weinsteinartig-schorfig, schmutziggrau bis aschgrau, öfter weissrötlich angehaucht. Vorlager undeutlich, weisslich. Früchte 0,2—3 mm breit, eingesenkt, kreisförmig angeordnet, schwarzbraun, flach, unberandet, angefeuchtet braunrot. Sporen länglich-eiförmig, 3—5 µ br., 8—11 µ lg.

In kleinen Höhlungen der Dolomit- und Kalkfelsen bei Eichstädt, in Westfalen. 539. *B. cyclisca Mass.*

Kruste undeutlich, mit der Unterlage verschmolzen. Früchte 0,3—5 mm breit, grubig eingesenkt, schwärzlich, angefeuchet purpurbraun, matt, anfangs flach, dünn berandet, zuletzt gewölbt, unberandet. Gehäuse zart, braun. Paraphysen dicht verleimt. Sporen fast spindelförmig. 6—10 µ br., 16—26 µ lg. Schläuche aufgeblasen keulig.

An Kalksteinen. Selten, doch stellenweise mehr verbreitet. — (Lecidia oolithella Nyl.; Lecid. Metzleri Th. Fr.)

540. *B. Metzleri Kbr.*

Kruste undeutlich, weisslich, in den Kalk eingefressen. Früchte 0,5—8 mm breit, grubig-eingesenkt, schwarz oder dunkelbraunschwarz, meist flach und dünn berandet. Gehäuse rotbraun. Paraphysen verleimt Schläuche keulig. Sporen elliptisch, 7—8 µ br., 10—15 µ lg.

Auf Kalk. Zerstreut — (Lichen immersus Web.; Hymenelia immersa Kbr.; Lichen calcivorus Ehrh ; Lecidea calcivora Mass.; Lecidea immersa Th. Fr.) 541. *B. immersa (Web.) Arn.*

Anm Biatora minuta Schaer. — B anomala & minuta Schaer, durfte, wie Lahm ausführlich nachgewiesen hat, am besten der Vergessenheit anheimfallen Das von Koerber dafur gehaltene Exemplar ist nach Lahm Biatorina globulosa nicht synothea, cf Stein, p. 209.

81. *Steinia Kbr.*

Kruste verbreitet, sehr dünn, schorfig oder gelatinös, erdfarbig, graugelblich bis lederfarbig. Vorlager gleichfarbig. Früchte 0,2—6 mm breit, sitzend, braunschwarz oder mattschwarz, anfangs flach, bald gewölbt bis halbkugelig Paraphysen oben bräunlich. Spermatien sehr klein, 0,5 µ br., 1—1,5 µ lg. Sporen stets zu 16, kuglig, 5—7 µ breit.

Auf feuchtem Sande, nackter Lehmerde. Selten, doch wohl wegen der Unscheinbarkeit oft übersehen. — (Lecidea geophana Nyl. 1861.; Lecidea borealis Nyl.; Steinia luridescens Kbr.; Lecidea trichogena Norm.)
542. St. geophana (Nyl.) Stein.

82. Bombyliospora De Not.

Kruste verbreitet, fast weinsteinartig, körnig-schorfig, blaugrüngelblich. Vorlager weiss, firnissartig. Früchte angedrückt, rotbraun, mit vertiefter bis flacher Scheibe und stumpfem, hellem, zuletzt verschwindendem Rande. Sporen einzeln in länglichen, fast keuligen Schläuchen, verlängert elliptisch, gesäumt, mehrteilg (raupenförmig Kbr.), sehr gross, 30—50 µ br., 120—200 µ lg.; gelblich.

An alten Laubholzstämmen in der subalpinen und alpinen Region. Bairische Alpen. — (Biatora pachycarpa Fr.)
543. B. pachycarpa Duf.

83. Lopadium Kbr.

Kruste verbreitet, körnig-warzig oder schuppig, graugrünlich oder gebräunt. Vorlager undeutlich, braunschwarz. Früchte 0,5—1,0 mm breit, erhaben sitzend, krug-, dann kreiselförmig, braunschwarz oder mattschwarz, vertieft bis flach, mit meist hellerem, eingebogenem, etwas rauhem Rande. Paraphysen oben kopfartig verdickt, locker. Sporen nur zuletzt hellbraun, einzeln, länglich-elliptisch, gross, 20—40 µ br., 70—120 µ lg., mauerförmig vielteilig.

α. disciforme (Fw.) = Lopad. pezizoideum Kbr.) — Kruste dünn, körnig-warzig, heller. Früchte mattschwarz, mit schwarzem Rande. Rindenbewohnend.

β. muscicolum (Smrft.) Kbr. = Lecidea pezizoidea Ach.) — Kruste dicker, körnig-schuppig, fast knorpelig hart, dunkler. Früchte gedrängt, braunschwarz, mit gleichfarbigen Rande. Ueber Moosen.

An alten Fichten und über Moosen, gern über Racomitrium. Vorzugsweise in höheren Gebirgen, Harz, Königstuhl in Baden.
544. L. pezizoideum (Ach.)

Anm.: Die Gattung Abrothallus De Ntr. ist den Pilzen einzuordnen; ich möchte sie aber nicht übergehn, da sie von manchen Lichenologen den Flechten beigezählt wird. Die Sporen sind elliptisch, quer zweiteilig, gebräunt. Im Gebiete wurden bisher beobachtet: A. parmeliarum (Smrft.) = A. Smithii Tul. auf Parmelia saxatilis, olivacea, tiliacea, Cetraria glauca, pinastri, A. Usneae Rbh. auf Usnea barbata v florida; A. vidus Kbr. auf Sticta pulmonaria und A. microspermus Tul. auf Parmelia caperata.

Das Gleiche gilt von Scutula Wallrothii Tul. auf Peltigera canina, mit zweiteiligen, ungefärbten Sporen.

Lecideaceae. 183

3. Subfam.: **Baeomyceae**.

Uebersicht der Gattungen.

Früchte gestielt, fast kugelig, innen locker-spinnewebig. Sporen spindelförmig, ungeteilt oder undeutlich zweiteilig.

Baeomyces (Pers.)

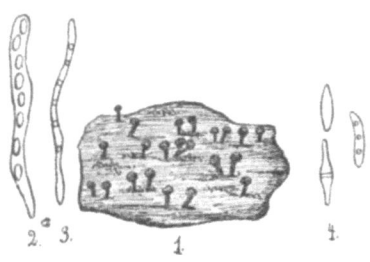
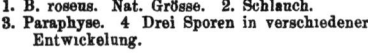
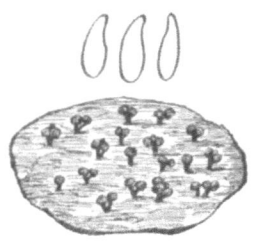

1. B. roseus. Nat. Grösse. 2. Schlauch. 3. Paraphyse. 4 Drei Sporen in verschiedener Entwickelung.

Sph. byssoides. Nat. Grösse. Drei Sporen derselben Flechte.

Früchte gestielt, hutförmig, nackt, innen voll. Sporen länglich, ungeteilt. *Sphyridium Fw.*

84. *Baeomyces* (Pers.) Fr.

Kruste weit ausgebreitet, zusammenhängend, körnig-warzig, weisslich oder grauweisslich. Vorlager graugrün. Fruchtstiele bis 5 mm hoch, drehrund, weiss oder rötlich-weiss. Früchte fast kugelig, rosenrötlich, weiss bereift. Sporen spindelförmig, gewöhnlich gekrümmt, 2—3 μ br., 10—25 μ lg.

Auf nackter Erde in allen Heiden an lichten Stellen. Sehr häufig und meist mit Cladonia papillaria vergesellschaftet.

545. *B. roseus Pers.*

Anm.· Auf der Kruste lebt parasitisch Nesolechia ericetorum (Fw.)

85. *Sphyridium Fw.*

a. Kruste körnig-schuppig.

Kruste ausgebreitet, körnig-schuppig bis kleinkörnig-staubig, grau- oder weissgrünlich. Vorlager weiss. Früchte gestielt, hutförmig, mit 1—4 mm breiter, rosenrötlicher oder rotbrauner Scheibe. Stiele 2—3 mm hoch, seitlich zusammengedrückt, gerieft, rötlichweiss. Sporen länglich-elliptisch, 3—4 μ br., 7—12 μ lg.

α. rupestre (Pers.) — Kruste körnig-warzig. Früchte zerstreut, kleiner. Steinbewohnend.

β. **carneum** Flek. — Kruste schuppig-körnig, zuletzt staubig. Früchte grösser. — Auf Sand- und Lehmboden, selten an faulem Holz oder über Moosen.

γ. **sessilis** Nyl. — Früchte fast sitzend oder sehr kurz gestielt. An trockenen, sonnigen Orten.

In schattigen Heiden, Laubwäldern, an Hohlwegen etc. Namentlich im Gebirge sehr häufig. — (Lichen byssoides L.; Sphyridium fungiforme Kbr.) 546. *Sph. byssoides (L.) Th. Fr.*

b. **Kruste schuppig-blättrig.**

Kruste meergrün, fast bereift. Schuppen dachziegelig, vielfach geteilt, leicht gewölbt, mit etwas zurückgeschlagenen Enden, soreumatisch. Unterseite weiss. Früchte gestielt, hutförmig, anfangs mit undeutlichem, weissem Rande.

Nur einmal von Koerber auf sandiger Erde in der kl. Schneegrube gefunden; ich sah das Exemplar nicht. 547. *Sph. speciosum Kbr.*

Kruste kreisrundlich, runzelig-faltig, locker aufliegend, im Umfange blattartig gelappt. Lappen rundlich, gekerbt, gelblich- bis graugrün. Unterseite weiss. Früchte hutförmig, dunkelrosenrot, auf weissem Stiele. Sporen länglich, 2—4 μ br., 10—15 μ lg.

Auf sandigem oder lehmigem Heideboden. Nur im westlichen Deutschland. Selten. — (Baeomyces placophyllus Whlbg.)
548. *Sph. placophyllum (Whlbg.) Th. Fr.*

4. Subfam.: **Eulecidineae.**

Uebersicht der Gattungen.

I. Schlauchschicht stets deutliche Paraphysen zeigend.
  1. Schläuche wenigsporig.
   α. Schläuche 8—16sporig, ausnahmsweise (Rhizocarpon) 1—2sporig.
    * Sporen ungeteilt, parallel zweiteilig oder 4- bis mauerartig vielteilig.
     † Sporen dunkel gefärbt, parallel 4- bis mauerartig vielteilig.
      § Sporen ohne Schleimhof.

Drei Sporen von D. alboatrum.

Lager krustig, bisweilen mit fast schuppig effigurirtem Rande. Früchte öfter anfangs vom Lager berandet. Schlauchboden weich, braun. Sporen hellgrau bis braunschwarz, zuletzt unförmlich.

Diplotomma Fw.

Lecideaceae.

†† Sporen ungeteilt oder 2teilig.
° Sporen ungeteilt, farblos.

Lager krustig. Früchte mit eigenem, kohligem und äusserem, dickem Gehäuse. Schlauchboden dick, braunschwarz, nach oben kohlig. Sporen gross, ei-elliptisch, mit sehr dickem Epispor.
Stenhammara Fw.

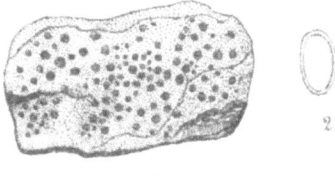

1 St turgida. Nat Grosse. 2 Spore.

Lager krustig, öfter fast fehlend. Fruchtscheibe normal schwarz. Schlauchboden braun, farblos, hellbraun oder dunkelbraun, stets weich. Sporen ellipsoidisch, ungeteilt, selten scheinbar (durch Oeltropfen) zweiteilig.

Lecidella Kbr.

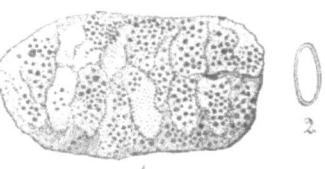

1. Lecidella enteroleuna. Nat Grosse. 2. Spore.

Lager wie vor. Fruchtscheibe normal schwarz Schlauchboden schwarz, kohlig, hart, oft spröde. Sporen ungeteilt, ellipsoidisch.

Lecidea (Ach.) Kbr.

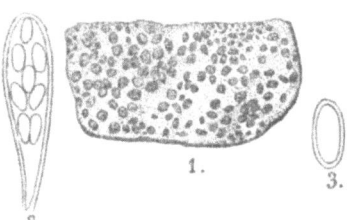

1. Lecidea platycarpa Nat. Grosse. 2 Schlauch. 3. Spore

°° Sporen quer 2teilig.
— Sporen dunkel gefärbt.
× Sporen ohne Schleimhof.

Lager krustig, weinsteinartig, gefeldert, oder körnig-staubig bis fast fehlend. Fruchtscheibe stets schwarz. Gehäuse braunschwarz oder schwarz, oft kohlig, bei eingesenkten Früchten schwer erkennbar. Sporen ellipsoidisch. Gonidien freudig grün.

Buellia De Ntr.

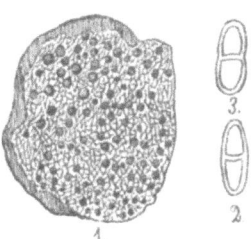

1. B. parasema Nat. Grosse.
2 Spore von B. myriocarpa.

186 Lecideaceae.

Gehäuse kreiselförmig, meist weich. Gonidien gelb oder gelbrot. Sonst wie vor.

Poetschia Kbr. em.

×× Sporen mit Schleimhof.

Spore von Catocarpus badioater.

Lager krustig, mit meist stark entwickeltem Vorlager. Gehäuse schwarz, gewöhnlich kohlig. Sporen dunkel oder anfangs ungefärbt, mit dickem Schleimhofe.

Catocarpus Kbr. em.

§§ Sporen mit Schleimhof.

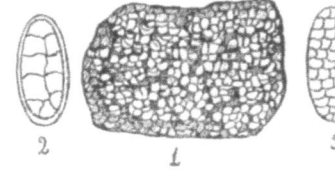

Vorlager deutlich ausgebildet. Schläuche 8-, selten 1-2 sporig. Sporen parallel 4- oder mauerartig vielteilig, ungefärbt oder dunkel, stets mit dickem Schleimhofe.

1. Rh. geographicum v. saxicolum. Nat. Grösse.
2. Spore derselben Flechte.
3. Spore von Rh. Montagnei.

Rhizocarpon Ram.

— — Sporen ungefärbt, ohne Schleimhof.

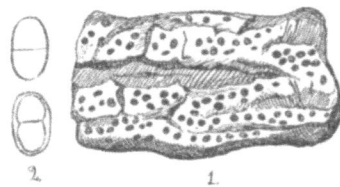

Lager krustig. Vorlager undeutlich. Früchte normal schwarz. Gehäuse meist kohlig. Sporen quer 2 teilig, elliptisch.

Catillaria Mass.

1. Catillaria premnea. Nat. Grösse.
2. Zwei Sporen.

** Sporen stets parallel 4teilig.

3 Sporen von A. accline.

Lager krustig. Vorlager weisslich. Früchte schwarz. Gehäuse dunkel. Schläuche 8—16 sporig. Sporen länglich, ungefärbt, ohne Schleimhof.

Arthrosporum Mass.

Lecideaceae.

b. Schläuche stets 1—2sporig.   Sporen sehr gross.

Lager krustig. Vorlager firnissartig, weiss. Früchte schwarz. Schlauchboden gelblich bis rot. Sporen ungeteilt, mit sehr dickem Epispor.

Mycoblastus Norm.

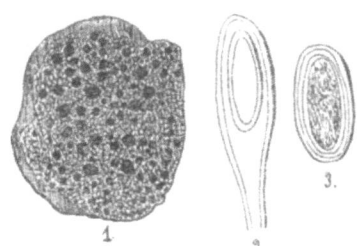

1. M. sanguinarius. Nat. Grösse. 2. Schlauch. 3. Spore.

2. Schläuche vielsporig.

Lager krustig, weinsteinartig. Vorlager schwarz. Früchte eingesenkt, schwarz. Sporen sehr klein, ungeteilt, farblos, kugelig-elliptisch.

Sporastatia Mass.

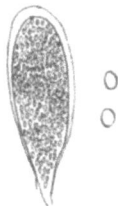

Schlauch und zwei Sporen von Sporastatia cinerea.

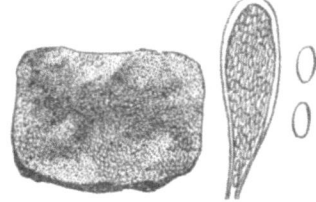

Sarcogyne pruinosa. Nat. Grösse. Schlauch und 2 Sporen derselben Flechte.

Lager sehr wenig entwickelt. Früchte sitzend. Gehäuse kohlig. Sporen klein, ungeteilt, farblos, elliptisch. *Sarcogyne (Fw.) Mass.*

II. Schlauchschicht schleimig-körnig, ohne eigentliche Paraphysen.

Kruste wenig entwickelt. Vorlager firnissartig. Früchte angedrückt bis sitzend. Gehäuse schwarz. Schläuche 4—6sporig. Sporen 2teilig, braun

Kemmleria Kbr.

Schlauch und Spore von K. varians.

86. *Diplotomma Fw.*

a. Kruste weisslich oder grau.

Kruste weinsteinartig-körnig oder dickmehlig, rissig, weiss oder weisslich. Vorlager schwarz. Früchte 0,5—1 mm breit, gehäuft, eingesenkt, bis zuletzt hervortretend, schwarz, anfangs flach, bläulich bereift, mit Lagerrand, zuletzt gewölbt, fast unbereift, mit verschwindendem Rande. Paraphysen locker, oben bräunlich. Schläuche sackartig erweitert. Sporen elliptisch, braun, anfangs mit drei Querscheidewänden, bald mauerartig mehrteilig, 6—8 μ br., 12—18 μ lg.

    α. corticolum Ach. — Kruste fast mehlig. Früchte meist stark bereift. An Baumrinden.
        * leucocelis Ach. — Früchte nicht bereift. An Rinden.
        ** trabinellum Fr. — Kruste dünn, weisslich. Früchte sehr gedrängt, gewölbt, dicht bläulich bereift, wenig berandet. An Holz.
        *** crenulatum Kbr. — Früchte mit staubig crenuliertem Rande.
    β. epipolium (Ach.) — Kruste weinsteinartig-mehlig, rissig, weiss, meist kreisrundlich. Früchte verflacht, bläulich bereift, berandet. Steinbewohnend.
        * paucinum Mass. — Kruste dünn, rissig. Früchte zuletzt unbereift.
        ** murorum Mass. — Kruste dick, staubig, gefeldert.
        *** spilomaticum Kmph. — Kruste dick, mehlig, mit flockig-mehligen, gebräunten oder schwärzlichen Höckerchen besetzt. Früchte flach, bleibend bereift. Sehr selten fertil.
    γ. venustum (Kbr.) — Kruste dick, weiss. Früchte gross, gewölbt, nackt, anfangs weisslich berandet. Steinbewohnend.
    δ. ambiguum (Ach.) — Kruste dünn, rissig, geglättet, grauweiss. Früchte anfangs eingesenkt, später hervortretend, flach, unbereift, mit zuletzt verschwindendem Rande. Auf Dachziegeln. (D. tegulare Kbr.)

An Laubholzrinden, alten Zäunen, Bretterwänden, Kalksteinen, Mauern, Ziegeln, Dolomitfelsen etc. Verbreitet. — (Lichen alboater Hoffm.; Lecidea Fr.; Rhizocarpon Th. Fr.; Buellia Th. Fr.; Lecanora Nyl.)   *549. D. alboatrum (Hoffm.) Kbr.*

Kruste sehr dünn, fast firnissartig oder zerstreut körnig. Vorlager weisslich. Früchte 0,2—1,0 mm breit, angedrückt-sitzend, mattschwarz, meist unbereift, dünn schwarz berandet. Paraphysen verleimt, oben braun. Schläuche keulig. Sporen länglich, parallel 4teilig, hellgraugrün, später dunkelbraun, 5—7 μ br., 14—20 μ lg.

    α. pharcidia (Ach.) = Dipl. populorum (Mass.) — Kruste weisslichgrau. Früchte sitzend, bald gewölbt, randlos, öfter zart bereift. An Rinden.
        * saxicola. — Steinbewohnend.
    β. zabothicum Kbr. — Kruste grau bis graubräunlich. Früchte bleibend flach, unbereift. An Rinden.
        * saxicola Stitzenb. — (Lecidea Heppiana Müll.) — Steinbewohnend.

An glatten Rinden der Laubbäume und an Kalksteinen zerstreut. (Lecidea parasema ε athroa Ach.)   *550. D. athroum (Ach.) F.*

b. **Kruste schmutziggelb oder erdfarbig-rötlichgelb.**
Kruste begrenzt, rundlich, kleinschuppig. Vorlager undeutlich. Früchte ca. 0,5 mm breit, gedrängt, sitzend, halbkugelig, schwarz, unbereift, fast völlig unberandet. Sporen parallel 4 teilig, bräunlich, ca. 4 μ br, 10—12 μ lg.
Auf Hornstein, Trachyt. Selten. Thüringen, Marburg i. Westfalen, Bonn, Eichstädt. — (Lecidea lutulenta Stitzenb.)
551. D. lutosum Mass.

87. Stenhammara Fw.
Kruste dick, weinsteinartig, warzig-mehlig, feinrissig, weisslich. Vorlager stark ausgebildet, schwarz. Früchte anfangs eingesenkt, später hervortretend, flach, mattschwarz, graubereift bis unbereift und fast runzlig, mit dünnem, eigenem, undeutlichem und dickem, bleibendem, hellem Lagerrande. Paraphysen locker. Sporen ei-elliptisch, mit sehr dicker Sporenhaut, 20—30 μ br., 50—60 μ lg.
An Kalkfelsen. Sehr selten. Teufelsgärtchen im Riesengebirge, Obersdorf in Algäu. (Biatora turgida Ach.)
552. St. turgida (Ach.) Kbr.

88. Buellia De Ntr.
I. **Steinbewohnend.**
1. Kruste ockergelb, strohgelb oder graugelb.
Kruste weinsteinartig, schollig-kleinfeldrig, geglättet oder fein warzig, gelbgrün, weislichgelb oder gelbgrau. Vorlager schwarz. Früchte 0,3—6 mm br, zerstreut, eingesenkt, flach, nackt, mattschwarz, randlos, nur scheinbar mit Lagerrand. Schlauchboden braun. Paraphysen oben verdickt, gebräunt. Schläuche breitkeulig. Sporen breit elliptisch, 7—9 μ br., 14—16 μ lg. — Kal. caust. rötet die Kruste nicht.
An Felsen und Steinen. Nicht selten. — (Lichen verruculosus Borr; Lecidea Schaer.; Lichen ocellata Flk.; Buellia Kbr.; Rinodina sulphurea Lönnr.)
553. B. verruculosa (Bor.) Th. Fr.

Kruste verunebnet, runzlig, rissig, strohgelb, oder weisslich bis schmutzig grau-ockergelb, durch K. hellgelblich gefärbt. Vorlager schwarz. Früchte 0,2—4 mm breit, anfangs eingesenkt, später sitzend, schwarz, unbereift, flach, mit dickem, erhabenem, zuletzt verschwindendem Rande Schlauchboden braunschwarz. Sporen oben verdickt, schwärzlichbraun. Schläuche schmalkeulig. Sporen elliptisch, 4—6 μ br., 9—14 μ lg.
An Felsen und Steinen Diedenhofen in Baiern, Eichstädt. — (Calicium saxatile Schaer.; Lecidea Nyl.; Lecidea micraspis Nyl.)
554. B saxatilis (Schaer.) Kbr.

Kruste dünn, begrenzt, kleinschollig-klümperig, feinrissig, graugelb, auf dendritisch figuriertem, schwarzem Vorlager. Früchte 0,2—3 mm breit, anfangs eingesenkt, später angedrückt, bald gewölbt, mattschwarz, mit dünnem, gleichfarbigem, bald verschwindendem Rande. Schlauchboden heller oder dunkler gebräunt. Paraphysen straff, oben braun. Schläuche keulig. Sporen breit elliptisch, 5—6 μ br., 8—10 μ lg.

An Granitfelsen. Selten. Kynast, Eisenach. — (Rinodina confragosa v. lecidina Fw.; Buellia occulta Kbr.)

555. B. lecidina (Fw.) Arn.

Kruste ergossen, kleinfelderig, graugelb, durch K. nicht verändert, auf schwarzem Vorlager. Früchte punktförmig, dauernd eingesenkt, schwarz. Schlauchboden ungefärbt. Sporen elliptisch, an beiden Enden abgestumpft, hellbraun, 5—7,5 μ br., 13—15 μ lg., schmal gesäumt.

An Felsen, Ruinen. Sehr selten. Westfalen, Montjoie in der Rheinprovinz, Runkel a. der Lahn. — (Lecidea atropallidula Nyl.)

556. B. atropallidula (Nyl.) Lahm.

2. Kruste weisslich, weissgrau, bräunlichgrau, selten grünlich.
* Kruste grünlich.

Kruste dünn, weinsteinartig, schorfig, feinrissig, schmutziggrün. Vorlager undeutlich. Früchte gedrängt, sitzend, mattschwarz, flach, mit fast bleibendem erhabenem Rande. Schlauchboden grünlichbraun. Paraphysen verleimt, farblos, oben grünlichbraun. Schläuche keulig. Sporen ziemlich klein, undeutlich bisquitförmig, $2—2^{1}/_{2}$ mal länger als breit.

Nur an Granitsteinen bei Sagan; ich sah die Flechte nicht.

557. B. viridis Kbr.

** Kruste weisslich, weissgrau oder bräunlichgrau.
† Früchte grösser, sitzend.

Kruste warzig- oder rissig-gefeldert, zuweilen fast fehlend, weiss oder schmutzig-weisslich. Vorlager undeutlich. Früchte 1—2 mm breit, sitzend, schwarz, flach oder gewölbt, mit dickem, kräftigem, nur zuletzt verschwindendem, gleichfarbigem, oft wellig verbogenem Rande. Schlauchboden braunschwarz. Schläuche keulig. Sporen breit elliptisch, abgestumpft, 6—9 μ br., 12—16 μ lg.

α. Mougeotii (Hepp.) Th. Tr. — Früchte unbereift.
β. Gevrensis Th. Tr. — Früchte bereift, mit schwarzem, nacktem Rande.

An Urgestein in gebirgigen Gegenden. Zerstreut. — (Lecidea leptocline Fw.; Lecidea Mougeotii Hepp.; Lecidea hypopodioides Nyl.)

558. B. leptocline (Fw.) Kbr.

†† Früchte kleiner, eingesenkt bis angedrückt.
° Vorlager schwarz.
Kruste dünn, zerstreut gefeldert, weisslich oder weisslichgrau. Früchte 0,2—4 mm breit, den Felderchen eingesenkt, schwarz, nackt, vertieft, berandet, später flach, randlos. Schlauchboden rotbraun. Paraphysen locker, oben braun. Sporen breit elliptisch, dunkelbraun, 4—5 μ br., 9—12 μ lg.
An Felsen. Selten. Schneekoppe, Harz, Rheinprovinz, Baden, Jura. — (Lecidea stellulata Tayl.; Buellia spuria β minutula Kbr.; Buellia minutula Arn.)

559. B. stellulata (Tayl.) Br. et Rostr.

Kruste kleinfelderig-rissig, weissgrau bis bräunlichgrau, durch K. braunrötlich gefärbt. Vorlager schwarz. Früchte 0,2—4 mm breit, den Felderchen eingesenkt, schwarz, nackt, vertieft bis flach, mit dünnem, erhabenem Rande. Schlauchboden dunkelbraun bis schwarzbraun. Paraphysen mässig verleimt, oben dunkelbraun. Schläuche breitkeulig. Sporen elliptisch oder breitelliptisch, braun, 6—8 μ br., 10—15 μ lg.
An Felsen und Steinen. Zerstreut, doch in manchen Gegenden fehlend. — (Gyalecta aethalea Ach.; Lecidea atroalbella Lght.)

560. B. aethalea (Ach.) Th. Fr.

Kruste kleinfelderig oder warzig-gefeldert, dunkelgrau, durch K. nicht verändert. Vorlager schwarz. Früchte 0,4—8 mm breit, angedrückt-sitzend, schwarz, nackt, fast stets flach, mit dünnem, verschwindendem Rande. Schlauchboden bräunlich. Paraphysen locker, oben verdickt, olivenbräunlich bis schwarzbraun. Schläuche aufgeblasen-keulig. Sporen länglich-elliptisch, schwarzbraun, 4—6 μ br., 8—13 μ lg.
Auf Quarzit. Sehr selten, Jura. — (Lecidea spuria Schaer.; Buellia spuria α genuina Kbr.)

561. B. spuria (Schaer.) Arn.

°° Vorlager weisslich oder undeutlich.
Kruste verbreitet, weinsteinartig-schorfig, weisslich oder grauweisslich. Vorlager weisslich. Früchte anfangs eingesenkt, bald hervortretend, schwarz, flach, mit stumpfem, zuletzt verschwindendem Rande, scheinbar vom Lager berandet. Schläuche keulig. Sporen elliptisch, stumpf, in der Mitte deutlich eingeschnürt, 4—6 μ br., 15—18 μ lg.
An Kalkfelsen. Selten. Streitberg und Obereichstädt in Baiern, Westfalen. — (Lecidea Dubyana Hepp.; Lecidea Dubyanoidis Hepp.)

562. Dubyana (Hepp.) Kbr.

Kruste unscheinbar, kleinfelderig-warzig, rissig oder zerstreutkörnig-schollig. Vorlager undeutlich. Früchte 0,3—7 mm breit, eingesenkt oder angedrückt, mattschwarz, angefeuchtet braunschwarz, anfangs vertieft, mit kräftigem, schwarzem Rande, später flach, mit verschwindendem Rande. Schlauchboden farblos. Paraphysen locker, oben schmal gebräunt. Sporen elliptisch, zuletzt braunschwarz, 8—12 μ br., 22—28 μ lg.

An Felsen und Steinen. Selten. — (Rinodina discolor Hepp.; Lecidea discolorans Nyl.) *563. B. discolor (Hepp.) Kbr.*

Kruste weinsteinartig, rissig, gefeldert, schmutzig gelbbraun. Vorlager weisslich, undeutlich. Früchte ca. 0,5 mm breit, fast eingesenkt, gewölbt, schwarz, anfangs bereift, mit dünnem, verschwindendem Rande. Schlauchboden bräunlich. Paraphysen locker, oben grünlichbraun. Schläuche keulig. Sporen elliptisch, 4—5 μ br., 9—11 μ lg.

An Kalkfelsen. Bissingen in Württemberg.

564. B. luridata Kbr.

II. Auf dem Lager anderer Flechten.

Kruste grobkörnig, stroh- oder schwefelgelb. Vorlager nicht erkennbar. Früchte 0,3—5 mm breit, eingesenkt, zuletzt etwas vortretend, mattschwarz, stark gewölbt, unberandet. Schlauchboden rotbraun. Schläuche eiförmig. Sporen breit elliptisch, in der Mitte nicht eingeschnürt, graubraun, 5—6 μ br., 9—13 μ lg.

Auf der Kruste von Sphyridium byssoides und Baeomyces roseus rundlich begrenzte Flecken bildend; seltener an Steinen. Zerstreut. — (Lecidea scabrosa Ach.) *565. B. scabrosa (Ach.) Kbr.*

Eigene Kruste fehlend. Früchte sitzend, 0,3—5 mm breit, mattschwarz, anfangs fast krugförmig, mit dickem, erhabenem Rande, später verflacht, dünn berandet. Schlauchboden bräunlich. Paraphysen mit körniger Deckschicht, oben gebräunt. Schläuche schmal elliptisch. Sporen braun, 4—5 μ br., 9—12 μ lg.

Auf der Kruste von Baeomyces roseus. Selten. — (Lecidea athallina Naeg.; Lecidea allothallina Nyl.)

566. B. athallina (Naeg.) Müll. Arg.

III. Rinden und Holz bewohnend.
a. Vorlager schwarz.

Kruste geglättet, körnig-schollig, weisslich oder selten aschgrau, vom schwarzen Vorlager mehr oder minder umsäumt. Früchte bis 2 mm breit, sitzend, schwarz, öfter glänzend, flach, mit bleibendem, glänzend schwarzem Rande, oder gewölbt, unberandet. Schlauchboden braunschwarz. Paraphysen locker, oben verdickt. Schläuche keulig. Sporen 5—12 μ br., 15—30 μ lg.

α. disciformis (Fr.) Th. Fr. — (Buellia parasema α tersa Kbr.) — Kruste weiss oder weissgrau. Früchte 1—2 mm breit, unbereift. Sporen 6—12 μ br., 16—28 μ lg. An Rinden.
: * angulosa Ach. — Kruste dicker, runzelig uneben. Früchte gewölbt, mit verschwindendem Rande. An Rinden.
: ** saprophila Ach. — Kruste sehr dünn, fast fehlend. Früchte verflacht, bleibend berandet.
β. microcarpa Schaer. — Kruste fast häutig, weisslich. Früchte punktförmig, bis 1 mm breit. Rindenbewohnend.
γ. triphragmia (Nyl.) Th. Fr. — Schläuche mit 2 und 4 teiligen Sporen. Kruste weisslich. Früchte nicht flach, berandet, 1—2 mm breit. An Rinden und über Moosen.
δ. muscorum (Schaer.) = Buellia bryophila Kbr.) — Kruste körnigwarzig, schmutzig-weisslich bis grüngrau-bräunlich. Früchte bis 1,5 mm breit, meist flach, mit verschwindendem Rande. Sporen 2 teilig.

Von der Ebene bis ins Hochgebirge. Verbreitet. — (Lecidea parasema Ach.; Lecidea disciformis Nyl.; Lecidea subdisciformis Lght.)

567. B. parasema (Ach.) Th. Fr.

b. Vorlager weisslich oder undeutlich.

Kruste körnig-staubig, uneben, weisslich, weissgrau oder graugrün. Vorlager weisslich. Früchte 0,2—6 mm breit, zahlreich, angedrückt, schwarz, flach, berandet, oder gewölbt, randlos. Schlauchboden dunkelbraun. Paraphysen locker, kurz. Schläuche keulig. Sporen elliptisch, abgerundet, 4—8 μ br., 9—16 μ lg., bräunlichschwarz.
: a. punctiformis (Hoffm.) — Kruste weisslich oder weisslich-aschgrau, zuweilen fast fehlend.
: * stigmatea (Ach.) = Buellia stigmatea Kbr.) — Kruste zusammenhängend, dünn, fast fehlend, weissgrau. Auf Gestein.
: ** ericetorum (Kbr.) — Kruste staubig, weissgrau. Auf blosser Erde.
: *** muscicola (Hepp.) — Kruste körnig, weisslich. Früchte stark gewölbt. Ueber Moosen und Pflanzenresten.
β. chloropolia (Fr.) — Kruste dicker, graugrünlich.

Durch das Gebiet verbreitet. — (Buellia punctata Kbr.; Buellia stigmatea Kbr.; Lecidea myriocarpa Nyl.)

568. B. myriocarpa (DC.) Mudd.

Kruste weinsteinartig, warzig-körnig oder staubig, gelblichweiss. Vorlager weisslich. Früchte 1—1,5 mm breit, angedrückt, gedrängt, mattschwarz, flach, erhaben berandet. Schlauchboden braun. Paraphysen locker. Schläuche keulig. Sporen breit elliptisch, braun, 5—8 μ br., 15—25 μ lg.

An Rinden und über Moosen. Selten. Höxter, Bairische Alpen. — (Lecidea insignis Naeg.)

569. B. insignis (Naeg.) Kbr.

Kruste wenig entwickelt, oft fast fehlend, feinkörnig-staubig, aschgrau. Vorlager weisslich. Früchte 0,2—5 mm breit, angedrückt, schwarz, flach, unbereift, dünn berandet, später gewölbt, randlos. Schlauchboden bräunlich bis schwarz. Paraphysen straff, kurz, oben keulig, dunkelbraun. Schläuche keulig. Sporen elliptisch, 2—4 μ br., 5—12 μ lg., mit breiter Scheidewand.

An Baumrinden, gern an Nadelhölzern, an altem Holz und über Pflanzenresten. — (Lecidea microspora Hepp.; Lecidea nigritula Nyl.)
570. B. Schaereri De Ntr.

Anm.: Die Koerbersche Species: B. corrugata ist zu streichen, sie ist nichts weiter als alte Rinodina exigua.

89. *Poetschia Kbr. em.*

Kruste sehr dünn, fast häutig, klein-körnig-schorfig, weisslich oder graugrün. Vorlager weisslich, undeutlich. Früchte 0,1—2 mm breit, erhaben sitzend, schwarz, anfangs vertieft, hoch berandet, zuletzt gewölbt, fast randlos. Schlauchboden rotbraun. Paraphysen zuletzt verleimt, gelbbräunlich. Schläuche bauchig. Sporen eiförmig, braun, in der Mitte stark eingeschnürt (sohlenförmig), 6—10 μ br., 16—21 μ lg.

An glatten Rinden und an entrindeten Stellen von Laubbäumen. Selten. *571. P. buelloides Kbr.*

Kruste sehr dünn, schorfig-mehlig, öfter fast fehlend, weiss. Früchte spärlich, 0,3—5 mm breit, anfangs eingesenkt, später sitzend, flach oder gewölbt, fast unberandet, schwarz. Schlauchboden braun. Schläuche keulig. Sporen bräunlich, in der Mitte stark eingeschnürt, 4—5 μ br., 10—15 μ lg.

An morscher Rinde alter Eichen. Westfalen. Selten. — (Buellia Ricasolii Mass.; Buellia arthonioides Fèe)
572. P. arthonioides (Fèe.)

Eigene Kruste fehlend. Früchte höchstens 0,1 mm breit, zahlreich, punktförmig, später erhaben sitzend, fast kugelig, schwarz, undeutlich berandet. Schläuche schmalkeulig. Sporen normal zu 8, seltener zu 4 oder 6, nicht sohlenförmig, 4—5 μ br., 9—11 μ lg.

Epiphytisch auf der Kruste von Urceolaria scruposa. Nicht selten, doch leicht zu übersehen. — (Buellia talcophila Kbr.; Karschia talcophila Kbr.) *573. P. talcophila (Ach.) Stein.*

Anm.: Karschia Strickeri Kbr. gehört zu den Pilzen

90. *Catocarpus Kbr. em.*

a. Kruste gelblich, braun oder braungrau. Sporen fast von Anfang an braun gefärbt.

Kruste warzig-gefeldert, ockergelb oder citronengelb, vom schwarzen, durchscheinenden Vorlager umsäumt. Früchte 0,6—1,5 mm breit, angedrückt, schwarz, unbereift, flach, berandet, zuletzt gewölbt, unberandet. Schlauchboden braunschwarz. Paraphysen stark verleimt. Schläuche keulig. Sporen ei-elliptisch, sohlenförmig, 9—15 μ br., 18—28 μ lg. An Felsen und Steinen im Hochgebirge. Selten. — (Rhizocarpon geographicum v. alpicolum Kbr.; Lecidea alpicola Nyl.)

574. C. chionophilus Th. Fr.

Anm.· K. fäbt die Kruste intensiv gelb, zuletzt rötlich.

Kruste warzig oder rissig-gefeldert, heller oder dunkler braun. Vorlager dick, schwarz. Früchte 0,4—1,5 mm breit, eingesenkt, flach, schwarz, unbereift, dünn, schwarz berandet. Schlauchboden schwarzbraun. Paraphysen verleimt, oben rötlich. Schläuche breitkeulig. Sporen sohlenförmig, stark eingeschnürt, braun, 10—18 μ br., 35—36 μ lg.

α. rivularis (Fr.) Kbr. — Kruste dicker. Früchte grösser, bis 1,5 mm breit.
β. vulgaris Kbr. — Kruste dünner. Früchte klein, 0,4—7 mm breit.

An Felsen und an Steinen, auch an erratischen Blöcken. Zerstreut. — (Lecidea badioatra Flk.; Lecidea incusa Fr.)

575. C. badioater (Flk.) Th. Fr.

b. Sporen fast ungefärbt oder zuletzt sehr hell gefärbt.

* Früchte grösser, 1—2 mm breit. Kruste trübrotbraun.

Kruste verbreitet, zusammenhängend, verunebnet, oder rissig-gefeldert. Vorlager schwarz Früchte eingedrückt-sitzend, später sitzend, mattschwarz, rauh, flach oder gewölbt, dünn und bleibend schwarz berandet. Schlauchboden braunschwarz. Paraphysen verleimt, oben verdickt, grünschwärzlich. Schläuche aufgeblasen keulig. Sporen schmalelliptisch, nur zuletzt olivenfarbig, 6—13 μ breit, 15—30 μ lang, mit sehr breitem Schleimhofe.

An feuchten Granitfelsen im Hochgebirge. — (Lecidea atroalba v. applanata Fr.; Lecidea colludens Nyl.; Catocarpus badioater v. grandis Arn.; Buellia badioatra β. rivularis Kbr. p. p.; Catillaria Massalongii Kbr.: Catill. Hochstetteri Kbr.)

576. C. applanatus (Fr.) Th. Fr.

Anm. Kruste durch K. nicht verändert oder nur leicht gebräunt.

** Früchte kleiner, selten bis 1 mm breit.

† Kruste durch K. nicht verändert oder nur wenig roströtlich gefärbt.

Kruste fast begrenzt, gedrängt-warzig, gefeldert, weisslich oder hellgraurötlich. Vorlager schwarz. Früchte 0,3—5 mm breit, eingesenkt, schwarz, nackt, flach, mit dünnem, gezähntem Rande. Schlauchboden braunschwarz. Paraphysen verleimt, oben kopfig verdickt, grün- oder braunschwärzlich. Sporen anfangs ungefärbt, bald graugrün, elliptisch, mit breitem Schleimhofe, 10 — 14 μ breit, 22—28 μ lang.

An feuchtliegenden Granitblöcken im Hochgebirge. — (Catillaria concreta Kbr. p. p.) *577. C. Koerberi Stein.*

Kruste verbreitet, sehr dünn, bis fast fehlend, aschgrau. Vorlager schwarz. Früchte 0,5 mm breit, angedrückt, mattschwarz, nackt, flach, dünn berandet. Schlauchboden dunkelbraun. Paraphysen nicht verdickt, oben braunschwarz. Sporen elliptisch, nur ganz zuletzt grünlichbraun, 6—8 μ br., 14—18 μ lg.

Auf Glimmerschiefer am Altvater. Selten. — (Lecidea simillima Anzi). *578. C. simillimus (Anzi).*

†† Kruste durch K. blutrot oder braun gefärbt.

Kruste kleinwarzig, aschgrau, weisslichgrau oder graubräunlich, durch K. blutrot gefärbt. Vorlager schwarz. Früchte 0,3—7 mm breit, sehr selten etwas grösser, eingesenkt bis angedrückt, schwarz, nackt, anfangs flach, dünn berandet, später gewölbt, randlos. Schlauchboden braunschwarz. Paraphysen nicht kopfig verdickt, olivenbräunlich. Sporen fast elliptisch, breit gesäumt, zuletzt leicht gebräunt, 7—11 μ br., 18—24 μ lg.

An Granitblöcken im Hochgebirge. Selten. — (Catillaria concreta Kbr. p. p.) *579. C. ignobile Th. Fr.*

Kruste kleinfelderig-rissig, dünn, braungrau bis schmutzig-rotbraun, durch K. gebräunt. Vorlager schwarz. Früchte 0,3—5 mm breit, anfangs eingesenkt, später fast sitzend, schwarz, nackt, flach, dünn, glänzend schwarz berandet. Sporen fast dauernd farblos, breitelliptisch, mit sehr breitem Schleimhofe, 9—12 μ br., 20—25 μ lg.

An Urgestein im Hochgebirge. Selten. — (Lecidea polycarpa (Hepp.) *580. C. polycarpus (Hepp.)*

91. Rhizocarpon Ram.

A. Sporen fast von Anfang an dunkel gefärbt. Eurhizocarpon Stitzenb.
1. Kruste gelb oder citrongelb.

Kruste weinsteinartig, gefeldert, grünlichgelb bis citrongelb. Vorlager schwarz. Hyphen durch Jod gebläut. Früchte bis 1 mm breit, meist zwischen den Felderchen sitzend, mit der Kruste in gleicher Höhe bleibend, schwarz, unbereift, flach, dünn berandet, oft eckig-bogig. Schläuche 8 sporig. Sporen eiförmig oder länglich, anfangs hyalin und 2 teilig, bald 4 teilig, schwarz und endlich mauerartig mehrteilig, mit unregelmässig gekerbtem Rande, 11—18 μ br., 20—35 μ lg. Formenreich:

f. contiguum Fr. — Felderchen flach, zusammenhängend und ineinanderfliessend, das Vorlager verdeckend.
f. atrovirens Fr. (= prothallinum Kbr.) — Felderchen klein, etwas zerstreut und getrennt Vorlager vortretend.
f. geronticum Ach. (= alpicolum Kbr. p. p.) — Felderchen gross, intensiv gelb, geschwollen, fast runzelig.
* pulverulentum (Schaer.) — Felderchen ziemlich getrennt, weiss bestaubt.
** immundum Kbr. — Felderchen zuletzt schmutzig ockergelb.
f. lecanorinum (Flk.) — Felderchen warzig aufgedunsen. Früchte eingesenkt, gleichsam lecanorisch berandet.
f. urceolata Schaer. — Früchte krugformig, an der Mündung hell.

An Porphyr, Basalt, Tonschiefer, Sandstein, ausnahmsweise auch auf Dachziegeln. In Kalkgegenden seltener, in der Ebene gern an erratischen Blöcken. Stellenweise sehr gemein. — (Lichen geographicus L.: Lecidea Fr.) *581. Rh. geographicum (L.) DC.*

Kruste weinsteinartig, warzig-gefeldert, matt grünlichgelb. Felderchen zerstreut, aufgeblasen. Vorlager schwarz. Hyphen durch Jod nicht gebläut Früchte bald hervortretend, schwarz, nackt, anfangs flach, bald gewölbt, randlos. Schläuche 8 sporig. Sporen anfangs olivengrün, zuletzt schwarz, mauerartig mehrteilig, 6—9 µ breit, 15—22 µ lang.

An Granitblöcken im Hirschberger Tale, an Grünstein-Porphyr des Hallmann bei Brilon in Westfalen. — (Lecidea viridiatra Flk.)
582. Rh. viridiatrum (Flk.) Kbr.

2. Kruste braun oder grau. Hyphen nicht amyloidhaltig.

Kruste weinsteinartig, warzig gefeldert, braunrot, braungrau oder weisslich-grünlich, bis gelblichgrau. Vorlager schwarz. Früchte 0,3—8 mm breit, angedrückt, schwarz, flach, selten leicht gewölbt, dünn berandet Schläuche ein- oder zweisporig. Sporen elliptisch, zuletzt schwärzlich, mauerartig vielteilig, 25—35 µ br., 40—70 µ lg.

f. protothallinum Kbr. — Vorlager vorherrschend. Felderchen zerstreut.
f. areolatum Kbr. (obliteratum Fw.) — Felderchen dicht gedrängt, das Vorlager verdeckend.
* album Fw. — Kruste weisslich.
** fuscum Fw. — Kruste braun oder rötlichbraun.
*** virescens Fw. — Kruste graugrünlich.
**** citrinum Fw. — Kruste gelblichgrün.
f. irriguum Fw. — Kruste grauweiss, rissig-gefeldert, begrenzt, mit umsäumendem Vorlager. An Gestein der Gebirgsbäche.

An Urgesteinblöcken, häufig im Gebirge. — (Lecidea Montagnei Fw.; Lecidea geminata Fw.; Rhizocarpon geminatum Kbr.)
583. Rh. Montagnei (Fw.) Kbr.

Kruste geschwollen-warzig, aschgrau bis bräunlich. Vorlager schwarz. Früchte 0,5—1 mm breit, fast eingesenkt, schwarz, nackt, anfangs flach, dünn berandet, später gewölbt, unberandet. Schläuche 8 sporig. Sporen bald braunschwarz und mauerartig vielteilig, 12—20 µ br., 28—40 µ lg.
An Urgestein, gern an Granit. Selten. — (Lecidea petraea c. grandis Flk.
584. Rh. grande (Flk.) Arn.

B. Sporen ungefärbt, nur ganz zuletzt sich färbend. Siegertia Kbr. em.
1. Vorlager schwärzlich oder dunkel, oft undeutlich.
 a. Hyphen durch Jod gebläut.
Kruste kleingefeldert, oder warzig-felderig. Felderchen meist flach, aschgrau oder gebräunt. Vorlager schwarz. Früchte 0,4—7 mm breit, angedrückt, schwarz, nackt, flach, dünn berandet, oder leicht gewölbt, randlos. Schläuche bauchig, 8 sporig. Sporen länglich-elliptisch, ungefärbt, zuletzt hellgrünlich, 12—15 µ br., 24—32 µ lg.
 f. protothallinum Kbr. — Vorlager vorherrschend. Felderchen zerstreut.
 f. cinereum Fw. — Kruste grau.
 f. fuscum Fw. — Kruste bräunlich.
Auf Granit, Porphyr, Sandstein. Nicht selten. — (Rhizocarpon petraeum Kbr. α vulgare Fw. p. p.; Rh. distinctum Th. Fr)

585. Rh. atroalbum Arn.

Kruste warzig-gefeldert oder warzig-körnig, ockergelb. Vorlager undeutlich. Früchte 0,2—3 mm breit, angepresst, schwarz, verflacht, fast rillig gefaltet, im Centrum papillös, dünn berandet. Schläuche 8 sporig, breitkeulig. Sporen meist 4 teilig, selten mauerartig mehrteilig, ungefärbt, nur zuletzt hellbräunlich, 6—10 µ br., 12—22 µ lg.
An eisenhaltigem Gestein. Selten. Die Färbung durch Eisenoxyd hervorgerufen. — (Lichen Oederi Web.; Lecidea Ach.)

586. Rh. Oederi (Web.) Kbr.

b. Hyphen nicht durch Jod gebläut.
 * Kruste dick, reinweiss.
Kruste weinsteinartig-mehlig, rissig, im Umfange fast effiguriert, reinweiss. Vorlager dunkel. Früchte bis 1,5 mm breit, anfangs eingesenkt, flach, dünn bereift, später angedrückt, gewölbt, unbereift, mit anfangs weiss bereiftem Rande. Sporen zu 8, elliptisch, mauerartig vielteilig, an den Seiten eingeschnürt (coprolithenförmig), fast hyalin, nur ganz zuletzt hellbräunlich, 12—18 µ br., 22—30 µ lg.
 f. pseudospeira Th. Fr. — Früchte mit meist nackter Scheibe und weissmehligem Rande, deutlich hervortretend.

Auf Kalk in Gebirgsgegenden. Zerstreut. — (Lichen calcareus Weis.; Diplotomma Kmphb.; Siegertia Kbr.; Diplotomma Weissii Mass.) *587. Rh. calcareum (Weis.) Th. Fr.*

** Kruste dünner, weissgrau, aschgrau oder graubräunlich.

Kruste weinsteinartig-mehlig, fast kreisrund, schmutzigweiss oder hellaschgrau. Vorlager schwärzlich. Früchte fast concentrisch gestellt, 0,5—8 mm breit, angepresst, schwarz, nackt, vertieft oder flach, mit dünnem, meist leicht bereiftem Rande. Sporen länglichelliptisch, coprolithenförmig, meist nur an den Einschnürungen hellgrünbräunlich. 10—14 μ br., 24—38 μ lg.

f. excentricum (Ach.) — Kruste weisslich oder bläulichweissgrau, schwarz gefleckt. Früchte unregelmässig gestellt.

An Kalk- und Sandstein, Basalt, Tonschiefer etc. Stellenweise. — (Lichen concentricus Dav.; Lecidea Nyl.; Rhizocarpon subconcentricum Kbr.) *588. Rh. concentricum (Dav.) Poetsch.*

Kruste dünn, kleinwarzig, weisslich, grauweisslich, seltener hellrötlichweiss, durch K. sofort intensiv ziegelrot gefärbt. Vorlager schwarz. Früchte 0,5—1,0 mm breit, angedrückt, schwarz, nackt, fast stets flach, mit dünnem, erhabenem, nacktem Rande. Sporen zu 8, fast ungefärbt, anfangs 4 teilig, später mauerartig geteilt, 11—16 μ br., 21—34 μ lg.

An Sandstein. Sehr selten. Höxter, Baiern. — Lecidea Beckhausii Hepp. in litt.) *589. Rh. rubescens Th. Fr.*

Kruste klein gefeldert, hellbraun, bräunlichweiss oder graurotbräunlich. Felderchen flach. Vorlager schwarz, undeutlich. Früchte ca. 1 mm breit, eingesenkt bis fast sitzend, mattschwarz, nackt, flach, dick und bleibend schwarz berandet. Schläuche breitkeulig. Sporen zu 8, lange ungefärbt, nur zuletzt ganz hellbräunlich, 10—20 μ br., 25—50 μ lg.

f. subcontiguum (Nyl.) — Kruste aschgrau.
f. lavatum (Fr.) — Kruste durch Eisenocker gelbbraun gefärbt.

An feuchtliegenden Felsen im Gebirge. Selten, doch wohl öfter übersehen. — (Lecidea petraea v. obscurata Ach.; Lecidea obscurata Schaer.; Lecidea coniopsidium Hepp.; Lecidea plicatilis Lght.)
590. Rh. obscuratum (Ach.) Kbr.

Kruste weinsteinartig-mehlig, kleinkörnig-warzig, aschgrau bis bräunlich. Vorlager undeutlich. Früchte 0,2—6 mm breit, angedrückt, schwarz, nackt, flach, dünn berandet, später gewölbt, randlos. Sporen zu 8, elliptisch oder fast spindelförmig, parallel 4 teilig, dauernd ungefärbt, 6—8 μ br., 11—16 μ lg.

Auf Basalt der kl. Schneegrube. Sehr selten. Westfalen? — (Lecidea postuma Nyl.) *591. Rh. postumum (Nyl.) Th. Fr.*

*** Kruste hellockergelb bis gelblich.

Kruste dünn, ausgebreitet, schorfig-staubig. Früchte sitzend, 0,4 mm breit, vertieft, schwarz, mit dickem, erhabenem, bleibendem Rande. Schlauchboden schwarzbraun. Paraphysen oben olivenfarbig. Sporen nur ganz zuletzt bräunlich, fast mauerartig geteilt, 8—10 µ br., 17—20 µ lg.

Auf Sandstein in einem Waldbache am Mercur in Baden.
592. Rh. lotum Stitzenb.

2. Vorlager tiefschwarz, vortretend, dendritisch ergossen.

Kruste rissig-gefeldert, braunschwarz. Früchte klein, sitzend, flach oder etwas concav, schwarz, bleibend berandet. Sporen schief elliptisch, anfangs 4 teilig, später mauerartig mehrteilig, dauernd ungefärbt.

Nur einmal an überspülten Granitfelsen des Lomnitzfalles von Koerber gefunden; ich sah die Flechte nicht.
593. Rh. melaenum Kbr.

92. Catillaria Mass.
a. Rindenbewohnend.

Kruste knorpelighäutig, verunebnet, oder fast schorfig-rissig, graugrünlich oder weisslich. Vorlager undeutlich. Früchte 1—1,8 mm breit, sitzend, schwarz, fein, rauh, flach, mit dickem, glänzendem, oft bogigem Rande, oder gewölbt, randlos. Gehäuse dick. Schlauchboden schwarz. Paraphysen oben grünschwärzlich. Schläuche langkeulig. Sporen elliptisch, abgerundet, leicht eingeschnürt, 8—18 µ br., 20—30 µ lg., mit breiter Querwand. Paraphysen oben smaragdgrün bis braunrot.

An Laubholzrinden: in manchen Gegenden ziemlich verbreitet. — (Lecidea grossa Pers.; Lecidea premnea Fr.; Catillaria premnea Kbr.; Lecidea leucoplaca Fr.; Biatora leucoplaca Hepp.)
594. C. grossa (Pers.) Blomb.

Kruste zusammenhängend oder rissig, weissgrau oder schmutziggraugrün. Vorlager undeutlich. Früchte 1—1,5 mm breit, sitzend, schwarz, rauh, gewölbt, mit dickem, anfangs glattem, später körnigem, zuletzt verschwindendem Rande. Paraphysen oben violett bis dunkelpurpurrot. Schläuche keulig. Sporen fast elliptisch, deutlich eingeschnürt, 12—17 µ lg., 6—7,5 µ br.

An Eichen- und Buchenrinde. — Sehr selten. Höxter, Baiern. — (Lecidea intermixta Nyl.; Catillaria Arn.)
595. C. Laureri Hepp.

b. Erde- oder Steinbewohnend.

Kruste dünn, fast schorfig, öfter fast fehlend, schmutzig grüngelb. Vorlager undeutlich. Früchte 0,3—5 mm breit, angedrückt, schwarz, nackt, stark gewölbt, mit verschwindendem, dünnem Rande. Paraphysen oben dunkler oder heller rotbraun. Schläuche breitkeulig. Sporen elliptisch, öfter mit undeutlicher Querwand, 3—4 µ breit, 8—10 µ lg.

Auf lehmiger Erde. Sehr selten. Nauheim in Hessen, Ernsdorf bei Reichenbach in Schlesien. — (Lecidea Schumanni Kbr.; Lecidea argillacea Kbr. p. p.) *596. C. Schumanni (Kbr.) Stein.*

Kruste sehr dünn, öfter fast fehlend, weisslich, weissgrau bis gelblichgrau. Vorlager undeutlich. Früchte 0,5—8 mm breit, anfangs eingesenkt, später angedrückt, schwarz, nackt, flach und dünn berandet, oder gewölbt, randlos. Schlauchboden dunkelrotbraun. Paraphysen locker zusammenhängend, oben dunkel smaragdgrün oder schmutzig blaugrün, verdickt. Sporen elliptisch oder länglich-elliptisch, leicht eingeschnürt, 4 µ br., 8—12 µ lg.

Auf Kalkstein. Selten. Westfalen. — (Biatora athallina Hepp.)
597. C. athallina (Hepp.) Hellb.

Kruste körnig, graugrünlich oder bräunlich, öfter fast fehlend. Früchte 1 mm breit, sitzend, mattschwarz, anfangs flach, erhaben berandet, später gewölbt, mit verschwindendem Rande. Paraphysen oben mit körniger, braunschwarzer Deckschicht, straff, locker. Sporen elliptisch, 2—4 µ br., 6—9 µ lg.

An Steinen und Felsen. Selten. — (Biatora chalybaea Hepp.)
598. C. chalybaea Mass.

Anm.: Catillaria neglecta Kbr. und C. fraudulenta Kbr. sind zu streichen.

93. Lecidella Kbr.

I. Stein-, Erde-, Rinden-, Holz- und Moose bewohnend.
1. Nur auf Gestein.
   a. Kruste intensiv braun. Hyphen amyloidhaltig.

Kruste gefeldert. Felderchen flach oder unregelmässig grubig vertieft, braun und weiss berandet. Hyphen durch Jod gebläut. Vorlager undeutlich. Früchte den Felderchen eingesenkt, braunschwarz, nackt, flach, mit dünnem, erhabenem Rande. Schlauchboden braun. Paraphysen schlank, locker zusammenhängend, oben gebräunt. Schläuche breitkeulig. Sporen ei-elliptisch, 9—11 µ br., 15—21 µ lg.

Auf granitischem Gestein. Selten. Westfalen, Jura. — (Lichen athroocarpus Ach.: Lecidea Ach.; Lecidea atrofuscescens Nyl.; Lecidea atrobrunnea f polygonia Arn. *599. L. athroocarpa (Ach.) Arn.*

Anm.: Mit Vorsicht von Lecidea fumosa zu unterscheiden, abweichend durch grössere Schläuche und Sporen und die lockeren Paraphysen.

Lecideaceae.

b. Kruste heller.
† K. verändert die Kruste nicht, oder färbt sie nur schwach bräunlich.
° Kruste sehr dick, unregelmässig schollig oder fast schuppig, gefeldert, habituell an Psora erinnernd. Hyphen nicht amyloidfaltig.
× Kruste gelblichweiss, ockergelb bis gelblichbräunlich.

Kruste weinsteinartig, begrenzt, rissig-gefeldert. Felderchen 1—2,5 mm breit, geglättet oder runzelig, gelblichweiss oder weissbräunlich, im Herbar sich bräunend bis dunkelrotbraun färbend. Vorlager schwarz. Früchte 1—3 mm breit, eingedrückt, mattschwarz, nackt, verflacht, randlos. Schlauchboden höchstens hellgelblich. Paraphysen stark verleimt, oben grün-bräunlich. Schläuche keulig. Sporen elliptisch oder länglich-elliptisch, 4—5 µ br., 9—13 µ lg.

Auf granitischem Gestein im Hochgebirge. Nicht selten. (Rhizocarpon armeniacum DC.; Lecidea Tr.; Lecidea melaleuca Smrft.; Lecidea spectabilis Kbr.)   *600. L. armeniaca (DC.)*

Kruste weinsteinartig, rissig-warzig. Warzen geschwollen, aufgetrieben, reinweiss oder gelblichweiss. Vorlager undeutlich. Früchte 2—2,5 mm breit, zwischen den Warzen angedrückt, zuletzt hervortretend, fast sitzend, schwarz, nackt, grünlich bereift, zuerst flach, später hoch gewölbt, mit dünnem, verschwindendem Rande. Schlauchboden gelblich. Paraphysen locker, oben blaugrünlich. Schläuche meist breitkeulig. Sporen ei-elliptisch, schmal gesäumt, 5—6 µ br., 10—14 µ lg.

An Felsen (Basalt, Gneis). Sehr selten. Riesengebirge. — (Lecidea bullata Th. Fr.)   *601. L. bullata Kbr.*

Kruste sehr dick, weinsteinartig, begrenzt, rissig-gefeldert, warzig, hellgelb oder gelblichweiss. Vorlager schwarz, Früchte 1—2 mm breit, eingesenkt oder angepresst, schwarz, glänzend, flach oder leicht gewölbt, nur zuerst ganz dünn berandet, später völlig randlos. Schlauchboden fast ungefärbt. Paraphysen stark verleimt, oben blaugrün. Spermatien 1—1,5 µ br., 6—8 µ lg. Sporen gesäumt, 6—8 µ br., 10—16 µ lg.

An Felsen, im Hochgebirge verbreitet. Riesengebirge, Harz, bairische Alpen. In Westfalen spärlich nur an den Bruchhauser Steinen — (Lecidea aglaea Smrft.)   *602. L. aglaea (Smrft.) Kbr.*

×× Kruste heller oder dunkler grau bis graubräunlich.
* Schlauchboden ungefärbt oder hellgelblich.

Kruste fast weinsteinartig, knorpelig, rissig-gefeldert, broncefarbig, etwas glänzend. Felderchen c. 1 mm breit, aufgetrieben. Vorlager schwarz. Früchte 0,2—3 mm breit, anfangs eingesenkt, später an-

Lecideaceae.

gedrückt, schwarz, nackt, vertieft oder flach, mit bleibendem, erhabenem Rande. Paraphysen verleimt, oben grünlichbraun. Schläuche aufgetrieben keulig. Sporen elliptisch, 4—5 μ br., 8—10 μ lg. Auf Gneis. Sehr selten. Schneekoppe. *603. L. nodulosa Kbr.*

Kruste begrenzt, weinsteinartig, schuppig- oder schollig-gefeldert. rotbraun bis braunschwarz. Schollen dicklich, flach, unregelmässig. Vorlager schwarz. Früchte 0,2—3 mm breit, angedrückt, schwarz, nackt, flach, mit anfangs glänzendem, dünnem Rande. Paraphysen oben verdickt, bräunlich. Schläuche keulig. Sporen elliptisch, zuweilen mit 2teiligen gemischt, 4—6 μ br., 9—12 μ lg. An Dolomitfelsen bei Eichstädt. *604. L. scotina Kbr.*

Kruste warzig- oder rissig-gefeldert, dunkler oder heller grau. Felderchen eckig, flach. Vorlager schwarz. Früchte eingesenkt bis dicht angepresst, 0,6—8 mm breit, schwarz, anfangs leicht vertieft, bald flach, mit dünnem, zuweilen verschwindendem Rande. Schlauchboden anfangs fast ungefärbt, später gelbbraun. Paraphysen fädlich, oben verdickt, blau- oder bräunlichgrau. Schläuche cylindrisch-keulig, sich leicht isolicrend. Sporen ellipsoidisch, abgerundet, 6—8 μ br., 14—20 μ lg. Spermatien kurz, gerade, 1 μ br., 6—9 μ lg.

f. lecideina Kbr. — Kruste hellgrau. Früchte unberandet.

An Felsen und Steinen in gebirgigen Gegenden. Verbreitet. — (Lecidea tenebrosa Fw.; Aspicilia Kbr.; Lecanora Nyl.; Lecidella macularis Nitschke.) *605. L. tenebrosa Fw.*

Kruste rissig-gefeldert, weissgrau bis grauschwärzlich. Vorlager schwarz. Früchte ca. 0,8 mm breit, eingesenkt, später hervortretend, schwarz, nackt, flach, dünn berandet, zuletzt hochgewölbt, randlos. Schläuche aufgeblasen keulig. Sporen gesäumt, fast kugelig-elliptisch, 6—10 μ br., 10—14 μ lg.

An Granit im Hochgebirge. Im Riesengebirge häufig. — (Biatora Mosigii Hepp.; Lecidea coracina Mosig.) *606. L. Mosigii (Hepp.) Kbr.*

°° Kruste dünn, kleinfelderig oder warzig-körnig, zuweilen fast fehlend.
> Kruste mehr oder minder gelblich.

Kruste fast kreisrund, sehr kleinfelderig, glatt, grau- oder hellgrüngelb. Vorlager schwarz. Früchte 0,2—4 mm breit, stets eingesenkt, schwarz, nackt, flach, dünn berandet. Schlauchboden braun. Paraphysen stark verleimt, oben smaragdgrün oder grünschwärzlich. Schläuche breitkeulig Sporen breit gesäumt, breit elliptisch, 4—5 μ br., 8—12 μ lg.

An Granit und Gneis im Hochgebirge. Riesengebirge. bairische Alpen. — (Lecidea distans Kmphbr.) *607. L. distans (Kmphbr.) Kbr.*

Kruste begrenzt, feinrissig-gefeldert, glatt, weisslichgelb oder weisslich fleischfarbig. Vorlager schwarz. Früchte bis 1 mm breit, angedrückt, schwarz, nackt, dauernd flach und berandet. Schlauchboden fast hellgefärbt, körnig. Paraphysen verleimt, oben olivengrün. Schläuche keulig. Sporen eiförmig, 5—7 μ br., 11—15 μ lg.

Nach v. Flotow an den Felsklippen, welche vom Koppenkegel in den Riesengrund abstürzen. — (In Tirol und in der Schweiz mehrfach gefunden). — (Lecidea marginata Schaer.)

608. L. marginata (Schaer.) Kbr.

Kruste warzig-gefeldert, oder warzig, öfter fast fehlend, graugelblich bis graugrünlich. Vorlager undeutlich. Früchte 1—1,5 mm breit, angedrückt, anfangs flach, dick berandet, später gewölbt, unberandet, schwarz, angefeuchtet zuweilen braunschwarz, nackt. Schlauchboden fast ungefärbt. Paraphysen oft peitschenförmig, mässig verleimt, oben rotbräunlich bis violettschwärzlich. Schläuche breitkeulig. Sporen schmal gesäumt, ei-elliptisch, stumpf, 7—9 μ br., 12—15 μ lg., zuweilen nur 4—7 entwickelt.

An Gestein, in der Ebene wie im Gebirge verbreitet. — (Lecidea goniophila Flk.; Lichen pilularis Dav.?)

609. L. goniophila (Flk.) Kbr.

Kruste dünn, kleinkörnig, schmutzig gelblich bis gelbgrünlich. Vorlager schwarz. Früchte 0,2—4 mm breit, sitzend, schwarz, nackt, anfangs flach, dünn berandet, später gewölbt mit verschwindendem Rande. Schläuche keilförmig. Schlauchboden gelbbraun. Paraphysen locker, straff, oben grünbräunlich oder schwärzlich. Sporen eiförmig, kaum gesäumt, 6—8 μ br., 9—12 μ lg.

An feuchtliegenden oder beschatteten Felsen und Steinen in gebirgigen Gegenden. Nicht selten. — (Lecidea viridans Fw.)

610. L. viridans (Fw.) Kbr.

Kruste feinrissig oder warzig-gefeldert, bleich schwefelgelb. Vorlager undeutlich. Früchte 0,5—8 mm breit, sitzend, schwarz, nackt, flach, dünn berandet, später gewölbt, randlos. Schlauchboden gelbbraun. Paraphysen locker, oben smaragdgrün oder grünbräunlich. Schläuche keulig. Sporen eiförmig, 5—7 μ br., 8—11 μ lg.

An Felsen in höheren Gebirgen Süddeutschlands. In Baden an mehreren Orten. — (Lecidea protrusa Fr.; Lecidea enterochlora Tayl.)

611. L. protrusa (Fr.) Kbr.

×× Kruste reinweiss. Schlauchboden schwärzlich.

Kruste weinsteinartig, rissig-gefeldert, kreideweiss. Felderchen anfangs flach, später runzelig-warzig. Vorlager weisslich, undeutlich. Hyphen nicht amyloidhaltig. Früchte bis 1 mm breit, anfangs ein-

gesenkt, krugförmig, zuletzt flach, mit dünnem, verschwindendem Rande. Paraphysen dicht verleimt, oben violettbräunlich oder smaragdgrün bis bläulichschwärzlich. Schläuche breitkeulig. Sporen breit elliptisch oder länglich, 10—13 μ br., 18—30 μ lg.
An Kalkfelsen und Sandstein in den bairischen Alpen. Selten. — (Lecidea rhaetica Hepp.: Lecanora Nyl.)
612. L. rhaetica (Hepp.) Kbr.

XXX Kruste weissgrau, schmutziggrau, aschgrau.
— Hyphen sehr stark amyloidhaltig.

Kruste begrenzt, weinsteinartig, dünn, rissig-gefeldert, weisslichgrau oder schmutziggrau. Vorlager schwarz. Früchte 1—2 mm breit, ziemlich gedrängt, öfter kreisförmig gestellt, eingesenkt oder dicht angepresst, kaum die Kruste überragend, schwarz, flach, meist blaugrau bereift, selten nackt. Scheibe rund oder verbogen, mit dünnem, erhabenem Rande. Schlauchboden später gebräunt. Paraphysen locker zusammenhängend, oben verdickt, bräunlich. Schläuche keulig. Sporen elliptisch, 4—6 μ br., 9—12 μ lg. Spermatien gerade, 10—12 μ lg.
An Urgestein in gebirgigen Gegenden. Zerstreut. — (Lecidea lapicida γ, cyanea Ach.; Lecidea tessellata Flk.; Lecidea spilota Fr.; Lecidella spilota Kbr.)   *613. L. cyanea (Ach.) Arn.*

Kruste ergossen, rissig-gefeldert, glatt, dunkelgrau bis fast braungrau. Vorlager schwarz. Früchte eingesenkt, schwarz, flach, nackt, mit dünnem, verschwindendem Rande. Schlauchboden fast ungefärbt oder sehr hellbräunlich. Paraphysen oben gebräunt. Sporen elliptisch, 5—6 μ br., 8—12 μ lg.
An Felsen des Hollman bei Brilon in Westfalen. Selten. — (Lecidea subkochiana Nyl.)   *614. L. subkochiana (Nyl.) Lahm.*

Kruste weinsteinartig, verbreitet, schollig-warzig-gefeldert, weisslich oder schmutziggrau. Vorlager weiss, undeutlich. Früchte 0,3 bis 5 mm breit, sitzend, flach, mit dünnem, verschwindendem Rande. Schlauchboden dunkelbraun. Paraphysen oben grünbräunlich. Schläuche breitkeulig. Sporen eiförmig, 5—7 μ br., 10—14 μ lg.
Auf Kalkstein. Selten. Oberbaiern. *615. L. micropsis Mass.*

Kruste dünn, kleinfelderig-rissig. Felderchen flach, öfter verunebnet, weisslich, weissgrau oder bläulichgrau. Vorlager undeutlich. Früchte 1—2 mm breit, gedrängt, erst eingesenkt, später angepresst, bis fast sitzend, verflacht, mit dünnem, erhabenem Rande. Schlauchboden anfangs heller, später rötlichbraun. Paraphysen locker zusammenhängend, oben schwärzlich-blaugrün bis grünbräunlich. Schläuche keulig. Sporen elliptisch, 4—6 μ br., 9—13 μ lg. Spermatien nadelförmig, gerade oder leicht gekrümmt, 10—12 μ lg.

An trockenen, sonnig gelegenen Felsen und Steinen im Gebirge. Wohl ziemlich verbreitet und bisher nur oft übersehen. — (Lecidea lapicida Ach.; Lecidea polycarpa Fr.) *616. L. lapicida (Ach.) Arn.*

Anm.: Von der ähnlichen L. pantherina sofort durch K. zu unterscheiden, welches die Kruste nur leicht bräunt, während jene intensiv rot gefärbt wird.

— — Hyphen nicht oder nur wenig amyloidhaltig. Kruste weinsteinartig, rissig-gefeldert, aschgrau oder weisslichgrau. Vorlager schwarz. Früchte 0,5—1 mm breit, meist gedrängt, öfter rundlich-eckig, angepresst, schwarz, angefeuchtet stets rotbraun, an schattigen Orten heller, bis fast gelbrot, blaugrau bereift oder nackt, anfangs vertieft, später flach, mit bleibendem, erhabenem, dünnem Rande. Schlauchboden ungefärbt oder nur hellgeblich. Paraphysen oben braun oder schmutzig grünlichbraun. Schläuche keulig. Sporen elliptisch, zuweilen scheinbar 2 teilig, 5—6 μ br., 9—12 μ lg.

f. pallescens Stein. = (L. pruinosa Kbr. von Ach.) — Kruste weisslich. Früchte blauweiss bereift.

f. arenaria (Kbr.) = (Sarcogyne arenaria Kbr.) — Kruste schorfigmehlig, weisslich. Früchte cingesenkt, grauweiss bereift.

f. oxydata Fw. = (var. ochromela Ach) — Kruste dnrch Eisenocker rotbraun.

An Felsen und Steinen verschiedenster Art. Nicht selten. — (Lecidea lapicida v. lithophila Ach.; Lecidella pruinosa Kbr. Syst.; Lecidella cyanea Kbr. Par.) *617. L. lithophila (Ach.) Th. Fr.*

Kruste dünn, warzig- oder rissig-gefeldert, bis fast fehlend, weissgrau oder aschgrau. Vorlager schwarz, dünn, zuweilen undeutlich. Früchte 0,3—2,0 mm breit, angedrückt, öfter gedrängt, rund, rundlich-verbogen bis bogig-eckig, mattschwarz, vertieft, flach oder hoch gewölbt, mit meist bleibendem, erhabenem, glänzendem Rande. Schlauchboden ungefärbt. Paraphysen locker zusammenhängend, oben verdickt, schwärzlichgrün. Schläuche schmalkeulig. Sporen länglich, 2—4 μ br., 8—12 μ lg.

f. typica Lahm. — Kruste rissig-gefeldert. Früchte flach, dünn berandet.

f. elevata Lahm. — Früchte gewölbt, mit verschwindendem Rande.

f. perfecta Arn. — Kruste zusammenhängend, warzig-gefeldert, Früchte flach.

An Felsen und Steinen, namentlich an Sandsteinen. In Westfalen nicht selten. *618. L. plana Lahm.*

Kruste sehr dünn, zusammenhängend, bläulichgrau. Vorlager schwarz, öfter undeutlich. Früchte 0,3—5 mm breit, angedrückt, schwarz, stets gewölbt, unberandet. Schlauchboden hellbraun. Paraphysen verleimt, oben grünlichbraun. Schläuche fast keulig. Sporen elliptisch, 3—4 μ br., 6—9 μ lg.

Auf Grauwackeschiefer bei Bad Ems, auf Sandstein zu Werden a. d. Ruhr.

619. *L. Lahmii* (*Hepp.*)

Kruste weinsteinartig, verbreitet, rissig-gefeldert, rauh, weissgrau oder aschgrau. Vorlager schwarz. Früchte 0,5 — 1,0 mm breit, meist zahlreich, eingesenkt, mattschwarz, flach oder leicht gewölbt, mit dünnem, schwarzem, nur zuletzt verschwindendem Rande. Schlauchboden fast ungefärbt. Paraphysen stark verleimt, oben schmutziggrünbraun. Schläuche keulig. Sporen meist länglich, 3 — 4 μ br., 8—14 μ lg.

An Sandsteinfelsen. Sehr selten. Löwenberg in Schlesien, Dörnther Klippen bei Ibbenbüren in Westfalen. — (Lecidea personata Fw.)

620. *L. personata* (*Fw.*) *Kbr.*

Kruste fleckenartig, sehr dünn, fast schorfig-staubig, glatt, weisslich, weissgrau bis graugrünlich. Vorlager undeutlich. Früchte 0,5—8 mm breit, sitzend, schwarz, angefeuchtet rotbraun, anfangs vertieft, bald flach, mit erhabenem, glänzendem, schwarzem Rande. Schlauchboden gelblichrötlich. Paraphysen sehr locker, oben rotbräunlich. Schläuche keulig. Sporen ei-elliptisch, 5 — 7 μ br., 10—16 μ lg.

An Kalksteinen und kleinen Blöcken. Selten. Eichstädt.

621. *L. glabra Kmphb.*

Kruste dünn, weinsteinartig-mehlig, sehr feinrissig, weisslich, selten ockerfarbig. Vorlager hell, sehr zart. Früchte 0,3—5 mm breit, angedrückt-sitzend, schwarz, braunschwarz oder rotbraun, anfangs flach, dünn berandet, bald gewölbt, mit verschwindendem Rande. Schlauchboden krumig, dunkel rotbraun. Paraphysen stark verleimt, nur oben gelbbraun oder auch ganz bräunlich. Schläuche keulig. Sporen elliptisch, 5—6 μ br., 8—13 μ lg.

Gern an kleinen, feuchtliegenden, oder etwas im Boden steckenden Steinen. In manchen Gegenden häufig, in anderen selten. — (Lecidea fuscorubens Nyl.; Lecidea ochracea Hepp.; Lecidella ochracea Kbr.)

622. *L. fuscorubens* (*Nyl.*) *Arn.*

— — — Hyphen nicht amyloidhaltig.

Kruste dick, körnig-warzig, weisslich oder weissgrau. Vorlager weisslich. Früchte 0,5—8 mm breit, angedrückt oder sitzend, meist flach, mit dünnem, ungeteiltem Rande, zuletzt leicht gewölbt, schwarz. Schlauchboden krumig, bräunlich oder gelbbraun. Paraphysen oben blau- oder smaragdgrün. Schläuche breit keulig. Sporen elliptisch, schmal gesäumt, 7—9 μ br., 10—18 μ lg.

f. aequata (Flk.) — Kruste gleichmässig glatt, feinrissig. Früchte anfangs fast eingesenkt, später etwas hervortretend, fast stets flach.

An Sandsteinblöcken, umherliegenden Steinen, alten Mauern. Verbreitet. — (Lecidea latypaea Ach.; Lecidea sabuletorum α coniops Kbr.; Lecidea elaeochroma α latypaea Th. Fr.)

623. L. latypaea (Ach.)

Kruste sehr dünn, unterbrochen, körnig-schorfig, bis fast fehlend, weisslich oder weissgrau. Vorlager undeutlich. Früchte 0,5—8 mm breit, zahlreich, schwarz, angefeuchtet rotbraun, rauh, vertieft bis flach, mit dickem, glänzend schwarzem Rande. Schlauchboden dick, gelb oder rotbraun. Paraphysen locker, straff, oben grünbraun. Schläuche keulig. Sporen eiförmig, gesäumt, 6—8 μ br, 10—15 μ lg.

An schattigen Felsen, im Gebirge verbreitet. — (Biatora pungens Kbr.; Lecidea elaeochroma ε pungens Th. Fr.)

624. L. pungens (Kbr.)

Kruste warzig oder warzig-gefeldert, weisslich oder grauweisslich. Vorlager undeutlich. Früchte ca. 0,3 mm breit, zu rundlichen Knäueln vereinigt, schwarz, flach, mit dünnem, gleichfarbigem Rande, später gewölbt, unberandet. Schlauchboden gelbbräunlich. Paraphysen oben olivenbraun. Schläuche aufgetrieben keulig. Sporen länglich-elliptisch, 3—6 μ br., 12—17 μ lg.

An erratischen Blöcken in Ostpreussen. (Im Norden verbreitet.) — (Lecidea symphorella Nyl.; Lecidea amphotera Lght.)

625. L. pycnocarpa Kbr.

×××× Kruste dunkelgrau, graubräunlich oder gelbbraun.

Kruste weinsteinartig, warzig oder warzig gefeldert, dunkelgrau, graubraun oder rostfarbig (durch Eisenocker hervorgerufen). Vorlager fehlend. Früchte 1—1,5 mm breit, angedrückt bis sitzend, mitunter gedrängt, schwarz, nackt, flach, selten leicht gewölbt, erhaben berandet. Schlauchboden grünlichbraun. Paraphysen locker zusammenhängend, oben blau- oder smaragdgrün. Schläuche keulig. Sporen breit-elliptisch, 5—7 μ br., 8—11 μ lg.

An eisenhaltigem Gestein. Selten. — (Lecidea silacea Ach.; Lecidea lapicida Fr.; Lecidella lapicida Kbr.)

626. L. silacea (Ach.)

Kruste begrenzt, fast knorpelig, schollig-gefeldert, gelbbraun. Schollen 0,5 — 8 mm breit, flach. Vorlager schwarz. Früchte 1,5—3,0 mm breit, sitzend, flach, mit bleibendem, dünnem, glänzend schwarzem Rande. Schlauchboden bräunlich, Paraphysen oben

Lecideaceae.

smaragdgrün. Schläuche breitkeulig. Sporen eiförmig, 5—7 μ br., 11—13 μ lg., schmal gesäumt.
An Felsen bei Blankenburg im Harz. Selten. — (Lecidea assimilis Hampe). *627. L. assimilis (Hampe) Kbr.*

⁂ ⤫ Kruste rostfarbig.
Kruste glatt, dünn, begrenzt, feinrissig oder kleinfelderig-rissig, durch Eisenocker rostfarbig. Vorlager schwarz. Früchte 0,4—7 mm breit, anfangs eingesenkt, später hervortretend, tiefschwarz, stets concav, fast krugförmig, erhaben berandet. Schlauchboden dunkelbraun. Paraphysen zart, oben rotbräunlich. Schläuche schmalkeulig. Sporen ei-elliptisch, 6—8 μ br., 11—14 μ lg.
An eisenhaltigem Gestein. Im Hochgebirge nicht selten. — (Lichen Dicksonii Ach.; Lecidea Ach.; Lecidea melanophaea Fr.; Aspicilia melanophaea Kbr.) *628. L. Dicksonii (Ach.)*

†† Kruste durch K. intensiv ziegelrot oder blutrot gefärbt.

Kruste weinsteinartig, dick, rissig-gefeldert, ungleichmässig, höckerig-gewölbt, weiss, gelblichweiss, oder gelblich bräunlich. Vorlager schwarz, oft undeutlich. Früchte bis 1 mm breit, zahlreich, oft zusammenfliessend, angedrückt-sitzend, schwarz, nackt, anfangs flach, mit hellerem, vortretendem Rande, später gewölbt, glänzend schwarz berandet. Schlauchboden hellbräunlich. Paraphysen oben olivengrün-bräunlich, nicht verdickt. Schläuche keulig. Sporen ei-elliptisch, 4—5 μ br., 9—11 μ lg.
Am Basalt der kl. Schneegrube häufig. *629. L. alboflava Kbr.*

Kruste weinsteinartig, dicker, runzelig-wulstig, rissig-gefeldert, rötlichgrau oder grau-ockerfarbig. Vorlager schwarz, sehr undeutlich. Früchte bis höchstens 1 mm breit, zu mehreren sich zusammendrängend, eingesenkt, später hervortretend, schwarz, nackt, mit dünnem, schwarzem, zuletzt ganz verschwindendem Rande. Schlauchboden dunkelbraun. Paraphysen smaragdgrün-bräunlich oder schwärzlich. Sporen elliptisch, 4—5 μ br., 9—12 μ lg.
An Felsen im Hochgebirge. Riesengebirge. — (Lecidea sudetica Kbr.) *630. L. sudetica (Kbr.) Stein.*

Kruste weinsteinartig, mit kleinen, flachen Felderchen, weissgrau bis rötlichgrau. Vorlager schwarz. Früchte 0,5—1,0 mm breit, eingesenkt, die Kruste nicht überragend, schwarz, nackt, flach oder leicht gewölbt, anfangs mit etwas hellerem, dünnem Rande, später fast randlos Schlauchboden ungefärbt. Paraphysen oben smaragdgrün-schwärzlich. Sporen breit-elliptisch, 5—6 μ br., 10—12 μ lg.

An Felsen und Steinen in gebirgigen Gegenden. Nicht selten. — (Lecidea lapicida v. pantherina Ach; Lecidea ambigua Kbr.; Lecidea polycarpa Fr.; Lecidella polycarpa Kbr. p. m. p.; Lecidea lactea Nyl.) *631. L. pantherina (Ach.)*

Kruste dick, weinsteinartig, rissig-gefeldert, fast schwefelgelb, durch K. anfangs gelblich, bald blutrot gefärbt. Felderchen runzelig oder warzig-faltig. Hyphen amyloidhaltig. Vorlager schwarz. Früchte bis 1 mm breit, eingesenkt, die Kruste nicht überragend, schwarz, fast stets blaugrau bereift, bleibend erhaben berandet. Schlauchboden dunkelbraun oder braungelb. Paraphysen oben braunschwarz, öfter deutlich gegliedert. Schläuche keulig. Sporen elliptisch, 5 μ breit, 10 μ lang.

Bisher nur einmal im Riesengrunde von v. Flatow gefunden. — (Lecidea theiodes Smrft.) *632. L. theiodes (Smrft.) Kbr.*

2. Rinden- oder Holzbewohnend.
   a. Schlauchboden hellgelbbraun bis ganz ungefärbt.
      * Vorlager schwarz.

Kruste zusammenhängend, zuletzt feinrissig-gefeldert, körnig-warzig, schorfig bis fast staubig zerfallend, weissgrau, grüngrau oder schmutziggrau. Vorlager stark entwickelt, schwarz. Früchte bis 1 mm breit, angedrückt-sitzend, flach, berandet, znletzt öfter etwas gewölbt. Schlauchboden krumig, gelbbräunlich. Paraphysen oben prächtig blaugrün. Schläuche breitkeulig. Sporen elliptisch, schmal gesäumt, 7—9 μ br., 10—15 μ lg.

  α. similis (Mass. p. p.) (Biatora similis Mass. f. corticola Kbr.) — Früchte lederbraun bis braunschwärzlich. — Schattenform.
  β. padinea (Fr.) — Früchte zuerst rotbraun, später braunschwarz.
  γ. olivacea (Hoffm.) — Kruste zusammenhängend, graugrün bis olivengrün, vom schwarzen Vorlager meist deutlich durchzeichnet und umsäumt. Schlauchboden etwas heller. Früchte schwarz.
  δ. rugulosa Ach. — Kruste dick, warzig-gerunzelt, weisslich. Früchte schwarz, bald gewölbt.
  ε. areolata Duf. = (melaleuca Kbr.) — Kruste zerstreut rissig-gefeldert, weisslich-schwarz gescheckt. Vorlager sehr ausgebildet.
  ζ. granulosa Fr. — Kruste körnig, rissig-gefeldert, olivengrün, vom Vorlager weniger durchkreuzt.
  η. pulveracea Fr. — Kruste dicker, staubig zerfallend. Früchte zerstreut, bald hoch gewölbt.
  ϑ. euphorea (Flk.) — Kruste dick, stark rissig-gcfeldert, schorfig, weissgrau. Früchte flach.

An Rinden und Holzwerk. Sehr häufig. — (Lecidea parasema Ach.; Lecidella enteroleuca Kbr.; Lecidea elaeochroma v. achrista Smrft.) *633. L. parasema (Ach.)*

** Vorlager weisslich oder undeutlich.
† Früchte nur anfangs flach, bald gewölbt, oder stets gewölbt.

Kruste ergossen, körnig oder körnig-warzig, weisslich oder weissgrau. Vorlager weisslich. Früchte 0,5—1,0 mm breit, angedrückt, meist glänzend schwarz, nackt, anfangs flach, stumpf berandet, später hoch gewölbt, randlos. Schlauchboden hellgelbbraun. Paraphysen stark verleimt, oben dunkelbraun. Schläuche schmalkeulig. Sporen elliptisch bis länglich-elliptisch, 3—4 µ br., 8—12 µ lg.

An Nadelholzrinden, nacktem Holze, alten Zäunen. Sehr selten in der Ebene, häufig im Hochgebirge. — (Lecidea elabens Fr.; Lecidea melancheima Tuck.; Lecidella eluta Fw.; Lecidea euphoroides Nyl.)

634. L. elabens Fr.

Kruste dünn, kleinfleckig, staubig, gelblich oder schmutziggelblich. Vorlager weisslich. Früchte 0,2—4 mm breit, schwarz, nackt, anfangs flach, bald gewölbt, mit dünnem, verschwindendem Rande. Schlauchboden ungefärbt. Paraphysen fädlich, oben verdickt, blaugrün. Schläuche keulig. Sporen ei-elliptisch, 4—5 µ br., 8—10 µ lg.

An altem Holzwerke. Selten. — (Lecidea pulveracea Flk.; Biatora alba Schleich.; Biatora denigrata Kbr.)

635. L. pulveracea (Flk.)

†† Früchte vertieft oder flach, nie gewölbt.

Kruste kleinkörnig-schorfig, verbreitet, dunkel lederbraun. Vorlager nicht erkennbar. Früchte 0,1—2 mm breit, sehr zahlreich, die Kruste fast verdeckend, sitzend, schwarz, vertieft, später flach, erhaben berandet. Schlauchboden meist ungefärbt. Paraphysen oben mit smaragdgrüner, körniger Deckschicht. Schläuche kurz keulig. Sporen eiförmig, klein, 2—2,5 µ br., 5—7 µ lg.

An alten Bretterzäunen und Planken. Sehr selten. Lissa, Herdain b. Breslau.

636. L. exilis Kbr.

Kruste dünn, körnig-warzig, weisslich bis grüngrau. Vorlager gleichfarbig. Früchte 0,2—3 mm breit, sitzend, schwarz, nackt, flach, stets dick berandet. Schlauchboden fast ungefärbt, öfter schmutziggrau. Paraphysen meist krumig, oben gebräunt. Schläuche kurz, breitkeulig. Sporen länglich elliptisch, 2—3 µ br., 6—10 µ lg.

An altem Brückenholze, bisher nur bei Obernigk i. Schlesien gefunden; ich sah die Flechte nicht! —

637. L. pontifica Kbr.

b. Schlauchboden dunkelbraun oder rotbraun.

Kruste warzig oder schorfig-warzig, verunebnet, weiss oder grauweiss. Vorlager weiss. Früchte bis 1 mm breit, sitzend, schwarz, nackt oder blaugrau bereift, anfangs flach, sehr dünn berandet, bald hoch gewölbt und unberandet. Schlauchboden dunkelgelbbraun. Paraphysen mässig verleimt, oben smaragdgrün oder blaugrün-schwärzlich. Schläuche breit keulig. Sporen elliptisch, 7—9 µ br., 10—14 µ lg., gesäumt. An Laubholzrinden, gern an Populus tremula. Zerstreut. — (Biatora Laureri Hepp.: Lecidea Anzi.)

638. *L. Laureri* (*Hepp.*) *Kbr.*

Kruste schmutzig gelbgrau. Vorlager undeutlich. Früchte 0,3—6 mm breit, angedrückt, schwarz, nackt, anfangs flach, erhaben berandet, später gewölbt, randlos. Schlauchboden hellrotbraun. Paraphysen oben rotbräunlich, selten grünschwärzlich. Sporen 8—10 µ br., 12—15 µ lg. Sonst wie vor.

An altem Holzwerk. Selten. Doch wohl oft mit Formen der L. parasema verwechselt. — (Lecidea dolosa Ach.; Lecidea elaeochroma v. dolosa Th. Fr.)

639. *L. dolosa* (*Ach.*)

Kruste anfangs unterrindig, später staubig oder fast feinkörnigstaubig, oft sehr undeutlich, weisslich bis graubräuulich. Vorlager undeutlich. Früchte bis 0,6 mm breit, angedrückt, schwarz oder braunschwarz, meist blaugrau bereift, stark gewölbt. Schlauchboden gewöhnlich rotbräunlich. Paraphysen stark verleimt. Sporen elliptisch bis länglich, 3—4 µ br., 6—12 µ lg.

α. typica Th. Fr. — Kruste sehr dünn. Früchte meist bereift, innen grauweiss.
β. pityophila Smrft. (denudata Th. Fr.) — Kruste fast fehlend. Früchte unbereift, innen bläulich.
γ. pulveracea Th. Fr. — Kruste mehr entwickelt, körnig, gelb soreumatisch. Früchte unbereift.

An Nadelholzrinden, Baumstümpfen, Holzwerk. Im Gebirge ziemlich verbreitet. — (Lecidea turgidula Fr.)

640. *L. turgidula* (*Fr.*) *Kbr.*

Kruste sehr dünn, öfter undeutlich, aschgrau bis weisslich. Früchte 0,3—5 mm breit, angedrückt, anfangs flach, berandet, zuletzt gewölbt, randlos. Schlauchboden schwärzlichbraun oder dunkelbraun. Paraphysen oben verdickt, dunkelbräunlich. Schläuche keulig. Sporen länglich oder länglich-elliptisch, 2,5—3 µ br., 6—9 µ lg., zu 8—16.

Auf der Rinde und an entrindeten Stellen von Tannen. Sehr selten. Jura. (Lecidea enalliza Nyl.)

641. *L. enalliza* (*Nyl.*) *Arn.*

3. Ueber Moosen und Pflanzenresten oder auf nackter Erde.
a. Vorlager dunkel oder schwarz.

Kruste schorfig-körnig, rissig, zuweilen staubig aufgelöst, graugrün oder gelbgrau. Vorlager etwas undeutlich. Früchte bis 1 mm breit, dicht angepresst, mattschwarz, anfangs flach, später leicht gewölbt, fast ganz unberandet. Schlauchboden hellrotbraun. Paraphysen oben gelbbraun bis rotbräunlich. Schläuche breit keulig. Sporen meist länglich-elliptisch, gesäumt, 6—8 μ br., 12—15 μ lg. Auf nackter Erde. Selten, doch wohl nur oft übersehen.

642. *L. aeruginosa* (*Flk.*) *Stein.*

Kruste sehr dünn, weit ausgebreitet, firnissartig, glatt, grau bis grauschwärzlich, angefeuchtet fast schleimig. Vorlager schwarz. Früchte 0,2—4 mm breit, angedrückt, glänzend schwarz, stets gewölbt, unberandet. Schlauchboden braun. Paraphysen verleimt, oben dunkelbraun. Sporen fast spindelförmig, 3—5 μ br., 12—18 μ lg.

Auf Sumpfboden über Sphagnum und Pflanzenresten; im Hochgebirge. Riesengebirge. (Biatora turfosa v. verrucula Norm.; Lecidea verrucula Th. Fr.) 643. *L. verrucula* (*Norm.*) *Stein.*

b. Vorlager weisslich oder unkenntlich.
Früchte stets flach.

Kruste kleinkörnig, oft staubig aufgelöst, weisslich, weissgrau oder bleigrau. Vorlager unkenntlich. Früchte 1,5—2,5 mm breit, locker aufsitzend, mattschwarz, dick berandet. Schlauchboden dunkelbraun. Paraphysen oben grünlichbraun, oder ganz hellbraun und oben dunkelbraun, locker zusammenhängend. Sporen länglich, 3—4 μ br., 8—12 μ lg.

Ueber kleinen Moosen (Grimmia) im Hochgebirge. Selten. Schneekoppe. — (Lecidea neglecta Nyl. 644. *L. neglecta* (*Nyl.*) *Stein.*

Anm Die Kruste erinnert an die ersten Anfänge von Stereocaulon und ist gleichsam nur aus kleinen Körnchen zusammengesetzt.

** Früchte bald gewölbt.

Kruste körnig oder körnig-gefeldert, weisslich bis grünlichgrau. Vorlager weisslich. Früchte ca. 0,5 mm breit, angedrückt, schwarz, nackt, bald gewölbt, randlos. Schlauchboden braunrot bis schwarzbraun. Paraphysen stark verleimt, schmutzig bräunlich, bräunlichsmaragdgrün oder schmutzig bläulich. Schläuche schmalkeulig. Sporen 4—6 μ br., 10—16 μ lg.

α. irrubata Th. Fr. — Kruste weisslich oder weissgrau. Schlauchboden rotbraun.
β. infuscata Th. Fr. — Kruste und Schlauchboden dunkler.

Ueber absterbenden Moosen und auf blosser Erde im Hochgebirge. Selten. Riesengebirge. — (Lecidea assimilata Nyl.)

645. *L. assimilata* (*Nyl.*)

Kruste dünn, körnig, weisslich oder grauweiss. Vorlager weisslich. Früchte bis 1,2 mm breit, angedrückt, schwarz, nackt, fast halbkugelig, unberandet. Schlauchboden hellgelbbraun. Paraphysen oben smaragdgrün oder blaugrün. Schläuche schmalkeulig. Sporen länglich bis fast spindelförmig, 4—6 μ br., 9—15 μ lg.

Ueber Moosen, Pflanzenresten und auf blosser Erde; im Gebirge nicht selten. — (Lecidea limosa Ach.; Lecidea borealis Kbr.)

646. L. limosa (Ach.)

Kruste verbreitet, körnig-warzig, bräunlichgrau oder weisslichgrau. Warzen halbkugelig. Vorlager fehlend. Früchte ca. 1 mm breit, angedrückt-sitzend, hoch gewölbt, zuletzt fast kugelig, schwarz, bläulich bereift, selten nackt, unberandet. Schlauchboden hellgefärbt. Paraphysen oben smaragdgrün oder bläulichgrün. Sporen schmal gesäumt, 6—8 μ br., 13—18 μ lg.

Ueber Moosen im Hochgebirge, gern über Andreaea. Nicht selten. — (Lecidea arctica Smrft.)

647. L. arctica (Smrft.) Kbr.

Kruste verunebnet, körnig-warzig, weisslich. Vorlager gleichfarbig. Früchte 0,5—1,5 mm breit, schwarz, nackt, bald gewölbt, randlos. Schlauchboden gebräunt. Paraphysen oben bräunlich oder smaragdgrün-bräunlich. Sporen elliptisch, schmal gesäumt, 6—9 μ br., 10—16 μ lg.

Ueber Moosen, Pflanzenresten im Hochgebirge. Bairische Alpen. — (Lecidea muscorum Wulf.; Lecidea elaeochroma v. muscorum Th. Fr.)

648. L. Wulfenii Hepp.

II. Epiphytisch.

Kruste begrenzt, rundlich fleckenartig, rissig-gefeldert, hirschbraun oder braungrün, glänzend. Vorlager schwärzlich. Früchte 0,2—5 mm breit, zahlreich, erst niedergedrückt, fast eingesenkt, schwarz oder braunschwarz, nackt, flach, dauernd berandet. Schlauchboden dunkelbraun. Paraphysen verleimt, oben braun. Schläuche breitkeulig. Sporen elliptisch, 5—6 μ br., 10—13 μ lg.

Auf oder zwischen der Kruste von Lecanora sordida und sulphurea inselartig auftretend. An sonnigen Felsen und erratischen Blöcken. Zerstreut. — (Lecidea badia v. intumescens Fw.; Lecidea insularis Nyl.; Lecidella insularis Kbr.; Biatora intumescens Hepp.)

649. L. intumescens (Fw.)

Eigene Kruste fehlend. Früchte punktförmig, eingesenkt oder angedrückt, mattschwarz, öfter etwas rauh, mit bleibendem, schwarzem Rande. Schlauchboden dunkelbraun. Paraphysen oben smaragdgrün. Schläuche breitkeulig. Sporen 4—6 μ br., 8—11 μ lg.

Auf der Kruste von Callopisma vitellinum. Nicht selten. — (Lecidea vitellinaria Nyl.)

650. L. vitellinaria (Nyl.)

Anm : Die Gattung Nesolechia Mass. im Gebiete vertreten durch N. Nitschkei Kbr., auf der Kruste von Thelotrema lepadium, N. thallcola Mass. auf Parmelia caperata und N. ericetorum (Fw.) Kbr., auf der Kruste von Baeomyces roseus, ist den Pilzen beizuzählen.

Lecideaceae.

94. *Lecidea* (*Ach.*) *Kbr.* —

1. Kruste braun oder rauchbraun.

Kruste gefeldert. Felderchen gerundet, flach oder leicht gewölbt. Vorlager schwarz. Früchte bis 2,5 mm breit, angedrückt, schwarz, anfangs flach, bleigrau bereift und berandet, später etwas gedunsen, nackt und fast unberandet. Schlauchboden kohlig, schwarz. Paraphysen oben schwärzlichbraun. Schläuche schmalkeulig. Sporen 5—7 μ br, 10—15 μ lg.

α. fumosa (Hoffm.) Th. Fr. — Kruste glänzend rotbraun, kastanienbraun oder dunkelgelbbraun.
    * ocellulata Schaer. — Felderchen weiss berandet.
    ** Mosigii Ach. — Früchte bereift.
β. subcontigua Fr. — (grisella Flk.) — Kruste graubraun, nicht glänzend.

An Felsen und Steinen, nicht auf Kalk. Verbreitet. — (Lichen fuscoater L.; Verrucaria fumosa Hoffm.; Lecidea fumosa Ach.; Lecidea subfumosa Arn.)   651. *L. fuscoatra* (*L.*) *Whlbg.*

2. Kruste weisslich, grau, graugelb, hellgraubraun, zuweilen rötlich angehaucht.

α. Früchte angedrückt bis sitzend.
    * Vorlager schwarz.
        † Paraphysen grünlich oder gebräunt, nicht kirschrot.
        ? Früchte fast stets flach.

Kruste dicklich, weinsteinartig, rissig, matt fettig glänzend, aschgrau bis schmutzigweiss. Früchte ca. 2 mm breit, angedrückt, flach, schwarz, im Schatten zuweilen gelbbräunlich, bläulich bereift, mit dickem, nacktem, zuletzt fast verschwindendem Rande. Schlauchboden oben braun. Paraphysen oben smaragdgrün-bräunlich. Schläuche breitkeulig. Sporen länglich-elliptisch, 7—10 μ br., 16—25 μ lg.

α. vulgaris Schaer. — Kruste dünner Früchte kleiner, dicht angepresst, mit dünnem Rande.
β. alpina Schaer. — Kruste dicker. Früchte sitzend, mit dickem Rande.
γ. flavocoerulescens Hornem. (oxydata Kbr.) — Kruste ockergelb.

An Urgestein, selten an Sandstein. Zerstreut in der Bergregion.

652. *L. albocoerulescens* (*Wulf.*) *Schaer.*

Kruste meist dünn, weinsteinartig, anfangs zusammenhängend, später feinrissig bis fast warzig-gefeldert, weisslich oder grauweiss, nicht glänzend. Vorlager schwarz, öfter etwas undeutlich. Früchte höchstens bis 1 mm breit, fast eingesenkt-angepresst, vertieft, flach oder sehr leicht gewölbt, schwarz, bleigrau bereift oder nackt, mit bleibendem, nicht bereiftem, schwarzem Rande. Schlauchboden schwarz oder braunschwarz. Paraphysen schlank, oben grünlichbraun oder dunkelbraun. Sporen 6—9 μ br, 12—17 μ lg.

An Urgestein in der Berg- und Hochgebirgsregion. Ziemlich verbreitet. — (Lecidea contigua Fr.)   653. *L. cinereoatra Ach.*

Kruste dicker, rissig-gefeldert, kreideartig, reinweiss oder bläulichweiss. Früchte bis 0,8 mm breit, angedrückt, schwarz, mit dickem, oft weiss bestaubtem Rande. Schlauchboden und Paraphysen wie vor. Sporen erheblich kleiner, länglich, 4—5 µ br., 9—12 µ lg. An Felsen. Selten. Kl. Schneegrube. Jura.

654. *L. subcretacea Arn.*

Kruste verbreitet, sehr dünn, weinsteinartig-schorfig, bisweilen gefeldert, grauweisslich oder gelblichgrau, zuweilen ockerfarbig gefleckt. Früchte 0,4—1,0 mm breit, angedrückt-sitzend, schwarz, nackt, meist durchaus flach und schwach glänzend, dünn berandet, selten im Alter leicht gewölbt und dann mit verschwindendem Rande. Schlauchboden braunschwarz. Paraphysen oben grünbräunlich oder bräunlich. Schläuche breitkeulig. Sporen elliptisch, 6—9 µ breit, 12—20 µ lg.

α. macrospora Kbr. = (meiospora Nyl.) — Kruste graugelblich. Sporen kräftiger, 7—9 µ br., 15—20 µ lg.
β. subconcentrica Stein. — Früchte fast in concentrischen Reihen angeordnet.
γ. oxydata Kbr. — Kruste ockergelb.
δ. ochrochlora Ach — Kruste hellgelb.

An Felsen und frei umherliegenden Steinchen, ausnahmsweise auf Baumwurzeln übergehend. Verbreitet. — (Lecidea parasema v. crustulata Ach.)   655. *L. crustulata (Ach.) Kbr.*

°° Früchte bald gewölbt.
× Früchte grösser, bis 3 mm breit.

Kruste gewöhnlich dünn, weinsteinartig-mehlig, verunebnet, feinrissig, weisslich, grauweiss bis graubräunlich. Früchte 2—3 mm breit, sitzend, schwarz (sehr selten braunschwarz), meist bläulich bereift, anfangs flach, mit dickem, erhabenem, schwarzem oder grauschwarzem Rande, später stark gewölbt, mit niedergedrücktem, zuletzt fast ganz verschwindendem Rande. Schlauchboden kohlig, oben braun. Paraphysen schlank, oben graubraun. Schläuche keulig. Sporen elliptisch oder länglich-elliptisch, 8—11 µ br., 16—24 µ lg.

α. platycarpa (Ach.) Kbr. als Art). — Kruste dünn, meist deutlich entwickelt. Früchte schwarz.
  * steriza Ach. — Kruste fast fehlend. Früchte stark gewölbt, bereift.
  ** flavicunda Ach. — Kruste hellgelblich.
  *** oxydata Kbr. — Kruste rostgelb.
β. tumida Mass. — Kruste dicker, gefeldert, weisslich oder grau, mit bläulichem Schimmer. Früchte schwarz, bereift.

γ. phaea (Fw.) = (Biatora phaea Kbr.) — Kruste dünner, firnissartig. Früchte rotbraun-schwarz.

An Felsen und Steinen, jedoch nicht auf Kalk. Verbreitet. — (Patellaria macrocarpa DC.) 656. *L. macrocarpa (DC.) Th. Fr.*

×× Früchte kleiner, 1 mm kaum überschreitend.

Kruste begrenzt, ziemlich dick, weinsteinartig, sehr kleinfelderig-rissig, matt bläulichgrau oder rauchgrau, mit umsäumendem, schwarzem Vorlager. Früchte 0,5—1,2 mm breit, angepresst, oft zu 2—3 zusammenfliessend, tiefschwarz, nackt, matt, anfangs flach, mit dünnem, vortretendem, schwarzem oder zuweilen weissgrauem Rande, später gewölbt, randlos. Schlauchboden schwarz. Schläuche schmalkeulig. Sporen elliptisch, 5—7 µ br., 7—10 µ lg.

f. oxydata Kbr. — Kruste ockergelb.

An Felsen im Hochgebirge. Häufig. 657. *L. confluens Fr.*

Kruste dünn, ergossen, zusammenhängend oder feinrissig, glatt oder kleinkörnig, schmutzig-grauweiss oder dunkelgrau. Vorlager blauschwarz, dendritisch-strahlig. Früchte 0,3—7 mm breit, angedrückt, tiefschwarz, matt, anfangs flach, dünn berandet, später gewölbt, randlos. Schlauchboden schwarzbraun. Paraphysen oben grünlichbraunschwarz. Schläuche kurzkeulig. Sporen länglich-elliptisch, 3—4 µ br.. 6—11 µ lg.

An umherliegenden Quarz- und Granitsteinchen, ausnahmsweise auf Baumwurzeln übergehend. Nicht zu selten. — (Lecidea expansa Nyl.; Lecidea dispansa Nyl.) 658. *L. erratica Kbr.*

Kruste ergossen, verunebnet, rissig-gefeldert, runzelig-warzig, angefeuchtet fast schwammig, aschgrau bis graubraun. Vorlager schwarz. Früchte 0,4—7 mm breit, angepresst, meist rillig oder bogig-eckig, mattschwarz, lange flach bleibend, dünn berandet. Schlauchboden braunschwarz. Paraphysen verleimt, oben grünbraun. Schläuche breitkeulig. Sporen elliptisch, 6—9 µ br., 10—14 µ lg.

An Granitfelsen. Selten. — (Lecidea hydropica Kbr.; Lecidea gyrizans Nyl.) 659. *L. fuscocinerea Nyl.*

†† Paraphysen smaragdgrün.

Kruste dünn, rissig, weisslich oder grau, zuweilen fast fehlend. Hyphen durch Jod nicht gebläut. Früchte 0,5—1,0 mm breit, angedrückt, mattschwarz, anfangs fast krugförmig, später verflacht, dünn berandet. Schlauchboden braunschwarz. Paraphysen oben schön smaragdgrün. Schläuche schmalkeulig. Sporen öfter zweireihig, 4—5 µ br., 11—13 µ lg.

An Granit- und Gneisfelsen im Hochgebirge. — (Lecidea sublatypaea Lght.; Lecidea latypodes Nyl.)

660. L. vorticosa (Flk.) Kbr.

Kruste dünn, zusammenhängend oder feinrissig, öfter fast fehlend, weisslich oder weisslichgrau bis bleigrau. Früchte bis 1 mm breit, anfangs fast eingesenkt, bald frei, aufsitzend, schwarz, nackt, zuerst flach, bald hochgewölbt, fast höckerig, mit dickem, erhabenem, zuletzt verschwindendem Rande. Schlauchboden rotbraun. Paraphysen schleimig verbunden, smaragdgrün. Schläuche keulig. Sporen fast spindelförmig, 6—7 µ br., 12—17 µ lg.

An Kalkfelsen. Sehr selten. Algäu. — (Lecidea lithyrga Fr.)

661. L. emergens Fw.

** Vorlager weisslich oder undeutlich.
° Kruste reinweiss, gelblichweiss, oder mit rötlichem Schimmer.

Kruste geglättet, weinsteinartig, rissig-gefeldert, weiss bis gelblichweiss. Vorlager weisslich. Hyphen amyloidhaltig. Früchte 1—2 mm breit, angedrückt bis hervortretend, schwarz, glänzend, nackt, oder etwas bereift, mit eigenem, schwarzem oder grauschwarzem Rande und dickem, weissem, öfter verschwindendem Lagerrande. Schlauchboden sehr dick, schwärzlich. Paraphysen schlank, oben grünbräunlich. Schläuche keulig. Sporen ellipsoidisch bis tränenförmig, 5—6 µ br., 8—14 µ lg.

f. trullissata (Kmphb.) — Früchte sehr hervortretend, scheinbar gestielt, hoch gewölbt, weiss berandet.

An Felsen. Selten. Riesengebirge, Westfalen. — (Lichen speirus Ach.; Porpidia trullissata Kbr.)

662. L. speira Ach.

Kruste dicklich, weinsteinartig, warzig oder warzig-gefeldert. Wärzchen stark gewölbt, weisslich oder graurötlichweiss. Vorlager grauweiss, sehr undeutlich. Früchte etwa 1 mm breit, angedrückt, braunschwarz, angefeuchtet rotbraun, unbereift, flach, bald gewölbt, mit grauweissem oder schwarzem Rande. Paraphysen oben gelb oder nussbraun. Schläuche breitkeulig. Sporen meist länglich-elliptisch und gesäumt, 10—12 µ br., 23—28 µ lg.

An hartem Gestein im Hochgebirge. Selten. — (Lecidea macrocarpa β superba Th. Fr.)

663. L. superba Kbr.

°° Kruste schmutzig weissgrau, bläulichgrau oder graubraun.
× Früchte flach.

Kruste dünn, verunebnet, weinsteinartig, graubräunlich, zuweilen weiss soreumatisch bestaubt. Vorlager weisslich, undeutlich. Früchte

Lecideaceae.

0,5—8 mm breit, sitzend, schwarz, angefeuchtet rotbraun, graugrünlich bereift, flach, bleibend glänzend berandet. Paraphysen oben rotbraun. Schläuche keulig. Sporen eiförmig, 6—7 μ br., 12—15 μ lg. An Felsen. Sehr selten. Bisher nur in Schlesien gefunden.

664. L. glaucophaea Kbr.

Kruste weinsteinartig-mehlig, dünn, zuweilen fast fehlend, öfter feinrissig, schmutzig, weiss bis bräunlichweiss. Vorlager weisslich. Früchte bis 1 mm breit, meist eckig, angedrückt, matt, schwarz, nackt, dauernd flach, wulstig-dick und meist bleibend berandet. Schlauchboden schwarz, oben fast smaragdgrün. Paraphysen stark verleimt, oben bräunlich. Schläuche breitkeulig. Sporen elliptisch, 7—8 μ br., 12—18 μ lg.
Auf Kalkgebirgen. Zerstreut.

665. L. jurana Schaer.

Kruste dicklich, weinsteinartig, rissig, bläulich-hellgrau oder weisslichgrau. Vorlager unkenntlich. Früchte ca. 1 mm breit, sitzend, schwarz, anfangs etwas glänzend, später nackt, fein rauh, mit wulstigdickem, zuletzt faltig gebogenem Rande. Paraphysen oben bräunlichgrün, verleimt. Schläuche keulig. Sporen länglich-elliptisch, 4—6 μ br., 13—18 μ lg.
An erratischen Blöcken. Sehr selten. Ostpreussen.

666. L. pachyphloea Kbr.

Kruste weinsteinartig-mehlig, warzig-gefeldert, weissgrau. Vorlager undeutlich. Früchte eingesenkt oder später dicht angepresst, schwarz, blaugrau bereift, mit bleibendem, stumpfem, welligem, vom Lager bestaubtem Rande. Paraphysen oben bräunlich. Schläuche schmalkeulig. Sporen ei-elliptisch, 6—8 μ br., 10—14 μ lg.
Auf Dachziegeln. Sehr selten. Altmühltal in Baiern.

667. L. polioleuca Kbr.

✓✕ Früchte gewölbt.

Kruste verunebnet, weinsteinartig-schorfig, rissig, schmutziggrüngrau bis graubraun. Vorlager unkenntlich. Früchte 0,5—8 mm breit, angepresst, schwarz oder schwärzlich, nackt, fast von Anfang an gewölbt, später halbkugelig bis höckerig, mit dünnem, bald verschwindendem Rande. Paraphysen oben, zuweilen auch ganz smaragdgrün. Schläuche keulig. Sporen 2,5—3,5 μ br., 6—8 μ lg.
An schattigen Steinen und Felsen der Gebirge, nicht selten.

668. L. silvicola Fw.

Kruste dünn, weinsteinartig-schorfig, gelblichgrau oder rötlichgelbgrau. Vorlager undeutlich. Früchte 0,4—8 mm breit, sitzend, mattschwarz, nackt, anfangs flach, dick berandet, später gewölbt, randlos. Schlauchboden rotbraun-schwärzlich. Paraphysen oben kastanienbraun. Schläuche keulig. Sporen elliptisch, 4—6 μ br., 8—12 μ lg.

An Kalkfelsen, besonders im Hochgebirge, doch auch in der Hügelregion. — (Lecidea calcigena Flk.) *669. L. monticola Schaer.*

Kruste weinsteinartig, warzig-gefeldert. Wärzchen polsterartig, reinweiss oder weisslich. Vorlager undeutlich. Früchte angepresst, schwarz, fast stets gewölbt, randlos. Schlauchboden braunschwarz. Paraphysen fädlich. Schläuche keulig. Sporen elliptisch, 6—9 μ br., 16—20 μ lg.

An Sandsteinblöcken in Westfalen. — (Lecidea convexa α musiva Th. Fr.) *670. L. musiva Kbr.*

°°° Kruste blau.

Kruste dünn, zuweilen fast fehlend, weinsteinartig, zusammenhängend. Vorlager weisslich, undeutlich. Früchte ca. 1 mm breit, sitzend, schwarz, blau bereift, später nackt, meist flach, fein runzelig, mit dünnem, bald verschwindendem Rande. Paraphysen fädlich, verleimt, oben grünlichbraun. Schläuche schmalkeulig. Sporen eiförmig, 5—7 μ br., 10—14 μ lg.

Auf Alpenkalk in den höheren Gebirgen Süddeutschlands.

671. L. coerulea Kmphbr.

†† Paraphysen ganz kirschrot.

Kruste dünn, weinsteinartig-schorfig, rissig, verunebnet, öfter fast fehlend, schmutzigweiss bis graubräunlich. Vorlager undeutlich. Früchte ca. 0,5 mm breit, gedrängt und dadurch eckig, angepresst, mattschwarz, oft bereift, flach, mit erhabenem, welligem Rande. Schlauchboden dunkelbraunschwarz. Paraphysen verleimt, mit körniger Deckschicht, Schläuche schmalkeulig. Sporen länglich, öfter gebogen und mitten eingeschnürt, 2—3 μ br., 8—11 μ lg.

Auf Granit und Sandstein, in gebirgigen Gegenden nicht selten.

672. L. sarcogynoides Kbr.

b. Früchte kurz gestielt.

Kruste dünn, aus kleinen, zerstreuten Körnchen bestehend, weisslich, selten hellbräunlich. Vorlager firnissartig, heller. Früchte auf kurzem, dickem Stiele sitzend, schwarz, nackt, zuerst kreiselförmig, vertieft, später verflacht, erhaben berandet, zuletzt bis halbkugelig gewölbt, mit zurücktretendem Rande. Schlauchboden rötlichschwarz. Schläuche schmalkeulig. Sporen teils länglich, 4—5 μ br., 12—18 μ lg., teils mehr elliptisch, 3—4 μ br., 9—12 μ lg.

Auf absterbenden Moospolstern im Hochgebirge. Sehr selten. Kl. Schneegrube. — (Helocarpon crassipes Th. Fr.)

673. L. crassipes (Th. Fr.) Nyl.

Anm. Lecidea corrugatula Arn. ist mir nicht bekannt geworden.

95. *Mycoblastus* Norm.

Kruste schollig-körnig, weisslich oder aschgrau. Vorlager firnissartig, weisslich. Früchte 1—2 mm breit, angedrückt, schwarz, bald gewölbt, randlos. Schläuche aufgeblasen. Sporen einzeln, selten zu zwei, 28—40 μ br., 70—100 μ lg.

    α. endorhoda Th. Fr. — Schläuche einsporig. Schlauchboden blutrot.
    β. alpina Fr. — Lecidea affinis Schaer.; Megalospora affinis Kbr.) — Schläuche einsporig. Schlauchboden gelblich.
    γ. melina (Kmphbr.) Nyl. — Megalospora melina Kmphbr.) — Früchte etwas kleiner. Schlauchboden ungefärbt. Sporen,zu 2, 28—44 μ br., 50—70 μ lg.

An Rinden, altem, faulendem Holze, bemoosten Felsen, Feldmauern etc. Im Gebirge verbreitet. — (Lichen sanguinarius L.; Lecidea Ach.; Oedemocarpon (Th. Fr.)
                                  674. *M. sanguinarius* (*L.*) *Th. Fr.*

96. *Sporastatia Mass.*

Kruste begrenzt, fast kreisrund, im Centrum flach, warzig-gefeldert, im Umfange strahlig-faltig, etwas gewölbt, glänzend. Vorlager schwarz. Früchte 0,3—6 mm breit, gedrängt, oft eckig-bogig, eingesenkt, meist flach, glatt oder feingrubig-punktiert, dünn berandet, schwarz, unbereift. Schlauchboden sehr hell. Schläuche aufgeblasen-keulig. Sporen fast kugelig-elliptisch, 2—3 μ br., 3—4 μ lg. Paraphysen oben smaragdgrünlich.

    α. pallens Mtg. — Kruste hell broncefarbig.
    β. coracina Smrft. — Kruste dunkelbraun bis braunschwarz, angefeuchtet grünlich werdend.

An Urgestein im Hochgebirge. Selten. Schneekoppe. — (Lecidea testudinea Ach.; Lecidea Morio Fr.; Sporastatia Morio Kbr.)
                                        675. *Sp. testudinea* (*Ach.*)

Kruste ergossen, matt blaugrau, weissgrau bis gelblichweiss, im Umfange nicht affiguriert. Vorlager schwarz, stellenweise durchscheinend. Früchte eingesenkt, im Centrum warzig bis rillig-gefeldert, schwarz. Schlauchboden braunschwarz. Sporen fast kugelig, 3—4 μ br., 4—5 μ lg. Paraphysen oben bräunlich.

An Granit und Gneis im Hochgebirge; häufiger wie vor. Art. — (Lecidea Morio φ. cinerea (Schaer.); Gyrothecium polysporum Nyl.)
                                      676. *Sp. cinerea* (*Schaer.*) *Kbr.*

97. *Sarcogyne (Fw.) Mass.*

    a. Schlauchboden fast oder ganz ungefärbt.

Kruste zart und meist undeutlich, schorfig-mehlig, weisslich oder weissgrau. Vorlager unkenntlich. Früchte bis 1 mm breit, zahlreich, gedrängt, angedrückt, rund, schwarz oder schwarzbraun, angefeuchtet stets rotbraun, fast stets blau bereift, mit bleibendem, zuletzt bogigem Rande. Schlauchboden gelblich bis fast ungefärbt. Paraphysen oben braun. Schläuche sehr breitkeulig. Sporen 2 µ br., 4—6 µ lg.

α. illuta Ach. — (decipiens Kbr.) — Früchte fast unbereift.
β. macroloma Flk. — Früchte stark bereift, mit dickem, bereiftem Rande.
γ. intermedia Kbr. — Früchte bereift, mit unbereiftem Rande.
δ. lecanorina Smrft. — Früchte meist unbereift, mit weisslichem Gehäuse.

An umherliegenden Kalksteinchen und an Mauern. Zerstreut.

677. S. pruinosa (Smrft.) Kbr.

Kruste meist ganz fehlend, oder nur aus zerstreuten Körnchen bestehend. Früchte bis 0,5 mm breit, meist kleiner, angedrückt, gehäuft, bogig-eckig oder rillenförmig, schwarz, rauh oder runzelig-faltig, mit dick-wulstigem, bleibendem, körnigem Rande. Schlauchboden ungefärbt. Sporen schmal elliptisch, 1—2 µ br., 3—6 µ lg.

α. goniophila (Flk.) — Lecidea goniophila Flk.) — Früchte vieleckig-bogig, fast glatt.
β. strepsodina Ach. — Früchte rundlich, rauh.

Auf verschiedenem Gestein. Nicht so selten. — (Sarcogyne privigna α simplex Dav.)

678. S. simplex (Dav.)

b. Schlauchboden braun.

Kruste meist ganz fehlend. Früchte 1—3 mm breit, einzeln oder zu mehreren gedrängt, etwas gestielt, schwarz oder dunkelrotbraun, unbereift, vertieft, bald flach, mit glänzendem, rissig-warzigem Rande. Schlauchboden rotbraun bis schwarzbraun. Sporen elliptisch, 2 µ br., 4—5 µ lg.

Auf granitischem Gestein. Zerstreut. — (Patellaria Clavus DC.; Sarcogyne privigna β. Clavus Kbr.; Stereopeltis macrocarpa De Ntr.; Stereopeltis Carestiae De Ntr.)

679. S. Clavus (DC.)

Kruste dünn, graubräunlich, oft fast fehlend. Früchte 0,5—8 mm breit, angedrückt, fast stets regelmässig rund, gewölbt und bald unberandet, braunschwarz, angefeuchtet nur wenig heller. Schlauchboden dunkelbraun. Schläuche sehr vielsporig. Sporen 1,5—2 µ br., 3—4 µ lg.

Auf kalkhaltigem Gestein. Seltener. *680. regularis Kbr.*

98. Arthrosporum Mass.

Kruste dünn, weinsteinartig, körnig-warzig, weissgrau bis graugrün. Vorlager weisslich. Früchte bis 1 mm breit, angedrückt, mattschwarz, flach, dünn berandet. Schlauchboden hellrot-braun oder braun. Paraphysen oben verdickt, grünschwärzlich oder braungrün.

Schläuche breitkeulig. Sporen länglich-elliptisch, etwas gekrümmt (bohnenförmig), 4 teilig, 4—5 μ br., 10—18 μ lg.
An der Rinde verschiedener Laubhölzer, durch das Gebiet verbreitet. — (Lecidea accline Fw.)   *681. A. accline (Fw.) Kbr.*

99. *Kemmleria Kbr.*

Kruste aus zerstreuten, gelblichweissen Körnchen gebildet. Vorlager firnissartig, weisslich, zuletzt gelblich. Früchte punktförmig, 0,1—2 μ breit, anfangs angedrückt, flach, gelbbräunlich, zart bereift, mit dünnem, schwärzlichem Rande, später locker aufsitzend, pezizenartig, unregelmässig-rundlich bis fast rillenförmig, mit erhabenem, dickem, schwärzlichem Rande. Schläuche kurz bauchig, 4—6 sporig. Sporen braun, 2 teilig, am unteren Ende verschmälert, 5—7 μ br., 12—18 μ lg. Schlauchboden dunkel, weich.
An alten Eichen in der Neumark von v. Flotow gesammelt.
682. R. varians Kbr.

B. Strich- oder Fleckfrüchtige.

XIII. Fam.: Xylographeae Kbr.

Uebersicht der Gattungen.

Kruste unterrindig. Früchte eingewachsen, rundlich oder strichförmig. Gehäuse weich. Schläuche keulig, 8 sporig. Sporen länglich, einzellig, farblos.
Xylographa Fr.

Kruste entwickelt. Früchte sitzend, anfangs geschlossen, später rillenförmig, elliptisch oder strichförmig. Gehäuse kohlig. Schläuche keulig. Sporen einzellig, farblos.   *Placographa Th. Fr.*

100. *Xylographa Fr.*

α. An trockenfaulem Holze, gern auf Stirnschnitten.

Kruste unterrindig, mit unkenntlichem Vorlager. Früchte 0,1—2 mm breit, 2 mm lang, eingesenkt, in parallelen Streifen der Faserung des Holzes folgend, anfangs vertieft, dünn berandet, später verflacht, randlos, braun oder schwarz. Paraphysen oben bräunlich. Sporen 5—7 μ br., 11—17 μ lg.

f. *pallens* Nyl. — Früchte ausgebleicht.

An trockenfaulem Nadelholze, an Astlöchern, auf Stirnschnitten. In Bergwäldern. — (Lichen parallelus Ach.; Opegrapha Ach.; Hysterium Whlbg.)   *683. X. parallela (Ach.) Fr.*

Kruste unterrindig, in graugelbe oder grünliche Soredien aufbrechend. Früchte 0,2—3 mm breit, 0,6—8 mm lang, angedrückt, rundlich bis verlängert-unförmlich, flach, schmutzig braungelb bis dunkelbraun, dunkel berandet. Paraphysen locker, oben hellbraun. Sporen 4—6 μ br., 8—12 μ lg.

Auf Stirnschnitten alter Fichten. Sehr selten. — (Agyrium spilomaticum Anzi; Xylographa corrugans Norm.)

684. X. spilomatica (Anzi) Th. Fr.

Kruste unterrindig, in kleinen, weissgrünlichen Körnchen hervorbrechend. Früchte winzig klein, kaum 0,1 mm lang, sitzend, fast rundlich, dunkelbraun, flach, dünn, braunschwarz berandet. Paraphysen straff, verleimt, ungefärbt. Sporen mitten stark eingeschnürt, fast hantelförmig, 2 μ br., 4—7 μ lg.

Auf dem Stirnschnitt alter Fichten, bisher nur in Rybnik in Oberschlesien.

685. X. Felsmanni Stein.

b. Auf Fichtenrinde.

Kruste sehr dünn, fleckig begrenzt, schorfig, weissgrau. Vorlager undeutlich. Früchte sehr klein, angedrückt, linear-elliptisch, flach, braun, angefeuchtet gelbbraun, anschwellend. Sporen elliptisch, 5—7 μ br., 11—17 μ lg.

An Fichtenrinden der Seifenlehne in Schlesien; ich sah die Flechte nicht.

686. X. minutula Kbr.

101. Placographa Th. Fr.

Kruste zusammenhängend, warzig-gefeldert, grauweiss bis graubräunlich. Vorlager schwarz. Früchte 0,5—1,0 mm lang, länglich-linealisch, lirellenförmig, schwarz, nackt, mit dickem, glänzendem, eingebogenem Rande. Paraphysen schleimig verbunden. Schläuche breitkeulig. Sporen elliptisch oder länglich, 5—8 μ br., 10—15 μ lg.

Auf Urgestein in Gebirgsgegenden. Selten. Thüringen, Harz. — (Opegrapha petraea Ach.; Haplographa tumida Anzi).

687. P. petraea (Ach.) Th. Fr.

Kruste weinsteinartig, rissig-gefeldert, warzig-schollig, reinweiss. Früchte 0,1—3 mm lang und bis 0,1 mm breit, sitzend, rundlich, elliptisch, .seltener strichförmig, flach oder rillig, schwarz, dick, wulstig berandet. Paraphysen spärlich, oben bräunlich oder blaugrün. Sporen elliptisch, 5—7 μ br., 12—16 μ lg.

An Granit und Basalt. Riesengebirge.

688. P. xenophana Kbr.

Graphideae.

XIV. Fam.: Graphideae Kbr.
1. Subfam.: Opegrapheae.
Uebersicht der Gattungen.

1. Sporen parallel 4- bis mehrteilig.
   a. Sporen 4- bis mehrteilig.
      * Gehäuse (meist) kohlig.
      † Früchte vorwiegend unregelmässig - rundlich, selten strichförmig.

Kruste einförmig, meist sehr dünn, schorfig. Früchte angepresst oder oberflächlich sitzend, meist unregelmässig rundlich, selten sich strichförmig ausdehnend. Gehäuse kohlig. Schläuche 6—8 sporig. Sporen nadel- oder spindelförmig, farblos, 4- bis mehrteilig. Spermatien länglich-walzenförmig.

Lecanactis Eschw.

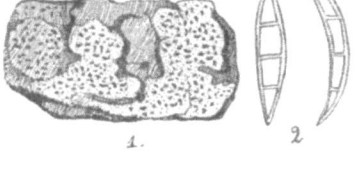

1 Lecanactis lyncea. Nat. Grösse.
2. Zwei Sporen von L. illecebrosa.

†† Früchte vorwiegend strichförmig, selten rundlich.

Kruste einförmig, anfänglich oft unterrindig. Früchte strichförmig, selten rundlich, von einem besonderen (meist) kohligen Gehäuse berandet und oft tief rillenförmig. Sporen länglich-elliptisch bis fast spindelförmig, farblos, 4- bis mehrteilig. Spermatien stäbchenförmig, gerade oder gekrümmt.

Opegrapha Humb.

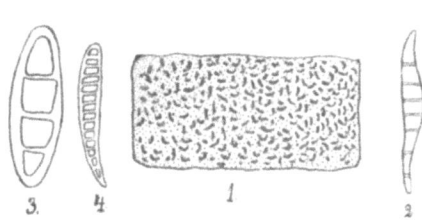

1. Opegrapha varia. Nat. Grösse.
2 Spore von O. atra.
3. Spore von O. saxicola.
4. Spore von O. involuta.

Kruste sehr zart, anfangs unterrindig. Früchte eingesenkt, strichförmig, mit vortretendem, kohligem Gehäuse und dadurch wellenförmig. Sporen länglich, farblos, parallel vielteilig (raupenförmig Kbr.)

Graphis Adans.

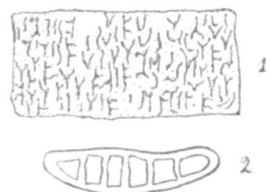

1. Graphis scripta. Nat. Grösse.
2 Spore

Graphideae.

** Gehäuse weich.

Zwei Sporen von Enterographa Hutchinsiae.

Kruste einförmig. Früchte eingesenkt, anfangs punktförmig, bald kurz strichförmig, mit weichem, dunklem Gehäuse. Schläuche 8 sporig. Sporen spindelförmig, oft gekrümmt, parallel mehrteilig, farblos. Spermatien stäbchenförmig.

Enterographa Fée.

b. Sporen parallel 4 teilig.

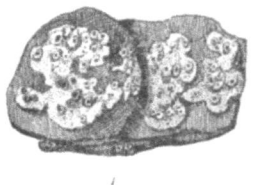

1. Platygrapha periclea (älteres Exemplar)
2. Zwei Sporen.

Krust einförmig. Früchte anfangs fast lirellenförmig, später unregelmässig rundlich, mit weichem, scheinbar vom Lager berandetem Gehäuse. Sporen schlank, spindelförmig oder nadelförmig, constant parallel 4 teilig, farblos.

Platygrapha Nyl.

2. Sporen 2 teilig.

Spore von Hazslinskya gibberulosa.

Kruste anfangs unterrindig. Früchte unregelmässig rundlich oder länglich, mit dunklem, weichem Gehäuse. Sporen 2 teilig, mitten leicht eingeschnürt (sohlenförmig Kbr.), farblos.

Hazslinskya Kbr.

Spore von Encephalographa cerebrina.

Kruste einförmig. Früchte kurz strichförmig oder unregelmässig rundlich, mit dickem, kohligem Gehäuse. Sporen 2 teilig, bisquitförmig, dunkel gefärbt.

Encephalographa Mass.

102. *Lecanactis Eschw.*

a. Kruste weiss, grau, grüngrau oder grünrötlich.
   * Kruste graurötlich, abblassend graugrünlichgelb.

Kruste dünn, weinsteinartig-mehlig. Vorlager undeutlich. Früchte 0,2—4 mm breit, angedrückt, schwarz, oft bleigrau bereift, rundlich oder elliptisch, flach, dünn berandet. Gehäuse braunschwarz bis schwarz. Paraphysen oben dunkelbraun. Sporen spindelförmig, oft leicht gekrümmt, 4 teilig, 4—5 µ br., 20—32 µ lg.

An Felsen im Gebirge. Zerstreut. — (Lecidea Dilleniana Ach.; Schismatomma epipolium Mass.) *689. L. Dilleniana (Ach.) Kbr.*

Anm. Durch die röthche, im Alter ober Herbar ausbleichende, grau-gelbgrünlich werdende Kruste leicht kenntlich

** Kruste weiss, grau, graugrün oder gelblichgrün.
† Rindenbewohnend.

Kruste dünn, glatt oder mehlig, weisslich bis grauweiss. Vorlager weiss. Früchte etwa 1 mm breit, angedrückt sitzend, bogigeckig, schwarz, dicht weissgrau oder weissgelblich bereift, flach oder gewölbt, mit vortretendem, gleichbereiftem Rande, zuletzt zuweilen fast nackt. Gehäuse schwarz oder braunschwarz. Paraphysen oben dunkelbraun. Sporen spindelförmig, an einem Ende sehr zugespitzt, vier- bis mehrteilig, $3-4\,\mu$ br., $25-40\,\mu$ lg. Spermogonien mit den Früchten neben und durcheinander, oder auch für sich allein auftretend, warzenförmig, mit schwarzer Mündung, aus welcher als weisser Kern die Spermatienmasse heraustritt und lange Zeit sitzen bleibt. Spermatien länglich, $3\,\mu$ br., $8-11\,\mu$ lg.

f. betulina Lahm. — Kruste sehr dünn, glatt. Früchte meist dicht gedrängt, häufig unbereift.
f. saxicola. — Auf Sandstein. Selten.

An Rinden alter Bäume, namentlich an Tannen, Fichten, Eichen und Birken. — (Lecidea abietina Ach.; Schismatomma abietinum Mass.; Lecidea leucocephala Schaer. — Spermogonienform: Pyrenothea leucosticta Fr.; Opegrapha hapaleoides Nyl.)

690. L. abietina (Ach.) Kbr.

Kruste ausgebreitet, dicker, weinsteinartig-mehlig, weisslich oder gelblichweiss. Vorlager gleichfarbig. Früchte $0{,}5-8$ mm gross, angepresst, rundlich, schwarz, bald gewölbt, bläulichweiss bis weiss bereift, selten unbereift, mit verschwindendem, bereiftem, schwarzem Rande. Schlauchboden dunkelbraun. Paraphysen oben dunkelbraun, bald krumig werdend. Sporen nadelförmig, meist $4-6$ teilig, $2-3\,\mu$ br., $21-33\,\mu$ lg. Spermogonien zahlreich, flach, scheibenförmig, schwarz. Spermatien $1\,\mu$ br., $4-6\,\mu$ lg.

An alten Eichen. Seltener. — (Lecidea biformis Flk.; Arthonia Schaer. Spermogonienform: Thrombium byssaceum Schaer.; Pyrenothea byssacea Mass.; Pyrenothea insculpta Wallr.)

691. L. biformis (Flk.) Kbr.

Kruste verbreitet, verunebnet, feinkörnig-mehlig, weiss. Vorlager weiss. Früchte länglich, $0{,}2-3$ mm breit, 1 mm lang, anfangs eingesenkt, später hervorragend, rillig oder leicht gewölbt, schwarz, dicht bläulich bereift, zart berandet. Schlauchboden kohlig. Para-

physen oben hellbraun, bald krumig werdend. Sporen nadelförmig, 4—8 teilig, 2—3 μ br., 20—25 μ lg.
 f. atroalba Kmphb. — Früchte fast unbereift.
 f. fuliginosa (Turn.) = (Spiloma fuliginosa Turn.) — Kruste mit Soredien.
 Auf der Rinde alter Eichen. Tafelfichte, Harz, Westfalen (im Tiergarten zu Wolbeck sehr häufig), Bonn, Düsseldorf. — (Opegrapha lyncea Schaer.) *692. L. lyncea Sm.*

 †† Steinbewohnend

Kruste dick, weinsteinartig-mehlig, weisslich, im Umfange fast wellig. Vorlager undeutlich. Früchte anfangs eingesenkt, rundlich-vieleckig bis länglich, schwarz, bläulichweiss bereift, mit dünnem, wellig gebogenem Rande. Paraphysen fast gegliedert. Sporen 4 teilig, spindelförmig, 4—5 μ br., 20—30 μ lg.
 An Kalkfelsen. Sehr selten. Jura, Bairische Alpen. — (Opegrapha grumulosa Duf.; Lecanactis amylacea Ehrh.
        693. L. Stenhammari Fr.

 b. Kruste weiss, gerieben gelb werdend.

Kruste dünn, verbreitet, schorfig-mehlig. weiss, mit zahlreichen goldgelben Gonidien. Vorlager weisslich. Früchte fast eingesenkt, rundlich bis länglich-rillig, schwarz, flach, dicht weiss bereift, mit zierlichem, schwarzem, nacktem, seltener etwas bereiftem Rande. Schlauchboden kohlig. Sporen nadelförmig, 4—8 teilig, 2—3 μ br., 22—36 μ lg.
 An alten Eichen. Stellenweise. — (Opegrapha illecebrosa Duf.; Lecidea amylacea Nyl.; Schismatomma illecebrosum et amylaceum Mass.)
       694. L. illecebrosa (Duf.) Kbr.

103. Opegrapha Humb.
1. Steinbewohnend.
 a. Kruste rotbräunlich oder gelbrötlich.

Kruste dünn, weinsteinartig, äusserst feinrissig-gefeldert, zuweilen mit grauweissen, mehligen Körnchen oder Soredien besetzt, schmutzig-rotbraun, im Herbar nicht verblassend, vom schwarzem Vorlager landkartenähnlich durchkreuzt, gleichsam marmorirt und umsäumt. Früchte 0,4—7 mm breit, zahlreich, sitzend, meist rundlich bis elliptisch, mattschwarz, flach, mit sehr erhabenem, dick-wulstigem, schwarzem, öfter bräunlich bestaubtem Rande. Schlauchboden weich, meist hellgelbbraun. Schläuche langkeulig. Sporen spindelförmig, beidendig lang zugespitzt, 6 teilig, (selten 2-, 5- und 7 teilig) 3—5 μ breit, 22—34 μ lang.
 α. Arnoldi Stein. — Kruste graugelblich bis graubräunlich. Vorlager weniger entwickelt. Sporen etwas schmäler, 3—3,5 μ breit, 26—38 μ lang.

An feuchten Felsen. Bisher nur selten beobachtet, doch gewiss häufig mit O. zonata verwechselt. — (Verrucaria horistica Lght.)
695. O. horistica (Lght.) Stein.

Kruste dünn, schorfig-weinsteinartig, mit grünlichweissem Soredienstaube meist dicht bestreut, graurötlichbraun, im Herbar grauweisslich werdend. Vorlager wie bei voriger Art. Früchte rundlich, 0,4—6 mm breit, seltener kurz rillenförmig, 0,3 mm breit, 1 mm lang, angedrückt, tiefschwarz, flach, nackt, mit hervorragendem, dick-wulstigem, schwarzem Rande. Schläuche kurzkeulig. Sporen 4 teilig, spindelförmig, abgerundet, 4—5 µ br., 14—17 µ lg.
An Felsen, gern in schattigen, feuchten Schluchten. — (Lecanactis zonata Mass.)
696. O. zonata Kbr.

Kruste schorfig, dünn, gelbrötlich oder rotbräunlich, im Herbar grünlich oder grau ausbleichend. Vorlager schwarz. Früchte rundlich-eckig, 0,3—5 mm breit, oder kurz rillenförmig, 0,3 mm breit und 0,8 mm lang, schwarz, nackt, zuletzt faltig-gedreht (kreisfaltig), mit dickem, rissig-gefaltetem, eingebogenem Rande. Schlauchboden kohlig, schwarz. Schläuche breitkeulig. Sporen meist 4 teilig, selten mit einzelnen zweiteiligen, an einem Pole stark verdünnt, am anderen abgerundet, kurz spindelförmig.

α. arenaria Kbr. — Kruste gelbrötlich, angefeuchtet stark nach Veilchen duftend. Vorlager stark ausgebildet.
β. dolomitica Arn. — Kruste rotbräunlich, ohne Veilchenduft. Vorlager undeutlich.

An Felsen. Ziemlich selten. — (Lecidea saxicola Ach.; Opegrapha gyrocarpa Kbr.; Opegrapha dolomitica Arn.)
697. O. rupestris (Pers.) Kbr.

b. Kruste weisslich oder grauweiss.

Kruste verbreitet, dünnschorfig, weisslich oder grünlichgrau. Vorlager undeutlich. Früchte ca. 1 mm breit, gerundet oder verbogen vielkantig, warzig uneben, schwarz, flach, anfangs bereift, später nackt, mit dünnem, erhabenem Rande. Schlauchboden kohlig, schwarz. Schläuche keulig. Paraphysen oben bräunlichgelb, locker verbunden. Sporen 4—6 teilig, meist breit spindelförmig, 4—6 µ br., 12—20 µ lg.
An Sandsteinfelsen. Selten. — (Lecidea plocina Ach.; Lecanactis Mass.)
698. O. plocina (Ach.) Kbr.

Kruste verbreitet, dünn, weinsteinartig-mehlig, weissgrau, grau bräunlich bis graugrün. Vorlager undeutlich. Früchte lirellenförmig angedrückt, schwarz, blaugrau bereift, mit dünnem, eingebogenem

öfter welligem Rande. Schlauchboden kohlig. Sporen 4—6 teilig, breit spindelförmig, 5—6 μ br., 15—25 μ lg.
 f. diatona (Nyl.) — Früchte zarter, schmäler. Sporen meist dreiteilig, 5—6 μ br., 15—20 μ lg.
 An Sandsteinfelsen. Selten.   699. *O. Chevallieri Lght.*

 Kruste dünnschorfig, bläulich- oder weisslichgrau. Vorlager grau. Früchte zerstreut, angedrückt, 0,2—3 mm breit, ca. 1 mm lang, lirellenförmig, anfangs punktförmig, mattschwarz, nackt, mit dickem, ziemlich gedunsenem, die Scheibe fast verdeckendem Rande. Schläuche kurzkeulig. Schlauchboden dunkelgelbbraun. Sporen 6 — 8 teilig, spindelförmig, 2—3 μ br., 10—18 μ lg.
 f. ochracea Kbr. — Kruste ockergelb.
 An Sandstein. Selten.   700. *O. lithyrga Ach.*

 Kruste sehr dünn, fast mehlig, weiss. Vorlager weiss. Früchte kurz strichförmig, 0,2 mm breit, 0,5 mm lang, schwarz, mit dünnem, eingebogenem Rande. Sporen 3 teilig, länglich, 3—5 μ br., 12—16 μ lg. Spermatien 1—2 μ br., 11—20 μ lg., stäbchenförmig.
 An Sandstein. Sehr selten. Heidelberg.
           701. *O. demutata Nyl.*

 Kruste dicklich, rissig-gefeldert, gelbgrau. Vorlager undeutlich. Früchte eingesenkt, anfangs rundlich, später länglich, zuweilen mit Seitenästchen, schwarz, nackt, mit erhabenem, stumpfem, zuletzt verschwindendem Rande. Sporen fast nadelförmig, 3-, 5- und 7 teilig, 2—3 μ br., 18—30 μ lg.
 An Sandsteinfelsen. Selten. Thüringen, Harz.
           702. *O. farinosa (Hampe) Stitzenb.*

 2. Rinden oder Holz bewohnend.
  a. Sporen 4—8 teilig.
   * Sporen schmal nadelförmig.

 Kruste anfangs unterrindig, später vortretend, sehr zart, fast häutig, im Alter zuweilen schorfig-mehlig, weisslich oder grau. Vorlager unterrindig. Früchte 0,1,5—0,2,5 mm breit, 0,5—1,5 mm lang, meist erhaben sitzend, gerade, gebogen, öfter sternförmig-strahlig angeordnet, glänzend schwarz, flach, mit sehr schmaler, rinnenförmiger Scheibe und vortretenden, parallelen Rändern. Schlauchboden dunkelgelbbraun. Sporen 4—6 teilig, 1,5—2,5 μ br., 21—28 μ lg.
 An glatten Rinden alter Laubhölzer, selten an Nadelhölzern oder an entrindeten Stellen. Häufig. — (Opegr. atra α vulgaris Kbr.)
           703. *O. atra Pers.*

Graphideae.

** Sporen spindelförmig.
† Kruste weisslich, grauweiss bis graubräunlich.
° Fruchtrand verschwindend.

Kruste sehr dünn, zum Teil unterrindig, feinschorfig-mehlig, weiss, weissgrau, grau, graugrün bis graubräunlich. Vorlager unterrindig. Früchte sitzend, verschieden gestaltig, rundlich, länglich-elliptisch bis strichförmig, schwarz, nackt oder bereift, einzeln oder gehäuft bis strahlig angeordnet, mit anfangs kräftigen, später in der Mitte auseinander weichenden, fast verschwindenden Rändern. Schlauchboden kohlig. Sporen breit spindelförmig, 4—6 teilig, 5—6 μ br., 18—28 μ lg. Spermatien kurzwalzig.

α. pulicaris (Hoffm.) = Opegr. vulvella Ach.) — Früchte ei-länglicheckig, vertieft, mit erhabenem, eingebogenem Rande.
β. diaphora Ach. — Früchte verlängert, rillenformig, beidendig zugespitzt, bleibend berandet.
γ. lichenoides (Pers.) = notha Ach. — Früchte rundlich, mit ge dunsener Scheibe. Rand verschwindend.
δ. signata (Ach.) — Früchte gedrängt, linear-verlängert, mit später gedunsener Scheibe.

An der Rinde verschiedener Laubbäume, seltener an Nadelhölzern oder altem Holzwerk, α und β auch Steinbewohnend. Häufig. — (Opegrapha Pollini et violatra Mass.) *704. O. varia Pers.*

Früchte zerstreut oder gehäuft, mehr oder minder verlängert, rillenförmig, fast gleich breit, mit eingebogenem Rande, flach. Sporen 4—6 teilig. Spermatien länger. Sonst wie vor. —
An Rinden von Carpinus, auch an freiliegenden Kieferwurzeln. Selten. *705. O. rimalis Fr.*

Kruste und äusserer Fruchtbau wie bei O. varia. Sporen stets 4 teilig Spermatien kurz cylindrisch, ca. 1 μ br., 4—5 μ lg.
An glatten Buchenrinden. Selten. *706. O. Turneri Lght.*

°° Fruchtränder bleibend.
Kruste begrenzt, rundlich, geglättet, weiss oder grauweisslich. Vorlager unterrindig. Früchte 0,2—3 mm breit, 1—4 mm lang, fast eingesenkt, gedrängt, oft strahlig gruppiert, flach, tiefschwarz, nackt, mit parallelen Rändern. Schlauchboden dunkelrotbraun. Sporen 4 teilig, länglich bis breitspindelförmig, 4—5 μ br., 11—15 μ lg.

α. trifurcata Hepp. — Früchte mit gabeligen Seitenästchen. Steinform.

An glatten Laubholzrinden, gern an Fraxinus Häufig.
707. O. bullata Pers.

Kruste dünn, schorfig, weisslich, grauweiss, selten graubräunlich. Früchte 0,2—3 mm breit, etwa 1 mm lang, verbogen länglich, mattschwarz, nackt, von den geschwollenen, zuletzt warzig-faltigen Rändern überbogen. Sporen schmal spindelförmig, 6—8 teilig, 2—3 μ br., 12—22 μ lg. Spermatien lang, haarförmig, gekrümmt.

α. subsiderella (Nyl.) — Spermatien kurz, kräftig, wenig gebogen.
β. abbreviata Kbr. — Kruste anfangs unterrindig. Früchte oft sternartig gruppiert.

An Rinden. Zerstreut. *708. O. vulgata Ach.*

†† Kruste graubraun, rotbraun bis olivenbräunlich.

Kruste anfangs unterrindig, später dünnschorfig oder zerstreut körnig. Vorlager unterrindig. Früchte sehr klein, unregelmässig rundlich bis kurz strichförmig, flach oder leicht rillig, mit anfangs zusammenneigendem, später zurücktretendem Rande. Sporen spindelförmig, 4 teilig, 3—4 μ br., 13—21 μ lg. Spermatien stets gekrümmt.

f. subocellata Ach. — Kruste bräunlich mit weissen Flecken. Früchte vom Lager weiss berandet, gleichsam geäugelt.

An Rinden, meist der Laubbäume, seltener an Tannen. Nicht selten. *709. O. rufescens Pers.*

Kruste grau- oder grünbräunlich. Früchte mehr rundlich-elliptisch. Spermatien kurz, gerade. Sonst wie vorige Art.

An Laubholzrinden, mit O. rufescens meist verwechselt.

710. O. herpetica Ach.

b. Sporen 14—16 teilig.

Kruste anfangs unterrindig, später vortretend, fast häutig, rotbraun, endlich schmutzig graugrünlich, mit starkem Veilchendufte. Vorlager unterrindig. Früchte 0,2—3 mm gross, unregelmässig verschiedengestaltig bis kurz strichförmig, mattschwarz, nackt, rinnenförmig, mit schwarzem, eingebogenem, warzig-gefaltetem, zuletzt fast verschwindendem Rande. Schläuche 8 sporig, breitkeulig. Sporen 5—8 μ br., 45—70 μ lg.

An der Rinde verschiedener Laubhölzer, selten an Tannen. Verbreitet. — (Graphis involuta Wallr.; Zwackhia Kbr.)

711. O. involuta (Wallr.) Rbh.

104. Graphis Adans.

a. Paraphysen sehr lange erhalten bleibend.

Kruste anfangs unterrindig, später vortretend, verbreitet oder begrenzt, dünnschorfig oder mehlig, weisslich oder weissgrau. Vorlager unterrindig. Früchte lang oder kurz, breit oder schmal, gerade oder gekrümmt, einfach oder ästig gespreizt, parallel oder winklig gestellt, einzeln oder gehäuft, rillenförmig, schwarz, nackt oder blaugrau bereift, mit kräftigen, vortretenden, parallelen, schwarzen,

Graphideae.

selten weissgesäumten Rändern. Sporen länglich oder lang-elliptisch, normal 8 teilig, seltener 12- oder 6 teilig, anfangs hyalin, später gebräunt, 6—8 μ br., 25—38 μ lg. — Aeusserst formenreich:

α. vulgaris Kbr. — Kruste firnissartig, dünn, bis schorfig. Früchte vortretend, nackt oder dünn bereift.
1. limitata (Pers.) — Kruste grau, braun umgrenzt. Früchte bogig, oft gespreizt ästig, unbereift.
  * hebraica Ach. — Früchte kürzer, einfach gekrümmt, oft rechtwinkelig ästig.
  ** tenerrima Ach. — Früchte kleiner, schlank, einfach.
2. pulverulenta (Pers.) — Früchte bogig, flach, dünn bereift, mit fast verschwindenden Rändern.
  * fraxinea Ach. — Früchte einfach, fast gerade, nicht parallel gestellt.
  ** betuligera Ach — Früchte ziemlich gerade, parallel laufend.
  *** flexuosa Ach. — Früchte bogig.
3. recta Humb. — Früchte gerade, fast parallel stehend, mit deutlichen Rändern.
  * macrocarpa Ach. — Früchte kräftig, sehr verlängert, einfach, oder an einem Ende gabelig geteilt.
  ** microcarpa Ach. — Früchte sehr verkürzt.
  *** Cerasi Ach. — Früchte verlängert, meist einfach, mit zugespitzten Enden.
4. abietina Schaer. — Kruste weissstaubig. Früchte verlängert, bogig, fast vom Lager gesäumt, flach und zart bereift.

β. serpentina Ach. — Kruste dicker, weiss. Früchte eingesenkt, dick bläulich bereift. geschlängelt.
1. literella Ach. — Früchte gedrängt, geteilt, mit parallelen oder sich kreuzenden Aestchen.
2. acerina Ach. — Kruste glatt. Früchte lang, bogig, zerstreut oder sternförmig gehauft.
3. spathea Ach. — Kruste staubig. Früchte lang, bogig, ästig, fast unberandet.
4. eutypa Ach. — Kruste begrenzt. Früchte kurz, sehr dick berandet.

An Baumrinden. Sehr häufig. — (Lichen scriptus L.)
712. G. scripta (L.) Ach.

Kruste anfangs unterrindig, später vortretend, aschgrau. Früchte eingesenkt, kräftig, verlängert, meist einfach, eng gerillt, schwarz, anfangs bereift, mit gedunsenen, längsgefurchten Rändern. Schläuche verlängert keulig. Sporen fast stets 12 teilig, beidendig abgerundet, 8—12 μ br., 30—50 μ lg.
  f. stellulata Lahm. — Früchte sternförmig verzweigt.
  f. conflata Lahm. — Früchte gedrängt, in Häufchen zusammen fliessend.

An Rinden, namentlich an Betula. Westfalen.
713. G. elegans Borr.

b. Paraphysen sehr bald krumig zersetzt.

Kruste anfangs unterrindig, später vortretend, schorfig-mehlig, öfter ganz fehlend, weisslich oder weissgrau. Früchte eingesenkt, auffällig dendritisch verzweigt, mit breiter, flacher, etwas bräunlicher, öfter bereifter, unberandeter, vom Lager schwellend gekrönter Scheibe. Sporen 6—9 teilig, anfangs farblos, zuletzt gebräunt, 5—8 µ br., 25—35 µ lg.

f. Smithii Lght. — Früchte mit kräftigem, wulstigem Rande.
f. acuta Lahm. — Früchte langästig mit zugespitzten Enden.
f. obtusa Lahm. — Fruchtenden stumpf.
f. stellatis Lahm. — Früchte zerstreut, sternförmig gruppiert.
f. conglobata Lahm. — Früchte verbreitert, einfach oder kurz verästelt, flach, bereift.

An Laubholzrinden. Im Tiergarten zu Wolbeck b. Münster sehr häufig, sonst nicht beobachtet. — (Opegrapha dendroides Fr.; Hymenodectonis Lght.)

714. G. dendroides Ach.

105. Enterographa Fée.

Kruste verbreitet, zusammenhängend oder feinrissig, geglättet, weisslich oder grünlichweiss. Vorlager undeutlich, hell. Früchte anfangs punktförmig, eingesenkt, später sehr kurz strichförmig, etwa 0,1 mm breit und 0,5 mm lang, gerade oder bogig, oft verästelt. Scheibe schwarz, rillig vertieft oder flach, unberandet, vom Lager weiss gekrönt. Schlauchboden fast ungefärbt. Schläuche schmalkeulig, normal 8 sporig, selten 6 sporig. Sporen beidendig zugespitzt, 3—4 µ breit, 18—25 µ lang, 6—8-, selten 10 teilig.

An Granit und Sandsteinfelsen. Selten und der Kleinheit wegen schwer aufzufinden. Kochelfall, Sächs. Schweiz, Harz, Heidelberg, Pforzheim, Baden, Siebengebirge b. Bonn. — (Platygramma Hutchinsiae Lght.; Stigmatidium germanicum Mass.)

715. G. Hutchinsiae (Lght.) Kbr.

Kruste verbreitet, weinsteinartig, dicklich, glatt, gleichmässig bis unregelmässig-wulstig, polsterähnlich, gegen den Rand hin abgeplattet, weissgrau, grau, graugrünlich bis grünbräunlich. Vorlager schwarz, die Kruste umsäumend. Früchte aus punktförmigen Anfängen linearlänglich, verbogen, einfach oder ästig bis sternförmig gruppiert, eingesenkt. Gonidien goldgelb. Schläuche langkeulig, 6—8 sporig. Sporen spindelförmig, 6—8 teilig, 4—6 µ br., 20—32 µ lg.

An der Rinde alter Eichen und Buchen. Selten. Stubbenkammer, Wolbeker Tiergarten in Westfalen. — (Opegrapha crassa Schaer.; Stigmatidium Dub.; Sagedia Mass.; Sagedia aggregata. Fr.)

716. E. crassa DC.

106. *Platygrapha* Nyl.

Kruste feinschorfig, pfirsichblutrot, im Herbar gelbweisslich. Vorlager weisslich. Früchte 0,5—1,0 mm lang, anfangs eingesenkt, später angedrückt, rundlich bis kurz strichförmig, mattschwarz, mit zuletzt leicht gewölbter, unberandeter, vom Lager weissstaubig gesäumter Scheibe. Sporen nadelförmig, 2 µ br., 30—40 µ lg.

An alten Fichten und Tannen, selten an Kiefern oder Eichen. Zerstreut. — (Parmelia periclea Ach.; Lecidea dolosa Fr.; Biatora dolosa Hepp ; Schismatomma dolosum Kbr.)

717. *P. periclea* (*Ach.*) *Nyl.*

107. *Hazslinskya* Kbr.

Kruste anfangs unterrindig, später vortretend, firnissartig oder fast mehlig, weiss oder weisslich, glänzend. Vorlager unterrindig. Früchte 0,1—4 mm gross, angepresst, zu rundlichen Gruppen vereinigt, unregelmässig rundlich bis kurz lirellenförmig. Scheibe dünn, braunschwarz, anfangs vertieft, mit sehr vortretendem, körnigem Rande, später flacher und fast unberandet. Schläuche breitkeulig. Sporen elliptisch, oft an einem Ende zugespitzt, 5--6 µ br., 14—17 µ lg., ganz zuletzt sich sehr hellbräunend.

An der Rinde alter Laubbäume, gern an Eichen. Selten, doch wohl oft übersehen. — (Arthonia gibberulosa Ach.)

718. *H. gibberulosa* (*Ach.*) *Kbr.*

108. *Encephalographa* Mass.

Kruste dicklich, begrenzt, weinsteinartig-schorfig, verunebnet, weisslich oder bläulichweiss. Vorlager undeutlich, aschgrau. Früchte sitzend, rundlich eckig bis kurz strichartig, schwarz, rinnenförmig, mit hoch hervortretendem, fast klappenartig eingebogenem Rande. Schlauchboden braunschwarz. Paraphysen sehr fein, verleimt. Schläuche breitkeulig. Sporen elliptisch, abgestumpft, mitten eingeschnürt (geigenartig ausgeschweift Kbr.), normal dunkelbraun, 6—8 µ br., 16—24 µ lg.

An Kalkfelsen in höheren Gebirgen. Sehr selten. Bairische Alpen. — (Opegrapha cerebrina Fr.)

719. *E. cerebrina* DC.

Anm.: Die Gattung Leciographa Mass. (Dactylospora Kbr.) gehört meiner Auffassung nach zu den Pilzen. Im Gebiete wurden bisher beobachtet L. Flörkii (Kbr.) auf der Kruste von Ochrolechia pallescens, L. Zwackhii (Mass.) auf der Kruste von Biatorina commutata, Haematomma elatinum etc. L. parasitica auf Aspicilia calcarea und L. convexa (Th. Fr.) auf Physcia caesia. —

2. Subfam.: Bactrosporeae Kbr.

Uebersicht der Gattungen.

Bactrospora dryina. Nat. Grösse. Sporen.

Kruste einförmig. Früchte scheibenförmig. Paraphysen fädlich, hin und her gebogen, oft verästelt. Sporen zu 8, nadelförmig, parallel vielteilig, farblos, bald in die einzelnen Teilstücke zerfallend. Spermatien stäbchenförmig, auf einfachen Sterigmen.
Bactrospora Mass.

Kruste sehr dünn, oder ganz fehlend. Früchte kreiselförmig. Paraphysen fein, schlaff, oft verästelt. Schläuche langkeulig, 8sporig. Sporen parallel 4- bis mehrteilig, farblos, nicht zerfallend.
Lahmia Kbr.

109. *Bactrospora Mass.*

Kruste verbreitet, dünnschorfig, weisslich oder schmutzigweiss. Vorlager weisslich. Früchte 0,5 mm breit, angedrückt, kreisrundlich, anfangs fast kugelig, später niedergedrückt, ziemlich flach, braunschwarz bis schwarz, warzig rauh, meist unberandet. Schlauchboden braun. Sporen 6—10teilig, 2 µ br., 50—80 µ lg.

An der Rinde alter Eichen. Zerstreut. — (Lecidea dryina Ach.; Coniocarpon dryinum Rbh.)
720. B. dryina (Ach.) Mass.

110. *Lahmii Kbr.*

Kruste sehr dünn, schorfig-körnig, weisslich bis weissgrünlich. Vorlager unkenntlich. Früchte 0,1—2 mm breit, fast kreiselförmig-gestielt, schwarz, anfangs geschlossen, kuglig, später verflacht, dünn berandet. Schlauchboden farblos. Schläuche lang und schmal-keulig. Sporen sichelförmig gekrümmt bis fast halbmondförmig, 4teilig, 4—7 µ br., 35—48 µ lg.

In den Rindenritzen alter Espen, Silberpappeln, Weiden, Robinien. Zerstreut. — (Calycium Kunzei Fw.)
721. L. Kunzei (Fw.) Kbr.

Eigene Kruste sehr dünn, angefeuchtet fast schleimig, fast häutig, verunebnet, braungrünlich. Früchte 0,2—4 mm gross, sitzend, kreiselförmig, schwarz, flach, höckerig verunebnet, mit glänzend schwarzem, zuletzt fast verschwindendem Rande. Schläuche keulig bis fast cylindrisch. Sporen gerade, 8—16teilig, nadelförmig, 2 µ br., 20—70 µ lg.

Teils epiphytisch auf der Kruste von Sphyridium byssoides und ohne eigene Kruste, teils mit eigener Kruste an sandigen Grabenböschungen. Selten.
722. L. Fuistingii Kbr.

Anm.: Die Gattung Pragmopora Mass — im Gebiete durch P. amphibola Mass. auf Kieferinden und P. Lecanactis Mass. an Laubholzrinden — gehört zu den echten Pilzen.

Graphideae. 237

3. Subfam.: **Arthonieae** Kbr.

Uebersicht der Gattungen.

a. Sporen anfangs parallel 4- bis mehrteilig, bald mauerartig geteilt, ungefärbt.

Lager sehr feinkrustig. Früchte eingesenkt, rundlich-unregelmässig, unberandet. Gehäuse fehlend. Schläuche 8 sporig. Sporen gross.

Arthothelium Mass.

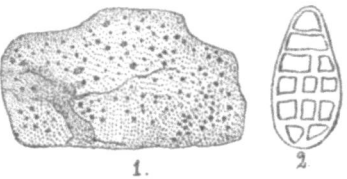

1. Arthothelium Ruanum.
2. Spore von A. spectabile.

b. Sporen parallel 2-, 4- bis mehrteilig.

Kruste oft unterrindig. Früchte fleckartig, bald rundlich, bald unregelmässig oder strichförmig, randlos. Gehäuse fehlend. Scheibe später meist staubig zerfallend. Sporen zu 8, selten 2teilig, meist parallel 4- bis mehrteilig, hyalin.

Arthonia Ach.

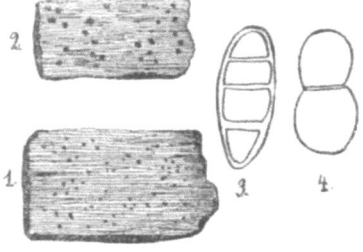

1. Arthonia punctiformis Nat. Grösse.
2. Ein Teil davon etwas schwach vergrössert.
3. Spore von A. punctiformis.
4. Spore von A. Pineti.

Kruste einförmig, meist spärlich entwickelt. Früchte meist regelmässig rund. Schlauchboden weich. Sporen elliptisch, constant 2teilig, hyalin.

Coniangium Fr.

Schlauch und Spore von Coniangium luridum.

111. *Arthothelium Mass.*

a. Kruste begrenzt, kreisrundlich.

Kruste rundlich, begrenzt, firnissartig-häutig, weiss. Vorlager undeutlich, dunkler. Früchte sehr klein, 0,1 mm gross, eingesenkt, unregelmässig rundlich oder strahlig, in fast concentrischen Gruppen, schwärzlich. Schlauchboden braun. Sporen zusammengeballt, langelliptisch, anfangs parallel 8—12 teilig, bald mauerartig vielteilig, 8—11 μ br., 28—34 μ lg.

An glatter Hainbuchenrinde. Sehr selten.

723. *A. Beltraminianum Mass.*

b. Kruste nicht abgegrenzt, ergossen.

Kruste firnissartig, weiss oder weisslich. Vorlager schwarz, umsäumend. Früchte 0,5—1,5 mm breit, unregelmässig-rundlich bis fast strichartig. Scheibe flach, rissig verunebnet, mattschwarz, zuweilen vom Lager weiss besäumt. Schlauchboden undeutlich, gelblich. Sporen ei-elliptisch, bald mauerartig, 10—13 μ breit, 25—28 μ lang.
An glatten Laubholzrinden. Zerstreut. — (Arthonia spectabilis Fw.)

724. A. spectabile (Fw.) Mass.

Kruste ergossen, anfangs fast häutig, geglättet, später staubig-schorfig, weisslich, mit undeutlichem, dunklerem Vorlager. Früchte etwa 0,1 mm gross, anfangs von der Kruste bedeckt, später vortretend, fleckförmig, unregelmässig-rundlich, schwarz. Sporen fast elliptisch, an den Teilstellen wenig eingeschnürt, bald mauerartig und ganz zuletzt hellbräunlich, 11—14 μ br., 30—38 μ lg.
An Laubholzrinden. Sehr selten. Kaiserstuhl in Baden. — (Arthonia fuscocinerea Zw.)

725. A. fuscocinereum (Zw.) Kbr.

Kruste ausgebreitet, sehr feinkörnig-staubig, weisslich. Vorlager dunkler. Früchte dicht angepresst, unförmlich-rundlich, schwarz, mit papillös-rauher Scheibe. Schläuche verkehrt-eiförmig zugespitzt. Sporen länglich-elliptisch, 8—11 μ br., 26—40 μ lg.
An Kiefernrinden, selten an Tannen. Zerstreut. — (Lecidea elabens Schaer.; Rhizocarpon Mass.; Mycoporum Fw.)

726. A. Flotovianum Kbr.

Kruste ausgebreitet, feinschorfig, glänzend, weisslich bis hellgrünlich. Vorlager undeutlich. Früchte in kreisförmigen Flecken gehäuft, 0,1 mm gross, punktförmig, unregelmässig-rundlich, verzerrt, warzenförmig erhaben, schwarz bis schwarzbraun. Sporen anfangs parallel 6—8 teilig, später mauerartig, fast elliptisch, an den Teilstellen deutlicher eingeschnürt, 7—10 μ br., 22—30 μ lg.
An Rinden. Selten, gern an Tannen, doch auch an Laubhölzern. — (Arthonia Ruanum Mass.; Arthonia anastomosans Ach.)

727. A. Ruanum (Mass.) Kbr.

Anm.: A. Lahmianum Kbr. ist aus der Reihe der Flechten zu streichen und den Pilzen einzuordnen.

112. *Arthonia Ach.*

I. Früchte rundlich.
  1. Früchte meist bereift, nicht in Staub zerfallend. — Leprantha Kbr.
    a. Kruste dick, begrenzt. Steinbewohnend.

Kruste weinsteinartig-mehlig, weiss, im Umfange wulstig-faltig. Vorlager weisslich. Früchte eingesenkt, eckig-rundlich, zusammenfliessend. Scheibe flach, dunkelrotbraun, fast bleigrau bereift. Sporen puppenförmig, 0,6 μ br., 18 μ lg.

var. decussata (Fw.) = Pachnolepia Endlicheri Rbh.) — Kruste vom schwarzen Vorlager landkartenähnlich durchzeichnet. An Felsen und Felsblöcken. Fast stets steril, mit Frucht nur an Porphyr bei Handschuchsheim in Baden und bei Heidelberg gesammelt. — (Arthonia pruinosa v. lobata Flk.; Pachnolepia lobata Kbr.; Opegrapha Endlicheri Garov.)

728. A. lobata (Flk.) Mass.

b. Kruste dünn. An Rinden.
* Früchte bereift.
† Früchte rotbraun.

Kruste verbreitet, dünn, weinsteinartig-mehlig, feinrissig, weisslich bis weisslichgrau, abgerieben gelblichweiss, zuweilen schmutziggelbgrau, soreumatisch. Vorlager zart, weisslich. Früchte sehr klein, eingesenkt, rundlich, eckig-verbogen, oft zusammenfliessend, flach oder leicht gewölbt, rotbraun, fast stets blaugrau bereift. Sporen eiförmig-lanzettlich, meist 5- (selten 4- oder 6-) teilig, 5—7 μ br., 12—18 μ lg. Spermogonien warzenförmig, schwarz. Spermatien cylindrisch, 1 μ br., 4—6 μ lg.

An der Rinde alter Eichen, selten an Linden, Weissbuchen, Platanen. Ausnahmsweise auch an gezimmertem Holze. Zerstreut, in manchen Gegenden häufig. — (Lichen impolitus Ehrh.; Parmelia impolita Ach.: Lecanactis Rbh.; Leprantha Kbr. Syst.; Pachnolepia Mass. Spermogonienform: Thrombium sticticum Ach.)

729. A. impolita (Ehrh.) Schaer.

Kruste dünnschorfig, uneben, aschgrau oder gelblichweiss. Vorlager weisslich. Früchte rundlich, oft zusammenfliessend, grösser, bald gewölbt, grau bereift, später nackt, braunschwarz. Sporen in birnförmigen Schläuchen, spindelförmig, 4 teilig, an einem Ende scharf zugespitzt, 3—4 μ br., 11—14 μ lg., mit fast gleichgrossen Abschnitten.

An Abies, seltener an Laubhölzern. Hier und da. — (Spiloma fuliginosum Turn.: Leprantha Kbr. Syst.; Pachnolepia Mass.)

730. A. fuliginosa (Turn.) Kbr.

Kruste dünn, mehlig-schorfig, weissgrün. Vorlager weisslich. Früchte rund, meist einzeln, angepresst, leicht gewölbt, rotbraun, blaugrau bereift. Sporen 4 teilig, mit fast gleichen Abschnitten, puppenförmig, 4—6 μ br., 11—15 μ lg. Schläuche breitkeulig.

An glatten Laubholzrinden. Selten. — (Leprantha caesia Kbr.)

731. A. caesia Fw.

†† Früchte schwarz.

Kruste weinsteinartig-mehlig, gelblich oder rötlichweiss. Vorlager weisslich. Früchte gleichmässig rund, schwarz, dicht bleigrau bereift. Sporen 2—4 teilig, mit grösserem oberem Endabschnitte, puppenförmig, 3—4 μ br., 9—14 μ lg. Schläuche birnförmig. An alten Tannen und Eichen. Sehr zerstreut. —
732. A. cinereopruinosa Schaer.

Kruste dick, schorfig-mehlig, verunebnet, bläulichweiss, abgerieben goldgelb, im Herbar gelbgrünlich werdend. Vorlager undeutlich. Früchte klein, eingesenkt, später vortretend, rundlich, anfangs blaugrau bereift, zuletzt gedunsen, nackt. Schlauchschicht gelbrötlich, oben gebräunt. Schläuche kurz birnförmig. Sporen 4 teilig, mit fast gleichen Abschnitten, 3—4 μ br., 9—14 μ lg. An alten Eichen. Sehr selten. Ostpreussen. — (Lecidea lilacina Ach.)
733. A. lilacina (Ach.) Kbr.

** Fruchtscheibe unbereift.

Kruste sehr dünn, schorfig bis zerstreut körnig, gelblichweiss. Vorlager undeutlich. Früchte 0,2—3 mm breit, sitzend, anfangs kugelig, später verflacht, schwarz, nackt. Schlauchschicht grünlich. Schläuche birnförmig. Sporen 4-, selten 5 teilig, mit fast gleichen Abschnitten, 3—4 μ br., 10—13 μ lg. An alten Tannen in der Bergregion. Selten. — (Arthonia globulosaeformis Hepp.; A. Sordaria Kbr.; A. trabinella Th. Fr.)
734. A. mediella Nyl.

Kruste sehr dünn, glatt, fast häutig, weisslich oder grau. Vorlager undeutlich. Früchte zahlreich, rundlich oder verzerrt bis länglich-eckig, schwarz, flach, selten wenig gewölbt, glatt. Sporen 4 teilig, 2—4 μ br., 8—11 μ lg. An alten Fichten. Selten. Sächsische Schweiz.
735. A. aspera Lght.

2. Früchte zuletzt staubig zerfallend. Coniocarpon DC.

Kruste anfangs unterrindig, später hervortretend, dünnschorfig, weisslich bis bräunlich, mit rötlichem Schimmer. Vorlager unterrindig. Früchte einzeln oder sternartig gruppiert, kurz strichförmig, schwarz, zuletzt in braunes oder zinnoberrotes Pulver zerfallend. Sporen 4—6 teilig, mit· sehr grossem oberen Endabschnitte.

α. cinnabarina (DC.) = Coniocarpon cinnabarinum (DC.) — Früchte 0,4 mm breit, 1 mm lang, meist einzeln, mit verschleierter, in zinnoberrotes Pulver zerfallender Scheibe. Sporen 5—6 μ br., 16—22 μ lg.

β. obscura Schaer. — Früchte meist sternförmig angeordnet, nicht verschleiert, in dunkelbraunes Pulver zerfallend, 0,1—2 mm breit, 0.5—1,0 mm lang. Sporen 4—5 μ br., 14—18 μ lg.

An glatten Rinden von Eichen, Buchen, Eschen und Haseln. Zerstreut — (Sphaeria gregaria Weig.; Coniocarpon Schaer.; Arthonia cinnabarina Wallr.; Coniocarpon cinnabarinum DC.)
736. A. gregaria (Weig.) Kbr.

Kruste hautartig oder feinschorfig, gelblichweiss oder hellockergelb. Vorlager undeutlich Früchte 0,5 mm gross, einzeln, rundlich oder sternartig-strahlend, nicht verschleiert, zimmt- oder dunkelbraun, zuletzt in gelbbraunes Pulver zerfallend. Sporen 4 teilig, mit grossem oberen Endabschnitte, 3—4 µ br., 10—14 µ lg.
An glatten Laubholzrinden. Im ganzen selten. — (Coniocarpon ochraceum Fr.; Arthonia ochracea Duf.) *737. A. elegans Ach.*

Kruste schmutzig weiss, vom braunschwärzlichen Vorlager umsäumt. Früchte sehr zart verästelt, schwarzbraun, in dunkelbraunes Pulver zerfallend. Sonst wie vor.
An glatten Buchenstämmen. Selten. — (Coniocarpon albellum Kmphb.) *738. A. stellaris Kmphb.*

3. Früchte rundlich oder elliptisch, stets eingesenkt, anfangs unterrindig, später vortretend. Fruchtscheibe nicht bereift, bleibend. — Naevia Mass.

Kruste sehr unscheinbar, meist dauernd unterrindig, grauweiss bis graubräunlich. Vorlager unterrindig. Früchte eingesenkt, rundlich-fleckförmig, sehr klein, mattschwarz, flach. Sporen constant 5—6-teilig, mit fast gleichgrossen Abschnitten, 4—6 µ br., 20—22 µ lg.
An glatten Rinden unserer Laubbäume. Verbreitet. — (Naevia punctiformis Beltram.) *739. A. punctiformis Ach.*

Kruste etwas deutlicher, grauweiss, geglättet, fast glänzend. Früchte fleckartig-verzerrt-rundlich, sehr klein, flach oder leicht gewölbt, eingesenkt, schwarz. Sporen anfangs 2 teilig, später constant 4 teilig. Sonst wie vor.
An Laubbäumen, gern an Populus. Wohl ebenso häufig wie A. punctiformis, aber meist mit derselben verwechselt.
740. A. populina Mass.

Kruste unterrindig, später vortretend, begrenzt, reinweiss, fast firnissartig. Früchte zerstreut, halb eingesenkt, rundlich, leicht gewölbt, schwarz. Sporen 2 teilig, selten 4 teilig, 3—4 µ br., 10—13 µ lg., an den Scheidewänden meist stark eingeschnürt.
An glatten Rinden, hauptsächlich der Pappeln und Linden. Seltener. — (Verrucaria galactites DC.; Naevia Mass.; Arthonia punctiformis Mass.) *741. A. galactites (DC.) Duf.*

4. Kruste einförmig, kräftiger. Früchte anfangs rund, später verschieden gestaltet, zuletzt unförmlich-kopfig, kohlig-hornartig, im Alter staubig aufgelöst. Trachylia Fr.

Kruste weit verbreitet, locker aufliegend, staubig-filzig, weiss, rötlich oder gelblichweiss. Vorlager weisslich. Früchte erst sitzend, später fast eingesenkt, schwarz, anfangs fest, gewölbt, rauh, zuletzt verflacht, polsterförmig sich auflösend. Sporen ei-länglich, fast keilförmig, anfangs 2 teilig, später meist 4 teilig, mit sehr grossem oberem Endabschnitte, 4—5 μ br., 10—14 μ lg.

An Sandsteinfelsen. Zerstreut. — (Trachylia arthonioides Kbr.; Lecidea Ach.; Arthonia trachylioides Nyl.)

742. A. lecideoides Th. Fr.

II. Früchte mehr oder weniger länglich, sternförmig angeordnet, unbereift, nicht staubig zerfallend. — Euarthonia Kbr.

a. Steinbewohnend.

Kruste verbreitet, fast weinsteinartig-schorfig, weiss bis graurötlich. Früchte klein, kurz strichförmig, zu sternförmigen Gruppen zusammenfliessend, schwarz. Schlauchschicht grünlichbraun, nach oben schwärzlich. Schläuche birnförmig. Sporen 4 teilig, fast spindelförmig, 3—4 μ br., 9—13 μ lg.

An Kalkfelsen. Sehr selten. Bairische Alpen. — (Opegrapha confluens Hepp.)

743. A. confluens (Hepp.) Kbr.

Lager dünn, etwas runzelig. Früchte eingesenkt, flach, unregelmässig sternförmig geteilt, schwarz. Sporen länglich eiförmig, 5 teilig, 6 — 7 μ br., 14 — 17 μ lg. Spermatien gerade, stäbchenförmig, 1 μ br., 4—5 μ lg.

An Rinden der Laubbäume. Selten. Westfalen, Süddeutschland.

744. A. medusula (Ach.)

b. Rindenbewohnend.

Lager sehr dünn, ergossen, fast leprös, weiss. Früchte angedrückt, bis 0,5 mm breit, verzogen-länglich, mattschwarz, nackt. Sporen elliptisch, 3 teilig, 2—3 μ br., 5—8 μ lg.

An der Rinde von Eichen, seltener Büchen oder Tannen. Selten. Westfalen. — (Spiloma marmoratum Ach.; Spil. melaleucum Fr.; Arthonia cinereo-pruinosa v. lobata Nyl.)

745. A. marmorata (Ach.) Nyl.

Kruste dünn, fast häutig, bräunlich oder schmutzig grüngrau, fettig schimmernd. Vorlager undeutlich. Früchte halb eingesenkt, unregelmässig rundlich bis länglich, mattschwarz. Schlauchschicht oben bräunlich grün. Sporen breit spindelförmig, 4 teilig, 4 — 6 μ br., 15—22 μ lg., mit gleichgrossen Abschnitten.

Auf Laubholzrinden, gern an Sorbus aucuparia. Zerstreut.

746. A. sorbina Kbr.

Graphideae.

Kruste anfangs unterrindig, später vortretend, dünnschorfig, weiss, weissgrau oder grüngrau. Früchte eingesenkt, verzerrt-rundlich bis kurz strichförmig und sternartig gehäuft, mattschwarz. Sporen meist 4teilig, länglich keilförmig, stumpf abgerundet, 5—7 μ br., 13—20 μ lg.
α. Swartziana Ach. — Kruste weisslich. Früchte rundlich, leicht gewölbt.
β. cinerascens Ach. — Kruste weissgrau. Früchte rundlich, leicht gewölbt.
γ. astroidea Ach. - Kruste weisslich. Früchte fast sternartig, flach.
δ. radiata Ach. — Früchte regelmässig sternförmig-strahlend, leicht gewölbt.
An Rinden der Laubhölzer und Tannen. Verbreitet. — (Arth. vulgaris Schaer.)

747. *A. radiata Pers.*

Kruste dunkel olivengrün. Früchte rundlich-eckig, unförmlich, ziemlich flach. Sporen 4 teilig, stumpf spindelförmig, 6—9 μ br., 12—18 μ lg.
An glatter Eichen- und Buchenrinde. Seltener. — (Arth. vulgaris f. obscura Kbr.; Opegrapha obscura Pers.)

748. *A. obscura (Pers.) Lght.*

Kruste sehr dünnschorfig, graurötlich, angefeuchtet mit starkem Veilchengeruch. Früchte zahlreich, punktförmig klein, schwarz, rundlich oder unregelmässig verzogen, mit flacher oder leicht gewölbter Scheibe. Sporen breit-elliptisch, 2 teilig, fast gleichmässig halbiert, 4—5 μ br, 9—14 μ lg., anfangs farblos, später braun.
b. decipiens Kbr. — Kruste weiss oder weisslich. Früchte tief schwarz, mehr hervortretend und gewölbt. Ohne Veilchengeruch.
An Tannen, auch an Eichen, Buchen, Birken etc. Stellenweise. — (Arth. didyma Kbr.)

749. *A. pineti Kbr.*

Kruste sehr dünnhäutig, begrenzt, anfangs unterrindig, weisslich oder weissgrau. Früchte klein, bald rundlich, punktförmig, bald kurz strichförmig, sternartig gruppiert, einfach oder verästelt, mit dünner, schwarzer Scheibe. Sporen 2 teilig, sehr selten 4 teilig, eiförmig, 2—4 μ br., 8—13 μ lg.
α. conspersa Kbr. — Kruste unterrindig. Früchte rundlich.
β. Cytisi Kbr. — Kruste unterrindig. Früchte strichförmig.
γ. dispersa Schrad. — Kruste dünnhäutig. Früchte strichförmig, meist ästig.
An glatter Rinde verschiedener Laubhölzer und Ziersträucher. Verbreitet. — (Arth. dispersa Schrad. non Duf.; Arth. epipasta Kbr.; Arth. griseoalba Anzi; Arth. microscopica Ehrh.)

750. *A. minutula Nyl.*

Anm. Arthonia glaucomaria Nyl = Celidium grumosum, epiphytisch auf den Früchten von Zeora sordida, gehört zu den echten Pilzen. Dasselbe gilt von Celidium stictarum Tul., auf der Fruchtscheibe von Sticta pulmonaria, Celidium varium Tul., auf dem Lager und der Fruchtscheibe von Xanthoria parietina und Celidiopsis insitiva (Fw), auf der Kruste verschiedener Steinflechten.

113. *Coniangium Fr.*

1. Steinbewohnend.

Kruste dünn, zusammenhängend, öfter fleckweise, bis fast fehlend, ledergelb. Früchte bis 0,8 mm breit, angedrückt, rund, anfangs flach, später gewölbt, reinschwarz, rauh verunebnet. Schlauchboden hellrotbraun. Schläuche fast birnförmig. Sporen 2teilig, mit fast gleichgrossen Hälften, 4—5 μ br.; 12—14 μ lg.

An Kalksteinen. Zerstreut. — (Coniangium rupestre β. fuscum Kbr.; Catillaria fusca Mass.; Arthonia fusca Hepp.; Arth. ruderalis Nyl.)

751. C. fuscum Mass.

Kruste dunkel lederbraun. Schlauchboden braun. Schläuche fast elliptisch, oben abgerundet. Sporen 2teilig, beidendig abgerundet, 4—6 μ br., 12—16 μ lg., hyalin. Sonst wie vor.

An Kalk- und Sandstein. Westfalen. Ziemlich selten.

752. C. Koerberi Lahm.

Kruste sehr undeutlich, feinkörnig-mehlig, aschgrau oder gelbgrau. Früchte bis 0,5 mm breit, angedrückt, rundlich, bald leicht gewölbt, braunschwarz oder mattschwarz. Schlauchboden rotbraun. Sporen schmal-eiförmig, oberer Abschnitt kaum grösser, 4—5 μ br., 11—13 μ lg. Schlauchschicht oben schmutzig blaugrünlich.

An Kalksteinen in bergigen Gegenden. Selten. — (Coniangium rupestre a Hochstetteri Kbr.

753. C. rupestre Kbr.

2. An Rinden oder selten an trockenfaulem Holze.
   a. Fruchtscheibe schwarz.

Kruste fleckartig-begrenzt, etwa 1 cm breit, grau, graugrün bis graubräunlich. Früchte kaum 0,1 mm breit, sitzend, fast kugelig, reinschwarz, angefeuchtet nicht heller werdend, fein rauh. Schlauchboden ungefärbt. Sporen elliptisch, länglich-elliptisch bis fast eiförmig, oft mit deutlichem Schleimhofe, 4—7 μ br., 10—15 μ lg.

An glatter Rinde junger Eichen, Buchen und Pappeln. Wahrscheinlich verbreitet und nur oft übersehen.

754. C. apateticum Mass.

Kruste anfänglich kreisrund, später verbreitet, sehr dünn, fast firnissartig, feinrissig, weisslichgrau. Früchte bis 0,5 mm breit, zerstreut, angedrückt, rundlich-napfförmig, mit flacher, schwarzer Scheibe. Schlauchschicht flockig-krumig, oben schmutzig grünbräunlich. Schläuche spärlich, keulig. Sporen ungleichmässig 2teilig, 2—4 μ br., 7—11 μ lg.

An der Rinde junger Zitterpappeln, hier und da. — (Leprantha Krempelhuberi Kbr.; Arthonia fuliginosa Kmphb.; Coniangium Krempelhuberi Kbr.)

755. C. patellulatum Nyl.

Kruste verbreitet, gelblichgrau, zuweilen fast fehlend. Früchte rundlich, mattschwarz, fein rauh. Schlauchboden dunkelbraun. Schläuche lang birnförmig, 10—12 µ br., 36 µ lg. Sporen zu 4—6, länglich-elliptisch, 5 µ br., 15 µ lg. Spermatien 1 µ br., 3—4 µ lg.
Auf Eichenrinden. Selten. Büren in Westfalen, Rosstrappe.
756. C. Buerianum Lahm.

b. Fruchtscheibe braun, rotbraun bis braunschwarz.

Früchte 0,5 mm breit, hell kastanienbraun. Kruste sehr dünn, feinkörnig, weissgrün oder graugrün. Früchte fleckförmig, verflacht, mit sehr dünner, fast häutiger Scheibe. Schlauchboden und Schlauchschicht hellgelblich. Sporen traubenkernförmig, untere Hälfte gerundet, obere kegelförmig, 3—4 µ br., 8—11 µ lg.
An der Rinde alter Kiefern, selten an Hainbuchen. Selten.
757. C. spadiceum Lght.

* Früchte meist 0,2—3 mm breit, dunkler gefärbt.

Kruste dünn, verbreitet, körnig-schorfig, rissig zerteilt, dunkel graubraun bis schwärzlichbraun. Früchte angedrückt, mehr oder weniger auffällig reihenartig gestellt, bald stark gewölbt, braun oder braunschwarz, stark rauh. Schlauchboden kastanienbraun. Schläuche birnförmig. Sporen länglich-elliptisch, mit fast ganz gleichen Hälften, 4—5 µ lg., 12—16 µ br., mit meist deutlichem Schleimhof.
An Stämmen junger Laubbäume. Selten.
758. C. rugulosum Kmphb.

Kruste dünn, verbreitet, körnig-schorfig, graugrün. Vorlager weisslich. Früchte zahlreich, rund, hoch gewölbt, dunkelrotbraun bis braunschwarz. Schlauchboden fast ungefärbt. Schläuche bauchig. Sporen eiförmig, mit fast gleichen Abschnitten, 6—8 µ br., 13—18 µ lg.
An Tannenrinden. Selten. Kynast. *759. C. glaucofuscum Kbr.*

Kruste sehr dünn, zerstreut körnig-schorfig, grauweiss oder gelblichweiss. Früchte angedrückt, ziemlich flach oder leicht gewölbt, schwarzbraun, angefeuchtet weich. Schlauchboden braungelb. Sporen sohlen- oder fast traubenkernförmig, oberer Abschnitt grösser, bald bräunlich, 4—5 µ br., 10—12 µ lg.
An Fichten, Tannen und Eichen. Nicht selten. — (Arthonia lurida Ach.: Coniangium vulgare Fr.; Coniocarpon vulgare Rbh.)
760. C. luridum (Ach.) Kbr.

Anm.: C. Clemens (Tul.) = Conida clemens Mass., auf der Fruchtscheibe mehrerer Krustenflechten parasitierend, gehört zu den Pilzen.

Anm.. Die Gattung Cyrtidula Minks ist mir nicht hinlänglich bekannt geworden. Weitere Untersuchungen müssen über den Wert der bisher aufgestellten, hauptsächlich wohl nur durch den Standort verschiedenen Arten entscheiden. Die Kruste ist dem blossen Auge kaum erkennbar. Die Früchte sind leicht gewölbt, rundlich, nadelstichartig. Die Sporen messen zwischen 4—6 µ Breite und 10—18 µ Länge.

Ich erwähne die folgenden Arten:
C. betulina Minks auf Aesten von Betula verrucosa.
C. miserrimum (Nyl.) Minks = Mycopornm miserrimum (Nyl.) auf jungen Eichen.
C. pityophila Minks auf Tannenzweigen.
C. populnella Minks auf Aesten von Populus nigra und P. tremula.
C. tremulicola Minks auf Populus tremula.

C. Staubfrüchtige.
XV. Fam.: Calicieae Kbr.
Uebersicht der Gattungen.

1. Früchte fast eingesenkt bis sitzend, nie gestielt.

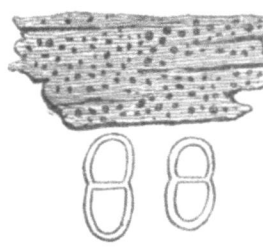

A. tigillare. Nat. Grösse.
2 Sporen derselben Flechte.

Kruste einförmig, dünnkörnig oder schorfig, öfter fast fehlend. Früchte fast eingesenkt bis sitzend, halbkugelig oder verkehrt kegelförmig, zuletzt becherscheibenförmig erweitert, mit berandeter, kohlig-schwarzer Scheibe. Schläuche 8-sporig, aus stielförmiger Basis lang und schmal keulen- oder schotenförmig. Sporen 2 teilig, sehr selten mehrzellig. Paraphysen fädlich. Spermatien elliptisch.
Acolium (Ach.) De Ntr.

2. Früchte meist lang gestielt, sehr selten kurz gestielt oder sitzend, dann jedoch birnförmig oder keulig.

    a. Früchte sitzend oder kurzgestielt, birnförmig bis keulig.

Teils mit eigener Kruste, teils epiphytisch auf Pertusaria-Arten. Gehäuse anfangs geschlossen, später nur eine kleine, punktförmige Oeffnung zeigend, glänzend schwarz. Schläuche cylindrisch. Sporen dunkel gefärbt, ungeteilt, gesäumt. Spermatien nadelförmig, gebogen.
Sphinctrina Fr.

Schlauch und 3 Sporen von Sph. microcephala.

    b. Früchte stets deutlich, meist lang gestielt.
        * Sporen geteilt.

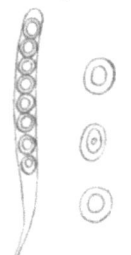

1. Zwei Sporen von Stenocybe major.
2. Zwei Sporen von St. pullulata.

Kruste undeutlich, zuweilen fast fehlend. Früchte gestielt, kreiselförmig-keulig, mit hornartigem, schwarzem, sich an der Spitze nur punktförmig öffnendem Gehäuse. Schläuche 8 sporig. Sporen länglich oder länglich-elliptisch, anfangs ungeteilt oder parallel 2 teilig, bald parallel 4 teilig, dunkel gefärbt.
Stenocybe Nyl.

Calicieae. 247

Kruste einförmig. Früchte gestielt, kreiselförmig, mit weit sich öffnendem, eine deutliche Fruchtscheibe erkennen lassendem Gehäuse. Schläuche 8 sporig, bald sich auflösend. Sporen länglich, 2 teilig (selten mit undeutlicher Scheidewand), dunkel gefärbt. Spermatien klein, länglich-elliptisch. *Calicium Pers.*

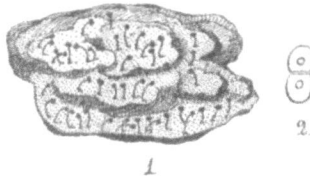

1 Calicium quercinum. Nat. Grosse.
2. Spore von C. trabinellum.

Sporen stets ungeteilt, einzellig.

Kruste einförmig. Früchte und Gehäuse wie bei Calicium. Sporen ungeteilt. kuglig. dunkel gefärbt, Sporenmasse bald pulverartig hervorquellend. *Cyphelium (Ach.) De Ntr.*

1. Cyphelium trichiale. Nat. Grösse
2. Zwei Sporen.

Kruste einförmig. Früchte gestielt, kugelig. Gehäuse sehr bald durch die überquellende Sporenmasse ganz verdrängt. Sporen fast ungefärbt oder nur ganz hell gelblich, ungeteilt, kugelig. *Coniocybe Ach.*

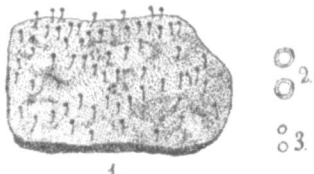

1 Coniocybe furfuracea. Nat. Grösse.
2 Zwei Sporen von C. furfuraces.
3. Zwei Sporen von C. pallida.

114. *Acolium (Ach.) De Ntr.*

1. Kruste weisslich, grauweiss, gelblichweiss bis bräunlichgrau.
   a. Fruchtscheibe unbereift. Rand meist nackt.

Kruste weinsteinartig-knorpelig, runzelig verunebnet, oft in Isidiumstiele auswachsend, schmutzig grauweiss oder gelblichweiss. Vorlager undeutlich Früchte 0,5 - 1,0 mm breit, meist dicht angedrückt, seltener sitzend, schwarz, nackt, flach schüsselförmig oder becherartig, mit vorstehendem, nacktem, schwarzem Rande. Sporen länglich, an den Polen abgerundet, dunkel braunschwarz, 7—10 μ br., 9—17 μ lg.

An der Rinde alter Eichen und Nadelhölzer. Hin und wieder; geht zuweilen auf Pertusaria-Arten über. — (Calicium stigonellum Ach.; Trachylia stigonella Fr.; Acolium stigonellum Ach.)

761. A. sessile Pers. 1797.

Kruste verbreitet, weinsteinartig, schorfig-staubig, reinweiss oder weisslich. Früchte anfangs fast warzenförmig, hoch gewölbt, später sitzend, becherartig, schwarz, mit vortretendem Rande. Sporen breit elliptisch, stumpf abgerundet, 2 teilig, 4 μ br., 5—6 μ lg.
An der Rinde einer alten Eiche im Schweinspark bei Eichstädt in Baiern.   762. *A. montellicum Beltr.*

b. Fruchtscheibe (meist) bereift. Rand stets bereift.
Kruste körnig, weissgrau. Früchte 1—2 mm breit, sitzend, hervortretend, bis fast gestielt. Scheibe weisslich bereift, selten nackt, schwarz, mit dünnem, deutlich weiss bereiftem Rande. Sporen länglich, stumpf abgerundet, dunkelbraun, 2 teilig, mitten wenig eingeschnürt, 8—11 μ br., 15—24 μ lg.
An alten harten Hölzern, Planken, Pfosten, Bretterzäunen etc. Seltener. — (Acolium tympanellum Ach.; Calicium Ach.; Trachylia Fr.; Calicium inquinans Schaer.)   763. *A. inquinans Sw. 1801.*

Kruste weinsteinartig, körnig-warzig bis zuletzt staubig, bräunlichgrau oder weissgrau. Lagerwarzen niedergedrückt, rauh. Vorlager weisslich. Früchte bis 1 mm breit, zerstreut, eingesenkt. Scheibe schwarz, anfangs graugrün bereift, später nackt, dick und bleibend weiss berandet. Sporen innerhalb der Schläuche hellbraun, 10—11 μ br., 14—15 μ lg., nach ihrem Austritt sich vergrössernd, stark eingeschnürt, dunkelrotbraun, 15—17 μ br., 20—26 μ lg.
An Lattenzäunen und Bretterwänden, selten fruchtend. Hopfenbruch bei Cladow in der Mark Brandenburg, Strehlen, Straupitz in Schlesien. — (Trachylia ocellata Fw.)
   764. *A. ocellatum (Fw.) Kbr.*

2. Kruste citrongelb, im Alter meist schmutzig grüngelb.
  a. Sporen anfangs meist 2 teilig, bald in mehreren Richtungen des Raumes geteilt.
Kruste kleinkörnig-gefeldert, citrongelb, zuletzt gelbgrün. Vorlager weisslich. Früchte 0,4—6 mm breit, eingesenkt. Scheibe flach oder leicht gewölbt, schwarz, nackt, mit dickem, körnigem Lagerrande. Sporen anfangs elliptisch, meist 2 teilig, später 4- bis 8- und mehrfächerig, rundlich-elliptisch, 10—16 μ br., 14—25 μ lg. Spermatien 1,5 bis 2,5 μ br., 5—7 μ lg.
An alten Zäunen, Bretterwänden, Planken. Zerstreut. — (Trachylia Notarisii Nyl.)   765. *A. Notarisii (Nyl.) Tul.*

  b. Sporen stets 2 teilig.
Kruste einförmig körnig oder körnig-gefeldert, citrongelb, zuletzt schmutzig grüngelb. Vorlager weisslich. Früchte kleiner, 0,2—5 mm

breit, eingesenkt, meist zahlreich, tief schwarz, unbereift, anfangs flach, später leicht geschwollen, mit eigenem, zartem, schwarzem Rande. Sporen elliptisch oder länglich, leicht eingeschnürt, dunkelbraun bis braunschwärzlich, 8—11 μ br., 15—25 μ lg. Spermatien 2—3 μ br., 5-7 μ lg.

An alten Zäunen, Bretterwänden, Planken, Pfosten, abgestorbenem Nadelholz, seltener an der Rinde der Nadelhölzer. Verbreitet. — (Cyphelium tigillare Fr.; Calicium Pers.; Trachylia tigillaris Fr.)

766. A. tigillare (Ach.) De Ntr.

Kruste körnig-gefeldert, grünlichgelb. Vorlager weisslich, sehr zart. Früchte ca. 0,5 mm breit, eingesenkt, schwarz, flach, mit grün bereifter Scheibe und dünnem, gelb bereiftem Rande. Sporen länglich, abgerundet, 2teilig, leicht eingeschnürt, dunkelbraun, 7 bis 11 μ br., 11—23 μ lg.

An der Rinde von Tannen und Kiefern. Sehr selten. Karlsfelder Glashütte, Blankenburg am Harz, Oberbaiern. — (Cyphelium lucidum Th. Fr.; Acolium viridulum (De Ntr.) Kbr. non Fr.; Calicium viridulum Rbh.) *767. A. lucidum (Th. Fr.) Rbh.*

Anm Acolium corallinum (Hepp.) Kbr, parasitisch auf der Kruste von Lecanora sordida und Pertusaria corallina ist ein Pilz = Sclerococcum sphaerale Fr. —

115. Sphinctrina Fr.

a, Auf Rinden.

Kruste sehr dünn, feinkörnig-warzig, aschgrau, graugelblich oder bräunlichgrau. Früchte sehr klein, etwa 0,3—5 mm hoch, kugeligbirnförmig, sehr kurz gestielt, schwarz, glänzend, mit dickem, eingebogenem Rande. Sporen rundlich bis fast elliptisch, zu 8—10, dunkelbraun, gesäumt, 6—9 μ br., 8—13 μ lg.

An alten Kiefern. Stellenweise — (Lichen microcephalus Sm., Sphinctrina anglica Nyl.; Sphinctrina microscopica Anzi.)

768. Sph. microcephala (Sm.) Kbr. non Fr. et Nyl.

b. Epiphytisch

Früchte meist zahlreich, 0,2 mm breit, 0,3 mm hoch, fast kugelig oder kurz kreiselförmig, kurz gestielt, schwarz, glänzend, mit punktförmiger Scheibe. Sporen dunkelbraun bis braunschwarz, breit hell gesäumt, fast ausschliesslich kugelig, 4 oder 6 μ diam.

Auf der Kruste von Pertusaria communis, lejoplaca und den Fruchtwarzen von Pert. rupestris. Stellenweise, in manchen Gegenden häufig. — (Calicium turbinatum Pers.; Cyphelium Ach.)

769. Sph. turbinata (Pers.) Fr.

Früchte etwa 0,2—2,5 mm breit, 0,3—4 mm hoch, kurz gestielt, kugelig-kreiselförmig, schwarz, glänzend. Scheibe punktförmig, meist vertieft. Sporen dunkel rotbraun, hell gesäumt, lang elliptisch, 7—8 μ br., 11—16 μ lg.

Auf der Kruste von Pertusaria pustulata, lejoplaca und Wulfenii. Seltener. — (Calicium microcephalum Tul.; Spinctrina microcephala (Fr.) Nyl.; Cyphelium microcephalum Hepp.)

770. Sph. tubaeformis Mass.

116. Stenocybe Nyl.

Kruste sehr undeutlich, fast nur mit der Lupe wahrnehmbar, feinkörnig, graugrün. Früchte gestielt, sehr zerstreut, mit kurz keuligem, fast glänzend schwarzem Köpfchen. Stiele 0,1 mm dick, 1,5 mm hoch, meist verbogen, selten gerade. Sporen dunkelbraun bis braunschwärzlich, länglich-spindelförmig, beidendig zugespitzt, 4teilig, 7—11 μ br., 18—36 μ lg.

An Nadelholzstämmen. Selten, doch wohl oft durch die zerstreute Stellung der Früchte übersehen. Schreibershau in Schlesien, auf dem Kaltenbrunn in Baden, Obertsdorf im Algäu. — (Calicium eusporum Nyl.; Stenocybe euspora Nyl.)

771. St. major Nyl.

Kruste schwärlich, oft fast fehlend. Früchte kürzer gestielt, mit schlank kreiselförmigem, 0,6 — 8 mm breitem, glänzend schwarzem Köpfchen. Stiele 0,02—3 mm breit, 0,2—5 mm hoch, häufig verästelt. Sporen grauschwärzlich, ungeteilt, 2teilig bis undeutlich 4teilig, länglich, 5—7 μ br., 15—20 μ lg.

An jungen Zweigen feuchtstehender Erlen, auch an Sorbus; ist sehr leicht zu übersehen. — Selten. Obernigk in Schlesien, Dresden, Bielaer Grund, Lippspringe, Höxter, Geroldsau in Baden, Untersontheim in Württemberg, Fränk. Jura, Oberbaiern. — (Calicium pullulatum Ach.; Calicium byssaceum Fr.; Stenocybe byssacea Nyl.)

772. St. pullulata (Ach.)

117. Calicium Pers.

I. Gehäuse schwarz, nackt.
1. Kruste weisslich, weissgrau, milchweiss bis gelblichweiss.
   a. Eigene Kruste stets vorhanden.
      * Fruchtstiele nie glasartig durchscheinend.
      † Sporen ungeteilt oder selten mit sehr undeutlicher Querwand.

Kruste anfangs unterrindig, sehr dünn, begrenzt, weisslich oder grauweiss. Früchte sehr klein, gestielt, mit kreiselförmigem, 0,1 mm breitem, schwarzem, glänzendem Köpfchen. Stiele 0,05 mm dick, 0,2—3 mm hoch. Sporen stets ungeteilt, elliptisch, dunkelbraun, 5—6 μ br., 10—12 μ lg.

Calicieae.

An dünnen Zweigen und an glatter Rinde von Pappeln und an jungen Ebereschen. Selten. Schlossgarten zu Rühschmalz bei Grottkau in Schlesien, Höxter, Eichstädt. 773. *C. populneum De Brond.*

Kruste fleckenartig, milchweiss oder gelblichweiss, fast seidenartig glänzend. Vorlager weiss. Früchte gestielt, mit kurz kreiselförmigen, schwarzen, glänzenden Köpfchen und meist gewölbter, 0,4 mm breiter Scheibe. Stiele schlank, 0,1 mm breit, 0,8 mm hoch. Schlauchschicht gelbbraun oder dunkelbraun. Sporen ungeteilt, elliptisch, dunkelbraun-schwärzlich, 3—6 μ br., 7—11 μ lg.

An Rinden, alten Baumstrünken, entrindetem Holze, Zäunen etc. Nicht selten. — (Calicium subtile Ach. p. p.)
774. *C. parietinum Ach.*

Kruste schorfig-staubig, weisslich. Früchte gestielt, mit fast knopfförmigem, schwarzem Köpfchen und napfförmig erweiterter 0,5 bis 6 mm breiter Scheibe. Stiele 1 mm lang, aus breiterer Basis nach oben pfriemförmig verdünnt, braun bestaubt, öfter gabelig gespalten. Sporen länglich-spindelförmig, braun, mit sehr undeutlicher Querwand, 4—7 μ br., 10—16 μ lg.

An schattigen Felswänden. Tharandt, in Gesellschaft der Biatora lucida. 775. *C. fallax Awd.*

†† Sporen deutlich 2teilig.

Kruste undeutlich, fleckenartig, grau oder weisslich. Früchte sehr klein, gestielt. Köpfchen anfangs kugelig, dann kurz kreiselförmig, schwarz, mit ziemlich flacher, bis 0,4 mm breiter, schwärzlicher Scheibe. Stiele bis 0,5 mm hoch, 0,1 mm breit. Sporen elliptisch, schwärzlich, an der Scheidewand nicht eingeschnürt, 3 — 5 μ br., 5—10 μ lg. Schlauchschicht grünlichbraun. Spermatien gerade, 4—5 μ lg., c. 1,5 μ lg.

f. subtile Hepp. — Kruste milchweiss. Sporen braun, länglich, 3 μ br., 9 μ lg.

An altem, faulendem Holze, an dicken, rissigen Rinden, auch an Zäunen. Hin und wieder. — (Calicium subtile Ach. p. p.; Calicium nigrum v. pusillum Schaer.; Cyphelium pusillum Mass.)
776. *C. pusillum Flk.*

Kruste ausgebreitet schorfig-staubig, weiss oder gelblichweiss, mit dem zarten, weissen Vorlager verschmolzen. Früchte auf 0,2 mm breitem, 0,6 mm hohem Stiele, kreiselförmig, kräftiger, schwarz. Sporen wie vor.

An altem, hartem Holze und an Eichen. Seltener.
777. *C. alboatrum Flk.*

Kruste verbreitet, dünn, gekörnt, graugrünlich oder grauweiss. Vorlager weisslich. Früchte auf kräftigem, schwarzem, glänzendem Stiele, flach kreiselförmig, später linsenförmig, mit stark sich wölbender, schwarzer Scheibe. Sporen elliptisch, rauchbraun, mitten leicht zusammengeschnürt, 4—5 μ br., 6—10 μ lg.

An der Rinde alter Fichten. Sehr selten. Nach Koerber an der Tafelfichte, Schneeberg. *778. C. nigrum Schaer.*

Kruste sehr dünn, oft fast fehlend, feinkörnig, grauweisslich oder schmutzig graugrün. Früchte auf etwa 0,1 mm breitem, 0,4—6 mm hohem Stiele, reinschwarz, mit kreiselförmigen, später durch die vorquellende Sporenmasse fast walzigen Köpfchen. Sporen dunkelbraun, elliptisch, 3,5—5 μ br., 6—9 μ lg. Spermatien 1 μ br., 3—4 μ lg.

Auf rissiger Rinde alter Kiefern und an alten Baumstrünken. Selten und leicht mit C. curtum zu verwechseln, doch durch die stets reinschwarze Scheibe äusserlich unterschieden. — (Calicium nigrum β minutum Kbr.) *779. C. minutum Kbr.*

** Fruchtstiele im unteren Teile weisslich oder fleischfarbig, glasähnlich durchscheinend.

Kruste fleckenartig, undeutlich, zerstreut körnig, weisslich. Früchte gestielt, schwarz, mit kurz kreiselförmigen oder fast linsenförmigen Köpfchen und gewölbter, gewöhnlich braunschwarzer Scheibe. Stiele bis 0,5 mm hoch, 0,1 mm breit. ‹Sporen ungeteilt oder 2 teilig, grauschwarz, 2—3 μ br., 4—8 μ lg.

An glatter Rinde von Laubbäumen. Sehr selten. Sagan. — (Calicium nigricans Fr.) *780. C. pusillum Ach.*

b. Meist auf der Kruste von Biatora lucida, selten mit eigener Kruste.

Eigene Kruste schorfig-staubig, grauweiss. Früchte länger oder kürzer gestielt bis fast sitzend, sehr klein, kurz kreiselförmig, braun oder braunschwarz, mit später hochgewölbter, von der Sporenmasse bedeckter Scheibe. Stiele nach oben verdickt. Sporen länglich oder fast spindelförmig, mit oft sehr undeutlicher Querwand, mitten nicht eingeschnürt, rauchbraun, 2—3 μ br., 6—11 μ lg.

An Sandsteinfelsen, auf nackter Erde, auch über Baumwurzeln, fast stets auf der Kruste der Biatora lucida. — (Coniocybe citrina Lght.; Calicium arenarium Hpe.; Cyphelium Pulverariae Awd.; Chaenothera arenaria Zw.) *781. C. citrinum (Lght.) Nyl.*

2. Kruste grüngelb, schwefelgelb bis leuchtend citrongelb.

Kruste weit verbreitet, anfangs körnig-staubig, später dicker, leuchtend citrongelb, nur an sehr schattigen Orten grünlichgelb. Früchte klein, eingesenkt-sitzend oder sehr kurz gestielt, schwarz.

Calicieae.

Sporen länglich-elliptisch oder elliptisch-spindelförmig, einzellig oder mit undeutlicher Querwand, 3—4 μ br., 5—9 μ lg., braunschwärzlich.

An Sandsteinfelsen in Gebirgen. Sehr verbreitet, oft ganze Wände bekleidend, aber fast stets steril Die Beschreibung der Früchte nach Nylander. (Lichen chlorinus L; Trachylia chlorina Stenh.; Calicium paroicum Ach. 1803; Lepra chlorina Ach.; Chaenothera paroica Zw.) *782. C. chlorinum (Ach.) Kbr.*

Kruste verbreitet, schorfig-staubig, schwefelgelb oder grüngelb. Vorlager grau. Früchte kurz gestielt, kreiselförmig, später linsenförmig, mit leicht gewölbter, schwarzer Scheibe. Sporen grösser, 2 teilig, bisquitförmig, schwärzlich, 4—8 μ br., 10—18 μ lg.

An Sandsteinblöcken. Selten. Sächsische Schweiz (Bastei), Königstuhl bei Heidelberg, Lorch und Usingen am Rhein. —
783. C. corynellum Ach.

Kruste ausgebreitet, schorfig-staubig, intensiv schwefelgelb. Vorlager undeutlich. Früchte schlank gestielt, schwärzlich. Köpfchen kurz kreiselförmig, mit hoch gewölbter, fast kugeliger Scheibe. Stiele 0,1—0,1, 5 mm breit, 1—1,5 mm hoch. Sporen länglich, ungeteilt oder undeutlich 2 teilig, mitten nicht eingeschnürt, 2—3 μ br., 6—9 μ lg.

An Baumwurzeln und abgestorbenen Zweigen. Selten. Heidelberg, Ostpreussen. *784. C. sphaerocarpum Kbr.*

3. Kruste dunkel, braunschwarz bis schwärzlich.

Kruste körnig verunebnet, schorfig-kleinblätterig, braunschwarz bis schwärzlich. Vorlager gleichfarbig, mit der Kruste verschmolzen. Früchte dicht gedrängt, kurz gestielt, kreiselförmig, tiefschwazz, mit geschwollener, braunschwarzer Scheibe. Stiele 0,3—3 mm hoch, mattschwarz. Sporen ellipsoidisch, 2 teilig, braun, 2—3 μ br., 6—10 μ lg.

An einem vom Blitzstrahl entrindeten Ahornbaume bei Blankenburg am Harz. *785. C. triste Kbr.*

Kruste körnig-schorfig, dunkelbraun. Früchte schlank gestielt, mit schwarzem, schmalem, verlängertem, 0,2 mm breitem, 0,5—6 mm hohem, von der braunschwarzen, vorquellenden, am Grunde leicht eingeschnürten Sporenmasse bedecktem Köpfchen. Stiele 0,1 mm dick, 1,5 mm hoch. Sporen braun, kugelig oder kugelig-elliptisch, 4—6 μ breit.

An der Rinde junger Kiefern. Selten. Heidelberg.
786. C. stenocyboides Nyl.

II. Gehäuse bereift oder nicht bereift und dann braun.
1. Gehäuse stets bereift.
   a. Gehäuse weiss bereift.
      * Kruste weiss, weisslich, weissgrau oder graugrün.
         † Sporen mitten nicht oder nur wenig eingeschnürt.

Kruste verbreitet, feinkörnig-mehlig, milchweiss. Vorlager gleichfarbig. Früchte gestielt, linsenförmig, schwarz. Scheibe fast halbkugelig, schwarz, 0,5 mm breit. Gehäuse dicht weiss bereift. Stiele 0,1 mm breit, 0,8 mm hoch, zuweilen in der Mitte geteilt. Sporen dunkelbraun, länglich, 2—3 µ br., 8—10 µ lg. Auf alten Dachschindeln. Sehr selten. Sagan.

787. C. ypmellum Kbr.

Kruste verbreitet, feinkörnig, weisslich bis weissgrau. Vorlager weiss. Früchte gestielt, kreiselförmig, zuweilen fast walzenförmig. Scheibe nackt, schwarz. Gehäuse unten unbereift, oben zusammengezogen, stark bläulich-weiss bereift. Stiele bis 1 mm lang, 0,1 mm breit. Sporen grünschwarz, elliptisch, 4 — 7 µ br., 7 — 14 µ lg. Spermatien gerade, 6—6,5 µ lg., 1,5 µ br.

 f. cerviculatum Kmphbr. — Kruste körnig. Fruchtstiele 0,6 bis 1,0 mm lang.
 f. pumilum Kmphbr. — Kruste fast fehlend. Fruchtstiele 0,2 mm lang.

An der Rinde alter Eichen, an eichenem Bretterwerk, selten an Fichten. Zerstreut. — (Calicium nigrum v. curtum Schaer.; Cal. quercinum v. curtum Nyl.)

788. C. curtum Turn. et Borr.

†† Sporen bisquitförmig, mitten stark eingeschnürt.

Kruste körnig-warzig oder geglättet, weissgrau oder weisslich. Vorlager weisslich. Früchte schlank gestielt, schwarz, erst kreiselförmig, dann linsenförmig. Gehäuse unterhalb stets bereift. Scheibe erweitert, leicht gewölbt, meist bereift. Stiele 1 — 1,5 mm hoch, 0,2 mm breit. Sporen breit elliptisch, 4 — 6 µ br., 8 — 10 µ lg. Spermatien gerade, 1,5 µ br., 6—7 µ lg.

 v. fallax Stein. — Gehäuse braun, dicht weiss bereift.
 v. cladoniscum Schl. — Kruste sehr dürftig entwickelt. Gehäuse dicht bläulich-weiss bereift.
 v lenticulare Ach. — Kruste dünnkörnig. Gehäuse fast reiflos.

An rissiger Rinde alter Eichen und an faulendem Eichenholze. Selten. — (Trichia lenticularis Hoffm.; Calicium lenticulare v. quercinum Schaer.; Cal. lenticulare Kbr. non Ach.)

789. C. quercinum Pers.

Kruste dünn, körnig-warzig, grünlichgrau. Vorlager undeutlich. Früchte zahlreich, kurz gestielt, kreisel- oder linsenförmig. Gehäuse

Calicieae.

weiss bereift. Scheibe erweitert, flach, bläulichweiss bereift. Stiele 0,2 mm breit, 0,4 — 5 hoch, nackt. Sporen wie bei C. quercinum. An altem Holzwerk. Selten. Gesenke, Eichstädt, München. — (Calicium lenticulare v. virescens Schaer.; Calicium atroviride Kbr.)

790. C. virescens (Schaer.) Hepp.

Kruste körnig-schorfig, schmutzigweiss. Früchte kurz gestielt, zusammenfliessend, weissgrau bestaubt, anfangs fast keulig, bald kreiselförmig, mit flacher, vom Gehäuse hoch, grauweiss berandeter Scheibe. Sporen bisquitförmig, mit undeutlicher Scheidewand, dunkelbraun, 3—4 μ br., 6—9 μ lg.
An alten Eichen. Selten. Westfalen.

791. C. Schaereri De Ntr.
** Kruste gelblichweiss.

Kruste verbreitet, dickschorfig-staubig, gelblichweiss, auf zartem, weissem Vorlager. Früchte kurz gestielt, linsenförmig, bald mit hochgewölbter, fast halbkugeliger, braunschwarzer Scheibe. Stiele 0,3—5 mm hoch, weiss bestaubt. Sporen länglich, ungeteilt oder mit undeutlicher Scheidewand, braun, 2—3 μ br., 5—8 μ lg.
An Erlenrinde. Sehr selten. Angerburg in Ostpreussen.

792. C. ochroleucum Kbr.

b. Gehäuse gelbgrün oder schwefelgelb bereift.

Kruste körnig-schorfig oder fast warzig, zuweilen staubig bis undeutlich, fast fehlend, weissgrau. Vorlager weisslich. Früchte kurz gestielt, bis fast sitzend, linsenförmig, schwarz. Gehäuse dicht gelbgrün bereift. Scheibe geschwollen, grünschwärzlich scheinend, anfangs dicht gelbgrün bereift, später ziemlich nackt. Stiele 0,2 — 4 mm dick und bis 1 mm hoch, schwarz. Sporen elliptisch, abgerundet, bisquitförmig, russbraun, 2 teilig, 4—8 μ br., 9—18 μ lg.
An alten Eichen, Tannen, Obstbäumen, auch an bearbeitetem Holze. Zerstreut. — (Calicium roscidum Ach.; Cal. adspersum α roscidum Rbh.)

793. C. adspersum Pers.

Kruste fast verwischt, meist nur fleckartig angedeutet, weisslich. Vorlager gleichfarbig. Früchte kurz gestielt, kreiselförmig, mit flacher, erweiterter, anfangs dünn schwefelgelb bereifter, bald unbereifter, schwarzer Scheibe. Gehäuse nur am vorstehenden Rande bleibend grünlichgelb bereift. Stiele 0,1 mm breit, 0,5 mm hoch. Sporen elliptisch, bisquitförmig, braun, 2teilig, 4—5 μ br., 6—10 μ lg.
v. incrustans Kbr. — Kruste grauschwärzlich. Früchte dicht gedrängt.
An alten verwitterten Zäunen, abgestorbenem Nadelholze, selten an Fichtenrinde, die var. auf alten Polyporus-Arten und Blatt-

flechten. — Nicht selten. — (Calicium adspersum v. trabinellum Rbh.; Calicium roscidulum Nyl.)   *794. C. trabinellum Schl. 1815.*

2. Gehäuse rostbraun oder kastanienbraun, nicht bereift
Kruste körnig oder schorfartig, grünlichgelb. Vorlager weisslich. Früchte lang gestielt, rundlich-kreiselförmig oder fast linsenförmig. Gehäuse rostbraun. Scheibe gewölbt, braunschwarz, 0,5—8 mm breit. Stiele 0,2 mm dick, 2 mm hoch, unten schwarz, glänzend, oben rostbraun. Sporen länglich-elliptisch, grünschwärzlich, 2 teilig, mitten deutlich eingeschnürt, 4—6 μ br., 9—16 μ lg.
An der Rinde alter Tannen und Kiefern. Selten, jedoch wohl in den meisten Florengebieten.   *795. C. hyperellum Ach.*

Kruste dünn, feinkörnig, zuweilen fast fehlend, aschgrau oder weisslich. Vorlager weisslich. Früchte lang gestielt, anfangs kugelig-kreiselförmig, später linsen- oder becherförmig. Gehäuse braun. Scheibe später gewölbt, schwarz oder braunschwarz. Stiele 0,1—2 mm dick, 1—1,5 mm hoch, glänzend schwarz, bisweilen oben rostbraun. Sporen ellipsoidisch, 2 teilig, mitten nur sehr wenig eingeschnürt, rauchgrau, 4—7 μ br., 8—13 μ lg.

v. Fritzei Kbr. et Stein. — Kruste körnig. Gehäuse gelbbraun.
v. xylonellum Ach. — Kruste fast fehlend. Gehäuse dunkel braunschwarz.

An alten, halb abgestorbenen Laubbäumen, gern an Eichen und Weiden. Stellenweise. — (Calicium adspersum v. trabinellum Schaer.; Calicium trachelinum Ach.; Cal. roscidum v. roscidulum Nyl.; Cal. clavellum DC.)   *796. C. salicinum Pers.*

118. Cyphelium (Ach.) De Ntr.

I. Gehäuse nicht bereift, schwarz.

Kruste körnig, weiss oder gelblichweiss. Vorlager weisslich Früchte lang gestielt, schwarz, glänzend, kreiselförmig. Gehäuse schwarz. Scheibe stark gewölbt, mit dunkelbrauner Sporenmasse. Stiele 0,1 mm breit, 1,5—2,5 mm hoch. Sporen hellbraun, 3—7 μ diam.
An der Rinde alter Kiefern, Tannen und Eichen, auch an Holzwerk. Ziemlich verbreitet. — (Calicium melanophaeum Ach.; Chaenotheca Zw.; Cyph. melanoph. α vulgare Schaer.)
   797. C. melanophaeum (Ach.) Mass.

Kruste dicker, schorfig, weissgrau. Früchte fast sitzend, breit kegelförmig. Scheibe bis 1 mm breit, durch die vortretende Sporenmasse leicht gewölbt. Stiele sehr kurz, der dicken Kruste eingesenkt. Sporen hellbraun, 4—10 μ diam.

Calicieae.

An Rinden, seltener an Holzwerk. Seltener wie vor. — (Cyphelium melanophaeum v. ferrugineum Kbr.)

798. C. ferrugineum Turn. et Borr.

Anm.: Diese Art wird von vielen mit der vorigen vereinigt, sie ist aber durch die in der Diagnose angegebenen Merkmale leicht zu unterscheiden.

II. Gehäuse bereift.
 1. Gehäuse weiss oder weisslich bereift.
  a. Fruchtstiele unten nicht durchscheinend.
Kruste körnig-warzig oder körnig-schuppig, weisslich oder hellgrünlichweiss. Vorlager weisslich. Früchte lang gestielt, braunschwarz bis schwarz, kurz kreiselförmig. Gehäuse braunschwarz bis schwarz, unterseits weiss bereift. Scheibe anfangs flach, bleigrau bereift, später von der vorquellenden, zimmt- oder umbrabraunen Sporenmasse bedeckt. Stiele schwarzbraun, 0,1 mm dick, bis 3 mm lang. Sporen braun, 3—5 μ diam.
  α. cinereum (Pers.) — Kruste körnig-warzig, weisslichgelb. Fruchtstiele bis 2 mm hoch, braun.
  β. filiforme (Schaer.) — Kruste weisslich. Fruchstiele schwarz, bis 3 mm hoch, kaum 0,1 mm dick. Köpfchen bald unbereift.
  γ. flexile (Kbr.) = Cyph. subtile (Kbr.) — Kruste unscheinbar bis fast fehlend. Fruchstiele schwarz, bis 4 mm hoch, bei kaum 0,1 mm Dicke. Kopfchen bläulichweiss bereift.
  δ. rubiginosum Kmphbr — Kruste warzig, gebräunt.
An Rinden, sowohl der Laub- als der Nadelhölzer, auch an Holzwerk. Stellenweise. — (Calicium trichiale Ach.; Chaenotheca trichialis Zw.)

799. C. trichiale (Ach.) Mass.

Kruste dünn, schorfig-mehlig, nicht gekörnelt, weisslich, graugelblich oder grünlich. Vorlager weisslich, undeutlich. Früchte kurz gestielt, schwarz, kreisel- oder linsenförmig. Gehäuse gleichfarbig, unten dicht weiss bereift. Scheibe hochgewölbt, fast kugelig, mit hellbrauner Sporenmasse. Stiele 0,5—1,0 mm hoch, bis 0,1 mm dick, oft bereift Sporen hellbraun, 3—5 μ diam.
 f. viride Fr. — Kruste dunn, gelblichgrün. Stiele etwas länger.
An der Rinde alter Laub- und Nadelhölzer, vorzugsweise am Grunde der Stämme. — (Calicium trichiale v. stemoneum Nyl.; Calicium stemoneum Ach.)

800. C. stemoneum (Ach.) Kbr.

 b. Fruchstiele unten bräunlich, durchscheinend.
Kruste sehr dünn, zuweilen nur fleckartig, feinkörnig-warzig, weisslich oder weissgrau. Vorlager weisslich. Früchte kurz gestielt, kreiselförmig. Gehäuse schwarz, weiss bereift. Scheibe mit vorquellender, dunkelbrauner Sporenmasse. Stiele 0,5 mm hoch, unten bräunlich, oben schwärzlich, fast stets weiss bereift. Sporen braun, 4—5 μ diam.

Calicieae.

An alten Eichen und Birken. Selten. Cavalierberg bei Hirschberg in Schlesien, Himmelstädt bei Landsberg a. W., Höxter, Jura. (Cyphelium Schaereri De Ntr.; Calicium subalbidum Nyl.)

801. C. albidum (Schum.) Kbr.

2. Gehäuse gelb oder gelbgrün bereift.
Kruste grobkörnig, in Klümpchen zusammengeballt, citrongelb oder grünlichgelb. Vorlager weisslich. Früchte gestielt, kreiselförmig, öfter fast kugelig, schwarz. Gehäuse dicht gelbgrün bereift. Scheibe ziemlich flach, von der umbrabraunen Sporenmasse bedeckt. Stiele in der Länge sehr veränderlich, schwarz, öfter oben ebenfalls gelbgrün bereift. Sporen hellbraun, kugelig, mit elliptischen vermischt, 4—8 μ diam., oder 4—8 μ br., 4—18 μ lg.
    f. filare (Ach.) — Früchte sehr lang gestielt. Köpfchen fast kugelig.
    f. melanocephalum Nyl. — Köpfchen nur mit gelbbereiftem Gehäuserande. Sporen vorwiegend länglich.
An der Rinde der Nadelhölzer, seltener an Eichen. Verbreitet. — (Lichen chrysocephalus Turn.; Calicium chrysocephalum Ach.; Chaenotheca Th. Fr.)

802. C. chrysocephalum Ach.

Kruste körnig bis kleinschuppig, hellgrau bis graubräunlich. Vorlager weiss. Früchte kurz gestielt, schwarz, kurz kreisel- oder linsenförmig, gelbgrünlich bereift. Scheibe mit dunkelbrauner Sporenmasse. Stiele 0,3—5 mm hoch, 0,1 mm breit, meist schwarz. Sporen rund, braun, 4—7 μ diam.

An der Rinde, seltener am Holze alter Nadelhölzer. Zerstreut. — (Calicium phaeocephalum Turn. et Borr.; Chaeonotheca phaeocephala Th. Fr.; Calicium saepiculare Ach.)

803. C. phaeocephalum (Turn.) Kbr.

Früchte einem goldgelben, oft weite Strecken bedeckenden, dicht mehlig-staubigen Anfluge aufsitzend, anfangs verkehrt kegelförmig, bald kurz kreisel- oder linsenförmig, schwarz, gelbgrün bereift, mit kugelig vorquellender, brauner Sporenmasse. Stiele 0,3 mm hoch, 0,0,5 mm dick. Sporen rund, braun, 4—6 μ diam.

An Eichenrinden. Verbreitet. — (Calicium chlorellum Turn. et Borr. non Whbg.)

804. C. aciculare Sm.

3. Gehäuse braun bestaubt.
Kruste sehr dünn, oft fast fehlend, weissgrünlich. Früchte lang gestielt, kugelig-kreiselförmig, dunkelbraun bis braunschwarz, selten nicht braun bestaubt. Scheibe mit vorquellender, fast kugeliger, dunkelbrauner Sporenmasse. Stiele öfter gebogen, bis 4 mm hoch, 0,1 mm dick, schwarz, glänzend. Sporen braun, 3—4 μ diam.

Calicieae.

An altem Nadelholze, auch an Eichen. Zerstreut. — (Calicium brunneolum Ach.; Cal. trichiale v. brunneolum Nyl.; Chaenotheca brunneola Müll.)
805. *C. brunneolum (Ach.) Mass.*

119. Coniocybe Ach.

a. Fruchtstiele unten nicht durchscheinend.
  * Fruchtstiele weisslich oder gelblich, sehr selten schwärzlich, in letzterem Falle mit weisslichen Köpfchen.
Kruste sehr dünn, weisslich, oft fast ganz fehlend. Früchte kurz gestielt, klein, anfangs linsenförmig, bald kugelrund, hellzimmtbraun, mit weisser, hellgelblicher oder leicht gebräunter, hervorquellender Sporenmasse. Sporen farblos, 4—9 μ diam.
  α. leucocephala Pers. (stilbea (Ach.) — Fruchtstiele und Sporenmasse weisslich.
  β. pallida Pers. (xanthocephala Wallr., C. stilbea β. citrinella Kbr.) — Stiele gelblich, citrongelb bereift. Sporenmasse gelblich bis hellbräunlich.
  γ. farinacea (Nyl) — Stiele kräftiger, schwärzlich. Köpfchen mit weisser Sporenmasse.
An den Rinden alter Baumstämme, gern au Eichen, an Baumleichen, mulmigem Holze. Stellenweise. — (Calicium pallidum Pers.; Coniocybe pallida Fr.; Coniocybe stilbea Ach.; Calicium xantherellum Ach.)
806. *C. nivea Hoffm.*

  ** Fruchtstiele braun oder schwärzlich.
Kruste feinkörnig-mehlig, hell schwefelgelb oder grünlichgelb. Vorlager weisslich. Früchte gestielt, mit braunen, kugeligen, dicht schwefelgelb bereiften Köpfchen. Stiele zart, bis 2 mm hoch, 0,1 mm dick, braun oder schwärzlich, schwefelgelb oder gelbgrünlich bestaubt. Sporen blassgelblich oder ungefärbt, 2—3 μ diam.
  f. denudata Stein. — Früchte sehr lang gestielt, schwärzlich Köpfchen dunkler, fast reiflos.
  f. sulphurella Whlbg. (brachypoda Ach.) — Vorlager grauweiss. Kruste fast ganz fehlend Früchte sehr kurz gestielt, dicht bereift.
Auf Sandstein, an Erde, entblössten Wurzeln, am Grunde alter Laubbäume, an trockenfaulem Holze etc. Häufig. — (Mucor furfuraceus L: Calicium capitellatum Ach.)
807. *C. furfuracea (L.) Ach.*

Kruste schorfig-mehlig, weissgrau oder graugrünlich. Früchte lang gestielt, kugelig, rötlich oder rotbraun, grauweiss bestaubt. Stiele 2—3 mm hoch, schwarz, schlank, verbogen, bestaubt, später nackt. Sporen blassgelblich oder fast ungefärbt, 2—3 μ diam.
In hohlen Baumstämmen, an trockenfaulem Holze, entblössten Baumwurzeln. Zerstreut. — (Calicium gracilentum Ach.)
808. *C. gracilenta Ach.*

b. Fruchtstiele unten durchscheinend, oben rostbraun. Kruste sehr unscheinbar bis fast ganz fehlend. Früchte gestielt, kugelig, mit schneeweisser Sporenmasse. Stiele 0,5 mm hoch. Sporen ungefärbt oder sehr hellgelblich, 3—4 μ diam. An alten Laubbäumen. Selten. Koenigstein in Sachsen, Höxter, Jura. *809. C. hyalinella Nyl.*

Anm.: Coniocybe crocata Kbr. ist ein Pilz und führt als solcher den Namen Stilbum crocatum (Kbr.), das gleiche gilt van Coniocybe Beckhausii Kbr. = Calicium (Cyphelium) ephemerum Zw., welches als Stilbum rugosum Fr. den Pilzen beizuzählen ist. —

D. Kernfrüchtige.
XVI. Fam.: Dacampieae Kbr.
Uebersicht der Gattungen.

I. Sporen ungeteilt, farblos.

Spore von Endopyrenium Michelii.

Lager blättrig-schuppig, mittelst Haftfasern am Substrat befestigt. Gehäuse weich, farblos. Früchte eingesenkt. Schläuche 8 sporig. Sporen ellipsoidisch, einzellig, farblos. Paraphysen sehr zart.

Endopyrenium (Fw.) Kbr.

Lager blättrig- oder warzig-schuppig. Gehäuse schwarzbraun, fast kohlig. Schläuche 8 sporig, keulig. Sporen einzellig, farblos.

Catopyrenium (Fw.)

II. Sporen geteilt.
 1. Sporen ungefärbt, 2—4teilig.

Drei Sporen von Placidiopsis Custoni.

Lager blättrig-schuppig. Früchte eingesenkt. Schläuche 8 sporig. Sporen kahnförmig oder fast spindelförmig, 2—4 teilig, farblos.

Placidiopsis Beltr.

 2. Sporen gefärbt.

Spore von Dermatocarpon pusillum.

Lager blättrig-schuppig. Gehäuse schwarzbraun. Schläuche wenig sporig. Sporen gross, mauerartig vielteilig, braun.

Dermatocarpon (Eschw.)

Lager blättrig-schuppig, im Umfange gelappt. Gahäuse kohlig, schwarz. Schläuche cylindrisch. Sporen breit spindelförmig, 4 teilig, braun.

Dacampia Mass.

1. Dacampia Hookeri. Nat. Grosse.
2. Schlauch mit den vierteiligen Sporen.

120. *Endopyrenium (Fw.) Kbr.*

a. Lager rotbraun, gelbbraun, kastanienbraun bis braunschwärzlich. Lager blättrig-schuppig, lederartig, wellig-faltig. Schuppen dachziegelig, 3—5 mm breit, mit ausgerandeten, aufsteigenden Rändern, glänzend hellrotbraun. Vorlager braunschwarz, vergänglich. Früchte eingesenkt, mit vorragenden, braunschwarzen oder schwarzen Mündungen. Schläuche fast walzenförmig. Sporen eiförmig-elliptisch, 6—7 μ br., 12—18 μ lg.

An Felsen, auf sonniger, humoser Erde, Mauern, zuweilen selbst auf alten Schindeldächern. Zerstreut, doch nirgends häufig. — (Endocarpon rufescens Ach.; Endocarpon pusillum v. rufescens Fr.; Placidium rufescens Mass.; Dermatocarpon rufescens Th. Fr.)

810. E. rufescens (Ach.) Kbr.

Lagerschuppen lederartig, flach, angedrückt, nicht aufsteigend, meist am Rande zurückgebogen, rundlich, geschweift, dunkel rotbraun oder schmutzig gelbbraun bis braunschwärzlich, dunkler gerandet, 2—3 mm breit, meist matt. Mündungen schwarz. Sporen ei-elliptisch, 5—6 μ br., 10—15 μ lg.

Auf nackter, gern kalkhaltiger Erde und an Felsen. Häufiger wie rufescens und oft mit derselben vergesellschaftet. — (Endocarpon hepaticum Ach. 1810; Dermatocarpon Th. Fr.; Endopyrenium pusillum Kbr.; Placidium pusillum Kmphbr.; Endocarpon rufescens v. trapeziforme Anzi.)

811. E. trapeziforme (Müll.) 1772.

Lagerschuppen lederartig, angedrückt, wellig-bogig, fast dachziegelig, dicht gedrängt, tiefrissig, kastanienbraun, zuletzt braunschwärzlich. Vorlager schwarz, undeutlich. Mündungen schwarz. Sporen eiförmig, 4—5 μ br., 8—10 μ lg.

An sonnigen Kalk- und Dolomitfelsen. Selten. In Baiern an mehreren Orten gefunden. — (Placidium compactum Mass.)

812. E. compactum (Mass.) Kbr.

b. Lager bräunlichgrau bis aschgrau, bereift, nur im Alter nackt. Lagerschuppen klein, bis höchstens 2 mm breit, flach, anliegend, im Centrum leicht gewölbt, rundlich, meist ganzrandig, trocken olivenbräunlich, bräunlichgrau bis aschgrau, angefeuchtet grün, fast stets grau bereift, mit dunklerem Rande. Vorlager schwarz, undeutlich. Mündungen rotbraun oder braunschwarz. Sporen elliptisch-eiförmig, 5—6 μ br., 10—15 μ lg.

Auf nackter Erde an kurz begrasten Abhängen, auch auf salzhaltigem Boden. Ziemlich selten. — (Placidium Michelii Mass.; Endocarpon Anzi; Endopyrenium pusillum Kbr. p. p.)

813. E. Michelii (Mass.) Kbr.

Lager fast lederartig, rosettenförmig oder zerstreut schuppig-warzig, im Centrum warzig-gefeldert, im Umfange strahlig-lappig, graubräunlich, dicht weissgrau bereift, nur zuletzt fast nackt. Lappen buchtig gekerbt. Gehäuse dunkel gefärbt. Mündungen braunschwarz oder schwarz. Sporen länglich, 5—7 μ br., 16—22 μ lg.

Ueber abgestorbenen Moosen an Kalk- und Dolomitfelsen und auf bemooster oder nackter, steiniger, kalkhaltiger Erde. Zerstreut. — (Endocarpon daedaleum Kmphbr.; Endopyrenium Kbr.; Placidium cartilagineum Nyl.)

814. E. cartilagineum (Nyl.)

Lager fast weinsteinartig, dicht kleinschuppig, angedrückt, tiefrissig-gefeldert, im Umfange fast gelappt, dicht bläulich oder bleigrau bereift. Vorlager braunschwarz. Mündungen braunschwarz. Sporen ei-elliptisch, 5—6 μ br., 12—18 μ lg.

An sonnigen Kalk- und Dolomitfelsen, im südwestlichen Deutschland verbreitet. — (Endocarpon miniatum δ monstrosum Schaer.; Placidium monstruosum Mass.)

815. E. monstrosum (Ach.)

121. Catopyrenium (Fw.)

Kruste anliegend, fast häutig, im Centrum spärlich feinrissig, im Umfange kleinlappig, graubräunlich, anfangs dicht weissgrau bereift, zuletzt fast nackt. Lappen breit gestutzt, undeutlich gekerbt, am Rande dunkler, gesäumt. Vorlager schwarz, schwammig. Mündungen warzenförmig, schwarz. Sporen länglich, 5—8 μ br., 13—21 μ lg.

Auf sandigem oder humosem, kalkhaltigem Boden im Gebirge. Zerstreut. — (Endocarpon cinereum Pers.; Sagedia cinerea Fr.; Endocarpon tephroides Ach.; Verrucaria tephroides Nyl.; Dermatocarpon cinereum Th. Fr.)

816. C. cinereum (Pers.) Kbr.

Kruste knorpelig-häutig, schuppig. Schüppchen wellig-faltig, schmutzig weisslich, dicht bestaubt. Vorlager schwarz, undeutlich.

Mündungen schwarz, fast kegelförmig hervortretend. Sporen ei-elliptisch, 4—6 μ br., 10—18 μ lg.
Auf steinigem Boden. Selten. Eichstätt, Ingolstadt.
817. C. Tremniacense Mass.

Kruste begrenzt, weinsteinartig, warzig-gefeldert, grauweisslich vom schwarzen Vorlager gesäumt. Früchte den kleinen Feldern eingesenkt, mit konisch hervortretender, schwarzer Mündung. Sporen eiförmig, 5—6 μ br., 10—12 μ lg.

f. minutum Mass. — Felderchen sehr klein, aschgrau.

An Kalk- und Dolomitfelsen, selten an Sandstein oder Serpentin. Im südwestlichen Deutschland. Fränk. Jura, Baiern, Württemberg. —(Verrucaria amphibola v. lecideoides Nyl.; Verrucaria lecideoides Kbr.)
818. C. lecideoides Mass.

122. Placidiopsis Beltr.

Kruste knorpelig, schuppig. Schüppchen dachziegelig sich deckend, dick, gelappt, graubräunlich bis dunkel grünbräunlich, angefeuchtet grün. Unterseite heller. Vorlager schwärzlich. Früchte eingesenkt, mit warzenförmig vortretender, schwarzbrauner Mündung. Sporen in lang keulenförmigen Schläuchen, fast spindelförmig, 2 teilig.

Auf steinigem Boden kahler Berghöhen. In Baiern an mehreren Orten. — (Placidium Custani Mass.; Endocarpum Custani Hepp.)
819. P. Custani Mass.

123. Dermatocarpon (Eschw.)

Kruste schuppig. Schuppen gedrängt, anliegend, dick, rundlich, geschweift-gekerbt, hellgelbbraun, lederbraun bis rotbraun, angefeuchtet meist grün, 2—3 mm breit. Vorlager schwarz. Früchte eingesenkt, mit weit vortretender, halbkugeliger, warzenförmiger, deutlich durchbohrter, schwarzbrauner oder schwarzer Mündung. Sporen meist zu zwei, selten einzeln, hellbraun, mauerartig vielteilig, 18—26 μ br., 35—60 μ lg. Schläuche sackförmig.

An alten Lehmmauern, auf lehmiger, sonniger Erde, selten an Kalkmauern oder an erratischen Blöcken. Zerstreut. — (Thelotrema Schaereri Hepp.; Verrucaria Garovaglii Mtg.; Dermatocarpon Schaereri Kbr.)
820. D. pusillum Hedw.

Kruste schuppig. Schuppen knorpelig-derbhäutig, fast dachziegelig sich deckend, knotig-faltig, im Umfange lappig-gekerbt, mit braunen, zuletzt schwärzlichen, soredienartigen Körnchen besetzt, rotbraun bis braunschwarz. Vorlager schwarz. Sonst wie vorige Art.

Auf steinigen Bergabhängen, auf Dolomit und Kalktuff, auch über Moosen. Selten. In Baiern an mehreren Orten. — (Dermatocarpon glomeruliferum Mass.; Dermatocarpon sorediatum Borr.)

821. D. pallidum Ach.

124. Dacampia Mass.

Kruste weinsteinartig, runzelig-faltig, im Umfange schuppig gelappt, weisslich, selten gelblich grünlich, auf schwarzem, schwammigem Vorlager. Früchte eingesenkt, mit hervortretender, schwarzer Mündung. Schläuche cylindrisch, 8 sporig. Sporen elliptisch, bis breit spindelförmig, 4 teilig, braunschwarz.

Auf nackter Erde in Kalkalpen. Selten. Nur Oberbaiern. — (Verrucaria Hookeri Borr.)

822. D. Hookeri Batt.

VXII. Fam.: Verrucarieae Kbr.

Uebersicht der Gattungen.

I. Sporen geteilt.
1. Sporen zweiteilig oder seltener parallel vierteilig.

1. Thelidium Zwackhii. Nat. Grösse.
2. Drei Sporen von Th. pyrrhophorum.

Kruste einförmig, oft spärlich ausgebildet. Gehäuse meist kohlig, einfach, stets schwarz. Paraphysen undeutlich, schleimig zerfliessend. Schläuche 8 sporig. Sporen ellipsoidisch, zuletzt an den Teilstellen oft stark eingeschnürt, quer 2 teilig oder parallel 4 teilig.

Thelidium Mass.

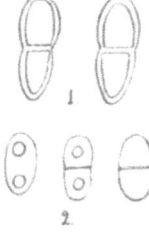

1. Zwei Sporen von Microthelia micula.
2. Drei Sporen von M. atomaria.

Kruste sehr unscheinlich oder fast ganz fehlend. Früchte punktförmig, sehr klein. Gehäuse einfach, schwarz, mit winzig kleiner, nur durch Vergrösserung erkennbarer Pore. Paraphysen sehr bald schleimig zerfliessend. Schläuche meist mit 8, doch auch mit zahlreichen Sporen. Sporen elliptisch, querzweiteilig, mit dicker Membran, gefärbt.

Microthelia Kbr.

Verrucarieae. 265

2. Sporen mehrteilig.
  a. Sporen parallel mehrteilig.

Kruste einförmig, deutlich entwickelt. Früchte später vortretend Gehäuse einfach, dunkelbraun oder braunschwarz. Paraphysen deutlich erkennbar. Schläuche rübenförmig, 8sporig. Sporen parallel 8- bis mehrteilig, farblos.
Gongylia Kbr.

Spore von Gongylia glareosa.

  b. Sporen mauerartig vielteilig.
    * Fruchtkerne mit Hymenialgonidien.

Kruste warzig oder felderig. Früchte eingesenkt, mit vortretender Mündung. Gehäuse meist weich, heller oder dunkler. Paraphysen zuletzt flockig zersetzt. Schläuche 1—2sporig. Sporen ellipsoidisch, dunkelbraun, mauerartig vielteilig. Hymenialgonidien kuglig, hellgrün.
Stigmatomma Kbr.

Kruste spärlich entwickelt. Früchte meist eingesenkt. Gehäuse kohlig, einfach oder doppelt. Paraphysen schleimig zerfliessend. Schläuche 1—8sporig. Sporen mauerartig vielteilig, gefärbt. Hymenialgonidien rundlich bis länglich.
Staurothele Th. Fr.

** Fruchtkerne ohne Hymenialgonidien.

Kruste dünn, meist staubig-mehlig. Früchte mehr oder weniger eingesenkt. Gehäuse kohlig, einfach oder doppelt, selten noch von einem besonderen Lagergehäuse umgeben. Sporen anfangs farblos, später bräunlich bis schwärzlich, mauerartig vielteilig. Fast ausschliesslich Kalk bewohnend.
Polyblastia (Mass.) Th. Fr. 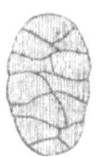 Spore von Polyblastia rugulosa.

Kruste einförmig, fast schleimig, spärlich entwickelt. Früchte eingesenkt oder locker aufsitzend. Gehäuse weich, hellbraun bis schwärzlich. Paraphysen deutlich, zart, aber stark verleimt. Sporen gelblich oder ungefärbt, mauerartig vielteilig.
Microglaena Lönnr.

II. Sporen ungeteilt.
  1. Paraphysen schleimig-zerfliessend
    a. Sporen ellipsoidisch.
      * Gehäuse unten geschlossen.

Kruste weinsteinartig-staubig. Früchte eingesenkt, später mehr oder weniger hervortretend. Gehäuse einfach, flaschenförmig.
Amphoridium Mass.

** Gehäuse unten offen.

Kruste (meist) knorpelig. Früchte eingesenkt oder fast ganz von der Kruste bedeckt. Gehäuse doppelt, mit innerem, unten offenem und äusserem Lagergehäuse. Mündung stets deutlich durchbohrt.

Lithoicea Mass.

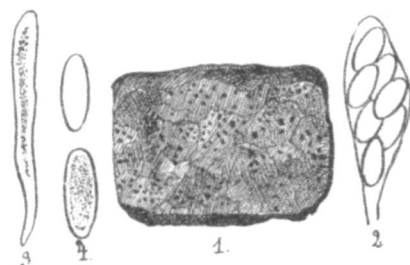

Kruste (meist) weinsteinartig - mehlig. Früchte halb eingesenkt oder sitzend. Gehäuse einfach, unten offen.

Verrucaria (Wig.) Mass.

1. Verrucaria muralis. 2. Schlauch derselben Flechte. 3. Paraphyse. 4. Zwei Sporen.

b. Sporen beidendig keulig verdickt, fast hantelartig. Kruste sehr dünn. Früchte sitzend. Gehäuse kohlig, meist mit mehr als einem Fruchtkern. Paraphysen bald schleimig-krumig aufgelöst.

Sarcopyrenia Nyl.

2. Paraphysen stets deutlich erkennbar.

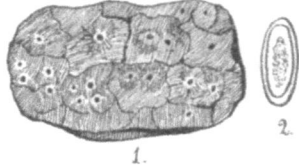

Kruste schleimig-gelatinös. Früchte halb eingesenkt. Gehäuse einfach, weich, bräunlich. Paraphysen dauernd, nicht schleimig zerfliessend. Schläuche walzenkeulenförmig. Sporen elliptisch, farblos.

Thrombium Wallr.

1. Thrombium epigaeum. 2. Spore.

125. Thelidium Mass.

1. Sporen zweiteilig.
   a. Früchte sitzend.
      * Vorlager deutlich, schwarz.

Kruste ergossen, fast häutig-weinsteinartig, zusammenhängend, dunkel- bis schwärzlichbraun, vom schwarzen Vorlager umsäumt. Früchte zerstreut, hoch gewölbt, halbkugelig, fast glatt, mit undeutlicher Mündung, mittelgross, schwarz. Schläuche keulig. Sporen 2teilig, ei-elliptisch, bis fast kahnförmig, 9—11 μ br., 25—28 μ lg.

An Kalkfelsen. Selten. Ruine Klusenstein in Westfalen, Mittenwald in Oberbaiern, Gutenalpe im Algäu.

823. Th. Auruntii Mass.

Kruste ausgebreitet, fast weinsteinartig, olivenfarbig. Vorlager schwarz. Früchte klein, fast kugelig, gedrängt, mit deutlich durchbohrter Mündung. Sporen elliptisch, 2 teilig, 6—8 µ br., 15—18 µ lg. An Kalkfelsen. Selten. Fränk. Jura. — (Verrucaria olivacea Fr.; Sagedia Hepp.; Arthopyrenea Mass.)

824. Th. olivaceum (Fr.) Kbr.

Kruste weinsteinartig, runzelig-warzig, schmutzig weisslich. Früchte von mittlerer Grösse, sitzend, mattschwarz, mit eingedrückter, undeutlich durchbohrter Mündung. Schläuche breitkeulig. Sporen elliptisch, 2 teilig, 9—12 µ br., 25—29 µ lg.
An Sandsteinfelsen. Selten, im südwestlichen Deutschland. — (Verrucaria Ungeri Fw.)

825. Th. Ungeri (Fw.) Kbr.

** Vorlager undeutlich.

Kruste dünn, verbreitet, zusammenhängend, weinsteinartig-mehlig, zuletzt feinrissig, graugrün, trocken fast glänzend, angefeuchtet etwas schmierig. Vorlager weisslich. Früchte klein, fast kugelig, mit undeutlicher Mündung, braunschwarz. Schläuche lang keulig. Sporen länglich, 2 teilig, 9—10 µ br., 22—27 µ lg.
An feuchtliegenden Felsen und Steinen. Selten. Schlierbach in Baden. — (Sagedia Nylanderi Hepp.)

826. Th. Nylanderi (Hepp.) Kbr.

Kruste ergossen, weinsteinartig-mehlig, zusammenhängend, aschgrau. Vorlager weisslich, undeutlich. Früchte klein, zerstreut, kugelig, schwärzlich mit undeutlicher Mündung. Schläuche cylindrisch-keulig. Sporen 2 teilig, 12 µ br., 27—30 µ lg.
An Kalk- und Dolomitfelsen. Selten. Wiesenthal und Pottenstein in Baiern.

827. Th. montanum Hepp.

Kruste fast fehlend. Früchte sehr klein, punktförmig, schwarz, zerstreut. Sporen länglich, leicht gekrümmt, abgestumpft, meist 2 teilig, zuweilen im Alter 4 teilig, 6—7 µ br., 15—22 µ lg.
An Sandstein und sandhaltigem Kalkstein. Selten. Münster, Lippspringe, Fränk. Jura.

828. Th. parvulum Arn.

Kruste verbreitet, sehr dünn, fast häutig-schorfig, bräunlichgrau, angefeuchtet grünlich. Vorlager undeutlich. Früchte sehr klein, sitzend, halbkugelig, mit undeutlicher Mündung. Schläuche breit spindelig. Sporen eiförmig, 2 teilig, 7—8 µ br., 15—18 µ lg.
An Kalksteinen. Selten. Westfalen, Württemberg, Baiern. — (Thelidium acrotellum Arn.)

829. Th. minutulum Kbr.

Kruste sehr dünn, fleckartig, oft zusammenfliessend, schmutzig braun. Vorlager undeutlich. Früchte sehr klein, dicht gedrängt, halbkugelig, mattschwarz, mit undeutlich durchbohrter Mündung. Schläuche fast keulig. Sporen elliptisch, undeutlich 2teilig, 5—6 μ br., 14—16 μ lg.

An Kalksteinen. Westfalen, Baiern. — (Verrucaria minima Kbr.)

830. Th. minimum Mass.

Kruste sehr dünn, häutig-weinsteinartig, öfter sehr feinrissig, graubraun bis schmutzig hirschbraun. Vorlager unkenntlich. Früchte 0,3—6 mm gross, halbkugelig oder fast kugelig, schwarz, fast glänzend. Mündung tief genabelt, breit durchbohrt. Sporen 2 teilig, länglich-elliptisch, öfter mit undeutlicher Querwand, 8—10 μ br., 25—30 μ lg.

An zuweilen überrieselten Granit- und Glimmerschieferfelsen. Selten. Riesengebirge. — (Verrucaria diaboli Kbr.; Sagedia aeneovinosa Anzi; Thelidium pyrenophorum Kbr. non Ach.)

831. Th. diaboli (Kbr.) Stein.

Kruste dünn, fast weinsteinartig, zusammenhängend, blass ockergelb. Vorlager undeutlich. Früchte mattschwarz, mit eingedrückter, zuletzt durchbohrter Mündung. Schläuche fast bauchig. Sporen 2 teilig, breit elliptisch.

Auf Kalkstein. In den Alpen Oberbaierns und im Algäu ziemlich verbreitet. — (Acrocardia galbana Kmphbr.)

832. Th. galbanum (Kmphbr.) Kbr.

b. Früchte eingesenkt.

Kruste verbreitet, weinsteinartig-knorpelig, zusammenhängend, papulös, fettig glänzend, schmutzigweissgelb bis hellgrau oder graugrünlich. Vorlager undeutlich. Früchte eingesenkt, nur zuletzt etwas vortretend, schwarz, mit undeutlich durchbohrter Mündung. Sporen 2 teilig, elliptisch, oft mit schräger Scheidewand, 11—13 μ br., 24—28 μ lg.

f. incanum Arn. — Kruste weisslichgrau.
f. cinerascens Arn. — Kruste aschgrau.
f. hymenelioides (Kbr.) — Kruste fast körnig-staubig, graugrünlich. Früchte kleiner, fast vom Lager berandet.

An Kalk- und Dolomitfelsen. Hauptsächlich im südwestlichen Deutschland. — (Thelidium crassum Kbr.; Sagedia decipiens Hepp.)

833. Th. decipiens (Hepp.)

Kruste weinsteinartig-mehlig, weissgelblich oder weisslichgrau. Vorlager weisslich. Früchte stets eingesenkt, schwarz, mit niedergedrückter Mündung. Sporen 2 teilig, länglich, 12—15 μ br., 30—33 μ lg.

An Kalkfelsen. Westfalen. Baiern, hier und da. —

834. Th. immersum Lght.

Kruste dünn, zusammenhängend, rundlich, begrenzt, bräunlich. Vorlager undeutlich. Früchte sehr klein, ganz eingesenkt, schwarz, fast konisch, mit hervorragender Mündung. Sporen 2 teilig, 8—10 μ br., 22—26 μ lg.

An Kalksteinen. Zerstreut. — (Sagedia abscondita Hepp.)

835. Th. absconditum Kmphbr.

2. Sporen 4 teilig.
a. Früchte sitzend.

Kruste ausgebreitet, meist sehr dünn und geglättet oder dicker und mehlig, weisslich, grauweiss, graubräunlich bis rotbräunlich. Vorlager schwärzlich, undeutlich. Früchte von mittlerer Grösse, schwarz, an der Spitze eingesenkt und zuletzt durchbohrt. Sporen fast elliptisch, 4 teilig, 12—18 μ br., 29—40 μ lg.

An Kalkfelsen im südwestlichen Deutschland hier und da. — (Thelidium pyrenophorum Kbr. non Ach.; Thelidium rubellum Chaub.; Verrucaria pertundens Nyl.)

836. Th. papulare Fr

Kruste verbreitet, dünn, weisslichgrau. Vorlager undeutlich. Früchte klein, schwarz, mit nicht eingesenkter, undeutlich durchbohrter Mündung. Sporen kleiner als bei vor. Art.

An zeitweise überspülten Kalksteinen. Selten. Westfalen, Baiern.

837. Th. cataractarum Hepp.

Kruste verbreitet, sehr dünn, kleinkörnig, aschgrau, auf unkenntlichem Vorlager. Früchte sehr klein, punktförmig, fast kugelig, schwärzlich, angefeuchtet schmutzig gelblich, an der Spitze meist eingesenkt, undeutlich durchbohrt. Sporen 8—9 μ br., 22—25 μ lg.

Auf lehmiger Erde, selten an kalkhaltigen Steinchen. Zerstreut, wahrscheinlich häufig übersehen. — (Verrucaria velutina Bernh.; Thelidium Fuistingii Kbr.)

838. Th. velutinum (Bernh.)

b. Früchte eingesenkt.

Kruste verbreitet, zusammenhängend, weinsteinartig-mehlig, weisslich oder schmutzig weissgrau. Vorlager undeutlich. Früchte eingesenkt, mattschwarz, an der Spitze verflacht, zuletzt fein durchbohrt. Sporen 4 teilig, mit fast gleichen Abschnitten, ca. 15 μ br., ca. 42 μ lg.

Auf Dolomit und Kalkstein. In Kalkgegenden ziemlich häufig. — (Verrucaria incavata Nyl.; Thelidium epipolaeum Arn. non Mass.; Thelidium quinqueseptatum Hepp.; Thelidium umbrosum Mass. non Arn.)

839. Th. incavatum (Nyl.)

Kruste weinsteinartig, feinkörnig-mehlig, zusammenhängend, schmutzig weisslich bis weissrötlich oder bräunlich, vom dunklen Vor-

lager durchkreuzt und umsäumt. Früchte ganz eingesenkt, sehr klein, mit verflachter, durchbohrter Spitze. Sporen 4 teilig, 10 bis 14 μ br., 42—45 μ lg. An Kalkfelsen. Zerstreut im Fränk. Jura. — (Thelidium umbrosum Arn.)
840. Th. amylaceum Mass.

Kruste sehr dünn, schorfig, grünlichgrau, auf hellerem, undeutlichem Vorlager. Früchte sehr klein, halb eingesenkt, fast kugelig, angefeuchtet an der Basis fast durchscheinend, mit deutlich durchbohrter Mündung. Schläuche bauchig, stets gut entwickelt. Sporen fast elliptisch, anfangs 2 teilig, bald 4 teilig, 8—9 μ br., 22—26 lg. An Kalksteinen. Selten. Büren, Rheine, Handorf und Münster in Westfalen. — (Sagedia Zwackhii Hepp.)
841. Th. Zwackhii (Hepp.) Kbr.

126. Microthelia Kbr.

a. Sporen zu 8 im Schlauche.
* Früchte eingesenkt.

Kruste dünn, verunebnet, weinsteinartig-schorfig-staubig, undeutlich feinrissig, weisslich oder leicht bräunlich angehaucht. Vorlager weisslich. Früchte bis 0,1 mm breit, eingesenkt, nur mit dem unkenntlich durchbohrten Scheitel vorstehend, glänzend schwarz. Sporen braunschwarz, breit elliptisch, 5—6 μ br., 8—11 μ lg., in keulenförmigen Schläuchen.

Bisher nur auf Glimmerschiefer des roten Berges im Gesenke.
842. M. Ploseliana Stein.

** Früchte nicht eingesenkt.
† Rindenbewohnend.
° Kruste unterrindig.

Kruste weisslich. Früchte 0,1 mm gross, hervorbrechend, sitzend, fast kugelig, schwarz, glänzend, mit fast unkenntlich durchbohrter Mündung. Schläuche schmalkeulig. Sporen hellbraun, elliptisch, mit dunkler Querwand, leicht eingeschnürt, 3—4 μ br., 8—11 μ lg.

An glatten Rinden junger Laubhölzer, namentlich Weissdorn, Eschen, Weiden, hier und da. — (Verrucaria cinerea β. atomaria DC.; Verr. punctiformis v. atomaria Schaer.; Tichothecium atomarium Kmphbr.; Pyrenula melanospora Hepp.)
843. M. atomaria (Ach.) Kbr.

Kruste weisslich. Früchte punktförmig, zahlreich, dicht gedrängt, zu unregelmässigen, tiefschwarzen Flecken oder Linien vereinigt, abgeflacht, schwarz, mit unkenntlich durchbohrter Mündung. Schläuche länglich-keulig. Sporen sohlenförmig, braun, 2—3 μ br., 8—10 μ lg.

An den Stämmchen von Daphne Mezereum. Bisher nur im Harz.
844. M. macularis Hampe.

Kruste weisslich. Früchte elliptisch-rundlich, 0,1 — 2 mm breit, bis 0,4 mm lang, abgeflacht-gewölbt, mattschwarz, an der Mündung eingedrückt und breit durchbodrt. Schläuche kurz keulig. Sporen sohlenförmig, dunkelgrüngrau, 3—4 μ br., 12—15 μ lg.
An den Stämmchen von Daphne Mezereum. Selten. Kl. Schneegrube. *845. M. analeptoides Bayl.*

Kruste fast ganz fehlend. Früchte hervorbrechend, zerstreut, fast halbkugelig, an der umhoften Basis goldgelb, schwarz gerandet, mit undeutlich durchbohrter Mündung. Schläuche keulig. Sporen bisquitförmig, braun, 3—4 μ br., 8—10 μ lg.
An Birkenrinden um Münster. *846. M. betulina Lahm.*

°° Kruste nicht unterrindig.
Kruste sehr dünn, schorfig-staubig, weissgrau oder gelblichgrau. Vorlager weisslich. Früchte von mittlerer Grösse, 0,2—4 mm breit, oberflächlich sitzend, halbkugelig, mattschwarz, mit nur mikroskopisch erkennbarer Mündung. Schläuche keulig. Sporen sohlenförmig, dunkelrotbraun, 4—5 μ br., 10—13 μ lg.
An der Rinde verschiedener Laubbäume, Weiden, Eschen, Linden, Ahorn. Wahrscheinlich durch das Gebiet verbreitet. — (Verrucaria micula Fw.: Pyrenula biformis Schaer.; Verrucaria cinerella Nyl.)
847. M. micula (Fw.) Kbr.

Kruste sehr dünn, fleckenartig, fast firnissartig-häutig, weisslich. Früchte klein, spärlich, fast kugelig, an der Basis eingeschnürt, mit wenig eingesenkter, undeutlich durchbohrter Mündung. Schläuche walzig-keulig. Sporen sohlenförmig, braun, 4—5 μ br., 10—15 μ lg.
An Populus tremula, auch an Tannenrinden. Sehr selten. Büren in Westfalen. *848. M. pachnea Kbr.*

†† Steinbewohnend.
Kruste dünn, weinsteinartig bis mehlstaubig, unregelmässig rissig, weisslich. Vorlager undeutlich. Früchte etwa 0,1 mm gross, kugelig, sitzend, schwarz, rauh, im Alter deformiert. Schläuche rübenförmig. Sporen sohlenförmig, braun, 5—6 μ br., 8—12 μ lg.
An Kalkfelsen bei Stadtberge in Westfalen. Sehr selten.
849. M. scabrida Lahm.

Kruste verbreitet, dünn, weinsteinartig, marmoriert, hellgraubräunlich. Vorlager undeutlich. Früchte sehr klein, kugelig, anfangs nestartig eingesenkt, später vortretend, mit eingedrückter, undeutlich durchbohrter Mündung. Schläuche breitkeulig. Sporen gross, sohlenförmig, mitten stark eingeschnürt, olivenbräunlich, 12 — 15 μ br., 22—28 μ lg.

An Kalkfelsen im südwestlichen Deutschland. — (Phaeospora marmorata Hepp ; Tichothecium Kmphbr.)

850. M. marmorata (Hepp.) Kbr.

b. **Schläuche mit zahlreichen Sporen.**

Kruste sehr dünn, fast spinnwebig, weiss. Früchte winzig klein, zahlreich, locker sitzend, gleichsam staubähnlich aufgestreut, schwarz, matt, kugelig. Schläuche mit 100 oder mehr Sporen, verkehrt eiförmig. Sporen länglich, hellrotbraun, in der Mitte fast nicht eingeschnürt, 2—3 μ br., 7—10 μ lg.

An der Rinde alter Espen bei Hirschberg in Schlesien.

851. M. adspersa Kbr.

127. Gongylia Kbr.

Kruste weinsteinartig, oft fleckenartig begrenzt, fast knorpelig, glatt oder höckerig-körnig, verunebnet, trocken sehr spröde, milchweiss, mit schwach bräunlichem Schimmer. Früchte klein, sitzend, schwarz, kugelig, mit durchbohrter, zuletzt fast scheibenförmiger Mündung. Gehäuse aussen schwarzbraun, innen smaragdgrün. Schläuche rübenförmig. Sporen nadelförmig, mit 12—15 Teilkörpern, 2—3 μ br., 25—35 μ lg.

An trockenen, sandigen Erdschollen, über abgestorbenen Grasresten, Cladoniaschüppchen etc. In Gebirgswäldern. Selten. Riesengebirge, Westfalen. — (Verrucaria epigaea v. sabuletorum Fr.; Sagedia sabuletorum Mass.)

852. G. glareosa Kbr.

Kruste dünn, glatt, fast knorpelig, rissig-gefeldert, rötlichgrau. Vorlager schwarz. Felderchen etwa 0,5 mm gross, flach. Früchte einzeln, 0,1 mm breit, anfangs eingesenkt, später vortretend, fast kugelig, abgeflacht, deutlich durchbohrt. Gehäuse dunkelbraun. Amphithecium fast ungefärbt. Schläuche rübenförmig, kürzer. Sporen öfter leicht gekrümmt, nadelförmig, 8—16 teilig, 2 μ br., 35—40 μ lg.

An überfluteten Granitfelsen an der Kesselkoppe. Sehr selten.

853. G. aquatica Stein.

128. Stigmatomma Kbr.

Kruste weinsteinartig, rissig oder warzig-gefeldert, rotbraun, gelbbraun oder grünlichbraun. Vorlager schwarz, dendritenartig. Früchte eingesenkt, mit eingedrückter, nadelstichartiger, schwärzlicher Mündung. Schläuche fast stets mit 2 Sporen, selten 1 sporig. Sporen breit elliptisch, unregelmässig mauerartig vielteilig, dunkelbraun, 18—24 μ br., 45—58 μ lg.

Verrucarieae.

α. cataleptum (Ach.) — Kruste grünlichbraun, trocken schwarzbraun, zuweilen grau bestaubt, mit fast flachen Felderchen.
* subumbonatum Arn. — Kruste deutlicher begrenzt. Fruchtwarzen stark gewölbt, mehr hervortrtend.
β. lithinum (Ach.) = Stigmatomma spadiceum (Kbr.) — Kruste gelbbraun, hirschbraun oder kastanienbraun, mit etwas gewölbten Felderchen.

An Urgebirgsfelsen. Selten. — (Verrucaria clopima Whlbg.; Thelotrema clopimum Hepp.; Dermatocarpon clopimum Mass.; Endocorpon clop. Loennr; Stigmatomma clopimum, cataleptum et spadiceum Kbr.)

854. *St. clopimum (Whlbg.) Kmphbr.*

Kruste dünner, zusammenhängend oder sehr feinrissig, firnissartig, rotbräunlich. Vorlager undeutlich. Früchte sitzend, mit braunem, in der Jugend fest geschlossenem, später mehr zurücktretendem Lagergehäuse. Mündung gewöhnlich deutlich eingedrückt, dunkelrotbraun. Sporen elliptisch, 17—21 μ br., 40—48 μ lg., gebräunt.

α. elegans (Wallr.) — Kruste gelbbraun. mehr rissig zerteilt.

An Granitfelsen, die Normalform stets unter Wasser, die von elegans an zeitweise überflutetem Gestein. — (Verrucaria fissa Tayl.; Endocarpon fissum Lght.; Thelotrema Hepp.; Staurothele Zw.; Verrucaria elegans Wallr.; Endocarpon lithinum Lght.; Endocarpon elegans Loennr.: Staurothele elegans Zw.)

855. *St. fissa (Tayl.) Kbr.*

129. Staurothele Th. Fr.

a. Früchte eingesenkt.

Kruste weinsteinartig, marmoriert, bleigrau oder bläulichgrau. Vorlager schwarz. Früchte eingesenkt, kugelig-abgeflacht, deutlich durchbohrt. Schläuche sackförmig, 8sporig. Sporen ei-elliptisch, manerartig-vielteilig, anfangs ungefärbt, später braun, 11—15 μ br., 27—36 μ lg.

f. saprophila Arn. Sporen zuletzt gelblich.

An Dolomit- und Kalkfelsen. Selten. Westfalen, Süddeutschland. — (Polyblastia caesia Arn.)

856. *St. caesia Arn.*

Kruste dünn, verbreitet, fast violettbräunlich. Früchte eingesenkt, kugelig, schwarz, deutlich durchbohrt. Schläuche 8sporig. Sporen anfangs ungefärbt, später gelbbräunlich, 15—18 μ br., 30—36 μ lg.

An Kalkfelsen. Sehr selten. Um Eichstätt. — (Polyblastia bacilligera Arn.)

857. *St. bacilligera Arn.*

Kruste weinsteinartig, staubig-mehlig, schmutzig grauweiss. Vorlager undeutlich. Früchte eingesenkt, kugelig, schwarz, deutlich

durchbohrt. Schläuche keulig, 4—8 sporig. Sporen eiförmig, dunkelbraun, mauerartig vielteilig, 15—22 µ br., 36—48 µ lg.
An Kalkfelsen. Selten. Westfalen, Baiern. — (Polyblastia rupifraga Mass.)
858. St. rupifraga (Mass.) Th. Fr.

Kruste dünn, verbreitet, weinsteinartig, schmutziggraubräunlich, innen weiss. Vorlager undeutlich. Früchte klein, eingesenkt, schwarz, kugelig, an der Basis meist mit einem weissen Ringe umhoft, gleichsam geäugelt, fast ganz vom Lager bekleidet. Schläuche sackartig-keulig. Sporen einzeln, elliptisch, vielteilig, goldig-rötlich oder gelblich.

An Kalksteinen. In Westfalen ziemlich verbreitet, ferner bei Eichstätt und Kelheim. — (Polyblastia guestphalica Lahm.)
859. St. guestphalica Lahm.

b. Früchte sitzend.

Kruste weinsteinartig, grau bis graubräunlich. Vorlager unkenntlich. Früchte sitzend, schwarz. Hymenialgonidien zahlreich, länglich-stäbchenförmig. Sporen elliptisch, mauerartig, zuletzt braun.

Auf kalkhaltigem Gestein. Selten. Westfalen.
860. St. ventosa Mass.

130. Polyblastia (Mass.) Th. Fr.

1. Rindenbewohnend.

Kruste verbreitet, glatt, milchweiss oder weisslichgrau, auf dunklerem Vorlager. Früchte hervortretend, fast halbkugelig, vom Lager anfangs bedeckt, bald nackt, schwarz, deutlich durchbohrt. Sporen zu 4—6, ei-elliptisch, 12—15 µ br., 36—45 µ lg., zuletzt braun. Spermatien gerade, 1 µ br., 16—18 µ lg.

An der Rinde junger Fichten. Sehr selten. Um Eichstätt. — (Pyrenula Naegelii Hepp.)
861. P. Naegelii (Hepp.) Arn.

Kruste unterrindig. Früchte kleiner, 0,1—2 mm gross, mit einfachem, schwarzem, sehr fein durchbohrtem Gehäuse. Sporen zu 8, fast farblos, 6—8 µ br., 14—18 µ lg. Pycniden mit braunen, fingerförmigen, 4 teiligen, 3—4 µ breiten und 9—12 µ langen Stylosporen.

An Birkenrinde. Selten. Breslau, Wolbeck in Westfalen, Eichstätt.
862. P. fallaciosa Stitzenb.

2. Steinbewohnend.
   a. Früchte eingesenkt.
      * Kruste weisslich.

Kruste verbreitet, weinsteinartig-mehlig, zusammenfliessend, runzelig, weisslich. Vorlager undeutlich. Früchte klein, fast kugelig, schwarz, mit deutlich durchbohrter Mündung. Schläuche fast keulig.

Verrucarieae. 275

Sporen eiförmig, anfangs ungefärbt, zuletzt braun, 12—15 μ br., 21—30 μ lg.
An Kalk-, selten an Dolomitfelsen. In Baiern an mehreren Stellen, Westfalen. *863. P. albida Arn.*

Kruste verbreitet, dünn, schmutzig weisslich. Früchte ganz eingesenkt, fast kugelig, nur mit der undeutlich durchbohrten Mündung vortretend. Schläuche breitkeulig. Sporen ei-elliptisch, 3—5teilig, undeutlich vielteilig, 12—18 μ br., 34—45 μ lg., sehr hellbräunlich. An Dolomitfelsen. Selten. Baiern. *864. P. dermatodes Mass.*

Kruste dünn, weinsteinartig, schmutzig-grauweiss oder weisslich. Früchte sehr klein, zerstreut, kugelig, schwarz, nur mit der sehr undeutlich durchbohrten Mündung vortretend. Schläuche fast kugelig-bauchig. Sporen elliptisch, bald braun, 12—15 μ br., 22—28 μ lg.
An Kalkfelsen. Selten. Hönnethal i. Westfalen, Baiern.
865. P. deminuta Arn.

Kruste verbreitet, grauweiss, runzelig-warzig. Früchte sehr klein, 0,1 mm breit, ganz eingesenkt, nackt, schwarz. Schläuche fast bauchig. Sporen elliptisch, anfangs rötlich, zuletzt braun, 11—13 μ br., 20—28 μ lg.
Am Mörtel alter Mauern. Selten. Heidelberg. — (Thelotrema rugulosum Hepp.) *866. P. rugulosa Mass.*

** Kruste graubraun bis hirschbraun.

Kruste fleckartig, öfter zusammenfliessend, bräunlich. Früchte sehr klein, ganz eingesenkt, schwarz, kegelförmig-halbkugelig. Schläuche sackartig, 6—8sporig. Sporen elliptisch, zuletzt braun, 15—22 μ br., 36—47 μ lg.
An Kalk- und Dachschieferfelsen. Selten. Baiern.
867. P. abscondita Arn.

Kruste dünn, weinsteinartig, geglättet, normal hirschbraun, zuweilen olivenfarbig bis grau ausbleichend, öfter fast fehlend. Vorlager schwarz, umsäumend. Früchte 0,5—8 mm gross, halbeingesenkt, halbkugelig, meist mit eingedrückter Mündung. Schläuche sackartig-keulig. Sporen ellipsoidisch, 15—21 μ br., 24—42 μ lg., hellgelblich, selten rötlich.
An Felsen und Steinen. Selten. Westfalen. Baiern. Baden. — (Verrucaria intercedens Nyl.; Polyblastia hyperborea Th. Fr.; Thelotrema intercedens Anzi.; Thelotrema muralis Hepp.)
868. P. intercedens (Nyl.) Loennr.

Kruste sehr verschieden, meist rundlich-fleckartig und zuletzt verfliessend, schmutzig erdfarbig-bräunlich bis schmutzig hellockerfarbig, zuweilen sehr undeutlich, innen grünlichweiss. Vorlager graubrännlich. Früchte 0,2—4 mm gross, ganz eingesenkt, nur mit der Mündung vortretend, halbkugelig, schwarz. Sporen zuletzt mauerartig-vielteilig, 14—25 μ br., 27—48 μ lg.

Auf Dolomitfelsen. Selten. Baiern. — (Thelotrema sepulta Hepp.)
869. P. sepulta Mass.

Anm.: Polybl. obsoleta Arn. dürfte hier einzuordnen sein; ich sah die Flechte nicht.

b. Früchte sitzend.
* Sporen dunkel gefärbt.

Kruste dünn, fast häutig, angefeuchtet glatt, trocken fast staubig, grau- oder grünlichbraun bis grünschwärzlich. Früchte 0,5—8 mm gross, erhaben sitzend, fast kugelig, mit fast ganz bedeckendem Lagergehäuse und vortretendem, schwarzem, innerem, durchbohrtem Gehäuse. Schläuche gross, meist sackartig. Sporen normal zu 8, schwärzlichbraun, 18—30 μ br., 46—56 μ lg.

f. umbrosa Stein. Kruste hellgrau.

An überfluteten Felsen im Hochgebirge. Riesengebirge. — (Sphaeromphale Henscheliana Kbr.; Sporodictyon Kbr.; Verrucaria subumbrina Nyl.; Sporodictyon cruentum Kbr.)
870. P. Henscheliana (Kbr.) Lönnr.

Kruste dünn, weinsteinartig, weiss bis rötlichweiss, öfter fast fehlend. Früchte bis 1 mm gross, erhaben sitzend, fast kugelig, mit dünnem, braunschwarzem oder schwarzem, innerem und dickem, glänzend schwarzem, äusserem Gehäuse, an der Mündung deutlich eingedrückt. Schläuche bauchig. Sporen zuletzt schwarz oder fast schwarz, 12—20 μ br., 26—40 μ lg.

An feuchten oder schattigen Granitfelsen. Sehr selten. Riesengebirge. — (Verrucaria scotinospora Nyl.; Polyblastia monstrum Kbr.)
871. P. scotinospora (Nyl.) Hellb.

Kruste dicklich, fast weinsteinartig, aufangs zusammenhängend, bald felderig-warzig bis fast schorfig, weisslich, zuweilen leicht rötlich angehaucht. Früchte kegelig-halbkugelig, mit bald verschwindendem Lagergehäuse, an der Mündung deutlich durchbohrt. Schläuche breitkeulig. Sporen gross, zuletzt schwärzlich, 20—35 μ breit, 50—65 μ lang.

An vom Wasser bespülten Felsen. Selten. Donauthal. — (Sporodictyon Schaererianum Mass.; Lecanora atra ε verrucoso-areolata Schaer.; Verrucaria verrucoso-areolata Nyl.; Thelotrema Anzi).
872. P. Schaereriana (Mass.) Müll.

** Sporen hellbräunlich.

Kruste weinsteinartig, grauweisslich, öfter fast fehlend. Früchte sitzend, halbkugelig, kegelig-abgestutzt, rauh, schwarz, an der Mündung kaum eingedrückt. Schläuche bauchig-keulig. Sporen ei-elliptisch, zuletzt sehr hellbräunlich, 12—15 μ br., 25—35 μ lg.

An Dolomit und Kalkfelsen. Selten. Bairische Alpen, Höxter, in Westfalen. *873. P. cupularis Mass.*

Kruste begrenzt, weinsteinartig-dick, runzelig-faltig, schmutzigweisslich, vom braunschwarzen Vorlager umsäumt. Früchte sehr klein, halbkugelig, schwarz, mit undeutlich durchbohrter Mündung. Schläuche kurzkeulig. Sporen zuletzt gelblich, 4—5 μ br., 11—13 μ lg.

An Dolomitfelsen in Laubwäldern. Selten. Baiern. — (Verrucaria plicata Mass.) *874. P. plicata (Mass.) Kbr.*

Kruste dünn, weinsteinartig, unregelmässig ausgebreitet, hellgraubräunlich oder mäusegrau, zuweilen fast fehlend, auf dunklem, umsäumendem Vorlager. Früchte 0,1—2 mm breit, halbkugelig, mattschwarz. Schläuche breitkeulig. Sporen in 4—6 sich kreuzweise gegenüberstehende Sporoblasten geteilt, fast ungefärbt, kugelig oder kurz-elliptisch, 6—9 μ br., 9—12 μ lg.

An Dolomitfelsen in den Algäuer Alpen. — (Verrucaria singularis Kmphbr.; Polyblastia micromicra Norm.?) *875. P. singularis (Kmphbr.) Arn.*

3. Auf nackter Erde oder über Moosen.

Kruste zusammenhängend, fast hornartig, weisslich oder graubräunlich. Früchte 0,1,5—3 mm gross, anfangs eingesenkt, später vortretend, mit innerem schwärzlichem Gehäuse und äusserer graubräunlicher, thallodischer Bekleidung, an der Mündung deutlich eingedrückt. Schläuche breitkeulig. Sporen unregelmässig mehrteilig, hellbraun, 9—14 μ br., 15—30 μ lg.

Auf nackter Erde und über Moosen und Pflanzenresten im Hochgebirge. — (Endocarpon tephroides Smrft.; Sphaeromphale Sendtneri Kbr. Syst.; Verrucaria Sendtneri Nyl.) *876. P. Sendtneri Kmphbr.*

Kruste sehr dünn, zusammenhängend, grünlichgrau. Früchte ca. 0,1 mm gross, spärlich, eingesenkt, mit schwarzem, halbkugeligem Gehäuse. Schläuche aufgeblasen-keulig, schnell vergänglich, 2 sporig. Sporen zuletzt braun, mit zahlreichen Sporoblasten, 15—24 μ br., 40—66 μ lg.

An Wegrändern und auf lehmiger Erde. Selten.
877. P. agraria Th. Fr.

Kruste dünn, kleinkörnig, gelbgrünlich, zuweilen fast fehlend. Früchte ca. 0,1 mm gross, halbeingesenkt, halbkugelig, schwarz.

Schläuche breitkeulig, 8 sporig. Sporen braun, 15 — 18 μ breit, 42—52 μ lang.
Auf der Erde zwischen Moosen. Selten. Baiern.
878. P. fugax Rehm.

131. Microglaena Lönnr.

a. Früchte am Scheitel durch eine einfache Pore sich öffnend.
 * Früchte sitzend.

Kruste verbreitet, sehr dünn, feinkörnig, grauweiss, angefeuchtet mit starkem Wanzengeruche. Vorlager weisslich. Früchte klein, oberflächlich sitzend, halbkugelig bis fast kugelig, deutlich durchbohrt, braunschwärzlich. Schläuche breit spindelförmig, 2—4 sporig. Sporen gross, länglich-elliptisch, anfangs ungefärbt, später hellbräunlich, 20—24 μ br., 60—82 μ lg.

Ueber Moosen, wie auch auf nackter, sandiger Erde. Sehr selten. Münster, Pegnitztal in Oberfranken. — (Verrucaria muscicola Ach.; Verr. muscorum Fr.; Microglaena muscorum Th.Fr.; Weitenwebera Kbr.)
879. M. muscicola (Ach.) Lönnr.

Kruste verbreitet, gelatinös, hellgrünlich, selten weisslich, graurötlich oder bräunlich, zuletzt braunschwarz. Vorlager undeutlich. Früchte klein, etwa 0,2—4 mm breit, oberflächlich sitzend, halbkugelig, fast kreiselförmig, zimmtbraun bis schwarz, sehr fein, jedoch deutlich durchbohrt. Schläuche länglich-spindelförmig, 8 sporig. Sporen lang-elliptisch, gelblich, 12—15 μ br., 44—50 μ lg.

Im Hochgebirge über Moosen und auf nackter Erde. Sehr selten. Riesengebirge, Astenberg in Westfalen. — (Verrucaria sphinctrinoides Nyl.; Weitenwebera Kbr.)
880. M. sphinctrinoides (Nyl.)

 ** Früchte eingesenkt.

Kruste gelatinös, schmutzigbraungrün, mit grauweissen Warzen besetzt. Früchte den Warzen eingesenkt, anfangs punktförmig, später vortretend, schwarz oder grauschwarz, sehr fein durchbohrt. Schläuche spindelförmig-keulig, 8 sporig. Sporen länglich-elliptisch, gefärbt, 6—8 μ br., 20—25 μ lg.

Ueber Moosen und Pflanzenresten. Sehr selten. Schneekoppe.
881. M. leucothelia Nyl.

b. Früchte am Scheitel unregelmässig oder fast strahlig sich öffnend.

Kruste weinsteinartig-schorfig, verunebnet, meist warzig-runzelig, seltener dünner und zusammenhängend, grüngelblich oder schmutziggelbbräunlich. Vorlager undeutlich. Früchte eingesenkt, klein, 0,1—3 mm gross, anfangs fast kugelig, später etwas vortretend, rundlich. Schläuche cylindrisch. Sporen kurz elliptisch, zuerst ungefärbt, später hellbräunlich, 9—11 μ br., 13—17 μ lg.

Verrucarieae.

An schattig gelegenen Granitblöcken. Selten. Riesengebirge, Harz, Westfalen, Oberfranken. — (Limboria corrosa Kbr.; Dermatocarpon arenarium Hepp.)
882. M. corrosa (Kbr.) Arn.

132. Amphoridium Mass.

a. Kruste stets rötlich.

Kruste weinsteinartig-mehlig, dick, anfangs zusammenhängend, bald gewölbt-warzig, graurötlich, selten weissgrünlich. Vorlager schwärzlich, undeutlich. Früchte den Warzen eingesenkt, auffällig krugförmig, vom Lager gekrönt, schwarz. Schläuche keulig. Sporen ei-elliptisch, anfangs farblos, zuletzt hellgelblich, 12—14 μ breit, 24—28 μ lang.
An Kalk- und Dolomitfelsen. Baiern, Württemberg, Baden, auch in Westfalen. — (Verrucaria baldensis Mass.; Verr. Hochstetteri Fr.)
883. A. Hochstetteri (Fr.) Arn.

Kruste weinsteinartig-staubig, dünn, uneben, rötlichgrau. Vorlager undeutlich. Früchte ganz eingesenkt, später bis zur Hälfte vortretend, halbkugelig, mattschwarz, am Scheitel eingedrückt, deutlich durchbohrt. Schläuche bauchig-keulig, 8 sporig. Sporen breit elliptisch, abgerundet, 12—13 μ br., 20—23 μ lg.

f. mortarii Arn. — (v. carnea Arn.) Fruchte mit fleischfarbigem Scheitel.

An Sandsteinfelsen, Kalkstein, Dolomit, Ziegelsteinen. Zerstreut.
884. A. Leightoni Mass.

Kruste weinsteinartig-staubig, dünn, zusammenhängend, weisslichrötlich. Vorlager schwarz. Früchte klein, punktförmig, anfangs eingesenkt, später halb hervortretend, kugelig, am Scheitel abgestutzt, durchbohrt. Schläuche spindelförmig-keulig, 8 sporig. Sporen länglich-elliptisch, 8—11 μ br., 18—24 μ lg.

f. foveolaris Flk. — Kruste (durch ausgefallene Früchte) mit halbkugeligem Grübchen.

An Kalk- und Dolomitfelsen im südwestlichen Deutschland.
885. A. dolomiticum Mass.

Kruste dick, weinsteinartig, zusammenhängend, auf gleichfarbigem Vorlager. Früchte von mittlerer Grösse, eingesenkt, kugelig, nur mit dem Scheitel vortretend, deutlich durchbohrt. Schläuche bauchig, 8 sporig. Sporen eiförmig, 10—12 μ br., 18—22 μ lg.

a. Hoffmanni Kbr. — Kruste geglättet, hornartig-knorpelig, schön rosenrot. Fruchte etwas grösser.

β. rosea Mass. — Kruste matt, bestaubt, weissgrau, mit (besonders um die Früchte) rosenrötlichem Schein. Fruchte kleiner

An Kalkstein. Selten. Baiern, Württemberg. — (Verrucaria rupestris v. purpurascens Schaer.; Amphoridium purpurascens Mass.; Verrucaria Kbr.; Verrucaria marmorea Scop.)

886. A. marmoreum (Scop.)

b. Kruste weissgrau.

Kruste weinsteinartig-staubig, runzelig, zusammenhängend, schmutzig grauweiss, vom schwarzen Vorlager umsäumt. Früchte spärlich, klein, ganz eingesenkt, fast kugelig, schwarz, mit fein durchbohrter Mündung. Schläuche sackförmig, 8 sporig. Sporen breit-elliptisch, 18—21 μ br., 30—36 μ lg.

An Kalktufffelsen. Selten. Baiern. — (Verrucaria saprophila Kbr.)

887. A. saprophilum Mass.

Kruste verbreitet, weinsteinartig-staubig, schmutzig grauweisslich. Vorlager undeutlich, schwarz. Früchte starkgewölbten Warzen eingesenkt, schwarz, am Scheitel fast flach, mit warziger, fein durchbohrter Mündung. Schläuche keulig, 8 sporig. Sporen ei-elliptisch, 12—13 μ br., 25—28 μ lg.

An Kalkfelsen. Selten. Sakrauer Berg bei Gogolin i. Schlesien, Baiern. — (Verrucaria mastoidea Kbr.)

888. A. mastoideum Mass.

Kruste dicklich, weinsteinartig-mehlig, zusammenhängend, zuletzt schwach gefeldert, graubräunlich und weiss gescheckt, fast bereift erscheinend. Vorlager undeutlich. Früchte zahlreich, klein, mattschwarz, nur mit dem etwas abgeflachten Scheitel vortretend, deutlich durchbohrt. Schläuche breitkeulig, 8 sporig. Sporen eiförmig, mit gelblichbräunlichem, krumig-öligem Inhalte, 13 — 15 μ breit, 27—30 μ lang.

An Kalk- und Dolomitfelsen. Zerstreut im südwestlichen Deutschland. — (Verrucaria Veronensis Mass.)

889. A. Veronense Mass.

133. Lithoicea Mass.

I. Sporen länglich-elliptisch.
1. Kruste reinschwarz.

Kruste dünn, weinsteinartig-häutig, rissig-gefeldert, mattschwarz. Vorlager schwarz, dendritenähnlich. Früchte 0,2 mm gross, schwarz, kugelig, von der Kruste bis auf die eingedrückte Mündung überdeckt. Schläuche keulig. Sporen ei-elliptisch, 6 — 7 μ br., 11—15 μ lg.

An feuchten Quarzfelsen und erratischen Blöcken. Hauptsächlich an den Küsten der nördlichen Meere, doch auch vereinzelt im Riesengebirge. — (Verrucaria maura α opaca Kbr.)

890. L. maura (Whlbg.)

Kruste sehr dünn, zusammenhängend, fast häutig, schwarz, glänzend. Vorlager heller, undeutlich. Früchte zahlreich, sehr klein, zur Hälfte vorragend. Sporen länglich traubenkernförmig. Sonst wie vorige Art.

An granitischem Gestein in schattigen Gebirgswäldern. Sattler b. Hirschberg. Schollenstein b. Landeck. — (Verrucaria maura v. memnonia Kbr.) *891. L. memnonia (Kbr.) Stein.*

Anm.: Ich schliesse mich gern der Ansicht Steins an, dass diese Koerber'sche Varietat eine selbststandige Art darstelle.

2. Kruste bräunlich.
 a. Kruste mehr oder minder rissig-gefeldert.
  * Kruste dick.

Kruste begrenzt, weinsteinartig, schollig-gefeldert, hirschbraun. Vorlager gleichfarbig. Früchte bis 0,7 mm breit, eingesenkt, kegelförmig bis halbkugelig, schwarz, mit breit durchbohrter, wenig vortretender Mündung. Schläuche schmal keulig. Sporen breit elliptisch, 8—10 µ br., 14—20 µ lg.

An Kalkfelsen. Selten. Hönnetal und Büren in Westfalen, Baiern, Baden. — (Verrucaria macrostoma Duf.)
892. L. macrostoma (Duf.)

Kruste warzig-gefeldert, graubräunlich oder graugelblich. Vorlager gleichfarbig. Früchte klein, 0,3—4 mm gross, eingesenkt, fast halbkugelig, deutlich durchbohrt. Sporen wenig schmäler, 7—9 µ br., 14—20 µ lg.

An Kalkfelsen; im südwestlichen Teile Deutschlands ziemlich verbreitet. — (Verrucaria macrostoma v. detersa Kmphbr.)
893. L. murorum Mass.

Kruste tiefrissig-gefeldert. Felderchen klein, braun. Vorlager gleichfarbig. Früchte bis 1 mm breit, eingesenkt, kugelig, mit breit durchbohrter Mündung. Sporen elliptisch, 15—18 µ br., 27—30 µ lg.

An Kalkwänden bei Schesslitz in Oberfranken.
894. L. tabacina Mass.

Kruste begrenzt, knorpelig-weinsteinartig bis fast schuppig, rissiggefeldert, dunkelbraun. Vorlager braunschwarz. Früchte von mittlerer Grösse, kegelförmig bis halbkugelig, am Grunde vom Lager bekleidet, mit eingedrückter, glänzender, breit durchbohrter Mündung. Schläuche walzig-keulig. Sporen kurz-eiförmig, 7—8 µ br., 12—14 µ lg.

Auf Dolomit in den bairischen Alpen. Selten. — (Verrucaria tristis Kmphbr.)
895. L. tristis Mass.

* Kruste dünn.
† Vorlager weisslich oder undeutlich.

Kruste fast weinsteinartig, rissig oder zusammenhängend, bräunlich bis braunschwarz. Vorlager undeutlich, gleichfarbig. Felderchen bis

0,5 mm breit. Früchte den Feldern ganz eingesenkt, klein, fast kugelig, nur mit der anfangs papillenförmigen, später sehr fein durchbohrten Mündung vortretend. Schläuche schmalkeulig. Sporen eiförmig, 8—9 μ br., 14—18 μ lg.

α. fuscoatra (Wallr.) = munda (Kbr.) — Kruste braunschwarz, feinrissig.
β. areolata (Schaer.) = controversa (Mass.) — Kruste grünlichbraun, warzig-gefeldert. Sporen 9 μ br., 21 μ lg.
γ. ochracea Hepp. — Kruste gelbbraun, kleinfelderig. Früchte etwas kleiner.

An Kalk und kalkhaltigem Gestein, an Mauern, Dachziegeln, sehr selten an Baumwurzeln (f. corticola Arn.). Verbreitet. — (Verrucaria nigrescens Pers.; Pyrenula Ach.; Verr. subnigrescens Nyl.; Verr. fuscoatra Wallr.) *896. L. nigrescens (Pers.)*

Kruste fast begrenzt, weinsteinartig, rissig-gefeldert, glatt, graubraun bis gelbbraun. Vorlager undeutlich. Früchte 0,2—3 mm breit, halb eingesenkt, später sich verflachend, schwarz, mit fein durchbohrter Mündung. Schläuche sackig-keulig. Sporen eiförmig, 7—8 μ br., 13—15 μ lg.

An zeitweise überfluteten Kalkfelsen. Selten. Striegau, Büren in Westfalen, Kelheim. — (Verrucaria alutacea Wallr.; Verr. catalepta Schaer.; Verr. cataleptoides Nyl.; Pyrenula catalepta Ach.)

897. L. cataleptoides (Nyl.) Arn.

Kruste verbreitet, staubig-weinsteinartig, fast zusammenhängend oder warzig-runzelig, schmutzig-graubraun. Vorlager weisslich, undeutlich. Früchte fast sitzend, kegelförmig, vom Lager bekleidet, mit undeutlich warziger, zuletzt durchbohrter Mündung. Schläuche keulig. Sporen ei-elliptisch, 8—10 μ br., 20—22 μ lg.

An Kalk- und Dolomitfelsen. Westfalen, fränkischer Jura. — (Verrucaria apomelaena Kbr.) *898. L. apomelaena Mass.*

Kruste ausgebreitet, knorpelig-häutig, gefeldert-rissig, fast schuppig, hirschbraun oder kastanienbraun, oft grau bestaubt. Vorlager weisslich, undeutlich. Früchte spärlich, den Felderchen eingesenkt, kegelförmig bis halbkugelig, schwarz. Schläuche keulig, 6 — 8 sporig. Sporen ei-elliptisch, 15—18 μ br., 27—33 μ lg.

An beschatteten Kalkwänden und alten Kalkmauern. Selten. Büren, Lippspringe, Baiern. — (Verrucaria apatela Kbr.; Acarospora Velana Kbr. Syst. p. 58.) *899. L. Velana Mass.*

†† Vorlager deutlich, schwarz.

Kruste weinsteinartig, tieffrissig-kleinfelderig, graubraun, innen schwarz, oder fast aschgrau und innen gleichfarbig, mit umsäumendem, schwarzem Vorlager. Früchte ganz eingesenkt, klein, nur mit der papillenförmigen, zuletzt niedergedrückten, flachen Mündung hervorragend. Schläuche schmalkeulig. Sporen elliptisch oder länglichelliptisch, 5—6 μ br., 12—16 μ lg.

v. glaucina Ach. — Kruste fast aschgrau, innen grau. Sporen 5 μ br., 15 μ lg.

Auf Kalk, Urschiefer, Basalt etc. Ziemlich verbreitet. — Sagedia fuscella Fr.: Verrucaria fuscella Kbr.; Verr. subfuscella Nyl.; Catopyrenium glaucinum Mass.; Lithoicea glaucina Arn.)
900. L. fuscella (Turn.) Mass.

Kruste meist kreisrund begrenzt, knorpelig, sehr feinrissig-schuppig, olivengrün-bräunlich, angefeuchtet grünlich, vom schwarzen Vorlager umsäumt. Früchte kegelförmig-halbkugelig, schwarz, anfangs eingesenkt, später vorragend. Schläuche keulig. Sporen von mittlerer Grösse, eiförmig, doppelt länger als breit.

An Kalkstein. Münster, Büren. Selten. — (Verrucaria acrotelloides Kbr.)
901. L. acrotelloides Mass.

Anm · Vorstehend die Koerber sche Diagnose, ich sah die Flechte nicht. Koerber fugt seiner Beschreibung bei. „Die Flechte hat etwas Eigentümliches, aber schwer zu Beschreibendes. Haufig treten auch die Apothecien ohne Thallus auf dem nackten Kalke auf."

Kruste begrenzt, kreisrundlich, gefeldert-schuppig. Schüppchen kastanienbraun, in grünliche Soredien aufbrechend. Vorlager schwarz. Früchte den Felderchen eingesenkt, schwarz, nur mit der fein durchbohrten Mündung vorragend. Schläuche sackartig. Sporen eiförmig, mit gelblichem, krümig-öligem Inhalte, 10—12 μ br., 18—22 μ lg.

Auf Porphyr am Schlosse Hohengeroldseck bei Lahr. — (Verrucaria tectorum Kbr.)
902. L. tectorum Mass.

b. Kruste zusammenhangend, meist glänzend.

Kruste firnissartig, fast ölglänzend, grünlichbraun, angefeuchtet grün. Vorlager gleichfarbig. Früchte etwa 0.3 mm gross, völlig eingesenkt, anfangs von der Kruste bekleidet, zuletzt frei. Mündung kaum vortretend, breit, deutlich durchbohrt. Schläuche breitkeulig. Sporen 6—7 μ br., 14—18 μ lg.

f. tegularis Lahm. — Kruste lebhaft grün.

An Felsen in Bergbächen. Bisher selten gefunden, aber wohl oft übersehen. — (Verrucaria elaeina α chlorotica Wallr.)
903. L. aethiobola (Ach.) Nyl.

Kruste firnissartig, zusammenhängend, hirschbraun, glatt, glänzend (f. elaeina Zw.) oder grünlich- bis schwärzlichbraun, matt, feinrauh, angefeuchtet grün. Vorlager schwärzlich. Früchte bis 0,5 mm breit, halb eingesenkt, von der Kruste halbkugelig bedeckt, nur am Scheitel nadelstichfein durchbohrt. Schläuche stets länglich-keulig. Sporen 6—8—10 μ br., 20—24—28 μ lg.

An ganz, oder nur zeitweise überfluteten Felsen und Steinen im Gebirge. Häufig. — (Verrucaria hydrela Th. Fr.; Verr. chlorotica Ach.; Lithoicea elaeina Mass.; Pyrenula submersa Schaer.; Verr. submersa Borr.) 904. *L. chlorotica* (*Ach.*) *Hepp.*

Kruste firnissartig, hirschbraun, glänzend, angefeuchtet bräunlichgrün. Vorlager undeutlich. Früchte 0,5—8 mm breit, mattschwarz, am zuletzt frei werdenden Scheitel stark eingedrückt und breit durchbohrt. Schläuche bauchig. Sporen ei-elliptisch, 12 — 13 µ br., 26—32 µ lg.

An Steinen in Gebirgsbächen. Ziemlich selten. — (Verrucaria margacea Whlbg.; Verr. applanata Hepp.; Verr. hymenaea Kbr. Syst. p. p.) 905. *L. margacea* (*Whlbg.*)

Kruste weinsteinartig, geglättet, matt, grünlichbraun, innen grün. Vorlager undeutlich. Früchte 0,3—4 mm gross, halbkugelig, fast kegelförmig, eingesenkt, von der Kruste leicht bedeckt, später mit freiem, leicht gewölbtem, undeutlich durchbohrtem Scheitel vorragend. Schläuche breitkeulig, Sporen 7—8 µ br., 20—22 µ lg.

An feuchten oder überrieselten Steinen. Stellenweise. — (Verrucaria hydrela Ach.; Pyrenula hydrela Schaer.; Lithoicea elaeomelaena Mass.) 906. *L. hydrela* (*Ach.*) *Mass.*

3. Kruste graugrün oder bläulichgrau.

Kruste ungleichmässig verbreitet, weinsteinartig, rissig-gefeldert, graugrünlich. Vorlager gleichfarbig, undeutlich. Früchte 0,3—4 mm breit, meist einzeln den Felderchen eingesenkt, schwarz, kegelförmig, mit papillenartiger, hervortretender, breit durchbohrter Mündung. Schläuche breitkeulig. Sporen eiförmig, 15—18 µ br., 24—28 µ lg.

f. carnea Lahm. — Früchte mit fleischfarbigem Scheitel.

An Sandstein. Stellenweise häufig. — (Endocarpon viridulum Schrad.; Sagedia viridula Fr.; Verrucaria viridula Kbr.) 907. *L. viridula* (*Schrad.*) *Mass.*

Kruste knorpelig, gefeldert, runzelig, bläulich-aschgrau. Vorlager undeutlich. Früchte zwischen den Felderchen oder auf denselben sitzend, halbkugelig; schwarz, deutlich durchbohrt. Schläuche sackigkeulig, Sporen 6—9 µ br., 9—14 µ lg.

An Mauern und auf Dachziegeln. Bisher nur bei Breslau. — (Verrucaria Beltraminiana Mass.; Verr. ochrostoma Turn. et Borr.; Tichothecium ochrostomum Zw.) 908. *L. Beltraminiana Mass.*

II. Sporen fast kugelig-eiförmig.

Kruste sehr dünn, firnissartig, zusammenhängend, grünlichbräunlich, angefeuchtet grün. Vorlager undeutlich. Früchte nadelstichförmig, 0,1 mm breit, schwarz, von der Kruste bedeckt, nur am Scheitel vorragend, unkenntlich durchbohrt. Schläuche keulig, kurz. Sporen 5—7 µ br., 7—10 µ lg.

An Steinen in Gebirgsbächen. Ziemlich selten. — (Verrucaria aquatilis Mudd.)   909. *L. aquatilis (Mudd.) Arn.*

*134. Verrucaria (Wigg.) Mass.**

I. Sporen elliptisch.
1. Kruste weisslich, grauweiss, graugrün bis gebräunt.
  a. Kruste vom schwarzen Vorlager umsäumt,
Kruste weinsteinartig-schorfig, bläulich-grauweiss, dünn. Früchte zahlreich, etwa 0,4—6 mm breit, halbeingesenkt, kegelförmig, mit abgestutztem Scheitel und breit eingedrückter, deutlich durchbohrter Mündung. Schläuche keulig. Sporen elliptisch, abgerundet, 5—6 µ br., 14—17 µ lg.

An Kalkfelsen, namentlich im fränk. Jura und in Oberbaiern.
                                                   910. *V. Dufourei DC.*

Kruste fast weinsteinartig, zusammenhängend, weisslichgrau oder grünlichweiss. Früchte äusserst zahlreich, eingesenkt, klein, kuglig, nur mit dem flachen, fein durchbohrten Scheitel vortretend. Schläuche schmalkeulig. Sporen eiformig, krumig-ölig, 9—11 µ br., 14—16 µ lg.

In Kalkgegenden ziemlich häufig, seltener auf Dolomit.
                                                     911. *V. calciseda DC.*

Kruste fast weinsteinartig, verunebnet, zusammenhängend, weisslich oder aschgrau, mit umsäumendem, schwarzem Vorlager. Früchte 0,2—4 mm breit, stets grössere und kleinere gemischt, eingesenkt, kugelig, mit gestutztem, schwarzem Scheitel und fein durchbohrter Mündung. Schläuche bauchig. Sporen elliptig oder länglich elliptisch, 10—12 µ br , 22—24 µ lg.

An Kalk- und Dolomitfelsen. Verbreitet. — (Verrucaria Schraderi Mann.; Verr. cinctum Hepp.?)   912. *V. rupestris Schrad.*

Kruste weinsteinartig, begrenzt, sehr feinrissig-gefeldert, glatt, bleigrau bis bräunlichgrau, mit schwarzem, umsäumendem Vorlager. Früchte zahlreich, 0,1—2 mm breit, eingesenkt, kuglig, schwarz, später nur mit der papillenartigen, fein durchbohrten Mündung vortretend. Schläuche schmal und lang keulig. Sporen elliptisch, 5—6 µ br., 12—14 µ lg.

An Kalkfelsen. Zerstreut. — (Verrucaria coerulea Schaer.)
                                                      913. *V. plumbea Ach.*

---

*) Die schwierigste Gattung hinsichtlich ihrer Gruppierung. Nach vielen vergeblichen Versuchen gestehe ich ein, dass ich kein stichhaltiges Merkmal gefunden habe, an Hand dessen einigermassen eine Einteilung möglich wäre.

Kruste dünn, weinsteinartig-schorfig, feinrissig, zuweilen fast staubig, weisslich, weissgrau oder graugrünlich. Vorlager schwarz. Früchte zahlreich, bis 0,1 mm breit, mit eingesenkter Basis halbkugelig, schwarz, mit eingedrücktem Scheitel und fein durchbohrter Mündung. Schläuche schmalkeulig. Sporen lang elliptisch, 5—6 µ br., 16—20 µ lg., ganz hyalin
An kleinen Kalksteinchen. Ziemlich selten.
914. V. pulicaris Mass.

Kruste dünn, weinsteinartig-mehlig, zusammenhängend, weisslichgrau oder bräunlich werdend, vom braunschwarzen Vorlager durchkreuzt und umsäumt. Früchte halbeingesenkt, kegelig-halbkugelig, schwarz, mit warziger, fein durchbohrter Mündung. Schläuche fast keulig. Sporen elliptisch, mit krumigem Inhalte, 5—8 µ br., 12—14 µ lg.
An Kalk- und Dolomitfelsen. Zerstreut. — (Verrucaria limitata Kmphbr.)
915. V. decussata Garov.

Kruste verbreitet, dünn, blaugrau, von schwärzlichen Vorlagerlinien durchkreuzt und umsäumt. Früchte klein, halb eingesenkt, schwarz, mit eingedrücktem, fein durchbohrtem Scheitel. Schläuche keulig. Sporen kurz elliptisch, öfter mit 2 deutlichen Oelkörpern und dadurch fast 2teilig, 6—10 µ br., 11—14 µ lg.
An Kalkwänden. Westfalen. Baiern. Selten.
916. V. disjuncta Arn.

Kruste fleckartig begrenzt, fast häutig-staubig, zusammenhängend, glänzend, olivenfarbig bis dunkelbraun, vom schwarzen Vorlager umsäumt. Früchte sehr klein, halbkugelig, schwarz, mit warziger, fein durchbohrter Mündung, dicht gedrängt. Schläuche keulig. Sporen spindelig-elliptisch, 5—6 µ br., 14—16 µ lg.
f. laevigata Arn. — Kruste heller, geglättet, sehr feinrissig.
An grösseren Kalkblöcken in Laubwäldern in Oberfranken. Selten.
917. V. pinguicula Mass.

Kruste häutig, zusammenhängend, sehr feinrissig, umbrabraun bis schwärzlichbraun. Früchte dicht gedrängt, halbkugelig, mattschwarz, mit äusserst fein durchbohrter Mündung. Sporen lang elliptisch, 4—5 µ br., 10—13 µ lg.
Auf härterem Gestein, selten an Sandstein, ausnahmsweise auch auf der Rinde hervorragender Baumwurzeln gefunden. — (Verrucaria dolosa Hepp.)
918. V. mutabilis Borr.

Kruste begrenzt, dicklich, weinsteinartig, zusammenhängend, selten feinrissig, dunkelolivenbraun, vom schwarzen Vorlager umsäumt. Früchte zahlreich, klein, fast kugelig, auf eingesenkter Basis sitzend,

glänzend schwarz, mit eingedrückter, fein durchbohrter Mündung. Schläuche fast keulig. Sporen ei-elliptisch, 9—11 μ br., 12—24 μ lg.
An Kalkfelsen im südwestlichen Deutschland. Zerstreut. — (Verrucaria plumbea v. fusca Schaer.; Verr. mauroides Schaer.)

919. V. fusca Kmphbr.

b. Vorlager weisslich.

Kruste dünn, geglättet, ölig schimmernd, grünlichweiss. Vorlager gleichfarbig. Früchte 0,1—2 mm breit, tief eingesenkt, mit gewölbtem, fast nicht hervorragendem, fein durchbohrtem Scheitel. Schläuche schmalkeulig. Sporen breit eiförmig, 8—10 μ br., 10—14 μ lg. Spermogonien zwischen den Früchten zerstreut und diesen äusserlich gleichend. Spermatien sehr kurz.

An Kalkfelsen. Zerstreut. — (Hymenelia hiascens Kbr.; Hymenelia Cantiana Garov.)

920. V. hiascens Ach.

Kruste weinsteinartig-mehlig, warzig, rissig-geteilt, zuweilen staubartig bis fast fehlend, weisslich. Vorlager gleichfarbig. Früchte klein, mit eingesenkter Basis, halbkugelig, mattschwarz, öfter grauweiss bereift, am Scheitel leicht eingedrückt, fein durchbohrt. Schläuche fast spindelig-keulig. Sporen meist elliptisch, mit gelblichem, krumigem Inhalte, 6—8 μ br., 12—16 μ lg.

α. vera Kbr. — Kruste dünner, feinrissig bis fast fehlend. Früchte 0,2 mm breit, zerstreut.
β. confluens Mass. — Kruste dicker, warzig-wulstig, zuletzt staubig. Früchte bis 0,4 mm breit, zahlreich.

An Sand- und Kalkstein, Mauern, Ziegeln etc. Verbreitet.

921. V. muralis Ach.

Kruste verbreitet, sehr dünn, geglättet, später bis feinkörnigstaubig, reinweiss oder grünlichweiss und angefeuchtet grün oder graugrün. Vorlager weiss. Früchte 0,1—2 mm gross, schwarz, halbkugelig, oberflächlich sitzend, mit warziger, undeutlich durchbohrter Mündung. Schläuche bauchig-keulig. Sporen länglich-elliptisch. 6—7 μ br., 18—22 μ lg.

α. congregata Hepp. — Kruste körnig, schneeweiss. Früchte mattschwarz, flach gedrückt.
β. acrotella Ach. — Kruste mehr glatt. Früchte glänzend schwarz, äusserst klein.

An schattigen Kalk- und Sandsteinfelsen. Zerstreut.

922. V. papillosa Flk. non Ach.

Kruste warzig verunebnet, graugrün. Früchte 0,1 mm gross, den Warzen aufsitzend, halbkugelig, mattschwarz. Schläuche keulig. Sporen länglich, krumig-wolkig, 6—7 μ br., 15—18 μ lg.

An Sandsteinmauern. Sehr selten. Heidelberg.

923. V. virens Nyl.

Kruste ergossen, weinsteinartig-mehlig oder staubig, sehr feinrissig-gefeldert, bläulichweissgrau oder lilagrau. Vorlager weiss, undeutlich. Früchte klein, kugelig, fast sitzend, schwarz, mit eingedrücktem, undeutlich durchbohrtem Scheitel. Schläuche langkeulig. Sporen eiförmig, 5—6 μ br., 12—15 μ lg.

An Kalk- und Dolomitfelsen im südwestlichen Deutschland.

924. V. amylacea Hepp.

c. Vorlager undeutlich.

Kruste fast begrenzt, weinsteinartig, zusammenhängend, graubraun oder dunkelbraun, auf gleichfarbigem, undeutlichem Vorlager. Früchte von mittlerer Grösse, schwarz, niedergedrückt-kugelig, sitzend, mit warziger, fein durchbohrter Mündung. Schläuche keulig. Sporen eielliptisch, 6—8 μ br., 14—18 μ lg.

An Kalk- und Schieferfelsen. Selten. Westfalen, Heidelberg, Baiern.

925. V. concinna Borr.

Kruste weinsteinartig-mehlig, dünn, grauweisslich bis graubräunlich. Vorlager undeutlich. Früchte sehr zahlreich, klein, aus eingesenkter Basis kugelig, mattschwarz, mit eingedrückter, deutlich durchbohrter Mündung. Schläuche fast keulig. Sporen elliptisch, 8—11 μ br., 23—27 μ lg.

An Dolomitblöcken in Laubwäldern. In Baiern an mehreren Orten.

926. V. anceps Kmphbr.

Kruste meist verbreitet, seltener fast kreisrundlich begrenzt, weinsteinartig-staubig, zusammenhängend, dicklich, bläulich-mäusegrau bis rauchgrau, auf undeutlichem, dunklem Vorlager. Früchte 0,1—2 mm gross, halbeingesenkt, kugelig, bald ausfallend und becherförmig. Schläuche keulig. Sporen elliptisch, 5—6 μ br., 12—15 μ lg.

Auf Kalk- und Dolomitfelsen. Im südwestlichen Deutschland, in Baiern verbreitet. — (Verrucaria Pazientii Mass.; Verr. murina Lght. non Ach.)

927. V. myriocarpa Hepp.

Kruste sehr dünn begrenzt, fleckartig, weinsteinartig, zusammenhängend, grünlichbraun. Vorlager unkenntlich. Früchte 0,2—3 mm gross, zahlreich, sitzend, fast kugelig und glänzend schwarz, mit undeutlich durchbohrter Mündung. Schläuche keulig. Sporen eielliptisch, 7—8 μ br., 12—16 μ lg.

An Kalkfelsen. Zerstreut.

928. V. maculiformis Kmphbr.

2. Kruste graurötlich oder rötlich.

Kruste verbreitet, weinsteinartig, rissig-gefeldert, rötlichgrau. Felderchen klein, gedrängt-eckig, flach. Vorlager schwarz. Früchte

Verrucarieae.

0,4—6 mm gross, zerstreut, den Felderchen halb eingesenkt, mattschwarz, halbkugelig, mit kleinwarziger, äusserst fein durchbohrter Mündung. Schläuche keulig. Sporen elliptisch, 7—8 μ br., 16—18 μ lg. An Kalksteinen. Bisher nur aus Westfalen bekannt.

929. V. polygonia Kbr.

Kruste verbreitet, dünn, warzig oder warzig-gefeldert, rötlichgrau oder graubräunlich-rötlich. Vorlager schwarz, undeutlich. Früchte 0,3—5 mm gross, zerstreut, kugelig, sitzend, schwarz, fast glänzend, am Scheitel abgeflacht und fein durchbohrt. Schläuche meist 8 sporig, seltener mit weniger Sporen (nach Koerber 2 sporig). Sporen gross, länglich-elliptisch, 8—9 μ br., 23—26 μ lg.

An feuchten, versteckt gelegenen Wänden des Basaltes der kl. Schneegrube. Selten.

930. V. latebrosa Kbr.

Kruste weinsteinartig, rissig-gefeldert, anfangs graugrün, bald rotbräunlich werdend. Vorlager rotbraun. Früchte klein, eingesenkt, abgestutzt kegelig, mit breit durchbohrter Mündung. Schläuche keulig. Sporen lang elliptisch, 6—7 μ br., 20—25 μ lg.

An sonnig gelegenen, trockenen Granitblöcken. Sehr selten. Erdmannsdorf b. Hirschberg, Rosstrappe.

931. V. tapetica Kbr.

Kruste ziemlich dick, begrenzt, weinsteinartig, glatt, feinrissig, pfirsichrot oder rötlichweiss. Vorlager schwarz, umsäumend. Früchte punktförmig klein, fast halb eingesenkt, niedergedrückt-halbkugelig, mit breit durchbohrtem Scheitel und weisslichem Fruchtkern. Schläuche breitkeulig. Sporen elliptisch, 6—7 μ br., 15—18 μ lg.

An überfluteten Granitblöcken im Gebirge. Selten.

932. V. laevata Kbr.

II. Sporen kugelig.

Kruste weinsteinartig, mäusegrau. Früchte klein, abgeflacht kugelig, schwarz. Schläuche bauchig-keulig. Sporen kugelig, 5—6 μ diam.

An Kalkfelsen. Sehr selten. Zwischen Kelheim und Weltenburg und im Altmühltale. — (Verrucaria Harrimanni Ach.)

933. V. murina Ach.

135. Sarcopyrenia Nyl.

Kruste unregelmässig verbreitet, sehr dünn, öfter fast fehlend, gelblichgrau. Vorlager undeutlich. Früchte klein, zerstreut, sitzend, flach-halbkugelig, mattschwarz, mit klein warziger, äusserst fein durchbohrter Mündung. Schläuche schmal spindelig bis fast cylindrisch. Sporen beidendig keulig verdickt, schief, mit trüb-gelblichem Inhalte. Gehäuse kohlig, innen grün. Paraphysen undeutlich, bald flockigkrumig aufgelöst.

An Kalk- und Sandsteintrümmern. Höxter, Aachen. — (Lithosphaeria Geisleri Beckh.; Verrucaria gibba Nyl.)

934. *S. gibba Nyl.*

136. Thrombium Wallr.

Kruste dünn, grünlich oder grüngelblich, trocken schorfig-staubig, angefeuchtet häutig-gallertartig. Früchte 0,1—2 mm gross, zahlreich, halb eingesenkt, kugelig, braunschwarz, mit vorragendem, abgeflachtem, nach der Entleerung des Fruchtkerns zusammenfallendem, fast napfförmigem Scheitel und deutlich durchbohrter Mündung. Schläuche lang keulig, fast walzig. Sporen länglich-elliptisch, 5—6 µ br., 18—21 µ lg. Auf feuchtem, tonig-sandigem Boden in Hohlwegen, an Dämmen, Grabrändern, Ausstichen etc. Verbreitet. — (Sphaeria epigaea Pers.; Verrucaria epigaea Ach.)

935. *Th. epigaeum (Pers.) Wallr.*

Anm.: Thrombium smaragdulum Kbr., auf blosser Erde und über und zwischen Lebermoosen wachsend, Th. Lecanorae Stein, epiphytisch auf Lecanora subfusca v. saricola und Th. Collemae Stein, auf der Fruchtscheibe der Collema furvum, gehören meiner Ueberzeugung nach zu den echten Pilzen
Die Gattung Strickeria Kbr. ist ebenfalls den Pilzen beizugesellen.

XVIII. Fam.: Pyrenulaceae Kbr.

Uebersicht der Gattungen.

I. Sporen farblos.
1. Sporen constant 2 teilig.

Spore von Acrocordia gemmata.

Kruste einförmig. Früchte halbkugelig, vorragend, mit einfachem, schwarzem, kohlig-hornartigem Gehäuse. Schläuche walzenförmig, 8 sporig. Paraphysen deutlich. Sporen meist einreihig, seltener in 2 Reihen angeordnet, elliptisch, quer 2 teilig, farblos. *Acrocordia Mass.*

2. Sporen 2- bis vielteilig.
  a. Sporen 2-, 4- bis 6 teilig.

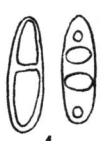
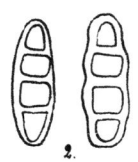

1. Zwei Sporen von Arthopyrenia Personii.
2. Zwei Sporen von Arthopyrenia Cerasi.

Kruste meist unterrindig. Früchte punktförmig klein, meist einzeln, mit einfachem, dunklem Gehäuse. Paraphysen meist undeutlich, flockig-krumig zerfallend. Schläuche 8 sporig. Sporen eiförmig oder keilförmig, 2 teilig, oder puppenförmig, 4—6 teilig, meist von einer Schleimhülle umgeben.

Arthopyrenia Mass.

Kruste unterrindig. Früchte zu mehreren zu kleinen Polstern gehäuft. Sonst wie vor. *Tomasellia Mass.*

Pyrenulaceae.

b. Sporen spindel- oder nadelförmig, 4- bis mehrteilig.
 * Sporen spindelförmig.
  † Gehäuse doppelt.

Kruste meist gut entwickelt. Früchte lange von der Rindenschicht halbkugelig überwölbt, mit doppeltem Gehäuse. Paraphysen deutlich, sehr zart. Schläuche 8 sporig. Sporen parallel 4- bis mehrteilig.
Segestrella Fr.

Spore von Segestrella lectissima.

Kruste einförmig. Früchte halbkugelig, rotbraun, mit doppeltem Gehäuse. Paraphysen haarförmig. Schläuche viel- (50- bis mehr-) sporig. Sporen parallel 4 teilig, ungefärbt.
Sychnogonia Kbr.

Schlauch und Sporen von Sychnogonia Bayrhofferi.

†† Gehäuse einfach.

Kruste sehr dünn, einförmig. Früchte ganz eingesenkt, mit einfachem, hellem, wachsartigem Gehäuse. Paraphysen zahlreich, verworren fädig. Schläuche 8 sporig, fast walzenförmig. Sporen kahnförmig, beidendig scharf zugespitzt, 4 teilig.
Geisleria Nitschke. Spore von Geisleria sychnogonoides.

Kruste einförmig, wenig ausgebildet. Früchte meist sitzend, mit einfachem, schwarzem, hornigem, jedoch nicht kohligem Gehäuse. Paraphysen sehr zart, verworrenfädig. Schläuche 8 sporig. Sporen parallel 4—8 teilig.
Sagedia Ach.

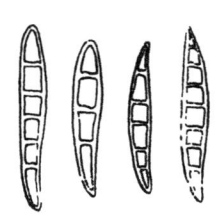
Vier Sporen von Sagedia lactea.

** Sporen nadelförmig, vielteilig.

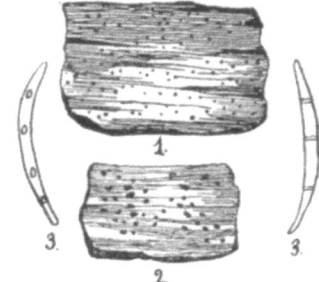

Kruste sehr undeutlich, anfangs unterrindig. Früchte punktförmig, klein, mit einfachem, hornig-kohligem Gehäuse. Paraphysen meist bald krumig aufgelöst. Schläuche 8 sporig. Sporen parallel 2- bis vielteilig.

Leptorhaphis Kbr.

1. Leptorhaphis oryspora.
2. Lupenvergrösserung.
3. Zwei Sporen.

II. Sporen gefärbt.

Spore von Pyrenula nitida.

Kruste meist einförmig, zusammenhängend. Früchte anfangs von der Kruste bedeckt, später hervorbrechend, mit einfachem, hornig-kohligem Gehäuse. Paraphysen deutlich. Schläuche meist 8 sporig. Sporen parallel 4 teilig, rotbräunlich.

Pyrenula Ach.

137. Acrocordia Mass.

a. Rindenbewohnend.

Kruste sehr dünn, schorfig-häutig, weiss oder weissgrau. Früchte 0,5—8 mm gross, sitzend, fast kugelig, schwarz oder braunschwarz, am Scheitel selten eingedrückt, mit feiner Mündung. Sporen breit elliptisch, beidendig abgerundet, mit breiter Scheidewand und fast kugeligen Sporoblasten, 9—11 µ br., 20—24 µ lg.

α. alba (Schrad.) — Kruste sehr dünn, weisslich. Früchte schwarz.
  * farrea Ach. — Kruste fast fehlend.
β. sphaeroides (Wallr.) = Acrocordia glauca Kbr.) — Kruste feinschorfig, grau oder grünlichgrau. Früchte schwarzbraun.

An der Rinde verschiedener Laubbäume. Verbreitet. — (Verrucaria gemmata Ach.; Pyrenula gemmata Naeg.)

936. A. gemmata (Ach.) Kbr.

Kruste sehr dünn, weisslich. Früchte 0,3—4 mm gross, sitzend, halbkugelig, mit eingedrücktem Scheitel. Sporen kleiner, 6—8 µ br., 10—19 µ lg. Spermatien grösser wie bei vor. Art.

An Laubholzrinden, namentlich an Pappeln, Ahorn, Linden. Seltener. — (Thelidium tersum Kmphbr.)

937. A. tersa Kbr.

Kruste weinsteinartig-schorfig, weisslich oder grauweisslich, häutig begrenzt, fleckenartig. Vorlager schwarz. Früchte 0,2—3 mm gross, gehäuft, angedrückt, halbkugelig, am Scheitel eingedrückt und fein durchbohrt. Sporen elliptisch, beidendig zugespitzt, mit breiter Scheidewand und kegelförmigen Sporoblasten, 5—6 μ br., 12—16 μ lg.

f. dealbata Lahm. — Kruste dicklich, glatt, kreideweiss.

An jungen Eichen, seltener an Weissbuchen und Linden. Selten. — (Lembidium polycarpum Flk.; Acrocordia polycarpa Kbr.; Verrucaria biformis Borr.) 938. *A. biformis Borr.*

Anm.: Lembidium macrocarpum Hpe. ist ein Pilz.

b. Steinbewohnend.

Kruste verbreitet, weinsteinartig-mehlig, weisslich oder pfirsichrot bis kupferrötlich. Früchte 0,5—6 mm gross, fast kugelig, sitzend. Sporen elliptisch, 5—6 μ br., 12—20 μ lg. Spermatien $1^1/_2$—2 μ br., 3—6 μ lg.

Auf Kalksteinen im mittleren und südwestlichen Deutschland. — (Acrocordia dimorpha Kbr. Syst.; Acrocord. Garovaglii Mass.; Verrucaria conoidea Fr.; Sagedia conoidea Hepp.; Thelidium Kmphbr.)

939. *A. conoidea Fr. Kbr.*

138. *Arthopyrenia Mass.*

1. Steinbewohnend.
   a. Sporen 2teilig

Kruste sehr undeutlich, staubig, schwärzlich, bis ganz fehlend. Früchte zu kleinen Gruppen vereinigt, in runden, von einander abstehenden Häufchen, winzig klein, fast kugelig. Schläuche schmal keulig. Sporen undeutlich 2teilig, 4—5 μ br., 8—11 μ lg.

An umherliegenden Kalksteinen bei Büren, Beckum und Höxter in Westfalen. 940. *A. socialis Kbr.*

Kruste dünn, firnissartig, fast fleckenartig, olivengrün-bräunlich. Früchte sitzend, fast kugelig, schwarz, kaum 0,1 mm gross. Sporen mit deutlicher Scheidewand, 5 — 6 μ br., 9 — 12 μ lg. Gehäuse weich, dunkelbraun.

An überfluteten Granitfelsen des Lomnitzfalles i. Melzergrunde.

941. *A. Lomnitzensis Stein.*

b. Sporen 2—4teilig.

Kruste dünn, unregelmässig fleckenartig, schwarz, öfter fast fehlend. Früchte gehäuft, bis zusammenfliessend, kegelförmig-halbkugelig, mattschwarz, mit deutlich eingedrückter Mündung. Gehäuse kohlig. Schläuche fast spindelig-walzig. Sporen länglich, an einem Ende verbreitert, 2—4 teilig, 3—4 mal länger als breit, fast hyalin. An von der Flut überspülten Sandsteinblöcken am Jahdebusen in Oldenburg. *942. A. Kelpii Kbr.*

Kruste dünn, schmutzig dunkelgrau, bis fast fehlend. Früchte äusserst klein, gedrängt, halbkugelig. Schläuche schlaff, schmal lanzettlich. Sporen 2 — 4 teilig, länglich, 2—3 µ br., 6—8 µ lg. An kleinen Kalksteinen. Selten. Westfalen.
943. A. inconspicua Lahm.

Kruste anfangs fast kreisrundlich begrenzt, später ausgebreitet, dünn, fast staubig, bleigrau bis rötlichgrau, mit dunklerem, meist umsäumendem Vorlager. Früchte eingesenkt, schwarz, mit warziger, zuletz fein durchbohrter, glänzender Mündung. Schläuche abgestumpft-keulig. Sporen länglich-elliptisch, normal 4 teilig, 5—6 µ br., 12—15 µ lg.
An Kalkfelsen, in Baiern an mehreren Orten. — (Sagedia saxicola Kmphbr.; Sagedia Massalongiana Hepp.)
944. A. saxicola Mass.

Kruste locker zusammenhängend, vielfach zerrissen, grau. Früchte 0,1—2 mm breit, abgeflacht-halbkugelig, schwarz. Schläuche keulig. Sporen 4 teilig, 5—6 µ br, 11—14 µ lg.
An Kalk- und Schiefersteinen. Selten. Westfalen.
945. A. discreta Metzler.

2. Rinden und Holz bewohnend.
  a. Sporen normal 2 teilig.
    * Früchte stets unbereift.
    † Kruste unterrindig.

Kruste unterrindig, äusserst selten etwas vortretend, grau, weisslich, weissgrau, auch gelblichgrau, sich nach dem Substrat richtend. Vorlager unkenntlich. Früchte bald hervorbrechend, 0,2—5 mm gross, halbkugelig, mattschwarz, mit anfangs papillenartiger, später etwas eingedrückter Mündung. Schläuche keulig. Sporen eiförmig, meist in der Mitte eingeschnürt, mit breiter Scheidewand und dicker Schleimhülle, 3—4 µ br., 12—15 µ lg.
f. pyrenastrella Nyl. — Früchte gedrängt, fast zusammenfliessend.
An glatten Rinden der verschiedensten Laubhölzer, auch an Birken (f. betulae Zw.) — (Pyrenula punctiformis v. analepta Hepp.; Verrucaria analepta Ach.; Verr. epidermidis v. analepta Fr.; Arthopyrenia fallax Nyl.?; Arthop. Padi Rbh.) *946. A. analepta (Ach.) Mass.*

Kruste unterrindig, vom schwarzem Vorlager breit umsäumt. Früchte etwas grösser, gedrängt, fast zusammenfliessend, mit deutlich eingedrücktem Scheitel. Sonst wie vor.
An Fraxinus und Ornus. Selten. 947. *A. Fraxini Mass.*

Kruste unterrindig, weissgrau, oder sich nach dem Substrat richtend. Früchte hervorbrechend, 0,2—3 mm gross, schwarz, matt. oft verunreinigt, zerstreut, halbkugelig, am Scheitel eingedrückt und deutlich durchbohrt. Schläuche verkehrt eiförmig. Sporen schmäler, mit deutlicher, genau in der Mitte liegender Scheidewand und undeutlicher Schleimhulle, 6 µ br., 14—18 µ lg.
An glatten Rinden junger Laubhölzer. Wohl nicht selten. — (Pyrenula punctiformis, vera α acerina Hepp.)
948. *A. stenospora Kbr.*

Kruste unterrindig, weisslichgrau. Früchte klein, halbkugelig, mit deutlich durchbohrter Mündung, mattschwarz. Sporen 2teilig, breit elliptisch, 10—12 µ br., 25—30 µ lg.
An Birken und Buchen. Selten. Westfalen. — (Pyrenula Zwackhii Hepp.; Arthopyrenia grisea Mass.; Verrucaria antecellens Nyl.)
949. *A. antecellens (Nyl.)*

†† Kruste nur anfangs unterrindig, bald hervorbrechend.
° Kruste dunkelgrau bis grauschwärzlich.

Kruste bald hervorbrechend, sehr feinkörnig. Früchte sehr klein, halbeingesenkt, fast kugelig, schwarz. Sporen keilförmig, 3—4 µ 3—4 µ br., 12—15 µ lg.
An Birken. Zerstreut. — (Verrucaria epidermidis v. grisea Schaer.; Sagedia grisea Anzi; Sagedia decipiens Mass.)
950. *A. grisea (Schl.) Kbr.*

°° Kruste weiss, weisslich bis grauweiss oder schwärzlich.

Kruste bald hervortretend, feinkörnig-schülferig, weisslich. Vorlager sehr zart, schwarz Früchte 0,2 mm gross, sitzend, kugelig, meist an der Basis umhoft, schwarz, glänzend. Sporen keilförmig, 2—3 µ br., 10—13 µ lg.
An Rinden von Laub- und Nadelhölzern, gern an Tannen. Zerstreut. 951. *A. globularis Kbr.*

Kruste bald hervortretend, fleckartig, schwärzlich. Früchte zahlreich, 0,1 mm gross, angedrückt, halbkugelig-abgeflacht, schwarz, glänzend. Sporen schmal keilförmig, scheinbar gesäumt, 3 µ br., 11—16 µ lg.
Auf glatter Rinde von Cytisus Laburnum. Selten.
952. *A. Laburni Lght.*

Kruste verbreitet, zerstreut feinkörnig, weisslich. Früchte 0,5 bis 7 mm gross, sitzend, schwarz, rauh, fast kugelig, mit zuletzt strahliger Mündung. Schläuche walzig. Sporen keilförmig, 5—6 µ br., 12—15 µ lg.
An alten von der Epidermis entblössten Rinden der Weiden und Akazien. Zerstreut. *953. A. Neesii Kbr.*

b. Sporen normal 4- bis mehrteilig.

Kruste unterrindig, selten vortretend, weissgrau. Früchte 0,1—2 mm gross, halbkugelig, mattschwarz bis schwarzbraun. Sporen anfangs 2teilig, bald 4-, selten 6—8-teilig, meist länglich, 3 µ br., 11—15 µ lg.
An glatten Rinden der verschiedensten Laubhölzer, gern an Erlensträuchen. — (Arthopyrenia Persoonii Mass.; Pyrenula punctiformis Hepp.; Verrucaria atomaria DC.; Lichen myacoproides Ehrh.)
954. A. punctiformis Pers.

Anm.: Je nach dem Substrat habituell abweichend.

Kruste unterrindig, später zuweilen entblösst und staubig-schorfig, weissgrau. Früchte 0,1 mm gross, hervortretend, angedrückt-sitzend, halbkugelig bis oval, mit fein durchbohrter Mündung, schwarz, glänzend. Sporen länglich, 4teilig, stark eingeschnürt, 4 µ br., 14—16 µ lg.
An Kirschbäumen. Verbreitet. — (Verrucaria Cerasi Schrad.; Verr. epidermidis v. Cerasi Ach.; Pyrenula Cerasi Hepp.)
955. A. Cerasi (Schrad.) Mass.

Kruste bald entblösst, fleckartig begrenzt, dunkelgrau bis grauschwärzlich. Früchte 0,1 mm gross, angedrückt sitzend, fast kugelig, schwarz, mit fein durchbohrtem Scheitel. Sporen 4teilig, länglich, 3—4 µ br., 14—16 µ lg.
An glatten Rinden, besonders an Pappeln. Verbreitet. — (Verrucaria rhypontha Ach.; Arthopyr. fumago (Wallr.) Kbr.)
956. A. rhypontha (Ach.) Mass.

Anm.: Arthopyrenia fumago Wallr. ist nach Untersuchung eines Original-Exemplars = Naetrocymbe fuliginea Kbr.
Arthopyrenia microspila Kbr., A. Porocyphi Stein, A. dispersa Lahm und A. Aspiciliae Lahm sind aus der Reihe der Flechten zu streichen und den Pilzen beizuzählen.

139. Tomasellia Mass.

Kruste unterrindig, häufig fehlend, vom braunschwärzlichen Vorlager undeutlich umsäumt. Früchte äusserst klein, mehr zerstreut stehende, gern etwas convexe Häufchen bildend. Schläuche verkehrt eiförmig. Sporen 4teilig, keilförmig, mitten meist leicht eingeschnürt, 6—8 µ br., 24—28 µ lg., ungefärbt.

Pyrenulaceae. 297

An Rinden der Erlen und Haseln. Selten. Westfalen. — (Arthopyrenia punctiformis v. olivacea Lght.; Arthopyrenia Leightoni Zw.; Beckhausia nitida Hpe.) *957. T. Leightoni Mass.*

140. Segestrella Fr.

Kruste dünn, gleichmässig ergossen, häutig-weinsteinartig, trocken olivengrün bis grünbräunlich, angefeuchtet lebhaft grün. Früchte in kugeligen Warzen anfangs völlig eingesenkt, später vortretend, mit gebräunter bis schwarzbrauner Mündung. Sporen normal 4 teilig, stumpf, spindelförmig, 3—4 μ br., 18—22 μ lg.

    f. erysiboda Mack. — Kruste stets rotbräunlich. Früchte mit gelblicher Mündung.
    f. leptalea (Dur. et Mtg.) — Früchte angedrückt, rotbraun.

An zeitweise überspülten Steinen in Gebirgen. Zerstreut. — (Segestria lectissima Zw.; Verrucaria lectissima Nyl.; Sagedia Hepp.; Segestria umbonata Schaer.; Segestrella thelostoma Mass.)
958. S. lectissima Fr.

Kruste verbreitet, sehr dünn, zusammenhängend, geglättet, hellolivengrün-bräunlich. Früchte halbkugelig, fahlgelblich, mit rötlichbrauner, zuletzt schwärzlicher, kaum wahrnehmbarer Mündung. Sporen kräftig entwickelt, breit spindelförmig, 6—10 teilig, 5—6 μ breit, 28—44 μ lang

An überfluteten Sandsteinblöcken. Selten. Heidelberg, Pforzheim. — (Sagedia septemseptata Hepp. in litt.; Sagedia Heppii Mass. in litt.)
959. S. Ahlesiana Kbr.

141. Sychnogonia Kbr.

Kruste dünn, ausgebreitet, fast häutig, warzig-faltig, weissgrau bis graugrün. Vorlager undeutlich. Früchte den Lagerwarzen eingesenkt, nur mit der warzigen, zuletzt fein durchbohrten Mündung hervortretend, schwärzlich, angefeuchtet rotbraun. Schläuche fast spindelig, nach oben verdünnt, 50—60 sporig. Sporen elliptisch, ca. 2 μ br., 7—9 μ lg.

An der Rinde verschiedener Laubbäume, gern an Rotbuchen und Eichen. Selten. — (Segestrella Bayrhofferi Zw.; Pyrenula Hepp.; Thelopsis rubella Nyl.) *960. S. Bayrhofferi (Zw.) Kbr.*

142. Geisleria Nitschke.

Kruste feinkörnig, weissgrau oder gelblichgrau. Vorlager undeutlich, weisslich. Früchte äusserst klein, ca. 0,05 mm gross, eingesenkt, nur mit dem flachgewölbten, sehr fein durchbohrten Scheitel vorragend, dunkelbraun bis schwärzlich, angefeuchtet hell rotbraun. Schläuche fast cylindrisch. Sporen 4 teilig, fast elliptisch, beidendig scharf zugespitzt, 4—6 μ br., 14—20 μ lg.

An Erdwällen, Wegrändern, an senkrechten Abschnitten in Torfstichen. Selten. Falkenberg in Oberschlesien, Münster, Haspelmoor bei Augsburg. *961. G. sphinopoinoides Nke.*

143. Sagedia Ach.

1. Steinbewohnend.
   a. Früchte kleiner, bis 0,4 mm gross.

Kruste verbreitet, weinsteinartig-mehlig, pfirsichrot, zuweilen graugrünlich verblassend, sehr selten dunkelrot-schwärzlich. Früchte 0,1—2 mm breit, eingesenkt-sitzend, halbkugelig, nacktschwarz, mit undeutlich durchbohrter Mündung. Schläuche lanzettlich-keulig. Sporen stumpf spindelig, 4 teilig, 4—5 μ br., 20—26 μ lg.

An Kalkfelsen im südwestlichen Deutschland. Zerstreut. — (Sagedia Harrimanni Mass.) *962. S. persicina Kbr.*

Kruste verbreitet, dünnschorfig-körnig, rotbraun, graurötlich, graugrün bis weisslichgrün. Früchte 0,2—4 mm gross, angedrückt bis vortretend, fast kugelig, schwarz, mit fein durchbohrter Mündung. Schläuche lanzettlich-keulig. Sporen spindelig, 4—8 teilig, mit ungleichen Abschnitten, 5 μ br., 24—30 μ lg.

An Kalk- und Dolomitfelsen. Zerstreut. — Schlesien, Westfalen, Baiern. — (Sagedia Harrimanni Kbr. non Ach. et Schaer.) *963. S. hypophila Kbr.*

Kruste meist fleckartig begrenzt, dünn, fast häutig, seltener weit ausgebreitet, gelbgrün, grünbraun bis rotbräunlich. Vorlager gleichfarbig. Früchte 0,1—2 mm gross, gedrängt, sitzend, halbkugelig, schwarz, mit sehr undeutlich durchbohrter Mündung. Schläuche spindelförmig-keulig. Sporen schmal spindelförmig, 4 teilig, mit schmalen Scheidewänden, 3—4 μ br., 15—18 μ lg.

An schattigen oder zeitweise berieselten Felsen und Steinen. Nicht selten in gebirgigen Gegenden. — (Verrucaria chlorotica Schaer.; Sagedia Mass.; Segestria Th. Fr.; Verrucaria macularis Wallr.; Sagedia Kbr.; Sagedia fragilis Arn.) *964. S. chlorotica Ach.*

Kruste verbreitet, dünn, schorfig-körnig, grünbräunlich bis rotbraun, angefeuchtet mit starkem Veilchenduft. Vorlager schwarz, undeutlich. Früchte bis 0,4 mm gross, fast kugelig, schwarz, mit fein durchbohrter Mündung. Schläuche spindelig. Sporen spindelförmig, 4—8 teilig, mit breiten Scheidewänden 4—5 μ br., 18—32 μ lg.

α. major Kbr. — Früchte grösser. spärlich, sitzend, 0,2—4 mm breit.
β. nemoralis Fw. — Früchte kleiner, zahlreich, angedrückt, 0,1—2 mm breit.

An schattigen oder feucht liegenden Felsen und Steinen. Im Riesengebirge an verschiedenen Stellen. — (Verrucaria Koerberi Fw.)

965. S. Koerberi (Fw.) Kbr.

b. Fruchte grösser, 0.5—8 mm breit.

Kruste dünn, weinsteinartig, feinrissig oder körnig, hell oder dunkelgrau, meist durch Anflüge verunreinigt. Früchte sitzend, halbkugelig, mit abgeflachtem Scheitel und fein durchbohrter Mündung, schwarz und glänzend. Schläuche breit spindelig. Sporen spindelförmig, fast stets 8 teilig, 5—6 μ br., 25—33 μ lg.

An triefenden Basaltfelsen der kl. Schneegrube im Riesengebirge. Selten.

966. S. grandis Kbr.

2. Rinden und Moose bewohnend.

a. Kruste weiss, grauweiss, graugrünlich bis leicht graurötlich.
* Kruste weiss, grauweiss oder graugrünlich.

Kruste verbreitet, dünn, häutig-schorfig, weiss oder grauweiss. Vorlager gleichfarbig. Früchte 0,2—3 mm gross, halb eingesenkt, abgeflacht, halbkugelig, mit undeutlicher Mündung, anfangs von der Kruste umsäumt, dann nackt, mattschwarz. Schläuche fast cylindrisch-keulig. Sporen spindelig. beidendig stark zugespitzt, mit breiten Scheidewänden. 6—8 teilig, 4—5 μ br., 18—24 μ lg.

Am Grunde alter Rot- und Hainbuchen. Zerstreut. — (Pyrenula netrospora Naeg.; Verrucaria biformis Fw.)

967. S. lactea Kbr.

Kruste verbreitet, sehr dünn, häutig-schorfig, weissgrau. Vorlager undeutlich Früchte 0,3—4 mm gross, eingesenkt-sitzend, fast kugelig, mattschwarz, mit undeutlich durchbohrter Mündung. Schläuche kurz lanzettlich. Sporen spindelig, 4 — 8 teilig, 5 — 7 μ breit, 25—35 μ lang

An der Rinde alter Laubbäume Selten. Westfalen, Heidelberg.
— (Opegrapha Thuretii Hepp.: Verrucaria Nyl.)

968. S. Thuretii (Hepp.) Kbr.

Kruste geglättet-häutig, ergossen, grauweisslich. Vorlager undeutlich. Früchte 0,2—3 mm gross, anfangs ganz eingesenkt, später vortretend, halbkugelig, schwarz, mit deutlich durchbohrter Mündung. Schläuche verlängert spindelförmig. Sporen spindelförmig, 4 teilig, 3—4 μ br, 15—20 μ lg.

An Laubholzrinden, gern an Wallnussbäumen. Hin und wieder.
— (Segestria affinis Zw.: Pyrenula minuta Naeg.; Arthopyrenia Müll.; Verrucaria palans Nyl.)

969. S. affinis Mass.

Kruste dünn, verunebnet, schorfig, graugrün. Vorlager undeutlich. Früchte bis 0,1 mm gross, anfangs eingesenkt, vom Lager berandet, bald vortretend, schwarz. Schläuche breit spindelförmig, 2—8 teilig, 5—6 μ br., 18—24 μ lg.

Ueber Moosen am Grunde alter Bäume. Zerstreut. — (Porina faginea Schaer.; Verrucaria illinita Nyl.; Segestrella illinita Kbr.; Porina muscorum Mass.)   *970. S. illinita (Nyl.)*

** Kruste olivengrün bis schmutziggrün-bräunlich.

Kruste oft fleckartig begrenzt oder verbreitet, olivengrün, graurötlich bis schmutziggrün-bräunlich. Früchte 0,2—3 mm gross, gedrängt, halbkugelig, glänzend schwarz, mit äusserst fein durchbohrter Mündung. Sporen schmal spindelig, fast walzig, an den Enden nicht zugespitzt, 3—4 μ br., 15—18 μ lg., 4 teilig.

f. abietina (Kbr.) — Kruste graugrün oder graurötlich, ergossen, angefeuchtet mit starkem Veilchendufte.

An Laubholzrinden, gern an Buchen und Eschen, die var. vorzugsweise an Tannenrinden, selten an Buchen. — (Verrucaria carpinea Pers.; Arthopyrenia Müll.; Segestria Zw.; Verrucaria aenea Wallr.; Sagedia aenea Kbr.; Verrucaria fusiformis Lght.; Pyrenula fusiformis Hepp.)   *971. S. carpinea (Pers.) Mass.*

Kruste fast weinsteinartig, zusammenhängend oder feinrissig, olivengrün-schwärzlich. Früchte 0,3—4 mm gross, mattschwarz, halbkugelig bis fast kugelig. Sporen spindelförmig, 4—10 teilig, beidendig zugespitzt, 5—6 μ br., 24—30 μ lg.

Am Fusse alter Wallnussbäume und Buchen. Selten. — (Verrucaria olivacea Borr.)   *972. S. olivacea (Borr.)*

b. Kruste dunkel graurotbraun bis rotbraun-schwärzlich.

Kruste dicklich, knorpelig, fast gelatinös, körnig oder schorfig, sehr verunebnet. Früchte 0,2—3 mm gross, sitzend, halbkugelig, schwarz. Schläuche spindelig-walzig. Sporen breit spindelförmig, 4—7 teilig, 4—6 μ br., 15—22 μ lg.

Ueber Andreaea rupestris im Riesengebirge. Selten.

973. S. sudetica Kbr.

Anm. Sagedia parvipuncta Stein, opiphytisch anf der Kruste von Thelidium diaboli, gehört zu den echten Pilzen

144. Leptorhaphis Kbr.

1. Rindenbewohnend.
   a. Paraphysen sehr bald krumig aufgelöst.

Kruste anfangs unterrindig, später hervortretend, fleckenartig, sehr dünn, staubig, aschgrau. Früchte 0,1 mm gross, angedrückt, halbkugelig, stark abgeplattet, schwarz, etwas glänzend. Schläuche schmalkeulig. Sporen nadelförmig, leicht gekrümmt, 4 — 8 teilig, 1 μ br., 25—30 μ lg.

An Birkenrinden. Verbreitet. — (Verrucuria oxyspora Nyl.; Verr. albissima Nyl.; Verr. epidermidis Ach.)
974. *L. epidermidis (Ach.)*

Kruste anfangs unterrindig, fleckenartig begrenzt, später vortretend, dünn, häutig-geglättet, grauweiss. Früchte 0,2 mm gross, zerstreut, halbkugelig, mattschwarz mit unregelmässiger Mündung. Schläuche fast walzig. Sporen nadelförmig, vielteilig, ca. 1 μ br., 24—30 μ lg.

An Pappelrinden, namentlich an Populus tremula. — Selten, aber wohl oft übersehen. 975. *L. lucida Kbr.*

Kruste unterrindig. Früchte punktformig, kugelig, mattschwarz. Schläuche schmal, cylindrisch. Sporen nadelförmig, säbelartig bis halbmondförmig gekrümmt, undeutlich vielteilig, beidendig scharf zugespitzt, wenig kürzer wie bei vor.

An der Rinde junger Eichen, hier und da. — (Campylacea Quercus Beltr.) 976. *L. Quercus (Beltr.) Kbr.*

Anm. Es ist mir noch sehr zweifelhaft, ob L. Quercus sowohl wie L. lucida gute Arten darstellen. Vielleicht sind beide besser mit L. epidermidis zu vereinigen.

Kruste verbreitet, sehr dünn, feinkörnig, grauweiss. Früchte 0,1—2 mm gross, sitzend, kugelig, entleert schüsselförmig, mattschwarz. Schläuche schmalkeulig. Sporen nadelförmig, gerade oder gekrümmt, 8 bis mehrteilig, 1,5 μ br., 25—30 μ lg.

An von der Oberhaut entblössten Rinden und in den Rindenspalten von Weiden, Eichen, Akazien, selten an bearbeitetem Holze. Verbreitet, aber oft übersehen. 977. *L. Wienkampii Lahm.*

b. Paraphysen sehr lange erhalten bleibend.

Kruste anfangs unterrindig, später sehr feinschorfig, weiss oder weisslichgrau. Früchte 0,1 mm gross, zahlreich, angedrückt, fast kugelig, mattschwarz. Schläuche fast eiförmig. Sporen nadelförmig, nur selten gekrümmt, 2—4 teilig, 1,5 μ br., 18—26 μ lg.

An der Rinde von Populus tremula. Nicht selten. — (Verrucaria stigmatella v. tremulae Flk.; Campylacea tremulae Mass.; Sagedia Anzi: Pyrenula Hepp.; Campylacea Salicis Mass.)
978. *L. tremulae (Flk.) Kbr.*

2. Steinbewohnend.

Kruste verbreitet, schmutzig gelblichweiss. Früchte 0,4—5 mm gross, sitzend, halbkugelig-abgeflacht, schwarz, mit warziger, glänzender, fein durchbohrter Mündung. Schläuche schmal spindelförmig. Sporen nadelförmig, 1,5 μ br., 45—54 μ lg.
An Kalksteinen am Brunsberg b. Höxter.
979. L. Beckhausiana Lahm.

Anm. Dürfte vielleicht, wie der Autor a. a. O. bemerkt, besser zu Sarcopyrenia zu stellen sein.

Die epiphytisch auftretenden Arten. L. Steinii Kbr auf der Kruste von Lecanora frustulosa und L. Koerberi Stein auf der Kruste von Koerberiella Wimmeriana gehören meiner Auffassung nach zu den Pilzen.

145. Pyrenula Ach.

1. Kruste knorpelig-häutig, glatt oder leicht runzelig, meist körnig.
   a. Früchte grösser, 0,5—1,0 mm breit.

Kruste häutig-knorpelig, begrenzt, glatt, fettglänzend, meist olivenfarbig, grünlichbraun bis dunkelrotbraun, selten weisslich oder weisslichgraugrün. Früchte bis 1 mm gross, lange von der Kruste bedeckt, zuletzt vortretend, sitzend, halbkugelig, braunschwarz bis schwarz, mit eingedrückter, zuletzt durchbohrter Mündung. Schläuche cylindrisch. Paraphysen mehr als doppelt so lang. Sporen länglich, 4-, selten 6 zellig, ringelig-eingeschnürt (läuseförmig Kbr.) anfangs ungefärbt, später hellrotbraun, 4—5 μ br., 16—22 μ lg.

   α. major Rbh. — Früchte grösser.
   β. nitidella Flk. — Früchte etwa 0,2—3 mm gross.

An glatten Buchenrinden, β. an Haseln und Eschen. Ziemlich häufig. — (Verrucaria nitida Schrad.; Bunodea nitida Mass.)
980. P. nitida (Schrad.) Ach.

Kruste geglättet, weisslich oder grünlichweisslich. Früchte 0,5 mm gross, bald hervortretend, angedrückt, halbkugelig, schwarz. Sporen elliptisch, meist beidendig zugespitzt und fast stets 4 zellig, undeutlich wellig-runzelig (cochenilleförmig Kbr.), hellrotbraun.

An glatten Laubholzrinden, Eichen und Buchen. Zerstreut. — (Verrucaria glabrata Ach.; Pyrenula glabrata Mass.).
981. P. laevigata Pers.

   b. Früchte kleiner, etwa 0,2 mm breit.

Kruste meist glatt, seltener leicht runzelig, weiss. Früchte bis 0,2 mm gross, bald vortretend, sitzend, halbkugelig, schwarz. Schläuche cylindrisch, von gleicher Länge der Paraphysen. Sporen elliptisch

Pyrenulaceae. 303

bis länglich-elliptisch, 4 teilig, beidendig zugespitzt, 5—7 μ breit, 9—15 μ lang, rotbraun.

α. chrysoleuca Fw. — Kruste knorpelig-häutig, glatt, weisslich, an abgeriebenen Stellen goldgelb.

β. umbrosa Kbr. — Kruste schorfig-staubig, reinweiss.

An Rinden alter Laubhölzer. Verbreitet. — (Verrucaria leucoplaca Wallr.: Verr. farrea Ach.) *982. P. leucoplaca (Wallr.) Kbr.*

Kruste anfangs unterrindig, später dünn häutig, aschgrau. Früchte zerstreut, hervorbrechend, halbkugelig, glänzend schwarz. Sporen elliptisch, hellbraun, 4—5 μ br., 10—13 μ lg.

An jungen Stämmen von Corylus Arrellana. Stellenweise.

983. P. Coryli Mass.

2. Kruste körnig, auf dickem, schwarzem, fast schwammigem Vorlager.

Kruste körnig, weisslich. Früchte dem Vorlager entspringend, sehr klein, halbkugelig, schwarz. Schläuche sackig-walzig. Sporen länglich-elliptisch, beidendig scharf zugespitzt, 4 teilig (läuseförmig Kbr.), rotbraun, ca. 14 μ br., 40—50 μ lg.

Ueber absterbenden Moosen am Basalt der ·kl. Schneegrube; ich sah die Flechte nicht. *984. P. incrustans.*

Die Gattungen Cercidospora Kbr., Phaeospora Hepp, Tichothecium Fw., Pharcidia Kbr und Sorothelia Kbr. sind aus der Reihe der Flechten zu streichen und den Pilzen beizugesellen

II. Lichenes homoeomerici Wallr.

1. Ordnung: Lichenes gelatinosi Bernh.

A. Discocarpi.

XIX. Fam.: Lecothecieae Kbr.

Uebersicht der Gattungen.

Lager verbreitet, corallinisch-schuppig bis krustig, auf dauerndem, blauschwarzem, schwammig-tuchartigem Vorlager. Gonidien zahlreich, unregelmässig verteilt, blaugrün. Früchte flachschüsselförmig (lecidinisch), mit eigenem, dunklem, weichem Gehäuse, dem Vorlager entspringend. Schlauchboden hell, weich. Schläuche keulig, 8 sporig. Sporen hyalin, elliptisch, anfangs quer 2 teilig, später parallel 4- bis mehrteilig. Paraphysen einfach, kräftig.

Zwei Sporen von Lecoth. corallinoides.

Lecothecium Trev.

Lager fast kreisrund, rosettenartig, im Umfange strahlig-zerschlitzt. Vorlager fehlend. Die krumig-schleimige Innenmasse besteht aus gelbgrünen Gonidien und zu unregelmässigen, kurzen Schnüren verbundenen Macrogonidien. Früchte peripherisch angeordnet, sehr klein, grünlichschwarz, anfangs concav und dick berandet, später flach. Schlauchboden blaugrün. Schläuche 6—8 sporig, schmalkeulig. Sporen klein, stumpf bisquitförmig, zweiteilig, gelblich-bräunlich, mit Schleimhof. Paraphysen ziemlich locker.

Wilmsia Kbr.

Anm. Von vor. Gattung durch das fehlende Vorlager und die gefärbten Sporen verschieden.

146. Lecothecium Trev.

a. Vorlager stets vorhanden. Früchte zuletzt unberandet.

Lager kleinschuppig-krustig, mehr oder weniger unregelmässig verbreitet, schmutzig bräunlichgrau oder schwärzlich, angefeuchtet schwarzgrünlich. Schüppchen corallinisch zerteilt, aufsteigend, etwa 0,5 mm hoch, kerbig eingeschnitten. Vorlager schwammig-faserig, blauschwarz, umsäumend. Früchte klein, 0,4—8 mm breit, sitzend, schwarz, angefeuchtet braunschwarz, anfangs napf- oder flachschüsselförmig, deutlich berandet, später gewölbt, unberandet. Schlauchboden hellgelbbraun. Schläuche schmalkeulig. Sporen beidendig abgerundet, elliptisch, seltener schief elliptisch oder leicht nierenförmig, 5—6 μ br., 9—15 μ lg.

α. nigrum Huds. — Paraphysen oben schön blaugrün.
β. fuscum Hepp. — Paraphysen oben gelbgrün.
An Kalk- und Sandsteinfelsen, stellenweise durch das Gebiet. — (Lecothecium corallinoides Trev,; L. nigrum Mass.; Placynthium nigrum Mass.; Collema nigrum Ach.; Patellaria nigra Wallr.; Racoblenna corallinoides Stitz.) *985. L. corallinoides (Hoffm.) Kbr.*

Lager corallinisch-krustig-schuppig, schwärzlichgrau, bläulich bereift. Vorlager blauschwarz, im Alter undeutlich. Früchte sitzend, etwas grösser, bräunlich oder schwarz, flach, gerandet, zuletzt gewölbt, unberandet. Schläuche keulig. Sporen lineal-elliptisch, schlank, leicht gekrümmt. 4—8 teilig, 3—5 μ br., bis 10 mal länger. Paraphysen mit verdickten, bräunlichen Spitzen.

An Kalkfelsen. Selten und meist steril (Lepraria caesia Ach.) Thüringen, Württemberg, Baiern. — (Callolechia caesia Mass.; Racoblenna Mass.; Lecidea Duf.; Lecidea triptophylla var. caesia Schaer.; Lecidea nigrocaesia Nyl.) *986. L. caesium (Mass.)*

b. Vorlager meist unkenntlich. Früchte bleibend berandet.

Lager fast staubig, aus kleinen, corallinischen, krausen Schüppchen bestehend, schmutzig braungrün, angefeuchtet schwärzlichgrün. Vorlager undeutlich. Früchte sitzend, stets flach und bleibend berandet, schwarz, fast glanzend. Schlauchboden dunkelbraun. Schläuche keulig. Sporen ei-elliptisch, leicht gekrümmt, 2 teilig, 3—4 μ br., 7—11 μ lg.
An Dolomitfelsen. Selten. Bairische Alpen. — (Racoblenna Tremniaca Kmphb.) *987. L. Tremniacum (Mass.)*

147. Wilmsia Kbr.

Lager knorpelig, kreisrund, rosettenartig, im Centrum meist kleine, halbzirkelförmige Bogen bildend, im Umfange aus strahligen, eng aneinander liegenden, linearischen Lacinien bestehend, dunkelolivenbraun. Früchte sehr selten, äusserst klein, schwarz, feucht schwarzbläulich, anfangs concav, dick berandet, später verflacht, mit bleibendem Rande. Schlauchschicht blaugrünlich. Schläuche 6—8 sporig. Sporen gelbbräunlich, meist mit Schleimhof, 2 teilig, stumpf elliptisch, in der Mitte leicht eingeschnürt, 2—4 μ br., 5—8 μ lg.

An Kalkfelsen. Selten. Württemberg, Fränk. Jura, Oberbaiern. — (Pterygium centrifugum β minus Kmphb.; Lecothecium radiosum Anzi). 988. *W. radiosa* (Anzi) Kbr.

XX. Fam.: Myriangieae Nyl.

Die hierher zu stellende Gattung Myriangium Mtg. mit der Species M. Duriaei (Mass.) ist mir aus dem Gebiete nicht bekannt geworden. Diese Flechte besitzt ein höckerig-polsterförmiges Lager. Früchte schüsselförmig. Sporen hyalin, parallel mehrteilig.

Die von manchen Autoren hierhergestellte Atichia glomerulosa (Ach.) = A. Mosigii Fw. gehört meiner Auffassung nach zu den Pilzen.

XXI. Fam.: Collemaceae Fr. *Gallert-Fl.*

Uebersicht der Gattungen.

a. Sporen ungeteilt.
  * Gonidien schnurartig. Rindenschicht undeutlich.

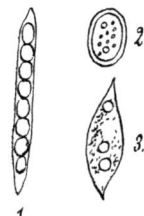

Lager krustig-blattartig, mit der ganzen Unterfläche aufsitzend, schwärzlichgrün, angefeuchtet stark aufquellend. Rindenschicht zart. Gonidien zahlreich, rosenkranzähnlich. Früchte anfangs ziemlich geschlossen, bald schüsselförmig, der Gallertmasse eingebettet, mit zartem, hellem, eigenem Gehäuse und Lagerrand. Schlauchboden ungefärbt, durch Jod gerötet. Schläuche keulig, 8 sporig. Sporen einzellig, eiförmig oder elliptisch, farblos. Paraphysen fädig, kräftig. Spermatien sehr klein, kurz walzenförmig.

1. Schlauch von Physma myriococcum.
2. Spore von Ph. Mulleri. 3 Spore von Ph. franconicum.

Physma Mass.

Lager kleinblättrig-warzig, genabelt, verworren wellig-faltig, mehr oder weniger braunschwärzlich. Rindenschicht undeutlich. Gonidien rosenkranzähnlich. Früchte bleibend eingesenkt, anfangs geschlossen, später mit sehr kleiner, punktförmig geöffneter Scheibe. Schläuche 8 sporig. Sporen einzellig, ellipsoidisch, hyalin.

Plectospora Mass.

Anm.· Von Physma und Omphalaria durch die dauernd eingesenkten, sich nur fein punktförmig öffnenden Fruchte zu unterscheiden.

Collemaceae. 307

** Gonidien einzeln oder zu kleinen Gruppen vereinigt.
† Rindenschicht deutlich.

Lager einfach krustig oder corallinisch-schuppig. Rindenschicht durch dunkeln Farbenton sich deutlich von der Innenmasse abhebend. Gonidien zerstreut, einzeln oder in kleinen Gruppen. Früchte mit bald scheibenartig erweiterter Scheibe. Eigenes und meist auch Lagergehäuse vorhanden. Schlauchboden gewöhnlich ganz ungefärbt. Schläuche 8 sporig. Sporen einzellig, hyalin, ellipsoidisch. Paraphysen straff, gerade.

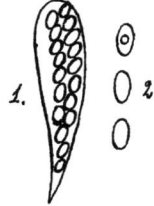

Spore von Psorotichia Schaereri.

Psorotichia Mass.

Anm Von Porocyphus leicht durch die erweiterte Scheibe und die straffen Paraphysen zu unterscheiden

Lager polsterförmig, knorpelig lederartig, angefeuchtet aufquellend, genabelt. Rindenschicht deutlich. Gonidien zerstreut. Früchte niedergedrückt-schildförmig, anfangs geschlossen, bald mit erweiterter Scheibe, fast gestielt erscheinend, mit Lagerrand. Schlauchboden schmutzig gelblich. Schläuche keulig, 16—32 sporig. Sporen elliptisch oder rundlich, einzellig, ungefärbt. Paraphysen ziemlich dick.

1. Schlauch. 2 Sporen von Synalissa ramulosa.

Synalissa Fr. emend.

Schläuche vielsporig. Sonst wie Psorotichia. ***Enchylium Mass.***

†† Rindenschicht undeutlich.

Lager kleinblättrig, schildförmig, genabelt, zuweilen warzig-krustig werdend, ungeteilt oder lappig-faltig bis fast kraus. Rindenschicht sich nicht scharf gegen die gelatinöse Schicht absondernd, aus kugeligen, gebräunten Zellen bestehend. Gonidien zerstreut, einzeln, oder in kleinen Gruppen. Früchte eingesenkt, anfangs geschlossen, später mit verbreiterter Scheibe, mit zartem eigenem und Lagergehäuse. Schlauchboden gelblich. Schläuche 8 sporig. Sporen einzellig, elliptisch, farblos. Paraphysen stark verleimt.

Zwei Sporen von Omphalaria decipiens

Omphalaria Dur. et Mtg.

b. Sporen ungeteilt, zuweilen zuletzt 2 teilig.

Lager krustig. Gonidien gelblichgrün. Früchte gewölbt. Paraphysen haarförmig. ***Aphanopsis Nyl.***

20*

c. Sporen constant geteilt.
* Sporen zweiteilig.

Lager polsterartig, aus meist drehrunden, verästelten, kleinen Stämmchen bestehend. Rindenschicht stark und deutlich entwickelt. Gonidien zerstreut. Früchte an seitlichen, verbreiterten Astenden, anfangs geschlossen, bald krugförmig, später verflacht, mit doppeltem Gehäuse. Schläuche keulig, 8 sporig. Sporen zweiteilig, spindelförmig, farblos.

Schlauch und Spore von Polychidium muscicolum.

Polychidium Ach.

** Sporen zwei- bis parallel vierteilig, oder mehrteilig, oder mauerartig vielteilig.
† Lager unten nicht filzig, oder nur mit zerstreuten, spärlichen Faserbüscheln besetzt.
° Sporen quer 2 teilig oder parallel 4- bis mehrteilig.

Lager häutig, gross- oder kleinblättrig, mit undeutlicher Rindenschicht. Gonidien einzeln oder zu Schnüren verbunden. Früchte schüssel- oder scheibenförmig, mit eigenem und oft auch noch vom Lager gebildeten Gehäuse. Schläuche keulig, 8 sporig. Sporen lang elliptisch oder spindelförmig, farblos.

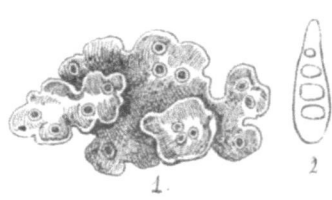

1. Synechoblastus flaccidus. Nat. Grösse.
2. Eine Spore.

Synechoblastus Trev.

Anm.: Von Leptogium durch die Rindenschicht, von Collema durch Form und Bau der Sporen verschieden.

°° Sporen nur anfangs parallel 4 teilig, bald mauerartig vielteilig.

Lager laubartig, gross- oder kleinlappig, selten krustenartig bis undeutlich, mit undeutlicher Rindenschicht und einzelnen oder zu Schnüren verbundenen Gonidien. Früchte schüsselförmig, mit Lagerrand, selten ist noch ein zartes, eigenes Gehäuse vorhanden. Schlauchschicht oben braun. Paraphysen verleimt. Schläuche 8 sporig. Sporen anfangs 4- bis parallel mehrteilig, später mauerartig geteilt, sehr selten (C. polycarpon) 2—4 teilig, farblos.

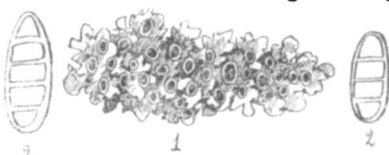

1. Collema pulposum. Nat. Grösse.
2. Zwei Sporen.

Collema Hoffm.

Lager blattartig, mit deutlicher, aus eckigen Zellen gebildeter Rindenschicht. Gonidien zu Schnüren vereinigt. Früchte anfangs mit doppeltem Gehäuse, später verschwindet meist das äussere, vom Lager gebildete Gehäuse. Schläuche 2—8 sporig, schmalkeulig. Sporen farblos, meist mauerartig vielteilig.

1. Leptogium lacarum. Nat. Grösse.
2. Spore.

Leptogium Fr.

Anm.: Der Hauptunterschied von Collema liegt in der Rindenschicht.

†† Lager unten dicht faserig-filzig.

Lager blattartig, lederartig, mit deutlicher Rindenschicht. Früchte mit doppeltem Gehäuse. Sporen parallel 4 teilig bis mauerartig-mehrteilig, farblos. *Mallotium Fw.*

Anm.. Diese Gattung wird von manchen Autoren mit Leptogium vereinigt, doch ist sie leicht an dem dichten Filze der Lagerunterseite zu unterscheiden.

148. *Physma Mass.*

a. Sporen eiförmig oder elliptisch.

Lager grünschwärzlich, unregelmässig lappig-blättrig, angefeuchtet schleimig aufquellend, trocken fast knorpelig, zähe, im Alter in der Mitte schmierig-krustig, mit lappig-faltigem Rande. Lappen gefaltet, mit krausem Rande, meist dicht körnig, 1 — 2 mm breit. Gonidien kugelig. Früchte höchstens 0,1 mm diam., nur angefeuchtet mit der Loupe erkennbar, in Lagerkörnchen fast eingesenkt, wulstig gerandet, mit rotbrauner Scheibe. Schläuche langkeulig. Sporen eiförmig oder elliptisch, mit krumigem Inhalte, 7—9 µ br., 18—22 µ lg.

An trockenen, sonnigen Felsen, Geschieben, auf der Erde zwischen Moosen und diese überziehend oder durchwachsend; in der Hügel- und Bergregion stellenweise. — (Lempholemma compactum Kbr. Syst.; Collema chalazanum Nyl. p. p.) *989. Ph. compactum Kbr.*

Anm.. Diese Flechte erinnert in trockenem Zustande sehr an gewisse Algen, wie z. B. Gloeocapsa. Da jedoch die Fruchte selten fehlen, so wird man durch dieselben auf die Natur des Pflänzchens aufmerksam gemacht.

Lager und äusserer Fruchtbau fast wie bei voriger Art. Gonidien etwa halb so gross. Sporen grösser, 9—13 µ br., 35—52 µ lg.

An ähnlichen Localitäten wie vor. Art, doch weit seltener. — (Collema chalazanum Nyl. p. p.) *990. Ph. franconicum Mass.*

Lager schwarzgrün, angefeuchtet gelatinös-quellend, dicklich, krustig-lappig. Läppchen dem Substrate fest angepresst. Früchte zahlreich, den Lagerläppchen eingesenkt, mit verflachter, blutroter oder hellrotbrauner Scheibe und dickem, verunebnetem Lagerrande. Sporen eiförmig, wasserhell, etwas grösser wie bei Ph. compactum.
Auf nackter Erde. Sehr selten. Baiern.
991. Ph. ~~stumpinodeutum~~ *Kmphbr.*

b. Sporen kugelig oder kugelig-elliptisch.

Lager ziemlich rundlich, wellig-faltig, gelappt, schwarz. Lappen zusammengefaltet-runzelig bis fast krustig-verschiedengestaltig. Früchte gehäuft, mit leicht concaver, rotbrauner Scheibe. Schläuche walzig. Sporen kugelig oder fast ellipsoidisch, ca. 8 μ br. und 10 μ lg.

Ueber Moosen in Gebirgen. Selten. Harz, Böhmen. — (Collema myriococca Nyl.; Lempholemma Th. Fr.)
992. Ph. myriococcum (Ach.) Kbr.

Lager häutig, schwarz oder olivengrün-schwärzlich, vielblättrig, schmal gelappt. Lappen dicht zerschlitzt, mit welligem Rande. Früchte auf den Spitzen der Lappen, zahlreich, 0,5—0,8 mm breit, krugförmig, mit rötlichbrauner Scheibe und dickem Lagerrande. Schlauchschicht hellrötlich. Schläuche walzig, c. 70 μ lg. Sporen kugelig oder kugelig-ellipsoidisch, 10—13 μ lg.

An Felsen im Hochgebirge. Sehr selten. *993. Ph. Mülleri Hepp.*

149. *Synechoblastus* Trev.

a. Sporen 2—4teilig.

Lager kleine Räschen oder Polster von 5 — 8 mm Höhe und 1,5 cm Breite bildend, kleinblättrig, kerbig-gelappt, schmutzig dunkelgrün oder grünbraun, angefeuchtet dunkel olivengrün. Läppchen aufrecht oder aufsteigend. Früchte den Läppchenenden gerade aufsitzend, bis 1 mm breit, sehr zahlreich, das Lager fast verdeckend, anfangs krugförmig, bald gewölbt, mit glänzend rotbrauner Scheibe und verschwindendem Lagerrande. Schlauchschicht durch Jod gebläut. Paraphysen verleimt, mit gebräunten Spitzen. Sporen spindelförmig, mit zugespitzten Enden, zuweilen seicht gekrümmt, 2 — 4 teilig, 4—6 μ br., 16—18 μ lg.

An alten Laubbäumen, namentlich an morschen Weiden, Pappeln, Ulmen, Nussbäumen. Stellenweise. — (Collema conglomeratum Hoffm.; Lethagrium Mass.) *994. S. conglomeratus (Hoffm.) Kbr.*

Anm.: Von dem ähnlichen Collema microphyllum leicht durch die Sporen zu unterscheiden.

Lager grossblättrig, derbhäutig, strahlig-lappig zerschlitzt, grünlichbraun bis schwärzlich, angefeuchtet hellgrün. Unterseite zerstreut weissfaserig. Lappen anliegend, lang, schmal, am aufgebogenen Rande wellig-kraus, mit aufrechten, kerbig-eingeschnittenen Enden. Früchte bis 1,5 mm gross, anfangs eingesenkt, zuletzt erhaben sitzend. Scheibe flach, braunrot, mit dickem, wulstigem, meist körnig-faltigem Lagerrande. Paraphysen stark verleimt, oben dunkelbraun. Schläuche bauchig-keulig. Sporen walzig, beidendig abgerundet, stets 4 teilig, 6—7 μ br., 24—30 μ lg.

An Kalkfelsen in höheren Gebirgen. Selten. Riesengebirge, Algäu. — (Collema undulatum Laur.; Lethagrium Laureri Kmphb.)

995. S. Laureri (Fw.) Kbr.

b. Sporen 4—8 teilig (selten nur 2teilig).
   * Lager mehrblättrig.

Lager lederartig-knorpelig, kreisrund, gelappt, schwärzlichrot bis schwarz. Lappen geschlitzt, dachziegelförmig sich deckend, mit welligfaltigem, aufsteigendem Rande. Früchte sitzend, bis 1,5 mm breit, mit schwärzlich-rotbrauner Scheibe und zuletzt verschwindendem Rande. Schläuche schmalkeulig. Sporen spindelförmig, undeutlich, 4—6 teilig, 4—5 μ br., 14—22 μ lg.

An Kalkfelsen. Selten. Württemberg, Oberbaiern. — (Collema stygium Kmphb.)

996. S. stygius Del.

Lager grosslappig, durchscheinend, dunkelgrün oder grünbräunlich. Unterseite grüngrau oder blaugrau. Lappen 1—2 cm breit, 3—5 cm lang, ganzrandig, gerundet, aufstrebend, blasig-wulstig oder wellig verbogen, meist feinkörnig. Früchte bis 1,5 mm breit, angedrückt sitzend, mit flacher, braunroter, angefeuchtet hellerer Scheibe und gelblichbraunem Lagerrande. Schläuche keulig. Sporen lang-elliptisch, beidendig zugespitzt, selten 2 oder 4 teilig, meist 6—7 teilig, 7—10 μ br., 22—28 μ lg. Paraphysen verleimt, oben schmal hellbraun.

α. major Schaer. — Lager grossblättrig, meist nicht körnig.
   * hydrelum Fw. — Lager sehr dunnhäutig, wellig, blaugrün.
β. abbreviatus Wahlbg. — Lager kleinblättrig, straff, dichtkörnig. Lappen aufrecht, mit ganzrandiger, meist zuruckgebogener Spitze.

An feuchten Felsen und Steinen im Vorgebirge, selten an Baumstämmen: α an Steinen in Flussbetten. — (Collema flaccidum Ach.; C. rupestre α flaccidum Schaer.; Lethagrium rupestre Mass.)

997. S. flaccidus (Ach.) Kbr.

Lager dicklich, lederartig-knorpelig, braunrot-schwarz, zuweilen grau bereift, gelappt. Lappen vielfach zerschlitzt, aufstrebend, welligfaltig. Früchte ca. 1,5 mm breit, sitzend, mit fast schwarzer Scheibe, anfangs flach, zuletzt leicht gewölbt, berandet. Schläuche schmalkeulig. Sporen länglich, ungleich linealisch, zuweilen gekrümmt und an einem oder seltener an beiden Enden schwach keulig verdickt, anfangs 4 teilig, bald 6—9 teilig, 5—7 μ br., 22—30 μ lg.

An Kalkfelsen im südlichen Deutschland. Selten. — (Synechoblastus turgidus Kbr. Syst.; S. Mülleri Hepp.; Lethagrium turgidum Mass.)

998. *S. multipartitus Sm.*

** Lager einblättrig oder fast einblättrig.

Lager dem Substrat dicht anliegend, kreisrund, 3—5 cm im Durchmesser, buchtig gelappt, runzelfaltig, grubig, dunkelgrün-bräunlich, durch einzelne Faserbüschel befestigt. Unterseite graugrünlich. Lappen ungeteilt oder gekerbt. Früchte 0,5—1 mm, meist sehr zahlreich, dicht zusammenstehend, in der Mitte gehäuft, anfangs eingesenkt, bald sitzend, flach, angefeuchtet lebhaft rotbräunlich, ganzrandig, mit verschwindendem Lagerrande. Paraphysen verleimt, oben breit gebräunt. Schläuche breitkeulig. Sporen schlank spindel- oder fast nadelförmig, öfter leicht gebogen, mit 2—8 undeutlichen Querwänden, 4—5 μ br., 25—40 μ lg.

An alten Feld- und Waldbäumen, selten auf Steine übergehend. Stellenweise, doch selten fruchtend. — (Collema nigrescens α. Vespertilio Schaer.; Parmelia nigrescens Wallr.; Synechoblastus nigrescens L. 1781; Collema nigrescens Ach.)

999. *S. Vespertilio (Lghtf. 1777).*

c. Sporen 12—20 teilig.

Lager grossblättrig, einblättrig, häutig, fast kreisrund, gelappt, schwarzgrün, angefeuchtet lauchgrün. Lappen aufsteigend, fast büschelig-rasenartig, ganzrandig oder gekerbt. Früchte gehäuft, fast flach, mit rotbrauner Scheibe und ganzrandigem oder leicht crenuliertem Rande. Schläuche keulig. Sporen walzig-spindelförmig, zuletzt etwas gelblich, 4—5 μ br., 45—60 μ lg.

An alten Laubbäumen, auch über Moosen an Felsen. Selten. Jena, Oberbaiern, Vogesen. — (Collema aggregatum Nyl.; Collema fasciculare β aggregatum Ach.; Lethagrium ascaridosporum Mass.; Synechoblastus labyrinthicus Anzi; Collema thysanoeum (Ach.) Moug.)

1000. *S. aggregatus (Ach.) Th. Fr.*

150. *Collema Hoffm.*

a. Lager fast krustig, aus winzigen, fast nur unter der Lupe unterscheidbaren Schüppchen bestehend.
* Sporen eiförmig oder länglich eiförmig.
° Erde oder Stein bewohnend.

Lager verbreitet, eine corallinisch körnige oder körnig-staubige Kruste bildend, graugrünlichbraun, angefeuchtet lauchgrün. Früchte 0,5—0,8 mm gross, eingesenkt-sitzend, mit rotbrauner, dünn berandeter Scheibe. Schlauchschicht durch Jod gebläut. Schläuche schmalkeulig. Sporen eiförmig-länglich, erst 4 teilig, später spärlich mauerartig geteilt, 8—12 μ br., 20—28 μ lg.

Auf nacktem, feuchtem, lehm- oder kalkhaltigem Boden. Selten, doch wohl oft nur übersehen. — (Leptogium byssinum Nyl.; Collema cheileum β byssinum Kbr. Syst.) *1001. C. byssinum Hoff.*

Lager knorpelig-staubig, gefeldert. Felderchen rissig-schildförmig oder ungleichförmig warzig, braunschwarz. Früchte ca. 0,5 mm breit, sitzend, krugförmig, zuletzt verflacht, rotbraun, mit dickwulstigem Rande. Schläuche keulig. Sporen ei-elliptisch, anfangs parallel 4 teilig, später leicht mauerartig geteilt, 9—12 μ br., 16—24 μ lg.

An Kalk- und Dolomitfelsen, Kalkmauern. Selten. Westfalen, Württemberg, Baiern. *1002. C. callopismum Mass.*

°° Rindebewohnend.

Lager kleinblättrig, rosettig-krustenartig, oder zu vereinzelten Räschen oder Büscheln gedrängt, dunkelgrünlich-braun oder olivengrün; centrale Blättchen aufrecht, gedunsen, peripherische flach ausgebreitet, gekerbt. Früchte 0,5 mm breit, sehr zahlreich, öfter das Lager ganz bedeckend, anfangs krugförmig, später verflacht, rotbraun, mit gleichfarbigem, dickem Rande. Schlauchschicht durch Jod gebläut. Schläuche lang, bauchig-keulig. Sporen elliptisch-eiförmig, anfangs mit 3 deutlichen Querwänden, später mauerartig vielteilig, an den Teilstellen leicht eingeschnürt. Paraphysen oben hellrotbraun.

An alten Feld- und Waldbäumen. Stellenweise. — (Collema nigrescens var. microphyllum Schaer.; Coll. fasciculare var. microphyllum Rbh.) *1003. C. microphyllum (Ach.) Kbr.*

** Sporen fast quadratisch.

Lager knorpelig, fast krustig, etwa 0,2 mm im Durchmesser, meist zerstreut, seltener zu etwa 0,5 mm grossen Gruppen vereinigt, körnig bis leicht gelappt, dunkelgrünbraun, angefeuchtet schwärzlich. Früchte winzig klein, anfangs ganz eingesenkt, mit punktförmiger, später bis etwa 0,1 mm erweiterter, rotbrauner Scheibe und dickem Lagerrande. Paraphysen oben ungefärbt. Schläuche keulig. Sporen anfangs kugelig, später quadratisch abgestumpft, zuerst kreuzweise 4 teilig, später mehrzellig, 11—14 μ diam

An der Rinde, besonders in den Rindenritzen alter Pappeln und Weiden, auch an Juglans regia. Selten. Jena, Westfalen, Baiern.

1004. C. quadratum Lahm.

Collemaceae.

b. Lager grossschuppig oder blattartig.
* Lager grossschuppig oder kleinblättrig, fast regelmässig kreisförmig verbreitet.
° Sporen grösser, 10,15 µ br., 32—38 µ lg.

Lager fast kreisrund, knorpelig-häutig, meist zerstreut, seltener dachziegelig gelappt, schwärzlichgrün, angefeuchtet weich. Lappen klein, anliegend, gerundet, fast nierenförmig, ganzrandig oder sehr seicht gekerbt. Früchte 1—2 mm breit, centralständig, angedrückt, flach, dunkelrotbraun, mit körnig-gezähntem Lagerrande. Paraphysen oben rotbraun. Schläuche breit keulig. Sporen länglich-elliptisch, anfangs 4 teilig, bald mauerartig vielteilig.

α. monocarpa Duf. — Lager wenig ausgebildet, zerstreut kleinlappig.
β. Metzleri Hepp. = C. livido-fuscum Kmphb.) — Lager häutig, aus gedrängt stehenden Lappen gebildet, schmutzig grünbräunlich, zuweilen mit rötlichem Anfluge. Lappen eingeschnitten-gekerbt. Sporen fast konstant 4 teilig. An Kalk- und Dolomitfelsen.

Auf nackter Erde, an Mauern, Felsen, zwischen Moosen. Stellenweise. — (Parmelia cheilea Wallr.; Collema crispum Rbh.)

1005. C. cheileum Ach.

** Sporen kleiner.
† Lager blaugrün, graugrün oder schmutzig grünlich.

Lager dünnhäutig, dicht angepresst, meist aus 1—2 mm grossen Lappen bestehend, blaugrün, dunkel lauchgrün oder schmutzig grünlich, angefeuchtet dunkler, quellend. Früchte zahlreich, oft das Lager fast ganz verdrängend, angedrückt, bis 2 mm diam., flach, gelbrot oder hellrotbraun, mit zartem, zuletzt kaum wahrnehmbarem Lagerrande. Schläuche breitkeulig, 4—6 sporig. Sporen ei-elliptisch, anfang 4 teilig, dann mauerartig mehrteilig, 10—14 µ br., 22 bis 30 µ lg.

Auf mässig feuchtem Thon- und Lehmboden, auf Erde über Mauern. Zerstreut. — (Collema glaucescens Hoffm.; C. prasinum Ach.; C. pulposum var. prasinum Schaer.) *1006. C. limosum Ach.*

Lager bis 2—3 cm grosse Rosetten bildend, häutig, angedrückt, trocken graugrünlich oder schmutziggrün, matt, angefeuchtet lauchgrün, quellend. Lappen flach anliegend oder aufsteigend, gerundet, wellig-gekerbt. Früchte zerstreut, bis 2 mm diam., anfangs eingesenkt, später vortretend, flach-schildförmig, hellbraunrot, mit dickem, gewöhnlich ganzrandigem Lagerrande. Schläuche breitkeulig. Sporen eiförmig, anfangs parallel 4 teilig, später mauerartig mehrteilig, 8—12 µ br., 14—22 µ lg.

α. coronatum Kbr. = multiflorum Hepp. — Lappen aufsteigend, kurz, derb, gedrängt, wellig-kraus.

Auf feuchtem Lehm- und Kalkboden, zwischen Moosen. Stellenweise.

1007. *C. tenax (Sw.) Kbr.*

†† Lager schwärzlichgrün, braungrün, braunschwarz bis schwarz.

Lager ziemlich dick, lederartig, rosettenförmig ausgebreitet, kleinblättrig, kerbig-geschweift, trocken runzelig, grünlich-schwarz, braunschwarz bis schwarz, angefeuchtet gelatinös - quellend, olivengrün. Früchte bis 1,5 mm gross, sitzend, flach, später leicht gewölbt, rotbräunlich, mit dickem, ungeteiltem Rande. Paraphysen oben gelbbräunlich. Sporen eiförmig oder länglich-elliptisch, meist zugespitzt, anfangs 4-, dann mehrteilig, 6—10 μ br., 15—22 μ lg.

α. granulatum Sw. — Lagerlappen wellig-kraus, blasig-körnig, gewölbt.
β. nudum Schaer. — Lappen glatt, strahlig-faltig.
* Lager kleinlappig-krustig, meist wenig entwickelt.

Auf mässig feuchtem Boden, auf Moosen, am Grunde alter Stämme etc. Verbreitet. — (Collema multiflorum Hepp.)

1008. *C. pulposum (Bernh.) Ach.*

Anm In den Formenkreis dieser Art durfte auch C. confertum Hepp. zu stellen sein.

Lager fast kreisrund, dachziegelig-lappig, trocken bräunlich- bis schwarzgrün, angefeuchtet fast gleichfarbig, gelatinös-quellend. Lappen wellig-faltig, mit gekräuseltem Rande. Früchte sitzend, anfangs vertieft, später flach, rotbraun, mit sehr dickem, ungeteiltem Lagerrande. Schläuche durch Jod gebläut. Sporen ei-elliptisch bis breit spindelförmig, anfangs parallel 4-, später mauerartig mehrteilig, 7—8 μ br., 17—24 μ lg.

β. fluctuans Kmphb. — Lappen zarter, mehr gestreckt.

Auf Kalk und kalkhaltigem Gestein. Zerstreut, doch in manchen Gebieten fehlend.

1009. *C. plicatile Ach.*

** Lager grossblättrig, zerschlitzt und gelappt.
° Auf Lehm- oder Kalkboden.
† Sporen zuletzt stets mauerartig-mehrteilig.
— Lagerlappen faltig-gewunden.

Lager fast kreisrund, dicklich, lederartig, unregelmässig lappigzerschlitzt, dicht bleigrau-bereift, angefeuchtet quellend, rötlichgrünlich-schwarz. Lappen vielfach, fast darmartig gewunden, welligfaltig, warzig-sprossend. Früchte 1—2 mm breit, anfangs eingesenkt, später sitzend, rotbraun, leicht gewölbt, mit verbogenem Rande.

Schläuche lang-keulig. Sporen oval-kahnförmig, anfangs 4-, bald mauerartig vielteilig, 2—3 mal länger als breit, mittelgross.
Auf Sandstein und Kalkfelsen. Selten. Westfalen, Baiern.

1010. C. molybdinum Kbr.

Anm.: Es standen mir nur sterile Exemplare zur Verfügung.

Lager kreisförmig, lederartig, sehr zäh, zerschlitzt, nackt, schwarzrot, bereift, angefeuchtet gelatinös-quellend, olivengrün. Lappen vom Centrum ausgehend, concav, wellig-faltig, fast gekröseartig-gewunden, bis über 1 cm lang, am Rande verdickt. Früchte im Centrum am Rande der Lappen stehend, sitzend, schwarzrot. Sporen länglich-eiförmig, anfangs 4-, bald vielteilig, etwa von Grösse der C. pulposum.
An Kalkfelsen. Selten. Baiern, Württemberg.

1011. C. turgidum Ach.

Lager knorpelig-lederartig, lappig-zerschlitzt, dunkelgrün bis grünschwärzlich, angefeuchtet quellend, heller, Lappen 2 — 3 mm breit, fast handförmig geteilt, rinnenförmig, gefaltet, am Rande gekerbt und verdickt, an den Enden ohrförmig gefaltet. Früchte fast gestielt, rotbraun, mit dickem, zuletzt zurückgebogenem Rande. Schläuche breit-keulig. Sporen anfangs 4-, später mehrteilig, 9 bis 12 µ br., 18—26 µ lg.
An Kalkfelsen. Selten. Schlesien, Oberfranken.

1012. C. conchilobum Fw.

— — Lagerlappen nicht faltig-gewunden.
§ Lager dünnhäutig.

Lager häutig, fast kreisrund, gelappt, olivenbraun. Lappen rundlich, dachziegelig, am Rande aufsteigend und in tiefschwarze, fingerförmig gestellte, zuletzt in corallinische, kurze Fortsätze zerschlitzt. Früchte fast eingesenkt, mit brauner Scheibe. Sporen gross, kahnförmig, vielteilig, fast hyalin, $3^{1}/_{2}$ bis 5 mal länger als breit.
An einer Strassenmauer bei Eichstädt in Baiern. Sehr selten.

1013. C. palmatum Schaer.

Anm.: Ich sah nur sterile Pflanzen.

Lager häutig, rosettenartig, bis 7 cm im Durchmesser, meist einblättrig, in 3 bis 4 breite, grosse Lappen geteilt, grünlichbraun bis grünlichschwarz. Unterseite fast gleichfarbig. Lappen im Centrum dachziegelig, nach aussen strahlig, anliegend, am Rande aufwärts gebogen, an den Enden abgerundet, aufwärts strebend, fast ganzrandig, oft körnig-kleiig. Früchte bis 1,5 mm gross, angedrückt, flach, braunrot, berandet. Schläuche breitkeulig. Sporen eiförmig, abgestumpft, 8—12 zellig, 9—12 µ br., 14—24 µ lg.

An feuchten Steinen und Felsen, selten auf alte Baumstämme übergehend. Zerstreut. — *1014. C. furvum Ach.*

§§ Lager dicklich, derbhäutig.

Lager gelappt, trocken knorpelig-zerbrechlich, grünlichschwarz, angefeuchtet gallertartig-quellend, olivengrün. Lappen kurz, dachziegelig sich deckend, mit welligem, kerbig-krausem Rande und eingeschnitten-gekerbten, fast kammartigen Enden. Früchte bis 2 mm gross, erhaben sitzend, anfangs vertieft, später flach, braun, mit gekerbtem, dickem Lagerrande. Sporen fast spindelförmig, 8—11 μ br., 16—24 μ lg.

An feuchten Kalkfelsen. Zerstreut. — (Collema melaenum Ach. v. cristatum Nyl) *1015. C. cristatum (L.) Schaer.*

Lager grossblättrig, fast starr, unregelmässig gelappt, schmutziggrün oder graugrünlich, angefeuchtet quellend, olivengrün. Unterseite hellgraugrün oder bleigrau. Lappen 5—15 mm breit, dachziegelig, gerundet, querrunzelig, meist körnig, an den Enden geschweift-gekerbt Früchte bis 1,5 mm breit, sitzend, anfangs vertieft, später flach, braunrot, erhaben berandet. Schläuche fast cylindrisch. Paraphysen oben mit schmalem, braunem Saume. Sporen elliptisch, unregelmässig mauerartig, 10—14 μ br., 25—30 μ lg.

Zwischen Moosen, an Felsen in der oberen Hügel- und Bergregion. Zerstreut. Selten fruchtend. — (Collema granosum Wulf. 1796.)

1016. C. auriculatum Hoffm. 1795.

Lager mehr oder weniger regelmässig kreisrund, bis 10 cm breit, anliegend, fast knorpelig, grossblättrig, strahlig-gelappt, schmutzig dunkelgrün bis grünschwarz, angefeuchtet quellend, dunkelgrün. Lappen verlängert, 1—2 mm breit, concav, fast fiederig oder handförmig geteilt, mit erhabenem, wellig gefaltetem Rande. Früchte 0,5 bis 2,0 mm breit, flach oder etwas vertieft, hellrotbraun, mit dickem, öfter crenuliertem Rande. Schläuche langkeulig. Sporen breit elliptisch, mauerartig mehrteilig, 10—13 μ br., 22—28 μ lg. Paraphysen mit bräunlichen Spitzen.

α. complicatum (Schl.) Schaer. — Lappen verlängert, seicht rinnenförmig, wiederholt eingeschnitten.
β marginale (Huds.) Schaer. — Lappen sehr schmal, rinnenförmig, mit gekrauselten Spitzen.
γ. jacobaeaefolium Schrk. — Lappen deutlich fiederig geteilt, schmal rinnenförmig.

Auf Kalkboden und an Kalkfelsen. Zerstreut. — (Collema melaenum Ach.)

1017. C. multifidum (Scop.) Kbr.

†† Sporen fast constant vierteilig.

Lager bis 2 — 4 cm grosse Rosetten bildend, strahlig - gelappt, schwarzgrün. Lappen sehr schmal, gedrängt, seicht eingeschnitten. Früchte zahlreich, oft das Lager fast völlig bedeckend, 0,5 bis 1,0 mm gross, meist gewölbt, dunkelbraun. Sporen länglich - elliptisch, an beiden Enden lang zugespitzt (schiffchenförmig), 7 — 8 μ br., 18—24 μ lg.

An Kalk- und Dolomitfelsen. Zerstreut. — (Collema multifidum var. polycarpon Schaer.) *1018. C. polycarpon (Schaer.) Kmphb.*

°° An Felsen unter Wasser.

Lager rosettig oder verbreitet, lederartig, locker aufliegend, grossblättrig, gelappt, schmutziggrünbraun, angefeuchtet quellend, dunkelgrün. Lappen verlängert, schmal, keilförmig, trocken seitlich zurückgerollt, fiederspaltig, an den rundlich-eingebogenen, fast kaputzenförmigen Enden eingeschnitten - gekerbt. Früchte ca. 1 mm breit, sitzend, anfangs punktförmig, später sich verflachend, rotbraun, dick berandet. Paraphysen an der verdickten Spitze hellbraun. Schläuche keulig. Sporen eiförmig oder elliptisch, anfangs parallel 4 teilig, bald mehrteilig, 10—14 μ br., 22—30 μ lg.

An überfluteten Granitfelsen im Gebirge. Selten.
1019. C. cataclystum Kbr.

151. *Leptogium* Kbr.

a. Lager ziemlich ansehnlich, lappig-zerteilt, meist netzförmig-runzelig.
  * Unterseite des Lagers gelblichweiss.

Lager häutig, ansehnlich, gelappt, bläulichgrau, zuletzt bräunlichgrau soreumatisch bestäubt, angefeuchtet sehr kraus. Lappen fast dachziegelig, ganzrandig oder gekerbt. Früchte erhaben sitzend, rotbraun, mit bleibendem Rande. Schläuche keulig-walzig. Sporen elliptisch-spindelförmig, 6—9 μ br., 20—26 μ lg., meist 4 teilig.

Zwischen Moosen an etwas feuchten Felsen. Selten. Lausitz, Sachsen, Rheinprovinz, Baiern. — (Collema cyanescens Schaer.; Leptogium tremelloides Anzi.) *1020. L. cyanescens (Schaer.) Kbr.*

  ** Unterseite des Lagers kaum heller als die Oberseite.

Lager lockerrasig, häutig, kleinblättrig, buchtig-gelappt, netzförmig-runzelig, graubräunlich oder blaugrau, angefeuchtet schmutziggrünlich, schlaff. Lappen gerundet, aufsteigend, ganzrandig oder wenig gekerbt. Früchte 0,3—5 mm breit, sitzend, flach, rotbraun, mit fast gleichfarbigem, dickem Rande. Paraphysen oben hellbraun.

Schläuche eng-keulenförmig. Sporen zu 4 — 8, elliptisch, beidendig zugespitzt, mauerartig vielteilig, 10—15 μ br., 24—40 μ lg.

α. scotinum Ach (= Leptog. scotinum Th. Fr.) — Lager kräftig, rosettig. Blättchen grösser. Normalform.
β. smaragdulum Kbr. (Collema Pollinieri Del.) — Blättchen klein, gedrängt, fast muschelförmig, bleigrau, feucht lauchgrün.

An Kalkfelsen und auf kalkhaltiger Erde zwischen Moosen, selbst unter Wasser. Ziemlich häufig; aber nicht oft fruchtend. — (Leptog. lacerum β. sinuatum Fw.; Collema atrocoeruleum b. sinuatum Rbh.)

1021. C. sinuatum (Huds.) Kbr.

Lager dünnhäutig, rasig, kleinblättrig, lappig-zerschlitzt, netzförmiggrubig, trocken blaugrau oder graubräunlich, sehr fragil, fast glänzend, feucht schlaff, grünlich. Lappen am Rande wimperig oder zähnig zerschlitzt. Früchte 0,3—5 mm breit, flach, hellbraunrot, mit dickem, erhabenem, weissbräunlichem, eigenem Rande. Paraphysen an der Spitze schmal hellbräunlich. Schläuche keulig, gross. Sporen elliptisch, beidendig gleichmässig zugespitzt, sehr regelmässig vielteilig, 10—16 μ br., 30—45 μ lg.

α. majus Kbr. — Lappen 2—4 mm breit, 1—2 cm hoch, meist einzeln, wimperig gezähnt, blau- bis braunlichgrau.
β. pulvinatum (Ach) — Lager dicht polsterförmig, braun bis dunkelbraun. Läppchen klein, am Rande fein zerschlitzt oder körnigstaubig. Selten fertil.
γ. lophaeum Ach. — Polsterförmig dunkelbraun. Blättchen vielfach zerrissen-geschlitzt, dicht wimperig-gefranzt. Steril.

Auf Steinen, Felsen, der nackten Erde zwischen Moosen, an Mauern etc. Häufig im Gebirge, in der Ebene seltener. — (Collema lacerum Ach.: Collema atrocoeruleum Schaer.: Leptog. atrocoeruleum Hall.)

1022. L. lacerum (Ach.) Fr.

b. Lager stets winzig- oder sehr kleinblättrig, lappig-zerschlitzt, oft zierlich dendritisch.

* Blättchen ungeteilt oder kaum gezähnt.

Lager kleinblättrig, zarthäutig, dicht polsterförmig, bleigrau bis braunrötlich. Blättchen bis 3 mm breit und hoch, gedrängt-dachziegelig, ungeteilt oder sehr wenig gelappt, meist ganzrandig. Rindenzellen 9—15 μ gross. Früchte bis 0,8 mm breit, meist zahlreich, sitzend, rotbraun, mit hellerem Rande, anfangs krugförmig, später flach. Paraphysen locker, an der Spitze bräunlich. Schläuche schlank, keulenförmig. Sporen elliptisch, beidendig zugespitzt, mauerartig vielteilig, 12—15 μ br., 30—36 μ lg.

Auf blosser Erde oder zwischen kurzem Gras und Moos an Heidestellen, auf Waldboden, an faulenden Baumstöcken. Zerstreut. — (Collema minutissimum Schaer.; Leptog. intermedium Arn.)

1023. L. minutissimum Flk.

** Lappen sternförmig-dichotomisch gegliedert.

Lager derbhäutig, unregelmässig sternförmig-dichotomisch zerschlitzt. Lappen ca. 0,5 mm breit, 2—3 mm lang, zuweilen fast pfriemenförmig, dicht angedrückt, etwas gewölbt, olivenbraun. Früchte sehr selten, klein, erhaben sitzend, rotbraun mit dunklerem Rande. Auf Kalkgestein. Selten. Westfalen, Baiern. — (Collema Schraderi Nyl.)
1024. L. Schraderi (Bernh.) Schaer.

Lager häutig, kreisrund, aus dicht dem Substrate aufgewachsenen feinst sternförmig-dichotomisch gegliederten, gewölbten, dunkelbraunen Läppchen bestehend. Früchte . . . . .
Auf Kalkgestein. Selten. Westfalen, Altmühlthal in Baiern. Nur steril bekannt, die äusserst zarten Läppchen sind nur durch scharfe Lupe erkennbar.
1025. L. diffractum Kmphb.

*** Blättchen vielfach zerfasert, fast corallinisch-körnig oder fast körnig-schuppig.

Lager polsterartig oder fast corallinisch-krustig, grünlich bis schwärzlichbraun. Blättchen sehr klein, linealisch, in sterilem Zustande vielfach zerrissen-gefasert, mit fingerförmig geteilten Enden, fruchtend minder zerteilt. Rindenzellen 3—5 μ gross. Früchte fast eingesenkt, anfangs krugförmig, später flach, bis 1,5 mm gross, rotbraun, mit dickem, eigenem und bald verschwindendem Lagerrande. Paraphysen oben breit braun gesäumt. Schläuche engkeulig. Sporen meist zu 8, ellipsoidisch, beidendig lang zugespitzt, mauerartig vielteilig, 9—12 μ br., 20—34 μ lg.

α. bolacinum Ach. — Lagerläppchen constant aufrecht, stielrund, verästelt.

Auf nackter Erde, zwischen Moosen, seltener an Steinen und Mauern. Verbreitet. — (Collema tenuissimum Mass.; C. atrocoeruleum δ tenuissimum Schaer.; Leptog. lacerum ε tenuissimum Fw.; Leptog. spongiosum (Sm.) Nyl.)
1026. L. tenuissimum (Dcks.) Kbr.

Anm.: Man achte auf die verhältnissmässig grossen, eingesenkten Früchte!

Lager sehr kleinblättrig oder körnig-krustenartig verbreitet, graubraun bis schwärzlichbraun, angefeuchtet quellend, grünlich. Blättchen sehr schmal linealisch, verschiedenartig zerschlitzt, oft sternförmig lappig, am Rande fingerig gezähnt. Rindenzellen 6—9 μ gross. Früchte 0,2—4 mm breit, angedrückt, meist centralständig, oft gehäuft, flach, dunkelrotbraun, mit gleichfarbigem, dickem, ungeteiltem Lagerrande. Paraphysen mit bräunlicher Spitze. Schläuche langkeulig, mit oft 1 reihig angeordneten Sporen. Sporen elliptisch,

Collemaceae.

meist abgestumpft, anfangs parallel 4—6 teilig, später mauerartig wenigteilig, 9—12 μ br., 22—30 μ lg.

Auf nackter Erde, altem Holze und Steinen. Ziemlich verbreitet. — (Collema subtile Ach.) 1027. *L. subtile (Schrad.) Kbr.*

**** Blättchen körnig-gelappt.

Lager sehr klein, rundlich-rosettenartig oder körnig-unterbrochenkrustig, schmutzig-bräunlich oder bräunlichgrün, feucht quellend. Rindenschicht fehlend. Früchte centralständig, 0,2—3 mm breit, erhaben sitzend, rotbraun, mit fast gleichfarbigem Rande. Schläuche fast cylindrisch, 8 sporig. Sporen elliptisch, parallel 4 teilig oder mauerartig mehrteilig, 8—11 μ br., 18—24 μ lg.

An feucht liegenden Kalksteinchen, Dolomitgeröll, sowie auf lehmiger Erde. Selten. Westfalen, Baiern. 1028. *L. pusillum Nyl.*

152. Mallotium Fw.

Lager derbhäutig, grossblättrig, buchtig-gelappt, bleigrau-bräunlich oder dunkelgraugrün bis schwärzlichgrün, glatt oder körnig-kleiig, angefeuchtet mit aufstrebenden, schwarzgrünen Lappen. Unterseite dicht mit kurzem, weissem Filze bekleidet. Lappen rundlich, ganzrandig. Früchte auf Ausstülpungen des Lagers sitzend, 0,5—1,0 mm breit, flach, rotbraun bis schwärzlichbraun, ganzrandig. Schläuche breitkeulig, 8 sporig. Sporen elliptisch, beidendig scharf zugespitzt, anfangs parallel 4 teilig, bald mauerartig 6—8 teilig, 10—11 μ br., 20—24 μ lg.

Am Grunde alter bemooster Laubbäume, gern an Buchen, seltener an Felsen. In gebirgigen Gegenden. — (Collema saturnium Ach.; Lichen myochrous Ehrh.; Mallotium myochroum Beltr.; Mallotium tomentosum (Hoffm.) Kbr.; Leptogium saturnium Th. Fr.)

1029. *M. saturnium (Dicks.)*

Anm.: Mallotium Hildenbrandii (Garov.) Kbr. — in südlichen Gegenden verbreitet — ist mir aus dem Gebiete nicht bekannt geworden. Diese Flechte unterscheidet sich von M. saturnium hauptsächlich durch stets einblättriges, runzelig-faltiges, buchtig-eingeschnittenes Lager und grössere, gewölbte Früchte. Die Unterseite ist mit beträchtlich längerem Filze bedeckt.

153. Polychidium Ach.

Lager strauchig, polsterförmig, braunschwarz. Stämmchen aufrecht oder niederliegend, rundlich-zusammengedrückt, fast dichotom verzweigt, dicht verwebt, mit abgestumpften Astspitzen. Früchte seitlich sitzend, bis 1 mm breit, zuletzt flach, rotbraun, berandet. Paraphysen mit braunen Spitzen. Schläuche bauchig-keulig, 8 sporig. Sporen länglich, beidendig abgerundet, zuweilen leicht gekrümmt, 6—7 μ br., 20—28 μ lg.

Zwischen Moosen und auf der Erde in der Berg- und subalpinen Region. Stellenweise. — (Leptogium muscicolum Fr.; Collema Ach.)

1030. *P. muscicolum (Sw.) Kbr.*

154. *Omphalaria Dur.*

a. Lager blättrig oder blasig-warzig bis krustig. Spermatien elliptisch. **Thyrea Mass.**

Lager knorpelig-lederartig, einblättrig, nabelig angewachsen, fast angedrückt, gelappt, schwarz oder schwarzbraun, zuweilen bläulich bereift. Lappen vielzerteilt, gedrängt. Früchte meist auf den Rändern der Lappen, eingesenkt, knotenförmig, später wenig hervortretend, fast krugförmig, mit bleicher Scheibe. Schläuche walzig, 8 sporig. Sporen elliptisch, ungeteilt, hyalin, 5—7 µ br., 12—16 µ lg.

An Kalk- und Dolomitfelsen. Ziemlich selten. Erzgebirge, Jena, Fränk. Jura, Baiern, Württemberg. — (Collema stygium var. pulvinatum Schaer.; Thyrea pulvinata Mass.)

1031. *O. pulvinata* (*Schaer.*) *Nyl.*

Lager kleinblättrig oder blasig-warzig, eine wulstig höckerige, rissige, ungleiche Kruste bildend, blaugrau, angefeuchtet schwammig, blauschwarz. Deckschicht staubig aufgelöst. Früchte bis 0,6 mm breit, eingesenkt, flach, braunrot, berandet. Paraphysen oben meist farblos. Schläuche keulig. Sporen kugelig oder elliptisch, zuweilen fast hantelförmig, 6—9 µ br., 8—16 µ lg.

An Kalk- und Dolomitfelsen. Selten. Schlesien, Westfalen, Aachen, Baiern. — (Thyrea decipiens Mass.)

1032. *O. decipiens* (*Mass.*) *Nyl.*

b. Lager aufrecht, stielförmig, rasenartig. Spermatien nadelförmig. **Peccania Mass.**

Lager zu kleinen Räschen zusammengedrängt, aus aufrechten, stengelartigen oder fast corallinischen Läppchen bestehend, schwarz, zuweilen bläulich bereift, angefeuchtet tiefschwarz. Früchte an den Spitzen der Lappen, flach, gleichfarbig, mit verschwindendem Rande. Schläuche kurzkeulig. Sporen fast kugelig-elliptisch, 9—13 µ breit, 11—16 µ lang.

In Felsspalten und an verwitterten Felswänden. Selten. Thüringen, Baiern. — (Corynophorus coralloides Mass.; Peccania coralloides Mass.)

1033. *O. coralloides* (*Mass.*) *Nyl.*

Anm.: Thyrea Veronensis Mass. wurde steril an Kalkfelsen bei Limburg an der Lenne gefunden. Es bleibt daher zweifelhaft, ob diese Flechte zur Gattung Omphalaria zu stellen ist.

155. *Plectospora Mass.*

Lager klein, lederartig, fast polsterig, kleinblättrig, weisslich genabelt, verworren-faltig, zuletzt knotig-warzig, braunschwarz, angefeuchtet quellend, grünlichschwarz. Früchte winzig klein, eingesenkt, mit zusammengezogener, kaum sichtbarer, punktförmiger Scheibe. Paraphysen kräftig, farblos. Schläuche keulig, 8 sporig. Sporen kugelig oder elliptisch, 5—7 µ br., 7—9 µ lg.

An Felsen, öfter grössere Strecken überziehend. Zerstreut. Schlesien, Westfalen, Fränk. Jura, Baiern, Württemberg. — (Arnoldia botryosa Kmphb.; Omphalaria botryosa Nyl.; Collema convolutum Kbr.)

1034. P. botryosa Mass.

Lager lederig, genabelt, angedrückt, wellig-faltig, ungeteilt, aschgrau, bereift, angefeuchtet olivengrün. Unterseite schwarzbraun. Früchte klein, kegelig-warzenförmig, abgestutzt, mit rötlichbrauner, meist grau bereifter Scheibe. Schläuche verlängert-keulig, 8 sporig. Sporen elliptisch-spindelförmig, zugespitzt, 6—9 μ br., 18—26 μ lg.

An Kalk-, seltener an Dolomitfelsen; in Baiern an mehreren Orten. — (Arnoldia cyathodes Kmphb.; Collema Nyl.)

1035. P. cyathodes Mass.

156. Psorotichia Mass.

a. Früchte sehr vertieft, gyalecten-artig.

Lager körnig-krustig, fleckartig zusammenhängend oder unregelmässig ausgebreitet bis zerklüftet, dunkelolivenbraun bis schwärzlich. Früchte 0,5—8 mm breit, echt biatorinisch, mit rotbrauner, concaver Scheibe und gleichfarbigem Rande. Sporen eiförmig, 5—7 μ breit, 10—16 μ lang.

Auf Kalksteinen. Selten. Westfalen, Rheinprovinz, Baiern. — (Physma Arnoldiana Hepp.; Leptogium Nyl.)

1036. Ps. Arnoldiana Hepp.

Lager ausgebreitet, kleinkörnig-warzig-krustig, zusammenhängend oder feinrissig, dunkelbraunschwarz bis schwarz. Früchte bis 0,5 mm breit, zahlreich, oft das Lager bedeckend, zuerst eingesenkt, später sitzend. Scheibe krugförmig, später sich erweiternd, hellbraunrot, mit gleichfarbigem, vortretendem Rande. Schläuche schmalkeulig. Sporen ellipsoidisch, 7—9 μ br., 16—22 μ lg.

Auf feuchtem Lehmboden. Selten. Schlesien.

1037. Ps. pelodes Kbr.

Lager ergossen, corallinisch-körnig, bis staubig aufgelöst, braunschwarz. Früchte sehr klein, sitzend, echt biatorinisch, rotbraun, mit hellerem, fleischfarbigem, wulstigem Rande. Schläuche keulig. Sporen länglich-elliptisch, 8—10 μ br., 18—26 μ lg.

Auf Keuper- und Schieferfelsen. Selten. Westfalen, Baiern.

1038. Ps. Rehmica Mass.

b. Früchte mit sich mehr verflachender Scheibe.

Lager schollig-warzig, zusammenhängend, bis corallinisch-körnig zerklüftet oder fast staubig, grünlichbraun bis schwärzlich, zuweilen bläulich angehaucht, angefeuchtet weich, leicht quellend, durchscheinend, schwarz. Früchte etwa 0,1 mm breit, eingesenkt, dunkelbraun, dick, wulstig berandet. Schläuche zahlreich, schmalkeulig. Sporen fast kugelig, 7—10 μ br., 9—14 μ lg.

An Felsen. Ziemlich selten. Schlesien, Westfalen, Süddeutschland. — (Pannaria Schaereri (Mass.) Kbr.)

1039. Ps. Schaereri Mass.

Sporen ellipsoidisch, 6—9 mm br., 12—15 μ lg. Sonst wie vor. Auf Sandstein. Selten. Westfalen, Baiern.

1040. Ps. arenaria Arn.

Lager körnig oder warzig-krustig, bald felderig-zerklüftet und etwas corallinisch-spreuartig, schwarz, zuweilen leicht bereift. Früchte sehr klein, anfangs geschlossen, später verflacht, zuerst scheinbar vom Lager berandet. Schläuche verlängert-keulenförmig, unregelmässig. Sporen eiförmig, 5—6 μ br., 10—14 μ lg.

An Kalkmauern und Kalkfelsen. Westfalen, Baiern, Württemberg.

1041. Ps. murorum Mass.

Lager ergossen, körnig-warzig, schwärzlich, angefeuchtet quellend, bläulichschwarz. Früchte sitzend, flach, braunschwarz bis schwarzblau, berandet. Schläuche langkeulig. Sporen elliptisch, 6,5—8 μ breit, 14—18 μ lang.

An Kalkfelsen des Donauufers bei Kelheim.

1042. Ps. riparia Arn.

Lager ergossen, dünn, gefeldert-schuppig, schwarz, matt. Früchte eingesenkt, bis 0,3 mm breit, braunrötlich, verflacht. Sporen elliptisch, 7—11 μ br., 11—23 μ lg. Jod färbt die Schlauchschicht weinrot.

An Kalk- und Sandsteinen. Selten. Westfalen, Baiern.

1043. Ps. diffundens Nyl.

157. *Enchylium Mass.*

Lager fast weinsteinartig, verbreitet oder körnig-höckerig bis staubig-warzig, graubraun bis schwärzlich, bereift, angefeuchtet quellend. Früchte klein, angedrückt, mit flacher, bräunlicher, angefeuchtet rötlicher Scheibe. Schläuche langkeulig, vielsporig. Sporen ei-elliptisch, 3—4 μ br., 7—10 μ lg.

An Kalk- und Dolomitfelsen. Selten. Baiern.

1044. E. affine Mass.

158. *Synalissa Fr.*

Lager knorpelig-lederartig, nabelig angewachsen, zu kleinen Polstern gedrängt. Lappen fast stielrund, hornartig, gleichhoch, fingerig-

vielzerteilt, schwarz. Früchte an den Spitzen der Lappen, ziemlich klein, gleichfarbig, anfangs punktförmig, später niedergedrückt-schildförmig, mit Lagerrand. Sporen elliptisch oder rundlich, mehr- (etwa 20-) zellig, 6—10 µ br., 12—16 µ lg.
Zwischen Moosen und anderen Flechten an Felsen. Selten. Böhmen, Baiern, Württemberg. — (Collema synalissum Ach.; Collema ramulosum Hoffm.; Synalissa Acharii Kmphb.; Synalissa symphorea (DC.) Nyl.) *1045. S. ramulosa (Schrad.) Kbr.*

159. Aphanopsis Nyl.

Lager dünn, schmutzig-schwarz. Gonidien gelblichgrün, rundlich. Früchte klein, halbkugelig, schwarz, matt. Schläuche rübenförmig, 53 µ br., 270—290 µ lg. Sporen eiförmig, zugespitzt, 13—15 µ br., 22—33 µ lg. Schlauchboden durch Jod nicht verändert.
Auf Lehmboden. Selten. Höxter in Westfalen.
1046. A. lutigena Lahm.

Lager sehr dünn, ergossen, schwärzlichbraun. Früchte grösser, braun. Schläuche keulig. Sporen selten regelmässig gestaltet, zuletzt zweiteilig, 9—10 µ br., 13—16 µ lg.
Auf Lehmboden. Selten. Westfalen. — (Lecidea terrigena Ach.)
1047. A. terrigena (Ach.) Nyl.

Anm.: Melanormia velutina Kbr. ist, wie schon Stein a. a. O. hervorhebt, gänzlich fallen zu lassen.

XXII. Fam.: Porocypheae Kbr.

Uebersicht der Gattungen.

a. Sporen farblos.

Lager krustenförmig, verbreitet, zuweilen corallinisch, trocken spröde, fast weinsteinartig, mit deutlicher Rindenschicht. Früchte eingesenkt, warzenförmig vortretend, vom Lagergehäuse bleibend umschlossen, mit punktförmiger Scheibe. Paraphysen zart, schlaff, oft dichotom geteilt. Schläuche langkeulig bis walzig, mit einreihig angeordneten Sporen. Sporen ellipsoidisch, einfach, hyalin.

Spore von Porocyphus areolatus.

Porocyphus Kbr.

b. Sporen gefärbt.

Lager krustig-schwammig. Gonidien dunkelbraun. Früchte kugelig, mit bleibendem Lagergehäuse. Sporen elliptisch, bald dunkelbraun, parallel 4teilig oder mauerartig mehrteilig. ***Naetrocymbe Kbr.***

Porocypheae.

160. *Porocyphus Kbr.*

a. Sporen zu 4 und 8 in den Schläuchen.

Kruste corallinisch-körnig, verbreitet, tiefrissig-gefeldert, grünlichbraun bis reinschwarz, angefeuchtet gleichfarbig. Früchte angefeuchtet 0,1—2 mm gross, gestutzt-kugelig, schwärzlich, mit punktförmiger, sich nie erweiternder, dunkelbrauner Scheibe und dickem Lagergehäuse. Paraphysen farblos, kürzer als die cylindrischen Schläuche. Sporen einreihig, kugelig oder breit elliptisch, gewöhnlich breit gesäumt, 8—10 µ br., 9—16 µ lg.

An Urgestein. Selten. Schlesien. Wahrscheinlich oft übersehen. — (Collema areolatum Fw.) *1048. P. areolatus (Fw.) Kbr.*

b. Sporen constant zu 8 in den Schläuchen.
* Auf Granit und Basalt vorkommend.

Kruste knorpelig-weinsteinartig, dick, mehr oder weniger verbreitet, feinrissig-gefeldert, schwarz, olivenfarbig oder rötlich angehaucht, angefeuchtet fast gleichfarbig. Früchte sehr klein, zahlreich, deutlich vortretend, abgestutzt-kugelig oder kurz kegelförmig, mattschwarz, um die porenartige Mündung glänzend. Schläuche walzigkeulig. Sporen eiförmig-elliptisch, ca. 6 µ br., 18 µ lg.

An überfluteten Granitfelsen und Steinen. Selten. Lomnitzfall in der Melzergrube, Erzgebirge, Kreutzeck im Allgäu. — (Psorotichia cataractarum Kbr. olim. ?) *1049. P. cataractarum Kbr.*

Anm.: Nach Koerber besitzt das angefeuchtete und dann abgetrocknete Lager einen an den Duft der Blüthen von Ligustrum oder Prunus Padus erinnernden Geruch.

Kruste fast kreisförmig, knorpelig-körnig, dünn, zuletzt felderigrissig, am Rande gezähnelt, schwarz, angefeuchtet aufquellend, olivengrünschwärzlich. Früchte nur angefeuchtet mit der Lupe erkennbar, zusammenfliessend, abgestutzt-kugelig, mit dunkler, porenartiger Mündung. Schläuche darmförmig. Sporen eiförmig-elliptisch, ca. 6 µ br., 9—15 µ lg.

An überspülten Granitblöcken. Selten. Boberbett bei Hirschberg in Schlesien, Mettlach an der Saar. — (Collema coccodes Fw.) *1050. P. coccodes (Fw.) Kbr.*

Kruste verbreitet, dünn, weinsteinartig-schorfig, schwärzlichbraun. Früchte klein, halb eingesenkt, mit anfangs geschlossener, punktförmiger, später breit geöffneter Mündung, schwärzlich. Schläuche darmartig. Sporen eiförmig, 8—10 µ br., 14—20 µ lg.

An überspülten Granitblöcken des Bobers im Sattler bei Hirschberg in Schlesien. — (Verrucaria Flotoviana Hepp.; Montinia Flotoviana Mass.; Thelochroa Flotoviana Mass.)
1051. P. Flotovianus (Hepp.) Müll.

Anm.: Vergl. Müller Arg. in Flora 1872 p. 505.

** Nur auf Kalk vorkommend.

Kruste fast weinsteinartig, ergossen, dünn, staubig-körnig, fein gefeldert, fast schwammig-compact, braungrau oder grauschwärzlich. Früchte sehr zahlreich, nicht zusammenfliessend, abgestutzt-kugelig, mit etwas hellerer, anfangs punktförmiger, zuletzt scheibenartig erweiterter Mündung. Schläuche cylindrisch. Sporen ei-kugelig, 5—6 μ br., 8—12 μ lg.

An Kalkfelsen. Selten. Baiern, Württemberg. — (Psorotichia riparia Kmphb.)   *1052. P. riparius Arn.*

161. Naetrocymbe Kbr.

Kruste schwammig, unregelmässig körnig-polsterig, schmutzigdunkelrotbraun, angefeuchtet schwärzlich. Früchte bis 0,2 mm breit, zahlreich, angedrückt, fast kugelig, schwarz. Scheibe anfangs punktförmig, später etwas erweitert, flach, schwarz. Gehäuse dunkelrotbraun. Schläuche bauchig-keulig. Sporen breit elliptisch, parallel 4 teilig oder mauerartig 6—8 teilig, zuletzt an den Teilstellen eingeschnürt, 10—12 μ br., 24—28 μ lg.

An Erlenzweigen bei Nimkau bei Breslau. (An Linden bei Salzburg.) — (Coccodinium Bartschii Mass.; Coccodinium Schwarzii Mass.)
1053. N. fuliginea Kbr.

B. Pyrenocarpi.

XXIII. Fam.: Phyllisceae Th. Fr.

Lager mit breitem Nabel angeheftet, blattartig, beidseitig berindet. Gonidien sattgrün. Früchte völlig eingesenkt, kugelig, mit weichem, farblosem, durch einen kurzen Hals in eine feine Pore sich öffnendem Gehäuse. Schläuche 8 — 16 sporig. Sporen elliptisch, 2 teilig, hyalin.   *Phylliscum Nyl.*

162. Phylliscum Nyl.

Lager einblättrig, rosettig, fast knorpelig, lappig-eingeschnitten, oder gekerbt, schwarz, angefeuchtet dunkelbraun, quellend. Früchte oft das Lager bedeckend, eingesenkt, mit tief eingedrückter Pore. Sporen breit-abgestutzt-elliptisch, 2 teilig, 4—5 μ br., 7—10 μ lg. Sporoblasten an der Berührungsstelle abgeplattet.

An Granitfelsen des Höllengrundes auf dem Kynast. — (Endocarpon phylliscum Whlbg.; Omphalaria silesiaca Kbr. Syst.; Phylliscum endocarpoides Nyl.)   *1054. Ph. silesiacum (Kbr.) Stein.*

XXIV. Fam.: Obryzeae Kbr.

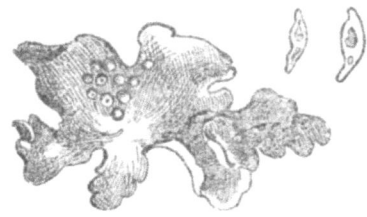

Obryzum corniculatum.
Zwei Sporen nach Rabenhorst.

Lager blattartig, buchtig zerschlitzt. Früchte klein, anfangs eingesenkt, mit krugförmig vertiefter, durchstochener Mündung, später vortretend, mit fast scheibenartig erweiterter Mündung. Schläuche 2—4-, selten 8 sporig, walzig-keulig. Sporen zugespitzt-eiförmig bis spindelförmig, beidendig verdünnt, hyalin.

Obryzum Wallr.

Anm.: Die Gattung Obryzum stellt gewissermassen eine Uebergangsform zu den echten pyrenocarpischen Flechten dar. Minks in I……, I……, p. 53 ff. stellt dieselbe zu Leptogium und reiht sie h nter L. atrocoeruleum ein. Nach ihm sind die Sporen mauerartig vielteilig, während Koerber, Rabenhorst u. A. dieselben als zweizellig angeben.

163. *Obryzum Wallr.*

Lager häutig, gallertartig durchscheinend, aufrecht, glatt, buchtig-zerteilt, bleigrau-bräunlich, angefeuchtet schlaff. Lappen bogig-spaltig, aufsteigend, abgestutzt, oder hornartig-eingekrümmt, kappenförmig eingebogen oder fast handförmig verbreitert, meist ganzrandig. Früchte klein, kugelig, dick berandet. Sporen 9—12 μ br., 27—40 μ lg. An moosigen Felsen, auf Waldboden der Gebirge. Stellenweise, doch sehr selten fruchtend. — (Thrombium corniculatum Wallr.; Collema Hoffm.; Leptogium Minks.)

1055. O. corniculatum (Hoffm.) Kbr.

Lager zarthäutig, am Grunde sehr verdünnt, aufrecht, gleichhoch und gleichförmig verästelt, mit gestutzten, schwarz werdenden Spitzen, runzelig-grubig, olivengrün. Früchte . . . .
Auf Gyps- und Kalkboden zwischen Moosen. Selten. Thüringen, Westfalen, Jura, Holland. — (Thrombium bacillare Wallr.; Collema Rbh.; Collema radiatum Smrft.)

1056. O. bacillare (Wallr.) Kbr.

XXV. Fam.: Lichineae Kbr.

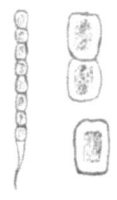

Schlauch und Sporen von Lichina confinis.

Lager corallinisch-krustig, oder strauchig, oder polsterförmig, meist nur 1 bis 3 mm hoch, starr, grünlichschwarz. Früchte gipfelständig, punktförmig, kugelig-kreiselförmig. Schläuche cylindrisch, lang gestielt. Sporen zu 8, vertical über einander stehend, ellipsoidisch-rectangulär, mit krumigem Inhalte.

Lichina Ag.

Byssaceae.

164. Lichina Ag.

Lager 1—3 mm hoch, rasig-strauchig, knorpelig, wiederholt dichotom verästelt, grünlichschwarz. Aestchen aufrecht, fast gleichhoch. Früchte endständig, kugelig-kreiselförmig, mit genabeltem, zuletzt durchbohrtem und etwas erweitertem Scheitel. Sporen breit gesäumt, mit gelblichem, krumigem, von der Sporenwand weit abstehendem Inhalte.

An vom Wasser bespülten Felsblöcken am Meeresgestade. Ostsee, Nordsee. — (Stereocaulon confinis Ach.; Thrombium glaciale Wallr. p. p.)

1057. *L. confinis Müll.*

Lager grösser, mehr sparrig-ästig, braunschwarz. Aeste tangartig verbreitert. Sonst wie vor. — An überfluteten Felsen am Meere. Nordsee. — (Thrombium glaciale Wallr. p. p

1058. *L. pygmaea Ag.*

2. Ordnung: Lichenes byssacei Kbr.

XXVI. Fam.: Byssaceae Kbr.

Uebersicht der Gattungen

a. Lagermembran wird durch Jod gefärbt.

Lager dünn, fadenförmig, unregelmässig verzweigt, dunkelbraun bis schwarz. Fäden mit centraler, weitmaschiger Hyphenaxe und am Rande schichtenweis lagernden Gonidien. Früchte in knoten- oder spindelförmigen Anschwellungen der Lagerfäden eingeschlossen. Kern weich. Paraphysen fehlen. Schläuche 8 sporig. Sporen ellipsoidisch, ungeteilt, oder undeutlich dyblastisch, hyalin. Spermogonien in kleinen Warzen. *Ephebe Fr.*

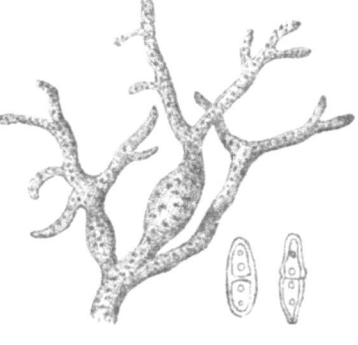

Ephebe pubescens. Vergrossert. Zwei Sporen.

Lager fadenförmig, verfilzt, schwarzbraun. Gonidien in der Längsaxe des Fadens einreihig. Früchte anfangs krugförmig, später erweitert, scheibenförmig. Schlauchboden weich, bräunlich. Paraphysen zart. Schläuche 8 sporig, walzig. Sporen ungeteilt, ellipsoidisch, hyalin. *Thermutis Fr.*

Anm.: Von voriger Gattung leicht durch die Anordnung der Gonidien und die scheibenförmigen Früchte zu unterscheiden.

b. Lagermembram durch Jod nicht gefärbt.

Lager zartfädig, strauchartig, zerbrechlich, rasig-polsterig. Fäden gegliedert, bestehend aus einem centralen Strang gestreckt-walzenförmiger, grünlicher Zellen, welcher rindenartig von dicht verwebten, septirten, braunen Zellen umgeben ist. Früchte unbekannt.

Cystocoleus Thwcites.

165. Ephebe Fr.

Diöcisch. Lager mässig verfilzt, mattschwarze Ueberzüge bildend. Fäden 1 bis 1,5 cm lang, brüchig, unregelmässig verästelt. Aeste kurz zugespitzt, meist eingebogen. Schläuche kurzkeulig. Sporen in der Mitte leicht eingeschnürt, 3—4 µ br., 11—16 µ lg. (Nylander). Spermogonien in kleinen Warzen. Spermatien walzig, 1 µ br., 5 µ lg.

An sonnigen, periodisch überrieselten Felsen. Zerstreut. — (Collema pubescens Schaer.; Coll. velutinum b. pubescens Rbh.; Stigonema atrovirens Ag.)

1059. E. pubescens (L.) Fr.

Lager sehr zart, verworren-strauchartig, olivenbraun. Aestchen leicht gekräuselt. Gonidienschnüre in sich kreuzenden Spiralen. Früchte . . . . .

An Baumstämmen. Selten. Dresden.

1060. E. byssoides Curringt.

166. Thermutis Fr.

Monöcisch. Lager dicht verfilzt, polsterartig, schwarzbraun. Fäden meist einfach, bis 5 mm lg, brüchig, angefeuchtet weich. Früchte 0,3 mm breit, sitzend. Scheibe glänzend braunschwarz, vertieft, wulstig berandet. Schläuche walzig. Sporen fast einreihig, kugelig-elliptisch, 7 µ br , 9—10 µ lg. Spermatien breit elliptisch, 1 µ br., 2 µ lg.

Auf Gestein. Im Hochgebirge verbreitet, doch fast stets steril. — (Collema velutinum Ach.; Thermutis pannosa Fr.; Stigonema pannosum Ktz.)

1061. Th. velutina (Ach.) Kbr.

Lager fast borstig, filzig, schwarzbraun. Fäden mit gespreizten, hornförmig gekrümmten Aesten. Früchte mir unbekannt.

An nassen Felswänden. Erzgebirge, Harz. — (Stigonema solidum Ktz.)

1062. Th. solida (Ktz.) Rbh.

167. *Cystocoleus Thweites.*

Lager aufrecht, sehr ästig, brüchig, schwarz. Fäden gegliedert. Glieder walzenförmig, meist doppelt so lang als dick. An Sandsteinfelsen. Stellenweise. — (Racodium rupestre Pers.; Conferva ebenea Dillw.?) *1063. C. ruprestris (Pers.) Thweites.*

Nachtrag.

Seite 180 ist einzuschalten:

Lager sehr dünn, fleckenartig, dunkelgrau. Früchte sehr klein, angedrückt, rundlich, flach, dünn berandet, mattschwarz, angefeuchtet wenig heller. Schläuche keulig, 20—24 μ lg. Sporen zu 8—12, eiförmig, 2—2,5 μ br., 5 μ lg. Paraphysen an der Spitze keulig verdickt, verleimt. Schlauchschicht durch Jod anfangs gebläut, später weinrot gefärbt.

Bisher nur an einem Bretterzaun beim Steinkrug am Waldrand des Solling. *1064. Biatora Huxariensis Beckh.*

Anm.: Diese kleinste aller Biatora-Arten ist nur angefeuchtet mit der Lupe zu erkennen. Die Früchte ähneln sehr den Spermogonien von Opegrapha vulgata.

Druckfehler-Berichtigung.

Seite 56, Z. 8 v. oben statt Nephroma lies Nephromium Nyl.
„ 80, sub 195 „ G. „ P.
„ 83 hinter Harpidium setze Kbr.
„ 99, „ 246 statt tetraspora lies tetrasporum.
„ 99, „ 248 „ erythrocarpa „ erythrocarpum.
„ 179 statt *** setze c.
„ 134/35 sind zwei Arten irrthümlich unter No. 364 aufgeführt.
„ 252, sub 780 statt pusillum lies pusiolum.

Register.

	Seite
Abrothallus De Ntr.	182
— microspermus Tul.	182
— parmeliarum (Smrft.)	182
— Usneae Rbh.	182
— vidus Kbr.	182
Acarospora Mass. (73) 83	83
— castanea Kbr	84
- chlorophana Whlbg.	83
— cineracea Nyl.	85
— cervina Br. et Rostr.	84
— v. vulgaris Kbr.	84
— discreta (Ach.) Th. Fr.	85
α. foveolata Kbr.	85
β. vulgaris Kbr.	85
* belonioides (Nyl.)	85
— flava (Bell.) Stein	83
α. chlorophana (Whlbg.)	83
β. oxytona (Fr.)	83
— fuscata (Schrad.) Th. Fr.	84
var. rufescens (Turn.)	84
※ smaragdula (Whlbg.)	84
** sinopica (Whlbg.)	84
— glaucocarpa (Whlbg.) Kbr.	84
α. vulgaris Kbr.	84
※ conspersa (Fr.)	84
β. rubricosa (Ach.)	84
var. percaena Kbr.	84
var. microcarpa Norm	86
— glebosa Kbr.	86
— Heppii (Naeg) Kbr.	86
— oligospora Nyl.	86
— peliocypha (Whlbg.) Th. Fr.	85
f. Steinii Kbr.	84
— rugulosa Kbr.	85
— sinopica Kbr.	84
— smaragdula Kbr	85
v. foveolata Kbr	85
v. vulgaris Kbr.	84. 85
— squamulosa (Schrad.) Th. Fr.	84
— truncata Mass.	85
— Velana Kbr.	282

	Seite
Acarospora velana Mass.	86
— Veronensis Mass.	85
Acolium (Ach.) De Ntr. (246)	247
— corallinum (Hepp.) Kbr.	249
— inquinans Sw.	248
— lucidum (Th. Fr.) Rbh.	249
— montellicum Beltr.	248
— Notarisii (Nyl.) Tul.	248
— ocellatum (Fw.) Kbr.	248
— sessile Pers.	247
— stigonellum Ach.	247
— tigillare (Ach.) De Ntr.	249
— tympanellum Ach.	248
— viridulum Kbr	249
Acrocordia Mass. (290)	292
— bifornus Borr.	293
f. dealbata Lahm.	293
— conoidea (Fr.) Kbr	293
— dimorpha Kbr.	293
— galbana Kmphb	268
- - Garovaghi Mass.	293
— gemmata (Ach.) Kbr.	292
α. alba (Schrad.)	292
β. sphaeroides (Wallr.)	292
— glauca Kbr	292
— polycarpa Kbr	292
— tersa Kbr.	292
Actinopelte Theobaldi Stitzenb.	61
Agyrium spilomaticum Anzi	224
Alectoria Ach. (4)	9
— arenaria Kbr.	11
— articulata Lk.	7
- bicolor Nyl.	8
— jubata (L.) Ach.	8
— nigricans (Ach.) Nyl.	10
— ochroleuca (Ehrh.) Nyl.	10
var. nigricans Kbr.	10
— sarmentosa Ach.	9
α. crinalis (Ach.)	9
— thrausta Ach.	11
— Thulensis Th. Fr.	10

Register.

	Seite
Alectoria tristis Fr.	9
Amphiloma callopismum Kbr.	74
— candicans Dicks.	76
— cirrhochroum Kbr.	76
— coeruleobadium Hepp.	71
— elegans Kbr.	74
— lanuginosum Nyl.	71
— microphyllum Hepp.	70
— murorum Kbr.	75
— v. steropeum Kbr.	96
— rubiginosum Hepp. var. Jungermanniae Hepp.	68
— triptophyllum Hepp.	69
Amphoridium Mass.	279
— dolomiticum Mass.	279
— Hochstetteri (Fr.) Arn.	279
— Leightoni Mass.	279
— marmoreum (Scop.)	280
α. Hoffmanni Kbr.	279
β. rosea Mass.	279
— mastoideum Mass.	280
— purpurascens Mass.	280
— saprophilum Mass.	280
— Veronense Mass.	280
Anaptychia aquila Mass.	48
— ciliaris Kbr.	47
— leucomelas Kbr.	47
— speciosa Mass.	47
— stellaris	49
v. Caricae Mass.	49
Aphanopsis Nyl. (307)	325
— lutigena Lahm.	325
— terrigena (Ach.) Nyl.	325
Arnoldia botryosa Kmphb.	323
— cyathodes Kmphb.	323
Arthonia Ach. (237)	238
— anastomosans Zw.	238
— aspera Lght.	240
— biformis Schaer.	227
— caesia Fw.	239
— cinereopruinosa Schaer.	240
v. lobata Nyl.	242
— cinnabarina Wallr.	241
— confluens (Hepp.) Kbr.	242
— didyma Kbr.	243
— dispersa Schrad.	243
— elegans Ach.	241
— epipasta Kbr.	243
— fuliginosa Kmphb.	244
— fuliginosa (Turn.) Kbr.	239
— fusca Hepp.	244
— fuscocinerea Zw.	238
— galactites (DC.) Duf.	241

	Seite
Arthonia gibberulosa Ach.	235
— glaucomaria Nyl.	243
— globulosaeformis Hepp.	240
— gregaria (Weig.) Kbr.	241
α. cinnabarina DC.	240
β. obscura Schaer.	240
— griseoalba Anzi	243
— impolita (Ehrh.) Schaer.	239
— lecideoides Th. Fr.	242
— lilacina (Ach.) Kbr.	240
— lobata (Flk.) Mass.	239
— var. decussata Fw.	239
— lurida Ach.	245
— marmorata (Ach.) Nyl.	242
— mediella Nyl.	240
— medulosa (Ach.)	242
— microscopica Ehrh.	243
— minutula Nyl.	243
α. conspersa Kbr.	243
β. Cytisi Kbr.	243
γ. dispersa Schrad.	243
— moriformis Ach.	150
— obscura (Pers.) Lght.	243
— ochracea Duf.	241
— pineti Kbr.	243
f. decipiens Kbr.	243
— populina Mass.	241
— pruinosa v. lobata Flk.	239
— punctiformis Ach.	241
— punctiformis Mass. (290)	241
— radiata Pers.	243
α. Swartziana Ach.	243
β. cinerascens Ach.	243
γ. astroidea Ach.	243
δ. radiata Ach.	243
— Ruanum Mass.	238
— ruderalis Nyl.	244
— sorbina Kbr.	242
— Sordaria Kbr.	240
— spectabilis Fw.	238
— stellaris Kmphb.	241
— trabinella Th. Fr.	240
— trachylioides Nyl.	242
— vulgaris Schaer	243
f. obscura Kbr.	243
Arthonieae Kbr.	237
Arthopyrenia Mass. (290)	293
— analepta (Ach.) Mass.	294
f. pyrenastrella Nyl.	294
f. betulae Zw.	294
— antecellens (Nyl.)	295
— Aspiciliae Lahm.	296
— carpinea Müll.	300

Register. III

	Seite
Arthopyrenia cerasi (Schrad.) Mass.	296
— discreta Metzler	294
— dispersa Lahm.	296
— fallax Nyl.	294
— Fraxini Mass.	295
— fumago Kbr.	296
— Wallr.	296
— globularis Kbr	295
— grisea (Schl.) Kbr.	295
— grisea Mass.	295
— inconspicua Lahm.	294
— Kelpii Kbr.	294
— Laburni Lght.	295
— Leightoni Zw.	297
— Lomnitzensis Stein.	293
— microspila Kbr.	296
— minuta Mull.	299
— Neesii Kbr.	296
— olivacea Mass.	267
— Padi Rbh	294
— Persoonii Mass.	296
— Porocyphi Stein.	296
— punctiformis Pers.	296
— v. olivacea Lght.	297
— rhypontha (Ach.) Mass.	296
— saricola Mass.	294
— socialis Kbr	293
— stenospora Kbr	295
Arthothelium Mass.	237
— Beltramineanum Mass.	237
— Flotowianum Kbr.	238
— fuscocinereum (Zw.) Kbr.	238
— Lahmianum Kbr.	238
— Ruanum (Mass.) Kbr.	238
— spectabile (Fw.) Mass.	238
Arthrorhaphis Th. Fr. (148)	156
— flavovirescens (Borr.) Th. Fr.	156
Arthrosporum Mass. (187)	222
— accline (Fw.) Kbr.	223
Aspicilia (Mass.) Th. Fr. (88)	116
— alpina (Smrft.)	120
α. cinerascens Th. Fr.	120
β. sulphurea Th. Fr.	120
— aquatica (Fr.) Kbr.	117
— baduosta (Hepp.) Kmphb.	118
— bohemica Kbr.	121
α. genuina Kbr.	121
β. fluviatilis Kbr.	121
— calcarea (L.) Kbr.	119
α. concreta (Schaer.)	118
* farinosa (Flk.)	118
— ochracea Kbr.	118
β. contorta (Hoffm.)	119

	Seite
Aspicilia	
γ. Hoffmanni (Ach.)	119
v. Lundensis Kbr.	119
— ceracea Arn.	121
— chrysophana Kbr.	122
— cinerea (L.) Kbr.	118
v. alpina Kbr.	118
v. laevata Kbr.	119
— cinereorufescens (Ach.) Th. Fr.	120
— cinereorufescens Kbr.	120
— complanata (Kbr.) Stein.	121
— epulotica Kbr.	123
v. ceracea Kbr.	121
v. lacustris Kbr.	121
— flavida Hepp.	117
— fumida Arn.	120
— gibbosa (Ach.) Kbr.	119
α. vulgaris Kbr.	119
* pormoidea Fw.	119
β. laevata (Ach.)	119
γ. squamata Fw.	119
δ. subratica Zw.	119
— lactea Mass.	120
— lacustris (With.) Th. Fr.	121
— melanophaea Kbr.	209
— micrantha Kbr.	117
— microlepis Kbr.	121
— mutabilis (Ach.) Kbr.	117
— Myrini (Fr.) Stein	118
— obscurata (Fr.) Nyl.	119
— ochracea Mudd.	117
— odora Kbr.	123
— phaeops (Nyl.)	120
— Prevostii Anzi	123
— sanguinea Kmphb.	120
— stictica Kbr.	120
— suaveolens Kbr.	122
— tenebrosa Kbr.	203
— verrucosa (Ach.) Kbr.	117
Astroplaca opaca Kbr.	144
Atichia Ach.	306
— glomerulosa (Ach.)	306
— Mosigii Fw.	306

B.

Bacidia De Ntr. (148)	151
— abbrevians (Nyl.) Th. Fr.	156
— abstrusa Kbr.	130
— acerina (Pers.) Arn.	152
— albescens (Arn.) Zw.	153
— anomala Kbr.	154

	Seite
Bacidia Arnoldiana Kbr.	154
α. vulgaris Kbr.	154
β. inundata Kbr.	153
— arceutina (Ach.) Arn.	154
— atrogrisea Arn.	152
— atrosanguinea (Schaer.) Th. Fr.	154
α. corticola Th. Fr.	154
β. alpina (Hepp.) Th. Fr.	154
γ. irrorata Th. Fr.	154
— Beckhausii Kbr.	155
α. obscurior Th. Fr.	155
β. poliaena (Nyl.) Th. Fr.	155
γ. stenospora Hepp.	155
— carnea Mass.	128
— carneola De Ntr.	128
— coerulea Kbr.	155
— endoleuca (Nyl.) Kickx.	152
— egenula (Nyl.) Th. Fr.	156
— fagicola Arn.	128
— fraxinea Lönnr.	152
— Friesiana (Hepp.) Kbr.	155
f. violacea Arn.	155
— fuscorubella (Hoffm.) Arn.	152
α. polychroa Th. Fr.	152
β. phaea (Stitzenb.) Th. Fr.	152
— herbarum (Hepp.) Arn.	153
— holomelaena Anzi.	163
v. corticola Anzi	163
— incompta (Borr.) Anzi	156
α. prasina Lahm.	156
— inundata (Fr.) Kbr.	153
α. lignorum Fr.	153
β. lacustris (Ach.)	153
— mollis Th. Fr.	162
— muscorum (Sw.) Arn.	155
α. Bagliettoanum (Mass.)	155
β. viridescens (Mass.)	155
— perpusilla Th. Fr.	162
— pezizoidea Schleich.	155
— phacodes Kbr.	153
— polychroa Kbr.	152
— propinqua (Hepp.) Arn.	154
— rosella (Pers.) De Ntr.	151
— rubella (Ehrh.) Mass.	152
α. luteola (Schrad.) Th. Fr.	151
* vulgaris Kbr.	151
** fallax Kbr.	151
β. porriginosa (Turn.) Arn.	152
γ. assulata Kbr.	152
v. coronata Kbr.	152
— turgidum Hellb.	163
— umbrina Br. et Rostr.	162
α. psotina Fr.	162

	Seite
Bacidia vexans Stitzenb.	154
Bactrospora Mass.	236
— dryina (Ach.) Mass.	236
Bactrosporeae Kbr.	236
Baeomyceae	183
Baeomyces (Pers.) Fr.	183
— caespiticius Pers.	28
— cenoteus Ach.	27
— delicatus Ach.	28
— fimbriatus Ach.	22
— icmadophilus Nyl.	103
— papillaria Ach.	29
— placophyllus Whlbg.	184
— pocillus Ach.	22
— roseus Pers.	183
— strepsilis Ach.	28
— verticillatus Whbg.	20
Beckhausia nitida Hpe.	297
Belonia Kbr. (133).	139
— Russula Kbr.	139
Berengeria Trevis	
— atrocinerea Trevis.	91
— sophodes Trevis.	89
— caesiella Trevis.	92
Biatora Fr. (149)	168
— abstrusa Bayrhoffer	130
— aenea (Duf.) Arn.	175
— Ahlesii Kbr.	178
— alba Schleich.	211
— albohyalina (Nyl.) Arn.	172
— ambigua Mass.	177
— anomala Fr.	166
v. minuta Schaer.	181
— asserculorum (Ach.) Arn.	180
— athallina Hepp.	201
— atomaria (Th. Fr.)	176
— atrogrisea Del.	152
β. anomala Hepp.	154
— atrorufa Kbr.	145
— atrosanguinea Fr.	177
— atroviridis Hellb.	180
— aurantiaca Fr.	96
— Bauschiana Kbr.	180
— botryosa Fr.	178
— byssacea Zw.	166
— Cadubriae Mass.	179
— campestris Fr.	150
— carnea Kbr.	171
— carneola Fr.	128
— cartilaginea Lönnr.	177
— chalybaea Hepp.	201
— chondrodes Mass.	181
— cinnabarina (Smrft.) Fr.	169

Register.

	Seite		Seite
Biatora coarctata (Sw.)	169	Biatora icmadophila Fr.	103
α. ornata (Smft). Th. Fr.	168	— immersa (Web.) Arn.	181
β. elachista (Ach.) Th. Fr.	168	— inundata Fr.	153
* terrestris Fw.	168	— intumescens Hepp.	214
** cotaria (Ach.)	169	— Laureri Fw.	176
*** deliciosula Th. Fr.	169	— Laureri Hepp.	212
γ. obtegens Th. Fr.	169	— leucophaea Flk.	175
var. contigua Kbr.	168	α. genuina (Kbr.) Th. Fr.	175
var. genuina Kbr.	168	β. griseoatra (Fw.) Th. Fr.	175
var. microphyllina Kbr.	168	— leucoplaca Hepp.	200
— commutata Ach.	166	— Lightfootii (Sm.) Hepp.	173
— conglomerata Kbr.	171	— lithinella (Nyl.)	171
v. ligniaria Kbr.	172	— lucida (Ach.) Fr.	170
— consanguinea Anzi	175	— lurida Fr.	144
— cuprea Hepp.	157	— luteola f. endoleuca Nyl.	152
— cyclisca Mass.	181	— lygaea (Ach.)	173
— Decandollei Hepp.	180	— Massalongii (Kbr.) Stein.	169
— decipiens Fr.	144	— Metzleri Kbr.	181
— decolorans Fr.	174	— micrococca Kbr.	164
— demissa Fr.	145	— microphylla Rbh.	70
— denigrata Fr.	167	— minuta Schaer.	181
— denigrata Kbr.	211	— misella Falk.	180
— deusta Mass.	177	— mixta Fr.	165
— dolosa Hepp.	235	— mollis (Whlbg.) Th. Fr.	173
— Ehrhartiana Kbr.	164	α. aggregata Fw.	173
— elachista Kbr.	176	β. albescens Kbr.	173
— epulotica Hepp.	123	— Monasteriensis Müll.	151
v. Prevostii Hepp.	123	— Mosigii Hepp.	203
— erythrocarpa Fr.	99	— Naegelii Hepp.	158
— erythrophaea (Flk.) Th. Fr.	179	— Nylanderi Anzi	176
— exigua Chaub.	180	— ochracea Hepp.	177
— fagicola Hepp.	128	— ochrocarpa Kbr.	171
— ferruginea Fr.	98	— ostreata Fr.	143
— flexuosa Fr.	175	— pachycarpa Fr.	182
— Friesiana Hepp.	155	— panaeola Fr.	175
— fuliginea (Ach.) Fr.	179	— phaea Kbr.	217
— fusca (Schaer.) Th. Fr.	177	— phaeostigma Kbr.	179
α. sanguineoatra (Wulf.) Th. Fr.	177	— picila Mass.	178
β. atrofusca (Fw.) Th. Fr.	177	— pineti Rbh.	163
γ. tristior Nyl.	177	— planorbis Kbr.	177
— fuscolutea Stenh.	98	— Poetschiana Kbr.	174
— fuscorubens (Nyl.)	177	— polychroa Th. Fr.	152
— gelatinosa (Flk.) Stein.	175	— polytropa Fr.	112
— geochroa Kbr.	176	— Kbr.	112
— gibberosa (Ach.) Arn.	172	— Prevostii Rbh.	123
— glebulosa Fr.	174	— pullata Norm.	180
— globifera Fr.	144	— pungens Kbr.	208
— granulosa (Ehrh.) Rbh.	174	— quernea (Dicks.) Fr.	170
f. dealbata Rbh.	174	— rivulosa (Ach.) Fr.	173
— helvola Kbr.	172	f. corticola Fr.	173
— Huxariensis Beckh	331	f. saxico Fr.	173
— hyalinella Kbr.	179	v. corticola Fr.	173
		α. superficialis Schaer.	173

Sydow, Flechten. 22

VI   Register.

Biatora   Seite
  β. mollis Whlbg. 173
  γ. Kochiana Kbr. 173
— rosella Fr. 151
— Rousselii Dur. et Mont. . . . 150
— rugulosa Hepp. 101
— rupestris (Scop.) Fr. 169
  α. rufescens (Lghtf.) . . . 169
  β. calva (Dicks.) 169
  γ. incrustans (DC.) 169
  var. terricola Anzi . . . 170
— Salweii Th. Fr. 184
— sarcopisoides Mass. 176
— Siebenhaariana Kbr. 170
— silvana Kbr. 172
— similis Mass. 210
  f. corticola Kbr. 210
— straminea Stenh. 115
— symmicta Fr. 114
— symmictella (Nyl.) Arn. . . 171
— tabacina Fr. 147
— tabescens Kbr. 177
— tenebricosa Norm. 179
— terricola (Anzi) Th. Fr. . . 170
— testacea Fr. 143
— trachona (Ach.) 180
— trisepta Naeg. 161
— triptophylla Rbh. 69
— turfosa v. verrucula Norm. . . 213
— turgida Ach. 189
— Turicensis Hepp. 103
— uliginosa (Schrad.) Fr. . . . 178
  α. humosa (Ehrh.) 178
  β. argillacea Kmphb. . . . 178
— vernalis (L.) Fr. 171
—   „   Kbr. 177
  v. conglomerata Fr. 171
  v. effusa Fr. 172
  v. sanguineoatra Fr. 177
— viridescens (Schrad.) Fr. . . 174
  α. gelatinosa Kbr. 175
  β. putrida Kbr. 174
— Wallrothii (Spr.) Fr. 174
— Wilmsii Lahm. 171
Biatorella De Ntr. (148) . . . 150
— campestris Th. Fr. 150
— fossarum (Duf.) Th. Fr. . . 150
— germanica Mass. 151
— improvisca Almqv. 150
— Monasteriensis Lahm. . . . 151
— moriformis (Ach.) Th. Fr. . . 150
— pinicola (Mass.) Th. Fr. . . 151
  f. nemorosa Arn. 150
— truncata Mass. 85

Biatoridium Monasteriense Kbr. . . 151
Biatorina Mass. (142) 163
— adpressa Hepp. 165
— arceutina Kbr. 165
— Arnoldi Kmphbr. 168
— atropurpurea (Schaer.) Mass. 165
  f. adpressa (Hepp.). 165
— Bouteillii (Desm.) Arn. . . . 167
— commutata (Ach.) Mass. . . . 166
— cyrtella Kbr. 102
—   „ Th. Fr. 102
— diaphana Kbr. 167
— diluta (Pers.) Th. Fr. . . . 163
— Ehrhartiana (Ach.) 164
— erysiboides (Nyl.) Th. Fr. . . 164
— globulosa (Flk.) Kbr. 166
— Griffithii Kbr. 165
— Hohenhübelii Poetsch. 167
— insularis Hepp. 104
— lenticularis (Fw.) Kbr. . . . 168
  α. vulgaris Kbr. 168
  β. erubescens (Fw.) Th. Fr. 168
  γ. punctulata (Kbr.) 168
— Lightfootii Kbr. 173
— lutea (Dicks.) Kbr. 163
— micrococca (Kbr.) 164
— minuta Garov. 168
— Neuschildii Kbr. 165
— nigroclavata Nyl. 167
— nivalis Th. Fr. 77
— pilularis Kbr. 164
— pineti Kbr. 163
— prasina Fr. 166
  α. laeta Th. Fr. 166
  β. byssacea (Zw.) Th. Fr. . 166
— proteiformis Mass. 103
  v. ceramomea Mass. 103
  v. dispersa Mass. 103
  v. lecideina Mass. 103
— pyracea Kbr. 77
— rubicola Crouan. 167
— rugulosa Kbr. 101
— sambucina Kbr. 103
— silvestris Arn. 102
— sphaeroides Mass. 164
— synothea (Ach.) Kbr. 167
  β. chalybaea Hepp. 167
— tricolor (With.) 165
— Turicensis Mass. 103
— vernicea Kbr. 165
— vernicea Kbr. 102
Biatorineae 148

Register. VII

	Seite
Bilimbia De Ntr. (149)	156
— *accedens* Arn.	159
— bacidivides v. chlorotica Kbr.	157
v. cuprea Kbr.	157
— badensis Kbr.	158
— *Borborodes* Kbr.	160
— *chlorococca Graewe.*	161
— chlorotica Mass.	157
— *cinerea (Schaer.)* Kbr.	157
— coprodes Kbr.	157
α. *normalis* Th. Fr.	157
β. *seposita* Th. Fr.	157
— cuprea Mass.	157
— *cupreorosella (Nyl.) Stitzenb.*	157
— delicatula Kbr.	157
— *effusa* Awd.	158
— erysibe Kbr.	103
— faginea Kbr.	158
— fusca Lonnr.	159
— *fuscoviridis Anzi*	157
— *hypnophila (Ach.)* Th. Fr.	159
— *leucoblephans* Arn.	160
— ligniaria (Ach.) Stein.	160
— *marginata* Arn.	159
— *melaena (Nyl.)* Arn.	161
— *microcarpa* Th. Fr.	158
— micromma v. annulata Arn.	160
— *milliaria (Fr.)*	160
f. *ligniaria (Ach.)*	160
f. *satigena Lghtf.*	160
v. lignaria Kbr.	161
— minutula Kbr.	167
— muscorum v. accedens Arn.	159
— *Naegelii (Hepp.) Anzi*	158
— *Nitschkeana Lahm.*	161
— obscurata *(Smrft.)* Th. Fr.	159
— protuberans Mass.	132
— *sabulosa* Kbr.	160
f. *terrigena*	160
f. *muscicola*	160
— *sphaeroides (Dicks.)* Th. Fr.	158
f. *corticola* Th. Fr.	158
v. muscorum Kbr.	158. 159
v. terrigena Kbr.	159
— syncomista Kbr.	160
— ternaria Nyl.	161
— *triseptа (Naeg.)* Arn.	161
f. *ligniaria* Kbr.	161
f. *saprophila* Kbr.	161
f. *calamophila* Kbr.	161
Blastenia arenaria Mass.	99
— arenaria Pers.	99
— assigena Lahm.	100

	Seite
Blastenia erythrocarpa Kbr.	99
— ferruginea Kbr.	98
— Lallavei Kbr.	99
— lamprocheila DC.	98
— leucoraea Th. Fr.	98
— obscurella Lahm.	98
— oligospora Rehm.	90
— sinapisperma DC.	98
— Visianica Mass.	99
Bombyluospora De Ntr. (149)	182
— *pachycarpa Duf.*	182
Borrera chrysophthalma Ach.	52
— ciliaris Ach.	47
— furfuracea Ach.	11
— leucomelas Ach.	47
Bryophagus gloeocapsa Nkl.	128
Bryopogon Link. (3)	8
— *bicolor (Ehrh.)*	8
— *jubatum (L.) Link.*	8
α. *prolixum (Ach.)*	8
* *capillare Ach.*	8
** *canum Ach.*	8
β. *implexum (Hoffm.)* Th. Fr.	8
γ. *chalybeiforme (L.)* Th. Fr.	8
δ. *nitidula* Th. Fr.	8
— ochroleucum Kbr.	10
— sarmentosum Kbr. Syst.	9
a. genuinum Kbr.	9
Buellia De Ntr. (185)	189
— *aethalea (Ach.)* Th. Fr.	191
— *athallina (Naeg.) Mull.*	192
— arthonioides Fée.	194
— *atropallidula (Nyl.) Lahm.*	190
— badia Kbr.	143
— badioatra v. rivularis Kbr.	195
— bryophila Kbr.	193
— canescens De Ntr.	142
— corrugata Kbr.	194
— *discolor (Hepp.)* Kbr.	192
— Dubenii Hellb.	143
— *Dubyana (Hepp.)* Kbr.	191
— epigaea Tuck	142
— *insignis (Naeg.)* Kbr.	193
— *lecidina (Fw.)* Arn.	190
— *leptocline (Fw.)* Kbr.	190
α. *Mougeoti (Hepp.)* Th. Fr.	190
β. *Gecrensis* Th. Fr.	190
— *luridata* Kbr.	192
— minutula Arn.	191
— *myriocarpa (DC.) Mudd.*	193
α. *punctiformis (Hoffm.)*	193
* *stigmatea Ach.*	193
** *ericetorum (Kbr.)*	193

22*

Register.

Buellia
*** muscicola (Hepp.) . . 193
β. chloropolia (Fr.) 193
— ocellata Kbr. 189
— occulta Kbr. 190
— parasema (Ach.) Th. Fr. . . 193
α. disciformis (Fr.) Th. Fr. 193
* argulosa Ach. . . . 193
** saprophila Ach. . . . 193
β. microcarpa Schaer. . . . 193
γ. triphragmia (Nyl.) . . . 193
δ. muscorum (Schaer.) . . . 193
v. tersa Kbr. 193
— pulchella Tuck. 142
— punctata Kbr. 193
— Ricasolii Mass. 194
— saxatilis (Schaer.) Kbr. . . . 189
— scabrosa (Ach.) Kbr. 192
— Schaereri De Ntr. 194
— spuria (Schaer.) Arn. . . . 191
— spuria Schaer. 191
α. genuina Kbr. 191
β. minutula Kbr. 191
— stellulata (Tayl.) Br. et Rostr. 191
— stigmatea Kbr. 193
— talcophila Kbr. 194
— verruculosa (Bor.) Th. Fr. . . 189
— viridis Kbr. 190
Bunodea nitida Mass. 302
Byssaceae Kbr. 329

C.

Calicieae Kbr. 245
Calicium Pers. (247) 250
— adspersum Pers. 255
v. trabinellum Schaer . . . 256
— alboatrum Flk. 251
— arenarium Hpe. 252
— atroviride Kbr. 255
— brunneolum Ach. 259
— byssaceum Fr. 250
— capitellatum Ach. 259
— chlorellum Turn. et Borr. . . 258
— chlorinum (Ach.) Kbr. . . . 253
— chrysocephalum Ach. 258
— citrinum (Lght.) Nyl. 252
— clavellum DC. 256
— corynellum Ach. 253
— curtum Turn. et Borr. . . . 254
f. cerviculatum Kmphb. . . 254
f. pumilum Kmphb. 254
— ephemerum Zw. 260

Calicium eusporum Nyl. 250
— fallax Awd. 251
— gemellum Kbr. 254
— gracilentum Ach. 259
— hyperellum Ach. 256
— inquinans Schaer. 248
— lenticulare Kbr. 254
v. quercinum Schaer. . . . 254
v. virescens Schaer. 255
— melanophaeum Ach. 256
— microcephalum Tul. 250
— minutum Kbr. 252
— nigricans Fr. 252
— nigrum Schaer. 252
v. curtum Schaer. 254
v. minutum Kbr. 252
v. pusillum Schaer. 251
— ochroleucum Kbr. 255
— parietinum Ach. 251
— paroicum Ach. 253
— phaeocephalum Turn. et Borr. 258
— populneum de Brond. . . . 251
— pullulatum Ach. 250
— pusillum Flk. 251
f. subtile Hepp. 251
— pusiolum Ach. 252
— quercinum Pers. 254
v. cladoniscum Schl. 254
v. curtum Nyl. 254
v. fallax Stein. 254
v. lenticulare Ach. 254
— roscidulum Nyl. 256
— roscidum v. roscidulum Nyl. . 256
— saepiculare Ach. 258
— salicinum Pers. 256
v. Fritzei Kbr. et Stein. . . 256
v. xylonellum Ach. 256
— saxatile Schaer. 189
— Schaereri De Ntr. 255
— sphaerocarpum Kbr. 253
— stemoneum Ach. 257
— stenocyboides Nyl. 253
— stigonellum Ach. 247
— subalbidum Nyl. 258
— subtile Ach. 251
— tigillare Pers. 249
— trabinellum Schl. 256
v. incrustans Kbr. 255
— trachelinum Ach. 256
— trichiale Ach. 257
v. bruneolum Nyl. 259
v. stemoneum Nyl. 257
— triste Kbr. 253

Register. IX

	Seite
Calicium turbinatum Pers.	249
— tympanellum Ach.	248
— virescens (Schaer.) Hepp.	255
— viridulum Rbh.	249
Callolechia caesia Mass.	305
Callopisma de Not. (86)	94
— aurantiacum (Lighft.) Kbr.	96
α. salicinum Schrad.	95
β. flavovirescens (Hoffm.)	95
γ. coronatum (Kmphb.)	95
δ. velanum (Mass.)	95
ε. convexum (Kmphb.)	95
ζ. ochroleucum (Mass.)	95
η. holocarpum Ehrh.	95
ϑ. rubescens Ach.	95
ι. auratum (Kmphb.)	96
v. contiguum Mass.	96
v. rubescens Mass.	96
— asserigenum (Stitzenb.) Lahm.	100
— cerinum (Ehrh.) Kbr.	97
α. Ehrhartii (Schaer.) Th. Fr.	97
* sinapisperma (DC.) Fr.	97
** stillicidiorum (Ach.)	97
β. chloroleuca (Sm.) Th. Fr.	97
γ. chlorina (Fw.) Th. Fr.	97
— chalybaeum (Fw.) Duf.	101
— citrinum (Ach.) Kbr.	96
v. citrinellum (Fr.)	96
— contiguum Mass.	96
— conversum Kmphb.	100
— erythrocarpum (Pers.) de Not.	99
— ferrugineum (Huds.) Th. Fr.	98
α. genuinum (Kbr.) Th. Fr.	97
β. festivum (Fr.) Th. Fr.	98
γ. caesiorufum (Smrft.)	98
δ. obscurum Th. Fr.	98
ε. cinnamomeum Th. Fr.	98
ζ. saxicolum (Mass.)	98
η. muscicolum (Schaer.)	98
— flavovirescens Mass.	95
— haematites Chaub.	100
— Lallavei (Clem.) Bagl.	99
— luteoalbum Kbr.	97
— neglectum Kbr.	100
— nivalis Kbr.	77
— obscurellum Lahm.	98
— ochraceum Mass	78
— paepalostomum Anzi	101
— pyraceum (Ach.) Kbr.	97
α. lacteum Mass.	97
β. muscicolum Schaer.	97
— rubellianum (Ach.) Kbr.	96
— rubiginosum (Kmpbr.)	101

	Seite
Callopisma sinapisperma (DC.) Hepp.	98
— steropeum Kbr.	96
— teicholytum (Ach.)	99
— tetrasporum Nyl.	99
— variabile (Pers.) Kbr.	101
α. Agardhianum (Ach.)	101
β. lilacinum Mass.	101
— vitellina Ehrh.	95
α. genuina Th. Fr.	95
β. xanthostigma (Pers.)	95
— vitellinellum Mudd.	77
Caloplaca aurantiaca Th. Fr.	96
— callopisma Th. Fr.	74
— cerina Th. Fr.	97
— chalybaea Th. Fr.	101
— circhochroa Th. Fr.	76
— citrina Th. Fr.	96
— elegans Th. Fr.	74
— erythrocarpa Th. Fr.	99
— ferruginea Th. Fr.	98
— luteoalba Th. Fr.	77
— murora Th. Fr.	75
— nivalis Th. Fr.	77
— obscurella Th. Fr.	98
— tetraspora Nyl.	99
— variabilis Th. Fr.	101
— vitellinula Th. Fr.	97
Calycium Kunzei Fw.	236
Campylacea Quercus Beltr.	301
— Salicis Mass.	301
— tremulae Mass.	301
Candelaria Mass. (33)	52
concolor (Dicks.) Th. Fr.	52
— vulgaris Mass.	52
— vitellina Mass.	95
Capitularia amaurocraea Flk.	24
— degenerans Flk.	20
— gracilis var. chordalis Flk.	19
— neglecta Flk.	22
— pityrea Flk.	21
— pleurota Flk.	25
Catillaria Mass. (186)	200
— Arnoldi Th. Fr.	168
— athallina (Hepp.) Hellb.	201
— atropurpurea Th. Fr.	165
— chalybaea Mass.	201
— concreta Kbr.	196
— Ehrhartiana Th. Fr.	164
— fraudulenta Kbr.	201
— fusca Mass.	244
— globulosa Th. Fr.	166
— grossa (Pers.) Blomb.	200

	Seite		Seite
Catillaria Hochstetteri Kbr.	195	Cenomyce cyanipes Smrft.	24
— intermixta Arn.	200	— deformis Ach.	25
— Laureri Hepp.	200	— delicata Ach.	28
— lenticularis Th. Fr.	168	— digitata Ach.	25
— Massalongii Kbr.	195	— ecmocyna Ach.	19
— micrococca Th. Fr.	164	— endiviaefolia Ach.	18
— neglecta Kbr.	100, 201	— fimbriata Ach.	22
— Neuschildii Th. Fr.	165	v. cornuta Ach.	22
— prasina Th. Fr.	166	— genorega Ach.	20
— premnea Kbr.	200	— oxyceras Ach.	21
— Schumanni (Kbr.) Stein.	201	— parechus Ach.	19
— sphaeralis Kbr.	146	— pityrea v. decorticata Flk.	21
— synothea Th. Fr.	167	— pocilla Ach.	22
— tricolor Th. Fr.	165	— strepsilis Ach.	28
Catocarpus Kbr. (186)	194	— turgida Stenh.	19
— applanatus (Fr.) Th. Fr.	195	— verticillate Ach.	20
— badioater (Flk.) Th. Fr.	195	Cetraria Ach. (31)	34
v. grandis Arn.	195	— aculeate Fr.	9
v. rivularis (Fr.) Kbr.	195	β. hiascens Fr.	34
v. vulgaris Kbr.	195	— aleurites (Ach.) Th. Fr.	37
— chionophilus Th. Fr.	195	— alvarensis Fr.	36
— Koerberi Stein.	196	— complicata Laur.	37
— ignobile Th. Fr.	196	— cucullata (L.) Bell.	35
— polycarpus (Hepp.)	196	— Delisei Th. Fr.	34
— simillimus (Anzi.)	196	— Fahlunensis Schaer.	44
Catolechia (Fw.) Th. Fr. (141)	142	— glauca (L.) Ach.	36
— badia (Fr.) Th. Fr.	143	α. fallax Ach.	35
— canescens (Dicks.) Th. Fr.	142	— hiascens (Fr.) Th. Fr.	34
— epigaea (Pers.) Th. Fr.	142	— islandica (L.) Ach.	34
— fusca Mass.	91	α. platina (Ach.) Hall.	84
— pulchella (Schrad.) Th. Fr.	142	β. crispa Ach.	34
— Wahlenbergii Kbr.	142	γ. subtubulosa (Fr.)	34
Catopyrenium (Fw.) (260).	262	v. Delisei Bory.	34
cinereum (Pers.) Kbr.	262	— juniperina (L.) Ach.	36
glaucinum Mass.	282	α. genuina Kbr.	36
lecideoides Mass.	263	β. alvarensis (Whbg.) Fr.	36
Tremniacense Mass.	263	— juniperina Fr.	36
Celidiopsis insitiva (Fw.)	243	v. terrestris Schaer.	36
Celidium grumosum Tul.	243	v. tubulosa Schaer.	36
— stictarum Tul.	243	— Laureri (Kmphb.) Kbr.	37
— varium Tul.	243	— nivalis (L.) Ach.	35
Cenomyce alcicornis Ach.	18	β. madreporiformis Schaer.	13
— Botrytes Ach.	24	— Oakesiana (Tuck.) Kbr.	37
— caespiticia Ach.	28	— odontella Ach.	35
— cariosa Ach.	21	— pinastri (Scop.) Ach.	37
— cariosa Smrflt.	21	— sepincola Ehrh.	36
— carneola Fr.	23	α. nuda Schaer.	36
— carneopallida α. scyphosa Smrft.	23	β. chlorophylla (Humb.) Schaer.	36
— cenotea Ach.	27	γ. ulophylla Ach.	36
— chlorophaea Flk.	22	Chaenotheca arenaria Zw.	252
— coccocephala Ach.	27	— brunneola Müll.	259
— coniocraea Smrflt.	23	— chrysocephala Th. Fr.	258
— cornuta Fr.	23	— melanophaea Zw.	256

	Seite
Chaenotheca paroica Zw.	253
— phaeocephala Th. Fr.	258
— trichialis Zw.	257
Chiliospora elegans Mass.	151
Chlorea vulpina Nyl.	10
Cladina alpestris Nyl.	17
— amaurocraea Nyl.	24
— rangiferina Lght.	17
— silvatica Nyl.	17
— uncialis Nyl.	18
Cladonia Hoffm. (14)	17
— agariciformis Wulf.	28
alcicornis (Leight.) Flk.	18
f. microphyllina (Rbh.)	18
β. endiviaefolia Flk.	18
— amaurocraea Flk. Schaer.	24
β. vermicularis Kbr.	13
— bacillaris Ach.	26
— bellidiflora (Ach.) Schaer.	27
α. proboscidea Wallr.	27
β. tubaeformis Wallr.	27
* denticulata Reb.	27
** syncephala Wallr.	27
*** polycephala Wallr.	27
γ. glabrescens Nyl.	27
δ. ochrocarpa Fw.	27
— Botrytes Hag. Hoffm.	24
— brachiata Fr.	27
— caespiticia Flk.	28
— cariosa (Ach.) Spreng.	21
— carneola Fr.	23
v. cyanipes Fr.	24
— cenotea Schaer.	27
— cervicornis Kbr. Syst.	20
— cervicornis Nyl.	20
— coccifera (L.) Schaer.	25
α. communis Th. Fr.	24
* ochrocarpa Fw.	24
β. pleurota (Flk.) Schaer.	25
— cornucopioides Nyl.	24
— cornuta (L.) Ach.	23
— coralloidea Th. Fr.	21
— crenulata Kbr.	25
— cyanipes Smfdt.	24
— decorticata (Flk.) Th. Fr.	21
α. macrophylla (Schaer.) Th. Fr.	21
β. primaria Th. Fr.	21
— deformis (L.) Hoffm.	25
— degenerans Flk.	20
α. aplotea Ach.	20
β. euphorea Ach.	20
γ. haplotea Ach.	20
δ. anomaea Ach.	20

Cladonia	Seite
ε. trachyna Ach.	20
ζ. lepidota Ach.	20
η. phyllophora Ehrh.	20
ϑ. virgata Ach.	20
ι. scabrosa Ach.	20
κ. fuscescens Nyl.	20
b. cariosa Fr.	21
β. pityrea Schaer.	21
— delicata (Ehrh.) Flk.	28
— digitata (L.) Hoffm.	25
α. simplex Wallr.	25
β. prolifera Wallr.	25
* denticulata Ach.	25
** cephalotes Ach.	25
*** monstrosa Ach.	25
— ecmocyna Nyl.	19
— endiviaefolia (Dicks.) Fr.	18
— fimbriata (L.) Fr.	22
α. tubaeformis Hoffm.	22
* macra Flk.	22
** denticulata Flk.	22
*** prolifera Flk.	22
**** carpophora Flk.	22
β. fibula Hoffm.	22
γ. nemoxyne Ach.	21
δ. radiata Schreb.	22
ε. chordalis Ach.	22
v. ochrochlora Schaer.	23
— Floerkeana Fr.	26
— furcata (Huds.) Fr.	29
α. crispata (Ach.)	29
β. racemosa (Hoffm.)	29
a. erecta Fw.	29
* regalis (Fw.)	29
** polyphylla (Flk.)	29
b. recurva Hoffm.	29
γ. adspersa Flk.	29
δ. subulata (L.)	29
v. caespiticia Br. et Rostr.	28
v. pungens Fr.	29
— gracilis (L.) Coem.	19
α. chordalis Flk.	19
* aspera Flk.	19
β. macroceras Flk.	19
γ. hybrida (Hoffm.) Ach.	19
v. botrytes Br. et Rostr.	24
v. carinosa Br. et Rostr.	21
v. cornuta Schaer.	23
v. verticillata Fr.	20
v. vulgaris Kbr.	19
— incrassata Flk.	26
— macilenta (Ehrh.) Hoffm.	26
α. filiformis Relh.	26

Register.

Cladonia	Seite
* styracella Ach.	26
β. clavata Ach.	26
γ. syncephala Wallr.	26
δ. polydactyla Flk.	26
— macrophylla Stenh.	21
— madreporiformis Schaer.	13
— microphylla Schaer.	28
— neglecta Wallr.	18
— ochrochlora (Schaer.) Flk.	23
— Papillaria (Ehrh.) Hoffm.	29
— pityrea Flk.	21
— pleurota Nyl.	25
— pyxidata (L.) Fr.	22
α. neglecta (Flk.) Schaer.	22
* epipylla (Ach.)	22
β. pocillum (Ach.) Fr.	22
γ. chlorophaea Flk.	22
v. fimbriata Hoffm.	22
v. neglecta Schaer.	22
v. pityrea Nyl.	21
β. symphicarpa Kbr. Syst.	21
var. verticillata Hoffm.	20
— rangiferina (L.) Hoffm.	17
α. vulgaris Schaer.	17
β. silvatica (L.) Hoffm.	17
* alpestris (L.) Schaer.	17
γ. arbuscula (Wallr.) Kbr.	17
— rangiformis Hoffm.	29
— squamosa Hoffm.	28
α. ventricosa Schaer.	28
β. asperella Flk.	28
γ. polychonia Flk.	28
* ferulacea	28
δ. lactea Flk.	28
ε. frondosa (DC.) Nyl.	28
v. delicata Fr.	28
v. epiphylla Kbr.	28
— stellata Kbr.	18
— turgida (Ehrh.) Hoffm.	19
— uncialis (L.) Fr.	18
α. adunca Ach.	18
β. dicraea Ach.	18
* depressa Rbh.	18
v. amaurocraea Th. Fr.	24
— uncinata Hoffm.	27
α. viminalis Flk.	27
α. brachiata Kbr.	27
— ventricosa β. macrophylla Schaer.	21
— vermicularis Flk.	13
— verticillata (Hoffm.) Flk.	20
α. evoluta Th. Fr.	20
β. cervicornis (Ach.) Flk.	20
— verticillata Nyl.	20

	Seite
Cladoniaceae Zenk.	14
Cliostomum corrugatum Fr.	164
Coccodinium Bartschiae Mass.	327
— Schwarzii Mass.	327
Coccocarpia plumbea Nyl.	69
Collema Hoffm. (308)	312
— aggregatum Nyl.	312
— areolatum Fw.	326
— atrocaeruleum Schaer.	319
v. sinuatum Rbh.	319
v. tenuissimum Schaer.	320
— auriculatum Hoffm.	317
— bacillare Rbh.	328
— byssinum Hoffm.	313
— callopismum Mass.	313
— cataclystum Kbr.	318
— chalazanum Nyl.	309
— cheileum Ach.	314
α. monocarpa Duf.	314
β. Metzleri Hepp.	314
var: byssinum Kbr.	313
— coccodes Fw.	326
— conchilobum Fw.	316
— conglomeratum Hoffm.	310
— convolutum Kbr.	323
— corniculatum Hoffm.	328
— crispum Rbh.	314
— cristatum (L.) Schaer.	317
— cyanescens Schaer.	318
— cyathodes Nyl.	323
— evilescens Nyl.	150
— fasciculare β. aggregatum Ach.	313
var: microphyllum Rbh.	313
— flaccidum Ach.	311
— furvum Ach.	317
— glaucescens Hoffm.	314
— granosum Walf.	317
— lacerum Ach.	319
— limosum Ach.	314
— livido-fuscum Kmphb.	314
— melaenum Ach.	317
— melaenum Ach. v. cristatum Nyl.	316
— microphyllum (Ach.) Kbr.	313
— minutissimum Schaer.	319
— molybdinum Kbr.	316
— multifidum (Scop.) Kbr.	317
α. complicatum (Schl.) Schaer.	317
β. marginale (Huds.) Schaer.	317
γ. jacobaeaefolium Schrk.	317
var. polycarpon Schaer.	318
— multiflorum Hepp.	315
— muscicolum Ach.	321
— myriococca Nyl.	310

Register. XIII

	Seite
Collema nigrescens Ach.	312
α. Vespertilio Schaer.	312
var. microphyllum Schaer.	313
— nigrum Ach.	305
— palmatum Schaer.	316
— plicatile Ach.	315
β. fluctuans Kmphb.	315
— Pollinieri Del.	319
— polycarpon (Schaer.) Kmphb.	318
— prasinum Ach.	314
— pubescens Schaer.	330
— pulposum (Bernh.) Ach.	315
α. granulatum Sw.	315
β. nudum Schaer.	315
v. prasinum Schaer.	314
— quadratum Lahm.	313
— radiatum Smrft.	328
— ramulosum Hoffm.	325
— rupestre α. flaccidum Schaer.	311
— saturnium Ach.	321
— Schraderi Nyl.	320
— stygium Kmphb.	311
var. pulvinatum Schaer	322
— subtile Ach.	321
— synalissum Ach.	325
— tenax (Sw.) Kbr.	315
α. coronatum Kbr.	315
v. multiflorum Hepp.	315
— tenuissimum Mass.	320
— thysanoeum (Ach.) Moug.	312
— turgidum Ach.	316
— undulatum Laur.	311
— velutinum Ach.	330
b. pubescens Rbh.	330
Collemaceae Fr.	306
Conferva ebenea Dillw.	331
Coniangium Fr. (237)	244
— apateticum Mass.	244
— Buerianum Lahm.	245
— Clemens Tul.	245
— fuscum Mass	244
— glaucofuscum Kbr.	245
— Koerberi Lahm.	244
— Krempelhuberi Kbr.	244
— luridum (Ach.) Kbr.	245
— patellulatum Nyl.	244
— rugulosum Kmphb.	245
— rupestre Kbr	244
v. fuscum Kbr.	244
v. Hochstetteri Kbr.	244
— spadiceum Lght	245
— vulgare Fr.	245
Conida clemens Mass.	245

	Seite
Coniocarpon albellum Kmphb.	241
— cinnabarinum (DC.)	240
— dryinum Rbh.	236
— gregarinum Schaer.	241
— ochraceum Fr.	241
— vulgare Rbh.	245
Coniocybe Ach.	259
— Beckhausii Kbr.	260
— brachypoda Ach.	259
— citrina Lght.	252
— crocata Kbr.	260
— furfuracea (L.) Ach.	259
f. denudata Stein.	259
f. sulphurella Whlbg.	259
— gracilenta Ach.	259
— hyalinella Nyl	260
— nivea Hoffm.	259
α. leucocephala Pers.	259
β. pallida Pers.	259
γ. farinacea (Nyl.)	259
— stilbea Ach. Kbr.	259
β. citrinella Kbr.	259
— xanthocephala Wallr.	259
Conotrema Tuck. (126)	130
— urceolatum (Ach.) Tuck.	130
Cornicularia Ach. (3)	9
— aculeata Schreb.	9
α. alpina Schaer.	9
β. acanthella Ach.	9
— arenaria Fr.	11
— coelocaula Fw.	9
— divergens Ach.	9
— jubata Br. et Rostr.	8
— lanata Ach	44
— ochroleuca DC.	10
β. nigricans Ach.	10
— stuppea Fw.	9
— tristis (Web.) Ach.	9
Corynephorus coralloides Mass.	322
Cyphelium (Ach.) De Ntr. (246)	257
— aciculare Sm.	258
— albidum (Schum.) Kbr.	258
— brunneolum (Ach.) Mass	259
— chrysocephalum Ach	258
f. filare (Ach.)	258
f. melanocephalum Nyl	258
— ferrugineum Turn et Borr	257
— lucidum Th. Fr.	249
— melanophaeum (Ach.) Mass.	256
v. ferrugineum Kbr.	257
α. vulgare Schaer.	256
— microcephalum Hepp.	250
— phaeocephalum (Turn.) Kbr.	258

Sydow, Flechten. 23

XIV Register.

	Seite
Cyphelium Pulverariae Awd.	252
— pusillum Mass.	251
— Schaereri De Ntr.	258
— stemoneum (Ach.) Kbr.	257
f. viride Fr.	257
— subtile Kbr.	257
— tigillare Fr.	249
— trichiale (Ach.) Mass.	257
α. cinereum (Pers.)	257
β. filiforme (Schaer.)	257
γ. flexile (Kbr.)	257
δ. rubiginosum Kmphbr.	257
— turbinatum Ach.	249
Cyrtidula Minks	245
— betulina Minks	245
— miserrimum (Nyl.) Minks.	245
— pityophila Minks.	245
— populnella Minks.	245
— tremulicola Minks.	245
Cystocoleus Thweites	331
— rupestris (Pers.) Thweites	331

D.

Dacampia Mass. (261)	264
— Hookeri Batt.	264
Dacampieae Kbr.	260
Dactylospora Kbr.	235
Dermatocarpon Eschw. (260)	263
— arenarium Hepp.	279
— cinereum Th. Fr.	262
— clopimum Mass.	273
— fluviatile Th. Fr.	67
— glomeruliferum Mass.	264
— hepaticum Th. Fr.	261
— miniatum Th. Fr.	67
— pallidum Ach.	264
— pusillum Hedw.	263
— rufescens Th. Fr.	261
— Schaereri Kbr.	263
— sorediatum Borr.	264
Dictyoblastus Wallrothianus Trev.	139
Dimelaena Norm. (72)	78
— oreina Ach. Kbr.	78
Dimerospora Th. Fr. (87)	101
— cyrtella (Ach.).	103
α. insularis (Hepp.)	102
— dimera Nyl.	102
f. anomala (Hepp.)	102
— proteiformis (Mass.)	103
α. Rabenhorstii (Hepp.)	103
* incusa Kbr.	103
β. erysibe (Ach.)	103
γ. Foersteri Lahm.	103

	Seite
Dimerospora rugulosa (Hepp.)	101
— silvestris Arn.	102
— Turicensis (Hepp.)	103
— vernicea (Kbr.)	102
Diploicea canescens Kbr.	142
— epigaea Kbr.	142
Diplotomma Fw. (184)	187
— alboatrum (Hoffm.) Kbr.	188
α. corticolum Ach.	188
* leucocelis Ach.	188
** trabinellum Fr.	188
*** crenulatum Kbr.	188
β. epipolium (Ach.)	188
* pancinum Mass.	188
** murorum Mass.	188
*** spilomaticum Kmphb.	188
γ. venustum Kbr.	188
α. ambiguum (Ach.)	188
— athroum (Ach.) Fr.	188
α. pharcidia (Ach.)	188
* saxicola	188
β. Zabothicum Kbr.	188
* saxicola Stitzenb.	138
— calcarea Kmphb.	199
— lutosum Mass.	189
— populorum Mass.	188
— tegulare Kbr.	188
— Weissii Mass.	199
Dufurea Ach. (6)	13
— madreporiformis Ach.	13
— aculeata Ach.	138

E.

Encephalographa Mass. (226)	235
— cerebrina DC.	235
Enchylium Mass. (307)	324
— affine Mass.	324
Endocarpeae Fr.	66
Endocarpon Hedw. (66).	67
— aquaticum Weiss.	67
— cinereum Pers.	262
— clopimum Loennr.	273
— Custani Hepp.	263
— daedaleum Kmphbr.	262
— fissum Lght.	273
— fluviatile DC.	67
— Guepini Moug.	68
— hepaticum Ach.	261
— lepadinum Whlbg.	130
— lithinum Lght.	273
— Michelii Anzi	262
— miniatum (L.) Ach.	67
γ. aquaticum Schaer.	67

Register. XV

	Seite
Endocarpon phylliscum Whlbg.	327
— pulchellum Hook.	68
— pusillum v. rufescens Fr.	261
— *rivulorum Arn.*	67
— rufescens Ach.	261
v. trapeziforme Anzi	261
— tephroides Ach.	262
— tephroides Smrft.	277
— verrucosum Wallr.	139
δ. umbonatum Wallr.	139
— viride Ach.	68
— viridulum Schrad.	284
— Weberi Ach.	67
Endopyrenium (Fw.) Kbr. (260)	261
— *cartilagineum (Nyl.)*	262
— *compactum (Mass.) Kbr.*	261
— daedaleum Kbr.	262
— *Michelii (Mass.) Kbr.*	262
— pusillum Kbr. 261.	262
— *rufescens (Ach.) Kbr.*	261
— *trapeziforme Mull.*	261
Enterographa Fée. (226)	234
— *crassa DC.*	234
— *Hutchinsiae (Lght.) Kbr.*	234
Ephebe Fr. (329)	330
— *byssoides Carrngt.*	330
— *pubescens (L.) Fr.*	330
Eulecanoreae	86
Eulecideneae	184
Evernia Ach. (5)	10
— arenaria Fr.	11
— *divaricata (L.) Ach.*	10
var. arenaria Retz.	10
— *furfuracea (L.) Ach.*	11
— madreporiformis Fr.	13
— ochroleuca Fr.	10
— *prunastri (L.) Ach.*	11
α. *vulgaris Kbr.*	11
* *retusa Ach.*	11
β. *gracilis Kbr.*	11
— *vulpina (L.) Ach.*	10

F.

Fritzea Stein. (72)	78
— *lampophora (Kbr.) Stein.*	78
Fulgensia vulgaris Mass.	82

G.

Gasparrinia Tornab. (72)	73
— *aurantia (Pers.)*	75
— *callopisma (Ach.) Tornab.*	74
— *candicans (Dicks.)*	76

	Seite
Gasparrinia cirrochroa (Ach.)	76
— *decipiens Arn.*	75
— *elegans (Lk.) Tornab.*	74
α. *typica Th. Fr.*	74
β. *tenuis (Whlbg.) Th. Fr.*	74
var. discreta Schaer.	74
— *granulosa (Mull.)*	74
— *medians (Nyl.)*	74
— *murorum (Hoffm.) Tornab.*	75
α. *major (Whlbg.) Th. Fr.*	75
β. *miniata (Hoffm.) Th. Fr.*	75
γ. *lobulata (Ach.)*	75
δ. *tegularis (Ehrh.)*	75
ε. *incrustans (Ach.)*	75
— *pusilla (Mass.) Tornab*	76
Geisleria Nitschke (291)	297
— *sphincrinoides Nke.*	298
Gongylia Kbr. (260)	272
— *aquatica Stein.*	272
— *glareosa Kbr.*	272
Graphideae Kbr.	225
Graphis Adans. (225)	232
— *dendroides Ach.*	234
f. acuta Lahm.	234
f. conglobata Lahm.	234
f. obtusa Lahm.	234
f. Smithii Lght.	234
f. stellatis Lahm.	234
— *elegans Borr.*	233
f. conflata Lahm.	233
f. stellulata Lahm.	233
— involuta Wallr.	232
scripta (L.) Ach.	233
α. *vulgaris Kbr.*	233
— 1. *limitata (Pers.)*	233
* *hebraica Ach.*	233
** *tenerrima Ach.*	233
2. *pulverulenta (Pers.)*	233
* *fraxinea Ach.*	233
** *betuligera Ach.*	233
*** *flexuosa Ach.*	233
3. *recta Humb.*	233
* *macrocarpa Ach.*	233
** *microcarpa Ach.*	233
*** *Cerasi Ach.*	233
4. *abietina Schaer.*	233
β. *serpentina Ach.*	233
1. *literella Ach.*	233
2. *acerina Ach.*	233
3. *spathea Ach.*	233
4. *eutypa Ach.*	233
Gussonea oxytona Mass.	83
Gyalecta Ach. (125)	129

	Seite
Gyalecta abstrusa Mass.	130
— aethalea Ach.	191
— clausa Mass.	129
— *cupularis Ehrh. Kbr.*	129
v. foveolaris Fr.	127
— discolor Fw.	127
— epulotica Ach.	123
— exanthematica Fr.	129
— fagicola Kmphb.	128
— *Flotowii Kbr.*	130
— foveolaris Ach.	127
— Friesii Fw.	127
— *Fritzei Stein.*	129
— hyalina Hepp.	129
— *lecideopsis Mass.*	129
— odora Fr.	123
— Persooniana Ach.	77
— polyspora Lahm.	128
— Prevostii Fr.	123
— protuberans Anzi.	132
— rubra Mass.	126
— truncigena Ach.	130
— Wahlbergiana β. truncigena Ach.	130
Gyalecteae	124
Gyalectella Lahm. (125)	129
humilis Lahm.	129
Gyalolechia Mass. (72)	76
— *aurea (Schaer.) Mass.*	77
— aurella Kbr.	77
— *epixantha (Ach.)*	77
— *luteoalba (Turn.)*	77
— *nivalis Kbr.*	77
— *ochracea (Ach.)*	78
— *Schistidii Anzi*	76
— vitellina Anzi	95
Gyromium arcticum Whlbg.	66
— cylindricum Whlbg.	64
— deustum Whlbg.	65
— erosum Whlbg.	66
— hirsutum Whlbg.	64
— polyphyllum Whlbg.	65
— polyrrhizum Whlbg.	64
— proboscideum Whlbg.	65
— pustulatum Whlbg.	63
— velleum Whlbg.	63
Gyrophora Ach. (62)	63
— *anthracina (Wulf.) Kbr.*	66
— *arctica Ach.*	66
— crustulata Ach.	63
v. depressa Ach.	63
— *cylindrica (L.) Ach.*	64
α. *Delisei (Despr.)*	64
β. *denticulata Ach.*	64

Gyrophora	Seite
γ. *fimbriata Ach.*	64
δ. *denudata Turn. et Bon.*	64
— *deusta L. Fw.*	65
— *erosa (Web.) Ach.*	66
— flocculosa Kbr.	65
— glabra β. corrugata Ach.	65
— heteroidea δ. corrugata Ach.	65
— *hirsuta (Ach.) Fr.*	64
α. *vestita Th. Fr.*	64
β. *melanotricha Fw.*	64
γ. *grisea Sw. Th. Fr.*	64
v. papyrea Ach.	64
— *hyperborea (Hoffm.) Mudd.*	66
α. *primaria Th. Fr.*	65
β. *corrugata Ach. Th. Fr.*	65
v. arctica Th, Fr.	66
— pellita Ach.	64
— *polyphylla (L.) Fw.*	65
— *polyrrhiza (L.) Kbr.*	64
— *proboscidea (L.) Ach.*	66
β. arctica Ach.	66
— pustulata Ach.	63
— *spodochroa (Ehrh.) Ach.*	63
α. *normalis Th. Fr.*	63
β. *depressa (Ach.) Th. Fr.*	63
— tessellata Ach.	66
— *vellea (L.) Ach.*	63
— *vellea Kbr.*	63
β. spodochroa Ach.	63
Gyrothecium polysporum Nyl.	221

H.

Haematomma Mass. (87)	104
— *Cismonicum Beltr. Kmphb.*	105
— *coccineum (Dicks.) Kbr.*	104
— *elatinum (Ahh.) Kbr.*	105
— *ventosum (L.) Mass.*	105
— vulgare Mass.	104
Hagenia chrysophthalma Rbh.	52
— ciliaris Eschw.	47
— leucomelas Eschw.	47
Haplographa tumida Anzi	224
Harpidium Kbr. (73)	83
— *rutilans Fw. Kbr.*	83
Hazslinskya Kbr. (226)	235
— *gibberulosa (Ach.) Kbr.*	235
Helocarpon crassipes Th. Fr.	221
Heppia Naeg. (56)	61
— adglutinata Mass.	61
— *virescens (Despr.) Nyl.*	61
— urceolata Naeg.	61
Hippocrepula rivulosa Norm.	173

Register. XVII

	Seite
Hymenelia caerulea Mass.	122
— Cantiana Garov.	287
— hiascens Kbr.	287
— immersa Kbr.	181
— lithophraga Mass.	122
— Preoostii Kmphb.	122
v. melanocarpa Kmphb.	122
Hymenodectonis dendroides Lght.	234
Hysterium parallelum Whlbg.	223

I.

Icmadophila Trev. (87)	103
— *aeruginosa (Scop.) Trev.*	103
Imbricaria Acetabulum Kbr.	42
— aleurites Kbr.	37
— Borreri Kbr.	39
— caperata Kbr.	44
— centrifuga Kbr.	45
— conspersa Kbr.	45
— demissa Kbr.	43
— diffusa Kbr.	46
— encausta Kbr.	41
— Fahlunensis Kbr.	44
— hyperopta Kbr.	40
— incurva Kbr.	45
— Mougeotii Kbr.	46
— olivacea Kbr.	42
— omphalodes Kbr.	40
— perlata Kbr.	38
— physodes Kbr.	41
— recurva DC.	45
— retiruga DC.	40
— revoluta Kbr.	39
— saxatilis Kbr.	40
— sinuosa Kbr.	40
— Sprengelii Kbr.	43
— stygia Kbr.	44
— terebrata Kbr.	46
— tiliaeea Kbr.	39
Isidium	105 135
— corallinum Ach.	135
— coccodes Ach.	136

J.

Jonaspis Th. Fr. (88)	122
— *chrysophana (Kbr.) Th. Fr.*	132
— *coerulea (Mass.)*	122
— *epulotica (Ach.) Kmphb.*	123
— *melanocarpa Kmphb.*	122
— *odora (Ach.) Th. Fr.*	123
— *Prevostii (Fr.) Kmphb.*	123
α. *affinis (Mass.)*	123
— *suaveolens (Ach.) Th. Fr.*	122

K.

	Seite
Karschia Strickeri Kbr.	194
— talcophila Kbr.	194
Kemmleria Kbr. (187)	223
— *varians Kbr.*	223
Koerberiella Stein. (88)	123
— *Wimmeriana (Kbr.) Stein*	123

L.

Lahmia Kbr.	236
— *Fuistingii Kbr.*	236
— *Kunzei (Fw.) Kbr.*	236
Lecanactis Eschw. (225)	226
— *abietina (Ach.) Kbr.*	227
f. *betulina Lahm.*	227
f. *saxicola*	227
— amylacea Ehrh.	228
— *biformis (Flk.) Kbr.*	227
— *Dilleniana (Ach.) Kbr.*	227
— *illecebrosa (Duf.) Kbr.*	228
— impolita Rbh.	239
— *lyncea Sm.*	228
f. *atroalba Kmphb.*	228
f. *fuliginosa (Turn.)*	228
— plocina Mass.	229
— *Stenhammari Fr.*	228
— zonata Mass	229
Lecanua Mass. (87)	104
— cyrtella Th. Fr.	102
— dedractula Nyl.	103
— dimera Th. Fr.	102
— fuscella Mass.	104
— *Koerberiana Lahm.*	104
— *Nylanderiana Mass.*	104
— rubra Mull.	126
— *syringea (Ach.) Th. Fr.*	104
Lecanora Ach. (87)	105
— Acharii Smrft.	121
— adglutinata Kmphb.	61
— admissa Nyl.	85
— *Agardhiana Ach.*	111
— Agardhianoides Mass.	111
— alboatra Nyl.	188
— albolutea Nyl.	97
— alpina Smrft.	120
— amnicola Ach.	93
— anomala v. cyrtella Ach.	103
— asserigena Stizenb.	100
— athroocarpa Nyl. p. p.	104
— v. dimera Nyl.	102
— *atra (Huds.) Ach.*	107
α. *vulgaris Kbr.*	107

Register.

Lecanora
* corticola Rbh. ... 107
** saxicola Rbh. ... 107
β. grumosa (Pers.) Ach. ... 107
v. recedens Kbr. ... 107
v. verrucoso-areolata Schaer. . 276
— atrynea Ach. ... 110
— aurantiaca Nyl. ... 96
— aurea Schaer. ... 77
— badia Ach. ... 84
— badia (Pers.) Ach. ... 115
α. cinerascens (Nyl.) ... 115
β. microcarpa Anzi ... 115
v. milvina Schaer. ... 92
v. milvina Kbr. ... 92
— badioatra Hepp. ... 118
— bicincta (Ram.) ... 106
— Bouteillii Desm. ... 167
— brunnea Ach. ... 70
— bryontha Ach. ... 134
— caesiella Flk. ... 92
— caesioalba Kbr. ... 111
— calcarea Smrft. ... 119
— callopisma Ach. ... 74
— candicans Schaer. ... 76
— carnosa Ach. ... 71
— cartilaginea Ach. ... 82
— cateilea [Ach.] Nyl. ... 116
— cenisia [Ach.] ... 106
f. atrynea [Ach.] ... 106
f. isidiophora Fw. ... 106
— cerina Ach. ... 97
— cervina Ach. ... 84
α. glaucocarpa Nyl. ... 84
v. sagedioides Nyl. ... 85
— chalybaea Schaer. ... 101
— chlaronea Ach. ... 110
— chlorophana Ach. ... 83
— chlorotica [Ach.] Nyl. ... 153
— chrysoleuca Schaer. ... 83
— cinerea Nyl. ... 120
v. cinereorufescens Nyl. ... 120
— cinerea Smrft. ... 118
— cinereorufescens Nyl. ... 120
— cinnabarina Ach. ... 96
— cinnabarina Th. Fr. ... 160
— circinata Ach. ... 80
— cirrhochroa Ach ... 76
— citrina Ach. ... 96
— coarctata Ach. ... 169
v. inquinata Ach. ... 138
— colobina Ach. ... 94
— commutata Ach. ... 166
— complanata Kbr. ... 121

Lecanora concolor Schaer. ... 81
— Conradi Nyl. ... 94
— constans Nyl. ... 124
— cooperta Nyl. ... 104
— coracodes Nyl. ... 121
— crassa Ach. ... 80
v. gypsscea Schaer. ... 79
— crenulata [Dicks.] ... 111
f. Sommerfeltiana [Kbr.] ... 111
— decipiens Ach. ... 144
— depressa Nyl. ... 119
— dimera Nyl. ... 102
— dispersa [Pers.] Flk. ... 108
— duodenaria Nyl. ... 116
— effusa [Pers.] Nyl. ... 113
α. hypopta [Ach.] ... 113
v. sarcopis Th. Fr. ... 113
— elatina Ach. ... 105
— elegans Ach. ... 74
— epanora Ach. ... 114
— epigaea Ach. ... 142
— epixantha Ach. ... 77
— expersa Nyl. ... 110
— ferruginea Nyl. ... 98
— firma Nyl. ... 91
— fulgens Ach. ... 82
— fuscata Nyl. ... 84
— flavida Hepp. ... 117
— Flotowiana Spr. ... 108
— frustulosa (Dicks.) Kbr. ... 112
α. argopholis (Whbg.) Kbr. . 112
β. Ludwigii (Ach.) Th. Fr. 112
— galactina Ach. ... 80
— gelida Ach. ... 79
— gibbosa Nyl. ... 119
— gibbosa Th. Fr. ... 116
— glaucoma v. bicincta Nyl. ... 106
— glaucocarpa Ach. ... 84
— gypsodes Kbr. ... 108
— haematomma Ach. ... 104
— Hageni (Ach.) Kbr. ... 111
α. umbrina Ehrh. ... 111
* corticola Kmphb. ... 111
** lithophila (Wallr.) ... 111
β. crenulata (Smrft.) ... 111
γ. roscida (Smrft.) ... 111
v. nigrescens Th. Fr. ... 116
v. saxicola Kmphb. ... 111
v. sorbina Smrft. ... 103
— Heppii Nyl. ... 86
— hydrophila Smrft. ... 112
— hypoptoides Nyl. ... 113
— intermedia Kmphb. ... 110

Register. XIX

	Seite
Lecanora intumescens (Reb.) Kbr.	108
— Lamarckii Schaer.	80
— lentigera Ach.	79
— leprothelia Nyl.	116
— leptacina Smrft.	113
— leucopis Hepp.	109
— leucoraea Nyl.	98
— lutescens Ach.	105
— medians Nyl.	74
— metabolıza Nyl.	115
— milvina Ach.	93
— miniata Ach.	75
— minutissima Mass.	112
f. detrita Mass.	112
— minaraea Ach.	93
— murora Ach.	75
— mutabilis Nyl.	117
— Myrini Nyl.	118
— nigrescens (Th. Fr.) Stein.	116
— nivalis Nyl.	77
— obscurata Nyl.	97
— ocellulata Mass.	112
— ochrostoma Hepp.	115
— ochrostomoides Nyl.	114
— oculata Ach.	138
— pallescens Schaer.	124
— pallida (Schreb.) Kbr.	110
α. angulosa (Schreb.) Nyl.	110
* distans (Ach.)	110
β. cinerella (Flk.)	110
* coeruleata (Ach)	110
** subcinerella (Nyl.)	110
γ. sordulescens (Pers.)	110
* chondrotypa (Ach.)	110
v. albella (Hoffm.) Kbr.	110
— peliocypha Nyl.	84
— petrophila Th. Fr.	106
— phlogina Nyl.	96
— piniperda Kbr.	114
α. subcarnea Kbr.	114
β. glaucella Fw.	114
γ. ochromma (Nyl.)	114
v. ochrostoma Kbr.	112
— polycarpa Ach.	52
— polyspora Nyl.	89
— polytropa (Ehrh.) Th. Fr.	112
α. vulgaris Fw.	112
* illusoria Ach.	112
β. intricata (Schrad.)	112
* ustulata Fw.	112
— psarophana Nyl.	110
— pseudistera Nyl.	110
— pyracea Nyl.	97

	Seite
Lecanora pyreniospora Nyl.	94
— querceti Nyl.	130
— recedens (Kbr.) Stein.	107
— reflexa Nyl.	77
— Reuteri Schaer.	81
— rhaetica Nyl.	205
— rimosa α. sord da Kmphb.	106
— ruboris Duf.	91
— rubra Ach.	126
— rupestris Nyl.	169
— salicina Ach.	95
— Sambuci (Pers) Nyl.	116
— sarcopis (Whlbg) Ach.	113
— saxicola Stenh.	81
— scotoplaca Nyl.	98
— scrupulosa Fr.	116
— scrupulosa Kbr.	116
— scrupulosa Rbh.	110
— sophodes v. confragosa Nyl.	91
— sordida (Pers.) Th. Fr.	106
α. glaucoma (Hoffm) Th. Fr.	105
a. sorediata Fw.	105
b. aspergilla (Ach.)	105
c. corallodea Fw.	105
β. subcarnea (Su.) Th. Fr.	106
γ. Swartzii (Ach.)	106
δ. rugosa Ach.	106
— straminea (Stenb) Lahm.	115
β. oreina Ach.	78
— subalbella Nyl.	110
— subconfragosa Nyl.	91
— subfusca (L.) Ach.	110
α. allophana Ach.	109
* Parisiensis (Nyl.)	109
** campestris (Schaer.)	109
β. margaritacea Kbr.	109
γ. rugosa (Pers.) Nyl.	109
δ. hypnorum (Wulf.)	109
ε. gangalea (Ach.)	109
ζ. coilocarpa (Ach.)	109
* pulicaris (Ach.)	109
* xylita (Nyl)	109
η. glabrata (Ach.)	109
* pinastri (Schaer.)	109
** rufa (Ach.)	109
*** geographica Mass.	109
ϑ. argentea (Ach.)	109
* flavescens (Smft.)	110
ι. sorediifera Th. Fr.	110
κ. detrita Ach.	110
λ. similis Mass.	110
v. bryontha Kbr.	109
v. catoilea Ach.	116

Register.

Lecanora	Seite
v. intumescens Fw.	108
v. distans Kbr.	109
f. allophana (Kbr.)	109
v. lamea (Fr.) Kbr.	109
v. variolosa Kbr.	110
v. vulgaris Kbr.	109
— subintricata (Nyl.) Th. Fr.	115
— sublutea Th. Fr.	110
— subravida Nyl.	113
— subrugosa Nyl.	110
— sulphurea (Hoffm.) Ach.	107
— symmicta Ach.	114
α. maculiformis (Hoffm.)	114
β. aitema (Ach.)	114
* saepincola (Ach.)	114
γ. muscorum Kbr.	114
δ. denigrata Fw.	114
— symmictera Nyl.	114
— sympagea Ach.	75
— syringea Ach.	104
— tartarea Ach.	123
— tenebrosa Nyl.	203
— tephraea Kbr.	108
— tephromelas Ehrh.	107
— tetraspora Nyl.	99
— torquata [Fr.] Kbr.	111
— transcendens Nyl.	110
— Trevisanii Mass.	106
— turfacea Ach.	93
— varia [Ehrh.] Ach.	113
α. pallescens Schrnk.	113
β. melanocarpa Anzi	113
γ. conigaea Ach.	113
var: leptacina Th. Fr.	113
v. pumilionis Rehm.	114
v. sarcopis Kbr.	113
v. straminea Br. et Rostr.	115
v. symmicta Ach.	114
— variabilis Ach.	101
— variolascens Nyl.	110
— ventosa Ach.	105
— verrucosa Laur.	117
— Villarsii Ach.	131
— vitellina Ach.	95
— vitellina Nyl.	77
— vitellinula Nyl.	97
— Zwackhiana Krphb.	91
Lecanoreae Fée	71
Lecidea [Ach.] Kbr. [185]	215
— abietina Ach.	227
— accline Fw.	223
— aenea Duf.	175
— aglaea Smrft.	202

	Seite
Lecidea alboatra Fr.	188
— albocoerulescens [Wulf.] Schaer.	215
α. vulgaris Schaer.	215
β. alpina Schaer.	215
β. flavocoerulescens Hornem.	215
var: oxydata Kbr.	215
— alborubella Nyl.	157
— allothalina Nyl.	192
— alpicola Nyl.	195
— ambigua Kbr.	210
— amphotera Lght.	208
— amylacea Nyl.	228
— anomala Ach.	165
v. atrosangiunea Schaer.	154
— anomala Nyl.	166
— arceutina Nyl.	154
— arctica Smrft.	214
— argillacea Kbr.	201
— armeniaca Fr.	202
— aromatica Ach.	147
— arthonioides Ach.	242
— asserculorum Ach.	180
— assimilata Nyl.	213
— assimilis Hampe	209
— athallina Naeg.	192
— athroocarpa Ach.	201
— atomaria Th. Fr.	176
— atroalba v. applanata Fr.	195
— atroalbella Lght.	191
— atrobrunnea f. polygonia Arn.	201
— atrofuscescens Nyl.	201
— atropallidula Nyl.	190
— atrorufa Ach.	145
— b. squarrosa Ach.	147
— atroviridis Th. Fr.	180
— aurantiaca Ach.	96
β. ochracea Schaer.	78
— bacillifera Nyl.	154
f. abbrevians Nyl.	155
v. herbarum Ngl.	153
— badia Fr.	143
v. intumescens Fw.	214
— badia Nyl.	144
— badioatra Flk.	195
— Beckhausii Hepp.	199
— biformis Flk.	227
— borealis Kbr.	214
— borealis Nyl.	182
— botryosa Th. Fr.	178
— Bouteillii Nyl.	167
— bullata Th. Fr.	302
— caesia Duf.	305
— caesiocandida Nyl.	146

Register.

	Seite
Lecidea Cadubriae Nyl	179
calcigena Flk.	220
— calcivora Mass.	181
— candida Ach.	145
— canescens Ach.	142
— Caradocensis Lghtf.	148
carneola Ach	128
— chlorococca Stitzenb.	161
— cinerea Schaer.	157
— *cinereoatra Ach.*	216
— cinereorufa Schaer	145
— cinereovirens Schaer.	147
— cinnabarina Smrft	169
— coarctata Nyl	169
— *coerulea Kmphb.*	220
— colludens Nyl	195
— concentrica Nyl	199
— *confluens Fr.*	217
f. orydata Kbr	217
confusa Nyl.	144
— congruella Nyl.	128
— coniopsidium Hepp	199
— contigua Fr.	216
— convexa α. musiva Th. Fr.	219
— coracina Mosig	203
corrugata Ach	164
corrugatula Arn.	220
crassipes (Th. Fr.) Nyl.	220
crustulata (Ach.) Kbr.	216
α. *macrospora Kbr.*	216
β. *subconcentrica Stein.*	216
γ. *orydata Kbr.*	216
δ. *ochrochlora Ach.*	216
var meiospora Nyl.	216
cupreorosella Nyl.	157
— cupularis Ach	129
cyrtella Ach.	102
decipiens Ach.	144
— decolorans Ach	174
demissa Ach	145
denigrata Nyl	167
Dicksonii Ach.	209
Dillemana Ach	227
— disciformis Nyl	193
— discoidella Nyl	165
— discolorans Nyl.	192
— dispansa Nyl	217
distans Kmphb.	203
dolosa Ach	212
— dolosa Fr.	235
dryina Ach.	236
— Dubenii Fr.	113
dubitans Nyl.	102

	Seite
Lecidea Dubyana Hepp.	191
— Dubyanoides Hepp.	191
Dufourii (Ach.) Nyl.	146
effusa Stizenb	158
egenula Nyl.	156
Ehrhartiana Ach.	164
— elabens Fr.	211
— elabens Schaer.	238
elaeochroma v. achrista Smrft.	210
v. dolosa Th. Fr.	212
v. muscorum Th. Fr.	214
α. latypaea Th. Fr.	208
ε. pungens Th. Fr.	208
— *emergens Fw.*	208
— enalliza Nyl.	212
— enterochlora Tayl.	304
— epigaea Fr.	142
— epulotica v. Prevostii Nyl.	123
— *erratica Kbr.*	217
— erysiboides Nyl.	164
— erythrocarpa Pers.	99
— erythrophaea Flk.	179
— euphoroides Nyl.	211
— exanthematica Nyl.	129
— expansa Nyl.	217
— ferruginea Smrft.	98
v. sinapisperma Schaer.	98
— flexuosa Nyl.	175
— fossarum Duf.	150
— fossarum Nyl.	150
— fuliginea Ach.	179
— fuliginosa Tayl.	144
— tumosa Ach.	215
— fuscescens Nyl.	175
fuscoatra (L.) Whlby.	215
α. *fumosa (Hoffm.) Th. Tr.*	215
* *ocellulata Schaer.*	215
** *Mosigii Ach.*	215
β. *subcontigua Fr.*	215
— *fuscocinerea Nyl.*	217
— fuscorubens Nyl.	177
— fuscoviridis Nyl.	157
— galbula Nyl.	142
— gelatinosa Flk.	175
— geminata Fw.	197
— geophana Nyl.	182
— geographica Fr.	197
— *gibberosa* Ach.	172
— *glaucophaea Kbr.*	219
— globifera Ach.	144
— globulosa Flk.	166
— gonioplula Flk.	204
— granulosa Ach.	174

Sydow Flechten. 24

## Register.

	Seite
Lecidea grossa Pers.	200
— gyaliza Nyl.	165
v. pleiotera Nyl.	155
— gyrizans Nyl.	217
— hamadryas Ach.	165
— Heppiana Mull.	188
— holomelaena Flk.	162
— hyalina Nyl.	129
— hydropica Kbr.	217
— hypnophila Ach.	159
— hypopodia Nyl.	178
— hypopodioides Nyl.	190
— icmadophila Ach.	103
— igniaria Nyl.	156
— illudens Nyl.	154
— immersa Th. Fr.	181
— improvisca Nyl.	180
— incarnata Ach.	144
— incompta Borr.	156
— incusa Fr.	195
— insignis Naeg.	193
— insularis Nyl.	214
— intermedia Nyl.	153
— intermixta Nyl.	200
— *jurana Schaer.*	219
— Kochiana Hepp.	173
— lactea Nyl.	210
— lagubris Fr.	145
— Lallavei Clem.	99
— lapicida Ach.	206
v. cyanea Ach.	205
v. lithophila Ach.	206
v. pantherina Ach	210
— lapicida Fr.	208
— Larbalestieri Crombie	154
— latypaea Ach.	208
— latypodes Nyl.	218
— Laureri Anzi	212
— lenticularis Nyl.	168
— leptocline Fw.	190
— leproda Nyl.	176
— leucocephala Schaer.	227
— leucoplaca Fr.	200
— lilacina Ach.	240
— limosa Ach.	214
— Lightfootii Schaer.	173
— lithinella Nyl.	171
— lithyrga Fr.	218
— lucida Ach.	170
— lurida Ach.	144
— lutea Schaer.	163
— luteoalba Ach.	77
v. pyracea Ach.	97

	Seite
Lecidea luteola Nyl.	168
v. albohyalina Nyl.	172
v. arceutina Ach.	154
v. chlorotica Nyl.	153
v. fuscella Nyl.	152
— lutulenta Stitzenb.	189
— lygaea Ach.	173
— *macrocarpa (DC.) Th. Fr.*	217
α. *platycarpa (Ach.) Kbr.*	216
* *steriza* Ack.	216
** *flavicunda* Ach.	216
*** *oxydata* Kbr.	216
β. *tumida Mass.*	216
γ. phaea (Fw.)	217
v. superba Th. Fr.	218
— mamillaris Fr.	146
— marginata Schaer.	204
— melaena Nyl.	161
— melaleuca Smrft.	202
— melancheima Tuck.	211
— melanophaea Fr.	209
— melanospora Nyl.	143
— melizea Ach.	163
— Metzleri Th. Fr.	181
— micromma Nyl.	159
— microphylla Ach.	70
— micraspis Nyl.	189
— microspora Hepp.	194
— milliaria Fr.	160
— miscelliformis Nyl.	178
— mixta Smrft.	162
— mollis Nyl.	173
— Monasteriensis Nyl.	151
— Montagnei Fw.	197
— *monticola Schaer.*	220
— Morio Fr.	221
γ. cinerea (Schaer.)	221
— Mougeotii Hepp.	190
— muscorum Ach.	155
— muscorum Wulf.	214
— *musiva Kbr.*	220
— myriocarpa Nyl.	193
— Naegelii Stitzenb.	158
— neglecta Nyl.	213
— nigrella Flk.	215
— nigrocaesia Nyl.	305
— nigritula Nyl.	194
— Norrlini Lamy.	155
— norvegica Smrft.	147
— Nylanderi Th. Fr.	176
— *obscurella (Smrft.) Arn.*	179
— obscurella Nyl.	179
— obscurata Schaer.	199

Register. XXIII

	Seite
Lecidea ochracea Hepp.	207
— Oederi Ach.	198
--- Ohleiti Kbr.	166
— oolithella Nyl.	181
— opaca Duf	144
— orosthea Schaer.	106
— ostreata Schaer.	143
— pachyphloea Kbr.	219
— panaeoloides Nvl.	175
--- parasema Ach.	193—210
v. athroa Ach.	188
v. crustulata Ach.	216
— parissima Nyl.	167
— pellucida v. obscurella Smrft.	179
— personata Fw.	207
— petraea v. grandis F.k.	198
v. obscurata Ach.	199
- - pezizoidea Ach.	182
-— phaeops Nyl.	120
— pineti Ach	163
— plicatilis Lght.	199
— plocina Ach	229
— postuma Nyl.	200
— polioleuca Kbr.	219
— polycarpa Fr.	206, 210
--- polycarpa Kbr.	210
— polycarpa Hepp.	196
— polytropa Ach	112
- prasina Nyl.	166
--- prasiniza Nyl.	166
- - premnea Fr.	200
— Prevostii Schaer.	123
- protrusa Fr.	204
- protuberans Schaer.	132
-- pruinosa Kbr.	206
- pullata Th. Fr.	180
- pulveracea Flk.	211
- - quernea Ach.	170
rhaetica Hepp.	205
- riphaea Kbr.	177
-- rivulosa Ach.	173
— rosella Ach	151
— rubella Schaer.	152
- - rupestris Ach.	169
— sabuletorum Flk.	159
v. coniops Kbr.	208
f. microcarpa Stitzenb.	158
— sagedioides Nvl.	94
— Salweii Borr.	174
— sanguinaria Ach.	221
-— sanguineoatra Nyl.	177
— sarcogynoides Kbr.	220
— saxatilis Nyl.	189

	Seite
Lecidea saxicola Ach.	229
— scabrosa Ach.	192
— scalaris Ach.	143
-- Schumanni Kbr.	201
-- separabilis Nyl.	154
-- sphaeroides Smrft.	158
v. leucococca Nyl.	158
β. atropurpurea Schaer.	165
b. obscurata Smrft.	159
- - Siebenhaariana Th. Fr.	170
-- silacea Ach.	208
— silvana Th. Fr.	172
-- sileucola Fw.	219
- - simillima Anzı	196
-— sordidescens Nyl.	166
- spectabilis Kbr.	202
-— speira Ach.	218
j. trullissata (Kmphb.)	218
--- spilota Fr.	205
- spuria Schaer.	101
— squalida Ach.	147
- squalida Nyl.	147
- - squalescens Nyl.	146
- stellulata Tayl.	191
— stenospora Nyl.	155
-- subcretacea Arn.	216
— subdisciformis Lght.	193
- subduplex Nyl.	164
- subfumosa Arn.	215
- - subglobula Nyl.	166
— subkochiana Nyl.	205
-- sublatypaea Lght.	218
—- submilliaria Nyl.	159
- - sudetica Kbr.	209
-— sulphurea Ach.	107
— superba Kbr.	218
— symmicta Ach.	114
-- symmictella Nyl.	171
- sympathetica Tayl.	177
— symphorella Nyl.	208
- synothea Ach.	167
- tabacina Schaer.	147
- tenebrosa Fw.	203
- terricola Th. Fr.	170
— terrigena Ach.	325
- tessellata Flk.	205
- testacea Ach.	143
- testudinea Ach.	221
- theiodes Smrf.	210
-- thelotremoides Nyl.	127
— trachona Ach.	180
v. coprodes Stitzenb.	157
— trichogena Norm.	182

24*

XXIV Register.

- tricolor Nyl. 165
- triplicans Nyl. 158
- triptophylla Ach. 69
- v. caesia Schaer. 305
- v. pezizoides Schaer. . . . 70
- truncigena Nyl. 130
- turgidula Th. Fr. 212
- uliginosa Ach. 178
- umbrina Ach. 162
- urceolata Ach. 130
- vermifera Nyl. 154 162
- vernalis Ach. 171
- verrucula Th. Fr. 213
- verruculosa Schaer. 189
- vesicularis Ach. 146
- viridans Fw. 204
- viridescens Ach. 174
- viridiatra Flk. 197
- vitellinaria Nyl. 214
- vorticosa (Flk.) Kbr. . . . 218
- Wahlenbergii Ach. 142

Lecideaceae 141
Lecidella Kbr. (185) 201
- aeruginosa (Flk.) Stein. . . 213
- aglaea (Smrft.) Kbr. . . . 202
- alboflava Kbr. 209
- arctica (Smrft.) Kbr. . . . 214
- armeniaca (DC.) 202
- assimilata (Nyl.) 213
  α. irrubata Th. Fr. . . . 213
  β. infuscata Th. Fr. . . 213
- assimilis (Hampe) Kbr. . . 209
- athroocarpa (Ach.) Arn. . . 201
- atrobrunnea
  α. cechumena Kbr. . . . 175
- bullata Kbr. 202
- cyanea (Ach.) Arn. 205
- cyanea Kbr. 206
- Dicksonii Ach. 209
- distans (Kmphb.) Kbr. . . 203
- dolosa (Ach.) 212
- elabens Fr. 211
- eluta Fw. 211
- enalliza (Nyl.) Arn. 212
- enteroleuca Kbr. 210
- exilis Kbr. 211
- fuscorubens (Nyl.) Arn. . . 207
- glabra Kmphb. 207
- goniophila (Flk.) Kbr. . . . 204
- insularis Kbr. 214
- intumescens (Fw.) 214
- Lahmii Hepp. 207
- lapicida (Ach) Arn. 206

Lecidella lapicida Kbr. 208
- latypaea (Ach.) 208
  f. aequata (Flk.) 208
- Laureri (Hepp.) Kbr. . . . 212
- limosa (Ach.) 214
- lithophila (Ach.) Th. Fr. . . 206
  f. pallescens Stein. 206
  f. arenaria (Kbr.) 206
  f. oxydata Fw. 206
  v. ochromela Ach. 206
- macularis Nitschke 203
- marginata (Schaer.) Kbr. . . 204
- micropsis Mass. 205
- Mosigii (Hepp.) Kbr. . . . 203
- neglecta (Nyl.) Stein. . . . 213
- nodulosa Kbr. 203
- ochracea Kbr. 177. 207
- pantherina (Ach.) 210
- parasema (Ach.) 210
  α. similis Mass. 210
  β. padinea (Fr.) 210
  γ. olivacea (Hoffm.) . . . 210
  δ. rugulosa Ach. 210
  ε. areolata Duf. 210
  ζ. granulosa Fr. 210
  η. pulveracea Fr. 210
  ϑ. euphorea Flk. 210
  v. melaleuca Kbr. 210
- personata (Fw.) Kbr. . . . 207
- plana Lahm. 206
  f. elevata Lahm. 206
  f. perfecta Arn. 206
  f. typica Lahm. 206
- pontifica Kbr. 211
- protrusa (Fr.) Kbr. 204
- pruinosa Kbr. 206
- pulveracea (Flk.) 211
- pungens Kbr. 208
- pycnocarpa Kbr. 208
- rhaetica (Hepp.) Kbr. . . . 205
- scotina Kbr. 203
- silacea (Ach.) 208
- spilota Kbr. 205
- subkochiana (Nyl.) Lahm. . . 205
- sudetica (Kbr.) Stein. . . . 209
- tenebrosa Fw. 203
- theiodes (Smrjt.) Kbr. . . . 210
- turgidula (Fr.) Kbr. 212
  α. typica Th. Fr. 212
  β. pityophila Smrft. . . . 212
  γ. pulveracea Th. Fr. . . 212
  v. atroviridis Arn. 180
- verrucula (Norm.) Stein. . . 213

Register. XXV

	Seite		Seite
Lecidella viridans (Fw.) Kbr.	204	Leptogium	
— ritellinaria (Nyl.)	214	α. scotinum Ach.	319
— Wulfenii Hepp.	214	β. smaragdulum Kbr.	319
Leciographa Mass.	235	— spongiosum (Sm.) Nyl.	320
— Floerkei (Kbr.)	235	— subtile (Schrad.) Kbr.	321
— convexa (Th. Fr.)	235	— tenuissimum (Dcks.) Kbr.	320
— parasitica Th. Fr.	235	α. bolacinum Ach.	320
— Zwackhii (Mass.)	235	— tremelloides Anzi	318
Lecothecieae Kbr.	304	Leptorhaphis Kbr. (292)	300
Lecothecium Trev.	304	— Beckhausiana Lahm.	302
— caesium (Mass.)	305	— epidermidis (Ach.)	301
— corallinoides (Hoffm.) Kbr.	305	— Koerberi Stein.	302
α. nigrum Huds.	305	— lucida Kbr.	301
β. fuscum Hepp.	305	— Quercus (Beltr.) Kbr.	301
— corallinoides Trev.	305	— Steinii Kbr.	302
— nigrum Mass.	305	— tremulae (Flk.) Kbr.	301
— radiosum Anzi	306	— Wienkampii Lahm.	301
— Tremniacum (Mass.)	305	Lethagrium ascaridosporum Mass.	312
Lembidium macrocarpum Hpe.	293	— conglomeratum Mass.	310
— polycarpum Flk.	293	— Laureri Kmphb.	311
Lempholemma compactum Kbr	309	— rupestre Mass.	311
— myriococca Th. Fr.	310	— turgidum Mass.	312
Lenormandia Del. (67)	68	Lichen Acetabulum Neck.	42
— Jungermanniae Del.	68	— acerinus Pers.	152
— pulchella Mass	68	- Acharii Westr.	121
— viridis (Ach.)	68	— aeruginosus Scop.	103
Lepra chlorina Ach	253	- albellus Pers.	110
— lutescens Hoffm.	138	- alboater Hoffm.	188
Leprantha caesia Kbr.	239	— alcicornis Leight.	18
— fuliginosa Kbr.	239	— aleurites Ach.	37
impolita Kbr	239	— aleurites Walbg.	40
Krempelhuberi Kbr.	244	— ambiguus Ach.	46
Leptogium Kbr. (309)	318	— anthracinus Wulf.	66
— Arnoldianum Nyl.	323	— aquilus Ach.	48
- atrocoeruleum Hall.	319	— arcticus L.	66
- byssinum Nyl	313	— aromaticus L.	147
- corniculatum Minks	328	— articulatus L.	7
- cyanescens (Schaer.) Kbr.	318	— ater Huds.	107
— diffractum Kmphb	320	athroocarpus Ach.	201
— intermedium Arn.	319	— atrocinereus Dicks.	91
lacerum (Ach.) Fr.	329	— atrorufus Dicks.	145
α. majus Kbr.	319	— aurantiacus Lghtf.	96
β. pulvinatum (Ach.)	319	— badius Pers.	115
γ. lophaeum Ach.	319	— barbatus L.	7
var. sinuatum Fw.	319	- bellidiflorus Ach.	27
var. tenuissimum Fw.	320	- bicolor Ehrh.	8
— minutissimum Flk	319	- Botrytes Hag.	24
- muscicolum Fr	321	- bracteatus Ach.	82
- pusillum Nyl	321	— byssoides L.	184
— saturnium Th. Fr.	321	— caesius Hoffm.	50
— Schraderi (Bernh.) Schaer.	320	— calcareus L.	119
— scotinum Th. Fr.	319	- calcareus Weis.	199
- sinuatum (Huds.) Kbr.	319	- calicaris L.	12

Register.

	Seite
Lichen calcivorus Ehrh.	181
— candelarius Ach.	51
— candidus Web.	145
— canescens Dicks.	142
— caperatus L.	44
— cariosus Ach.	21
— carnosus Dicks.	71
— cartilagineus Ach.	82
— cenisius Ach.	106
— centrifugus L.	45
— cerinus Ehrh.	97
— cervicornis Ach.	20
— chlorinus L.	253
— chlorophyllus Humb.	36
— chrysoleucus Sm.	83
— chrysocephalus Turn.	158
— ciliaris L.	47
— cinereus L.	118
— circinatus Pers.	80
— coarctatus Sm.	169
— cocciferus L.	25
— coccineus Dicks.	104
— coccodes Ach.	136
— coeruleonigricans Lghtf.	146
— coerulescens Hag.	111
— concentricus Dav.	199
— concolor Dicks.	52
— conspersus Ehrh.	45
— corallinus L.	134
— corneus Gunn.	64
— cornucopioides L.	25
— cornutus L.	23
— corrugatus Ach.	42
— crassus Huds.	80
— crenulatus Dicks.	111
— Cribellum Retz.	66
— cucullatus Bell.	35
— cupularis Ehrh.	129
— cylindricus L.	64
— dealbatus Ach.	135
— decipiens Ehrh.	144
— deformis L.	25
— delicatus Ehrh.	28
— demissus Rutstr.	145
— deustus L.	65
— Dicksonii Ach.	208
— diffusus Web.	46
— digitatus L.	25
— dispersus Pers.	108
— divaricatus L.	10
— Ehrhartianus Ach.	164
— elegans Link.	74
— encaustus Smrft.	41

	Seite
Lichen endiviaefolius Dicks.	18
— epanorus Ach.	114
— epibryon Ach.	109
— epigaeus Pers.	142
— erosus Web.	66
— erythrellus Ach.	95
— exiguus Ach.	60
— Fahlunensis L.	44
— farinaceus L.	12
— ferrugeneus Huds.	98
— fimbriatus L.	22
— flavus Bell.	83
— floridus L.	7
— fraxineus L.	12
— frustulosus Dicks.	112
— fulgens Sw.	82
— fungiformis Dill.	28
— furfuraceus L.	11
— fuscatus Schrad.	84
— fuscoater L.	215
— fuscus Dill.	28
— gelidus L.	79
— geographicus L.	197
— gibbosus Ach.	119
— glaucocarpus Whlbg.	84
— glaucus L.	36
— glaucus Westr.	36
— granulosus Ehrh.	174
— griseus Lam.	48
— griseus Sw.	64
— gypsaceus Sm.	79
— haematomma Ehrh.	104
— Hageni Ach.	111
— hirsutus L.	64
— hirsutus Sw.	64
— hirtus L.	7
— hybridus L.	19
— icmadophila L.	103
— immersus Web.	181
— impolitus Ehrh.	239
— incurvus Pers.	45
— islandicus L.	34
— juniperinus Ach.	36
β. alvarensis Whbg.	36
— lacustris With.	121
— lanatus L.	44
— lentigerus Wlb.	79
— leucomelas L.	47
— Lightfootii Sm.	173
— lucidus Ach.	170
— luridus Sw.	144
— luteoalbus Turn.	77
— luteus Dicks.	163

Register. XXVII

	Seite		Seite
Lichen macilentus Ehrh.	26	Lichen rubellus Ehrh.	152
— mesenteriformis Rutstr.	65	— rupestris (Scop.) Fr.	169
— microcephalus Sm.	249	— saccatus L.	61
— miniatus Hoffm.	75	— Sambuci Pers.	116
— miniatus L.	67	— sanguinarius Fr.	221
— multifidus Rustr.	45	— sarmentosus Ach.	9
— murorum Hoffm	75	— saxatilis L.	40
— muscorum Sw.	155	— saxicola Poll.	87
— myacoproides Ehrh.	296	-- scriptus L.	233
— myochrous Ehrh.	321	-- scruposus L.	132
— nivalis L.	35	— sophodes Ach.	92
— obtusatus Vahl	138	— sordidus Pers.	106
— ocellatus Ach	94	— speciosus Wulf	47
— ocellatus Flk.	189	— speirus Ach.	218
— ocellatus Vill.	131	— sphaeroides Dicks.	158
— ochroleucus Ehrh.	10	— spodochrous Ehrh.	63
— oculatus Dicks.	138	— squamulosus Schrad.	84
— odontellus Ach	35	- stellaris L.	49
— Oederi Web.	198	— stygius L.	44
— olivaceus L.	42	— suaveolens Ach.	122
-- omphalodes L.	40	— subfuscus L.	110
— pallescens L	124	— symphicarpus Ehrh.	28
— Papillaria Ehrh	29	— tartareus L.	123
— parallelus Ach	223	— tephromelas Ach.	107
— parietinus L	51	— tiliaceus Hoffm.	39
— paschalis L.	16	— tricolor With.	165
— pellitus Ach.	64	— tristis Web.	9
— perlatus L	38	— tumidulus Pers.	124
— pertusus Schrank.	46	-- turfaceus Whlbg.	93
— physodes L.	41	— turgidus Ehrh.	19
— pilularis Dav	204	— uliginosus Schrad.	178
— pinastri Scop	37	-- uncialis L.	18
— pityreus Ach.	48	— variabilis Pers.	101
— plicatus L.	6	— varius Ehrh.	113
— pollinarius Westr.	12	— velleus Ach .	63
-- polycarpus Ehrh	52	— velleus L.	63
— polymorphus Ach.	13	β. glaucus Retz.	63
— polyphyllus L	65	— ventosus L.	105
— polyrrhizos L.	64	— verruculosus Borr.	189
— polytropus Ehrh	112	— vernalis L	171
— proboscideus L	65	— viridescens Schrad.	174
— prunastri L.	11	— vitellinus Ehrh	95
— pulchellus Schrad	142	— vulpinus L.	10
— pulverulentus Schreb.	48	*Lichenes byssacei Kbr.*	329
— pungens Ach.	29	*Lichenes gelatinosi Bernh.*	304
— pustulatus L.	63	*Lichenes heteromerici Wallr.*	1
— pyrinus Ach	90	*Lichenes homoeomerici Wallr.*	304
— pyxidatus L.	22	*Lichenes kryoblasti Kbr.*	68
-- quercinus Ehrh	39	*Lichenes phylloblasti Kbr.*	31
— querneus Dicks.	170	*Lichenes thamnoblasti Kbr.*	1
— rangiferinus L.	17	*Lichina Ag.* (328.)	329
— reticularis Olafs.	66	— *confinis Müll.*	329
— rosellus Pers.	151	— *pygmaea Ag.*	329

XXVIII Register.

	Seite
Lichineae Kbr.	328
Limboria corrosa Kbr.	279
— corrugata Ach.	164
— euganea Mass.	132
Lithoicea Mass.	280
— acrotelloides Mass.	283
— aethiobola (Ach.) Nyl.	283
— apomelaena Mass.	282
— aquatilis (Mudd.) Arn.	285
— Beltramineana Mass.	284
— cataleptoides (Nyl.) Arn.	282
— chlorotica (Ach.) Hepp.	284
— elaeina Mass.	284
— elaemelaena Mass.	284
— fuscella (Turn.) Mass.	283
— glaucina Arn.	283
— hydrela (Ach.) Mass.	284
— macrostoma (Duf.)	281
— margacea (Whlbg.)	284
— maura (Whlbg.)	280
— memnonia (Kbr.) Stein.	281
— murorum Mass.	281
— nigrescens (Pers.).	282
α. fuscoatra (Wallr.)	282
β. areolata (Schaer.).	282
γ. ochracea Hepp.	282
var. controversa (Mass.)	282
var. munda (Kbr.).	282
— tabacina Mass.	281
— tectorum Mass.	283
— tristis Mass.	281
— Velana Mass.	282
— viridula (Schrad.) Mass.	284
f. carnea Lahm.	284
Lithosphaeria Geisleri Beçkh.	290
Lobaria terebrata Hoffm.	46
Lobarina herbacea Fw.	54
— Pulmonaria Fw.	53
— scrobiculata Nyl.	53
Lopadium Kbr. (150.)	182
— pezizoideum (Ach.)	182
α. disciforme (Fw.)	182
β. muscicolum (Smft.) Kbr.	182
Loxospora Cismonicum Beltr.	105
— elatinum Mass.	105

M.

Mallotium Fw. (309)	321
— Hildenbrandii (Garov.) Kbr.	321
— myochroum Beltr.	321
— saturnium (Dicks.)	321
— tomentosum (Hoffm.) Kbr.	321

	Seite
Maronea Mass. (89).	124
— berica Mass.	124
— constans (Nyl.) Th. Fr.	124
— Kemmleri Kbr.	124
Massalongia Kbr. (69).	71
— carnosa (Dicks) Kbr.	71
β. lepidota Kbr.	70
Melanormia velutina Kbr.	325
Menegazzia Mass. (32).	46
— pertusa (Schrank.) Mass.	46
Micarea prasina Fr.	166
Microglaena Lönnr.	278
— corrosa (Kbr.) Arn.	279
— leucothelia Nyl.	278
— muscicola (Ach.) Lönnr.	278
— muscorum Th. Fr.	278
— sphinctrinoides (Nyl.)	278
— Wallrothiana Kbr.	139
Microthelia Kbr. (264).	270
— adspersa Kbr.	272
— analeptoides Bagl.	271
— atomaria (Ach.) Kbr.	270
— betulina Lahm.	271
— macularis Hampe	270
— marmorata (Hepp.) Kbr.	272
— micula (Fw.) Kbr.	271
— pachnea Kbr.	271
— Ploseliana Stein.	270
— scabrida Lahm.	271
Mischoblastia lecanorina Mass.	94
Montinia Flotoviana Mass.	326
Mosigia Ach. (88).	116
— gibbosa (Ach.) Kbr.	116
Mucor furfuraceus L.	259
Mycoblastus Norm. (187).	221
— sanguinarius (L.) Th. Fr.	221
α. endorhoda Th. Fr.	221
β. alpina Fr.	221
γ. mellina (Kmphb.) Nyl.	221
Mycoporum elabens Zw.	238
— miserrimum Nyl.	245
Myriangeae Nyl.	306
Myriangium Mtg.	306
— Duriaei (Mass.)	306
Myriosperma elegans Zw.	151
Myriospora chlorophana Hepp.	83
— Heppii Naeg.	86
— macrospora Hepp.	84

N.

Naetrocymbe Kbr. (325).	327
— fuliginea Kbr.	327

Register. XXIX

	Seite		Seite
Naevia galactites Mass.	241	Opegrapha confluens Hepp.	242
— punktiformis Beltram.	241	— crassa Schaer.	234
Nephroma expallidum Nyl.	60	— demutata Nyl.	230
— laevigatum Ach.	60	— dendroides Fr.	234
— parile (Ach.) Nyl.	60	— dolomitica Arn.	229
— resupinatum Ach.	60	— Endlicheri Garov.	239
v. laevigatum Schaer.	60	— farinosa (Hpe.) Stitzenb.	230
v. tomentosum Rbh.	60	— grumulosa Duf.	228
— tomentosum (Hoffm.) Kbr.	60	— gyrocarpa Kbr.	229
Nephromium Nyl. (56)	60	— hapaleoides Nyl.	227
— laevigatum (Ach.) Nyl.	60	— herpetica Ach.	232
α. genuinum Kbr.	60	— horistica (Lght.) Stein.	229
f. sorediatum Schaer.	60	α. Arnoldi Stein.	228
β. papyraceum (Hoffm.)	60	— illecebrosa Duf.	228
f. sorediatum Schaer.	60	— involuta (Wallr.) Rbh.	232
γ. Lusitanicum Schaer.	60	— lithyrga Ach.	230
— tomentosum (Hoffm.) Nyl.	60	f. ochracea Kbr.	230
Nesolechia Mass.	214	— lyncea Schaer.	228
— ericetorum (Fw.) Kbr.	214	— notha Ach.	231
— Nitschkei Kbr.	214	— obscura Pers.	243
— thallicola Mass.	214	— parallela Ach.	223
Normandina Jungermanniae Nyl.	68	— petraea Ach.	224
— pulchella Nyl.	68	— plocina (Ach.) Kbr.	229
— viridis Nyl.	68	— Pollini Mass.	231
		— rimalis Fr.	231
O.		— rufescens Pers.	232
		f. subocellata Ach.	232
Obryzeae Kbr.	328	— rupestris (Pers.) Kbr.	229
Obryzum Wallr.	328	α. arenaria Kbr.	229
— bacillare (Wallr.) Kbr.	328	β. dolomitica Arn.	229
— corniculatum (Hoffm.) Kbr.	328	— Thuretii Hepp.	299
Ochrolechia Mass. (89).	123	— Turneri Lght.	231
— pallescens (L.) Kbr.	124	— varia Pers.	231
α. tumidula (Pers.)	124	α. pulicaris (Hoffm.)	231
* Upsaliensis (L.)	124	β. diaphora Ach.	231
β. Turneri (E. B.)	124	γ. lichenoides (Pers.)	231
γ. parella (L.)	124	δ. signata (Ach.)	231
— tartarea (L.) Mass.	123	— violatra Mass.	231
Oedemocarpon sanguinarius (Th. Fr.)	321	— vulgata Ach.	232
Omphalaria Dur. (307).	322	α. subsiderella (Nyl.)	232
— botryosa Nyl.	323	β. abbreviata Kbr.	232
— coralloides (Mass.) Nyl.	322	— vulvella Ach.	231
— decipiens (Mass.) Nyl.	322	— zonata Kbr.	229
— pulvinata (Schaer.) Nyl.	322	Opegrapheae	225
— silesiaca Kbr.	327		
Opegrapha Humb. (225).	228	**P.**	
— atra Pers.	230		
α. vulgaris Kbr.	230	Pachnolepia fuliginosa Mass.	239
— bullata Pers.	231	— impolita Mass.	239
α. trifurcata Hepp.	231	— lobata Kbr.	239
— cerebrina Fr.	235	Pachyospora aquatica Mass.	117
— Chevallieri Lght.	230	— calcarea Mass.	119
f. diatona (Nyl.)	230	— mutabilis Mass.	117

Register.

	Seite
Pachyospora ocellata Mass.	119
— verrucosa Mass.	117
Pachyphiale carneola Lönnr.	128
— corticola Lönnr.	128
— fagicola Zw.	128
Pannaria Del.	69
— brunnea (Sw.) Mass.	70
v. pezizoides Mass.	70
— carnosa Rbh.	71
— coeruleobadia (Schaer.) Schl.	71
— conoplea Zw.	71
— hypnorum Fr.	XVI
— lanuginosa (Ach.) Kbr.	71
— lepidota (Smrft.) Anzi	70
— microphylla (Sw.) Mass.	70
— muscorum Nyl.	71
— pezizoides Web.	70
— plumbea Lightf.	69
— rubiginosa Kbr.	71
β. conoplea Kbr.	71
— Schaereri (Mass.) Kbr.	324
— triptophylla (Ach.) Mass.	69
Pannarieae Rbr.	68
Pannularia lepidota Nyl.	70
— microphylla Nyl.	70
— muscorum Anzi	71
— triptophylla Nyl.	69
Parmelia Ach. (32)	37
— Acetabulum (Neck.) Duby.	42
— adglutinata Flk.	51
— aleurites Ach.	37
— aleurites Smrft.	40
— ambigua Ach.	46
v. albescens Schaer.	40
— amnicola Fr.	93
— amplissima Schaer.	54
— aquila Ach.	48
— aspera Mass.	42
— aspidota Ach	42
α. exasperata (Del.)	42
β. exasperatula (Nyl.)	42
— astroidea Clem.	49
— atra Ach.	107
— atrocinerea Fr.	91
— aurantiaca Fr.	96
— aurea Fr.	77
— Bockii Fr.	116
— Borreri Turn.	39
— Bouteillii Desm.	167
— brunnea Fr.	70
— calcarea Fr.	119
— candelaria Ach.	51
— caesia Ach.	50

	Seite
Parmelia candicans Fr.	76
— caperata (L.) Ach.	44
— carnosa Schaer.	71
— cartilaginea Ach.	82
— cenisia Fr.	106
— centrifuga (L.) Ach.	45
v. multifida Rbh.	45
— cerina Ach.	97
v. pyracea Ach.	97
v. pyracea Fr.	77
v. haematites Fr.	100
— cervina Fr.	85
v. discreta Fr.	85
v. squamulosa Fr.	85
— cetrarioides Del.	38
— chalybaea Fr.	101
— Chaubardii Fr.	108
— cheilea Wallr.	314
— chlorophana Whlbg.	83
— chrysoleuca Ach.	83
— chrysophthalma Fr.	52
— ciliaris Ach.	47
— cinerea Fr.	117
v. aquatica Fr.	117
v. obscurata Th. Fr.	119
— circinata Ach.	80
— citrina Ach.	96
— confragosa v. metabolica Fr.	90
— conoplea Ach.	71
— conspersa (Ehrh.) Ach.	45
— corrugata Ach.	42
— crassa Ach.	80
— Delisei Dub.	43
— demissa (Fw.)	43
— dendritica Schaer.	43
— diatrypa Ach.	46
— diffusa (Web.) Th. Fr.	46
— discreta Nyl.	46
— dispersa Ach.	108
— divaricata Ach.	10
— dubia Schaer.	39
— elaeina Spr.	43
— elatina Fr.	105
— encausta (Smrft.) Nyl.	41
α. multipunctata (Ehrh.)	41
β. intestiniformis (Vill.) Th. Fr.	41
— endococcina Kbr.	50
— epanora Ach.	114
— epigaea Ach.	142
— erythrocarpa Fr.	99
β. Lallavei Fr.	99

Register.

	Seite
Parmelia exigua Ach.	90
— Fahlunensis (L.) Ach.	44
var. tristis Schaer.	9
— farrea Ach.	48
— fastigiata β. calicaris Ach.	12
— ferruginea Fr.	98
— flavoglaucescens Lib.	52
— frustulosa Ach.	112
— fulgens Ach.	82
β. bracteata Ach.	82
— fuliginosa Nyl.	42
— furfuracea Th. Fr.	11
— fuscata Ach.	84
— gelida Ach.	79
— glomulifera Ach.	54
— gypsacea Fr.	79
— haematomma Fr.	104
— Hageni Ach.	111
v. syringea Ach.	104
— herbacea Wallr.	54
— hyperopta Ach.	40
— hypnorum Fr.	XVI
— impolita Ach.	239
— incurva (Pers.) Fr.	45
— intumescens Reb.	108
— laetevirens Schaer.	54
— laevigata Ach.	30
— Lagascae Fr.	80
— lanata Wallr.	44
— lanuginosa Ach.	71
— melanaspis Ach.	81
— microphylla Fr.	70
— milvina Whlbg.	92
— miniata Ach.	75
— Mougeotii Schaer.	46
— murorum Ach.	75
— muscigena Ach	48
— muscorum Fr.	48. 71
b. lepidota Fr.	70
— Myrini Fr.	118
— nigrescens Wallr.	312
— obscura Fr.	50
v. adglutinata Kbr.	51
v. leprosa Schaer.	94
— ochracea Fr.	78
— olivacea (L.) Ach.	42
α. glabra (Schaer.)	42
* subaurifera Nyl.	42
** glomellifera Nyl.	42
β. fuliginosa Fr.	42
* glabratula (Lam.)	42
** verruculifera (Nyl.)	42
v. aspidota Ach.	42

	Seite
Parmelia v. prolixa Ach.	43
— olivaria Nyl.	38
— olivetorum Ach.	38
— olivetorum Nyl.	38
— orosthea Fr.	106
— ostreata Fr.	143
— parietina Ach.	51
v. fallax Hepp.	51
v. lobulata Flk.	51
v. polycarpa Fr.	52
— peliocypha Whlbg.	84
— perforata (L.) Nyl.	38
— perforata Wulf.	38
— periclea Ach.	235
— perlata (L.) Ach.	38
f. ciliata DC.	38
f. soreduata (Schaer.)	38
— perlata Nyl.	38
— pertusa Schaer.	46
— physodes (L.) Ach.	41
α. vulgaris Kbr.	41
* ampullacea (Ach.)	41
** labrosa (Ach.)	41
β. vittata Ach.	41
γ. obscurata Ach.	41
— pinastri Smrft.	37
— plumbea Ach.	69
— prolixa Ach.	43
— prunastri Ach.	11
— pulchella a. caesia Rbh.	50
— pulla Ach.	43
— Pulmonaria Wallr.	53
— pulverulenta Smrft.	48
— quercifolia Schaer.	39
β. revoluta Schaer.	39
— recurva Ach.	45
— revoluta Flk.	39
— rubiginosa β. coeruleobadia Schaer.	71
b. conoplea Fr.	71
— rubra Ach.	126
— sarcopis Whlbg.	113
— saxatilis (L.) Fr.	40
α. retiruga (DC.)	40
β. sulcata (Tayl.)	40
γ. omphalodes (L.)	40
δ. panniformis (Ach.)	40
v. leucochroa Wallr.	40
— saxicola Fr.	81
— scrobiculata Wallr.	53
— scruposa Fr.	132
— silvatica Wallr.	54

	Seite
Parmelia sinuosa Smrft.	40
b. revoluta Rbh.	39
— Smitthii Wallr.	79
— sophodes Ach.	92
— sophodes Fr.	89
v. pyrina Ach.	90
— *sorediata (Ach.) Th. Fr.*	43
— speciosa Ach.	47
— speciosa Kbr.	47
— Sprengelii Flk.	43
— squamulosa Ach.	84
v. discreta Ach.	85
— stellaris Fr.	49
— striata Fr.	132
— *stygia (L.) Ach*	44
α. *genuina Kbr.*	44
β. *lanata (L.) Fr.*	44
v. sorediata Ach.	43
— subfusca Ach.	110
β. bryontha Ach.	134
— tartarea Ach.	123
— *tiliacea (Hoffm) Fr.*	39
f. *scortea (Ach.)*	38
— torquata Fr.	111
— triptophylla Mull.	69
v. Schraderi Fr.	69
— tristis Wallr.	9
— varia Ach.	113
— variabilis Ach.	101
— ventosa Fr.	105
— Villarsii Wallr.	131
— vitellina Ach.	95
— vulpina Ach.	10
Parmeliaceae Hook.	31
Parmeliopsis aleurites Nyl.	37
— ambiguus Nyl.	46
Patellaria abstrusa Wallr.	130
—. atrogrisea Müll.	152
— clausa Hepp.	129
— Cismonicum Hepp.	105
— cupularis DC.	129
— Clavus DC.	222
— erythrocarpa Pers.	99
— haematomma DC.	104
— macrocarpa DC.	217
— nigra Wallr.	305
— pineti Wallr.	163
— Rahenhorstii Hepp.	103
— rubra Hoffm	126
— turbinata α. leuritica Wallr.	13
— ventosa Hepp.	105
— vesicularis Hoffm.	146
— Wallrothii Spr.	174

	Seite
Peccania coralloides Mass.	322
Peltidea aphthosa Ach.	60
— horizontalis Ach.	57
— malacea Ach.	59
— polydactyla Ach.	57
— rufescens Ach.	59
— saccata Fr.	61
— ulorrhiza Flk.	59
— undulata Del.	58
— venosa Ach.	57
Peltideaceae Fw.	55
Peltigera Hoffm. (56)	57
— *aphthosa (L.) Hoffm.*	60
— *canina (L.) Schaer.*	58
f. *crispata Rbh.*	58
f. *rufa Kmphb.*	58
v. coriacea Kmphb.	59
v. membranacea Kmphb.	58
v. pusilla Fr.	58
v. rufescens Mull.	59
v. spuria Schaer.	58
— crocea Fr.	61
— *horizontalis (L.) Hoffm.*	57
— leucorrhiza Flk.	38
— limbata Del.	58
— *malacea (Ach.) Fr.*	59
α. *phymatodes Fw.*	59
β. *ulophylla Fw.*	59
— papyracea Hoffm.	60
— *polydactyla Hoffm.*	57
— *propagulifera (Fw.)*	58
— pusilla Dill.	58
— *rufescens Hoffm.*	59
α. *incusa Fw.*	59
β. *praetexta Fw.*	59
— saccata DC.	61
— scutata Dicks.	58
v. propagulifera Fw.	58
— silvatica Hoffm.	54
— *spuria (Ach.) DC.*	58
— *venosa (L.) Hoffm.*	57
Pertusaria DC. (133)	134
— amara (Ach.)	135
— areolata Hepp.	135
— *bryontha (Ach.) Nyl.*	134
— ceuthocarpa Fr.	136
— chlorantha Zw.	137
— *coccodes (Ach.) Th. Fr.*	136
— colliculosa Rbr.	136
— *communis DC.*	135
α. *pertusa (L.)*	135
β. *variolosa Wallr.*	135
v. areolata Fr.	135

Register.

	Seite
Pertusaria	
v. coccodes Kbr	136
v. sorediata Fr	136
— corallina (L.) Kbr	135
— coronata (Ach.) Nyl.	137
— cyclops Kbr.	136
— dealbata Nyl	135
— fallax Kbr.	138
β. variolosa Kbr	138
— flavicans Lamy	139
— glomerata (Ach.) Schaer.	138
α. quaternaria Th. Fr.	137
β. octomela Norm.	137
— glomerulata Nyl.	136
— inquinata (Ach.) Th. Fr.	138
— laevigata Nyl.	136
— leioplaca (Ach.) Schaer.	137
α. tetraspora Th. Fr.	137
β. laevigata (Smrft.) Th. Fr.	137
— leptospora Nitschke	136
— leucostoma Mass.	137
— macrospora Hepp	134
— Massalongiana Beltr.	137
— melaleuca (Sm.) Duby.	137
— multipuncta (Turn.) Nyl.	136
— nolens Nyl.	138
— ocellata (Wallr.) Kbr.	135
α. discoidea Kbr.	135
variolosa Fw.	135
β. Flotowiana Flk.	135
β. corallina (Ach.) Kbr.	135
— oculata (Dicks.) Th. Fr.	138
— pustulata (Ach.) Nyl.	136
— pustulata Anzi.	137
— rhodocarpa Kbr.	139
— rupestris (DC.) Kbr.	135
— sorediata Kbr.	136
— subdubia Nyl.	135
— sulphurea β. rupicola Schaer.	138
— sulphurella Kbr.	138
— Wulfeniu (DC.) Kbr. 137.	138
— Wulfenii (DC.) Fr.	139
α. fallax (Ach.) Th. Fr.	138
β. lutescens (Hoffm.) Th. Fr.	138
v. decipiens Fr.	137
Pertusarieae Kbr.	133
Petractis Fr. (125).	128
— clausa (Hoffm.) Kmphbr.	129
— foveolaris Mass.	127
— rubra Mass.	126
Peziza diluta Pers.	163
Phaeospora marmorata Hepp.	272
Phialopsis Kbr. (124)	126

	Seite
Phialopsis rubra Kbr.	126
— ulmi (Sw.)	126
Phlebia venosa Wallr.	57
Phlyctis Wallr. (134).	139
— agelea (Ach.) Kbr.	140
— argena Ach. Kbr.	140
— italica Gar.	140
Phylliscaceae Th. Fr.	327
Phylliscum Nyl.	327
— endocarpoides Nyl	327
— silesiacum (Kbr.) Stein.	327
Physcia Fr. (132)	46
— adglutinata (Flk.) Nyl.	51
— aquila (Ach.) Nyl.	48
— astroidea Clem.	49
v. Clementiana Turn.	49
— aurantia Pers.	75
— caesia (Hoffm.) Nyl.	50
b. albinea Ach.	50
— chrysophthalma Schaer.	52
— ciliaris (L.) DC.	47
α. vulgaris Kbr.	47
* platyphylla Wallr.	47
** leptophylla Wallr.	47
β. melanosticta Ach.	47
γ. crinalis Schleich.	47
δ. humilis Kbr.	47
— controversa Kbr.	51
— decipiens Arn.	75
— elegans Lk.	74
— endococcina (Kbr.)	50
— granulosa Mull.	74
— leucomelas (L.) Schaer.	47
— lychnea Nyl.	51
— medians Nyl.	74
— obscura (Ehrh.) Nyl.	50
α. orbicularis (Neck.)	50
a. chloantha (Ach.)	50
b. cycloselis (Ach.)	50
* ulothrix (Ach.)	50
** lithothea (Ach.)	50
β. saxicola Mass.	50
γ. muscicola Schaer.	50
δ. nigricans Flk.	50
ε. pulvinata Kbr.	50
— parietina Nyl.	51
— pulverulenta (Schaer.) Nyl.	48
α. allochroa (Hoffm.)	48
a. angustata Hoffm.	48
b. argyphaea Ach.	48
c. detersa Nyl.	48
d. venusta Ach.	48
e. hispidula Ach.	48

XXXIV Register.

Physcia
β. *pityrea (Ach.) Nyl.* . . . 48
   * *alphiphora Ach.* . . . 48
γ. *fornicata Wallr.* 48
δ. *muscigena (Ach.)* 48
— pusilla Mass. 76
— semirasa Nyl. 49
— *speciosa (Wulf.) Nyl.* . . . 47
— *stellaris (L.) Nyl.* 49
  α. *adpressa Th. Fr.* . . . 49
    a. *genuina Th. Fr.* . . 49
     * *radiata Ach.* . . . 49
     ** *rosoluta Ach.* . . . 49
    b. *aipolia Ach.* . . . 49
     * *acrita Ach.* . . . 49
     ** *cercidia Ach.* . . . 49
     *** *anthelina Ach.* . . 49
     **** *subincisa Ach.* . . 49
  β. *adscendens (Fr.) Th. Fr.* 49
    a. *tenella (Web.)* . . . 49
    b. *leptalea Ach.* 49
    c. *tribracea Ach.* . . . 49
  v. hispida Fr. 49
Physma Mass. (306) 309
— Arnoldiana Hepp. 323
— *compactum Kbr.* 309
— *franconicum Mass.* 309
— *Mülleri Hepp.* 310
— *myriococum (Ach.) Kbr.* . . 310
— *sanguinolentum Kmphb.* . . 310
Pinacisca Mass. (126) 131
— *similis Mass.* 131
Pionospora bryontha Th. Fr. . . 134
Placidiopsis Beltr. (260) . . . 263
— *Custani Mass.* 263
Placidium cartilagineum Nyl. . . 262
— compactum Mass. 261
— Custani Mass. 263
— Michelii Mass. 262
— pusillum Kmpbr. 261
— rufescens Mass. 261
Placodineae Kbr. 71
Placodium Hill. (73) 78
— *albescens (Hoffm.) Mass.* . . 80
  α. *galactinum Ach.* . . . 79
  β. *deminutum (Stenh.)* . . 79
— arenarium Hepp. 99
— *bracteatum (Hoffm.) Nyl.* . 82
— callopismum Nyl. 74
— *cartilagineum (Ach.) Kbr.* . 82
— chalybaeum Nyl. 101
— *chrysoleucum (Sm.) Kbr.* . . 83
  α. *rubinum (Vill.) Th. Fr.* . 82

Placodium
β. *melanophthalmum (DC.)
   Th. Fr.* 82
— *circinatum (Pers.) Kbr.* . . 80
  α. *radiosum (Hoffm.)* . . . 80
  β. *myrrhinum (Ach.)* . . . 80
— cirrhochroum Nyl. 76
— citrinum Nyl. 96
— *concolor (Ram.) Kbr.* . . . 82
— conversum Anzi 100
— *crassum (Huds.) Th. Fr.* . . 80
— demissum Kbr. Par. 43
— elegans Nyl. 74
— *fulgens (Sw.) DC.* 82
— galactinum Mull. 80
— *gelidum (L.) Kbr.* 79
— *gypsaceum (Sm.) Kbr.* . . . 79
— Heppianum Müll. 75
— inflatum Kbr. 81
— *Lamarckii (Schaer.) DC.* . . 80
— *lentigerum (Web.) Th. Fr.* . 79
— *melanaspis (Ach.) Th. Fr.* . 81
  f. *stellata Th. Fr.* 81
  f. *alphoplaca (Whlbg.)
    Th. Fr.* 81
— murale Schreb. 81
— murorum Nyl. 75
— *Reuteri (Schaer.) Kbr.* . . 81
— *saxicolum (Poll.) Kbr.* . . . 81
  α. *vulgare Kbr.* 81
   * *riparium Fw.* . . . 81
  β. *diffractum Ach.* 81
  γ. *compactum Kbr.* 81
  δ. *versicolor Pers.* 81
— teicholytum Ach. 99
— variabile Nyl. 101
  v. ecrustaceum Nyl. . . . 101
— versicolor DC. 99
— vitellinum Hepp. 95
Placographa Th. Fr. (223) . . . 224
— *petraea (Ach.) Th. Fr.* . . . 224
— *xenophana Kbr.* 224
Placynthium nigrum Mass. . . . 305
Platygramma Hutchinsiae Lght. . . 234
Platygrapha Nyl. (226) 235
— *periclea (Ach.) Nyl.* 235
Platysma alvarensis Nyl. 36
— cucullata Nyl. 35
— Fahlunensis Nyl. 44
— glauca Nyl. 36
— juniperina Nyl. 36
— nivalis Nyl. 35
— pinastri Nyl. 37

Register

	Seite		Seite
Platysma saepincolum Nyl.	36	Porocyphus riparius Arn.	327
— tiistis Nyl.	9	Porpidia trullissata Kbr.	218
— ulophyllum Nyl.	36	Pragmopora Mass.	236
Plectospora Mass. (306,	322	— amphibola Mass.	236
— botryosa Mass.	323	— Lecanactis Mass.	236
— cyathodes Mass.	323	Psora Hall. (141)	143
Pleopsidium flavum Kbr.	83	— albescens Hoffm.	79
Poetschia Kbr (186)	194	— albilabra Duf.	145
— arthonioides (Fée)	194	— Bischofii Hepp.	94
— buelloides Kbr	194	— bracteata Hoffm.	82
— takophila (Ach.) Stein.	194	— caesiella Hepp.	91
Polyblastia (Mass, Th. Fr.	274	— confragosa var. demissa Hepp.	90
abscondita Arn.	275	— conglomerata Kbr.	144
- agraria Th. Fr.	277	— decipiens (Ehrh.) Kbr.	144
— albula Arn.	275	f. dealbata Mass.	143
-- bacillifera Arn.	273	— demissa (Rutstr.).	145
— caesia Arn.	273	— exigua Fr.	90
— cupularis Mass.	277	v. maculiformis Fr.	90
— deminuta Arn.	275	— fuliginosa (Tayl.)	144
— dermatodes Mass.	275	— globifera (Ach.) Kbr	144
-- fallaciosa Stitzenb.	274	— horiza Hepp.	92
— jugata Rehm.	278	— Koerberi Mass.	144
- guestphalica Lahm.	274	— lamprophora Kbr.	78
- Henscheliana (Kbr.) Lonur.	276	— Limprichtii Stein.	145
f. umbrosa Stein	276	— lurida (Ach.) Kbr.	144
— hyperborea Th. Fr.	275	-- opaca (Duf.) Mass.	144
— intercedens (Nyl.) Lonn.	275	— ostreata Hoffm.	143
— micromeia Norm.	277	α. vulgaris Th. Fr.	143
— monstrum Kbr.	276	β. myrmaecina (Ach.) Schaer.	143
— Naegelii Hepp.) Arn.	274	— sophodes Naeg.	89
-- obsoleta Arn.	276	— testacea Hoffm.	143
— plicata (Mass.) Kbr.	277	-- Trevisanii Hepp.	90
— rugulosa Mass.	275	— turfacea var. microcarpa Hepp.	93
- rupifraga Mass.	274	Psorineae	141
-- Schaereriana (Mass.) Mull.	276	Psoroma crassum Kbr.	80
— scutinospora (Nyl.) Hellb.	276	— fulgens Mass.	82
— Sendtneri Kmphb.	277	— gypsaceum Kbr.	79
— sepulta Mass.	276	— hypnorum Hoffm	XVI
— singularis (Kmphb.) Arn.	277	— Lagascae Kbr.	80
Polychidium Ach. (308)	321	— Lamarckii Mass.	80
— muscicolum (Sw.) Kbr.	321	— lentigerum Kbr.	79
Porina faginea Schaer.	300	Psoroticha Mass. (307)	323
— fallax Ach.	138	— Arnoldiana Hepp.	323
— leioplaca Ach.	137	— arenaria Arn.	324
— muscorum Mass.	300	— cataractarum Kbr.	326
— pustulata Ach.	136	— diffundens Nyl.	324
Porocypheae Kbr.	325	— murorum Mass.	324
Porocyphus Kbr. (325)	326	— pelodes Kbr.	323
— areolatus (Fw.) Kbr.	326	— Rehmica Mass.	323
— cataractarum Kbr.	326	— riparia Arn.	324
— coccodes (Fw.) Kbr.	326	— riparia Kmphb.	327
— Flotovianus (Hepp.) Mull.	326	— Schaereri Mass.	324

XXXVI   Register.

Pterygium centrifugum β. minus Kmphb. 306
Pycnothelia madreporiformis Rbh. . 13
— Papillaria Duf. 29
Pyrenodesmia chalybaea Kbr. . . . 101
— rubiginosa Kmphb. 101
— variabilis Kbr. 101
Pyrenothea byssacea Mass. 227
— insculpta Wallr. 227
— leucosticta Fr. 227
Pyrenula Ach. (292) 302
— Bayrhofferi Hepp. 297
— biformis Schaer. 271
— catalepta Ach. 282
— Cerasi Hepp. 296
— *Coryli Mass.* 303
— fusiformis Hepp. 300
— gemmata Naeg. 292
— gibbosa Ach. 116
— glabrata Pers. 302
— hydrela Schaer. 284
— *incrustans Kbr.* 303
— *laevigata Pers.* 302
— *leucoplaca (Wallr.) Kbr.* . . . 303
  α. *chrysoleuca Fw.* 303
  β. *umbrosa Kbr.* 303
— melanospora Hepp. 270
— minuta Naeg. 299
— Naegelii Hepp. 274
— netrospora Naeg. 299
— *nitida (Schrad.) Ach.* 302
  α. *major Rbh.* 302
  β. *nitidella Flk.* 302
— punctiformis Hepp. 296
  α. acerina Hepp. 295
  v. analepta Hepp. 294
— submersa Schaer. 284
— tremulae Hepp. 301
— Zwackhii Hepp. 295
Pyrenulaceae Kbr. 290
Pyrrhospora quernea Kbr. 170

R.

Racoblenna caesia Mass. 305
— corallinoides Stitzenb. 305
— Tremniaca Kmphb. 305
Racodium rupestre Pers. 331
Ramalina Ach. (5) 11
— *calicaris (L.) Ach.* 12
  v. canaliculata Fr. 12
  v. farinacea Fr. 12

Ramalina
  v. fraxinea Fr. 12
  v. thrausta Fr. 11
— *farinacea (L.) Fr.* 12
— *fraxinea (L.) Fr.* 12
  α. *ampliata Ach.* 12
  β. *fastigiata Ach.* 12
  γ. *taeniata Ach.* 12
— *pollinaria (Westr.) Ach.* . . . 12
— *polymorpha Ach.* 13
  f. pollinaria Br. et Rustr. . . 12
  v. tinctoria Br. et Rustr. . . 13
— *thrausta (Ach.) Nyl.* 11
— tinctoria Kbr. 13
Rhaphiospora atrosanguinea α. biatorina Kbr. 152
— flavovirescens Borr. 156
— viridescens Kbr. 155
Rhizocarpon Ram. (186) 196
— alboatrum Th. Fr. 188
— armeniacum DC. 202
— *atroalbum Arn.* 198
  f. *cinereum Fw.* 198
  f. *fuscum Fw.* 198
  f. *protothallinum Kbr.* . . . 198
— *calcareum (Weis.) Th. Fr.* . 199
  f. *pseudospeira Th. Fr.* . . 198
— *concentricum (Dav.) Poetsch.* . 199
  f. *excentricum (Acl.)* . . . 199
— distinctum Th. Fr. 198
— elabens Mass. 238
— geminatum Kbr. 197
— *geographicum (L.) DC.* . . . 197
  f. *alpicolum Kbr.* 197
  f. *atrovirens Fr.* 197
  f. *contiguum Fr.* 197
  f. *geronticum Ach.* 197
   * *pulverulentum (Schaer.)* . 197
  ** *immundum Kbr.* 197
  f. *lecanorinum (Flk.)* . . . 197
  f. *prothallinum Kbr.* . . . 197
  f. *urceolatum Schaer.* . . . 197
  v. *alpicolum Kbr.* 195
— *grande (Flk.) Arn.* 198
— *lotum Stitzenb.* 200
— melaenum Kbr. 200
— *Montagnei (Fw.) Kbr.* . . . 197
  f. *protothallinum Kbr* . . . 197
  f. *areolatum Kbr.* 197
   * *album Fw.* 197
  ** *fuscum Fw.* 197
  *** *virescens Fw.* 197
  *** *citrinum Fw.* 197

Register. XXXVII

Rhizocarpon	Seite		Rinodina	Seite
f. *irriguum* Fn.	197		α. *genuina* Th. Fr.	92
f. obliteratum Fw.	197		β. *milvina* (*Whlbg.*)	92
— *obscuratum* (*Ach.*) Kbr.	199		* *submilvina* (*Nyl.*)	92
f. *laxatum* Fr.	199		— sulphurea Lonnr.	189
f. *subcontiguum* (*Nyl.*)	199		— teichophila (Nyl.)	92
— *Oederi* (*Web.*) Kbr.	198		— *Treusanii* Hepp.	90
— petraeum α. vulgare Fw.	198		— *turfacea* (*Whlbg.*) Th Fr.	93
— *postumum* (*Nyl.*) Th. Fr.	200		α. *nuda* Th. Fr.	93
— *rubescens* Th. Fr.	199		β. *roscida* (Smrft.) Th. Fr.	93
— subconcentricum Kbr.	199		— virella Kbr.	94
— *viridiatrum* (*Flk.*) Kbr.	197		— *Zwackhiana* (*Kmphbr.*) Kbr.	91
Ricasolia candicans Mass.	76			
— herbacea De. Ntr.	54		**S.**	
— glomerulifera De. Ntr.	54			
Rinodina Ach. (80)	89		*Sagedia* Ach. (291)	298
— albana Mass.	92		— abscondita Hepp.	269
— *annucola* (*Ach.*) Kbr.	93		— aenea Kbr.	300
— atrocinerea Kbr.	91		— aeneovinosa Anzi	268
— *Batonina* Kbr.	93		— *affinis* Mass.	299
— *Bischofii* (*Hepp.*) Kbr.	94		— aggregata Fr.	234
α. *protuberans* Kbr.	94		— *byssophila* Kbr.	298
β. *immersa* Kbr.	94		— *carpinea* (Pers.) Mass.	300
— *caesiella* (*Flk.*) Kbr.	92		f. *abietina* Kbr.	300
α. *glebulosa* (*Nyl.*)	92		— chlorotica Ach.	298
— calcarea Hepp.	92		— cinera Fr.	262
— *colobina* (*Ach.*) Th. Fr.	94		— conoidea Hepp.	293
— *confragosa* (*Whlbg.*) Th. Fr.	91		— crassa Mass.	234
v. demissa Krmphb.	90		— decipiens Hepp.	268
v. lecidina Fw.	190		— decipiens Mass	295
— *Conradi* Kbr.	94		— fragilis Arn.	298
f. *sepincola* Kbr.	94		— fuscella Fr.	282
— *controversa* Mass.	91		— gibbosa Fr.	116
— crassescens Nyl.	91		— *grandis* Kbr.	299
— discolor Hepp	192		— grisea Anzi	295
— *exigua* (Ach.) Th. Fr.	90		— Harrimanni Mass.	298
α. *pyrina* (*Ach.*) Th. Fr.	93		— Harrimanni Kbr.	298
β. *lecidema* Nyl.	90		— Heppii Mass.	297
γ. *demissa* (*Flk.*)	90		— *illinata* Kbr.	300
δ. *colletica* (*Flk.*)	90		— *Koerberi* (Fw.) Kbr.	299
ε. *glebulosa* (*Arn.*)	90		α. *major* Kbr.	299
— *fimbriata* Kbr	93		β. *nemoralis* Fw.	299
— horiza Kbr.	92		— *lactea* Kbr.	299
— *lecanorina* Mass.	94		— laevata Ach.	119
— leprosa Kbr.	94		— lectissima Hepp.	297
— *maculiformis* Hepp.	90		— Massalongiana Hepp.	294
— metabolica Kbr.	90		— macularis Kbr.	298
v. demissa Kbr.	90		— Nylanderi Hepp.	267
— mniaraea Th. Fr.	93		— *olivacea* Borr.	300
— oreina Mass.	78		— olivacea Hepp.	267
— *pannarioides* Kbr.	92		— parvipuncta Stein.	300
— polyspora Th. Fr.	89		— *persicina* Kbr.	298
— *sophodes* (*Ach.*) Th. Fr.	92		— protuberans Ach.	132

XXXVIII   Register.

	Seite		Seite
Sagedia rufescens Turn.	84	Scoliciosporum perpusillum Lahm.	162
— sabuletorum Mass.	272	— turgidum Kbr.	163
— saxicola Kmphb.	294	— umbrinum Ach.	162
— septemseptata Hepp.	297	— umbrinum Arn.	162
— sudetica Kbr.	300	— vermiferum (Nyl.) Arn.	162
— tremulae Anzi	301	Scutula Wallrothii Tul.	182
— Thuretii (Hepp.) Kbr.	299	Secoliga Mass. (125)	126
— viridula Fr.	284	— abstrusa Kbr.	130
— Zwackhii Hepp.	270	— acerina Stitzenb.	152
Sagiolechia Mass. (131)	132	— arceutina Stitzenb.	154
— protuberans (Ach.) Mass.	132	β. albescens Stitzenb.	153
f. mamillata Hepp.	132	— atrogrisea Stitzenb.	152
Sarcogyne (Fw.) Mass. (187)	221	— atrosanguinea Stitzenb.	154
— arenaria Kbr.	206	— biformis Kbr.	126
— Clavus (DC.)	222	— bryophaga Kbr.	128
— decipiens Kbr.	222	— carnea Arn.	128
— pinicola Mass.	151	— carneola (Ach.) Stitzenb.	128
— privigna Kbr.	222	— fagicola (Hepp.) Kbr.	128
α. simplex Kbr.	222	— foveolaris (Ach.) Kbr.	127
β. Clavus Kbr.	222	— Friesii (Fw.) Kbr.	127
pruinosa (Smrft.) Kbr.	222	— geoica (Whlbg.) Kbr.	137
α. illuta Ach.	222	— gyalectoides (Mass.) Kbr.	127
β. macroloma Flk.	222	— herbarum Hepp.	153
γ. intermedia Kbr.	222	— lecideoides Stitzenb.	162
δ. lecanorina Smrft.	222	— leucaspis Kmphb.	127
— regularis Kbr.	222	— pezizoidea Stitzenb.	155
— simplex (Dav.)	222	— rosella Stitzenb.	151
α. goniophila (Flk.)	222	— rubella Stitzenb.	152
β. strepsodina Ach.	222	— umbrina Stitzenb.	162
Sarcopyrenia Nyl.	289	β. asserculorum Stitzenb.	162
— gibba Nyl.	290	β. turgida Stitzenb.	163
Sarcosagium Mass. (148)	150	Segestrella Fr. (291)	297
— biatorellum Kbr.	150	— Ahlesiana Kbr.	297
— campestre (Fr.) Poetsch.	150	— Bayrhofferi Zw.	297
Schaereria Kbr. (141)	145	— illinita Kbr.	300
— cinereorufa (Schaer.) Th. Fr.	145	— lectissima Fr.	297
— lugubris Kbr.	145	f. erysiboda Mass.	297
Schismatomma abietinum Mass.	227	f. leptalea (Dur. et Mtg.)	297
— amylaceum Mass.	228	— thelostoma Mass.	297
— dolosum Kbr.	235	Segestria affinis Zw.	299
— epipolium Mass.	227	— carpinea Zw.	300
— illecebrosum Mass.	228	— chlorotica Th. Fr.	298
Scoliciosporum Mass. (140)	161	— lectissima Zw.	297
— atrosanguineum f. albescens Arn.	153	— umbonata Schaer.	297
— compactum Kbr.	162	Siegertia calcarea Kbr.	199
f. lignicolum (Fw.)	161	Siphula Ceratites Fr.	31
f. saxicolum (Kbr.)	161	Solorina Ach. (56)	60
f. sabuletorum (Awd.)	161	— crocea (L.) Ach.	60
— corticolum Anzi	163	— limbata Smrft.	60
— holomelaenum Mass.	162	— saccata (L.) Ach.	61
— lecideoides Hazsl.	162	α. genuina Kbr.	60
— molle Kbr.	155	β. spongiosa Smrft.	60
		Solorinella Anzi (56)	61

Register. XXXIX

	Seite		Seite
Solorinella asteriscus Anzi	61	Staurothele elegans Zw.	273
Sphaeria epigaea Pers.	290	— fissa Zw.	273
— gregaria Weig.	241	— guestphalica Lahm.	274
Sphaeromphale Henscheliana Kbr.	276	— rupifraga (Mass.) Th. Fr.	274
— Sendtneri Kbr.	277	— ventosa Mass.	274
Sphaerophoreae Fr.	29	Steinia Kbr. (149)	181
Sphaerophorus Pers.	29	— geophana (Nyl.) Stein.	182
— compressus Ach.	30	— luridescens Kbr.	182
— coralloides Pers.	30	Stenhammara Fw. (185)	189
— fragilis L.	31	— turgida (Ach.) Kbr.	189
— melanocarpus Wallr.	30	Stenocybe Nyl. (246)	250
Sphinctrina Fr. (246)	249	— byssacea Nyl.	250
— anglica Nyl.	249	— euspora Nyl.	250
— microcephala (Sm.) Kbr.	249	— major Nyl.	250
— microcephala (Fr.) Nyl.	250	— pullulata (Ach.)	250
— microscopica Anzi	249	Stereocaulon Schreb. (14)	15
— tubaeformis Mass.	250	— alpinum Laur.	15
— turbinata (Pers.) Fr.	249	— cereolinum Ach.	16
Sphyridium Fw.	183	— Cereolus Ach.	16
— byssoides (L.) Th. Fr	184	— condensatum Hoffm.	17
α. rupestre Pers.	183	— condyloideum Ach.	17
β. carneum Flk.	184	— confinis Ach.	329
γ. sessile Nyl.	184	— corallinus Schrad.	134
— fungiforme Kbr.	184	— coralloides Fr.	15
— placophyllum (Whlby) Th Fr.	184	α. dactylophyllum (Flk.) Th· Fr.	15
— speciosum Kbr.	184	β. .... Th. Fr.	15
Spiloma fuliginosum Turn	228	— denudatum Flk.	16
— marmoratum Ach.	242	α. genuinum Th. Fr.	16
— melaleucum Fr.	242	β. pulvinatum (Schaer.) Fw.	16
Sporastatia Mass. (187)	221	— incrustatum Flk.	15
— cinerea (Schaer.) Kbr.	221	— nanum Ach.	17
— Morio Kbr.	221	— obtusatum Ach.	138
— testudinea (Ach.)	221	— paschale (L.) Fr.	16
α. pallens Mtg.	221	— pileatum Ach.	16
β. coracina Smrft.	221	— tomentosum (Fr.) Th. Fr.	16
Sporodyction cruentum Kbr.	276	var: incrustatum Nyl.	15
— Henschelianum Kbr.	276	Stereopeltis Carestiae De Ntr.	222
— Schaererianum Mass.	276	— macrocarpa (DC.) Kbr.	222
Squamaria albescens Anzi	80	Sticta Ach (33)	52
— aleurites Nyl.	40	— amplissima Scop.	54
— ambigua Nyl.	46	— fuliginosa Dicks.	54
— cartilaginea Nyl.	82	— glomerulifera Fr.	54
— circinata Anzi	80	— herbacea (Huds.)	54
— chrysoleuca Nyl.	83	f. microphyllina Schaer.	54
— crassa Nyl.	80	— laetevirens Rbh.	54
— fulgens Anzi	82	— limbata Smrft.	55
— gelida Nyl.	79	— linita Ach.	53
— gypsacea Nyl.	79	— pulmonacea Ach.	53
— lentigera Nyl.	79	— Pulmonaria (L.) Schaer.	53
— placorodia Nyl.	37	— scrobiculata Scop. (Ach)	53
Staurothele Th. Fr.	273	— silvatica L. 54	53
— bacilligera Arn.	273	β. fuliginosa Hepp.	54
— caesia Arn.	273		

XXXX   Register.

	Seite
Sticta umbilicariformis Hochst.	55
Stictina Nyl. (34)	54
— *fuliginosa (Dicks.) Nyl.*	54
— *limbata (Smrft.) Nyl.*	55
— scrobiculata Nyl.	53
— *silvatica (L.) Nyl.*	54
Stigmatidium crassum Dub.	234
— germanicum Mass.	234
Stigmatomma Kbr. (265)	272
— cataleptum Kbr.	273
— *clopimum (Whlbg.) Kmphb.*	273
α. *cataleptum (Ach.).*	273
* *subumbonatum Arn.*	273
β. *lithinum (Ach.).*	273
— clopimum Kbr.	273
— *fissa (Tayl.) Kbr.*	273
α. *elegans (Wallr.)*	273
— spadiceum Kbr.	273
Stigonema atrovirens Ag.	330
— pannosum Ktz.	330
— solidum Ktz.	330
Strangospora moriformis Stein	150
— pinicola Kbr.	151
— trabicola Kbr.	150
Strickeria Kbr.	290
Synalissa Fr. (307)	324
— Acharii Kmphb.	325
— *ramulosa (Schrad.) Kbr.*	325
— symphorea (DC.) Nyl.	325
Sychnogonia Kbr. (291)	297
— *Bayrhofferi (Zw.) Kbr.*	297
Synechoblastus Trev. (308)	310
— *aggregatus (Ach.) Th. Fr.*	312
— *conglomeratus (Hoffm.) Kbr.*	310
— *flaccidus (Ach.) Kbr.*	311
α. *major Schaer.*	311
* *hydrelum Fw.*	311
β. *abbreviatus Whlbg.*	311
— *Laureri (Fw.) Kbr.*	311
— labyrinthicus Anzi	312
— nigrescens L.	312
— Mülleri Hepp.	312
— *multipartitus .Sm.*	312
— *stygius Dell.*	311
— turgidus Kbr.	312
— *Vespertilio (Lghtf.)*	312

T.

Thalloedema Mass. (141)	145
— *candidum (Web.) Kbr.*	145
— *coeruleonigricans (Lghtf.)*	146
— *intermedium Mass.*	146

	Seite
Thalloedema lamprophorum Müll.	78
— *mesenteriforme Vill.*	146
— *squalescens (Nyl.) Th. Fr.*	146
— *tabacinum Ram.*	147
— *Toninianum Mass.*	146
Thalloidima mamillare Gouan	146
— rimulosum Th. Fr.	146
— vesiculare Kbr.	146
Thamnolia Ach.	13
— *vermicularis (Sw.)*	13
Thamnoliaceae Ach.	13
Thelenella Nyl. (133)	139
— *Wallrothiana (Kbr.) Nyl.*	139
Thelidium Mass. (264)	266
— *absconditum Kmphbr.*	269
— acrotellum Arn.	267
— *amylaceum Mass.*	270
— *Auruntii Mass.*	266
— *cataractarum Hepp.*	269
— conoideum Kmphb.	293
— crassum Kbr.	268
— *decipiens (Hepp.).*	268
f. *cinerascens Arn.*	268
f. *incanum Arn.*	268
f. *hymeneloides (Kbr.)*	268
— *diaboli (Kbr.) Stein*	268
— epipolaeum Arn.	269
— Fuistingii Kbr.	269
— *galbanum (Kmphbr.) Kbr.*	268
— *immersum Lght.*	268
— *incavatum (Nyl.)*	269
— *minimum Mass.*	268
— minutulum Kbr.	267
— montanum Hepp.	267
— *Nylanderi (Hepp.) Kbr.*	267
— *olivaceum (Fr.) Kbr.*	267
— *papulare Fr.*	269
— *parvulum Arn.*	267
— pyrenophorum Kbr.	268
— quinqueseptatum Hepp.	269
— rubellum Chaub.	269
— tersum Kmphb.	292
— *umbrosum Mass.*	269
— *umbrosum Arn.*	270
— *Ungeri (Fm.) Kbr.*	267
— *velutinum (Bernh.)*	269
— *Zwackhii (Hepp.) Kbr.*	270
Thelocarpon Nyl. (134)	140
— *epilithellum Nyl.*	140
f. *interceptum (Nyl.)*	140
— *Laureri (Fw.) Nyl.*	140
— *prasinellum Nyl.*	140
Thelochroa Flotoviana Mass.	326

Register. XXXXI

	Seite		Seite
Thelomphale Laureri Kbr.	140	Trachylia Notarisii Nyl.	248
Thelopsis rubella Nyl.	297	— ocellata Fw.	248
Thelotrema Ach. (125)	130	— stigonella Fr.	247
— clausa Schaer.	129	— tigillaris Fr.	249
— clopimum Hepp.	273	— tympanella Fr.	248
— exanthematica Ach.	129	Trichia lenticularis Hoffm.	254
— fissa Hepp.	273		
-- gyalectodes Mass.	127		
— lepadinum Ach.	130	**U.**	
— intercedens Anzi	275		
— muralis Hepp.	275	Umbilicaria Hoffm.	62
— ocellata Wallr.	135	— arctica Nyl.	66
— rugulosum Hepp.	275	v. sublaevigans Nyl.	65
— Schaereri Hepp.	263	— atropruinosa Fr.	66
— sepulta Hepp.	276	— corrugata Nyl.	65
Thermutis Fr.	330	— cylindrica Nyl.	64
— pannosa Fr.	330	— erosa Stenh.	66
— solida (Ktz.) Rbh.	330	-- flocculosa Nyl.	65
— velutina (Ach.) Kbr.	330	— hyperborea Hoffm.	66
Thrombium Wallr.	290	— proboscidea Stenh.	65
— byssaceum Schaer.	227	β. cylindrica Fr.	64
— bacillare Wallr.	328	— polyphylla Fr.	65
— Collemae Stein.	290	— pustulata (L.) Hoffm.	63
— corniculatum Wallr.	328	— saccata DC.	63
— epigaeum (Pers.) Wallr.	290	— spodochroa Nyl.	63
— glaciale Wallr.	329	v. depressa Nyl.	63
— Lecanorae Stein.	290	— vellea β. depressa Fr.	63
— smaragdulum Kbr.	290	v. hirsuta Fr.	64
— sticticum Ach.	239	* murina Fw.	64
Thyrea decipiens Mass.	322	Umbilicarieae Fée.	62
— pulvinata Mass.	322	Urceolaria Ach.	131
— Veronensis Mass.	322	— Acharii Ach.	121
Tichothecium atomarium Kmphbr.	270	— calcarea Ach.	119
— marmoratum Kmphbr.	272	— cinerea Ach.	118
— ochrostomum Zw.	284	— cinereorufescens Ach.	120
Tomasellia Mass. (290)	296	— clausa Kbr.	132
— Leightoni Mass.	297	— cretacea (Ach.) Mass.	132
Tonina Mass. (142)	147	— exanthematica Ach.	129
— aromatica (L.) Mass.	147	— gibbosa Ach.	119
α. acervulata (Nyl.) Th. Fr.	147	— gypsacea Kbr.	132
β. cervina (Lonnr.) Th. Fr.	147	— hypoleuca Ach.	127
— candida Th. Fr.	145	— mutabilis Ach.	117
— Caradocensis Lghtf.	148	— ocellata Ach.	94
— cinereo nens (Schaer.) Kbr.	147	— ocellata (Vill.) DC.	131
α. imbricata (Mont.) Th. Fr.	147	— scruposa (L.) Ach.	132
β. verruculosa Th Fr.	147	α. vulgaris Kbr.	132
— congesta Hepp.	147	β. bryophila (Ehrh.)	132
— squalida Kbr.	147	γ. arenaria Schaer.	132
— squarrosa (Ach.) Th. Fr.	147	δ. albissima (Ach.)	132
Tornabenia Mass. (33)	52	var: clausa Fw.	132
— chrysophthalma (L.) Mass.	52	— striata Duby.	132
Trachylia arthonioides Kbr.	242	— suaveolens Schaer.	122
— chlorina Stenh.	253	— verrucosa Ach.	117

XXXXII   Register.

	Seite
Urceolarieae	131
Usnea Dill. (2)	6
— articulata (L.) Hoffm.	7
— barbata (L.) Fr.	7
β. articulata Ach.	7
v. cornuta Fw.	8
γ. dasypoga (Ach.) Fr.	7
α. florida (L.) Fr.	7
×β. hirta (L.) Fr.	7
* sorediifera Arn.	7
c. plicata Fr.	6
— ceratina Ach.	7
* sorediella Olw.	7
β. cornuta Ach.	8
— cornuta Kbr.	8
γ. dasypoga Ach.	7
— florida (L.) b. comosa Smrft.	7
— florida β. hirta Ach.	7
— longissima Ach.	6
— plicata (Ach.)	6
Usneaceae Eschw.	1

V.

	Seite
Varicellaria Nyl. (133)	139
— microsticta Nyl.	139
— rhodocarpa (Kbr.) Th. Fr.	139
Variolaria amara Ach.	135
— aspergilla Ach.	105
— corallina Ach.	135
— coronata Ach.	137
— lactea Pers.	105
— multipuncta Turn.	136
Verrucaria (Wigg.) Mass.	285
— acrotelloides Kbr.	283
— aenea Wallr.	300
— albissima Nyl.	301
— alutacea Wallr.	282
— amphibola v. lecideoides Nyl.	263
— amylacea Hepp.	288
— anceps Kmphb.	288
— analepta Ach.	294
— antecellens Nyl.	295
— ochrostoma Turn. et Borr.	284
— apatela Kbr.	282
— apomelaena Kbr.	282
— applanata Hepp.	284
— aquatilis Mudd.	285
— atomaria DC.	296
— baldensis Mass.	279
— Beltramineana Mass.	284
— biformis Borr.	293
— biformis Fw.	299

	Seite
Verrucaria calciseda DC.	285
— carpinea Pers.	300
— catalepta Schaer.	282
— cataleptoides Nyl.	282
— Cerasi Schrad.	296
— chlorotica Ach.	284
— chlorotica Schaer.	298
— cinctum Hepp.	285
— cinerea β. atomaria DC.	270
— cinerella Nyl.	271
— citrina Hoffm.	96
— clausa Hoffm.	129
— clopima Whlbg.	273
— coerulea Schaer.	285
— coerulescens Hoffm.	111
— concinna Borr.	288
— conoidea Fr.	293
— decussata Garov.	286
— diaboli Kbr.	268
— disjuncta Arn.	286
— dolosa Hepp.	286
— Dufourei DC.	285
— effusa Pers.	113
— elaeina α. chlorotica Wallr.	283
— elegans Wallr.	273
— epigaea Ach.	290
v. sabuletorum Fr.	272
— epidermidis Ach.	301
v. analepta Fr.	294
v. Cerasi Ach.	296
v. grisea Schaer.	295
— farrea Ach.	303
— fissa Tayl.	273
— Flotoviana Hepp.	326
— fumosa Hoffm.	215
— fusca Kmphb.	287
— fuscella Kbr.	282
— fuscorubella Hoffm.	152
— fusiformis Lght.	300
— galactites DC.	241
— Garovaglii Mtg.	263
— gemmata Ach.	292
— gibba Nyl.	290
— glabrata Ach.	302
— glaucoma Hoffm.	105
— Harrimanni Ach.	289
— Hochstetteri Fr.	279
— Hookeri Borr.	264
— horistica Lght.	229
— hyascens Ach.	287
— hydrela Th. Fr.	284
— hydrela Ach.	284
— hymenaea Kbr.	284

Register. XXXXIII

	Seite
Verrucaria illinita Nyl.	300
— incavata Nyl.	269
— intercedens Nyl.	275
— Koerberi Fw.	299
— *laevata Kbr.*	289
— *latebrosa Kbr.*	289
— lecideoides Kbr.	263
— lectissima Nyl.	297
— leucoplaca Wallr.	303
— limitata Kmphb.	286
— lutescens Hoffm.	138
— macrostoma Duf.	281
v. detersa Kmphb.	281
— macularis Wallr.	298
— *maculiformis Kmphb.*	288
— margacea Whlbg.	284
— marmorea Scop.	280
— mastoidea Kbr.	280
— maura α. opaca Kbr.	280
β. memnonia Kbr.	281
— mauroides Schaer.	287
— micula Fw.	271
— minima Kbr.	268
— *muralis Ach.*	287
α. *vera Kbr.*	287
β. *confluens Mass.*	287
— *murina Ach.*	289
— murina Lght.	288
— muscicola Ach.	278
— muscorum Fr.	278
— *mutabilis Borr.*	286
— *myriocarpa Hepp.*	288
— nitida Schrad.	302
— olivacea Borr.	300
— olivacea Fr.	267
— oxyspora Nyl.	301
— palans Nyl.	299
— *papillosa Flk.*	287
α. *congregata Hepp.*	287
β. *acrotella Ach.*	287
— Pazientii Mass.	288
— pertundens Nyl.	269
— *pinguicula Mass.*	286
— plicata Mass.	277
— *plumbea Ach.*	285
v. fusca Schaer.	287
— *polygonia Kbr.*	289
— pulchella Borr.	68
— *pulicaris Mass.*	286
— purpurascens Kbr.	280
— punctiformis v. atomaria Schaer.	270
— rhypontha Ach.	296
— rubra Hoffm.	126

	Seite
Verrucaria rupestris Schrad.	285
v. purpurascens Schaer.	280
— saprophila Kbr.	280
— Schraderi Mann.	285
— scotinospora Nyl.	276
— Sendtneri Nyl.	277
— sphinctrinoides Nyl.	278
— singularis Kmphbr.	277
— stigmatella v. tremulae Flk.	301
— subfuscella Nyl.	282
— submersa Borr.	284
— subumbrina Nyl	276
— sulphurea Hoffm.	107
— *tapetica Kbr.*	289
— tectorum Kbr.	283
— tephroides Nyl.	262
— tristis Kmphb.	281
— Thuretii Nyl.	299
— Ungeri Fw.	267
— velutina Bernh.	269
— Veronensis Mass.	280
— verrucoso-areolata Nyl.	276
— *virens Nyl.*	287
— viridula Kbr.	284
Verrucarieae Kbr.	264
Volvaria lepadina Mass.	130

W.

Weitenwebera muscicola Kbr.	278
— sphinctrinoides Kbr.	278
Wilmsia Kbr.	305
— *radiosa (Anzi) Kbr.*	306
— latens Lahm.	128

X.

Xanthocarpia lactea Mass.	78
— ochracea Kbr.	78
Xanthoria Fr. (33)	51
— elegans Th. Fr.	74
— *lychnea (Ach.) Th. Fr.*	52
α. *pygmaea (Bory.) Th. Fr.*	51
β. *fallax (Hepp.)*	51
γ. *polycarpa (Ehrh.) Th. Fr.*	52
— murora Th. Fr.	75
— *parietina (L.) Th. Fr.*	51
α. *vulgaris Schaer.*	51
* aureola Ach.	51
** ectanea Ach.	51
β. *rutilans Ach.*	51
— subsimilis Th. Fr.	77
— vitellina Th. Fr.	95

	Seite		Seite
Xylographa Fr.	223	Zeora coarctata Kbr.	169
— corrugans Norm.	224	— lenticularis Fw.	168
— Flsmannu Stein.	224	— Massalongii Kbr	169
— montula Kbr.	224	— nivalis Kbr.	77
— parallela (Ach) Fr	223	— orosthea Kbr.	106
— spilomatica (Anzi) Th. Fr.	224	— rutilans Fw.	83
Xylographeu Kbr.	223	— sordida Kbr.	106
		— Stenhammari Kbr.	106

Z.

		— sulphurea Kbr.	107
		— Wieriana Kbr.	123
Zeora cenisia Kbr.	106	Zwackhia involuta Kbr.	232

MIX
Papier aus verantwortungsvollen Quellen
Paper from responsible sources
FSC® C105338

If you have any concerns about our products,
you can contact us on
ProductSafety@springernature.com

In case Publisher is established outside the EU,
the EU authorized representative is:
**Springer Nature Customer Service Center GmbH
Europaplatz 3, 69115 Heidelberg, Germany**

Printed by Libri Plureos GmbH
in Hamburg, Germany